내셔널 지오그래픽의

과학, 우주에서 마음까지

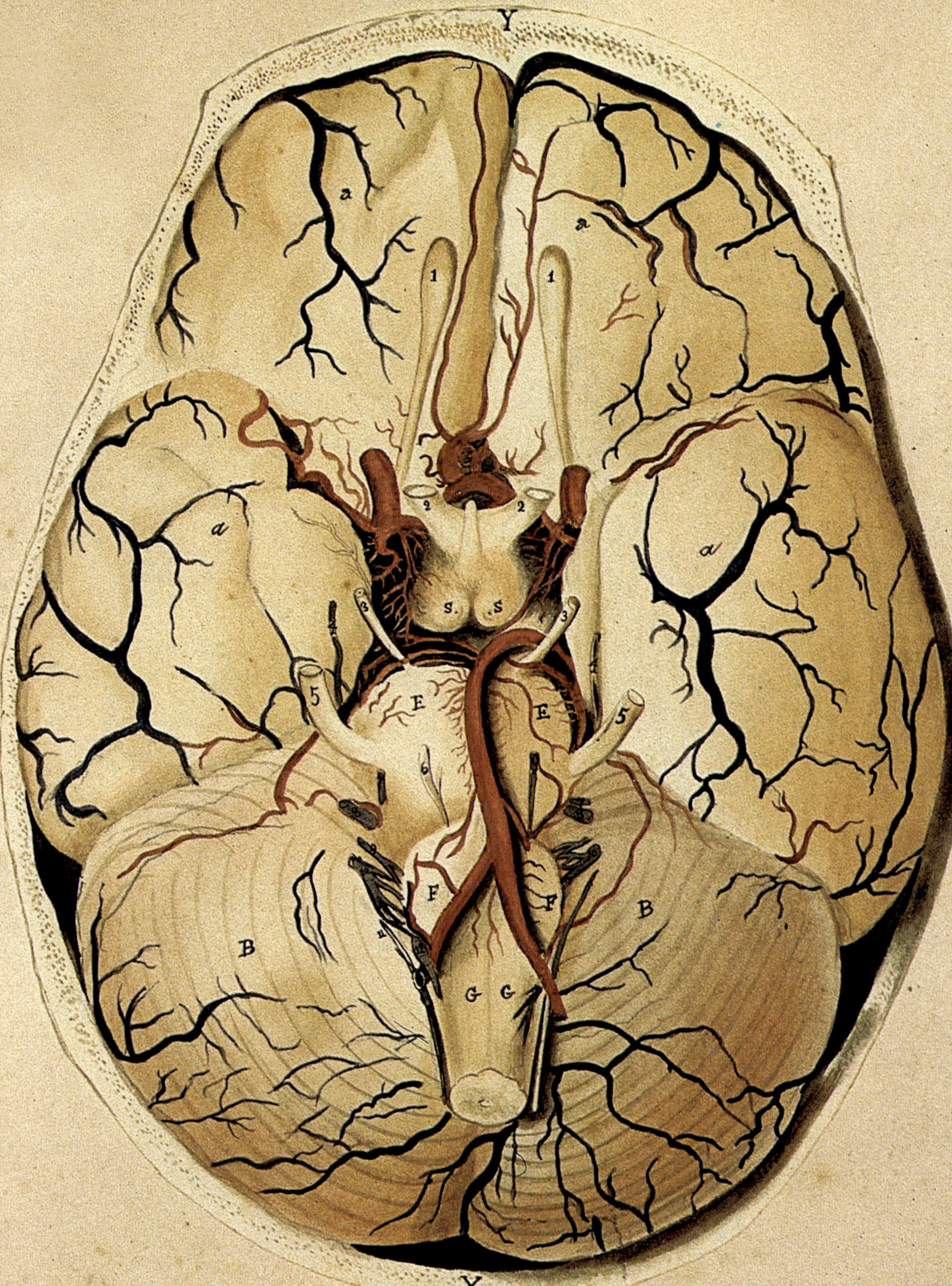

PLATE X.

1826년경에 나온 이 수채화는 해부한 인간의 뇌를 보여준다.

내셔널 지오그래픽의

과학, 우주에서 마음까지

존 랭곤 · 브루스 스터츠 · 앤드레아 지아노폴루스 지음 | 정영목 옮김

지호

옮긴이 **정영목**

서울대학교 영문학과와 동대학원을 졸업했으며, 현재 전문 번역가로 활동하고 있다. 이화여자대학교 번역대학원 겸임교수로 재직 중이다. 역서로는 『서재 결혼시키기』, 『파인만에게 길을 묻다』, 『눈에 대한 스밀라의 감각』, 『감성과 이성』, 『마르크스』, 『신의 가면 III:서양신화』, 『도시의 과학자들』, 『눈먼 자들의 도시』, 『흉내』, 『펠리컨 브리프』, 『로드』, 『왜 나는 너를 사랑하는가』 등이 있다.

존 랭곤을 추모하며

우리는 탐험을 중단하지 않을 것이다.

모든 탐험이 끝나는 곳에서

출발한 곳에 다시 이를 것이며

처음으로 그곳을 알게 될 것이다.

— T. S. 엘리엇, 「리틀 기딩」, 『네 개의 사중주』

ATLAS COELESTIS;
seu
HARMONIA
MACROCOSMICA.

차례

안드레아스 켈라리우스가 1661년에 쓴 『우주의 조화』의 권두화인 "마크로코스모스". 천문학의 뮤즈인 우라니아의 왼쪽에 덴마트 천문학자 티코 브라헤, 오른쪽에는 코페르니쿠스가 앉아 있다. 프톨레마이오스는 책을 들고 서 있고, 코페르니쿠스를 추종한 학자 필리푸스 란스베르겐이 맨 오른쪽에 서 있다. 그의 오른쪽에는 카스티야의 왕 알폰소 엘 사비오가 서 있다.

머리말

라디오나 텔레비전을 켤 때, 병을 예방하려고 백신을 맞을 때, 해가 뜨고 지는 것 같지만 사실 움직이는 것은 해가 아니라 지구임을 인식할 때——이 모든 순간에 사실 우리는 지구의 물리학적, 생물학적 현상을 파악하려고 애써 온 인류의 수천 년에 걸친 노력의 혜택을 입고 있다. 물론 아직도 많은 수수께끼가 남아 있지만, 우리는 우리가 사는 행성만이 아니라 그 너머 우주의 본질에 관해서 많은 것을 알게 되었다. 이런 지식을 추구하는 일을 우리는 과학(science)이라고 부른다. 이 말의 그리스어 뿌리는 '안다'는 뜻만이 아니라 '분별'하거나 '이것과 저것을 분리'한다는 뜻도 포함한다. 과학의 목표는 단순히 사실을 발견하는 것이 아니라, 일반적인 진실을 찾아내고 근본적 법칙을 정리하는 것이다. 과학자들은 이런 지적인 구성물을 '이론'이라고 부른다.

일상 대화에서 '이론'이라고 하면 '추측'이나 '관념'을 이야기하기도 하지만 과학에서는 그렇지 않다. 과학 이론은 사실의 표현이다. 과학자들은 과학적 방법이라고 알려진 것에 근거하여 이론에 이른다. 과학적 방법이란 널리 인정받는 논리적 절차로, 과학자들은 이런 방법에 의거하여 신중한 관찰, 실험, 측정을 거치며 가설을 검증한다. 오류임을 증명하려는 온갖 시도를 버텨낸 가설은 이론이라고 부를 수 있다. 따라서 중력 이론이나 진화 이론은 추측이 아니다. 이 이론은 지구상의 삶에 관한 근본적 사실을 묘사한다. 뉴턴의 운동법칙, 보일의 기체법칙, 멘델의 유전법칙, 에너지보존법칙도 마찬가지다.

이론이 오류로 판명날 수 있을까? 과학이 모순되는 증거를 찾아내고 그 증거가 검증을 거쳐 옳다는 것이 증명되면, 이론은 새로운 증거를 수용하도록 바뀌거나 아니면 폐기된다. 이론은 잠재적으로 오류의 가능성을 안고 있다. 즉 원칙적

큰 시계

11세기 중국의 엔지니어들은 이런 시계탑을 설계하고 건설했다. 기계 장치가 사람보다 더 크다.

으로 이론을 구성하는 주장은 다른 증거가 나타나면 오류로 판명날 수도 있다. 추측이나 관념과는 달리 이론은 검증에 의해 옳거나 틀리다는 것이 증명될 수 있어야 한다.

우리가 아는 과학——연구라는 공식적 방법이 지배하는 독자적인 학문 분야——은 생겨난 지 불과 수백 년밖에 안 되었지만, 우리가 현재 가지고 있는 지식에는 옛날에 파악한 내용도 포함되어 있다. 물론 과학의 뿌리를 이루는 내용 가운데 일부는 현재의 시점에서 과학으로 인정할 수 없을지도 모른다. 과학 자체가 세상과 지식을 바라보는 방법을 바꾸어놓았기 때문이다. 과학 이론의 역사를 개괄하는 이 책 또한 인간이 세상을 보고 이해하는 방식의 역사를 이야기한다고 볼 수도 있다.

과학적 지식은 예기치 않게 극적인 발견이 이루어지는 유레카의 순간에 찾아오는 경우가 드물다. 가설로부터 오류 없이 획기적인 발견의 길로 나아가는 경우 또한 드물다. 과학은 각 세대가 이전 세대의 통찰을 조금씩 개선해 나아가는 지속적인 과정으로, 즉 끊임없이 작은 사실들이 드러나 결국에는 더 큰 깨달음으로 나아가는 과정으로 보이기도 한다. 그러나 사실 과학이 그렇게 깔끔하게 앞으로

생각의 혁명
알베르트 아인슈타인이 제시한 두 가지 상대성 이론 같은 이론은 과학의 모든 분야만이 아니라 그 너머까지 널리 영감을 주기도 하고 개념을 재정의하기도 한다.

나아가기만 했던 경우는 드물다. 중요한 통찰에 이르는 길에 수많은 막다른 골목을 만나는 일이 허다하다. 또 틀리거나 부분적으로만 옳은 생각임에도 열심히 옹호를 하는 일도 많이 생긴다. 그런 생각이 옳게 보이는 바람에 가끔 진실이 흐려지기도 한다.

어떤 개념이 갑자기 나타난다거나, 뛰어나게 똑똑한 사상가가 등장하는 것은 정상적인 과학적 진보의 전형적인 모습이 아니다. 위대한 정신의 소유자는 여러 사람의 작업을 종합하는 경우가 많다. 위대한 정신과 너그러운 천성의 소유자였던 아이작 뉴턴은 이렇게 말했다. "내가 더 멀리 볼 수 있었다면, 그것은 거인들의 어깨 위에 서 있었기 때문이다." 이런 다른 거인들이 뉴턴, 패러데이, 아인슈타인 같은 귀에 익은 이름 옆에 자신의 이름을 올리지 못한 경우도 많다. 그럼에도 그들은 이런 유명한 인물들이 과학의 여행을 떠날 수 있도록 발판을 마련해주었다.

과학은 물론 역사에 영향을 주었지만, 그 반대 또한 사실이다. 교역, 문화 교류, 지리상의 발견, 전쟁, 종교, 예술은 모두 과학의 발전에 영향을 주었다.

기술 혁신도 마찬가지다. 이 책은 기술의 역사를 다루지 않지만, 책 전체에 걸쳐 과학의 발전을 촉진한 도구, 연장, 기술의 예가 널려 있다. 망원경과 현미경은 과학자에게 그때까지 보지 못했던 세계를 보게 해주었다. 발전기, 엑스선 기계, 컴퓨터는 그것이 없었다면 불가능했을 발견을 촉진했다. 어떤 혁신은 불시에 과학을 덮쳤다. 화약과 증기기관은 그 과학을 완전히 이해하기도 전에 역사의 흐름을 바꾸어버렸다. 반면 라디오와 발전기는 과학의 진전의 산물이다.

혁신과 발명은 늘 과학을 움직였고 또 과학의 영향을 받았다. 200만 년 전 인간의 먼 조상인 호모 하빌리스는 나무와 돌로 만든 연장을 사용했다. 이런 유물이 꾸준히 나타나는 것으로 보아 석기시대 인간이 일관된 결과를 만들어내는 기술의 가치를 이해했다는 사실을 알 수 있다.

비교적 최근까지 인간은 사냥꾼이자 채집자였다. 기원전 8000년경 마지막 빙하기의 위협적인 빙하가 물러나면서 인간은 농작물을 심고 재배하는 재능과 야생 동물을 우리에 넣는 재능을 계발했다. 인간은 점차 식물과 동물을 길들여나갔다. 그 후 수백 년 동안 수많은 시행착오 끝에 세계의 여러 지역에서 인간은 새로운 잡종과 품종을 개발했다.

기원전 6000년경 중동의 '비옥한 초승달 지대' 거주자들은 생산성이 높은 종류의 야생 보리와 밀을 길러내는 데 성공했다. 현재의 멕시코 땅에 살던 사람들은 현대 옥수수의 야생 조상인 테오신테를 길들였다. 현재의 페루, 중앙아프리카, 중국 동부 문화권에서는 동물을 길렀다. 이런 농업혁명이 성공을 거두고 지구 전체로 퍼져 나가자 인간의 모든 문화 영역의 미래가 바뀌었다.

사람들은 유목 생활을 버리고 거주지에 정착하여 살기 시작했다. 이런 거주지

기원전 5세기 아테네에는 수많은 철학자와 과학자들이 있었다. 16세기 화가 라파엘로는 그의 걸작 "아테네 학당"에 그들을 모두 등장시켰다. 이 부분에는 책을 든 피타고라스와 혼자 앉아 있는 헤라클레이토스의 모습이 보인다.

는 도시로 성장했다. 안정된 인구 집중지가 등장하자 자원을 더 효율적으로 나눌 수 있었다. 자원의 공유는 지식의 공유와 비교를 의미했다. 바빌로니아나 메소포타미아 같은 곳에서는 초보적인 수준이기는 하지만 과학이 처음으로 발전하기 시작했다.

저장한 곡물이나 가축을 세고, 작물의 무게나 땅의 크기를 측량하고 기록할 필요가 생기자 수 체계가 생겼다. 수 체계는 처음에는 점토판에 새겨놓은 기호에 불과했지만, 결국 숫자를 기록하는 체계로 발전했다. 기원전 2400년경 메소포타미아의 수메르 사람들은 기호의 위치에 기초한 의미 체계를 만들어냈다. 숫자 자리 표기법이라고 부르는 이 방법 덕분에 셈과 수학적 계산이 상당히 쉬워졌으며, 그 결과 수학적 사고는 더 복잡해졌다.

메소포타미아의 수 체계와 여기에서 발전하여 그 지역 전체로 퍼진 수 체계들은 60진법을 사용했다. 우리의 대수는 10진법을 사용하지만, 고대 60진법의 흔적은 우리 일상생활 곳곳에 남아 있다. 이 4천 년 묵은 중동의 관행 때문에 한 시간은 60분이고, 1분은 60초이며, 원은 360도다. 그러나 수메르, 바빌로니아, 칼데아 등 메소포타미아의 위대한 문화 가운데 어디에서도 0이라는 개념이나 그것을 표현할 기호는 등장하지 않았다.

그리스에 첫 철학자들이 등장하기 천여 년 전인 기원전 1800년, 메소포타미아 사람들은 정교한 기하학을 발전시키고 2차방정식을 풀 수 있었다. 나아가서 그들은 현재 피타고라스 수——직각삼각형의 변들의 길이를 나타낼 수 있는 수——라고 부르는 숫자들을 짝지어 표를 작성할 수 있었다. 그러나 그 길이의 관계를 규정하는 일반 정리——현자 피타고라스의 이름을 따 피타고라스 정리라고 부른다——는 그리스인들의 시대가 되어야 등장한다.

물론 수의 패턴은 대체로 인간 정신의 창조물이다. 그러나 인간 생활에는 규칙적인 패턴을 제공하는 훨씬 더 근본적인 것들도 있었다. 바로 해가 매일 보여주는 경로와 달과 별이 밤에 회전하는 방식이었다. 해의 위치와 질서 있는 계절 순환은 인간 생활에 직접적인 영향을 주었기 때문에, 옛날부터 세심한 기록의 대상이 되었다. 그래서 천문학은 높은 수준으로 체계화된 최초의 과학이 되었다.

늦어도 기원전 3000년 무렵에는 이집트에 365일 역법이 등장했다. 그들의 한 해는 매년 나일 강의 범람과 함께 시작되었다. 이것이 농업에서 가장 중요한 사건이었기 때문이다. 칼데아 사람들은 기원전 1600년경 황도 12궁——별들의 위치와 운동을 보여주는 도표——을 정리하고 체계적으로 묘사했다. 바빌로니아 사람들은 기원전 750년에 일식과 월식을 기록했다. 같은 시기에 중국 사람들은 천문학적 사건들을 세련된 방식으로 자세하게 기록했다. 이 기록은 혜성의 주기를 확인해주기 때문에 19세기나 20세기의 천문학자들도 유용하게 사용한다.

천문학 작업에는 지적인 노력이 많이 들어갔을 뿐 아니라, 최초의 관측소라고 부를 만한 것들을 세워야 했기 때문에 육체노동도 엄청나게 동원되었다. 예를 들어 기원전 2500년경 현재 잉글랜드의 스톤헨지 지역의 노동자들은 길이가 4미터가 넘고 무게는 30톤이 넘는 돌 토막들을 멀게는 300킬로미터 떨어진 곳에서부터 운반해 와서, 근처 솔즈베리 평원에 돌기둥으로 이루어진 원형 구조물을 세웠다. 스톤헨지가 현대적인 의미의 천문학적인 목적에 이용되었는지는 분명치 않다(당시에는 지금처럼 천문학이라는 정밀과학과 점성술이라는 사이비과학을 구분하지 않았으며, 이런 구분은 수천 년 뒤에 생긴다). 설사 하늘에서 길조나 흉조를 찾으려는 목

스톤헨지

이 19세기의 그림이 보여주듯이, 어떤 사람들은 고대에 잉글랜드 솔즈베리 평원의 스톤헨지에서 의식이 거행되었다고 상상했다. 어떤 신앙과 관련이 있었든 간에, 큰 돌을 이렇게 원형으로 배치하려면 자연세계에 대한 세밀한 지식이 필수적이었을 것이다.

적이었다 해도, 관찰 자체는 충실하게 이루어졌다.

그러나 기원전 6세기 무렵 그리스에서 급속히 성장하던 여러 도시국가에서 인간 발전의 경로를 근본적으로 바꾸어버린 새로운 종류의 사고가 탄생했다. 우리가 당연하게 여기는 한 가지 지식을 예로 들어 이 새로운 사고가 어떤 것인지 살펴보자.

두 지점 사이에 줄을 팽팽하게 걸고 그것을 튕겨보라. 그러면 소리가 난다. 줄의 길이를 반으로 줄이고 다시 튕겨보라. 음은 똑같지만 높이는 다르다. 더 높다.

다시 그 길이를 반으로 줄여라. 이번에도 음은 같지만, 높이는 더 높아진다.

기원전 6세기 또는 7세기에 현의 길이를 반으로 줄이면 높이가 정확히 한 옥타브 높아진다는 사실이 발견되었다(오늘날 우리는 현의 길이가 반이 되면 진동수는 두 배가 된다는 사실을 알고 있다). 피리의 길이에도 같은 비율이 적용되었다. 그리스인들은 이 옥타브를 더 세분할 수 있다는 것을 알았다. 길이를 3분의 2로 줄이면 음정은 5도 높아진다. 4분의 3으로 줄이면 4도 높아진다.

중국은 다른 음계를 발전시켰지만, 비슷한 시기에 똑같은 내용을 알게 되었다. 그들은 또 이 새로운 지식을 실용적으로 이용할 방법도 찾아냈다. 그들은 신체 부위에 기초한 계량법을 조율관의 길이에 기초한 계량법으로 바꾸었다. 곡물을 계량하는 데 사용하는 그릇의 크기는 빈 그릇을 두드렸을 때 나는 소리의 높이를 기준으로 삼았다. 고대 중국에서 곡물 계량에 사용하는 단어는 술잔과 종을 뜻하기도 했다.

피타고라스를 따르는 사람들은 그렇게까지 실용적이지는 않았지만, 소리를 수학적으로 표현할 수 있다는 생각은 자연 현상이 추측과 관찰만이 아니라 양적 분석의 대상이기도 하다는 깨달음으로 나아가는 데 도움을 주었다. 바야흐로 고대 그리스 과학의 시대가 동터오고 있었다.

기원전 6세기 초 이오니아의 도시 밀레토스에서 자연철학이 탄생했다. 이 연구는 관심과 영향력을 넓혀나갔으며, 이 위대한 창조의 시기는 서기 1세기 초까지 계속되었다. 과학사의 이 단계와 관련된 이름은 탈레스, 아낙시만드로스, 헤라클레이토스, 피타고라스, 파르메니데스, 소크라테스, 플라톤, 히포크라테스, 에우독소스, 아리스토텔레스, 유클리드, 프톨레마이오스, 아르키메데스 등으로,

천문학, 지질학, 지리학, 생물학, 의학, 기하학, 물리학, 심리학의 기초를 세운 독창적인 인물들을 망라한다.

이슬람 세계는 바그다드와 카이로 같은 산업과 학문의 수도를 거느렸으며, 이곳의 학자, 과학자, 수학자들은 그리스 사람들의 작업 가운데 많은 부분을 보존하고, 수정하고, 발전시켰다. 르네상스의 탐험가들——배를 타고 나선 탐험가들만이 아니라 서재와 도서관의 탐험가도 있었다——은 그들 이전에 이루어진 발견에 의존했다. 인쇄술이 도입되면서 이 시대에도 그 나름의 모험적 실험과 사색의 기풍이 형성되었다. 항해를 통한 발견도 망원경이나 현미경처럼 과학의 세계를 넓혀주었다. 또 이 모든 발견은 새로운 연구 방법을 요구하게 되었다.

별도의 연구 분야를 갖춘, 우리가 현재 알고 있는 과학은 16세기와 17세기에 발전하기 시작했다. 그러나 19세기가 되자 여러 과학 사이의 구분선이 이전에 생각했던 것만큼 분명하지 않을 수도 있다는 사실이 점점 분명하게 드러나기 시작했다. 열, 빛, 전기, 자기의 힘은 거의 동일하다는 사실이 밝혀졌다. 분자와 원자에 작용하는 힘은 행성이나 별 사이의 힘과 비슷해 보였다. 20세기에 DNA 분자가 발견되면서 생물 역시 우주를 지배하는 법칙의 일부에 종속되어 있다는 사실이 분명해졌다. 이 모든 것을 통일한 이론이 있을까? 이 질문은 바이러스, 프리온, 대양 깊은 곳에 사는 고대의 세포 같은 새로운 발견에서 생겨난 수수께끼와 더불어 21세기까지 유지되고 있다.

각각의 과학 분야에는 그 나름의 흥미 있는 발견의 이야기가 있다. 그래서 이 책도 '하늘', '사람의 몸', '물질과 에너지', '생명', '지구와 달', '마음과 행동' 등 여섯 편의 역사 이야기로 나뉘어 있다. 이 역사들은 모두 고대 그리스와 중세 이

뉴턴과 사과

아이작 뉴턴의 머리에 실제로 사과가 떨어졌건 안 떨어졌건, 자연세계의 관찰과 측정은 그의 수학과 역학 연구의 특징이며, 그의 뒤에 오는 모든 과학자들에게 빛을 던져주었다.

슬람의 과학, 수학, 철학에 뿌리를 내리고 있다. 따라서 독자들은 연거푸 등장하는 자연철학자와 과학자들의 이름에 곧 익숙해지게 될 것이다. 예를 들어 플라톤과 아리스토텔레스의 통찰은 여러 분야의 과학적 사고를 형성하는 데 기여했다. 갈릴레오, 다 빈치, 뉴턴, 베이컨, 데카르트, 라부아지에, 라이엘, 패러데이도 마찬가지이다. 각 장의 이야기는 생물학적이고 물리학적인 세계의 이해나 그 이론에서 중대한 이정표를 이루는 사건에 초점을 맞출 것이다. 사실을 알려주는 상자, 개인의 연대기나 역사적 연표는 중요한 사건이나 발전을 강조하거나 요약할 것이다. 마지막으로 두 가지 이야기가 모이는 지점도 있는데, 이런 지점이야말로 과학자들 스스로가 늘 찾는 것이다.

하늘 1

맑은 날 밤에 깜깜한 곳에서 하늘을 보라. 수많은 별, 행성, 또 빛이 희미하게 보풀처럼 뭉친 곳이 보일 것이다. 밤이 깊어지면서 동쪽에서 새 별이 떠오르고, 어떤 별은 서쪽 지평선 아래로 사라진다. 인간의 관점에서 보자면 하늘이 고정된 지구를 중심에 두고 천천히 돌아가는, 텅 빈 공 모양의 큰 껍질이라고 상상하기 쉽다. 실제로 별은 이 쉬지 않고 천천히 돌아가는 구(球)에 박혀 고정되어 있는 것처럼 보인다. 서로 어떤 관계를 맺고 움직이는 것처럼 보이지 않는 것이다. 그러나 이따금씩 혜성, 운석, 식(蝕)과 같은 변칙적인 것들이 우리 눈에 보이는 우주 질서를 깨기도 하고, 별이 가득한 밤하늘을 배경으로 "떠도는 별", 즉 행성 다섯 개가 춤을 추기도 한다. 고대 그리스의 천문학자들은 이 천상의 구가 보석—별—이 박힌 수정 구슬이라고 생각했다. 또 어떤 원시 문화에서는 별을 조상이 돌보는 모닥불이라고 생각했다.

오늘날 우리는 지구가 이 커다란 천상의 구의 중심에 있는 것이 아님을 안다. 지구가 축을 중심으로 돌기 때문에 별, 해, 달, 행성이 우리의 하늘에서 뜨고 지는 듯이 보인다는 것을 안다. 그러나 고대 천문학자들의 작업을 살펴볼 때는 인간이 이 땅에 250만 년 이상 살아왔다는 사실을 잊지 말아야 한다. 대략 25년을 한 세대라고 봤을 때, 우리가 알고 있는 역사 시대는 240세대 정도이다. 반면

앞 페이지 하늘의 작은 부분을 확대한 이 허블 우주망원경 이미지는 지구에서 수십억 광년 떨어진 곳에 자리 잡은 아주 다양한 은하 유형들을 보여준다.

우리가 선사시대라고 생각하는 시기는 10만 세대 이상이다. 그 긴 시기의 인간의 지적 활동에 관해서는 상대적으로 알려진 것이 거의 없다. 유물은 남아 있지만, 우리의 선사 시대 조상의 지식 기반을 살짝 보여주는 정도에 불과하다.

그렇지만 고대의 유물은 관찰 천문학의 기초가 수천 년 전으로 거슬러 올라간다는 사실을 분명히 확인해준다. 고대의 유적 — 예를 들어 잉글랜드 스톤헨지의 원형으로 배치한 돌이나 멕시코의 치첸잇사 같은 마야 피라미드 — 은 선사시대 문화들이 별이 빛나는 하늘을 얼마나 중요하게 여겼는지 말해준다.

모든 고대 문화에는 우주가 생겨나게 된 경위를 말해주는 그 나름의 이야기가 있다. 대부분의 문화에서 사제는 천문학적 지식의 관리자였다. 사제는 이 지식을 이용해 백성에게 작물을 언제 심고 언제 거둘지 조언을 했다. 예를 들어 고대 이집트에서는 별 몇 개의 위치를 보고 나일 강의 범람을 예측했다. 나일 강의 범람은 모든 농업 계획의 중심이 되는 사건이었다. 고대 문화에서는 식, 행성의 합(合), 혜성의 출현 등과 같은 천문학적인 사건들을 대개 지상에서 일어날 일의 징조로 받아들였다.

바빌로니아의 하늘

최초로 별을 본 사람들 가운데는 목자도 있었다. 그들은 밤에 가축을 지켜보다가 하늘을 보며 계절의 변화나 가축을 새로운 목초지로 옮겨야 할 때를 알려주는 조짐을 찾았다. 그들은 하늘을 보면서 점처럼 박힌 별들이 어떤 무늬나

기원전 3000년~서기 150년

기원전 3000년경	기원전 2686~2345년	기원전 1361년	기원전 750년경
잉글랜드의 스톤헨지 건설되다. 태양과 일직선을 이루었다.	이집트의 대피라미드들 세워지다. 그 위치로 볼 때 천문학적 의미가 있는 구조물로 여겨진다.	중국의 천문학자들 처음으로 월식을 기록하다.	바빌로니아의 천문학자들 달의 주기를 기초로 최초의 달력을 만들다.

바빌로니아의 경계석

쿠두루라고 부르는 고대 바빌로니아의 이 검은 석회석 조각은 소유지의 경계를 표시한다. 이란의 수사에서 발견된 이 쿠두루는 기원전 12세기의 왕 멜리시팍 2세가 건강과 의학의 여신 나나이에게 딸(수금을 들고 있다)을 바치는 장면을 묘사하고 있다.

기원전 340년경	기원전 270년경	기원전 240년경	서기 150년경
그리스의 철학자 아리스토텔레스 우주 만물이 지구와 조화를 이루어 움직인다고 가르치다.	사모스의 아리스타르코스 태양 중심의 우주관을 제시하다. 태양이 중심에 있고 지구는 그 궤도를 도는 행성 중 하나라고 보았다.	중국 천문학자들 핼리 혜성에 관한 최초의 기록을 남기다.	프톨레마이오스 별의 목록을 만들어 별자리 48개를 제시하고 지구 중심의 우주관을 널리 알리다.

형상, 예를 들어 곰과 뱀, 왕과 여왕 같은 형상을 보여준다고 상상했다. 목자들은 그런 형상을 두고 이야기를 정교하게 꾸몄다. 곧 그들의 신과 영웅들은 머리 위의 하늘에서 전설을 만들어나갔다.

시간이 흐르면서 별을 꼼꼼히 관찰하고 기록을 남기는 사람들이 나타났다. 하늘에서 일어난 일에 관한 오래된 기록은 중국에서도 찾아볼 수 있다. 그들은 기원전 2679년에는 밝아지는 별, 즉 신성(新星)의 출현, 기원전 2316년에는 혜성의 출현을 기록했다. 또 기원전 11세기에는 태양이 동지 때 물병자리의 베타 별 근처에 있다고 기록했다. 이곳은 태양의 현재 위치인 궁수자리의 감마 별 근처에서 약 40도 떨어진 곳이다.

바빌로니아 사람들은 일상적으로 해, 달, 행성의 움직임을 기록했는데, 이것은 그들의 창조 신화에서도 중요한 역할을 했다. 기원전 1700년 함무라비 치세부터 시작하여 1600년까지 지속되었던 구 바빌로니아 시대에 나온 서사시에는 창조의 이야기가 담겨 있다. 이런 서사시 가운데 하나인 『에누마 엘리시』는 그 움직임과 형태가 1년의 여러 시기에 대응하는 달의 상(相)과 36개의 별 이야기를 들려준다. 이 서사시에 따르면 메소포타미아 신들 가운데 최고신인 마르둑은 "위대한 신들을 위한 받침대를 만들었고", 이어 "그들에게 대응하는 별자리들을 만들었다". 마르둑은 또 "1년을 정하고 그것을 다시 나누었으며", 그런 뒤에 "열두 달 각각에 별을 세 개씩 할당했다".

이 무렵 천문학자들은 금성을 처음으로 관찰했다. 함무라비의 손자인 암미사두카는 기원전 1600년경 바빌로니아를 통치했다. 21년에 걸쳐 금성이 뜨고 지는 시간을 관찰한 것은 그의 치세에 이루어진 일이었다. 이 정보는 암미사두카의 금성표(Venus tablet)라는 유물에 고대의 문자인 설형문자로 기록되어 있다. 이 관찰은 역사적 의미는 있지만 정확하다고 할 수는 없다. 사실 몇 개의 기록은 관찰이 아니라 당시 발전하던 이론적 계산에 기초하여 이상화된 시간을 적고 있다. 당시 바빌로니아 사람들은 하늘에서 금성이 움직이는 방식에 관한 이론을 정리하고 있었다. 그들은 이 이론을 이용하여 아침이나 저녁 하늘에 언제 어디서 금성이 나타나거나 사라질지 예측했다.

달

달이 지구의 궤도를 도는 데는 27.322일이 걸린다. 달은 몇 가지 상(相)을 거치며, 그때마다 그 모양이 변하는 것처럼 보인다. 삭, 초승달, 상현달, 상현망간 위상(상현달에서 보름달로 부풀어 오르는 단계), 보름달, 하현달, 하현망간 위상(보름달이 하현달로 줄어드는 단계), 그믐달이 그 예다. 달이 궤도를 도는 주기는 그 자전 주기와 같다. 따라서 지구에서는 늘 달의 똑같은 면만 보게 된다.

고대의 상상

바빌로니아 사람들이 대기와 하늘과 땅을 바라보는 관점의 바탕에는 하늘의 신 아누와 땅의 여신 엔키가 대기의 신 엔릴을 낳았다는 그들의 고대 신화가 있다.

이런 부정확성에도 불구하고 바빌로니아 사람들은 과학의 발전에 큰 기여를 했다. 천문학적 관찰은 바빌로니아 사회제도의 한 부분으로, 실용적인 동시에 종교적인 의미가 있었다. 개별적인 관찰은 정확하지 않았지만, 그래도 장기간의 관찰을 분석하는 과정에서 패턴을 발견했으며, 하나의 물체가 밤하늘에서 움직이는 방식을 그려볼 수 있었다. 이런 광대한 시야는 천체의 운동 이론, 또 천체의 기원 이론을 발전시키는 데도 도움을 주었을 것이다.

고대 과학자들은 지상의 사건과 하늘의 사건을 연결시키기 시작했다. 이 시기에는 관찰을 하는 천문학자와 예언을 하는 점성가 사이에 실제적인 구분이 없었다. 목성이 평소보다 밝게 빛나는데 그 무렵에 홍수가 일어나면, 다음에 목성이 다시 밝게 빛날 경우 그것을 임박한 홍수의 징조로 해석했다.

기원전 1570년에서 1155년에 이르는 카시트 왕조 시대 400여 년 동안 한 무리의 서기들이 표를 약 70개 작성했는데, 이것을 모두 뭉뚱그려 『에누마 아누 엔릴』이라고 부른다. 여기에는 하늘에서 읽어낼 수 있는 징조가 말 그대로 수천 개가 담겨 있다. 신전의 점성가들은 관찰을 한 뒤 이런 표를 참조하여 왕에게 예언을 전달했다.

바빌로니아에서 가장 유명한 천문학 텍스트는 『물 아핀』이라고 부르는 점토판 몇 개다. 『물 아핀』이라는 이름은 시의 첫 구절에서 따온 것인데, 수메르어로 "쟁기 별"이라는 뜻이다.

바빌로니아의 가장 중요한 천문학 텍스트인 『물 아핀』에는 별과 별자리의 이름에서부터 시작하여, 별자리와 별이 지평선에 뜨는 시간, 같은 시간에 뜨고 지는 별과 별자리, 아침 하늘에서 한 별자리가 뜨는 시간의 변화 등이 담겨 있다.

현존하는 가장 오래된 사본은 기원전 700년에 나온 것이지만, 이 텍스트는 금성표와 『에누마 아누 엔릴』을 포함한 여러 자료의 편찬물이기 때문에, 원본은 그보다 훨씬 더 오래 전에 나왔을 것이다. 『물 아핀』 텍스트는 헬레니즘 시대에도 계속 사본이 만들어졌으며, 현존하는 판본들은 서로 거의 차이가 없다.

고대 그리스의 하늘

학자들은 『물 아핀』의 가장 오래된 사본이 만들어진 시기가 그리스의 위대한 구전 서사시 『일리아드』, 『오디세이아』가 처음 지어졌던 시기와 대체로 일치한다고 본다. 호메로스가 별자리나 그와 얽힌 전설을 이야기한 것을 보면 그리스의 천문학적 지식은 바빌로니아의 경우만큼 세련되지 못했음을 알 수 있다. 기원전 7세기에 이르러서도 헤시오도스의 『노동과 나날』은 하늘의 변화를 계절과 연결시키는 소박한 수준에서 벗어나지 못했다. "플레이아데스와 히아데스와 강력한 오리온이 지면, 씨앗을 뿌릴 철이 온다는 사실을 기억하라." 헤시오도스는 이런 식으로 지평선 너머로 지는 별자리와 봄이 다가온다는 사실을 연결시키고 있다.

그리스인은 이집트인의 하늘에 관한 지식을 발판으로 삼았다. 기원전 5세기에 살았던 그리스의 역사가 헤로도토스는 이집트인이 일 년을 열두 달로 나누고, 한 달을 30일로 나누었다고 감탄했다. "이집트인은 최초로 일 년을 발견하고, 그것을 네 계절을 이루는 열두 달로 나누었다. 또 이집트인은 그리스인보다 현명했던 것 같다. 그리스인은 계절을 정확하게 맞추기 위해 3년에 한 번씩 윤달을 넣었던 반면, 이집트인은 열두 달에 각각 30일을 할당하고, 매년 5일을 추가로 보탰기 때문이다."

이집트인은 해시계와 물시계를 만들었으며, 기원전 13세기에 이미 별자리 43개와 행성 5개—수성, 금성, 화성, 목성, 토성—를 찾아냈다. 그들은 이 별자리와 행성마다 그들 나름의 신화적 해석을 덧붙였다. 화성은 "빛나는 호루스"로서 보통 매로 상징되는 변신의 신과 연결되었다. 금성은 처음에는 지하세계의 신 오시리스의 행성으로 여겼다. 그러다가 이 행성이 하늘에서 나타나는 방식을 알게 되자 '아침과 저녁의 별'이라는 이름을 부여했다.

로마의 작가 키케로는 기원전 1세기에 이집트인이 금성과 수성을 "태양의 벗"이라고 부른다고 기록했다. 이것은 우리가 물리학적으로 이해를 할 수 있는 별명

달력

고대 바빌로니아의 달력은 태음월에 바탕을 두었다. 두 보름달 사이의 기간은 29.5일이었다. 이 주기에 따르면 태음년 1년은 354일로, 태양년 1년의 평균 길이인 365.24199일보다 며칠이 짧았다.

태양년을 기초로 처음 달력을 만든 사람들은 고대 이집트 사람들이었다. 이집트의 생활은 나일 강의 범람을 기준으로 순환했다. 나일 강이 넘칠 때면 밤하늘에서 가장 밝은 별 시리우스가 동트기 직전에 빛이 났다. 이집트인은 이 사건을 기준으로 달력을 만들었다. 마야인도 시간을 기록하는 데 관심을 가졌지만, 달력과 1년의 길이를 연결시키지는 않았다. 대신 과거나 미래 멀리까지 시간을 계산하는 체계를 고안했다. 근대의 달력은 기원전 8세기에 뿌리를 두고 있다. 기원전 8세기의 달력에서 율리우스 카이사르가 기원전 46년에 도입한 로마의 율리우스력이 나왔다. 율리우스력은 아우구스투스 황제 치세인 서기 8년 무렵에 완성되었다. 그러나 여전히 11분 14초가 틀렸으며, 그 설계 방식 때문에 잘못이 수백 년 동안 축적되었다.

이 기원전 7세기의 바빌로니아 달력은 행운의 날과 불운의 날을 기록하고 있다.

1582년 교황 그레고리우스 13세는 두 단계로 달력을 혁신했다. 첫 번째로 10일의 불일치를 없애 3월 21일을 춘분에 맞추었다. 그는 신성로마제국 전역에 1582년 10월 4일 다음 날을 10월 15일로 정하겠다고 선포하여 이 일을 이루어냈다.

이어 그레고리우스 13세는 윤년을 정하는 규칙을 바꾸었다. 4로 나누어지는 해에는 2월에 하루를 추가하기로 한 것이다. 다만 100으로 나누어지는 해(400으로도 나누어지는 해는 제외)는 평년으로 하기로 했다. 이렇게 해서 그레고리우스력은 1년 평균 365.2425일이 되며, 3300년에 하루의 오차가 생긴다.

이다. 금성과 수성은 지구보다 태양에 가깝기 때문에, 지구에서 볼 때 태양으로부터 결코 멀어지지 않기 때문이다.

기원전 1세기에 그리스 역사가 디오도로스 시켈로스는 고대 이집트에서 가장 웅장한 도시로 꼽히던 테베의 사제들이 식(蝕)을 예측할 수 있다고 썼다. 이것은 높은 수준의 수학적 능력과 천문학적 지식을 바탕으로 한 지적 성과였다.

그리스 사상가들은 바빌로니아와 이집트에서 거둔 성과들을 기반으로 최초의 천문학이라고 부를 만한 것을 정리했다. 밀레토스의 탈레스는 개기일식을 예측했다고 전해진다. 오늘날의 학자들은 이 일식이 기원전 585년 5월 28일에 일어났을 것으로 본다. 헤로도토스에 따르면 경쟁하는 두 도시국가가 전투를 하던 중 예측한 대로 일식이 일어났다. 대낮에 세상이 깜깜해진데다가 탈레스의 깜짝 놀랄 만한 예언이 적중했기 때문에 전쟁은 끝이 나버렸다. 이 사건으로 탈레스는 헤로도토스만이 아니라 플라톤과 아리스토텔레스의 글에서도 확고부동한 자리를 차지하게 되었다.

탈레스의 예리한 천문학적 통찰은 많은 부분 바빌로니아인 덕분일 것이다. 기

히파르코스

뛰어난 관찰자였던 그리스의 천문학자 히파르코스는 별의 밝기를 재는 등급을 만들었는데, 이것은 오늘날에도 사용된다. 그는 또 지금까지 알려진 최초의 천체 목록을 작성하여, 약 850개의 별을 수록했다.

원전 8세기 나보나사르 치세에 바빌로니아의 천문 관찰 기술은 극적으로 발전했다. 그들은 일식과 월식이 일어나는 해와 날짜를 세세하게 기록했으며, 그 결과 패턴이 드러났다. 특히 대략 18년(음력으로 223개월)이라는 주기가 드러났다. 그러나 바빌로니아의 방법으로는 월식은 매우 정확하게 예측했지만, 일식은 그럴 수가 없었다. 아마 탈레스의 예측이 맞는 것에는 지식만이 아니라 행운이라는 요소도 있었을 것이다.

철학자 플라톤의 제자 중에서 가장 유명하고 많은 책을 쓴 아리스토텔레스는 자연의 연구에서는 관찰이 안내자가 되어야 한다고 주장했다. 아리스토텔레스는 『하늘에 관하여』와 『기상학』 두 권의 저서에서 눈에 보이는 별, 행성, 달의 운동을 설명했다.

기원전 4세기에 세워진 그의 모델은 그 이후 많은 과학자들에 의해 오류로 판명이 난 가정들에 근거했다. 그는 지구 중심의 우주 모델을 제시했다. 이 모델에서 하늘의 모든 것은 완벽하게 균일한 원형 운동을 한다. 또 이 모델은 질량을 가진 물체가 상호작용할 때 작용하는 물리학 법칙은 고려하지 않았다.

아리스토텔레스의 관찰은 움직이지 않는 고정된 지구를 중심으로 56개의 구로 이루어진 복잡한 우주 모델을 낳았다. 그는 지구가 자전한다면, 위로 던진 물체가 똑같은 자리에 떨어지지 않을 것이라고 생각했다. 또 지구가 태양 둘레를 공전한다면 별은 매년 위치가 바뀔 것이라고 생각했다. 물론 육안으로는 그런 변화를 감지할 수 없다. 별이 너무 멀리 떨어져 있기 때문이다. 그러나 오늘날의 천문학자들은 실제로 이런 변화를 측정하며, 이것을 별의 시차(視差)라

초기의 천문학자들

밤하늘을 처음 관찰한 사람들

기원전 624년경
밀레토스의 탈레스 출생하다.

기원전 585년
5월 28일에 탈레스가 예측한 일식이 일어나다.

기원전 547년경
탈레스 사망하다.

기원전 432년
메톤과 에우크테몬 아테네에서 하지를 관찰하다.

기원전 384년경
아리스토텔레스 그리스 스타게이로스에서 출생하다.

기원전 367년
아리스토텔레스 아테네의 플라톤 아카데메이아에 들어가다.

기원전 350년
아리스토텔레스 『천체에 관하여』를 완성하다.

기원전 322년
아리스토텔레스 그리스의 칼키스에서 사망하다.

기원전 310년경
사모스의 아리스타르코스 출생하다.

기원전 285년경
아리스타르코스 리케이온에서 연구를 시작하다.

기원전 190년
오늘날의 터키 이즈니크에서 히파르코스 출생하다.

기원전 150년경
히파르코스 『아라토스와 에우독소스에 대한 논평』을 완성하다.

서기 100년경
프톨레마이오스 출생하다.

서기 150년경
프톨레마이오스 『알마게스트』 완성하다.

서기 170년
프톨레마이오스 사망하다.

고 부른다. 또 이것을 이용하여 지구와 상대적으로 가까운 천체 사이의 거리를 계산하기도 한다.

아리스토텔레스는 꼼꼼하게 천문학적 관찰을 했으며, 비록 부정확한 우주 모델을 구축하기는 했지만, 미래 과학에도 도움이 되는 정확한 결론을 이끌어내기도 했다.

아리스토텔레스는 지구가 둥그런 구임에 틀림없다고 인식했다. 그가 이런 결론에 이른 것은 무엇보다도, 월식 때 지구가 달에 곡선으로 이루어진 그림자를 드리우기 때문이었다. 그는 이 가설에 기초하여 지구의 지름을 계산한 뒤 약 5,100킬로미터라는 답을 내놓았다.

아리스토텔레스의 계산은 정답과는 한참 거리가 멀었지만, 기원전 3세기에 그리스의 에라토스테네스는 훨씬 더 정확한 답을 내놓았다. 그는 하지의 정오에 태양이 이집트의 알렉산드리아와 시에네(현재의 아스완)에 드리우는 그림자의 길이가 다르다는 사실에 주목하여 지구의 크기를 계산했다. 그는 알렉산드리아와 시에네 사이의 거리를 알고 있었기 때문에 지구의 지름이 13,322킬로미터라고 계산했다. 이것은 오늘날 측정값인 약 12,682킬로미터와 놀라울 정도로 가까운 값이다.

그 다음에 그리스 고전시대에 등장한 위대한 천문학자는 사모스의 아리스타르코스로 그는 기원전 310년경부터 230년까지 살았으며, 지구에서 태양과 달까지 거리를 추측한 것으로 유명하다. 아리스타르코스는 별 675개의 목록을 작성했으며, 지구의 자전축이 기울었다는 가설을 세웠다. 그는 또 태양 중심의 우주 모델을 제시한 것으로도 잘 알려져 있다. 그의 모델에 따르면 별과 해는 고정되어 움

1543~1705

1543	1572	1608	1609
니콜라우스 코페르니쿠스 태양 중심의 우주론을 발표하다.	티코 브라헤 지구의 대기권 바깥을 여행하는 초신성을 관찰하여, 천체가 변할 수 있다는 증거를 제시하다.	네덜란드의 안경 제조업자 한스 리페르셰이 천문학에 혁명을 가져올 굴절망원경을 만들다.	요하네스 케플러 행성 운동 법칙을 묘사하는 첫 연구 결과를 발표하다.

직이지 않으며, 해를 중심으로 거대한 구 모양을 유지한다. 지구는 이 구 안에서 원형의 궤도를 돈다. 그러나 이런 모델에 동의한 사람은 거의 없었다. 어떤 사람들은 이것이 신성모독이라고 생각했다. 태양 중심의 모델이 다시 서구 과학의 전면에 등장한 것은 그로부터 1700년 뒤에 활동했던 코페르니쿠스 덕분이었다.

기원전 2세기에 히파르코스는 아리스타르코스의 작업을 바탕으로 지구 자전축의 느린 변화를 묘사했으며, 태양과 달의 운동의 수학적 모델을 만들었다. 그러나 히파르코스가 유명한 것은 눈에 보이는 별의 밝기를 측정하는 방법을 개발했기 때문이다. 그는 별을 여섯 개 범주로 구분하여, 가장 밝은 별을 1등성이라고 불렀다. 육안으로 간신히 볼 수 있는 가장 흐릿한 별은 6등성이라고 불렀다. 히파르코스는 이런 밝기 등급을 사용하여 약 850개의 별을 분류했다.

오늘날 현대 천문학자들도 이 기본적인 등급을 사용한다. 다만 태양을 포함한 다른 천체들도 집어넣고, 히파르코스가 육안으로 볼 수 있었던 것보다 훨씬 더 희미한 천체들도 포함할 수 있도록 확장한 것이 다를 뿐이다. 히파르코스의 원래의 등급에서 1등성은 6등성보다 약 100배 밝다. 달리 말하면 천체가 밝을수록 그 시각적 등급을 표시하는 숫자는 작아진다. 현대의 등급 또한 5등급이 벌어지면 밝기의 차이를 100으로 본다. 그러나 아주 밝은 천체를 묘사할 때는 음수를 사용한다. 예를 들어 시리우스는 광도가 -1.42다. 태양은 -26.5다. 허블 우주망원경 같은 도구를 이용하면 광도 +28 이상으로 희미한 천체도 탐지할 수 있다. 이것은 육안으로 볼 수 있는 가장 희미한 천체보다 440배 더 어두운 것이다.

천체 관측의

6세기에 나온 천체 관측의는 천문학자들에게 지평선과 자오선을 고려하여 태양과 별의 위치를 계산할 수 있는 길을 열어주었다. 천체 관측의는 더 나은 항해용 도구인 육분의가 나올 때까지 선원들도 많이 이용했다.

위대한 그리스 천문학자들 가운데 마지막 인물은 클라디오스 프

1610

갈릴레오 갈릴레이 흑점, 달의 분화구, 목성의 네 달을 묘사하다. 이로써 우주의 모든 것이 지구의 궤도를 도는 것은 아니라는 사실이 증명되었다.

1687

아이작 뉴턴 『자연철학의 수학적 원리』(『프란키피아』)를 발표하여 만유인력과 세 가지 운동법칙을 소개하다.

1705

에드먼드 핼리 계산에 기초하여 혜성이 돌아올 것을 예측하다. 그의 예측대로 1785년에 혜성이 돌아오자, 이 혜성에 그의 이름을 붙였다.

프톨레마이오스

2세기에 프톨레마이오스는 지구 중심의 태양계 모델을 개발하여, 행성, 태양, 달의 운동을 오차 1도 이내로 예측했다.

톨레마이오스로, 서기 100년부터 170년까지 살았다. 프톨레마이오스는 지구 중심적인 태양계 모델을 개발했다. 이 모델에서는 지구를 우주의 중심에 놓지만, 아리스토텔레스의 모델과는 달리 달, 태양, 행성의 운동을 매우 정확하게—오차가 1도 안쪽이다—예측했다. 페르가의 아폴로니우스가 기원전 3세기에 비슷한 모델을 제시했고, 히파르코스가 확장시켰으며, 프톨레마이오스가 완성한 것이다.

프톨레마이오스의 우주에서 행성은 주전원(周轉圓)이라고 부르는 원을 그리면서 움직이며, 각각의 주전원은 지구를 중심으로 종원(從圓)이라고 부르는 원형의 궤도를 돈다. 그러나 이 단순한 원은 하늘에서 보이는 운동과 완전히 일치하지 않는다. 프톨레마이오스는 이것을 보완하려고 지구를 중심에서 약간 비껴난 곳에 두었다. 그는 또 등각속도점(equant)이라고 부르는 점을 설정했는데, 이곳에서는 각 주전원의 중심이 항상 똑같은 속도로 운동을 하는 것처럼 보이게 된다.

결국 프톨레마이오스의 모델은 각기 다른 속도로 돌아가는 다양한 크기의 원 수십 개로 이루어진 복잡한 체계였다. 이것이 수백 년 동안 하늘의 표준적인 모델이 되었다. 그러나 시간이 흐르면서 천문학자들은 모델에 기초한 예측과 실제 관찰을 비교하게 되었으며, 그 결과 점차 오류가 발견되기 시작했다. 결국 프톨레마이오스의 모델은 상대적으로 부정확한 것으로 간주되었다. 그러나 이런 오류에도 불구하고 행성의 운동을 예측할 수 있는 더 나은 모델이 없었다. 따라서 프톨레마이오스의 개념이 거의 1천5백 년 동안 천문학적 사고를 지배하게 되었다.

프톨레마이오스의 최대의 업적은 『알마게스트』라는 제목의 책이다. 이것은 '최고의 책'이라는 뜻의 아랍어를 라틴어로 표현한 것이다. 서기 150년경에 기록된 『알마게스트』는 포괄적인 고대 그리스 천문학 텍스트로는 유일하게 지금까지 온전하게 살아남았다. 아리스타르코스와 히파르코스를 포함한 많은 위대한 고전시대 천문학자들의 원본은 사라졌지만, 『알마게스트』 덕분에 우리는 프톨레마이오스만이 아니라 과거의 천문학자들의 작업이나 성취까지도 알 수 있다.

코페르니쿠스의 혁명

지구를 중심으로 한 질서정연한 프톨레마이오스의 우주 모델이 계속 천문학을 지배했지만, 16세기에 이르자 르네상스와 더불어 종교, 정치, 지성에 격변이 일어나 근대적인 우주관이 형성될 수 있는 문화적 토양이 조성되었다. 과학적 사고의 변화를 부추긴 사람은 격변에는 어울리지 않는 인물 니콜라우스 코페르니쿠스였다. 그는 어느 모로 보나 조용하고 예민한 몽상가였지만, 당시의 기준으로 보자면 급진적이고 또 그 영향으로 보자면 혁명적이라고 할 수 있는 우주관을 과감하게 제시했다.

코페르니쿠스는 1473년 2월 19일 폴란드 토룬의 부유한 집안에서 태어났다. 아버지는 상인이었으며, 어머니는 부잣집 딸이었다. 코페르니쿠스가 열 살 때 아버지가 세상을 뜨자, 가톨릭 주교이자 학자였던 외삼촌 루카스 바첸로데가 어린 니콜라우스를 보살폈다. 콜럼버스가 대서양을 가로지를 때 코페르니쿠스는 크라쿠프 대학의 학생이었다. 코페르니쿠스는 볼로냐 대학에도 들어가 교회법과 의학을 공부했으며, 천문학도 연구하기 시작했다. 1503년에는 페라라 대학에서 교회법 박사가 되었으며, 동 프로이센 하일스베르크의 주교가 된 외삼촌 옆에서 의사 일을 시작했다. 왕족이나 고위 성직자가 그에게 치료를 받으러 왔지만, 그는 가난한 사람들을 돕는 것을 더 좋아했다.

코페르니쿠스는 법과 의학을 공부했지만 주된 관심은 천문학과 수학이었다. 그는 고대 그리스인들이 남긴 글을 읽었으며, 1513년에는 자기만의 관측소를 만들 작정으로 건축용 돌 800개와 석회 한 통을 샀다. 코페르니쿠스는 1년 뒤에 자기 나름의 우주관을 정리하여 첫 천문학 논문인 『천체의 운동을 그 배열로 설명하는 이론에 관한 주해서』를 썼다. 그는 이 논문을 출판하지 않고, 친구들에게만 돌렸다.

아마 코페르니쿠스도 자신의 새로운 생각이 사람들에게 얼마나 큰 충격을 줄지 알았을 것이다. 이 『주해서』는 지구가 고정된 태양 둘레의 원형 궤도를 움직인다는 그의 생각을 처음 표현한 것으로, 당시에는 새롭고 위험한 내용이었다. 그의 이론은 곧 과학적 사고에서 패러다임의 변화를 가져올 뿐 아니라, 이념적인 혁명 전체에 영향을 주게 된다.

바로 2년 전인 1512년에 마르틴 루터는 신학 박사 학위를 받았다. 코페르니쿠스가 『주해서』를 쓸 때 루터는 독일의 비텐베르크 대학에서 가르치고 있었다. 참회와 공부를 열심히 하던 청년 루터는 성경과 초대 교회 연구에 빠져들었다. 그는 연구 결과 가톨릭교회가 기독교의 핵심 교리 몇 가지를 간과했다고 결론을 내렸다. 그는 특히 오직 신앙으로만 의로움을 얻는다는 교리, 즉 사람이 행동이 아니라—특히 면죄부를 사는 것, 즉 교회 관리에게 돈을 지불하는 것이 아니라—믿음으로 하느님의 은총을 얻을 수 있다는 교리를 중요하게 여겼다. 당시 가톨릭교회 고위성직자들은 로마의 성베드로대성당의 수리에 들어가는 돈을 충당하려고 면죄부를 팔았다.

루터와 그의 추종자들이 교회 개혁을 밀어붙이던 시기에 코페르니쿠스는 조용히 태양 중심의 우주 모델을 다듬고 있었다. 이들 두 사람의 작업은 달라 보이지만, 그들의 혁명적인 생각은 궁극적으로 조화를 이루었다.

코페르니쿠스

16세기에 니콜라우스 코페르니쿠스는 태양이 태양계의 중심이며 지구는 태양 주위의 궤도를 돈다고 주장하여 우주관에 혁명을 일으켰다.

고전적인 지구 중심의 우주 모델에는 가장 완벽한 영역이 달 위의 천상의 영역이며, 가장 바깥쪽에 있는 천체가 이런 완벽성을 대표한다고 가정했다. 따라서 중심에 있는 지구에 가까운 천체일수록 그 상태는 완전함과 거리가 멀었다. 위의 천국과 밑의 지옥이라는 기독교 모델을 확인해주는 셈이었다. 따라서 이 모델을 수정하는 것은 아리스토텔레스와 프톨레마이오스에게 도전하는 것일 뿐 아니라, 교회와 기독교 교리에도 도전하는 것이었다.

코페르니쿠스는 교회와 확고한 관련을 맺고 있었다. 외삼촌이 주교였으며, 그 자신도 24살에 교회의 관리인 성당 참사회원이 되었다. 그는 자신의 천문학적 관찰이 교회의 교리와 모순된다는 사실을 잘 알았다. 그럼에도 그는 열심히, 그러나 조용하게, 지구 중심의 우주론에 반대하는 주장을 펼쳤다. 그는 『주해서』에 이렇게 썼다. "지구는 다른 행성들과 마찬가지로 태양 주위를 돈다." 사실 로마 교황청에서는 그의 작업을 좋게 받아들였고, 심지어 찬사를 보내기도 했다. 교황 레오 10세는 코페르니쿠스를 로마로 초대하여 달력 개혁을 도와달라고 부탁하기도 했다.

코페르니쿠스는 자신의 생각이 신학자들이나 평신도 모두에게 경멸을 받을 수도 있다는 사실을 잘 알았다. 그래서 16년 동안 조용히 『주해서』에서 자신이 처음 묘사한 모델을 다듬었다. 1530년에는 작업이 끝났지만, 그래도 출간을 허락하지 않았다. 그의 책 『천체의 회전에 관하여』는 마침내 그가 죽은 해인 1543년에 뉘른베르크에서 인쇄되었다.

『천체의 회전』은 실제로 관찰한 행성들의 운동을 바탕으로 한 설득력 있는 지구 중심적 모델을 제시했다. 바빌로니아인들이나 아리스타르코스 같은 고대 그리스인이 구축하고 싶어 하던 바로 그 모델이었다. 코페르니쿠스는 태양을 중심에 둔 효과적인 모델을 제시하여 우주에서 지구와 인류가 차지하는 자리에 대한 일반적인 생각을 박살냈다. 이제 지구는 우주의 초점으로서 그 중심에서 우주를 단단하게 붙들고 있고, 천체들은 노예처럼 그 주위를 회전하는 것이 아니었다. 지구는 그저 행성의 하나일 뿐이며, 태양 주위를 도는 다른 행성들에 적용되는 물리적 법칙을 따라서 움직였다.

코페르니쿠스의 개념 덕분에 과학적 사고는 근대적인 내용에 가까워지기는 했지만, 그럼에도 엄연한 한계가 있었다. 코페르니쿠스의 체계도 프톨레마이오스의 체계처럼 행성이 균일한 속도로 원형의 행로를 움직인다고 가정한 것이다. 그러나 이 체계에는 태양에 가까운 행성일수록 더 빨리 공전한다는 새로운 생각이 담겨 있었다. 예를 들어 지구는 태양에서 더 멀리 떨어진 행성들보다 궤도를 더 빨리 돈다. 이 새로운 가설 덕분에 코페르니쿠스는 어떤 행성들이 하늘에서 뒤로 가는 것처럼 보이는—과거와 현재의 천문학자들이 역행이라고 부르는 착시 현상이다—이유를 설명할 수 있었다.

코페르니쿠스의 모델은 프톨레마이오스의 모델보다 우아했지만, 행성이 원형의 궤도를 균일한 속도로 움직인다는 가정 때문에 결국 프톨레마이오스의 체계와 마찬가지로 행성의 운동과 위치를 정확하게 예측할 수 없었다. 그의 체계는 무려

2도나 틀리는 오류를 범했는데, 이것은 보름달 지름의 네 배나 되는 길이였다!

코페르니쿠스 혁명의 보완

코페르니쿠스의 모델은 천천히 받아들여졌다. 『천체의 회전』이 출간되고 나서 약 60년 후인 16세기 말에도 코페르니쿠스가 옳다는 사실을 공개적으로 인정하는 지식인은 드물었다. 심지어 나중에는 태양 중심 우주 모델의 대변인으로 알려지게 되는 갈릴레오 갈릴레이조차 아직은 코페르니쿠스를 공개적으로 지지하지 않았다. 갈릴레오는 1597년에 천문학자인 요하네스 케플러에게 보내는 편지에서 그런 인정이 초래할 비난이 두렵다고 고백했다. 그러나 10년 뒤 자신의 망원경을 통해 우주를 보고 나서야 그는 확신을 갖고 태양 중심의 모델을 공개적으로 옹호했다.

갈릴레오 갈릴레이는 1564년 2월 15일에 이탈리아의 피사에서 음악가이자 상인의 아들로 태어났다. 그는 피사 대학에서 의학을 공부했지만, 그의 첫사랑은 수학이었다. 그는 결국 수학 교수가 되어, 처음에는 피사 대학에서 근무하다가 1592년에 파도바 대학으로 옮겨 18년간 교수 일을 했다.

갈릴레오는 사람들이 생각하는 것과는 달리 망원경을 발명하지는 않았다. 갈릴레오는 1609년 여름 베네치아에서 사물을 더 가깝게 보게 해주는 망원경을 개발한 네덜란드인이 있다는 소문을 들었다. 이 도구는 관에 표면이 곡면인 유리 두 개를 넣은 것이었다. 당시에도 곡면 유리가 곡면 거울처럼 상을 왜

니콜라우스 코페르니쿠스

천문학자, 태양 중심 우주 이론가

1473
2월 19일에 폴란드 토룬에서 출생하다.

1491~1494
크라쿠프 대학에서 인문학을 공부하다

1496~1500
이탈리아 볼로냐 대학에 들어가 천문학자인 도메니코 마리아 데 노바라 밑에서 공부하다. 이때 수많은 천체 관찰에 참여했다.

1501~1503
이탈리아 파도바 대학에서 의학을 공부하다.

1503
이탈리아 페라라 대학에서 교회법 연구로 박사학위를 받다.

1504
관찰 결과를 수집하고, 우주의 운동에 관한 이론과 관련된 생각들을 정리하기 시작하다.

1507
태양 중심의 우주 모델을 처음 표현한 『주해서』를 배포하다.

1522
그루지온츠에서 열린 프로이센 왕가 회의에서 화폐 주조에 관한 논문을 발표하다.

1539
비텐베르크의 수학 교수 게오르크 요아힘 레티쿠스의 방문을 받다. 레티쿠스 교수는 태양 중심 이론을 배우려고 노력하면서, 코페르니쿠스가 이에 관한 더 긴 논문을 출판하도록 돕는다.

1543
태양 중심의 우주 모델의 증거를 제시하는 가장 중요한 논문 『천체의 회전에 관하여』가 뉘른베르크에서 출간되다.

1543
5월 24일 오늘날은 폴란드의 프롬보르크인 동프로이센의 프라우엔부르크에서 사망하다.

갈릴레오와 망원경

갈릴레오 갈릴레이는 1610년 새로 제작한 망원경으로 목성 주위를 움직이는 것처럼 보이는 빛나는 점 네 개를 관찰했다. 이오, 유로파, 가니메데, 칼리스토 등 목성의 가장 큰 위성 네 개를 발견한 것이다. 이 19세기의 판화는 갈릴레오가 베네치아의 의원들에게 관찰 시범을 보이는 장면이다.

하늘의 기하학

갈릴레오의 『천계 통보』는 목성의 위성을 발견한 사실을 요약하여, 모든 천체가 지구 주위를 돈다는 아리스토텔레스의 믿음을 박살냈다.

곡할 수 있다는 사실은 널리 알려져 있었다. 갈릴레오는 소문으로 떠도는 망원경이 왜곡을 늘이려고 곡면 거울을 두 개 사용한 것이라고 추측했다. 갈릴레오는 그 개념을 시험해보기로 하고 직접 굴절망원경을 제작했다. 같은 해 8월 갈릴레오는 베네치아에서 자신이 만든 망원경을 세상에 소개했다.

갈릴레오의 망원경을 사용하면 육안으로 볼 때보다 물체가 약 30배 더 가깝게 보였다. 그가 처음 본 물체 가운데 하나가 달이었다. 갈릴레오는 지구에서 보이는 달의 무늬나 구멍이 봉우리, 골짜기, 또 그가 '마리아(바다라는 뜻)'라고 부르던 달 표면의 지형일 것이라고 추측했다. 갈릴레오는 망원경으로 달을 보고 달의 산이 드리우는 그림자의 길이를 재서 산의 높이를 계산했다. 갈릴레오는 또 밤하늘에 펼쳐져 있는 뿌연 빛의 띠 같은 은하수를 망원경으로 보고, 그것이 너무 희미해서 육안으로는 볼 수 없는 수많은 별들로 이루어져 있음을 확인했다. 마지막으로 갈릴레오는 망원경으로 행성을 보았다. 그는 밝은 목성을 보고 목성 주위에 또 다른 행성 네 개가 원을 그리며 돌고 있다고 생각했다. 오늘날 우리는 이 천체들이 '갈릴레오의 달'—과학자들은 목성의 가장 큰 위성 네 개를 그렇게 부른다—임을 알고 있다.

갈릴레오의 관찰 결과는 천체와 그 운동이 완벽하게 기하학적이라는 아리스토텔레스의 가정과 모순되었다. 예를 들어 달의 지형은 지구에서 발견되는 불완전한 형태의 지형과 마찬가지로 불규칙했다.

갈릴레오의 목성 관찰 결과는 또 태양 중심 우주 모델의 증거가 되기도 했다. 어떤 비판자들은 지구가 움직일 리가 없다고 주장하면서, 지구가 달로부터 멀어진 적이 없다는 것을 그 근거로 댔다. 그러나 갈릴레오는 위성이 목성의 궤도를 돌고, 목성은 다시 태양의 궤도를 도는 것을 보고, 지구와 달이 태양 주위를 함께 도는 것인지도 모른다고 추측했다. 사실 목성 주위를 도는 갈릴레오의 달이 있다는 사실 자체로 모든 천체가 지구 주위를 돈다는 믿음은 이미 박살난 셈이었다.

갈릴레오는 망원경을 제작하고 나서 불과 몇 달 뒤인 1610년 3월 12일, 자신의 관찰 내용을 『천계통보』라는 책으로 출간했다. 이 책은 제목이 라틴어로 되어 있지만(*Sidereus nuncius*), 내용은 라틴어가 아니라 이탈리아어로 썼기 때문에 이탈리아의 많은 독자가 볼 수 있었다. 이 책은 엄청난 성공을 거두었다. 이 책은 나온 지 5년도 채 되지 않아 중국어로도 번역되었다. 갈릴레오는 계속 관찰을 하면서 우주에 관한 전통적 가정들을 조금씩 깨나갔다. 그는 아무런 변화가 없고 완벽하다고 여겨지는 태양의 표면에서 검은 오점들을 발견했다. 우리가 현재 흑점이라고 부르는, 태양 '표면' 또는 광구(光球)의 얼룩이었다. 이것이 표면의 특징이 아니라 태양의 위성이라고 주장하는 사람들도 많았다. 갈릴레오는 규칙적인 관찰을 통해 흑점 운동의 표를 만들 수 있었다. 그 결과 그는 태양도 자전을 하고, 흑점들도 태양과 함께 돈다는 올바른 결론을 끌어낼 수 있었다.

갈릴레오는 또 망원경 관찰에서 토성의 부속물을 발견했다고 생각했다. 이 수수께끼의 덩어리들은 가끔 사라졌다가 몇 달 뒤에 다시 나타나곤 했다. 갈릴레오가 죽고 나서 17년 뒤인 1659년에 이르러서야 관찰자들은 얇고 납작한 고리가 토성을 둘러싸고 있다는 사실을 알아냈다. 네덜란드의 물리학자 크리스티안 호이겐스는 이런 새로운 생각을 1659년에 출간한 그의 책 『토성의 체계』에 담았다. 호이겐스는 오

갈릴레오 갈릴레이

천문학자, 물리학자

1564
2월 15일에 이탈리아 피사에서 출생하다.

1581
이탈리아 피사 대학에서 공부를 시작하다.

1592
파도바 대학에서 수학 교수 자리를 얻다.

1604
경사면의 가속 운동에 관한 실험을 시작하다.

1609
망원경을 개량하여 처음으로 망원경을 진지한 천문학 관찰에 이용하다.

1610
망원경을 이용하여 목성의 위성 네 개를 관찰하다. 나중에 금성의 위상 변화도 관찰했다.

1613
『흑점에 관한 편지』를 발표하여 코페르니쿠스 체계를 지지하다.

1616
가톨릭교회 관리들로부터 태양 중심 우주 모델이 사실이라고 말하지 말라는 명령을 받다.

1616~1618
목성의 위성들의 운동과 식을 묘사한 도표를 만들다.

1632
『두 주요한 세계 체계에 관한 대화』를 출간하여, 프톨레마이오스와 코페르니쿠스의 우주 모델에 관한 논쟁을 보여주다.

1633
종교재판 사무소에 의해 재판에 회부되어 이단이라는 판결을 받자, 공개적으로 태양 중심의 우주론을 포기하다.

1642
1월 8일 이탈리아의 아르세트리에서 사망하다.

랜 세월에 걸친 꼼꼼한 관찰을 바탕으로 토성이 본체에서 떨어진 곳에 얇은 고리들을 갖고 있다는 사실을 연역해냈다. 지구와 토성이 모두 태양의 궤도를 돌기 때문에 우리가 고리를 보는 각도는 변한다. 따라서 지구에서 보았을 때 이 고리는 각도에 따라 사라진 것처럼 보이기도 하고, 토성 양쪽에 돌출부가 생긴 것처럼 보이기도 한다. 이렇게 호이겐스는 관찰과 논리를 이용하여 갈릴레오가 토성의 부속물이라고 여겼던 것의 정체를 분명히 밝혀냈다.

갈릴레오는 또 망원경을 이용하여 금성이 달처럼 상(相)들을 거치기 때문에, 형태가 변하는 것처럼 보인다는 사실을 발견했다. 우리는 달을 볼 때처럼 금성도 태양과 관련하여 여러 각도에서 보게 된다. 태양의 빛은 시간이 흐르면서 금성의 다른 부분을 비춘다. 우리 시야에서 태양의 빛이 비추지 않는 부분은 깜깜한 밤하늘 때문에 사라진 것처럼 보인다. 지구에서 볼 때 금성은 초승달의 모습에서 보름달의 모습을 향해 상이 바뀌어간다. 그러나 보름달의 형태일 때는 태양 건너편에 있기 때문에 지구에서는 보이지 않는다.

갈릴레오는 망원경으로 하늘을 4년 동안 관찰한 뒤 코페르니쿠스가 옳다는 사실을 확신하여, 1613년에는 자신이 코페르니쿠스의 지지자라고 공개적으로 고백했다. 그가 이런 고백을 한 것은 로마가톨릭교회에서 종교적 열정이 뜨겁게 타오르던 시기였다. 수십 년 전인 1542년에 교황 바오로 3세는 신앙을 보호하고 지탱하기 위한 추기경 위원회를 설립했다. 여기에서 종교재판이 생기면서, 가톨릭 관리들은 끊임없이 이단자를 찾아내고 출간된 책 가운데 기독교 교리에 위협이 될 만한 글을 가려냈다.

1616년 교회 관리들은 코페르니쿠스의 우주관이 이단이라고 판단했다. 로베르토 벨라르미노 대주교는 갈릴레오에게 태양 중심 모델이 사실이라고 가르치지 말라고 경고했다. 코페르니쿠스의 책은 "교정될 때까지 배포 금지"라고 공식적으로 선포되었다. 종교재판에서 책을 검토하는 책임을 맡은 금서목록부는 『천체의 회전』에서 불쾌한 구절들을 발견했다. 주로 코페르니쿠스가 태양 중심의 모델에 맞게 성경을 재해석한 곳이나, 자신의 모델이 절대적인 진실이라고 선언한 대목이었다.

망원경

망원경은 갈릴레오 시절 이후로 크게 발전했다. 현재는 거의 모든 파장의 복사를 연구하기 위해 비교적 단순한 렌즈와 거울을 사용하는 광학망원경만이 아니라, 전파, 엑스선, 감마선, 적외선망원경 등을 사용한다.

이후 몇 년 동안 갈릴레오는 과학의 다른 분야로 관심을 돌렸다. 1623년에는 그의 친구 마페오 바르베리니가 교황 우르바노스 8세

천문대
티코 브라헤와 요하네스 케플러는 프라하의 벨베데레 성의 테라스에서 사분의를 이용해 천체 관측을 했다.

가 되어, 갈릴레오에게 지동설에 관해 써도 좋다고 허락을 했다. 다만 이 모델이 사실이 아니라 가설이라고 이야기하라는 조건을 달았다. 이렇게 해서 『두 주요한 세계 체계에 관한 대화』가 1632년에 빛을 보았다. 갈릴레오는 세 사람 사이의 대화라는 틀을 이용했다. 한 사람은 코페르니쿠스 체계의 옹호자 살비아티, 또 한 사람은 아리스토텔레스 체계의 완강한 방어자 심플리시오, 마지막 한 사람은 두 사람 모두로부터 배우고자 하는 베네치아의 귀족 사그라도였다.

그러나 갈릴레오는 곧 로마로 소환을 당했다. 그의 친구는 이제 갈릴레오나 그의 사상이나 출판의 자유를 지지할 생각이 없었다. 가톨릭 관리들은 갈릴레오가 교황을 속이는 행동을 했을 뿐 아니라, 책에서 그를 조롱하기까지 했다고 생각했다. 긴 재판 끝에 1633년 6월 22일 일흔 살의 갈릴레오는 이단 혐의로 유죄 판결을 받았다. 그는 자신의 주장을 철회해야 했으며, 그의 책은 판매 금지를 당했다.

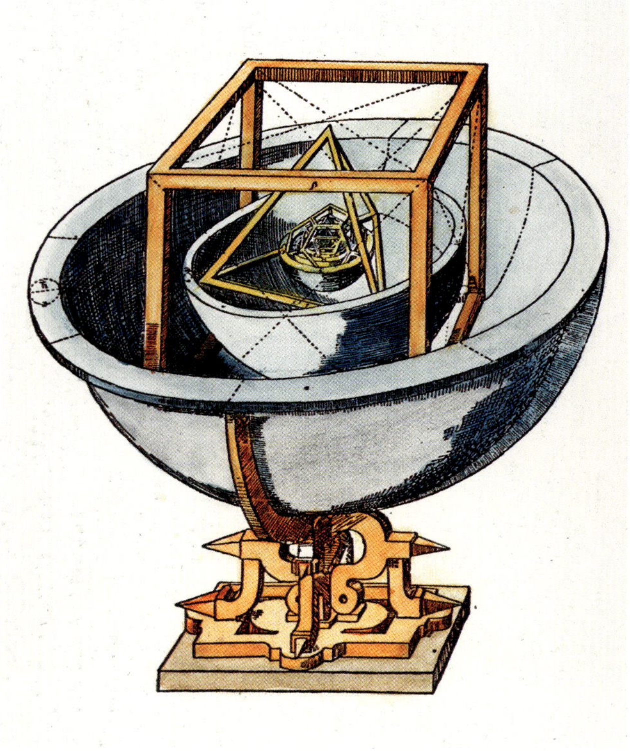

하늘의 모델

요하네스 케플러는 태양계의 복잡한 수학적 모델을 고안했다. 그가 쓴 『우주구조의 신비』에 나오는 이 채색 목판화에서 알 수 있듯이, 이 모델은 차례로 포개진 일련의 구와 그것들을 나누는 기하학적 정다면체들로 이루어져 있다.

갈릴레오는 토스카나의 집에서 밖으로 나오지 못하다가, 코페르니쿠스가 죽은 지 99년 뒤인 1642년 1월 8일에 그 집에서 죽었다.

갈릴레오와 비슷한 시기에 젊은 덴마크인 티코 브라헤는 생애 첫 일식을 지켜보고 있었다. 브라헤는 이 일을 계기로 평생 밤하늘에서 벌어지는 일들을 관찰하고 기록하게 된다.

브라헤는 1546년 12월 14일 현재는 스웨덴이지만 당시에는 덴마크에 속했던 스코네의 귀족 집안에서 태어났다. 그는 13살에 코펜하겐 대학에서 공부를 시작했다. 그의 후견인 역할을 하던 숙부는 그가 법률가가 되기를 바랐으나, 티코는 일식에 매혹되어 그 후로 천문학에 헌신했다. 그는 어렸을 때는 숙부 몰래 자신이 원하는 일을 했다. 용돈으로 천문학 책을 사고, 밤늦게 몰래 나가 하늘을 관찰한 것이다.

1563년 여름 브라헤는 목성과 토성의 합(合)을 보았다. 그는 매일 밤 서로 가까워지는 두 행성의 길을 도표로 만들었다. 이 두 행성은 8월 24일에 거의 하나의 점으로 합쳐졌다. 브라헤는 이렇게 관찰을 하는 과정에서 프톨레마이오스의 우주 모델을 이용하여 개발한 천문학 표에 큰 잘못이 있음을 점차 깨닫게 되었다. 브라헤는 이 잘못을 교정하는 일에 나섰다.

1565년에 숙부가 세상을 뜨자 브라헤는 공개적으로 로스토크 대학에서 천문학을 공부하기 시작했다. 남과 마찰을 잘 일으키고 오만하다는 평을 받던 브라헤는 혈기왕성한 스무 살에 결투에 뛰어들어 코 일부가 날아가버렸다. 그는 평생

얼굴에 왁스로 금속 코를 붙이고 살았다.

1572년 11월 11일 브라헤는 바로 머리 위의 하늘에서 "다른 별들보다 밝은, 새롭고 특별한 별"을 보았다. 우리는 지금 이 새로운 별이 카시오페이아자리에 있는 밝은 초신성 — 폭발하는 아주 큰 별 — 임을 알고 있다. 이 별은 18개월 동안 화려하게 빛을 발하여 광도가 -4에 이르렀다.

역사학자들이 '티코의 별'이라고 부르는 이 현상은 변할 수도 없고 변하지도 않는 완벽한 하늘이라는 아리스토텔레스의 관점을 믿는 천문학자들에게는 곤혹스러운 일이었을 것이다. 고전적인 관점에서 보자면 그런 새로운 별이나 혜성처럼 하늘에 나타났다 사라지는 천체는 더 낮고 불완전한 영역, 달보다 지구와 더 가까운 영역에 존재해야 했다. 그러나 브라헤의 발견은 그렇지 않다는 것을 보여주었다.

헌신적인 관찰자였던 브라헤는 그 별을 2년 넘게 지켜보며 유럽 전역의 다른 관찰자들로부터 자료를 모았다. 그는 이 별의 위치가 변하지 않는다는 사실을 알았다. 어디서 관찰을 하든 카시오페이아 안의 같은 자리에 있었다. 그래서 브라헤는 이 찬란한 별이 지구와 달 사이에 있는 불완전한 구가 아니라 그 바깥의 완전한 구에 속한 것이 틀림없다고 결론을 내렸다. 그는 이런 관찰 때문에 천동설을 다시 평가해볼 수밖에 없었다. 그는 자신의 관찰 결과를 1573년에 『새로운 별에 관하여』라는 책에 실었다. 갈릴레오가 불과 아홉 살 때의 일이었다.

티코 브라헤와 그의 별은 명성을 얻었다. 1576년 덴마크의 프레데리크 2세는 그에게 덴마크 해협의 벤 섬에 있는 관측소를 제공했다. 브라헤는 후원자

티코 브라헤

천문학자, 수학자

1546
12월 14일 덴마크 스코네에서 출생하다.

1559~1562
코펜하겐 대학에서 수사학과 철학을 공부하지만, 일식을 본 뒤 천문학에 관심을 갖다.

1564
처음으로 천문학적 도구인 나무 측경기를 만들다

1566
다른 학생과 결투를 하다 코의 일부를 잃다. 나중에 금속으로 만든 코를 붙이고 다녔다.

1572
카시오페이아자리에서 밝은 신성, 즉 초신성을 목격하다. 이것은 하늘이 변한다는 증거가 되었다.

1576
프레데리크 2세로부터 벤 섬의 천문대를 하사받다. 이 섬은 브라헤의 천문학 관찰의 중심이 되었다.

1582
관측을 위해 벤 섬에 지은 성에 벽을 이용한 커다란 사분의를 제작하다.

1598
『개선된 기계적 천문학』을 출간하다. 이 책에서 브라헤는 별을 연구하기 위해 발명한 기계들을 묘사했다.

1599
몇 년 여행을 한 뒤 프라하의 루돌프 2세의 궁정에서 황실 수학자로 정착하다.

1600
요하네스 케플러를 조수로 고용하여, 그에게 자신이 죽은 뒤에 연구를 계속하라고 과제를 맡기다.

1601
10월 24일 프라하에서 사망하다.

새로운 이론들

요하네스 케플러가 15세기 말과 16세기 초에 자신의 후원자인 루돌프 2세—보헤미아와 헝가리의 왕이자 신성로마제국의 황제였다—에게 행성 운동의 세 가지 법칙을 설명하고 있다.

의 지원을 받아 먼저 우라니보르그(하늘의 성)라는 성을 짓고, 그 다음에는 스티에르네보르그(별들의 성)를 지었다. 브라헤는 이곳에서 20년 이상 살면서 육분의와 벽을 이용한 커다란 사분의 같은 웅장한 장비를 수도 없이 갖추어 놓고 밤하늘을

관찰했다.

벤에 있는 동안 브라헤는 시차(視差), 즉 별의 위치의 작은 변화를 측정하려 했다. 그러나 시차를 찾아내지 못하자, 지구는 움직이지 않으며, 따라서 코페르니쿠스의 모델이 틀렸다고 선언했다. 오늘날 우리는 지구가 태양의 궤도를 돌기 때문에 생기는 시차를 실제로 관찰하고 측정할 수 있지만 이 시차는 티코 브라헤가 당시 가지고 있던 도구로 탐지할 수 있는 것보다 백 배나 작다. 그러나 티코는 별 777개의 위치를 측정하는 데에는 성공했다. 모두 망원경의 도움 없이 해낸 일이었다. 그는 꼼꼼한 관찰 습관과 스스로 설계한 커다란 도구 덕분에 높은 정확성을 자랑할 수 있었는데, 그의 각도 오차는 1분, 즉 1도의 60분의 1 이내였다.

1588년 프레데리크 2세가 죽자 브라헤의 격한 성격을 아는 새 왕은 그를 지원하려 하지 않았다. 그러자 브라헤는 신성로마제국 황제 루돌프 2세의 황실 수학자 자리를 맡아 도구와 기록을 들고 프라하로 갔다.

티코 브라헤는 오랜 세월에 걸쳐 모은 자료를 바탕으로 그 나름의 우주 모델을 제시하려 했다. 그는 천문학자와 수학자 몇 명을 고용하여 계산을 하게 했다. 그 가운데 요하네스 케플러도 있었다. 이 두 과학자는 천문학의 역사에서 함께 중요한 자리를 차지할 운명이었다. 1601년 11월, 갈릴레오가 망원경을 만들기 8년 전에 티코 브라헤는 쓰러졌다. 그는 임종에 앞서 루돌프 2세를 설득하여 케플러를 후임자로 임명하게 했다.

케플러는 브라헤와 완전히 다른 사람이었다. 그는 1571년 12월 27일에 바일이라는 도시에서 가난한 신교도 가족의 여섯 자녀 가운데 장남으로 태어났다. 오늘날 독일 남서부에 속하는 바일은 당시에 가톨릭이 지배하던 지역이었다. 그의 아버지는 신뢰할 수 없는 게으른 사람이었으며, 어머니는 도덕성에 문제가 있었다. 그녀는 나이 들어 마녀로 고발되었지만, 케플러는 긴 재판에서 어머니를 성공적으로 변호했다.

가난하고 병약하고 조용하지만 열심히 공부하는 학생 케플러는 빈민 학교를 다니며 두각을 나타냈다. 1587년에는 장학금을 받고 튀빙겐 대학에 입학했으며, 그곳에서 신학을 공부했다. 매우 독실한 루터파 신자였던 케플러는 우주의 역학 속에 깃들어 있는 신의 솜씨를 찬양했다. 그는 행성의 운동을 공부하는 것이 신의 정신을 찾는 일과 비슷하다고 보았다. 케플러는 튀빙겐을 떠나 오스트리아 그라츠의 루터파 학교에서 가르치기 시작했다.

케플러는 수학과 윤리학 교수로 일하면서 코페르니쿠스의 체계를 다듬는 작업을 했다. 그는 기하학적 정다면체—정사면체, 정육면체, 정팔면체, 정십이면체, 정이십면체—들이 당시 알려진 6개의 행성(수성, 금성, 지구, 화성, 목성, 토성)의 궤도 사이에 끼워져 이 행성들을 서로 분리한다고 주장했다. 케플러는 이 다섯 개의 다면체 때문에 태양과 각각의 행성 사이의 거리가 다르다며, 그것을 계산으로 보여주었다. 케플러는 또 하늘에 행성이 여섯 개 존재하는 근본적 이유를 자신의 이론에서 찾아냈다. 완벽한 정다면체는 이 다섯 개밖에 없었기 때문이다.

1596년 케플러는 『우주 구조의 신비』에서 이 복잡한 수학적 모델을 제시했다. 그러나 그는 자신의 모델에 만족하지 않았다. 그는 더 나은 자료가 필요했기 때문에, 『우주 구조의 신비』를 당대의 뛰어난 관찰자인 갈릴레오 갈릴레이와 티코 브라헤에게 보냈다. 그는 갈릴레오에게 정신적 지원을 호소했지만, 1597년에는 이 위대한 이탈리아 천문학자조차도 아직 코페르니쿠스의 모델에 확신을 갖지 못했다. 따라서 지적인 동맹자를 구하는 케플러의 호소에 아무런 답을 할 수가 없었다. 갈릴레오가 코페르니쿠스 체계를 지지하기로 결정한 것은 그로부터 16년이 지난 뒤였다.

루터파였던 케플러는 오스트리아에서 사는 것이 힘들었다. 그래서 1600년에 티코 브라헤가 프라하로 오라고 초대하자 얼른 그라츠를 떠나 이 유명한 관찰자와 함께 일할 기회를 붙잡았다. 그러나 안타깝게도 그들의 성격은 정반대라 함께 일하기가 어려웠다. 브라헤는 독자적인 우주 모델을 만들려고 노력하는 중이었기 때문에 자신이 관찰한 것을 케플러에게 제공하기를 꺼렸다. 그러나 다행히도 결국에는 케플러의 천재성을 인정하여, 죽기 직전 자신의 장비와 관찰 기록을 케플러에게 넘겨주면서 자신이 만들던 우주 모델을 더 발전시켜달라고 부탁했다.

케플러는 브라헤의 화성 관찰 자료에 특별히 관심을 기울였다. 완벽한 원과 균일한 운동이라는 아리스토텔레스의 이론에 대한 믿음이 2천 년 동안 지속되어 왔음에도, 케플러는 화성의 궤도가 타원형이고 그 운동이 균일하지도 않다고 올바르게 연역해냈다. 그는 또 화성이 궤도를 도는 속도가 태양과의 거리에 따라 달라진다는 사실도 확인했다. 궤도가 태양에 가까울수록 공전 속도는 빨라진다. 멀어지면 속도도 느려진다. 1609년에 출간된 『새로운 천문학』에서 케플러는 이런 원리들을 설명했는데, 이것이 바로 현재 행성 운동의 제1, 제2법칙이다.

케플러는 계속 천문학을 연구하고 코페르니쿠스의 우주 모델을 다듬었다. 1619년에는 『우주의 조화』를 출간하여, 행성 운동의 세 번째 법칙을 설명했다. 행성의 궤도 주기, 즉 공전을 한 번 하는 데 걸리는 시간의 제곱은 행성과 태양의 평균 거리의 세제곱에 비례한다는 것이다. 중요한 것은 케플러가 이전의 어떤 관념이나 이론이 아니라 티코 브라헤의

요하네스 케플러

천체역학의 창시자

1571
12월 27일 독일의 바일데어슈타트에서 출생하다.

1589
튀빙겐 대학을 졸업하다.

1594
오스트리아 그라츠의 루터파 학교에서 수학과 천문학을 가르치기 시작하다.

1596
코페르니쿠스 체계를 옹호하다.

1600
티코 브라헤에게서 베나테크 성으로 오라는 초대를 받다.

1601
티코 브라헤의 뒤를 이어 황제 루돌프 2세 궁정의 황실 수학자가 되다.

1604
중요한 초신성을 관찰하다. 이 초신성에는 나중에 케플러 신성이라는 이름이 붙었다. 또 시각과 빛에 관한 작업도 발표했다.

1605
행성 운동의 제1법칙을 발표하다.

1609
행성 운동의 첫 두 법칙을 묘사하는 『새로운 천문학』을 출간하다.

1610~1611
목성의 위성, 광학, 망원경에 관하여 갈릴레오 갈릴레이와 편지를 주고받다.

1619
『우주의 조화』를 출간하다. 여기에는 무엇보다도 행성 운동의 세 번째 법칙이 담겨 있었다.

1630
11월 15일 독일 로겐스부르크에서 사망하다.

자료로부터 이 세 법칙을 이끌어냈다는 점이다.

코페르니쿠스, 갈릴레오, 브라헤, 케플러는 지적, 문화적, 종교적으로 큰 변화가 일어난 시기에 살았다. 그들의 연구 덕분에 오랫동안 유지되어오던 지구 중심적 모델—완벽한 구, 균일한 운동, 거룩한 질서와 유사한 불변의 위계—의 우주관이 역동적인 태양 중심적 모델의 우주관으로 바뀌어 타원, 위성, 얽은 자국 등이 등장하게 되었다. 그러나 갈릴레오와 케플러는 점성술 예언도 했다. 이런 모순적인 모습은 그들이 변화하는 시대를 살았음을 보여준다. 이 시대에는 종교, 신비주의, 과학이 모두 뒤얽혀 있었던 것이다.

뉴턴의 운동법칙

아이작 뉴턴은 획기적인 저서 『자연철학의 수학적 원리』에서 운동의 세 법칙과 만유인력의 법칙을 정리했다.

운동의 제1법칙인 관성의 법칙은 운동량 보존이라는 말로 흔히 알려져 있다. 이 법칙은 물체가 다른 힘의 작용이 없는 한 계속 가만히 있거나 직선으로 등속운동을 한다는 것이다. 말을 바꾸면, 하나의 물체는 외부의 힘이 변화를 강요하지 않는 한 하던 일을 계속한다는 것이다.

충돌하는 당구공은 뉴턴의 운동 개념을 보여주는 예다.

운동의 제2법칙인 힘의 법칙은 물체의 운동량은 외부의 작용으로 영향을 받을 때만 변한다는 것이다. 그 변화의 양과 방향은 외부의 힘에 정비례하며, 물체의 질량에 반비례한다. 힘은 질량에 가속도를 곱한 것과 같다(F=ma).

제3법칙인 반작용의 법칙은 모든 작용에는 그 힘이 똑같고 방향만 반대인 반작용이 있다는 것이다. 즉 모든 힘은 쌍으로 발생하며 이 둘의 크기는 서로 똑같고 방향만 반대라는 것이다. 뉴턴은 이 법칙들에 요하네스 케플러가 발견한 행성 운동의 법칙들을 보태 행성 궤도를 분석했다.

마지막으로 뉴턴의 만유인력의 법칙은 모든 물체는 서로 끌어당기며, 인력의 양은 물체의 질량에 비례하고 서로 끌어당기는 두 물체 사이의 거리의 제곱에 반비례한다는 것이다.

이 이론은 $F = G\frac{m_1 m_2}{r^2}$라는 식으로 표현된다. 여기에서 F는 두 구체(球體) 사이의 인력이고, m_1과 m_2는 두 구체의 질량, r은 두 구체의 중심 사이의 거리이다. G는 인력 상수를 나타낸다.

거인들의 어깨에 서서

갈릴레오 갈릴레이가 죽은 해인 1642년, 찰스 1세와 의회의 전쟁이 시작되던 영국에서 아이작 뉴턴이 태어났다. 그는 장차 지구와 천체의 운동의 연구 전반에 큰 영향을 주게 될 인물이었다.

뉴턴은 1642년 12월 25일 또는 1643년 1월 4일에 잉글랜드 링컨셔의 울스토르프 장원에서 태어났다. 날짜가 이렇게 두 가지로 이야기되는 것은 당시의 달력 때문이다.

1582년에 교황의 칙령으로 우리가 지금도 사용하는 그레고리우스력이 채택되었다. 낡은 율리우스력(로마 제국 전체에 이 달력을 도입한 율리우스 카이사르의 이름을 딴 것이다)은 11분의 오차가 있는 태양년에 기초를 두었다. 1600년이 흐르자 해마다 일어나는 이 작은 오차는 며칠의 오차로 늘어났다. 교황 그레고리우스 13세는 천문학자들과 수학자들을 모아 개선된 새로운 달력을 만드는 임무를 맡겼다. 그들이 작업을 마치자 교황은 그동안 쌓인 오차를 바로잡으려고 1582년 10월 4일 다음 날을 10월 15일로 공포했다. 그러나 새로 신교도 국가가 된 영국은 그 지시를 듣지 않고 계속 낡은 율리우스력을 사용했다. 그래서 영국의 1642년 12월 25일은 가톨릭교도가 지배하는 유럽의 1643년 1월 4일인 셈이다. 영국과 그 식민지가 그레고리우스력의 우월성을 공식적으로 인정한 것은 1752년이었다. 정교가 지배하던 러시아는 1917년 볼셰비키 혁명 이후에야 그것을 받아들였다.

뉴턴의 아버지는 문맹이었지만 안락한 자작농이었는데, 아이작이 태어나기 석 달 전에 죽었다. 아이

아이작 뉴턴

영국의 위대한 물리학자

1642
12월 25일 영국 링컨셔의 울스트로프 장원에서 출생하다.

1661
케임브리지의 트리니티 칼리지에 입학하다. 이때부터 여러 철학과 사상을 접하면서 그를 둘러싼 세계의 물리학과 역학에 관한 질문을 던지기 시작했다.

1665
울스트로프로 돌아가다. 유럽에 흑사병이 돌면서 트리니티 칼리지는 임시 휴교했다.

1666
울스트로프에서 미적분, 빛과 광학, 만유인력 세 분야에서 혁신적인 작업을 하다.

1672
런던 왕립학회 회원이 되다.

1672
왕립학회의 간사인 헨리 올덴버그에게 첫 번째 "빛과 색깔에 관한 편지"를 보내다. 이 편지는 학회 회원들에게 낭독되었으나, 잉글랜드의 저명한 물리학자 로버트 후크에게 비판을 받았다.

1679
행성 운동 문제에 관하여 로버트 후크와 편지를 교환하기 시작하다

1687
그의 가장 위대한 저서인 『자연철학의 수학적 원리』를 출간하다. 이 책에서 운동법칙과 만유인력의 법칙을 정리했다.

1703
런던 왕립학회 회장으로 선출되다.

1704
『광학』을 출간하여 빛의 성질에 관한 실험과 발견을 소개하다.

1727
3월 20일 런던에서 사망하다.

사라진 천재

저명한 영국인들을 모신 상상의 기념관을 그린 일련의 그림들 가운데 일부인 "아이작 뉴턴 경의 우화적 기념관"은 지혜의 여신 미네르바와 과학이 뉴턴의 유골이 담긴 단지를 보고 우는 광경을 묘사한다.

1800~1923

1800

윌리엄 허셜 프리즘과 온도계를 이용하여 태양빛의 스펙트럼을 연구하다. 그는 색 스펙트럼 너머의 눈에 보이지 않는 적외선 에너지를 발견했다.

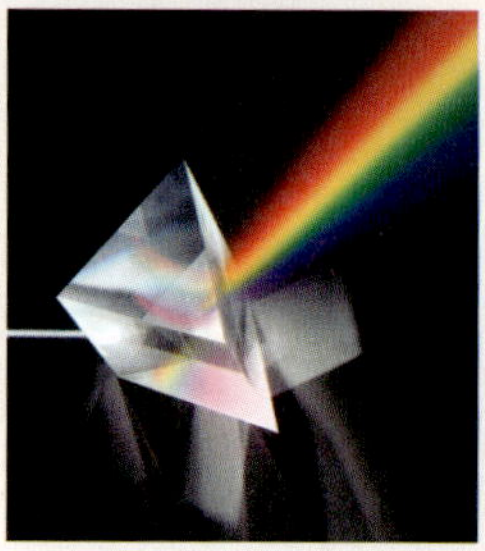

1843

독일의 천문학자 하인리히 슈바베 흑점 주기를 발견하고 설명하다.

1868

윌리엄 허긴스 흡수선을 이용하여 별의 적색편이를 측정하다. 이것으로 별들이 얼마나 빨리 움직이는지 처음으로 짐작할 수 있었다.

작이 세 살 때 그의 어머니는 재혼을 하여 아들을 울스토르프의 친정 부모 손에 맡기고 노스위섬으로 갔다. 나중에 뉴턴은 어머니에게서 버림을 받은 것에 분개했다고 고백했다. 그는 "죽음을 바라고 죽음이 찾아오기를 소망했다". 전반적으로 뉴턴은 외로운 인생을 살았다. 그러나 늘 호기심이 많고 기계를 좋아했으며, 책을 읽고 실험하기를 좋아했다. 열한 살이 되던 1653년에는 영국 그랜섬에 있는 초등학교에 입학했다. 이곳에서 젊은 천재는 자신에게 기계 제작에 특별한 재능이 있음을 알았다.

뉴턴은 존 베이트의 『자연과 예술의 신비』를 읽은 뒤 시간과 운동의 연구에 몰두하여 풍차의 실용 모형을 만들기도 했다. 이것은 쳇바퀴를 달리는 쥐의 힘으로 움직였다. 뉴턴은 또 꼬리에 등을 매단 연을 설계하여 날리기도 했는데, 사람들은 이것을 보고 겁을 먹었다. 뉴턴은 이 지역 약종상의 집에 하숙을 했는데, 그런 환경 때문에 화학과 연금술에도 관심을 갖게 되었다.

뉴턴은 19살에 케임브리지 트리니티 칼리지에 입학했다. 약간의 자원봉사를 하는 대가로 학비와 기숙사비는 면제를 받았다. 이런 낮은 사회적 신분 때문에 뉴턴은 더욱더 내면으로 향했다. 그는 학생과 선생을 피하고, 혼자 방에 틀어박혀 공부하는 것을 좋아했다. 일주일에 7일, 하루 18시간씩 공부를 했다. 공부는 그의 평생의 습관이 되어, 삶을 마칠 무렵에는 서재에 1,600에서 1,800권의 책이 쌓여 있었다.

트리니티 칼리지의 핵심 교과과정은 분명히 아리스토텔레스적인 관점에 기울어 있었다. 이에 관한 뉴턴의 태도는 그가 공책에 써서 유명해진 말로 요약할 수 있다. "플라톤과 아리스토텔레스는 내 친구들이다. 그러나 가장 친한 친구는 진

1901
독일의 물리학자 카를 슈바르츠실트 블랙홀 이론의 기초를 이루는 작업을 시작하다.

1905~1907
에나르 헤르츠스프룽 별의 밝기를 측정하는 기준을 만들다. 이 기준은 색깔과 광도 사이의 관계를 보여주었다.

1923
에드윈 허블 안드로메다 성운(또는 은하)에서 변광성을 발견하다. 그는 우리은하 외부에 다른 은하들이 존재한다는 사실을 증명했다.

핼리

저명한 영국 천문학자 에드먼드 핼리는 아이작 뉴턴이 『자연철학의 수학적 원리』를 쓰는 데 중요한 역할을 했다. 핼리는 뉴턴이 그 작업을 출간하도록 격려했을 뿐 아니라, 인쇄 자금도 대주었다.

리다."

뉴턴은 공부를 시작하고 나서 일 년 정도 지나자 수학을 공부하기 시작했다. 그는 오래지 않아 자신만의 생각을 발전시키기 시작했다. 이것이 수학에서 그의 이름을 널리 알린 미적분학의 씨앗이 되었다.

1665년에는 흑사병이 유럽을 덮쳐 트리니티 칼리지가 2년 동안 휴교를 했다. 뉴턴은 울스토르프로 돌아갔다. 그는 이곳에서 수학과 철학을 사고하며 시간을 보냈다. 이 시기에 뉴턴은 미적분법을 만들어내고, 빛의 성질을 조사하고, 운동 물리학에 관해 생각하기 시작했다. 또 이 시기에 그 유명한 사과가 떨어졌고, 뉴턴은 그 순간 중력과 달의 궤도에 관한 통찰을 얻었다는 이야기가 전해진다.

전설에 따르면 뉴턴은 말년에 울스토르프의 과수원을 걷다가 사과가 떨어지는 것을 보았다는 이야기를 했다. 사과를 보고 뉴턴은 이런 생각을 했다는 것이다. 떨어지는 사과를 땅으로 끌어당기는 힘과 달을 지구로 끌어당겨 그 궤도에 머물도록 유지하는 힘은 같은 것이 아닐까? 뉴턴은 이 힘이 두 물체—사과와 지구이건 달과 지구이건—사이의 거리의 제곱에 반비례한다는 사실을 연역해냈다. 뉴턴은 이 힘이 작용하는 방식을 파악하는 데 많은 시간을 보냈으나, 최종적인 답은 20년이 더 흐른 뒤에야 나왔다.

뉴턴은 트리니티 칼리지로 돌아와 자신이 발견한 것을 스승 아이작 배로에게 알렸다. 배로는 이미 제자의 천재성을 인정하고 있었다. 퇴직을 눈앞에 둔 배로는 뉴턴이 자신의 자리를 이어받게 해주어, 뉴턴은 1669년에 케임브리지 트리니티 칼리지의 루카스 석좌 수학교수로 임명되었다. 현재는 물리학자 스티븐 호킹이 그 자리를 맡고 있다.

1671년 뉴턴은 최초로 반사망원경을 제작하여, 빛과 색깔에 관한 논문을 발표했다. 이 논문은 커다란 논쟁을 불러 일으켰다. 특히 영국의 저명한 물리학자 로버트 후크의 비판을 받았다. 후크는 뉴턴의 발견이 자신의 색 과학에 관한 작업과 모순되기 때문에 뉴턴을 비판했다. 분노에 사로잡힌 뉴턴은 자기 내부로 더 물러나, 앞으로는 다시 논문을 발표하지 않겠다고 맹세했다.

뉴턴은 고립된 상태에서 계속 자신의 이론을 갈고 닦았다. 그러다가 1684년에 영국의 물리학자 에드먼드 핼리가 뉴턴을 찾아왔다. 2년 전에 밤하늘에 아주 밝은 혜성이 나타난 적이 있었다. 핼리는 이 혜성이 1531년과 1607년에 목격되었던 것인지도 모른다고 생각했다. 세 번 모두 혜성은 행성들과는 반대 방향으로 태양 주위를 돌았다. 핼리는 세 번 목격된 혜성들이 같은 혜성인지 증명하기 위해 자신이 관찰한 궤도들을 정확하게 계산할 방법이 필요했다.

뉴턴을 찾아오기 몇 달 전 핼리는 저명한 과학자 두 사람을 만났다. 둘 다 런던의 명예로운 왕립학회 회원이었다. 한 사람은 세인트폴대성당을 지은 유명한 건축가 크리스토퍼 렌이었고, 또 한 사람은 뉴턴의 초기 경쟁자였던 로버트 후크였다. 세 사람은 행성의 궤도 운동을 관장하는 법칙을 놓고 열띤 토론을 벌였다. 토론 중에 후크는 케플러의 법칙들로부터 인력이 태양으로부터 발산되는 힘이며, 이것이 행성들을 궤도에서 움직이게 한다는 증거를 도출해냈다고 선언했다. 그러나 그 증명을 공개하는 것은 거부했다.

핼리는 화가 나서 케임브리지의 뉴턴을 찾아가기로 결심했다. 그리고 이 두 사람의 만남으로 역사상 가장 위대한 과학적 업적으로 꼽히는 성과가 탄생했

에드먼드 핼리

천문학자, 혜성의 발견자

1656
11월 8일 잉글랜드 런던 근처 쇼어디치 해거스턴에서 출생하다.

1673
옥스퍼드 퀸스 칼리지에서 공부하다.

1676
남반구 별들의 목록을 작성하려고 대서양 남쪽의 세인트헬레나 섬으로 항해하다.

1678
남반구 별들의 목록을 출간한 뒤 왕립학회 회원으로 선출되다.

1684
아이작 뉴턴을 처음 방문하다. 이때부터 중력 연구에서 그의 중요한 역할이 시작되었다.

1686
최초의 기상도를 발표하다. 이것은 우세풍을 보여주는 세계지도였다.

1698
파라모어 핑크 호를 지휘하여 과학적 목적을 위해 계획된 세계 최초의 항해에 나서다.

1701
대서양과 태평양 지역의 첫 자기도를 발표하다.

1704
옥스퍼드의 새빌 석좌 기하학교수로 임명되다.

1705
『혜성 천문학 개요』를 발표하다. 여기에서 훗날 자신의 이름을 따게 되는 혜성이 돌아올 것이라고 정확하게 예측했다.

1720
존 플램스티드의 뒤를 이어 그리니치 왕립 천문대의 왕실 천문학자가 되다.

1742
1월 14일에 잉글랜드 그리니치에서 사망하다.

다. 핼리는 하나의 행성과 태양 사이에 끌어당기는 힘이 행성과 태양의 거리의 제곱에 반비례한다면 행성의 궤도는 어떤 모양이 되느냐고 물었다. 뉴턴은 즉시 대답했다. "타원이지요."

핼리는 깜짝 놀라 어떻게 궤도가 타원임을 알았느냐고 물었다. 뉴턴은 간단하다는 듯이 그것을 케플러의 제3법칙에서 수학적으로 도출해냈다고 이야기했다. 뉴턴은 3년 전에 계산을 했다면서, 적어놓은 계산을 찾기 시작했다. 그러나 찾지 못하자 다시 계산을 해서 보내주겠다고 약속했다.

석 달 뒤 런던 근처 이슬링턴에 있는 핼리의 집에 뉴턴의 증명이 도착했다. 핼리는 뉴턴에게 그 계산을 발표하라고 했으나, 뉴턴은 그 작업이 완전하지 않다고 생각했다. "이왕 이 문제를 다루게 되었으니, 그 바닥까지 다 알고 난 뒤에 논문을 발표하고 싶소." 뉴턴은 1685년 1월에 이렇게 핼리에게 편지를 보냈다. 뉴턴은 이후 18개월 동안 밤낮없이 이 문제에 매달렸다. 종종 먹는 것도 잊었고, 잠은 하루에 두세 시간씩만 잤다. 그 결과가 그의 걸작 『자연철학의 수학적 원리』인데, 보통 줄여서 『프린키피아』라고 부른다. 뉴턴의 이 책에는 우리 주위의 세계를 바라보는 관점을 완전히 바꾸어버린 발견들이 담겨 있었다.

핼리의 자금 지원으로 1687년에 출간된 『프린키피아』는 새로운 운동 물리학과 중력 개념을 정리했다. 뉴턴은 운동법칙이 천체에서나 지구에서나 똑같다고 가정하고 또 그것을 증명하여 과학적 사고의 큰 도약을 이루어냈다. 뉴턴은 우리가 질서 있고 인식 가능한 우주에 산다는 수학적 증거를 제시했다. 300여 년 전에 발견되고 발표된 아이작 뉴턴의 운동과 만유인력 법칙의 기본 개념은 오늘날에도 과학자들이 궤도를 계산하고 다른 행성에 우주선을 보내는 데 사용한다.

뉴턴의 작업은 이전에 따로따로 떨어져 있던 수많은 천문학적 관찰, 발견, 이론을 결합했다. 오래 전 고대 그리스 철학자들이 시작했던 탐구를 완성한 셈이기도 했다. 뉴턴은 1675년 2월 5일에 로버트 후크에게 쓴 편지에서 이렇게 말했다. "내가 더 멀리 보았다고 한다면, 그것은 거인들의 어깨 위에 서 있었기 때문이지요." 이 말은 『프린키피아』가 나오기 전에 광학 이론들과 관련해서 나온 말이었다. 따라서 후크의 뒤틀린 자세와 작은 키를 은근히 공격하는 말이었을 것이다. 그러나 이 말은 더 큰 의미를 가진 것으로 볼 수도 있으며, 뉴턴의 작업 전체에도 적용해 볼 수 있다. 피타고라스, 코페르니쿠스, 갈릴레오, 케플러, 브라헤 같은 거인들의 어깨 위에 올라서지 않았다면 뉴턴은 그렇게 큰 키를 가질 수 없었을 테니까.

아이작 뉴턴은 1705년 앤 여왕에게서 기사 작위를 받아 아이작 뉴턴 경이 되었다. 그의 인생의 후반부는 논쟁으로 그늘이 졌지만, 그의 명성은 그런 언쟁을 버티고 살아남았다. 아이작 뉴턴 경은 1727년 3월 20일에 런던에서 죽어 웨스트민스터사원 묘지에 묻혔다. 그는 평생 외롭게 살았지만 그의 작업으로 수많은 사람들에게 영향을 주었으며, 현대의 과학 기술에 필수적이라고 판명된 물리법칙과 수학 방법론을 유산으로 남겼다.

행성의 추적자들

뉴턴이 죽고 나서 11년 뒤 프리드리히 빌헬름 허셜이 독일 하노버의 작은 음악가 집안에 태어났다. 어린 시절 빌헬름(나중에 영국식으로 윌리엄이라고 불렸다)은 아버지와 함께 오랫동안 밤하늘을 바라보곤 했다. 그는 천문학에 매혹되었지만, 그의 첫 직업은 음악이었다. 1757년 허셜은 영국으로 건너가, 그곳에서 음악을 가르치다가 9년 뒤 바스의 옥타곤 채플의 오르간 연주자가 되었다.

허셜은 음악을 가르치고 연주하면서도 밤하늘에 대한 관심을 결코 잃지 않았다. 한동안은 그저 별을 바라보는 취미에 지나지 않았지만, 1773년 35살이 되자 허셜은 망원경을 제작하기로 결심했다. 그는 자기 집의 모든 방을 작업장으로 바꾸다시피 했다.

1774년 3월 4일 허셜은 막 완성한 165센티미터짜리 반사망원경으로 처음 하늘을 살폈다. 그가 찾은 것은 오리온성운이었다. 이 순간부터 윌리엄 허셜의 천문학자로서의 놀라운 경력이 시작되었다.

허셜은 망원경을 몇 개 더 만들었다. 가장 큰 것은 길이가 12미터에 이르렀고, 125센티미터짜리 거울이 들어가 있었다. 1781년 3월 13일에는 망원경으로 어떤 물체를 발견했다. "쌍둥이자리의 H 별 근처의 작은 별들을 살피다가 다른 것들보다 눈에 띄게 커 보이는 별을 보았다." 허셜은 공책에 그렇게 적었다. 그는 자신이 혜성을 보고 있다고 생각했다.

허셜은 그 물체를 며칠 밤 동안 지켜보다가 그것이 토성의 궤도 너머로 움직였을 때에만 눈에 보이는 새로운 행성임을 깨달았다. 천왕성을 발견한 것이다. 이

허셜과 그의 누이

천문학자 윌리엄 허셜은 망원경을 들여다보며 오랜 시간을 보냈다. 그의 누이 캐롤라인은 그의 관찰을 충실하게 기록했다.

것은 기록된 역사 시기에 확인한 첫 번째 새 행성이었다.

그는 처음에는 영국의 왕 조지 3세를 기념하려고 이 별을 게오르기움 시두스, 즉 조지의 별이라고 불렀다. 그러나 나중에 그리스 신화의 신의 이름을 따는 전통을 지켜 우라노스(천왕성)라는 이름을 택하기로 결정했다. 이듬해 조지 3세는 허셜을 왕실 천문학자로 임명했다. 이 자리에는 많지는 않지만 연금이 나왔기 때문에 허셜은 음악가 일을 계속할 필요가 없었다. 허셜은 천문학 연구에만 몰두하기로 결심했다.

태양계에 행성이 여섯 개 이상 존재할지도 모른다는 생각은 천왕성이 발견되기 거의 200년 전으로 거슬러 올라간다. 행성들을 움직이는 시계 장치 같은 구조를 탐구하던 요하네스 케플러는 화성과 목성 사이에서 유난히 큰 틈을 발견했다. 케플러 같은 신앙심 깊은 사람에게는 신이 그런 텅 빈 공간을 크게 남겨놓았다는 것이 이상한 일이었다. 케플러는 그 공간에 아직 발견되지 않은 행성의 궤도가 있을지도 모른다는 생각을 해보았다.

백 년 뒤, 역시 매우 종교적인 사람이었던 아이작 뉴턴도 우주는 예측 가능하고 정확하게 규정된 역학으로 작동되는 안정적인 체계라고 생각했다. 육중한 목성과 토성이 이 체계에 가하는 중력은 전체적인 구조를 파괴할 만한 잠재력을 갖고 있었다. 따라서 이 힘들은 신의 설계에 의해 바깥쪽 깊숙한 곳으로 흩어져야 했다. 뉴턴에게 화성과 목성 사이의 공간은 신이 세심하게 안정된 체계를 창조했다는 증거였다.

18세기 초, 『프린키피아』가 나오고 나서 15년 뒤 옥스퍼드 대학의 천문학교수 데이비드 그레고리는 행성 궤도들이 일정한 간격을 두고 놓여 있다는 생각을 담은 『기초 천문학』을 출간했다. 1766년 요한 다니엘 티에르츠(라틴어식으로 하자면 티티우스)는 그레고리의 숫자들을 수정했으며, 1772년에는 이 생각이 독일의 천문학자 요한 엘레르트 보데에게 이르렀다. 보데는 그레고리의 작업에 기초하여 행성들이 나타나는 간격을 표현하는 수학 방정식을 개발했으며, 이것을 현재는 보데의 법칙이라고 부른다.

보데는 이 작업을 기초로 화성과 목성 사이에 또 하나의 행성이 태양의 궤도를 돌고 있다고 확신했다. 9년 뒤 허셜이 천왕성을 발견했을 때, 이 행성의 궤도와 태양 사이의 거리는 보데의 법칙에서 예측한 거리와 일치했다. 그러자 화성과 목

성 사이에 있는 사라진 행성을 찾으려는 시도가 이루어지기 시작했다. 고타 공작의 궁정 천문학자였던 프란츠 사베르 폰 차흐 남작은 독일 천문학자들을 모으고 유럽 전역의 천문대의 연구자들의 도움을 얻어 이 일을 진행했다.

시칠리아의 큰 도시 팔레르모에 살던 주제피 피아치는 여러 사람이 행성을 찾기 위해 이런 노력을 기울이는 줄도 모르고 습관대로 밤에 별을 관찰했다. 그러다 1801년 1월 1일 광도 8의 물체를 발견했다. 이 천체는 며칠 밤 동안 계속해서

국제적인 탐색

프랑스 왕립천문대(그림은 1815~1820년경의 모습이다)도 화성과 목성 사이의 행성을 찾는 일에 참여한 여러 천문대 가운데 하나였다.

다른 별들 주위에서 움직이는 것처럼 보였다. 피아치는 이것이 별이 아니라는 사실을 깨달았다. 그는 태양계의 또 다른 구성원을 발견한 것이다. 거리 계산을 해보자 화성과 목성 사이였다. 피아치는 이 천체를 시칠리아의 수호신인 추수의 여신의 이름을 따 세레스라고 불렀다.

처음에 세레스는 태양계의 제7행성으로 여겨졌다. 그러나 허셜은 세레스를 자신의 큰 망원경으로 본 뒤 이것이 달보다 작다는 것을 알았다. 세레스가 발견되고 나서 1년 뒤 또 다른 작은 천체가 발견되었다. 이 천체 역시 세레스와 거의 똑같은 거리에서 궤도를 돌았다. 하인리히 빌헬름 마토이스 올베르스는 자신이 발견한 이 천체를 팔라스라고 불렀다. 허셜은 팔라스의 지름이 180킬로미터도 안 된다고 계산했는데, 이것은 행성치고는 지나치게 작은 크기였다.

사실 세레스와 팔라스는 행성도 아니고 별도 아니었다. 허셜은 궤도를 도는 이 작은 천체를 소행성이라고 불렀다. 독일의 천문학자 카를 루트비히 하르딩은 1804년 9월 1일에 소행성을 또 하나 발견하여, 여기에 주노라는 이름을 붙였다. 올베르스는 3년 뒤에 베스타를 발견했다. 올베르스는 사라진 행성이 있어야 할 자리에서 이런 소행성들이 발견되는 사실을 설명하기 위하여 이 모든 소행성이 한때 이 빈 자리를 차지했던 완전한 크기의 행성의 조각이라는 가설을 제시했다.

천왕성이 발견되고 나서 60년 이상이 지난 뒤 영국의 젊은 천문학자 존 카우치 애덤스는 천왕성의 궤도를 분석하기 시작했다. 허셜은 1781년에 천왕성을 운 좋게 발견했지만, 그보다 백 년 전에 천문학자들은 이미 천왕성을 보고 별이라고 기록을 했다. 그들의 초기의 관찰 자료, 거기에 천왕성이 행성으로 확인된 이래 기록된 60년 이상의 자료를 보태본 결과 천왕성의 궤도는 뉴턴의 운동법칙을 따르지 않는다는 사실이 밝혀졌다.

이런 모순을 설명하는 하나의 방법은 천왕성의 궤도 바깥에 존재하는 미발견 행성의 인력을 가정하는 것이었다. 애덤스는 그런 행성의 궤도와 위치를 계산하여, 1845년 10월에 자신의 계산을 그리니치 왕립천문대로 보냈다. 조지 비델 에어리 경은 이 예측을 대단치 않게 생각하여 옆으로 밀어두었다. 그러는 사이에 프랑스 천문학자 위르뱅-장-조제프 르베리에가 똑같은 계산을 한 뒤, 베를린 천문대의 요한 갈레의 도움을 얻어 그 계산을 확인했다. 갈레는 르베리에의 예측을 받은 날, 망원경을 사용한 지 불과 30분 만에 애덤스가 예측한 자리에서 불과 2도 차이가 나는 곳에서 해왕성을 발견했다.

중력
평균적인 중력 가속도는 1초의 제곱당 9.8미터다(해발 0, 위도 45도에서). 달의 중력은 지구 중력의 6분의 1이다. 따라서 지구에서 몸무게가 60킬로그램 나가는 사람은 달에서는 10킬로그램밖에 안 나간다.

화성을 열심히 관측했고 애리조나 주 플래그스태프의 로웰 천문대를 설립하기도 했던 퍼시벌 로웰은 해왕성 궤도 운동의 불규칙성을 보고 이 행성 너머에 있을 또 다른 행성의 위치를 예측했다. 로웰은 애덤스와 르베리에가 해왕성을 찾는 데 사용했던 수학적 방법을 이용했지만, 다른 행성을 찾아내지는 못했다. 클라이드 윌리엄

별의 일생

별은 수소와 헬륨으로 이루어진 기체 공으로, 복사에너지를 방출한다. 별은 그 핵에 모든 물질을 구성하는 기본적인 요소들을 갖추고 있다. 미국의 천문학자 칼 세이건이 말했듯이, "우리는 모두 별을 이루는 물질로 이루어져 있다".

별의 행로는 그 크기, 즉 그 중력에 좌우된다. 형성되는 별 속으로 우선 물질이 흘러든다. 그러면 온도와 압력이 상승한다. 핵반응을 일으킬 만큼 온도가 높아지면 별이 탄생한다. 새로운 별은 별을 붕괴시킬 수 있는 무자비한 중력의 힘을 막아낼 수 있을 때까지 목숨을 유지한다.

우리의 태양 같은 별은 수소를 헬륨으로 바꾸는 양성자-양성자 연쇄반응으로 에너지를 생산한다. 헬륨 핵의 질량은 그것을 만들어 내는 데 필요한 수소 핵 4개보다 약 0.7퍼센트 작으며, 연쇄반응은 이 질량 차이를 에너지로 바꾼다. 태양은 1초마다 수소 약 7억 톤을 6억 9500만 톤의 헬륨으로 바꾼다. 나머지 500만 톤의 물질이 바로 에너지로 바뀌며, 이 에너지가 핵으로부터 복사되면서 이 별을 붕괴시키려는 중력의 힘과 맞선다. 이런 중력-복사 압력 균형을 유체역학적 평형이라고 부른다.

별이 자신의 핵에 있는 모든 수소를 헬륨으로 바꾸면 불이 꺼진다. 핵반응이 없으면 외부를 향한 복사 압력도 없으며, 중력이 별을 붕괴시키기 시작한다. 핵은 수축하면서 가열되기 시작한다. 별의 핵 외부의 신선한 수소는 발화되어 수소가 타는 껍질이 만들어진다. 별은 계속 수축하며, 이것이 껍질을 가열시켜 에너지를 더 생산한다. 별의 생애의 이 단계에서는 복사 압력이 별을 붕괴시키는 중력을 초과하여, 별은 적색거성으로 팽창하고, 거기서 초거성으로 더 커진다. 별은 이후 수백만 년 동안 수소 껍질을 태우고, 그 핵은 서서히 붕괴하면서 천천히 가열된다. 핵의 온도가 1억 켈빈(물은 373켈빈에서 끓는다)에 이르면, 별의 핵 깊은 곳에서 헬륨 섬광이라고 부르는 폭발이 일어나 헬륨 핵 3개가 융합하여 탄소 핵 하나를 만든다.

황소자리에 있는 플레이아데스성단은 뜨겁고 젊은 파란 별들로 이루어져 있다.

결국 헬륨은 고갈되고, 핵은 다시 가동을 중단하며, 헬륨이 타는 껍질은 탄소 핵을 둘러싸게 된다. 이 단계의 별은 약간 불안정하다. 별은 고동을 치면서 기체 물질을 토해내며, 이것이 뜨거운 핵 주위에 고리 또는 행성 성운을 형성한다. 태양 정도 큰 별에게는 이것이 끝이다. 핵은 천천히 수축하여 탄소 백색왜성으로 바뀌며, 이렇게 수십억 년이 흐르면서 흑색왜성으로 식어간다.

태양보다 질량이 적어도 20배는 더 나갈 경우 별은 핵의 헬륨 전부를 탄소로 바꾸었을 때 수축하기 시작한다. 핵의 온도가 6억 켈빈에 이르면 탄소 연소가 순식간에 시작되어 별이 쪼개질 수 있다. 이 엄청난 초신성 폭발은 별의 바깥층을 우주로 날려버리며, 남은 핵은 중성자별로 수축한다. 별의 질량이 훨씬 더 크면 핵이 블랙홀로 수축할 수도 있다.

톰보가 명왕성을 발견한 것은 그로부터 25년이 지난 뒤의 일이었다.

톰보는 아마추어 천문학자로, 22살 때부터 자신이 제작한 9인치 망원경을 사용하여 캔자스의 가족 농장에서 밤하늘을 관찰했다. 1928년 가을 톰보는 화성과 목성을 관찰하고 스케치했다. 톰보는 나중에 이런 회상을 했다. "목성을 지켜보며 밤을 꼬박 새며 앉아 있던 기억이 난다. 한 시간이 안 되어 무늬들이 원반을 가로질러 둥둥 떠가는 것을 보았다! 나는 몹시 흥분했다. 행성의 자전이 눈앞에 펼쳐지고 있었던 것이다."

명왕성의 발견

24살의 클라이드 톰보가 집에서 제작한 9인치짜리 뉴턴식 망원경을 자랑스럽게 보여주고 있다. 이 사진을 찍기 한 달 전 톰보는 명왕성을 발견했다.

같은 해 말, 톰보는 전문가들의 안내를 구하고 싶은 마음에 자신이 그린 그림을 로웰 천문대로 보냈다. 그가 받은 답변은 그가 예상한 것과는 매우 달랐다. 천문대의 새 망원경을 다루는 자리가 있으니 함께 일을 해보지 않겠냐는 제안이 온 것이다. 톰보는 애리조나 주 플래그스태프로 가는 편도 열차표를 샀다. 곧 톰보는 밤하늘의 사진을 찍게 되었다. 천문대장은 톰보에게 로웰이 명왕성이 있을 것이라고 예측한 곳의 사진을 찍게 했다. 톰보는 매일 밤 망원경과 거기 부착된 카메라를 이용하여 35×42.5센티미터짜리 사진용 유리판에 하늘의 이미지를 담았다. 낮에는 며칠 간격을 두고 노출시킨 판을 한 쌍씩 가져다가 기계에 설치했다. 그렇게 해서 한 판에 찍힌 작은 점을 다른 판에 찍힌 점과 비교할 수 있었다. 며칠 간격으로 노출된 두 판을 연속해서 볼 경우 별이나 은하수처럼 멀리 있는 천체는 정지한 채로 가만히 있지만 행성은 자리를 옮길 것이 분명했다. 톰보는 판을 넘기면서 깜빡거리거나 자리를 옮긴 것처럼 보이는 점을 찾았다.

1930년 어느 흐린 2월 아침 톰보는 몇 주 전에 찍은 판 두 개를 꺼냈다. 하나는 1월 23일에 찍은 것이고, 또 하나는 1월 29일에 찍은 것이었다. 톰보는 한 판에서 다른 판으로 넘겨보다 점이 움직인 것을 발견했다. "이거다!"라고 톰보는 생각했다. 탐색이 시작되고 나서 열 달 만에 클라이드 톰보는 명왕성을 발견한 것이다. 명왕성은 퍼시벌 로웰이 예측한 곳에서 불과 6도 떨어진 곳에 있었다. 그러나 나중에 분석을 해본 결과 명왕성은 너무 작아서 해왕성의 궤도를 왜곡하지 않는다는 사실이 확인되었다. 로웰이 명왕성의 위치를 예측하는 데 사용한 수치는 관찰의 무작위 오차의 결과물이었다. 따라서 톰보가 로웰이 예측한 위치와 가까운 곳에서 명왕성을 발견한 것은 순전히 행운이었던 셈이다.

2006년 1월 19일 NASA는 명왕성에 첫 로켓을 발사했다. 무게 478킬로그램에 피아노만 한 크기의 우주선 뉴호라이즌스 호는 지금쯤 5억 킬로미터 가까이 날아갔을 것이다. 이 우주선은 2015년 7월에 명왕성과 그 위성들을 처음으로 가까이서 살펴볼 계획이다. 이 우주선의 화물에는 클라이드 톰보의 유골도 포함되어 있다.

오늘날 대부분의 행성 추적자들은 태양계 바깥의 행성들에 관심을 기울인다. 그들이 다른 별들 주위에서 발견한 행성은 거의 200개에 이른다.

상대성

뛰어난 과학 이론만이 아니라 유머 감각으로도 유명했던 알베르트 아인슈타인이 캘리포니아 주 샌타바바라에서 자전거를 타고 있다.

아인슈타인의 우주

20세기 초에 알베르트 아인슈타인은 공간과 시간의 속성을 생각하며, 뉴턴의 운동법칙들과 만유인력의 법칙 전체가 어떻게 상호작용을 하는지 연구했다. 1902년에 아인슈타인은 스위스 특허국에서 하급 특허 조사원으로 일하고 있었다. 아인슈타인은 신청서를 조사하는 일을 하면서 서로 다른 물리적 좌표계 내에 있는 관찰자들에 관해 생각하기 시작했다. 한 사람은 움직이고 있고 또 한 사람은 움직이지 않는다면, 두 사람은 같은 사건을 어떻게 인식할까?

1905년 아인슈타인은 특수상대성 이론을 제시했다. 물리학의 법칙들은 관찰자들의 운동이 등속일 경우에만 모든 관찰자들에게 똑같다는 내용이었다. 예를 들어 기차에 앉아 자고 있는 경우를 상상해보자. 잠을 깨서 창밖을 보자 옆에 있는 기차가 천천히 움직이는 것이 보인다. 잠시 동안 내가 탄 기차가 움직이는 건지 다른 기차가 움직이는 건지 헷갈린다. 상대성 원리에 따르면 이때 어느 기차가 움직이는지 판단하기 위해 해볼 수 있는 실험은 없다.

모든 운동은 상대적이다. 물체의 운동을 측정해서는 다른 기차가 정지하고 있는지 꾸준한 속도로 움직이는지 알 수가 없다. 특수상대성은 본질적으로 정지라는 개념을 의미 없게 만든다. 게다가 빛의 속도의 측정은 상대적인 관찰자의 운동과는 관계없이 늘 똑같은 결과를 낳는다.

짧은 거리를 느린 속도로 움직이는 물체의 경우에는 아인슈타인의 특수상대성 이론이 뉴턴의 운동법칙과 똑같은 예측을 낳는다. 이 두 이론에 기초한 예측이 차이가 나는 것은 아주 먼 거리를 움직이는 물체 또는 아주 빠른 속도(광속에 가까운 속도)로 움직이는 물체의 경우다. 뉴턴의 이론은 공간과 시간을 따로 다루지만, 운동과 중력은 통일했다. 아인슈타인의 이론은 공간의 삼차원을 시간의 차원과 통일했다.

아인슈타인의 특수상대성 이론은 에너지를 질량, 광속과 연결시키는 공식, 즉 $E=mc^2$(E는 줄이라고 부르는 단위로 측정한 에너지, m은 킬로그램 단위로 측정한 질량, c는 1초당 미터로 계산한 광속이다)을 낳았다. 이 방정식에 따르면 우주의 모든 물질은 에너지의 한 형태이며, 모든 에너지에는 질량이 있다.

1915년 아인슈타인은 더 일반적인 상대성 이론을 내놓았다. 이것은 가속이 이루어지는 좌표계 안에 있는 관찰자들의 사례를 다루며, 중력을 새롭게 설명한다. 아인슈타인은 끌어당기는 힘이라는 뉴턴의 중력 개념에 의문을 제기하면서, 중력은 시공간을 구부리거나 휘게 하는 것이라고 주장했다. 이 휨이 공간에서 물체의 자연적인 운동을 통제한다.

시공간이 어떤 틀 위에 펼쳐진 고무판이라고 상상해보라. 그 한가운데 볼링공을 올려놓는다고 해보자. 시공간이라는 고무판은 이 공의 질량을 감당하기 위해 구부러지고, 늘어나고, 휠 것이다.

이제 골프공을 이 고무판 위에 직선으로 굴린다고 상상해보라. 골프공의 속도가 아주 빠르다면 볼링공의 중력 우물을 빠져나갈 수도 있다. 그러나 속도가 늦으면 볼링공을 향해 굴러가 그 중력 우물에 갇힐 것이다. 골프공의 속도가 그 중간이라면, 골프공은 볼링공 둘레를 돌다가 원래의 운동 방향에서 90도(또는 그 중간의 각도)로 움직일 것이다. 물질은 시공간을 휘게 하며, 시공간은 물질의 운동방식을 규정한다.

아인슈타인은 먼 별에서 오는 빛은 질량이 큰 태양을 지나오면서 휠 것이라고 예측했다. 천체물리학자 아서 스탠리 에딩턴은 그 예측을 증명하는 일에 나섰다. 1919년 5월 19일 아프리카 서부에서 개기일식이 일어났다. 해가 어두워지자 별들이 눈에 보였다. 에딩턴은 어두워진 태양의 가장자리 근처에 있는 별 몇 개를 사진으로 찍었다. 그는 사진들을 살피고 각 별의 위치를 측정하면서 단 1초라도 휘어지는 빛의 변화를 찾았다. 유용한 결과를 얻으려면 태양 근처만이 아니라 태양에서 먼 별들도 포함된 이미지가 필요했다. 에딩턴은 운이 좋았다. 일식이 히아데스성단이 포함된 먼 구역에서 일어난 것이다. "지금까지 만난 가장 좋은 별

1957~1995

1957	1961	1965	1967
러시아 위성 스푸트니크 1호 발사되다. 이로써 미국과 소련 사이의 우주 경쟁이 시작되었다.	러시아의 우주인 유리 가가린 인간으로는 처음으로 지구 궤도를 돌다	배경복사 발견되다. 과학자들은 이것이 우주가 시작될 때 일어난 '빅뱅'의 잔재라고 결론을 내렸다.	조슬린 벨 버넬과 앤터니 휴이시 처음으로 펄서를 발견하다. 펄서는 전자파를 방출하며 빠르게 회전하는 중성자별이다.

재미있는 수학

알베르트 아인슈타인은 이렇게 말한 적이 있다. "특별히 집중할 문제가 없을 때면 나는 오래 전에 익힌 수학이나 물리학의 정리를 다시 증명해보는 것을 좋아한다. 무슨 목표가 있는 행동은 아니다. 그저 즐겁게 생각하고 몰두할 수 있는 기회일 뿐이다."

밭이었다." 에딩턴은 그렇게 말했다. 그렇지 않았다면 아인슈타인의 예측이 옳다는 것을 증명하는 데 오랜 세월이 걸렸을지 모른다.

아인슈타인이 일반상대성 이론을 이용해서 수성 궤도의 약간의 일탈을 계산하면서 이 이론은 다시금 확인이 되었다. 요하네스 케플러는 수성의 궤도가 타원형이라는 것은 알았지만, 궤도의 축이 세차라고 부르는 운동을 하며 공전을 하는 모습은 떠올리지 못했다. 천문학자들은 수성의 궤도가 뉴턴의 법칙들이 예측하

1969	1979~1989	1990	1995
아폴로 11호 달에 착륙하다. 닐 암스트롱과 버즈 올드린이 인간으로는 처음으로 달 표면을 탐험했다.	NASA 보이저 탐사선 목성, 토성, 천왕성, 명왕성을 가까이서 찍은 사진을 보내오다.	마젤란 탐사선 금성에 이르러 레이더로 이 행성 표면의 거의 98퍼센트를 지도로 그리다.	천문학자 태양계 외부의 행성을 처음으로 발견하다.

> **쌍성**
> 쌍성이란 공통의 중력 중심 주위의 궤도를 도는 한 쌍의 별이다. 천문학자들은 우리은하의 별들 가운데 반이 쌍성이나 더 많은 숫자의 별들로 이루어진 집단에 속해 있다고 추측한다.

는 것보다 더 빨리 움직이고 있음을 인정했다.

아인슈타인은 우선 수성의 궤도가 있는 구역에서 태양의 질량이 시공간을 얼마나 휘게 하는지 계산하여 이 문제를 풀어가기 시작했다. 그런 다음 수성이 이 구역을 어떻게 움직이는지 계산했다. 아인슈타인은 시공간의 휨 때문에 수성의 궤도가 앞으로 미끄러진다는 사실을 발견했다. 오늘날 우리는 금성, 지구, 소행성 이카루스의 궤도들도 모두 태양 가까운 곳에서 일어나는 시공간의 휨 때문에 앞으로 미끄러진다는 사실을 알고 있다.

아인슈타인의 일반상대성 이론의 또 하나의 결과는 중력파라는 개념이다. 아인슈타인은 중력의 힘이 파동 같은 아주 약한 교란을 일으키며, 이것이 빛의 속도로 퍼져나간다고 예측했다. 바다의 파도와 마찬가지로, 중력파는 질량을 가진 물체가 가속을 하거나, 진동을 하거나, 격렬하게 요동을 칠 때 시공간에서 일어나는 물결이다. 자연에서 가장 약한 힘으로 꼽히는 중력파를 탐지하려면 천체의 질량이 매우 높아야 한다. 예를 들어 중성자 별, 블랙홀, 초신성 등으로 이루어진 가까이 붙어 있는 쌍성이 중력파를 만들어내는 수준이어야 탐지할 수 있다.

빛나는 별빛

19세기 초 천문학자들은 태양계에 주목하면서 별들의 위치와 광도를 관찰하고 목록을 만드는 일에 주력했다. 고대에 시작된 일을 계속하고 있었던 셈이다. 1572년에 브라헤, 1604년에는 케플러가 별의 폭발을 관찰하면서 별이 변할 수 있다는 결론은 나왔으나, 천문학자들은 그 후 수백 년 동안 별에 관해 더 많은 것을 알아내지는 못했다.

1814년 뮌헨에서 광학기계를 만들던 요제프 폰 프라운호퍼는 최초로 분광기를 개발했다. 이것은 빛을 분리하는 도구였다. 햇빛은 분광기의 좁은 틈으로 들어와 프리즘을 통과한다. 프리즘은 빛을 굴절시켜 약 60개의 검은 선으로 이루어진 태양 스펙트럼을 만든다. 프라운호퍼의 발견은 천문학자만이 아니라 물리학자와 화학자들에게도 널리 관심을 불러 일으켰다.

독일의 물리학자 구스타프 키르히호프와 그의 동료인 화학자 로베르트 분젠은

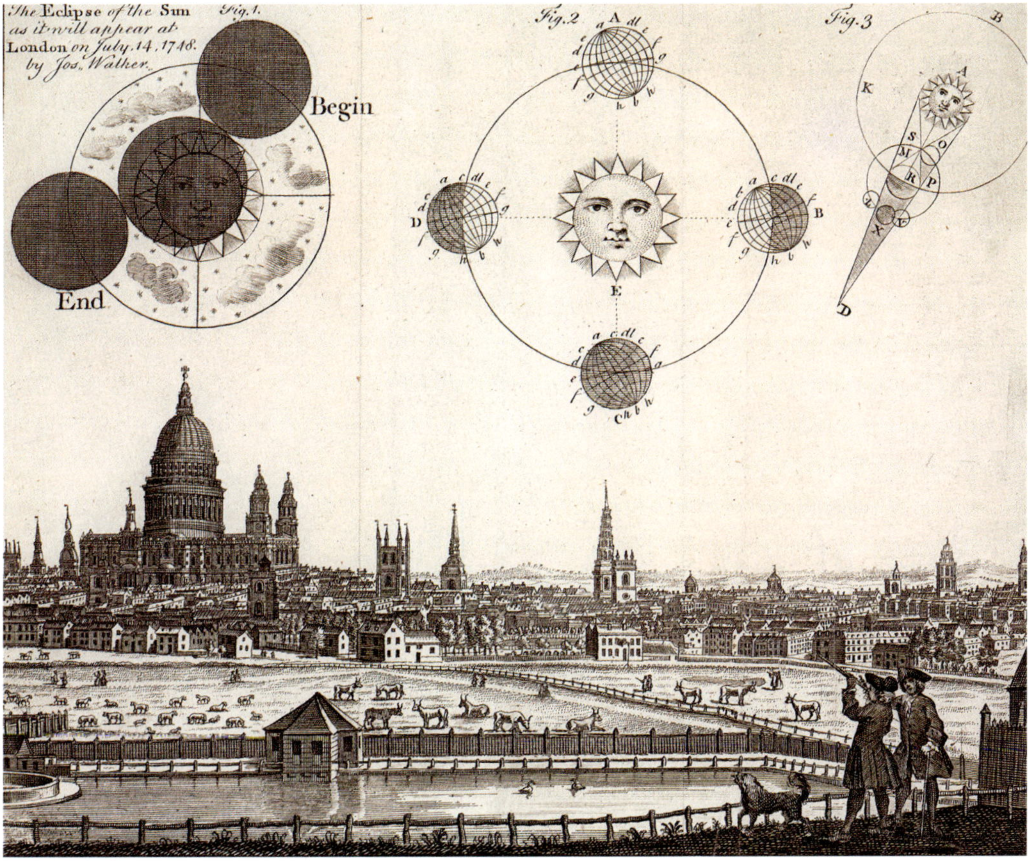

과정을 보여주는 그림

1748년 런던에서 발생한 일식을 설명하기 위한 그 시대의 다이어그램들.

1859년에 이 검은 선들이 화학 원소와 연관이 있다는 사실을 발견했다. 그들은 그 과정에서 여러 금속의 선을 확인하고 새로운 원소 두 개를 발견했다. 세슘과 루비듐이라는 이 두 원소의 이름은 푸르스름한 회색과 빨간색을 가리키는 라틴어에서 따왔다.

이어진 실험에서 키르히호프는 이 선들이 만들어지는 방식을 이해하기 시작했다. 그는 노란 나트륨 불에 태양의 스펙트럼을 통과시키면서, 태양 스펙트럼의 검은 나트륨선이 밝은 불빛으로 채워질 것이라고 생각했다. 그러나 그 선은 더 검어졌다. 키르히호프는 태양의 대기가 나트륨 불처럼 빛의 노란 파장을 흡수하는 나트륨 증기를 포함하고 있다고 추론했다. 오늘날 우리는 이 검은 스펙트럼선을 흡수선이라고 부른다.

위인을 기리며

미국 캘리포니아주 로스앤젤레스의 헐리우드 힐스에 있는 그리피스 천문대에는 세계사의 위대한 천문학자들을 기리는 기념비가 서 있다.

키르히호프가 흡수선을 이해한 방식이 맞다면 고온의 기체 대기가 태양을 둘러싸고 있어야 했다. 실험실 연구 결과 백열의 물체나 용해된 금속은 연속적인 하얀 빛 스펙트럼을 생산한다는 것을 알 수 있었다. 그러나 흑점, 플라주(전에는 양반이라고 불렀다)라고 부르는 밝은 점, 늘 변하는 필라멘트 같은 태양 표면의 특징들은 완전히 대기에 속한 것이지, 매우 뜨거운 고체나 액체 금속에서 나오는 것으로 보이지는 않았다. 시간이 지나면서 실험물리학자들은 높은 압력을 받는 뜨거운 기체들도 연속적인 스펙트럼을 만들어낸다는 사실을 발견했다.

천문학자들이 점점 늘어가는 다양한 장비로 태양을 살피게 되자, 별의 본질에 관한 우리의 의문도 늘어났다. 개기일식 때 달의 어두운 원반을 둘러싼 밝고 흰 섬유 같은 코로나를 관찰하고 많은 사람들이 놀랐다. 더 큰 장비들은 태양의 홍염을 찾아냈다. 홍염이란 태양의 가장자리 너머로 밝은 발사체처럼 분출하는 깃털 모양의 기체다. 이런 특징은 태양에 속한 것일까, 아니면 태양 주위 대기의 일부일까? 분광 관찰이 계속 이루어지고 물리학도 발전함에 따라, 이것은 태양의 여러 층에서 발생하는 물리적 과정의 결과라는 사실이 점차 밝혀졌다.

1866년 영국의 아마추어 천문학자 조지프 노먼 로키어는 태양을 자세하게 관찰하는 간단한 방법을 발견했다. 그는 분광기 앞에 가는 틈을 낸 스크린을 세우고 거기에 망원경으로 본 태양의 이미지를 투사했다. 로키어는 스크린의 틈을 움직여 태양의 서로 다른 특징에서 나오는 빛이 통과하도록 했다. 어두운 흑점을 볼 때의 스펙트럼선 강도는 그 바로 바깥 구역을 볼 때의 강도보다 약했다. 스펙트럼선의 강도는 온도에 따라 변하기 때문에 로키어는 흑점이 더 온도가 낮은 구역이라고 결론을 내렸다.

로키어는 또 홍염을 찾으려고 태양 가장자리도 훑어보았다. 그는 이 빨간 불꽃으로 보이는 것이 사실은 뜨거운 기체이며, 이것이 밝은 선으로 이루어진 뚜렷한 스펙트럼 패턴을 발산할 것이라는 가설을 세웠다. 로키어는 윔블던의 뒷마당에서 관찰을 하다가 찾고 있는 것을 발견했다. "밝은 선이 번쩍거리며 들어오는 것이 보였다." 로키어는 이 선의 특징을 분석한 결과, 태양의 홍염은 주로 수소로 이루어졌다고 결론을 내렸다.

1868년 8월 프랑스의 천문학자 피에르 쥘 세자르 장센은 일식 동안에 태양의 스펙트럼에서 밝은 노란 선을 보았다. 두 달 뒤 로키어도 이 선을 보았다. 이런 패턴은 관찰된 적이 없기 때문에 로키어는 이것이 지상에서 발견되거나 확인되지 않은 원소 때문에 생긴 현상이 틀림없다고 결론을 내렸다. 영국의 화학자 에드워드 프랭클랜드는 나중에 이 원소에 헬륨이라는 이름을 붙였다. 그리스어에서 태양을 가리키는 헬리오스에서 따온 말이었다.

19세기 후반에는 새로운 천문대들이 많이 세워졌고, 천문학에서 사진이 일반적으로 사용되었다. 달의 첫 사진은 1840년 영국의 천문학자 존 윌리엄 드레이퍼가 찍은 은판 사진이었다. 그의 아들인 미국의 천문학자 헨리 드레이퍼는 1872년 거문고자리의 밝은 별 베가의 스펙트럼을 사진으로 찍었다. 별의 스펙트럼 사진이 늘어나면서 과학자들은 아주 다양한 별의 일반적 구성과 온도에 관한 전체적인 그림을 그려볼 수 있었다.

드레이퍼는 이탈리아의 천문학자 피에트로 안젤로 세키의 작업에 기초하여 별의 스펙트럼을 16개 그룹으로 분류하는 체계를 만들었다. 1882년 드레이퍼가 때이르게 세상을 뜨자, 그의 미망인은 남편이 하던 작업을 계속하도록 하버드 칼리

메시에 목록

메시에 목록은 먼 우주에 있는 은하, 성운, 성단을 포함한 약 109개의 영구적인 천체의 목록이다. 비전문가 천문학자들에게 유용한 안내서인 이 목록은 샤를 메시에와 피에르 메생이 1717년에서 1786년 사이에 정리했다.

지 천문대에 자금을 대기로 했다. 천문대장 찰스 피커링은 하늘 전체의 분광 관찰을 시작했다. 피커링은 이 작업을 위해 많은 조수를 고용했는데, 그들 다수가 여자였다. 여자가 아직 투표권도 가지지 못했던 1880년대 말에 이 천문대에서는 약 15명의 여성이 일을 했다. 그들은 한 시간에 25센트를 받으면서 별의 사진과 별의 스펙트럼을 수도 없이 분석하고, 각 별의 위치와 구성을 확인하기 위해 복잡한 계산을 했다.

피커링이 죽은 뒤에도 이 여자들 가운데 한 사람인 애니 점프 캐넌은 별의 스펙트럼이 포함된 사진판을 검토하는 작업을 계속했다. 그녀가 스펙트럼을 분석하여 별을 분류하면, 조수가 그것을 기록했다. 캐넌은 아주 빠르고 정확하게 이 일을 하여, 1분에 별 세 개를 분류했다. 캐넌은 1915년부터 1924년까지 목록 작업—나중에 헨리 드레이퍼 목록이라고 부르게 된다—을 하여, 약 225,300개 별의 스펙트럼을 수집하고 정리했다. 지금도 천문학도들은 그녀의 분류 체계—O, B, A, F, G, K, M—를 배우고 있다.

1910년에 이르자 캐넌의 분류는 널리 받아들여졌다. 이제 천문학자들은 별 고유의 밝기가 그 스펙트럼 유형과 관계가 있는지 궁금해하기 시작했다. 1911년 에나르 헤르츠스프룽과 한스 로젠베르크 두 천문학자가 황소자리에 있는 플레이아데스성단과 히아데스성단을 구성하는 별들을 놓고 그 관계를 도표로 만들었다. 프린스턴의 천문학자 헨리 노리스 러셀도 곧 거리 측정치가 상당히 믿을 만한 별들을 놓고 똑같은 작업을 했다.

그들이 한 일의 결과가 헤르츠스프룽-러셀도다. 이것은 별의 스펙트럼 유형(그 온도를 나타낸다)과 그 밝기 또는 광도 사이의 관계를 보여준다.

광도는 세로축을 따로 표시되며, 온도는 가로축을 따라 표시된다. 왼쪽 상단에는 뜨겁고, 젊은 청색거성이 위치한다. 오른쪽 상단에는 거의 생을 마감할 때가 된 차가운 적색거성과 초거성이 위치한다. 왼쪽 하단의 별은 백색왜성이다. 이 별은 생명 주기의 끝에 이른 아주 희미한 별들로, 뜨겁고 작다. 왼쪽 상단에서부터 오른쪽 하단에 이르기까지 도표의 중간에 주계열이 자리 잡고 있는데, 여기에 모든 별의 약 90퍼센트가 속해 있다.

그러나 천문학자들은 여전히 별이 빛나는 이유를 잘 몰랐다. 1917년 에딩턴은 별의 에너지 생산과 진화의 이론을 연구했다. 그는 천문학, 물리학, 수학을 잘 알았을 뿐 아니라 원자물리학과 특수상대성 이론까지 꿰고 있었기 때문에 별에서 열이 복사에 의해 운반된다는 것을 증명할 수 있었다. 그는 또 별의 내부는 고온이기 때문에 전자들이 핵에서 벗어나 오늘날 물리학자들이 플라스마라고 부르는 상태가 만들어진다고 추론했다.

마지막으로 에딩턴은 별의 질량과 그 광도 사이의 관계를 파악했다. 그는 별의 질량은 아인슈타인의 공식 $E=mc^2$에 따라 에너지로 전환된다고 주장했다. 에딩턴은 자신의 발견을 1926년에 출간한 『별들의 내부 구성』에서 정리했다. 그는 별들이 수소를 헬륨으로 바꾼다고 믿었지만, 이 전환의 구조를 제시하기에는 아원자 물리학의 지식이 부족했다.

1939년 말 한스 알브레히트 베테가 "별의 에너지 생산"이라는 논문을 발표하고 나서야 과학자들은 별의 에너지원에 관해 알게 되었다. 베테는 태양에너지의 98퍼센트 이상이 수소가 헬륨으로 전환되는 데서 온다고 주장했다. 그의 말이 옳았다. 태양은 매초 7억 톤의 수소를 6억 9500만 톤의 헬륨으로 바꾼다. 나머지 물질 500만 톤(나이아가라 폭포에서 1초에 쏟아지는 물의 무게의 약 600배다)은 순수한 에너지로 바뀐다.

우주의 수수께끼들

에딩턴과 베테가 별 내부의 용광로를 살피는 동안 에드윈 파월 허블은 새로운 우주론의 무대를 마련하고 있었다. 허블은 미주리 주 마시필드에서 법률가이자 보험 대리인의 아들로 태어났다. 그는 1906년에 시카고 대학에 입학했으며, 로즈 장학생으로 옥스퍼드 퀸스 칼리지를 다닌 뒤 1914년에 박사학위를 받기 위해 시카고에 돌아와 여키스 천문대에서 희미한 성운을 연구했다. 제1차 세계대전 때에는 2년 동안 보병으로 참전한 뒤 마운트윌슨 천문대에 취직했다. 허블은 그 이후 이곳을 떠나지 않고, 100인치 망원경을 이용하여 성운을 관찰하고 분류했다.

성운은 망원경으로 희미하게 보이는 반점으로, 샤를 메시에가 처음으로 목록에 올리고, 이어 윌리엄 허셜도 목록에 올렸는데, 당시 그 정체에 관해서는 두 가

별들의 목록

하버드 칼리지 천문대의 사진 관리자 애니 점프 캐넌은 300,000장의 사진판을 살폈으며, 이것을 이용해 약 225,300개 별의 스펙트럼을 분류했다.

지 이론이 있었다. 한 진영에서는 이것이 은하수의 성간 기체로 이루어진 구름이라고 믿었다. 또 한 진영에서는 은하수 외부에 있는 다른 은하들이라고 생각했다. 결국 둘 다 맞다는 것이 판명되었다. 두 종류의 천체 모두 폭넓게 성운이라고 부르는 범주에 들어가기 때문이다. 1922년 허블은 처음으로 은하수에 널리 존재하는 성운을 분류하여, 방출성운과 반사성운으로 구분하였다. 1923년 10월 4일 허블은 오늘날 안드로메다은하라고 알려진 것에 속한 별들을 분석했다. 넉 달 뒤에는 안드로메다은하에서 세페이드변광성을 발견했다.

1784년 영국의 천문학자 존 구드릭이 처음 확인한 세페이드변광성은 맥동하는 크고 노란 별들로, 그 밝기는 광도 0.1에서 2에 이른다. 밝아진 상태에서 희미해졌다가 다시 밝아지는 맥동 주기는 2일에서 60일이다.

1912년 피커링의 조수인 헨리에타 스완 리비트는 우리은하의 위성은하인 소마젤란은하에서 세페이드변광성의 숫자를 확인하고 있었다. 리비트는 페루에서 찍은 사진판들을 살피다가 세페이드변광성들의 주기가 그 평균 밝기와 관련이 있다는 사실을 알았다. 주기가 긴 별이 짧은 별보다 더 밝았던 것이다. 마젤란은하의 모든 별은 지구에서 대략 같은 거리에 있었기 때문에, 그들 고유의 밝기는 거리가 아니라 주기와 관계가 있을 수밖에 없었다.

미국의 천문학자 할로 섀플리는 이 주기-광도 관계의 중요성을 인식했다. 그는 구상성단(球狀星團)—각각 만에서 백만 개의 별들이 빽빽하게 몰려 있는 커다란 공—을 찾기 시작했다. 섀플리는 세페이드변광성을 "등대"라고 부르며, 이들을 이용해 구상성단과 지구 사이의 거리를 결정했다. 허블은 세페이드변광성과 관련된 발견들을 토대로 이른바 성운이 사실은 은하수에 있는 어떤 천체보다도 훨씬 먼 은하임을 증명했다. 그는 안드로메다에 있는 세페이드변광성들을 관찰

빅뱅

빅뱅 이론은 보통 우리 우주 구성의 결정적인 모델로 제시된다. 사실 이 이론은 우주에서 관찰된 사실에 기초한 하나의 가설이다. 이 이론은 1920년대에 알렉산드르 프리드만과 가톨릭 신부인 조르주 르메트르가 만들기 시작했으며, 1940년대에 조지 가모브가 수정했다. '빅뱅', 즉 대폭발이라는 이름은 이 이론을 의심한 천문학자 프레드 호일이 1950년대에 비꼰 말에서 나왔다.

빅뱅이 어떻게 나타났는지, 블랙홀이 어떤 모습일지는 상상만 할 수 있을 뿐이다.

빅뱅 이전 우주의 물리학은 알려져 있지 않기 때문에 우주학자들은 빅뱅 후 천만분의 몇 초 동안 우주가 어땠는지 물어보면서 추측을 시작했다. 이때 우주는 온도 100억 켈빈에 원자핵에 가까운 밀도를 가진 높은 에너지의 감마선으로 가득 차 있었다. 우주가 팽창하면서 감마선의 파장이 점점 길어졌고, 이 때문에 그 에너지가 줄고 우주가 식었다. 이 뜨거운 기체와 복사로 인한 교란이 계속 가라앉으면서 핵입자, 그 다음에는 원자핵이 형성되었다. 우리 우주 물질의 구조를 형성하는 광자, 중성자, 전자는 빅뱅 후 첫 4초 동안에 창조되었다.

30분 안에 이 모든 핵반응은 멈추었다. 우주의 질량의 대략 25퍼센트는 헬륨이고, 75퍼센트는 수소였다. 오늘날 가장 오래된 별에서 발견되는 헬륨-수소 비율도 이와 똑같다. 백만 년 뒤에 우주는 식었고 핵과 전자는 결합하여 원자가 되었다. 이 시기의 광자는 오늘날에도 나타난다. 우리는 그것을 우주배경복사라고 부른다.

하늘 관찰

에드윈 허블이 미국 캘리포니아 주 샌디에고의 팔로마 천문대에서 48인치 망원경을 보고 있다. 허블은 미국 지리학회가 후원한 1958년 하늘 관찰의 최종 점검을 하는 중이다. 이 관찰에서 최초로 하늘의 결정적인 사진 지도가 등장했다.

하여 지구에서 그 변광성들까지의 거리가 490,000광년임을 계산할 수 있었다.

허블의 은하 관찰은 아인슈타인의 일반상대성 이론과 관련해서 더 큰 의미를 갖는다. 당시 천문학자들은 우주가 정지 상태인지, 확장하는지, 수축하는지 궁금해했다. 허블은 46개 은하의 스펙트럼을 측정하여, 그 스펙트럼들이 스펙트럼의 빨간색 쪽 끝으로 옮겨갔음을, 즉 적색편이를 했음을 알아냈다.

적색편이를 이해하려면, 철도 교차로에 앉아서 다가오는 기차가 지나가기를 기다리고 있다고 상상해보면 된다. 기차가 다가올수록 기적 소리는 높아진다. 멀어지면 낮아진다. 그러나 기적은 동일한 소리를 내며, 그 음파는 원형으로 퍼져간다. 높낮이의 변화는 기차의 운동에서 발생한다. 기차가 움직이므로 새로운 음파의 중심도 계속 기차를 따라 움직인다. 기적의 음파들은 기차의 운동 방향 쪽으로는 뭉치고(높은 진동수) 뒤쪽에서는 퍼진다(낮은 진동수). 이 현상은 1842년에 처음으로 설명한 오스트리아의 물리학자 이름을 따서 도플러 효과라고 부른다. 6년 뒤 프랑스의 물리학자 이폴리트 피조는 광파도 똑같이 움직일 것이라고 주장했으며, 그의 주장은 옳았다.

도플러편이
이 원리는 관찰자에게 상대적인 운동을 하는 물체에서 방출되는 전자기파의 주파수 변화를 설명한다. 물체가 멀어져 저주파가 생기는 것은 적색편이라고 부른다. 물체가 가까워져서 고주파가 생기는 것은 청색편이라고 부른다.

1929년 허블은 우주가 팽창한다고 발표했다. 그는 2년 전에 발표된 조르주 앙리 르메트르의 이론을 증거로 제시했다. 르메트르는 벨기에 태생의 가톨릭 사제이자 천문학자로, 아인슈타인의 일반상대성 이론의 뼈대를 이용하여 허블과 같은 결론에 이르렀다. 르메트르의 이론에 대한 주요한 반대는 1948년 프레드 호일을 비롯한 여러 사람이 제시한 정상 우주론이었다. 실제로 호일은 르메트르의 이론을 처음으로 "빅뱅"(대폭발)—이 별명은 지금까지 살아남았다—이라고 부르며 비꼰 사람이기도 했다.

정상우주론은 우주가 시작이 없으며 결코 끝나지도 않는다고 주장한다. 여기에서는 우주가 일정한 속도로 팽창하는 '평평한' 우주라는 관념을 제시한다. 정상우주론에서는 주어진 시점에 우주의 모든 점이 똑같아 보인다. 이것은 우주의 물질의 평균 밀도가 항상적이라는 뜻이다. 따라서 팽창을 보완하려면 물질이 일정한 속도로 계속 창조되어야 한다.

빅뱅 우주론에 따르면 모든 물질과 복사는 이론적인 한 점에서 유래하는데, 이 점에서 밀도, 중력, 시공간의 휘어짐은 모두 무한하다. 특이점이라고 부르는 이 점은 지름도 크기도 없다. 중력이 워낙 커서 시공간은 그 자체 안으로 휘어들어간다. 특이점에서는 우리가 아는 물리학의 법칙이 존재하지 않는다.

어떤 사람들은 이 이론을 폭발이 우주의 '중심' 또는 '저 너머'의 어떤 점에서 일어났으며, 그런 뒤에 모든 것이 팽창하여 공간을 채웠음을 의미한다고 생각한다. 그러나 이런 해석은 틀린 것이다. 빅뱅 이론은 실제로 시간, 공간, 만물 등 전

성운

대기 상층에 떠 있는 새털구름의 섬세한 덩굴손 모양 가닥들이 바람의 힘 때문에 엉키는 것을 자세히 지켜보라. 또는 더운 오후에 큰 물결이 치듯이 적운이 형성되는 것을 지켜보라. 그러면 성운을 더 잘 이해할 수 있을 것이다.

성운을 뜻하는 영어 단어 'nebula'는 구름을 가리키는 라틴어에서 나왔다. 성간 기체와 먼지로 이루어진 이 구역은 물결이 치는 듯한 거대한 분자 구름이 되어 새로운 별들을 낳을 수도 있다. 또는 별의 격렬한 죽음의 자비로운 결과물일 수도 있다. 성운은 별, 은하, 행성을 구성하는 재료를 제공한다. 또 그 구성이나 섬세한 패턴은 성운 내부에서 형성되는 별들의 특징을 알려주는 한편 성운을 형성하는 별의 죽음의 특징을 드러내기도 한다.

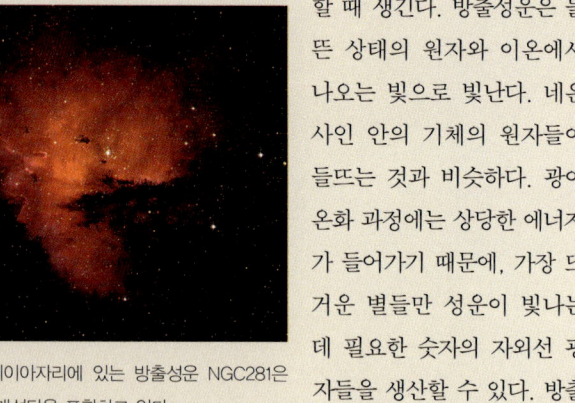

카시오페이아자리에 있는 방출성운 NGC281은 작은 산개성단을 포함하고 있다.

성운에는 반사성운, 방출성운, 흡수성운 등 세 가지가 있다. 반사성운은 근처 별들의 흩어진 별빛을 반사하여 빛을 낸다. 기체 내의 먼지 입자들은 별빛을 흩어지게 하며, 그래서 성운은 희미한 빛을 내게 된다. 반사성운은 대부분 파란색으로 보인다. 파장이 짧은 파란빛이 파장이 긴 빨간빛보다 더 잘 산란되기 때문이다. 반사성운의 빛은 희미한 편이기 때문에, 그 대부분은 하늘을 오랫동안 찍은 사진으로만 탐지할 수 있다.

방출성운은 뜨거운 불연속의 구름들이다. 주로 이온화된 수소로 이루어져 있는데, 이것은 젊은 별에서 방출된 자외선 복사가 수소 원자에서 전자를 제거—광이온화라고 부르는 과정이다—할 때 생긴다. 방출성운은 들뜬 상태의 원자와 이온에서 나오는 빛으로 빛난다. 네온사인 안의 기체의 원자들이 들뜨는 것과 비슷하다. 광이온화 과정에는 상당한 에너지가 들어가기 때문에, 가장 뜨거운 별들만 성운이 빛나는 데 필요한 숫자의 자외선 광자들을 생산할 수 있다. 방출성운은 보통 뜨겁고 젊고 파란 별들 주위에 생긴다.

은하수의 어두운 구역으로 보이는 흡수성운 또는 암흑성운은 그 내부에 기체를 이온화할 뜨겁고 젊은 별들도 없고, 근처에 빛을 반사할 별도 없는 밀도 높은 기체와 먼지의 구름들이다. 그래서 우리는 은하수나 밝은 성운을 배경으로 암흑성운의 실루엣을 보게 된다.

가장 작은 암흑성운은 '복 구상체'라고 부르는데, 이것은 1930년대에 이 천체를 처음 연구한 네덜란드계 미국인 천문학자 바르트 복의 이름을 딴 것이다. 복 구상체는 그 직경이 3광년이 되지 않으며, 질량은 태양 질량의 10에서 100배 사이다.

우주와 관련된다. 한순간에 모든 공간과 시간이 급속하게 팽창하거나 부풀기 시작했다는 것이다. 이것은 아직 끝나지 않았다. 우주는 지금도 팽창하고 있다. 건포도 빵 반죽의 팽창을 상상해보라. 반죽은 시공간이다. 반죽이 부풀면 건포도들

(은하들)이 서로 거리가 벌어지면서 사방으로 멀어져 간다.

이 대립하는 두 이론 사이에 20년 동안 논쟁이 벌어졌다. 그러다가 1965년 벨 연구소의 두 엔지니어가 우연히 초기 우주에서 남은 배경복사를 발견했다. 이 CMB(cosmic microwave background), 즉 우주배경복사의 존재는 빅뱅 이론이 예측했던 것이다.

1989년 NASA는 하늘 전체에서 이 복사를 파악하기 위하여 우주배경복사 탐사 위성(COBE)을 쏘아올렸다. COBE는 배경복사에서 미세한 차이를 발견했다. 평균보다 불과 3천만분의 1도 따뜻해지거나 차가워지는 변화였다. 이것은 첫 은하들이 형성되던 때 존재한 구조들을 암시하는 것이며, 빅뱅 이론의 타당성을 더욱 강화해준다.

2001년 6월 30일에 발사한 NASA의 윌킨슨 우주배경복사 탐사 위성(WMAP)이 포착한 신호들은 우리에게 초기 우주의 상태를 알려준다. WMAP는 우주배경복사의 온도에서 일어나는 작은 변화를 측정하여, 우주의 크기, 내용 물질, 나이, 배치, 과거, 심지어 미래까지 밝혀낸다.

WMAP는 3년간 계속된 관찰 이후 빅뱅으로 팽창할 뿐만 아니라 가속을 내기까지 하는 우주라는 개념을 뒷받침하는 증거를 찾아냈다. WMAP의 관찰에 따르면 우주가 탄생하는 그 순간, 그 찰나의 순간에 우주는 10^{50}배—1 뒤에 0이 50개 붙은 것이다!—로 커졌음을 보여준다.

시간이 흐르면서 중력의 힘 때문에 팽창 속도는 느려졌다. 우주의 눈에 보이는 모든 물질(별, 성운, 은하 등 우리가 볼 수 있는 물질)과 암흑물질을 고려하면 중력이 여전히 브레이크를 걸고 있다고 생각할지도 모르겠다. 그러나 그렇지 않다.

1990년대 중반 별도의 두 연구 팀—초신성 우주론 프로젝트와 하이-Z 초신성 탐색 팀—은 이런 감속을 측정하려 했다. 두 팀은 아주 먼 초신성을 이용하여 팽창률을 측정했으며, 그들의 발견 결과는 놀라웠다.

초신성은 현재의 이론들에서 예상하는 자리보다 더 멀리 있는 듯했다. 이런 발견은 우주의 팽창 속도가 늦어지는 것이 아니라 더 빨라지고 있음을 보여준다! 우주의 팽창이 가속을 하고 있다면 중력에 반발하는 어떤 힘이 있는 것이 틀림없다. 어떤 과학자들은 깊은 우주에서 방사되는 '암흑에너지'가 반발력을 제공한다고 생각한다.

알베르트 아인슈타인은 일반상대성 이론에서 그런 반중력을 처음 제시했다. 우주상수(허블상수와 혼동하면 안 된다)라고 부르는 이 반발력은 우주가 그 자신의 중력과 균형을 이루도록 돕는 수학적 보정물이었다. 간단히 말해서, 일반상대성 이론은 우주가 팽창 또는 수축하는 것이 틀림없다고 예측했지만, 아인슈타인은 우주가 정지 상태라고 생각했다. 그래서 이런 반중력 우주상수를 보태 방정식에 균형을 잡은 것이다.

르메트르가 우주의 팽창을 주장하고 에드윈 허블이 관찰을 한 뒤, 아인슈타인은 자신의 우주 개념과 그 물리법칙에서 우주상수를 제거했다. 그는 원래의 방정식에 이 상수를 넣은 것을 후회하면서, 자신의 "가장 큰 과학적 실수"라고 생각한다고 말했다.

시공간의 곡률

뉴턴은 우주의 기하학적 형태가 평평하다고 가정했다. 아인슈타인은 그런 가정을 하지 않았다. 사실 그의 일반상대성 이론은 전체 우주가 굽어 있다고 예측한다.

우주에는 세 가지 가능한 기하학적 형태가 있다. 이런 형태의 실제 모양은 상상하기 어렵지만, 평평한 종이 위에 그리듯이 2차원 공간에 그려 볼 수는 있다.

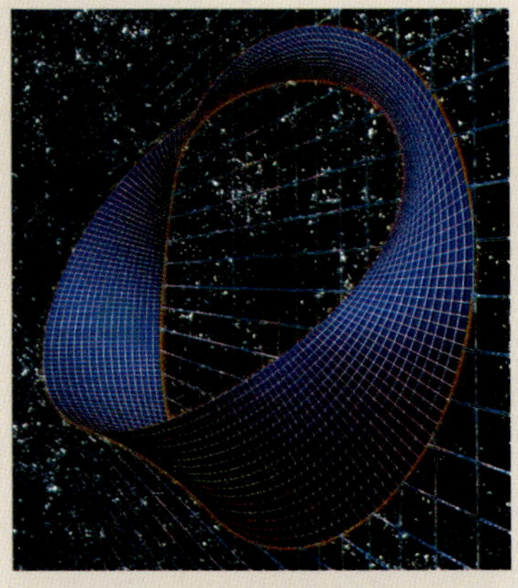
닫힌 우주에서 양의 곡률은 한정된 양을 가지지만 가장자리는 없는 우주를 만들어낸다.

첫 번째 형태인 닫힌 우주는 양의 곡률을 가진다. 이 형태는 한정된 양을 가지지만 가장자리는 없으며 2차원의 구형으로 보인다. 지구의 평평한 사진을 상상하면 된다. 닫힌 우주에서는 지구의 표면에서처럼 직선으로 여행을 해서 결국 출발점으로 돌아올 수 있다. 질량이 충분하다면 이런 우주의 팽창은 결국 멈출 것이고, 중력에 의해 수축하기 시작하여, 궁극적으로 공간과 시간이 무한히 굽어진 하나의 점으로 줄어들 것이다. 빅뱅의 정반대인 이 종료점을 '빅크런치'라고 부른다. 어떤 사람들은 우주가 팽창과 수축 사이에서 진동하며 '빅바운스'(대반동)라는 과정을 거친다고 추측한다.

두 번째의 가능한 형태인 열린 우주는 음의 곡률을 가진다. 쌍곡면의 형태를 한 이 우주는 자기 자신으로부터 휘어져 나간다. 이 우주는 이차원의 안장처럼 보일 것이다. 중력은 너무 약해 그 팽창을 막을 수가 없다.

세 번째의 가능한 기하학적 형태는 평평한 우주라고 부르는 것으로, 곡률은 0이다. 이 경우에도 우주는 무한하며 팽창은 영원히 계속된다. 그러나 열린 우주의 경우보다는 약간 느리게 진행된다.

그러나 아인슈타인은 사실 제대로 방향을 잡고 있었던 것인지도 모른다. 허블 우주망원경과 WMAP의 최근의 관찰 결과는 우주의 대부분이 암흑에너지로 이루어져 있음을 보여준다. 최근 우주의 질량과 에너지 측정에 따르면 암흑에너지가 약 70퍼센트인 반면, 눈에 보이는 물질과 암흑물질은 30퍼센트가 되지 않는다. 간단히 말해서 우주의 대부분은 우리가 사실상 아무것도 모르는 어떤 것으로 이루어져 있는 것이다.

허블 망원경

허블 우주망원경은 1990년에 발사되었다. 이 망원경은 약 600킬로미터의 고도에서 97분마다 지구 궤도를 한 바퀴 돈다. 여기에는 카메라와 분광기만이 아니라, 빛의 초점을 맞추고 확대를 하는 거울도 실려 있다.

암흑에너지의 본질은 우주의 운명에 중요하다. 암흑에너지가 안정적이라면 우주는 영원히 팽창하며 속도를 높일 것이다. 암흑에너지가 불안정하다면 우주는 결국 쪼개질 수도 있다. '빅립'(대분열)이라고 부르는 이 최후의 날의 시나리오에 따르면 우주는 가속을 하다가 결국 시공간을 찢어발기는 속도에 이른다. 심지어 원자들마저 쪼개버리는 속도에 이르는 것이다. 또 만일 암흑에너지가 역동적이라면, 점차 속도가 늦어지며 인력으로 변하면서 우주를 다시 자체 내로 빨아들여 빅뱅의 반대인 '빅크런치', 즉 대붕괴가 발생할 수도 있다.

천구로부터 우주 대붕괴에 이르기까지

고대에서 르네상스를 거치면서 천문학자들은 관찰한 것들을 분류하고, 그것을 지상의 사건들과 연결시키고, 자신이 관찰한 운동을 재현할 수 있는 기하학적 모델을 고안해왔다. 케플러의 행성 운동법칙은 이런 운동들 뒤에 숨은 힘을 조사하도록 자극을 주었다. 뉴턴의 중력법칙은 여러 분리된 이론들을 통합하고, 원인과 결과를 밝혔으며, 물리법칙이 지구에서나 우주에서나 똑같음을 보여주었다.

뉴턴의 법칙들은 수학자와 과학자들에게 일종의 확실성을 주었다. 그러나 19세기 초에 아주 작은 균열이 생기기 시작했다. 20세기에 아인슈타인의 특수, 일반상대성 이론은 뉴턴의 법칙들의 확실성이 우리들의 일반적인 생활에는 해당될지 모르지만, 아주 크거나 아주 작은 세계에는 해당되지 않는다는 것을 보여주었다. 과학은 이제 그 크고 작은 세계의 영역에서 대단한 발견들을 해나가고 있다.

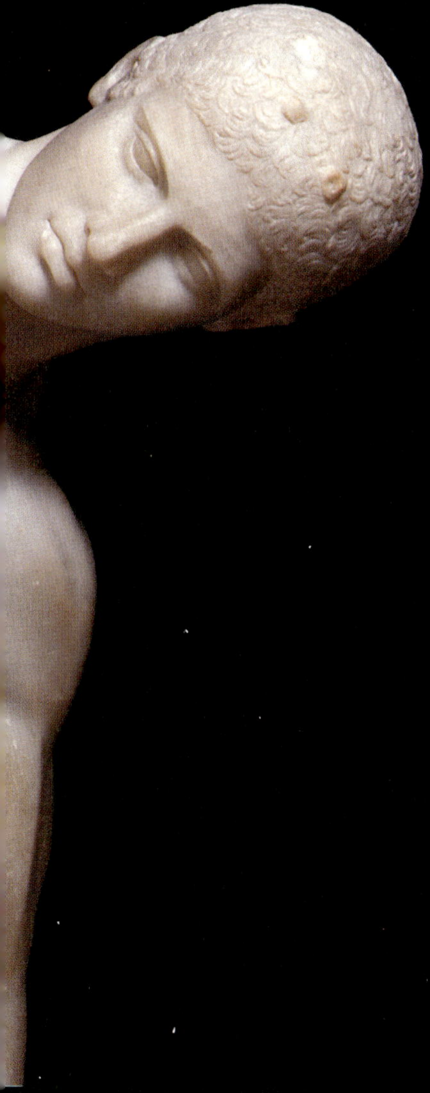

사람의 몸 2

코페르니쿠스의 혁명으로 해가 우주의 중심에 자리를 잡았듯이, 수백 년에 걸친 생물학적, 생리학적 혁명들 덕분에 인체도 그와 밀접한 관련을 가진 또 하나의 우주의 중심에 자리를 잡았다고 말할 수 있다. 이 우주는 우주먼지 안의 생명의 선구자에서 시작하여, 원자, 세포, 분자, 아미노산, 단백질이 아주 복잡하게 모인 집합체로 진화해 나갔다. 실제로 인체는 단순히 살과 뼈와 피를 모아놓은 것이 아니라, 경이로운 생물학적 은하계와 같다고 볼 수 있다. 그 수많은 구성요소는 보이기도 하고 보이지 않기도 하며, 다양한 특징을 지닌 복잡한 구조는 수천 년 동안 수수께끼였고, 지금도 면밀하게 연구되고 있다.

오늘날에는 수준 높은 과학기술의 도움을 받아 인체에 관한 지식이 옛날 사람들은 도저히 믿지 못할 속도로 쌓여가고 있다. 그러나 고대인들도 한편으로는 통찰이나 직관을 이용하여, 또 한편으로는 비록 초보적이기는 하지만 진짜 과학의 도움을 받아, 그들 나름으로 신체 여러 부분의 구성과 기능, 신체를 괴롭히는 여러 병의 성격에 관하여 이론을 제시했다. 그 이론들 가운데 소수는 놀라울 정도로 정확하다는 것이 증명되기도 했지만, 또 많은 이론

앞 페이지 고대 로마에서 복제한 미론의 "원반 던지는 사나이"는 인체의 고전주의적 이상의 상징이다.

은 안타깝게도 오류라는 것이 밝혀졌다.

영국의 수필가 조지프 애디슨은 1771년에 이렇게 말했다. "나는 몸이 관과 샘으로 이루어진 체계라고 본다. 더 촌스럽게 표현하자면, 영혼과 함께 일을 하기에 적당한 기관을 만드는 데 필요한 파이프와 여과기의 꾸러미라고 본다." 랠프 왈도 에머슨 또한 비유적인 언어로 이렇게 말했다. "인체는 발명품의 창고이자, 특허국이다. 이것을 본 따 모든 것이 만들어진다. 지상의 모든 연장과 기관은 신체의 팔다리와 감각의 연장일 뿐이다."

의학의 여명기

인체라는 혼합물을 복잡한 기계에 비유하는 것——전자공학 지향적인 이 사회에서 흔히 뇌를 컴퓨터에 비유하듯이——은 충분히 이해할 수 있는 일이다. 어쨌든 인간은 엄청난 유기적 에너지를 가진 막강한 기관이며, 역학적이고 건축학적인 설계와 능률을 보여주는 걸작품이다. 그러나 기계와 접해보지 못한 원시 부족들에게 몸은 살아 있는 기적이자 마법으로 빚어진 작품이었다. 그 수수께끼는 전장에서 입은 상처나 부패 때문에 안이 드러난 주검의 관찰 또는 죽은 동물의 조사를 통해 조금씩 지루하게 풀어나가야 했다. 사실 해부학 지식은 비록 초보적인 수준이기는 하지만 뼈, 피, 고기, 장기, 창자가 모두 까발려지는 조리장이나 식사 장소에서 시작되었다고 말해도 과장은 아닐 것이다.

기원전 2000년 이전의 이집트의 사제 겸 미라 제작자들은 그들 자신의 목적을 위한 것이기는 했지만, 해부학적 지식을 넓힐 기회를 얻었다. 그들은 조악하기는

기원전 2600년~서기 145년

기원전 2600년경
고대 이집트의 의사 임호텝 결핵, 맹장염을 포함한 여러 질병을 묘사하고 치료법을 나열하다.

기원전 1550년경
에베르스 파피루스 이집트의 의학 관행과 지식을 기록하다. 그 범위는 관절염이나 당뇨병에서 기생충 감염과 악어에게 물린 상처에 이르기까지 다양했다.

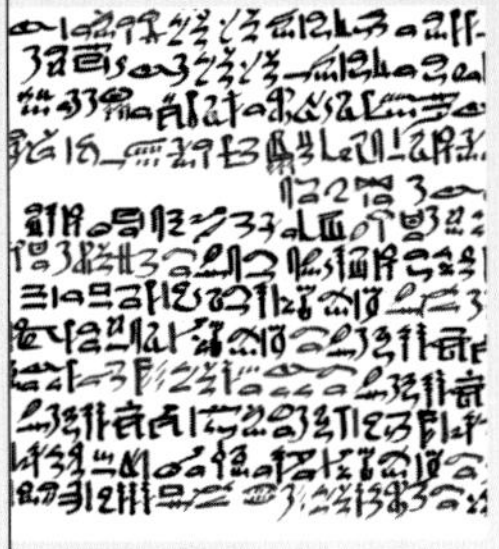

기원전 1400년경
아유르베다 의학이 나타나다. 이 전통적인 힌두 의학 체계는 초기 베다 문화에 뿌리를 둔 것으로 인체에 전체적 관점으로 접근했다.

치료법

약 700개의 치료법이 담겨 있는 이집트의 에베르스 파피루스(기원전 1550년경)는 약초를 채집하고 약을 조제하는 일을 지휘하던 책임자가 서기에게 구술한 것으로 보인다. 이 그림은 그 광경을 묘사하고 있다.

기원전 420년경	기원전 220년경	서기 100년경	서기 145년경
그리스 의사 히포크라테스 인체를 연구하기 시작하다. 이때 의학이 큰 발전을 이룩했다.	세오스의 에라시스트라토스 뇌의 각 부분과 신경계를 묘사하다.	에페소스의 루푸스 맥박을 정확하게 묘사하다. 그는 신장과 방광의 병도 묘사했다.	그리스의 의사 클라우디우스 갈레노스 체액 이론을 다듬다. 인간의 건강과 병에 관한 이 이론은 1400년 동안 지속되었다.

하지만 그들 나름의 정교한 방식으로 인체의 매장을 준비했다. 우선 그들은 쇠고리를 콧구멍에 집어넣어 뇌를 끄집어냈다. 그 다음에는 팔다리를 째서 근육을 제거했다. 마지막으로 속이 빈 피부에 송진을 적신 파피루스를 집어넣었다. 장기, 창자, 심장 동맥은 왼쪽 옆구리를 찢어서 끄집어냈다(초기에는 심장을 남겨두었지만, 이 관행은 나중에 바뀌었다).

어떤 자료에 따르면 초기 이집트 사제들은 약 7천만 구의 주검을 미라로 만들었다고 하는데, 이런 수많은 내장 적출에서 배웠을 지식은 일부밖에 남기지 않았다. 그들이 뒤에 남긴 것은 의학과 관련된 파피루스였다. 이 기록은 의학의 역사에서 고대 이집트의 자리가 어떤 위치인지 증언해준다. 사제들이 사용하던 성용문자, 즉 축약된 상형문자 문서에서는 의학의 꽃까지는 아니라 해도 씨앗은 틀림없이 찾아볼 수 있다.

이른바 에베르스 파피루스는 이런 고대 문헌 가운데 가장 중요한 것으로 꼽힌다. 이 파피루스는 미라의 두 다리 사이에 묻혀 있던 것을 1872년 독일의 이집트학자 게오르크 에베르스가 발굴했다고 전해진다. 기원전 1550년경에 작성된 이 파피루스는 길이가 20미터에 이르는 두루마리로, 그 안에 글자들이 빽빽하게 채워져 있다. 그 머리말은 이 파피루스가 초기의 과학적 문서로서 어떤 가치를 지니는지 보여준다. "이 책은 신체의 모든 부분을 치료하는 약의 조제 방법을 보여준다."

에베르스 파피루스는 백과사전처럼 다양한 범주를 다루는 책으로, 여기에는 병을 치료하는 주문들이 백 페이지가 넘게 가득 적혀 있다. 그러나 더 중요한 점은 다양한 병, 병력, 약 7백 가지 치료법도 나열되어 있다는 것이다. 여기에는 고통스러운 종기, 관절염으로 인한 '팔다리의 경화', 마비를 일으키는 감염, 종양, 당뇨, 산아제한, 나아가 눈, 귀, 코의 병이나 화상, 악어에게 물린 상처를 치료하는 방법 등이 나와 있다.

고대의 해부학

고대 인도에서는 인간 해부의 지식이 제한되어 있었다. 힌두교도는 시체에 칼을 댈 수 없었기 때문이다. 고대 문서에 따르면 시체는 강에 7일 동안 놓아둔 뒤에 칼을 대지 않고 몸에서 여러 부위를 떼어낼 수 있었다.

고대 이집트인들은 의미 있는 의학적 약진을 이룩하기 직전 단계에 이르렀지만—그들의 의학 파피루스는 기록된 시기를 고려할 때 놀라운 수준이다—실제 해부나 생리에는 전문가라고 할 수 없었다. 그 전문가들은 수백 년 뒤에 등장한다. 이들은 보존을 위한 종교적 의식이 아니라, 몸과 그 작용을 진정으로 이해하려는 과학적

히포크라테스

그리스의 전설적인 인물 히포크라테스는 환자를 보살피는 헌신적이고 분석적인 의사의 귀감이다. 그는 지식으로 병을 치료할 수 있다고 생각했다.

방법의 일환으로 인체를 절개하고 탐사했다. 또한 의학을 학문의 한 분야로 여기던 자연철학자 무리가 사제나 의사들과 더불어 연구를 하고 치료법을 찾았다.

알크마이온도 그런 철학자 겸 과학자 가운데 한 사람이었다. 기원전 500년 경 활동한 알크마이온은 철학자 겸 수학자 피타고라스—처음으로 뇌가 신체의 '수준 높은 활동'의 중심이라는 주장을 했다고 전해진다—의 제자였다. 알크마이온 같은 사람들은 질병을 운명, 점성술적 사건, 초자연적인 영향의 문제로 간주하던 전통적인 사고의 흐름에서 벗어나 있었다.

알크마이온은 병을 순수하게 신체적인 관점에서 파악하려고 노력하던 혁신적인 인물로서, 아마 최초로 인체를 해부한 사람일 것이다. 그는 병은 인체 내부의 대립하는 특질들, 예를 들어 열기와 냉기, 습한 상태와 건조한 상태 사이의 근본적인 불균형 때문에 생긴다는 이론을 세웠다. 그는 뇌가 사고의 중심이라는 피타고라스의 관점을 받아들였을 뿐 아니라, 뇌가 신경의 출발점이라는 주장도 덧붙였다. 알크마이온은 시신경과 나중에 유스타키오관—목과 코를 중이(中耳)와 연결시킨다—이라고 알려지게 되는 부분도 발견했다. 그는 태아의 머리가 먼저 자란다는 주장도 했다.

일반인은 알크마이온은 잘 몰라도, 히포크라테스는 잘 알 것이다. 히포크라테스는 고대의 가장 유명한 의사라고 말할 수 있다. 그는 일반적으로 의학의 아버지로 알려져 있다. 그러나 사실 히포크라테스의 생애는 거의 알려져 있지 않으며, 그가 썼다고 하는 글도 여러 시기의 여러 사람의 작업일지도 모른다. 그래서 그 글을 그냥 히포크라테스 모음집이라고 부르기도 한다.

알 수 없는 인물이건 전설 속의 영웅이건, 히포크라테스는 환자를 관찰하고 병을 이해하는 데 필요한 정보를 모으는 일에 헌신한 사람이다. 치료술이 그의 장기였으며, 그는 치료 과정에서 자연적인 힘의 도움을 얻기도 했다.

히포크라테스도 알크마이온과 마찬가지로 뇌의 중심적 역할을 믿었다. 또 그는 휴식, 끓는 물로 상처를 세척하는 것, 의사의 손과 손톱을 깨끗이 정리하는 것이 중요하다고 생각했다. 날카로운 눈과 환자에 대한 깊은 존중심을 갖춘 히포크라테스는 입원 치료의 관행을 처음 시작한 사람일지도 모른다. 그는 이렇게 썼다. "의술이 사랑을 받는 곳 어디에나 인간의 사랑도 있다."

이런 정서, 또 의사는 의술의 하인이라는 믿음과 더불어, 히포크라테스가 그 전의 선배들과 진정으로 다른 점은 그가 병의 영적인 원인을 완전히 무시했다는 것이다. 신들이 모든 일의 유일한 원인이라는 생각을 배격한 것이다. 히포크라테스는 병이 현실의 맥락에서 이해 가능한 자연적 사건이라고 보았다.

병의 치료 방법은 그 시대의 지배적인 관념을 따랐다. 즉 모든 병은 체액의 부조화에서 온다고 하는 네 가지 체액 이론인 체액병리학을 따랐다. 체액을 가리키는 영어의 'humor'라는 말은 오래 전부터 식물이나 동물에서 발견되는 액체를 묘사하는 데 사용되었다. 이 이론은 네 가지 체액이 동등한 영향을 줄 때 건강을 얻을 수 있다고 본다. 이 네 가지 체액이란 그리스 물리학의 네 원소인 흙, 공기, 물, 불과 유사하다. 그 전에 피타고라스는 객관 세계에서 숫자의 기능에 관한 이

체액 이론

모든 과학 모델들 가운데도 가장 끈질기게 유지되어온 것으로 꼽히는 체액 이론은 기원전 5세기에 수사학의 근본을 확립한 것으로도 유명한 그리스의 철학자이자 정치가 엠페도클레스에서 시작된 것으로 보인다. 수사학과 마찬가지로 체액 이론에서도 설득과 과장의 힘이 느껴지지만, 그럼에도 이 이론은 오랫동안 위세를 떨쳤다.

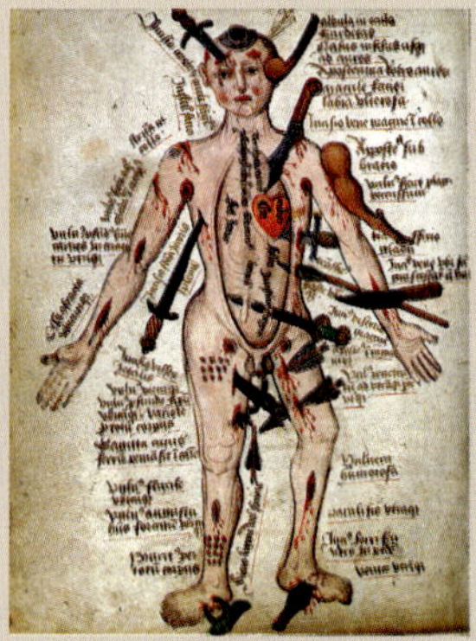

16세기 독일의 전투 안내서는 부상을 당했을 때 입는 상처를 보여준다.

체액 이론은 기본적으로 모든 병이 네 가지 주요 체액, 즉 혈액, 점액, 검은 담즙, 노란 담즙으로 설명될 수 있다고 본다. 체액은 네 원소에 대응한다. 혈액은 불이고, 점액은 물이며, 노란 담즙은 공기고, 검은 담즙은 흙이다. 엠페도클레스는 이 원소들을 "만물의 네 가지 뿌리"라고 보았다. 체액은 또 사계절이나 그 특징과도 짝을 이루며, 이것이 각 체액의 형성에 구체적인 영향을 준다고 생각한다. 겨울은 노년을 나타내며 점액과 연결되고, 봄은 유년, 열기, 혈액과 연결되며, 여름은 청년, 건조, 노란 담즙과 연결되고, 장년은 냉기, 우울, 검은 담즙과 연결된다.

어느 한 체액의 과잉은 정신이나 육체에 영향을 준다고 믿었다. 따라서 기분이나 행동 특성을 나타내는 말로 다혈질, 황담즙질, 점액질, 흑담즙질 같은 표현들이 나타났다. 예를 들어 혈액(뜨겁다)이 과다하면 쾌활해진다. 점액(축축하고 차갑다)이 너무 많으면 굼뜨고 무덤덤해진다. 이 이론에서는 음식도 한몫을 한다. 차가운 음식은 점액을 생산한다. 따뜻한 음식은 노란 담즙을 생산하여 '따뜻한' 병을 일으킨다. 체액의 불균형은 만병의 근원이었다. 균형 회복 치료는 역증(逆症) 요법, 즉 한 체액의 과잉에 다른 체액의 과잉으로 맞서게 하는 것이었다. 예를 들어 냉기로 열을 치료하는 것이다.

4기질론이라고도 부르는 체액설은 오늘날에도 받아들여지는 생체 항상성이라는 개념을 그 유산으로 남겼다. 생체 항상성이란 외부 환경에 변화가 생길 경우 신체의 생물학적 체계가 생리적 과정을 조절하여 균형을 유지하려 하는 것이다.

체액 이론은 실험생리학의 창시자로 2세기부터 16세기까지 의학을 지배했다고 말할 수 있는 클라우디우스 갈레노스의 지지를 받았다. 스위스의 연금술사 파라켈수스는 병이 체액이 아니라 환경에 기초를 두고 있다는 견해로 처음 체액 이론의 가면을 벗긴 사람으로 꼽힌다. 1800년대에 루돌프 피르호가 병은 난폭해진 세포들 때문이라는 세포병리학을 제시하면서 체액 이론은 완전히 묻히게 되었다.

론을 제시하면서 4라는 숫자가 기본 원소들의 숫자로서 의미가 있다고 보았는데, 이것은 체액 이론과 병을 치료하는 고대의 방법들에도 영향을 주었다.

신비주의의 공식에서 원소들은 계절, 바람, 네 가지 체액과 관련이 있었다. 이 체액은 혈액, 점액, 검은 담즙, 노란 담즙의 네 가지이다. 이 이론대로라면 이 체액은 심장, 뇌, 간, 비장 등 네 가지 주요 장기와 관련이 있었으며, 궁극적으로 사계절과 유년, 청년, 장년, 노년에 이르는 인간의 네 단계와도 관련이 있었다.

이런 의학 이론은 신비해 보일지 모르지만, 그 밑에 깔린 가정은 단순했다. 네 가지 체액 사이의 완벽한 균형이 깨지면 병이 난다는 것이다. 예를 들어 점액이 넘치면 간질이 생길 수 있다. 치료는 과도한 체액을 억제하고 나머지 체액의 분비를 촉진하는 것이다.

놀랍게도 체액병리학은 인간 사상사에서 가장 오랫동안 유지되어온 이론 가운데 하나이며, 18세기에 이르기까지 여러 세대의 의사들에게 영향을 주었다. 이 이론은 이제 버려졌지만, 그럼에도 균형이 건강에 필수적이라는 견해는 오늘날까지 확고하게 자리를 잡고 있다. 이런 관념은 이제 생체 항상성이라고 알려져 있다. 이것은 유기체가 생리적 과정을 조절하여 내적 균형을 유지하는 능력을 가리킨다.

아리스토텔레스와 갈레노스

히포크라테스 이후 인체에 대한 우리의 이해에 기여한 고대 과학자들 가운데 가장 위대한 사람은 아마 철학자 아리스토텔레스일 것이다. 그의 이론은 논리학, 형이상학, 정치학, 물리학, 수학, 천문학에 영향을 주었을 뿐 아니라, 발생기의 생물학, 동물학, 발생학, 생리학, 비교해부학에도 영향을 주었다. 의사는 아니었지만 의사의 아들이었던 아리스토텔레스는 근대 과학과 해부학의 아버지라는 칭호를 얻게 되었다.

해부학과 관련하여 아리스토텔레스가 인체에 관한 지식에 기여한 것들은 인체 해부가 아니라 동물 해부에서 나왔다. 해양 생물에 관한 아리스토텔레스의 연구는 그 면밀한 관찰이 놀랍다. 물론 그가 이런 관찰에 의지하여 끌어낸 인체 해부에 관한 결론 몇 가지는 나중에 틀렸다는 것이 판명되었다. 예를 들어 아리스토텔레스는 몸을 통제하는 중심이 심장에 있으며, 호흡의 목적은 몸에서 열을 제거하는 것이라고 주장했다. 아리스토텔레스를 비롯한 고대 그리스인들은 동맥에 피가 아니라 공기가 가득하다고 믿었다.

그럼에도 그의 통찰 몇 가지는 인상적이다. 그는 조류를 조사하여, 태아가 첫날부터 형체가 완성되어 있다는 널리 퍼진 믿음이 오류임을 증명했다. 해부를 해본 결과 병아리의 심장은 수정 이후 나흘이 지나야 발달하기 시작한다는 사실을 알 수 있었기 때문이다. 그는 정액이 생식을 활성화하고 형성하는 인자라는 의견을 제시했다. 반면 암컷은 알이라는 형태로 태아를 위한 재료를 제공한다는 것이었다. 아리스토텔레스가 신체 구조 일부를 묘사하고 명명한 것 역시 주목할 만하다. 그는 대동맥이라는 이름을 붙였고, 남성 요생식기 체계를 도식화했으며, 심지어 돔발상어 태반을 정확하게 묘사하기도 했다.

아리스토텔레스
아리스토텔레스는 자연세계에 관한 그의 방대한 저작 가운데 한 부분에서 신체의 구조와 기능을 분석하려 했다.

아마도 아리스토텔레스가 생물학에 가장 크게 기여한 바는 속과 종으로 구분한 분류체계일 것이다. 이 체계는 생물 종들을 구분하는 기준선이 되었다. 그는 예를 들어 돌고래가 어류가 아니라 포유류라고 정확하게 결론을 내렸다. 산 채로 새끼를 낳아서 젖을 먹인다는 이유에서였다. 또 다음과 같은 말로 생명의 진화에 관한 선견지명을 보여주었다. "자연은 생명이 없는 것에서 동물의 생명을 향해 조금씩 나아가는데, 그 정확한 경계선이 어디인지, 중간의 형태가 어느 편에 놓여 있는지 결정을 내리는 것은 불가능하다."

아리스토텔레스 이후 그리스와 로마의 덜 알려진 의사와 일반인, 외과의사, 해부학자, 작가, 의학 저술 번역가들이 계속 몸을 연구하여 성급하게 이론들을 제시했지만, 그 내용은 오늘날에는 주로 의학 역사가들에게만 알려져 있을 뿐이다. 어떤 이론은 짜증이 병의 원인이라고 주장했다. 어떤 이론은 병이 몸의 액체, 고체, 기체 구성요소들의 교란이라고 보았다. 또 어떤 이론은 신체 부위에 피의 흐름이 증가하여 병이 생긴다고 말했다. 그렇지만 이런 것들 가운데 몇 가지 주목할 만한 발견도 있었다.

예를 들어 아리스토텔레스의 손자라는 설도 있는 해부학자 에라시스트라토스는 심장을 펌프라고 생각했으며, 순환계의 구조를 거의 발견할 뻔했다(그러나 그

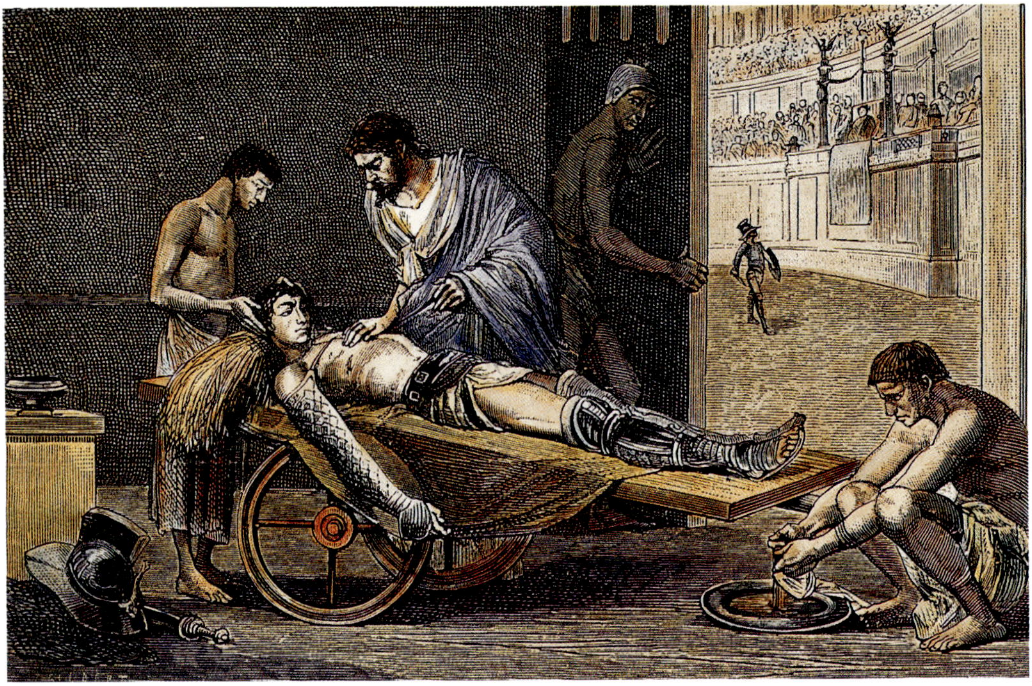

갈레노스
2세기 그리스의 의사 클라우디우스 갈레노스는 페르가뭄의 투기장에서 싸우다 부상을 당한 검투사들의 의사로서 인간 해부학과 생리학의 기초를 닦았다.

는 잘못 생각했다. 피가 간에서 동맥과 정맥을 거쳐 심장과 폐로 간다는 이론을 세웠기 때문이다). 그는 처음으로 감각신경과 운동신경을 구분했으며, 기관(氣管)이라는 이름을 처음으로 붙였다. 이보다 중요한 업적으로, 그는 체액 이론에 문제제기를 하기도 했다.

서기 1세기에 살았던 그리스의 의사 에페수스의 루푸스는 트라야누스 황제의 치세에 맥박과 심박을 정확하게 기술했다. 그는 또 눈의 수정체의 세심한 연구를 포함하여, 여러 신체 부위에 대한 영향력 있는 논문을 저술하기도 했다.

2세기 그리스의 의사로서 실험생리학의 창시자로 간주되는 클라우디스 갈레노스는 좋은 의미에서든 나쁜 의미에서든 17세기가 될 때까지 감히 그 권위에 도전하는 사람이 거의 없었다. 마르쿠스 아우렐리우스 황제의 시의이자 검투사들을 치료하는 의사—그 덕분에 수많은 외상을 볼 수 있었을 것이다—였던 갈레노스는 히포크라테스 이후 고대 세계 최고의 의사라고 불러도 손색이 없을 것이다. 그는 대단히 능숙하고 총명한 실험가이자 임상의였다. 그러나 그와 같은 시대 사람들의 말을 따르면, 그는 밉살스러우리만치 자기중심적이었다고 한다.

갈레노스의 시대에는 인체 해부가 상스러운 금기로 여겨졌기 때문에, 그는 대신 원숭이, 돼지, 심지어 코끼리까지 해부를 하고, 거기에서 관찰한 것으로 인체의 내부를 유추했다. 물론 많은 오류가 나타났다. 예를 들어 그는 피가 위에서 제공하는 재료로 간에서 제조된다고 결론을 내렸다. 또 그는 신경과 힘줄을 혼동했으며, 어떤 구조나 혈관이 동물에게 존재하면 그것이 인간에게도 있을 것이라고 가정했다. 그럼에도 그의 방법은 논리적이었으며, 그가 이룬 많은 것(시골에서 우연히 인간 유골을 마주칠 때마다 도움을 얻었다)이 근대 의학 발달의 출발점이 되었다.

저술을 많이 했던 갈레노스는 자신의 발견을 세세하게 기록했다. 그 정확성에는 오늘날의 의사들도 경외감을 느낄 정도다. 갈레노스는 뼈와 두개골을 정확하게 묘사했고, 호흡의 구조를 정확하게 설명했으며, 동맥이 공기가 아니라 피를 운반한다는 사실을 실험적으로 증명하여 고대에 통용되던 이론을 뒤집었다. 갈레노스는 폐렴과 늑막염의 차이를 정리했다. 또 최초로 뇌신경과 교감신경계를 묘사했다.

갈레노스는 폐가 아니라 후두에서 목소리가 나온다는 사실을 증명하여 고대의 통념을 뒤집었다. 또 척수를 자르면 실험동물에게 마비를 유도할 수 있다는 것을 보여주었다. 갈레노스는 일과 글에서 히포크라테스나 아리스토텔레스를 비롯한 선배들의 업적과 의학적 관념들을 일관성 있는 하나의 전체로 통합해냈다. 그는 네 가지 체액 이론을 받아들이기는 했지만, 그것을 확장하여 신체와 정신의 병에 관

클라우디우스 갈레노스

실험생리학의 창시자

서기 129년경
아나톨리아(현재의 터키 서부) 미시아의 페르가뭄에서 출생하다.

145
스미르나(현재 터키의 이즈미르)에서 의학을 공부하고 이집트의 알렉산드리아로 여행하다.

157
페르가뭄으로 돌아와 검투사들의 의사로 일하다. 이때 외상을 치료하고 수술을 하면서 많은 경험을 쌓았다.

162
로마로 가다. 그곳에서 공개 해부학 강의를 하고 시범을 보여 금세 명성을 얻었다.

168
루시우스 베루스와 마르쿠스 아우렐리우스의 이탈리아 군사 원정에 따라가다.

169
루시우스 베루스의 사망 뒤에 로마로 돌아오다.

191
저작의 많은 부분이 불에 타다. 그러나 그 후 수십 년 동안 더 많은 글을 썼다.

216년경
이때 사망한 것으로 추정된다. 사망 시기나 장소에 관해서는 알려진 것이 거의 없다.

영향

850년경
그의 원고 100편 이상이 아랍어로 번역되다. 이것이 이슬람 의학에 큰 영향을 주었다.

1543
안드레아스 베살리우스 갈레노스의 해부학적 가르침의 여러 결함을 교정하여 『인체 해부학에 대하여』를 펴내다.

1628
윌리엄 하비 갈레노스의 가르침을 거부하고 순환계를 정확하게 묘사하다.

한 자신의 이론을 만들어냈다.

갈레노스는 네 가지 체액의 다양한 결합—추위와 더위, 습한 상태와 건조한 상태라는 조건들과 섞여서—이 사람의 신체적 조건만이 아니라 기질도 형성하며, 모든 요소가 완벽한 비율을 이루어 결합되면 사람의 정신과 몸이 이상적인 상태에 이른다고 가르쳤다. 따라서 사람은 다혈질(낙관적이다), 황담즙질(쉽게 화를 내고, 야심이 크고, 복수심이 강하다), 점액질(잘 흥분하지 않는다), 흑담즙질 등의 기질을 갖게 된다. 우울하다는 뜻을 가진 영어의 'melancholy'라는 말은 그리스어에서 흑담즙을 가리키는 말에서 나왔다.

중세

갈레노스의 권위가 워낙 막강했기 때문에 그의 시대에 그의 관점이나 발견에 감히 의문을 제기하는 사람은 많지 않았다. 사실 이런 침묵 상태는 16세기 들어서까지 한참 동안 이어졌다. 그러나 다행히도 중간에 소수의 독립적인 사상가들이 나타났다. 그들 가운데는 통찰력이 있는 유대인 의사들과 화학이나 새로운 치료법 고안에 솜씨를 보인 아랍 학자들도 있었다. 그들 역시 그들 나름대로 실수를 했지만, 그럼에도 이 초기의 과학자들은 인체를 체계적으로 파악하고, 병의 유기적 원인을 이해하고, 그리스 최고의 전통을 보존하고 개선하려고 노력했다. 그들은 갈레노스의 기여의 많은 부분을 높이 평가하면서도, 그의 오류를 인식하고 교조주의를 비판했으며, 그 결과 그의 사상에 지나치게 집착하는 태도를 돌려놓는 데 일조했다.

900~1573

900년경	1000년경	1025년경	1040
이슬람 의사 라제스 균형 잡힌 식사와 신체 활동이 건강에서 중요한 역할을 한다고 가르치다.	아랍 과학자 알하젠 신체의 여러 측면, 특히 눈을 연구하다.	페르시아의 의사 아비센나 의학 지식의 백과사전 『의학 정전』을 저술하다.	이탈리아의 페트로첼루스 많은 주제를 다룬 의학 저서 『프락티카』를 쓰다.

이슬람의 진리 탐구자 가운데 아부 바크르 무함마드 이븐 자카리야 아르-라지라는 엄청나게 긴 이름을 가진 의사가 있었다. 서양에서는 보통 라제스라고 알려진 이 페르시아인은 실험과학자이자 9세기에 바그다드의 큰 병원을 책임지던 의사였다. 그는 실험을 신봉했으며, 환자들을 꼼꼼하게 관찰했다. 라제스는 균형 잡힌 식사와 운동이 건강을 유지하고 병에 저항하는 데 중요한 역할을 한다고 인식했다. 그의 생각에 따르면 이것이 체액 이론에 기초한 치료에 과도하게 매달리는 것보다 훨씬 더 중요했다. 그의 치료 이론—이렇게 부를 수 있을지 모르겠지만—은 단 몇 마디로 요약할 수 있었다. "환자를 치료할 때는 우선 자연스러운 활력을 강화해야 한다."

아비센나
11세기 초 페르시아의 '의사의 왕' 이븐시나(아비센나)는 네 가지 체액의 분석이 아니라 증상의 관찰에 기초한 체계적 치료법을 제시했다.

라제스는 그의 선배들이나 동시대인 다수와는 비교가 되지 않는 통찰력으로, 단순한 체액이나 공기, 불, 물, 흙이라는 원소에 의존하는 공식으로는 결코 건강과 병을 과학적으로 설명할 수 없다는 사실을 이해했다. 그는 수많은 개별 사례

1347~1351	1536	1543	1573
흑사병으로 유럽 주민의 3분의 1이 사망하다.	베네치아의 해부학자 니콜로 마사 뇌척수액을 묘사하다.	플랑드르의 의사 안드레아스 베살리우스 『인체 해부에 대하여』를 발표하다.	이탈리아의 의사 지롤라모 메르쿠리알리 『시신경에 관하여』를 발표하다. 그는 여기서 시신경의 해부학적 구조를 묘사했다.

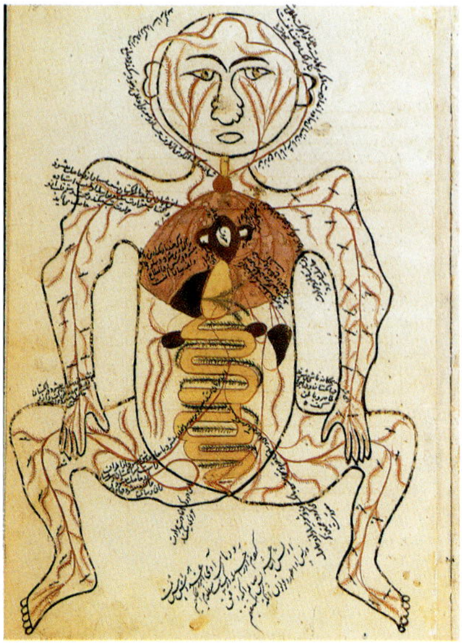

인체 내부의 모습

아비센나가 생각한 인체 해부도. 상상도이지만 많은 면에서 뛰어난 통찰을 보여준다.

를 검토한 끝에 병의 원인이나 치료는 절대적이거나 동일할 수 없다는 점을 인식했다. "병이 환자보다 강할 때 의사는 그를 전혀 도울 수가 없다. 환자의 힘이 병의 힘보다 강할 때는 의사가 전혀 필요 없다. 그러나 둘이 똑같을 때는 환자의 힘을 지탱하여 병을 물리치도록 도와줄 의사가 필요하다."

아비센나라고 더 잘 알려진 또 다른 페르시아인 이븐시나는 갈레노스를 더욱 의심했다. 980년부터 1037년까지 살았던 아비센나는 "의사들의 왕"이라는 별명을 얻었으며, 이론은 반드시 경험으로 확인되어야 한다고 주장한 거리낌 없는 경험주의자였다. 그는 어떤 권위든 맹목적으로 받아들이는 데 반대했다. 그는 이론에서는 갈레노스주의자였지만(사실 아랍 의사들이 대부분 마찬가지였다), 신중하게 체계적으로 진단을 해나간다는 점에서는 히포크라테스에 더 가까웠다. 그가 저술한 수백 권의 책은 그의 별명이 허명이 아님을 보여준다. 그는 의술, 위생, 약, 전염병과 관련된 기본적인 사실들을 개관한 특별한 과학 백과사전을 만들었다. 예를 들어 그는 이 책에서 홍역과 천연두의 차이를 정리했다.

살레르노

이슬람 영토에서 의학 연구가 발전하던 시기에 이탈리아의 살레르노에는 서양 최초의 의학 학교가 세워졌다. 살레르노 학교에 자극을 받아 이탈리아의 파도바, 볼로냐, 프랑스의 몽펠리에와 파리에도 훌륭한 의학 학교가 세워졌다. 1200년에 이르자 몽펠리에가 유럽 최고의 의학 학교가 되었다.

12세기와 13세기에는 의료에서 고무적인 한 가지 측면이 나타나기 시작했다. 가톨릭교회에서 병자들의 구제를 위하여 운영하던 병원이 임상 학습을 하는 자리로 발전하여, 그 명성이 서양에서 가장 오래된 의학 학교인 이탈리아의 살레르노 학교조차 누르게 된 것이다. 유럽 초기의 의학 전문학교—이탈리아의 파도바, 피사, 볼로냐, 프랑스의 파리와 몽펠리에의 유명한 학교들—의 강의실에서 중세의 의학은 히포크라테스와 갈레노스의 분석적 유산을 끌어안기 시작했다.

1300년대에 오면 해부 시범에 참석하는 것은 어느 의학 학교 교

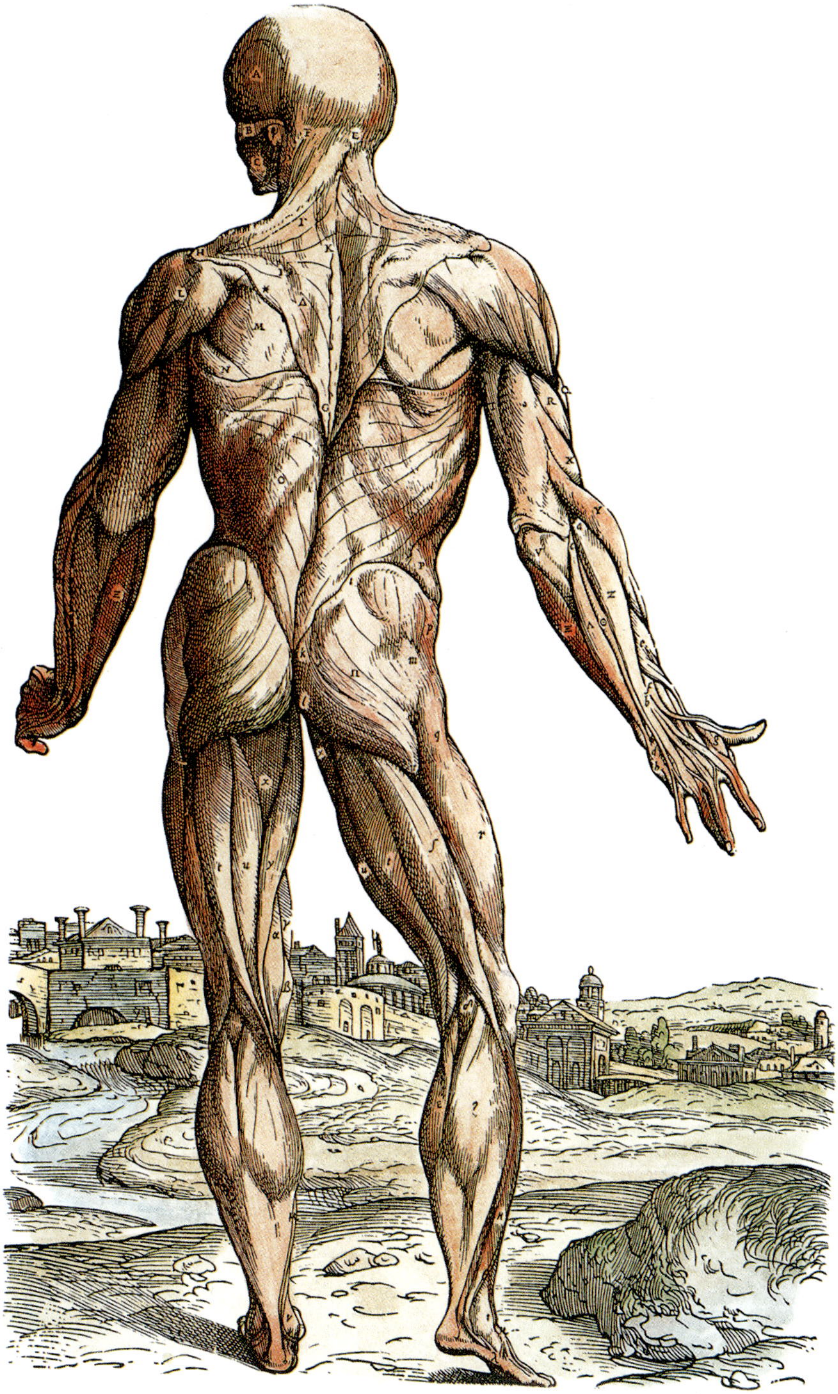

르네상스 인간

플랑드르의 의사 안드레아스 베살리우스는 인간 몸을 해부하여 철저하게 관찰을 하고 기록을 남겼다. 그가 16세기에 펴낸 『인체 해부에 대하여』는 인체의 기능과 기관에 관한 일반적 지식을 향상시켰다.

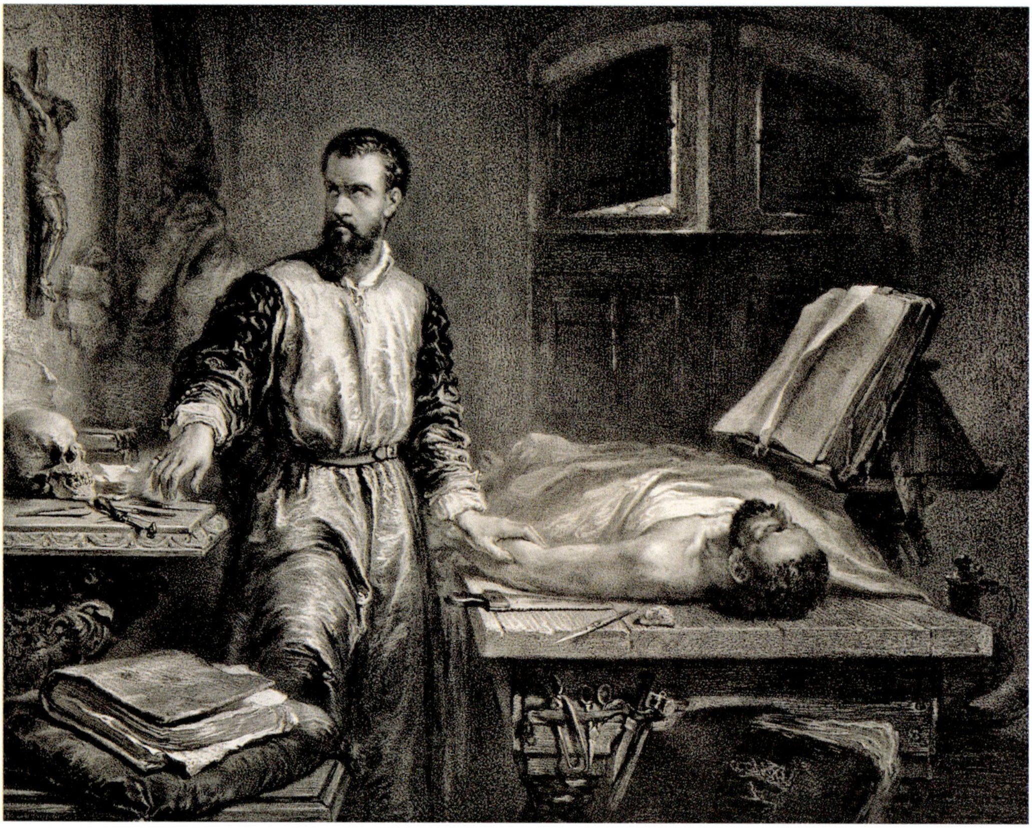

베살리우스

1540년 안드레아스 베살리우스는 볼로냐 대학에서 인간 해부 강좌를 시작했다. 그 결과 갈레노스와는 다른 결과물을 내놓을 수 있었다. 3년 뒤 베살리우스는 자신의 작업의 결과를 『인체 해부에 대하여』에 담아냈다.

과과정에서나 필수적인 부분이 되었다(흔히 교회에서 인체 해부를 금지했다고 생각하지만, 이것은 중세에 관한 현대의 많은 신화 가운데 하나일 뿐이다). 이곳에서는 인체의 피부 밑 깊은 곳에 놓인 신비한 구조를 고대인들은 상상도 못했을 만큼 자유롭게 살펴볼 수 있었다.

해부학의 발전

예술과 문학의 부흥과 더불어 해부학이 발전하게 되자 르네상스 과학자들은 몸을 기계 장치들로 이루어진 체계로 간주하기 시작했다. 볼로냐의 몬디노 데이 루치는 갈레노스의 관찰에 의거하여 해부 지침서를 썼다. 인간의 뼈대

구조에 대한 갈레노스의 오류 때문에 이론에는 한계가 있었지만, 그럼에도 데이 루치는 몸의 복강, 흉부, 두개골을 열고 자신의 관찰을 기록해놓았다. 그는 심지어 여성의 시체 두 구를 부검하여 처녀와 아이를 낳은 여자의 자궁 크기를 비교하기도 했다. 그의 작업은 무척 인기를 끌어, 200년 뒤까지 의술 학교의 공식 교과서로 이용되었다.

레오나르도 다 빈치는 몸을 복잡한 기계구조로 해석하던 분위기에 어울리게 해부를 아름답고 자세한 스케치로 바꾸어놓았다. 이것은 기계공학자적 정신의 산물이기도 했지만, 인체 해부를 하나의 예술로 보여준 것이기도 했다. 다 빈치도 훌륭하기는 했지만, 인체 해부를 과학으로 끌어올리는 데는 안드레아스 베살리우스가 필요했다.

1514년 벨기에에서 태어난 베살리우스는 교수대에서 시체를 훔치다 프랑스에서 쫓겨나기도 했다. 그는 가는 곳마다 '재료'를 수집했으며, 그것을 자신의 방으로 가져와 해부하고 연구했다. 일반적인 해부의 경우 교사가 갈레노스의 오류가 많은 이야기를 읽고 지침을 내리면 학생이나 이발사가 해부를 했지만, 베살리우스는 직접 해부를 하여 몸의 구석구석을 자르고 들어가 보았다. 물론 베살리우스는 그렇게 자르고 파헤치는 과정을 통해 많은 것을 밝혀냈지만, 박테리아, 바이러스 등이 일으키는 병이 알려져 있지 않은 시기였기 때문에 이것은 사실 위험하고 살벌한 일이었다. 시체들이 부패하거나 감염되어 있는 경우도 많았다. 해부실을 청결하게 유지하는 것은 불가능했다. 그러나 베살리우스에게 몸의 수수께끼를 푸는 일은 그런 위험을 감수할 만한 가치가

안드레아스 베살리우스

근대 해부학의 아버지

1514
12월 31일 브뤼셀에서 앙드레 웨슬 크라브라는 이름으로 출생하다.

1529
루뱅 대학에서 공부를 시작하다.

1533
파리 대학에서 의학 공부를 시작하다.

1537
루뱅 대학에서 의학 학사 학위를 받다. 파도바 대학에서 의학 훈련을 계속 받았으며, 이곳에서 의학 박사 학위를 받았다. 그 직후 바로 이 대학에서 해부학과 외과학 강의를 시작했다.

1537
첫 번째 책인 『라제스의 책 9권의 의역』을 출간하다.

1538
갈레노스의 가르침에 기초한 권위 있는 해부학 저술들에 의문을 제기하기 시작하다. 갈레노스의 인체 해부는 원숭이의 몸 연구에 기초하고 있다고 생각하기 시작했다.

1543
그의 가장 유명한 책인 『인체 해부에 대하여』를 출간하다. 여기에는 인체 해부의 자세한 그림들이 포함되었다.

1553
브뤼셀에서 개인 진료를 시작하다.

1555
『인체 해부에 대하여』의 개정판을 출간하다. 여기에는 혈관 판막의 묘사 같은 새롭고 중요한 개념이 포함되어 있다.

1559
개인 진료를 정리하고 스페인 왕의 주치의가 되다.

1561
『가브리엘레 팔로피오의 해부학 관찰 검토』를 쓰다.

1564
10월 15일 그리스 자킨토스 섬에서 사망하다.

파라켈수스

스스로 파라켈수스라고 불렀던 대담하고 자만심 강한 이 스위스의 의사는 체액을 바탕으로 병을 설명하는 방식을 비판했다. 그는 신체의 화학 연구를 바탕으로 한 의학을 주창했다.

있었다.

그 결과 베살리우스는 직접 예리하게 관찰한 내용을 담은 권위 있는 책을 세상에 남겼다. 그의 『인체 해부에 대하여』에는 플랑드르 화가 얀 스테파누스 반 칼커의 기억에 남을 만한 목판화가 들어 있다. 대단히 세밀한 이 기념비적인 작품은 처음으로 뼈대가 몸을 지탱하고 움직이는 것만이 아니라 안에 든 약한 장기를 보호하는 방패 역할을 한다는 점에서도 중요하다는 사실을 보여주었다.

『인체 해부에 대하여』는 또 다른 역할, 즉 여전히 갈레노스의 동물 해부에 기초하여 해부학적 지식을 쌓아나가던 사람들을 미몽에서 깨우는 역할을 했다. 베살리우스 외에는 감히 꿈도 꾸지 못했을 일이었다. 베살리우스는 갈레노스의 생각들 가운데 특히 피가 간에서 만들어진 다음 우심실로 들어가, 그곳에서 어떤 방법으로인가 좌심실로 건너가고, 이 좌심실에서 공기와 섞인다는 주장이 틀렸음을 증명했다. 갈레노스는 피가 몸 전체를 순환한다는 사실을 이해하지 못했다. 이 사실은 베살리우스가 죽고 나서 반 세기가 지난 뒤 영국 농부의 아들 윌리엄 하비가 입증했다. 하비는 피가 심장에서 뿜어져나와 동맥에서 정맥으로 순환한 뒤 다시 심장으로 돌아간다는 사실을 결정적으로 보여주었다.

해부학은 마침내 제자리를 찾았으며, 결국 갈레노스의 모든 부정확한 관찰이 교정되었다. 베살리우스는 『인체 해부에 대하여』에서 이렇게 썼다. "갈레노스를 따르던 의사와 해부학자들은 종종 이성에 맞서면서까지 얼마나 많은 문제에서 해부 교수들의 지도자라 할 수 있는 갈레노스에게 의지했던가…… 사실 나 또한 어리석게도 갈레노스와 다른 해부학자들의 글을 지나치게 믿었으니 그저 놀라울 따름이다."

갈레노스를 넘어서

갈레노스가 잘못된 길로 들어선 경우가 너무 많다는 증거가 쌓여 갔음에도, 그의 몇몇 버팀줄, 특히 체액 이론은 계속 유지되었다. 도끼질이 더 필요했다. 바로 그런 일을 한 가장 화려한 인물 가운데 하나가 스위스의 의사이자 연금술사 테오프라스투스 봄바스트 폰 호헨하임이었다. 그는 파라켈수스라는 필명을 사용했는데, 이 이름은 고대의 의사이자 저술가인 켈수스보다 더 낫다는 뜻이었다.

의사의 아들로 태어난 파라켈수스는 알프스 산맥 티롤 지역의 광산과 제련소에서 금속과 광물에 관해 배웠다. 또 집시, 처형관, 이발사, 산파에게서 점성술과 민간요법을 배웠다. 나아가 아버지의 서재와 히포크라테스의 번역자에게서 의학을 배웠다. "나는 기만적이고 건방진 말들—그것이 아리스토텔레스의 말이건, 갈레노스의 말이건, 아비센나의 말이건, 아니면 그들을 따르는 누구의 가르침이건—로 가득한 정교하고 그릇된 환상들을 없애버리고 지워버리

해부용 시체를 찾아

영국에서 도굴은 18, 19세기에 최고조에 이르렀다. 의대에서 사용할 해부용 시체가 부족했기 때문이다. 학생들은 종종 스스로 시체를 마련해야 했으며, 따라서 도굴에 의지하게 되었다. 학생들은 잡히는 것을 걱정하여 일을 대신해줄 도굴꾼들을 고용하기도 했다. 일부는 살인을 저지르기도 했다.

라고 신에게 선택받은 사람이다. 아비센나, 라제스, 당신들은 내 뒤에 있다. 내가 당신들 뒤에 있는 것이 아니라, 당신들이 내 뒤에 있다. 나를 따르라." 파라켈수스는 이렇게 큰소리를 쳤다. 그가 얼마나 자만심이 강한 사람인지 보여주는 증거이다.

파라켈수스는 겸손이 부족하고, 약전에 괴상한 조제약—예를 들어 금가루, 안티몬 가루, 포도주, 말똥에 넉 달 '삭인' 소금을 섞은 것—을 넣는 등 이해하기 힘든 면도 있었지만, 종종 정곡을 찌르기도 했다. 그는 나중에 돌팔이라는 평판을 얻기도 했지만, 사실 돌팔이는 지나친 말이다. 체액의 역할을 공격한 것은 그의 가장 인상적인 활동으로 꼽을 만하다. 파라켈수스는 체액 이론 대신 질병 환경론이라고 부를 만한 이론을 제시했다.

파라켈수스는 히포크라테스와 마찬가지로 병의 경험에 지리적 차이가 있음을 관찰했다. 그는 광산 마을에서 의사로 일하면서 여러 가지 폐질환을 보았다. 그는 이 병들을 관찰하고 나서 모든 병이 내부의 체액의 불균형에서 생기는 것은 아니라고 생각했다. 대신 외부의 힘이 병의 원인이며, 이 힘은 몸에 침입하여 병의 씨앗이 되어 자라난다고 보았다. 그는 몸이 네 가지 체액의 단순한 혼합보다는 더욱 복잡한 화학적 체계라고 주장했다. 모든 병에는 화학적 원인이 있고 그에 따른 치료가 있다는 것이었다. 따라서 의학은 화학의 한 분야가 되며, 한 사람의 건강을 회복하려면 화학적 평형을 회복하는 것이 필수적이었다.

이런 추론 덕분에 그는 유기물질만이 아니라 무기물질에서도 치료의 힘을 찾아낼 수 있었다. 파라켈수스는 수은, 아연, 황, 철로 만든 여러 가지 약을 소개했다. 그의 치료법 가운데 어떤 것들은 효과가 없었지만 어떤 것들은 기가 막히게 잘 들었는데, 사실 그가 원래 생각했던 것과는 다른 이유 때문이었다. 예를 들어 허약한 환자에게 사철(砂鐵)을 처방하는 것이 그런 예인데, 그는 철이 강력한 전쟁의 신 마르스와 연결되어 있기 때문에 효과가 있을 것이라고 생각했다. 그러나 오늘날 우리는 피에 철분이 부족하면 몸이 빈혈증을 일으켜 약해진다는 사실을 알고 있다. 또 근육은 칼륨 섭취가 부족할 때 약해질 수 있으며, 아연은 성장에 필수적이고, 망간과 크롬은 심장에 도움이 될 수 있다는 사실을 알고 있다. 종합비타민 병에 붙은 라벨만 잠깐 보아도 오늘날까지 그 혼합물에 파라켈수스의 손길이 미치고 있음을 알 수 있다.

파라켈수스나 그의 시대 다른 사람들의 성취가 운 좋게 이루어진 것이라고 말할 수도 있다. 그러나 그들은 선배들보다 훨씬 더 신중하게 분석을 해나가면서 기존 의학의 기초를 흔들었다. 파라켈수스의 다음과 같은 선언은 중세 의학 탐험가 모두를 추동한 힘을 보여준 말이라 볼 수 있다. "나는 뭔가를 증명하고 싶을 때 권위를 인용하는 것이 아니라 실험을 하고 그에 입각하여 추론을 한다."

똑같은 생각을 했던 또 한 사람의 선구자는 17세기 파도바의 교수 산토리오—상크토리우스라고도 부른다—이다. 화학에 의존하여 의학과 생리학적 과정을 설명했던 파라켈수스와는 달리 산토리오와 그의 추종자들은 생리학적 현상들을 물리학 법칙들과 연결시켰다. 그의 이론 가운데 가장 유명한 것은 대사 생리학 이론일 것이다. 그는 신중하게 이루어진 실험의 기록을 모으고, 체온과 박동수를 측정하는 교묘한 방법을 고안하여 그 이론을 정리했다.

산토리오는 자신이 먹고 마신 모든 것의 무게를 꼼꼼하게 달아 그것을 자신의 대소변의 무게와 비교하는 작업을 30년 동안 했다. 그는 먹은 것에 비해 대소변의 무게가 상당히 가볍다는 사실을 발견했다. 그는 이 차이를 알아내기 위해 특

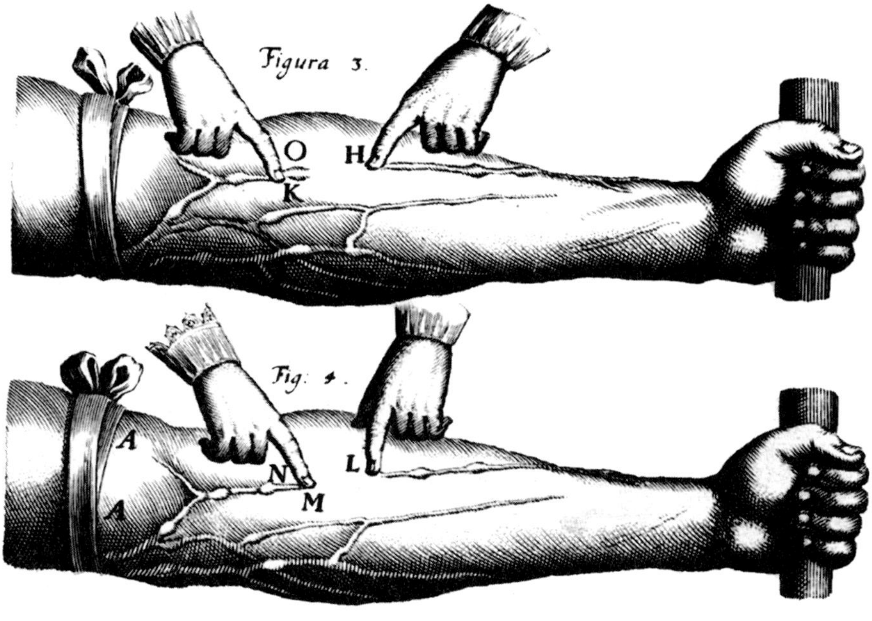

하비

영국의 의사 윌리엄 하비는 피의 순환 방식을 보여주기 위해 피실험자의 팔에 지혈기를 둘렀다. 지혈기를 조였다 풀었다 해보고, 피의 흐름을 여러 지점에서 멈추어보기도 하면서, 하비는 혈관 판막이 정맥에서 피의 흐름을 오직 한 방향으로, 심장 쪽으로만 보낸다는 사실을 보여주었다.

수 제작한 저울 의자에서 몇 시간을 보냈다. 산토리오는 마침내 사라진 질량을 설명하려고 '느끼지 못하는 땀' 이론을 제시했다. 이 설명은 잘못된 것이지만, 산토리오의 실험 방법론은 몇백 년이 지난 지금도 사용되고 있다.

하비의 승리

인간 유기체를 기계로 보는 관점은 18세기 프랑스의 철학자이자 수학자 르네 데카르트에게서도 찾아볼 수 있다. 자연과 그 내용물에 대한 기계론적 관점을 견지했던 데카르트는 인간의 몸이 기본적으로 한 덩어리의 기계이며, 그 안에 영—훗날 '기계 속의 유령'이라고 부르게 되었다—이 산다고 주장했다. 최초로 물질과 정신을 분명하게 구분했던 데카르트는 물질을 나눌 수 있는 것으로 간주해야 하며, 살아 있는 몸이 생명 없는 물질의 법칙에 지배를 받는다고 주장했다. 그러나 정신은 달랐다. 정신은 나눌 수 없고, 물질세계의 법칙과는 다른 법칙들의 지배를 받았다. 데카르트는 심장이 엔진이라고 보았다. 그의 근육 운동 이론은 수리학(水理學) 체계에 기초를 두고 있었다.

이탈리아의 수학교수 조반니 보렐리는 지레, 지레받침, 용수철, 펌프의 원리에 비추어 근육과 기관의 운동을 설명하는 일을 필생의 과제로 삼았다. 그는 몸이 발 바로 위에서 중력의 중심을 잡고 그 중심을 유지하는 방식을 살펴보다가, 몸이 추와 도르래로 이루어진 체계라고 생각했다. 그는 걷고, 달리고, 도약하는 운동들의 수학적 모형을 만들어, 힘과 저항의 체계를 설명했다. 그는 이런 생체역학적 성향을 더 밀고나가, 심지어 소화를 시키는 위의 갈고 빻는 작용까지 그런 식으로 해석했다.

몸에 관한 기계론적 관점은 아마 프랑스의 이론가 줄리앙 드 라 메트리의 작업에서 가장 과장되게 표현되었을 것이다. 그는 1747년에 『인간 기계론』에서 몸은 완전히 기계적이라는 극단적인(그리고 그 시대로 보자면 충격적일 정도로 무신론적인) 견해를 제시했다. 라 메트리에 따르면 인간의 행동은 기본적으로 자극에 대한 일군의 반응이었다. 인간의 생각은 뇌에서 '분비'되었다. 간이 담즙을 만들어내는 것과 마찬가지였다. 이런 매우 기계론적인 관점에 반발하여 '생기론' 또는 '활력론'이 자라나기 시작했다. 이 이론은 인체의 많은 기능이 오직 정신이나 영혼의 존재로만 설명된다고 주장했다.

심장은 고동치는 펌프 기계라는 인식이 늘어나면서 의학에도 새로운 시대가 열렸다. 그 시초는 해부학자 윌리엄 하비가 피의 순환을 발견한 일이었다. 하비는 이것이 물리학의 법칙을 따르는 생명 과정이라고 묘사했다. 이런 생각은 당시에는 터무니없을 정도로 급진적이었다. 우선 이런 관점은 심장이 피를 간에서 폐로 옮긴다는 갈레노스의 관념과 정면으로 충돌했기 때문이다. 실제로 하비는 현재는 기본적인 생리학적 과정이라고 받아들이는 것을 동업자들에게 납득시키느라 많은 시간을 소비했다. 하비가 죽은 뒤에도 많은 연구자들이 오랜 시간을 들인 뒤에야 그의 이론은 사실로 확정되었다.

하비는 파도바 대학에서 공부했다. 그러므로 당시 그곳에 교수로 있던 갈릴레오 갈릴레이를 만났을지도 모른다. 피의 운동이라는 하비의 기념비적인 이론은 오늘날에는 아주 간단해 보이지만, 수많은 동물 해부, 뱀 실험, 부검, 임상 관찰 뒤에 얻은 신중한 결론이었다. 그의 발견 덕분에 생리학은 진실로 역동적인 과학이 되었으며, 그가 제시한 이론은 많은 열매를 맺었다.

보렐리는 심장이 펌프 실린더의 피스톤과 같은 기능을 한다는 가설을 세웠으며, 피를 움직이는 데 필요한 압력의 양을 계산하기도 했다. 하비는 심장이 펌프질을 하여 피를 순환시킨다는 것, 동맥을 통해 피를 신체 각 부위로 보냈다가 정맥을 통하여 다시 거두어들인다는 것을 보여주었다. 그는 대동맥과 정맥 판막의 역할을 설명했으며, 맥박이 심장 수축을 반영한다는 사실을 입증했다.

윌리엄 하비

순환계의 탐험가

1578
4월 1일 영국 켄트 주 포크스턴에서 출생하다.

1593~1599
케임브리지의 카이우스 칼리지에서 의학을 공부하다.

1600
이탈리아 파도바 대학의 위대한 해부학자 파브리키우스 밑에서 의학 공부를 계속하다.

1602
파도바 대학에서 박사학위를 받다.

1607
왕립의과대학의 연구원이 되다.

1610
동물을 해부하면서 심장과 순환에 관한 연구를 시작하다.

1610~1623
런던의 왕립의과대학에서 외과학 강의를 하다.

1618
영국 제임스 1세의 주치의로 임명되다.

1625
찰스 1세의 주치의로 임명되다.

1628
『동물의 심장과 혈액의 운동에 관하여』를 출간하다. 여기에서 순환계를 최초로 정확하게 묘사했다.

1645
옥스퍼드 머턴 칼리지의 학장으로 임명되다.

1651
비교발생학에 관한 저서 『동물의 발생』을 출간하다.

1654
왕립의과대학 학장으로 선출되지만 사양하다.

1657
6월 3일 런던 근처에서 사망하다.

심장
어른의 심장은 쉬고 있을 때 1분에 평균 72번 뛴다. 따라서 평생 동안 평균 25억 번 이상 뛰는 셈이다. 인간의 몸에는 피가 약 7리터 들어 있는데, 이것이 몸을 1분에 세 번 순환한다.

우리가 오늘날 당연하게 여기는 이 모든 사실을 파악하는 것은 하비 같은 재주를 지닌 사람에게도 만만치 않은 일이었다. 하비는 자신이 시작한 일이 생각만 해도 너무 힘들었기 때문에 걱정이 많아, 심장의 운동은 "오직 하느님만 안다"고 말하고 싶은 유혹을 느꼈다고 썼다. 나중에 발견을 한 뒤에는 자신의 발견이 미칠 영향을 걱정했다. "소수의 질투심" 때문에 피해를 보고, "인류 전체"가 자신이 성스러운 교조를 뒤집었다며 비난할 것이라고 두려워했다. 그러나 일을 마쳤을 때는 그런 불안한 마음을 어느 정도 정리한 것 같다. 『동물의 심장과 혈액의 운동에 관하여』에서 그는 이렇게 말했다. "그럼에도 주사위는 던져졌다. 나는 내가 진리를 사랑한다는 사실을 믿는다. 또 교양 있는 정신에 깃든 정직성을 믿는다."

하비의 발견은 획기적이었지만, 그럼에도 매듭이 지어지지 않은 곳들이 있었다. 그에게는 현미경이 없었다. 따라서 순환 과정에서 핵심적인 부분이었음에도, 피가 동맥에서 정맥으로 가는 과정을 시각화할 수 없었다. 그 답은 30년 뒤 메시나와 피사 양쪽 대학의 해부학 교수였던 마르첼로 말피기가 현미경이라고 부르는 놀라운 새 도구를 이용하여 전문적인 솜씨를 발휘했을 때에야 나왔다.

하비의 혈액순환론의 지지자였던 말피기는 순환계가 정말로 폐쇄적인 구조라면 피가 동맥에서 다시 정맥으로 돌아갈 수 있도록 아주 작은 혈관이 있을 것이라고 추측했다. 그는 현미경으로 개구리의 폐 조직의 미세한 구조를 살피다가 그 생각이 맞다는 것을 확인했다. 그는 그곳에서 동맥과 정맥을 연결하는 실 같은 핏줄을 분명히 보았다. 우리는 지금 그것을 모세혈관이라고 부른다. 이로써 하비의 이론은 완성되었다.

1628~1900

1628
영국의 내과의 윌리엄 하비 인체의 혈액 순환을 묘사하다.

1674
네덜란드의 안토니 반 레벤후크 현미경을 사용하여 최초로 적혈구를 정확하게 묘사하다.

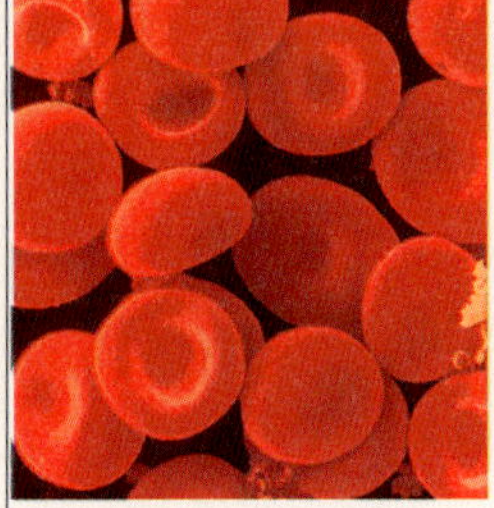

1735
영국의 외과의 클라우디우스 에이미언드 최초로 맹장 수술을 하다.

그러나 일은 거기에서 끝나지 않았다. 하비가 승리를 거둔 뒤에도 오랫동안 호기심 많은 과학자들은 피 자체와 심장혈관계 전체에 관심을 기울였다. 그러나 왜 이런 순환이 일어나는지 정확하게 아는 사람은 아무도 없었다. 물론 하비도 왜 피가 순환을 하는지 몰랐다. 말피기도 폐의 혈액 순환에 처음으로 주목을 하기는 했지만, 왜 그런 일이 일어나는지 이해하지는 못했다. 피가 운반하는 핵심적인 요소인 산소는 1774년에야 영국의 신학자이자 화학자인 조지프 프리스틀리가 처음 발견했다. 따라서 혈액 순환의 목적에 관한 그 이전의 이론들은 엉뚱하고 다양했다. 어떤 사람들은 혈액 순환이 열을 몸 전체에 보급하는 방법이라고 생각했고, 어떤 사람들은 그것이 냉각 체계라고 생각했다.

호흡에 관한 지식을 이용하여 숨의 목적이 공기와 피 사이의 기체 교환을 이루는 것이라고 결론을 내린 사람은 그리 유명하지는 않지만 뛰어난 실력을 갖추었던 영국의 생리학자이자 화학자 존 메이오였다. 그는 뭔가 중요한 것이 피로 들어간다고 추론했다. "질소 공기의 영"(산소)이라는 것이 정맥의 검은 피를 선홍색으로 바꾼다는 것이었다. 메이오 자신은 몰랐지만, 사실 그는 인체에서 산소의 핵심적인 역할을 파악하는 단계에 가까이 다가갔던 것이다.

1700년대 초에는 피와 관련된 다른 발견들이 이루어졌다. 비록 조악한 방법이기는 했지만, 최초로 동물의 혈압을 재기도 했다. 동맥에 직접 관을 꽂고 피가 고동치며 관으로 들어올 때 관 속에서 피가 올라간 높이를 재는 것이었다. 이 시기에 피에 철이 들어 있다는 사실도 밝혀졌다. 파라켈수스가 알았다면 몹시 기뻐했을 법한 발견이었다.

피와 관련하여 수백 년 동안 의사들의 상상력을 사로잡았던 한 가지는 한 사람

1796	1842	1870	1900
영국의 외과의 에드워드 제너 최초로 천연두 예방접종 방법을 개발하다.	미국의 내과의 크로퍼드 윌리엄슨 롱 최초로 마취법을 이용하여 외과 수술을 하다.	미생물학자 루이 파스퇴르, 조지프 리스터, 로베르트 코흐 병원균 이론을 확립하다	오스트리아 태생의 미국 병리학자 카를 란트슈타이너 다양한 혈액형들을 확인하다. 나중에 이것을 A, B, AB, O 등의 범주로 나누었다.

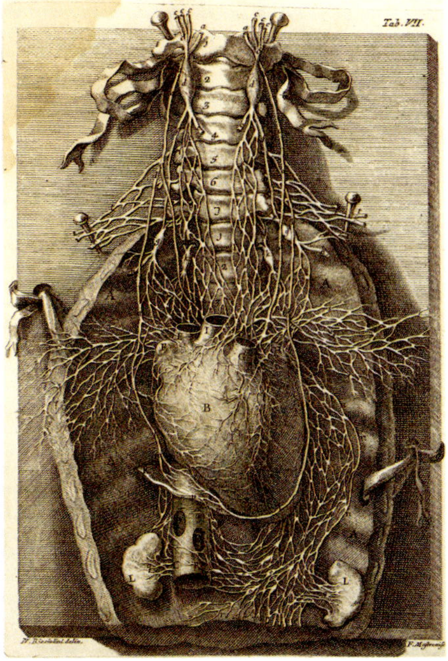

인체 내부의 장기들

이탈리아의 역학자 조반니 마리아 란치시가 1728년에 발표한 논문 "심장의 운동과 동맥류에 관하여"에는 심장을 둘러싼 신경들의 단면도가 나온다.

의 피를 다른 사람에게 수혈하는 것이 가능할까라는 문제였다. 이 절차에 관한 언급은 이집트의 파피루스에도 나오며, 로마 시인들의 글에도 모호하지만 수혈에 대한 암시가 나온다. 그러나 믿을 만한 의학 기록은 1665년을 수혈의 출발점으로 보고 있다. 이 해에 리처드 로어라는 이름의 영국 생리학자는 개 두 마리의 혈관을 연결하여 최초로 동물 수혈을 했다. 그 뒤에 많은 사람들이 동물의 피를 인간에게 수혈하려고 했으나 실패했다. 예를 들어 1667년 프랑스의 의사 장-밥티스트 드니는 양의 피를 환자 세 명에게 주사했다. 한 환자는 수혈 직후에 죽고 말았다.

사람의 피를 수혈하는 일은 그 뒤에 시도되었다. 몇 사람은 어느 정도 성공을 거두기도 했지만, 어떤 경우든 동물과 사람 사이의 수혈만큼이나 위험했다. 피의 구성은커녕 혈액형에 관해서도 몰랐으니 당연한 일이었다. 이와 관련된 지식 기반은 1900년대 초에 극적으로 바뀌었다. 오스트리아 출신의 미국 면역학자 카를 란트슈타이너는 화학적 표지, 즉 각 세포의 표면에 있는 항원에 기초하여 혈액형을 구분했다. 어떤 세포에는 항원 A가, 어떤 세포에는 B가 있었으며, 어떤 세포에는 둘 다 있었다. 어떤 세포에는 항원이 없었다. 마지막 경우는 O라고 불렀다. 혈액형이 다른 피가 들어오면 피수혈자의 면역체계는 그것을 침입으로 간주하여 공격했다.

10년 뒤 란트슈타이너는 또 하나의 중요한 발견을 했다. 피에서 이른바 레서스(Rh) 인자를 분리해낸 것이다. 실험에 사용한 원숭이의 품종 때문에 레서스라는 이름이 붙은 이 인자는 어머니와 혈액형이 다른 신생아에게 심각한 병을 일으킬 수 있다. Rh 음성 피를 가진 상태에서 Rh 양성 피를 수혈받은 사람은 새로운

Rh 인자에 항체를 생산하며, 이 항체가 적혈구를 공격하게 된다.

18세기 초에 피에 관한 새로운 발견들이 이루어지자 자연스럽게 그것을 몸에 순환시키는 기관인 심장에도 관심을 갖게 되었다. 심장의 복잡한 구조와 구성에 관해서는 거의 알려진 것이 없었다. 심박이나 혈압과 심박수의 관계를 이해하는 사람은 없었다. 심장이 잘 걸리는 여러 가지 병에 관해 아는 사람도 없었다. 심잡음의 메커니즘이 설명된 것은 1809년의 일이었다. 그 내용의 일부는 환자의 가슴에 귀를 갖다대는 의사의 일반적인 관행에서 나온 것이었다.

1816년에 심장의 소리를 훨씬 더 잘 들을 수 있게 해주는 놀라운 발명품인 청진기가 나왔다. 청진기는 흉부의학의 아버지로 여겨지는 르네-테오필-히야신트 라에네크가 발명했다. 이 발명품은 심장혈관 질환의 진단과 치료를 완전히 바꾸어놓았으며, 더 세련된 진단 기술이 등장한 뒤에도 여전히 일반의학의 필수적인 도구로 남아 있다.

라에네크는 기관지염, 폐렴, 늑막염 등 가슴의 질병에도 논란의 여지없는 전문가였지만, 의학사에서 그의 이름은 주로 청진기를 발명한 일화에서 등장한다. 라에네크의 심장 환자 가운데 가슴이 풍만한 젊은 여자가 있었다. 신중한 라엔네크는 차마 이 여자의 큰 가슴에 귀를 갖다대지 못했다. 그의 말을 빌리자면, "환자의 나이나 성별 때문에 직접적인 청진은 받아들여지기 어려운 일이었다". 라에네크는 기본적인 음향 과학의 원리들을 이용하여 두꺼운 종이 몇 장을 원통형으로 말아 한쪽 끝을 환자의 가슴에 대고 다른 쪽 끝은 자신의 귀에 갖다 댔다. 효과는 훌륭

안토니 반 레벤후크

미생물을 처음 본 과학자

1632
10월 24일에 네덜란드 델프트에서 출생하다.

1648
바르몬트에서 기본적인 교육을 받은 뒤 포목상의 도제가 되다.

1652
델프트에서 자신의 포목상을 열다.

1660
델프트 주 장관의 시종이 되다. 안정적인 보수를 받아 과학적 관심사를 자유롭게 탐구할 수 있었다.

1671
렌즈를 갈아 현미경을 만들기 시작하다. 처음에는 천을 검사할 목적이었다.

1673
현미경으로 발견한 것들에 관하여 영국 왕립학회와 처음 서신교환을 하다. 이 관계는 죽을 때까지 이어졌다.

1674
빗물과 침에서 박테리아와 원생동물을 발견하다. 그는 이것을 "극미동물"이라고 불렀다.

1677
동물과 인간의 정자를 관찰하고 묘사하다.

1680
영국 왕립학회의 회원으로 선출되다.

1683
인간의 모세혈관을 처음으로 발견하고 정확하게 묘사하다.

1716
과학 발전에 기여한 공로로 루뱅 칼리지 교수들로부터 은메달을 받다.

1723
8월 26일 델프트에서 사망하다.

영국의 생리학자 클로드 버나드는 포유류의 대사와 소화관이나 내분비 기관의 작용과 관련된 많은 발견을 했다. 1889년에 나온 이 생체해부 실험 묘사의 왼쪽에서 네 번째 인물은 영국의 생리학자 폴 버트(1833~1886)다. 그는 처음으로 인간의 호흡기가 고도에 적응하는 방식을 설명했다.

했다. 그 장치는 심장 소리를 크게 증폭해주어 라에네크는 원하는 소리를 들을 수 있었다. 곧 다양한 크기, 형태, 재료를 이용한 개선 모델들이 나왔으며, 그와 더불어 '간접 청진'이라는 새로운 의학적 용어가 유행하게 되었다.

병의 원인

라에네크가 말 그대로 심장 질병의 원인에 귀를 기울이기 오래 전에도 사람들은 모든 감각을 동원하여 다양한 질병의 원인을 찾아내려고 했다. 아리스토텔레스는 자신이 죽은 뒤에도 수백 년 동안 이어져나갈 이 탐구의 본질을 이렇게 요약했다. "양심적이고 신중한 의사들은 병의 원인을 자연 법칙에서 찾으며, 가장 유능한 과학자들은 제1원리를 찾아 의학으로 돌아간다." 그러나 체액, 화학작용, 본성, 나태, 악마 등 병의 원인에 관한 여러 가설이 난무했음에도, 인간의 건강을 공격하는 범인은 여전히 눈에 또렷하게 보이지 않았다. 18세기 영국의 해부학자 존 헌터가 말한 대로 이 범인은 "알려지지 않은, 또는 우연으로 보이는 조건"을 이용하고 있었다. 갈레노스나 그의 추종자들, 또는 모든 것을 포괄하는 이론을 퍼뜨리는 사람들이 틀렸다고 말하기는 쉬웠다. 그러나 병의 원인은 여전히 궁극적으로 논란의 여지가 있었으며, 그 원인이 복잡하고, 아마도 다면적일 것이라는 사실에는 변함이 없었다.

세균이 감염 인자라는 생각은 1800년대에야 입증되었다. 그러나 수백 년 전에도 몸 외부의 어떤 것이 병을 일으킨다는 생각은 특별한 것이 아니었다. 일찍이 1546년에 이탈리아의 병리학자 지롤라모 프라카스토로(그는 또 지질학자, 천문학자, 시인이기도 했다)는 어떤 전염력이 있는 인자, 물리적이고 화학적인 무생물 인자들이 감염을 일으키고, 심지어 구제역 같은 전염병을 일으킨다고 주장했다. 그러나 이보다는 독기 이론(아마 악취를 풍기는 더러운 공기에 대한 히포크라테스의 의심에서 시작되었을 것이다)이 더 인기도 있었고, 또 수백 년 동안 유지되기도 했다.

독기 이론에서는 유독한 나쁜 공기나 증기가 콜레라 같은 질병을 일으킨다고 주장했다. 이 이론에도 어느 정도 진실은 담겨 있었다. 전염성 질병은 나쁜 위생 상태와 오염을 통해 옮겨질 수 있는데, 그런 곳에서는 대개 악취가 나기 때문이다. 그러나 이 이론은 결국 세균설로 알려지게 된 이론으로 대체되었다.

세균설

과학자들은 미생물의 중요성을 이해하기 전에는 인간의 병을 제대로 설명할 수가 없었다. 네덜란드의 안토니 반 레벤후크는 현미경을 이용하여 극미동물—자신이 발견한 것을 그렇게 불렀다—을 발견했지만, 자신이 박테리아를 확인하고 병원균 이론을 정리하는 수준에 거의 다가갔다는 사실은 깨닫지 못했다.

체액 이론과 더불어 유독한 나쁜 공기—독기나 증기—가 병의 원인이 되는 요인이라는 믿음이 수백 년 동안 널리 퍼져 있었다. 화학 물질, 영양 부족 등 다른 다양한 외적 영향력과 더불어 별의 영향도 거론되었다. 심지어 물리학 법칙들의 변화를 거론하는 경우도 있었다.

프랑스의 과학자 루이 파스퇴르는 미생물이 포도주와 질병의 핵심 인자임을 증명했다.

미세한 전염성 인자들이 병을 일으키는 원인이 될 수도 있다는 혁명적 이론은 한 과학자의 아이디어가 아니었다. 병원균 이론은 여러 연구자들의 생각을 거치면서 점진적으로 진화해왔다. 오래 전 1500년대에도 과학자들은 병의 배후에 확인되지 않은 존재가 있다고 생각했다. 그럼에도 세균 이론을 수립한 명예는 19세기 후반의 세 사람, 루이 파스퇴르, 조지프 리스터, 로베르트 코흐에게 돌아가야 할 것이다.

파스퇴르는 발효 실험을 통해서 우유와 포도주의 부패는 자연발생적인 현상(일반적인 믿음이었다)이 아니라, 공기 중의 미생물이 자신과 접촉하는 액체를 오염시키는 것임을 보여주었다. 그는 또 우유를 어느 온도까지 끓이면 우유가 결핵과 장티푸스를 퍼뜨리는 것을 막을 수 있다는 것도 알았다. 이것은 미생물의 영향을 억누를 수 있다는 증거였다.

리스터는 병원균을 죽이는 데 소독약을 사용하여 이 이론에 기여했다. 그가 수술실에서 그런 방법을 사용한 사실이 특히 잘 알려져 있다. 파스퇴르는 부패와 세균이 관련이 있다는 사실을 보여주었지만, 그의 살균 기술은 수술실에는 적합하지 않았다. 반면 외과의사였던 리스터는 일하는 습관이 무척 꼼꼼했다. 그는 상처에서 물기를 없앴고, 붕대를 자주 갈았고, 환부를 청결하게 유지하기 위해 은 봉합실을 사용했다.

리스터는 파스퇴르의 열 살균이 수술에는 별 도움이 안 된다는 것을 알고 석탄산 같은 화학 방부제를 사용했다. 그는 감염이 박테리아 때문에 이루어진다는 사실을 보여주었으며, 또 항균제로 통제할 수 있다는 사실도 보여주었다. 이것을 발판으로 외과의학에서 소독 방법에 큰 진전이 이루어졌다.

그러나 특별히 영양이 풍부한 매체를 준비해서 미생물의 순수 배양균을 얻는 새로운 방법을 고안한 사람은 로베르트 코흐였다. 외과의사들이 리스터의 말을 무시하고 마스크나 모자 없이 평소의 옷차림으로 수술을 할 때 오염이 생길 수 있다는 사실을 잘 알고 있던 코흐는 무균 실험 조건을 요구했다.

그는 배양을 위해 파스퇴르와는 달리 고기 국물이 아니라 겔과 한천—바닷말에서 나오는 아교질의 물질로 박테리아 배양의 매체로 이용된다—을 적절하게 배합했다. 코흐의 방법은 성과가 있었다. 그는 탄저균만이 아니라 폐렴을 일으키는 박테리아도 분리해냈다. 그와 함께 일하던 연구자들은 계속해서 장티푸스와 이질을 일으키는 균도 확인했다. 코흐 자신은 말라리아로 관심을 돌렸다. 코흐는 1905년에 노벨 생리·의학상을 받았으며, 세균학과 병원균 이론의 아버지 가운데 한 사람으로 추앙받는다.

1854년 런던의 소호 지구에 콜레라가 발생했을 때 의사 존 스노는 독기설을 거부했다. 스노는 콜레라가 수인성이기 때문에, 오염된 물과 접촉해야 몸으로 들어간다고 주장했다. 이런 생각을 바탕으로 브로드 가(街) 펌프의 손잡이를 제거해서 사용을 멈추면 콜레라가 멈출 것이라고 말했다. 실제로 그의 말이 옳았다.

하지만 콜레라가 수인성이라면, 물이 실제로 운반하는 것은 무엇인가? 프라카스토로도 1500년대에 그 답을 찾으려고 했다. 그로부터 100여년 뒤 네덜란드의 포목상 출신으로, 나중에 렌즈를 갈고 현미경을 만드는 일에 뛰어난 솜씨를 발휘했던 안토니 반 레벤후크도 그 답을 찾으려고 했다. 그는 획기적인 수준으로 사물을 확대할 수 있는 도구를 만들었으며, 어느 날 이 도구로 빗물을 관찰하다 나중에 극미동물이라고 부르게 되는 것을 보았다. 맨눈으로 볼 수 있는 가장 작은 벼룩보다도 수천 배 작은 생물이었다. 이 극미동물에게는 아주 작은 다리와 꼬리가 달린 것처럼 보였다. 이 동물은 그 다리와 꼬리를 이용하여 자신이 사는 물방울 안을 돌아다닐 수 있었다.

레벤후크는 아플 때 자신의 혀에서 채취한 침에서도 극미동물을 발견했다. 이들은 물방울 안의 생물과 구조는 비슷해 보였지만 움직임이 달랐다. 이들이 내 병을 운반하는 생물일까? 레벤후크는 병을 일으키는 미생물을 확인하고 세균설을 제시하기 일보 직전까지 간 것이다.

레벤후크는 또 자신의 정액도 현미경으로 살펴보았다. 그는 여기에서도 작은 생물을 보았지만, 이번에는 모두 똑같아 보였다. 모두 머리에 꼬리가 달린 모습이었다. 피를 현미경으로 보자 아주 작은 구조물들이 드러났다. 오늘날 우리가 적혈구라고 알고 있는 것이었다.

다른 네덜란드 과학자의 제안에 따라 레벤후크는 자신의 발견 결과를 잉글랜드의 왕립학회에 보고하고, 꼼꼼하게 그림까지 그려 넣은 긴 편지를 보냈다. 그는 50년에 걸쳐 그런 편지를 거의 200통 보냈으며, 그 과정에서 서구 세계에서 가장 유명한 의학 연구자로 꼽히게 되었다.

레벤후크는 자신이 병의 주요한 원인을 밝히는 데 얼마나 가까이 다가갔는지 전혀 몰랐을 것이다. 그러나 150년이 지나기 전에 그런 미생물이 인체에 침입하는 과정을 설명하는 세균설이 등장했다. 19

위의 구멍

1822년 19살의 알렉시스 세인트 마틴은 배에 총을 맞았다. 그는 기적적으로 살아났으며, 상처는 치료되었지만 구멍은 그대로 남게 되었다. 의사 윌리엄 보먼트는 그 구멍으로 위의 움직임을 관찰할 수 있었다. 보먼트의 세인트 마틴 실험은 소화에 관한 우리의 지식을 획기적으로 늘려주었다. 알렉시스 세인트 마틴은 83살까지 살았다.

세기에 들어서면 이와 관련된 발견들이 여러 곳에서 이루어지면서 세균설이 널리 퍼지게 되었다.

1847년 헝가리의 산부인과의사 이그나츠 제멜바이스는 빈에서 젊은 인턴 시절에 본 것들에 관해 깊이 생각해보고 나서 충격적인 주장을 했다. 병원의 산부인과 병동은 산욕열 때문에 엄청나게 높은 사망률을 기록했다. 제멜바이스는 다른 의사나 병원 실무진이 보지 못한 데서 그 이유를 찾았다. 외과의사들이 부검을 하다 말고 임산부의 출산을 돌보러 달려오곤 했으며, 이런 지저분한 습관이 감염을 조장한다는 것이었다.

제멜바이스의 대책은 의사들이 염소 처리한 석회—오늘날의 염소 표백제와 비슷하다—로 손을 씻고 살균을 하는 관행을 정착시키는 것이었다. 이런 예방조치를 취하자 사망률은 거의 영에 가깝게 떨어졌다.

제멜바이스는 이 결과를 설명할 수 없었지만, 오늘날 우리는 그의 조처가 세균의 접근을 막았다는 것을 안다. 그러나 이 당시만 해도 독기설의 기세가 여전히 등등했기 때문에, 새로운 관행을 만들자는 그의 주장은 주제넘은 것으로 간주되었다. 젊은 의사는 낙담하여 1850년에 빈을 떠났다. 루이 파스퇴르가 탄저라는 병이 탄저균이라는 특정한 병균 때문에 생긴다는 것을 증명하기 10년 전의 일이었다. 결국 제멜바이스는 정신병원에서 생을 마감했다.

루이 파스퇴르는 19세기 말 세균설을 발전시키고 퍼뜨리는 데, 조지프 리스터, 로베르트 코흐와 더불어 큰 공로를 세운 프랑스의 화학자이자 미생물학자이다. 파스퇴르는 일련의 고전적 실험에서 맥주, 포

루이 파스퇴르

세균설의 옹호자

1822
12월 27일 프랑스 돌에서 출생하다.

1843
과학학사 학위를 받은 뒤 파리의 고등사범학교에 입학하다.

1847
분자 비대칭에 관한 연구를 하여 결정학, 화학, 광학의 원리들을 통합하다. 이것은 입체화학이라는 새로운 과학의 기초가 되었다.

1849
프랑스 스트라스부르 대학교의 화학 교수가 되다.

1857
파리의 고등사범학교의 과학 연구 책임자가 되다. 이때부터 발효와 자연발생 연구를 시작했다.

1862
과학 아카데미의 회원으로 선출되다.

1865
포도주가 쉬는 것을 막기 위해 가열하는 방법을 개발하다. 이 저온살균법은 현재 파스퇴르 살균법으로 알려져 있다.

1868
영국 학술원의 회원으로 선출되다.

1870
『누에의 질병 연구』를 발표하다.

1881
탄저 백신을 생산하다.

1885
광견병 백신을 생산하여 미친개에 물린 아홉 살짜리 소년의 생명을 구하다.

1888
파리에 파스퇴르 연구소를 설립하다.

1895
9월 28일에 파리 근처에서 사망하다.

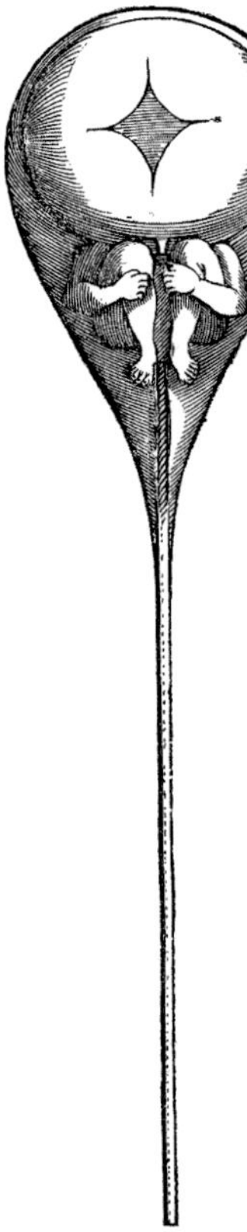

생식 가설

17세기의 과학자들은 대부분 극미인—정자 안에 들어 있는 작은 인간—이 민간전승에 불과하다고 생각했으며 인간 생식 이론가들은 난자론자와 정자론자로 나뉘어 있었다.

도주, 우유의 발효와 부패 원인이 세균임을 보여주었다.

파스퇴르는 이런 세균이 당시의 일반적인 믿음과는 달리 부패 과정 자체에서 저절로 발생하는 것이 아니며, 또 산소 한 가지만이 원인이 되어 발생하는 것도 아니라고 말했다. 발효는 액체가 공기에서 발견되는 박테리아에 오염이 될 때 일어난다는 것이었다. 파스퇴르는 1864년 파리의 소르본 대학에서 역사적인 강의를 하여 이 점을 증명한 뒤 이렇게 말했다. "자연발생 학설은 이 간단한 실험의 치명적 타격에서 결코 회복되지 못할 것이다." 이제 세균학이 의학적 어휘로 등록되었다.

19세기의 이 생산력이 왕성한 시기에는 많은 일이 이루어졌다. 프랑스의 의사 카지미르-조제프 다벤은 미생물인 탄저균을 확인했다. 다른 학자들은 결핵이 우유로 옮겨질 수 있음을 알아냈다. 분석을 위해 박테리아에 착색을 하는 기술이 개발되었고, 어떤 사람들은 형태와 구조로 박테리아를 분류하기 시작했다. 윌리엄 T. 헬무스는 심지어 "세균에게 바치는 송가"를 쓰기도 했다. "오, 강력한 세균이여, 너희는 우리를 무척이나 놀라게 하는구나, 매일매일! 의학 탐정들이 눈을 부릅뜨고 네가 노는 것을 지켜보는데도."

외과의사들은 미생물의 곤혹스럽고, 게다가 치명적인 잠재력을 점점 더 의식하게 되었다. 1860년대에는 수술 뒤에 심한 감염이 일어나거나 패혈증으로 죽는 일이 많았다. 수술 받은 환자 가운데 반 정도만 살아남았다. 영국의 외과의사 조지프 리스터는 파스퇴르의 작업에 영향을 받아 부상 뒤의 염증과 고름을 연구했다. 그는 공기 중의 세균이 수술 후 감염을 일으킬지도 모른다고 생각했다.

1865년 리스터는 다리에 심한 복합골절을 입은 소년에게 살균 기법을 시험해 보기로 결정했다. 그는 환부를 아마씨 기름과 석탄산(지금은 페놀이라고 부르는 석탄

세포 이론

1665년 영국의 물리학자이자 기계의 천재이기도 했던 로버트 후크는 현미경으로 코르크 조각을 관찰하다가 묘한 구조를 발견했다. 훅은 그것을 "서로 구별된 작은 상자 또는 방"이라고 불렀지만, 이 연구를 더 밀고 나아가지는 않았다. 이 작은 방(세포)이 모든 식물의 구조를 형성하는 기본 단위로서, 함께 모여 식물의 조직을 구성하며, 그 하나하나 안에 핵—곧 생명에서 중요한 역할을 한다는 사실이 밝혀진다—이 포함되어 있다는 사실이 받아들여진 것은 1838년의 일이었다. 독일의 과학자 테오도르 슈반은 식물만이 아니라 동물도 세포로 이루어져 있다는 사실을 발견했다.

테오도르 슈반은 세포를 생명의 기본 단위로 생각했다.

세포와 그 무수한 구성요소들은 모든 생물을 지탱할 뿐 아니라, 생명이 어떤 형태를 택할지 지시하기도 한다. 세포에는 한 유기체의 목적과 수명이 암호로 적혀 있다. 세포는 모든 생물학 연구의 핵심에 자리 잡고 있다. 생물의 가장 작은 구조 단위인 세포는 독립적으로 기능할 수 있다. 박테리아나 주위의 유기적 입자를 흡수해서 살아가는 아메바 같은 원생동물의 경우처럼 세포는 하나의 완전한 유기체가 될 수도 있다. 또 전문화된 세포들은 함께 모여 조직과 기관으로 조직화되어 간다.

전자현미경의 발명으로 생물학자들은 마침내 세포를 소시지 포장처럼 둘러싸고 있는, 구멍이 많은 얇은 막 너머를 거의 완벽하게 볼 수 있었다. 그들은 그 어두컴컴한 내부에서 충만하고 근면한 작은 세계를 목격했다. 생명의 물질 그 자체가 빽빽하게 들어찬 세계였다. 핵산은 단백질, 탄수화물/다당류의 생산을 지휘한다. 또 유전의 화학적 핵심요소인 DNA와 그 동반자인 RNA에 담긴, 유전암호를 구성하는 반복되는 뉴클레오티드의 긴 사슬의 생산도 책임진다. 세포 안에는 유전자를 운반하는 염색체도 있다. 염색체란 서로 꼬여 있는 두 가닥의 DNA로 이루어진 가느다란 분자다.

연구자들은 식물이건 동물이건 모든 생물이 그 생명의 바탕을 이루는 유전암호에 따라 각자 미리 결정된 숫자의 염색체를 갖고 있다는 사실을 발견했다. 흰쥐는 42개, 콩은 14개, 옥수수는 20개, 초파리는 8개, 단세포 생물인 근족충류는 놀랍게도 1,500개다. 인간은 모든 것이 정상일 경우 두 부모 각각에게 하나씩 물려받은 23쌍의 DNA 가닥을 갖고 있어 전체로 보면 46개다. 인간 염색체의 숫자와 근족충류의 염색체 숫자를 비교해보면, 염색체의 숫자만으로 인간의 복잡성을 설명할 수는 없다는 것을 알 수 있다. 각각의 세포에는 효소도 100,000개 이상 있다. 효소는 우리 몸에서 규칙적으로 일어나는 모든 변화를 촉진하는 화학적 일꾼이다. 세포가 통제하는 효소 작용이 없다면 우리는 음식을 소화시키지도, 혈구를 바꾸지도, 조직을 만들지도, 심지어 숨을 쉬지도 못할 것이다.

현대의 세포생물학과 가장 관련이 깊은 두 이름은 제임스 왓슨과 프랜시스 크릭이다. 그들은 DNA의 복잡한 화학적 분자 구조를 이중나선, 꼬인 사다리로 묘사했다. DNA는 세포의 생명에서 핵심적인 두 가지 활동을 하는 능력을 갖추었다. 하나는 유사분열로 정확하게 둘로 나뉨으로써 자신을 재생산하는 것이고, 또 하나는 단백질을 제조하는 것이다. 본질적으로 DNA는 생물과 무생물을 구분하는 생물학적 기준이다. 세포 이론 덕분에 생물학과 의학, 나아가서 생물에 관한 이해에 비약적인 도약이 이루어지게 된다.

이 점은 아마도 프리드리히 니체가 가장 잘 표현했을 것이다. "몸은 가장 심오한 철학보다도 더 큰 지혜를 간직하고 있다."

산은 리졸을 비롯한 살균제의 중요한 성분이며, 리스터의 시대에는 하수를 처리하는 데 놀라운 효과를 보여주었다)으로 소독했다. 리스터는 소독한 상처를 며칠간 덮어놓았고, 아이는 감염 없이 회복되었다.

몇 번 더 성공을 거둔 뒤 리스터는 살균을 촉구하는 논문을 발표했다. 그는 미생물이 감염을 일으키며, 치료에서 정상적이고 바람직한 부분으로 여겨지던 고름이 사실은 부패성 감염의 산물이라고 주장했다. 그러나 다른 분야와 마찬가지로 옛날 방법들은 쉽게 사라지지 않았다. 1890년대가 될 때까지 외과의사들은 마스크나 머리 덮개를 착용하지 않았으며, 어떤 의사들은 여전히 평상복을 입고 수술을 했다.

파스퇴르와 리스터는 세균설을 전개하고 수용한 공로를 인정받아 마땅한 사람들이다. 그러나 세균학에 이들 못지않게 기여를 한 또 한 사람의 선구자가 있다. 사실 이 이론을 가장 포괄적으로 정리한 사람은 독일의 내과의사 로베르트 코흐였다.

인도와 이집트에서 콜레라를 연구했던 코흐는 파스퇴르가 연구했던 탄저균의 순수한 배양균을 처음으로 분리해냈다. 주위의 액체로부터 탄저균을 떼어낸 것이다. 코흐는 미생물이 동물 숙주 외부에서는 정상적인 형태로 살 수 없다고 말했다. 미생물은 생존하기 위하여 포자를 형성하며, 그 덕분에 마치 겨울잠을 자는 것처럼 땅 속에 남아 있을 수 있다.

1882년 코흐는 결핵을 일으키는 박테리아를 밝혀냈으며, 이 업적으로 노벨상을 탔다. 그는 결핵 박테리아를 통제하는 데 여생을 바쳤으나 성공은 하지 못했다. 어쩌면 그가 정리한 유명한 코흐의 공리가 더 중요한 업적일지도 모른다. 그는 어떤 유기체가 병을 일으키는 인자임을 증명할 경우 충족해야 할 일련의 조건을 제시했다. 그 내용은 다음과 같다. 유기체는 해당하는 병의 모든 사례에 존재해야 한다. 그 병에 걸릴 수 있는 동물에게 순수 배양균을 접종하면 증상이 나타나야 한다. 이 감염된 동물로부터 원래 유기체를 순수 배양균으로 번식시키는 것이 가능해야 한다.

세포

말피기가 모세혈관에 현미경을 들이댈 무렵 다른 사람들은 같은 도구를 이용해 동물이나 식물의 조직을 들여다보았다. 그들은 세포, 즉 모든 생물을 구성하는 살아 있는 물질의 아주 작은 외피이자 독립적으로 기능할 수 있는 유기체의 가장 작은 구조 단위를 발견했다. 세포는 일찍이 1665년 영국의 과학자 로버트 후크가 관찰을 한 뒤 그런 이름을 붙였다. 그가 그런 이름을 붙인 것은 자신이 코르크나 녹색 식물 조각에서 보는 미세한 구조물이 수도원의 방(영어에서 세포를 뜻하는 cell에는 작은 방이라는 뜻이 있다—옮긴이)을 닮았기 때문이다.

이 아주 작은 방의 구조나 목적과 관련된 근본적인 질문 몇 가지에 대한 답이 서서히 등장하기 시작했다. 19세기 초에 세포 연구의 최전선에 서 있던 스코틀랜드의 식물학자 로버트 브라운은 현미경으로 세포의 액체 속에 있는 아주 작은 물질들을 살펴보았다. 그 물질들은 끊임없이 흔들리는 것처럼 보였다(이것은 눈에 보이지 않는 액체 분자와 충돌한 결과로, 지금은 브라운 운동이라고 부른다). 1831년에 브라운은 또 식물 세포 내부에 어떤 구성요소가 있다는 것을 관찰로 알아내고, 이것을 핵이라고 불렀다. 이 관찰은 세포 과정을 이해하려는 미래의 연구자들에게 엄청나게 큰 의미를 갖게 된다.

몇 년 뒤 체코의 생리학자 얀 에반겔리스타 푸르키네는 처음으로 유사분열, 즉 세포의 분열을 목격했다. 이것은 핵의 적극적인 개입으로 세포가 나뉘어져 두 개의 딸세포를 형성하는 과정으로, 각각의 딸세포는 원래의 세포와 똑같은 유전물질을 포함한다. 푸르키네는 또 원형질—세포를 채우고 살아 있는 물질을 구성하는 반유체 상태의 물질—을 기준으로 몇 가지 서로 다른 세포 유형들을 묘사했다.

그러나 세포가 모든 식물의 기본적 구성단위로 인정된 것은 1838년의 일이었다. 이것은 독일의 식물학자 마티아스 야콥 슐라이덴의 공로다. 슐라이덴은 식물 조직이 일군의 세포로부터 발전해 나오고 또 그런 세포들로 구성되며, 각 세포에서는 핵이 가장 중요한 역할을 한다고 생각했다. 이것은 대담한 주장이었지만, 슐라이덴은 오랫동안 성능 좋은 복합현미경을 이용하여 관찰한 결과 이 주장을

현미경

현미경은 작은 물체를 크게 확대하여 관찰과 분석을 하려고 여러 렌즈를 사용한다. 현미경에는 확대경과 복합현미경, 전자현미경, 입체현미경, 편광현미경, 주사광학현미경, 반사현미경, 초음파현미경, 주사터널현미경 등 여러 가지 종류가 있다. 안토니 반 레벤후크는 현미경을 발명하지는 않았지만, 현미경을 분석에 활용한 최초의 과학자로 꼽힌다.

뒷받침할 수 있었다. 그는 세포 내부에서 물질이 흘러다니는 방식을 연구했다. 그는 세포가 분열이 아니라 싹이 터서 분리되는 방식으로 재생산을 한다고 잘못 판단했지만, 그럼에도 적어도 식물 연구에서는 그의 작업을 바탕으로 장차 세포 생물학이라는 포괄적인 학문 분야가 수립된다. 몇 달 뒤 슐라이덴의 친구인 테오도르 슈반이 그의 발견을 동물 세포에 적용했다.

슈반은 독일의 생리학자로 동물생리학을 포함한 많은 분야에서 중요한 작업을 하여, 배(胚)가 하나의 세포, 즉 수정란에서 발생한다는 사실을 보여주었다. 슈반은 또 영양이 있는 구성요소로부터 조직이 구축되는 방식을 묘사하는 "물질대사"라는 용어를 만들었다. 그러나 그가 과학에 가장 크게 기여한 것은 1839년에 내놓은 『동물과 식물의 구조와 성장의 상호 조화에 관한 현미경적 연구』로, 이 책은 근대 세포 이론의 기초를 놓았다.

슈반은 세포와 그 파생물이 모든 동물과 식물을 구성한다고 주장했다. "서로

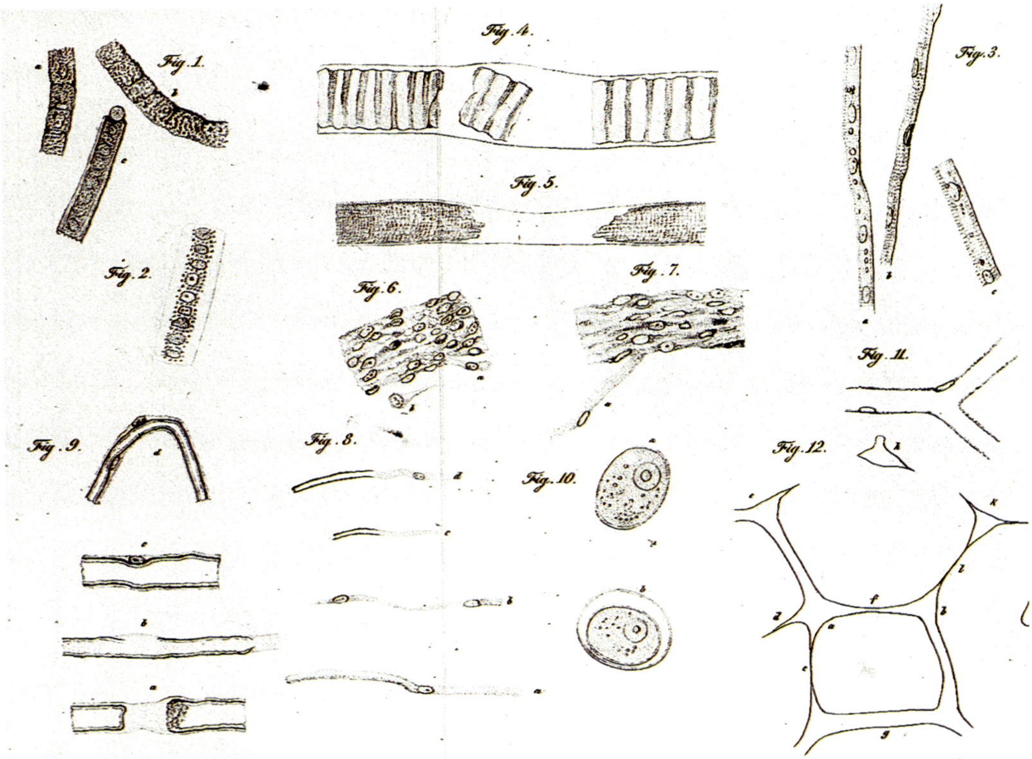

렌즈를 통하여

세포가 생명의 기본적인 구성단위라고 주장한 독일의 생리학자 테오도르 슈반은 이 작은 단위들을 현미경에 보이는 대로 그렸다.

다른 유기체라 해도 유기체의 기초적인 부분의 발달에는 하나의 보편적인 원리가 있다. 그 원리란 세포의 형성이다." 이 새로운 발상은 살아 있는 유기체의 성장과 유지가 집단적 생기 같은 모호한 원리에 지배된다는, 그때까지 끈질기게 남아 있던 관념들을 모두 쓸어버렸다. 슈반에게는 세포 하나하나가 생리학 이해의 관건이었다. "기초적인 부분 각각이 그 나름의 힘, 그 나름의 생명을 소유한다. 유기체 전체가 기본적인 부분들 낱낱의 상호작용을 통해서만 존재한다."

따라서 각각의 세포는 분리된 정체성을 가지지만, 모두 공동의 이익을 위해 움직인다. 오늘날 우리는 인간의 몸을 이루는 50조 내지 75조 개의 세포가 생명의 기능을 모두 수행한다는 사실을 알고 있다. 그 가운데 다수는 몸을 위해 에너지를 변화시키는 일을 한다. 세포가 한 무리 합쳐지면 조직을 이룬다. 조직들이 모이면 기관이 된다.

그런데 세포는 어떻게 생기는가? 이 대목에서 슐라이덴을 비롯하여 그 시대의 많은 사람들이 생기론으로 돌아갔다. 그들은 세포가 화학적 또는 다른 물리적 힘들과 구별되는 어떤 활력의 인도를 받아 아교질의 원료로부터 만들어진다고 가정했다.

그러나 통찰력이 있고 탐구심이 강한 폴란드 태생의 해부학자이자 병리학자 루돌프 피르호는 그렇게 생각하지 않았다. 1858년에 그는 생기론을 공격하면서, 분명하게 "모든 세포는 세포에서 나온다"고 말했다. 피르호는 중앙의 생명력 같은 것이 유기체를 형성하는 것이 아니라고 주장했다. 생물은 "살아 있는 단위", 즉 세포들의 "총합이며, 그 각각은 생명의 특징들을 모두 갖추고 있다". 피르호는 병은 단지 세포들이 미쳐 날뛰는 것일 뿐이라고 주장했다. 시간이 지나면서 피르호는 세포들이 비정상적인 상황을 맞이하면 비정상적인 자손을 생산하며, 이것이 병을 일으킨다고 생각하게 되었다. 그는 세포를 사회의 자율적인 시민에 비유했다. 사회에서 각 개인은 이웃과 유기적 조직체 전체의 복지를 향상하기 위한 행동을 해야 한다. 그러나 가끔 개별 세포는 그렇게 하지 않았으며, 그 결과로 일어난 무질서가 병을 일으켰다. 세월이 흐른 뒤 피르호의 생각들 가운데 일부는 세포 최후의 반란인 암을 설명하는 데 적절하다는 것이 확인되었다.

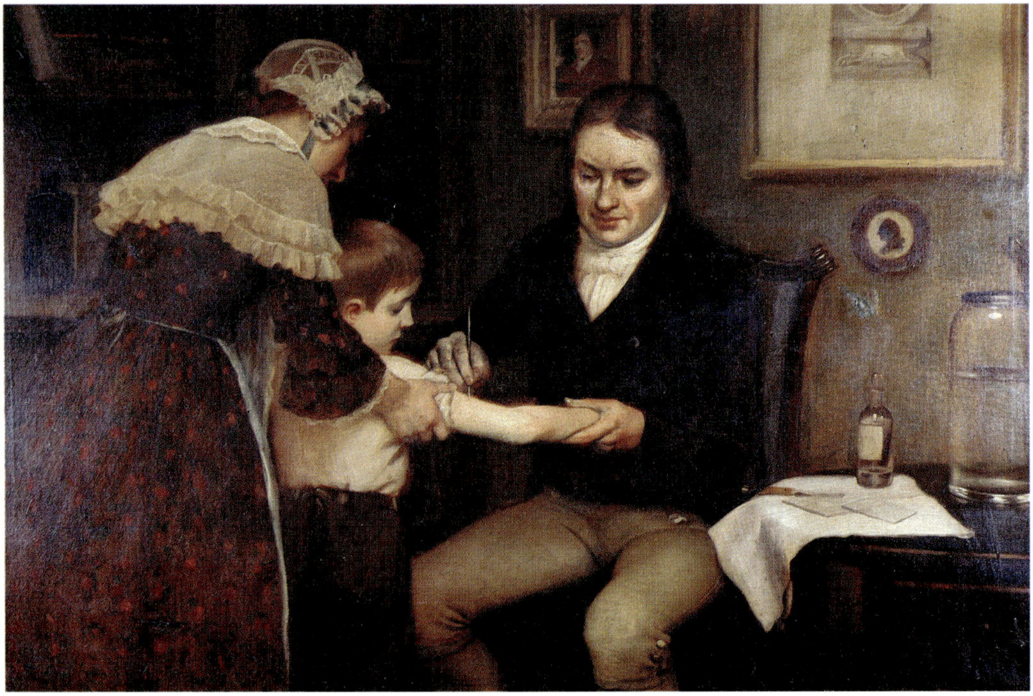

예방접종

1796년 영국의 의사 에드워드 제너는 여덟 살짜리 제임스 핍스에게 천연두 예방접종을 하여 예방의학의 새로운 시대를 열었다.

예방의 과학

연구 수단이 제한되고 그로 인해 확실한 정보가 부족했기 때문에 19세기 과학자들은 세포와 병을 연결시키려고 해도 추측으로만 끝나는 일이 많았으며, 그 결과 피르호의 가설을 크게 넘어설 수가 없었다. 반면 미생물이 병을 일으키는 증거는 쌓여갔기 때문에 파스퇴르 같은 연구자들은 지저분한 극미동물이 일으키는 병을 치료하기 위해 그들의 성장을 억제하는 데 주의를 기울였다. 그러나 파스퇴르는 그것보다 훨씬 더 높은 목표를 위해 노력하는 모습을 보였다. 그는 1884년 파리 연설에서 이렇게 말했다. "병을 생각할 때 나는 결코 그 치료법을 발견할 생각을 하는 것이 아니라 그 병을 예방할 수단을 생각한다."

그 병을 예방할 수단. 이것이 핵심적인 말이었다. 예방은 두 가지 기본적인 요인에 달려 있었다. 첫째는 면역학이었다. 이것은 병이 어떻게 또 왜 몸을 장악하는지, 또 몸은 어떻게 병을 막아내는지 연구하는 학문이었다. 둘째는 이런 연구의 결과로 나타난 예방용 백신이었다. 파스퇴르가 선배인 에드워드 제너의 작업을 바탕으로 의학에서 최고의 성과로 꼽히는 예방접종 방법을 제시하기 전까지 사람들은 이 두 가지를 모두 제대로 이해하지 못했다. 잉글랜드의 시골 의사 제너는 1796년에 종두법을 발견했다. 리스터는 생명을 살리기 위해 균을 죽이려 했지만, 제너는 똑같은 목적으로 균을 이용했다.

제너는 우두—젖소가 퍼뜨리는 가벼운 병—에 감염된 적이 있는 사람들은 많은 사람을 죽이는 무서운 병 천연두에 걸리지 않는다는 사실을 알았다. 프랑스와 독일에서도 비슷한 관찰을 한 사람들이 있었다. 제너는 그 의미를 생각하기 시작했다. 왜 우두에 노출되면 면역이 생길까?

그는 과감한 실험을 해보기로 했다. 우두에 걸린 경험이 천연두를 막아준다면, 우두의 농포에서 액체를 얻어 그것을 감염되지 않은 사람에게 옮기고, 그런 다음 그 사람을 천연두에 노출시킬 경우에 어떻게 될까? 위험해 보이는 일이었지만 예리하고 조심스러운 관찰에 기초를 둔 것이었기 때문에 제너는 그 성공을 거의 의심하지 않았을 것이다. 의심했다면 시도도 하지 않았을 것이다. 제너는 자신의 계획을 스승인 존 헌터에게 이야기했다. 헌터는 영국의 해부학자이자 외과의사로, 제너는 그의 실험을 지켜보며 몸의 조직에서 박테리아를 제거하는 림프액의 순환 과정과 감염된 조직에서 고름이 형성되는 과정을 배웠다. 헌터는 제너에게 충고했다. "생각만 하지 말고 해보게. 인내심을 가지고 정확하게 하게."

제너의 첫 번째 실험 대상은 여덟 살 난 제임스 핍스였다. 제너는 젖 짜는 여자의 손에서 우두의 고름

에드워드 제너

종두의 발명자

1749
5월 17일 영국 글로스터셔 버클리에서 출생하다.

1763
열네 살에 지역 외과의사 대니얼 러들로의 도제로 들어가다.

1772
런던의 세인트조지 병원에서 의학 훈련을 마치다.

1773
버클리로 돌아와 지역 의사로 활동하다.

1783
기생충 치료에 사용되던 화학물질인 주석 구토제를 정화하는 방법을 개발하다.

1789
뻐꾸기가 둥지를 트는 습관을 설명하는 과학 논문으로 영국 왕립학회의 회원으로 선출되다.

1796
여덟 살짜리 소년 제임스 핍스에게 우두 접종을 하여 천연두에 걸리지 않게 하는 데 성공하다.

1798
"우두 백신의 원인과 결과에 관한 연구"를 발표하다. 이 논문에서 그는 천연두를 예방하기 위한 종두법을 설명했다.

1804
의학적 공로로 나폴레옹에게서 특별 훈장을 받다.

1809
지질학, 지구과학, 화석학의 지식을 인정받아 지질학회 회원으로 선출되다.

1819
우리가 현재 플레시오사우루스라고 부르는 공룡의 화석화된 잔해를 발견하다.

1823
1월 26일 영국 버클리에서 사망하다.

천연두

18세기에 천연두는 세계의 많은 지역에 퍼지면서 엄청난 감염률과 사망률을 기록했다. 그러나 제너의 종두법으로 이 병은 물러났으며, 현재는 거의 사라졌다.

을 채취하여 조심스럽게 소년에게 주입했다. 제너는 이 과정을 종두라고 불렀다. 종두를 뜻하는 영어 'vaccination'은 소를 가리키는 라틴어 'vacca'에서 나온 것이다. 두 달 뒤 제너는 이 소년에게 천연두 치사량을 접종했다. 그러나 소년은 병에 걸리지 않았다. 소년의 이름은 제너의 이름만큼 유명해지지는 않았지만, 그가 핵심적 역할을 한 이 성공적인 예방법은 곧 전 세계에 빠르게 퍼져나갔다.

그러자 흔히 있을 수 있는 의심과 비판이 등장했다. 그러나 너그러운 제너는 훗날 이렇게 썼다. "종두법이라는 중요한 주제에 대한 나의 생각이 처음으로 널리 알려졌을 때 의학계 인물들 가운데 가장 깨인 사람들조차도 회의적인 태도를 보였는데, 이것은 매우 훌륭한 태도였다. 의학사에 유례를 찾아볼 수 없는 이런 새로운 학설을 엄격한 조사와 검증도 없이 무조건 옳다고 받아들이는 것은 무모하다고 할 수 있기 때문이다."

파스퇴르는 제너가 시작한 일을 계속 밀고 나아갔다. 그는 이미 기존의 발효이론—발효가 순수한 화학적 현상이라는 이론—을 거부하고, 발효가 미생물로 인해 일어난다는 사실을 증명했다. 그는 또 살균된 액체가 공기에 있는 균에 노출되지 않으면 오염이 일어나지 않는다는 것도 보여주었다. 실용적인 면에도 밝아 우유를 어느 온도까지 가열하면 장티푸스와 결핵균이 퍼지는 것을 막을 수 있는지 확인하기도 했다. 파스퇴르 살균법이라고도 알려진 이 방법은 곧 널리 채택되었고, 틀림없이 수많은 생명을 구했을 것이다.

그러나 파스퇴르의 가장 중요한 발견은 1880년대에 이루어졌다. 배양한 소량의 가금콜레라 박테리아에 닭을 노출시키면 콜레라에 심하게 걸리지 않는다는 사실을 발견한 것이다. 우두 접종으로 천연두를 막을 수 있다는 제너의 발견과 흡사했다.

파스퇴르는 동물이나 사람 모두에게 치명적인 질병인 탄저균을 배양하여 자신의 생각을 다시 확인해보았다. 파스퇴르는 양 24마리에게 접종을 한 뒤 그들을 접종하지 않은 같은 수의 양과 함께 우리에 넣고 모두 치명적인 양의 탄저균에 노출시켰다. 접종을 하지 않은 양은 모두 죽었다. 접종을 한 양은 모두 살았다. 이 실험 결과로 파스퇴르는 국제적인 유명인사가 되었다.

1868년 파스퇴르는 자신이 준비한 것 가운데 하나를 인간에게

우두
우두병은 수백 년 동안 알려져 있었으며, 흔히 소의 젖에 생기는 궤양으로 이야기되었다. 소의 우두 바이러스가 사람의 찢어지거나 긁힌 상처로 들어가 궤양을 일으키기도 했다. 1980년대에는 설치류도 사람에게 우두를 옮길 수 있다는 사실이 밝혀졌다.

실험해보기로 결정했다. 이 위대한 화학자는 온혈 동물의 중추신경계를 공격하는 치명적인 바이러스성 질병인 광견병의 백신을 만들고 있었다. 파스퇴르는 탄저와 콜레라를 예방하는 데 사용한 것과 똑같은 방법을 사용해서 동물 실험에서 광견병을 예방하는 데 성공했다. 그는 병을 동물에서 동물로 직접 옮겨야 했다. 당시의 과학 수준으로는 아직 바이러스를 분리할 수 없었기 때문이다. 동물 실험을 하던 중, 근처 도시에 살던 아홉 살 난 소년 조셉 마이스터가 미친개에게 심하게 물렸다. 동료들은 만류했지만 파스퇴르는 그 소년에게 열세 번 주사를 했다. 아이는 살았고, 광견병에 걸리지 않았다.

병의 새로운 원인 바이러스

이제 병을 일으키는 박테리아에 관해서는 어느 정도 알려졌으므로, 바이러스가 연구자들의 새로운 목표물이 되었다. 바이러스는 일반 현미경으로 볼 수 없을 정도로 작았기 때문에, 박테리아를 걸러내는 필터도 그냥 통과했다. 의학 연구자들은 바이러스가 존재한다고 생각했지만, 그들이 바이러스를 더 잘 알기 위해 할 수 있는 일은 바이러스를 포함하고 있다고 여겨지는 물질을 동물에게 주입하고 그 결과를 보는 것뿐이었다. 그들은 또 수상쩍은 물질을 달걀 수정란에 이식한 뒤 배의 발달에서 일어나는 변화를 지켜보는 실험을 하기도 했다.

바이러스는 눈에 보이지도 않는데 애초에 어떻게 바이러스가 존재한다는 생각을 하게 되었을까? 그 답은 간단하다. 병균이 발견되지 않는 병들이 아주 많았기 때문이다. 이런 병들의 발생, 진행, 종결은 미생물과 관련된 어떤 인자가 있음을 암시했다.

1800년대 말 네덜란드의 식물학자 마르티누스 베이예링크의 실험은 바이러스를 포착하지는 못했지만 그 존재를 간접적으로 증명했다. 베이예링크는 담뱃잎의 모양을 일그러뜨리는 담배모자이크병에 걸린 잎의 즙을 짜냈다. 그는 현미경으로 이 즙을 검사해보았지만 박테리아를 발견할 수 없었다. 병을 일으킨 것이 무엇이건 당시 알려진 어떤 박테리아보다도 훨씬 작은 것이 분명했다. 베이예링크는 이것을 바이러스라고 불렀다(제너도 우두를 일으키는 물질을 "바이러스"라고 불렀지만, 그의 경우 이 말은 단순히 악성 또는 독성 물질을 가리키는 말이었다).

면역 시스템

어떤 사람이 박테리아나 바이러스에 감염이 되느냐, 아니면 싸워서 물리치느냐는 몸의 막강한 자연 방어 체제, 즉 인간의 면역 시스템을 구성하는 세포와 세포 부산물 집합에 달려 있다.

그 전선에는 단백질 분자들, 즉 백혈구가 생산하는 항체들이 있다. 이것이 침입 병원균을 파괴하거나 움직이지 못하게 한다. 병원균은 항원이라고 부르는 다른 단백질 물질을 운반한다. 이른바 항체-항원 반응은 피부의 찢어진 상처를 통해 박테리아가 조직을 공격할 때 가장 잘 관찰할 수 있다. 몸은 즉시 방어군을 모아 상처 부위로 파견한다. 방어군은 침입자들을 이질적 존재로 간주하여 공격한다.

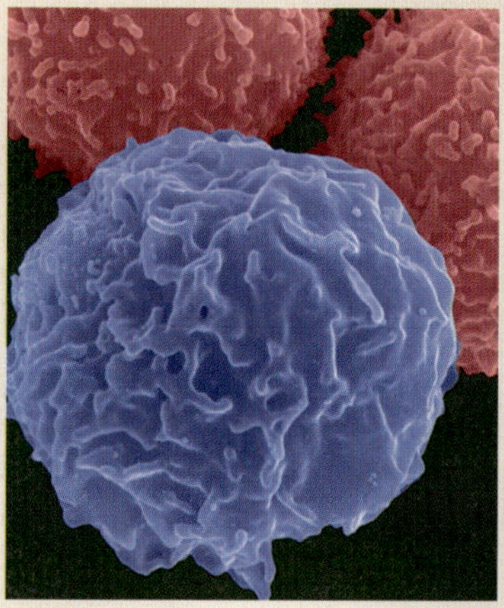

선구세포인 T세포와 B세포(각각 파란색과 빨간색으로 염색해놓았다)는 면역 시스템의 림프구를 구성한다.

면역 시스템은 전문 세포, 예를 들어 항원을 인식하는 림프구와 침입자를 삼켜 파괴하는 포식성 대식세포에 의존한다. 일반 성인 백혈구 전체의 22에서 28퍼센트를 차지하는 림프구에는 B세포와 T세포라는 두 가지 유형의 세포가 있는데, 이 세포들은 골수에서 생겨나 성숙한다. 그런 뒤에 혈관으로 흘러들어 몸의 다른 부분, 특히 비장과 림프절로 가서, 연결 림프 조직으로 이루어진 막 같은 네트워크에 머문다.

이 시스템의 중심은 백혈구를 지탱하는 물 같은 유체인 림프다. 림프는 통로, 공간, 관이 서로 연결된 구조인 림프계를 순환하여 피로 전달된다. 림프구를 포함하는 작은 달걀 모양의 림프절은 림프관을 따라 분포되어 있으며, 림프관은 림프에서 박테리아나 다른 이질적 입자들을 걸러낸다.

비장의 림프구도 똑같은 기능을 한다. 위의 왼쪽에 자리 잡은 비장은 관이 많은 림프 기관이며, 피에서 이질적인 물질을 걸러낸다. 비장은 또 피를 저장하고 피에서 오래된 세포를 제거하는 일도 한다.

이 시스템은 보통 잘 작동하지만, 스스로 반란을 일으키기도 한다. 이것이 곧 자가면역으로, 결국 몸에서 내전이 벌어지는 것이다. 어떤 상황에서는 T세포가 정상 세포와 대립하기도 한다. 이렇게 되면 정상 세포를 외부 세포로 취급하여, 제1유형 당뇨병, 악성 빈혈, 류머티스성 관절염 또 피부나 관절을 비롯한 신체 여러 부위와 관련된 루푸스 등 많은 병을 일으킨다. 자가면역 질환을 통제하거나 몸이 이식된 장기를 거부하는 것을 막기 위해 가끔 면역 반응의 유익한 활동을 방사선이나 약으로 억누르기도 한다.

새로운 신장이나 심장을 몸에 이식하면 면역 시스템은 이것을 이질적인 존재로 간주하여, 외부 조직을 물리치기 위해 병과 싸우는 병력을 파견한다. 강력한 면역억제제로 이 과정을 멈출 수는 있지만, 그럴 경우 몸의 방어력이 현저하게 낮아져 이식한 장기만이 아니라 다른 감염원도 통제하지 못한다. 임신의 경우에는 이런 거부 현상이 일어나지 않는 것이 흥미롭다. 태아는 유전자의 반만 어머니와 같음에도 불구하고 자궁에서 아홉 달 동안 안전하게 지낸다.

루이 파스퇴르

과학자들 가운데 생전에 파스퇴르만큼 찬사를 받은 사람은 찾아보기 힘들다. 그가 죽은 해에 프랑스에서 나온 이 잡지의 표지 삽화가 그런 열광의 전형적인 예다.

여과성 바이러스—구멍이 작은 연구소 여과지를 통과할 수 있기 때문에 요즘은 그렇게 부른다—는 도처에 족적을 남기고 있었다. 바이러스가 숨어 있는 다양한 액체를 정밀하게 조사하자 그들이 일으키는 것으로 보이는 병의 숫자도 늘어났다. 바이러스가 일으키는 병을 찾는 일이 연구자들에게는 매우 중요한 일이 되었다.

1897년 독일의 의사 파울 프로슈는 여과성 바이러스가 동물 구제역의 원인임을 보여주었다. 여과성 바이러스가 동물 병의 인자라는 사실이 처음으로 증명된 셈이었다.

그러나 인간의 건강과 병에서 바이러스의 역할은 무엇인가? 그 답은 파스퇴르가 어린 조셉 마이스터를 대상으로 실시한 광견병 실험에서 이미 암시되었다. 1900년에는 미군 병리학자 월터 리드의 연구소에서 더 많은 증거가 나왔다.

그의 연구 대상은 고열과 황달을 특징으로 하는 감염성 열대병인 황열병이었다. 미시시피 강 유역과 북남미 전역에서 이 전염병으로 수천 명이 죽었다. 쿠바는 황열병의 공격을 가장 심하게 받는 지역으로 꼽혔다. 박테리아에 감염된 이부자리나 옷 때문에 병이 퍼진다는 것이 그때까지의 이론이었다. 그러나 병의 확산 패턴을 더 연구한 끝에 곤충 매개체—모기가 가장 유력한 후보로 꼽혔다—가 등장하자 그 이론은 박살이 났다.

미국의 공중위생국 장관은 황열병의 발발을 걱정하여 이 병을 없앨 의학 위원회를 구성하고 리드를 위원장으로 임명했다. 리드는 모기가 범인임을 입증할 가장 좋은 방법은 인간에게 실험을 하여 "그 이후의 효과적인 작업을 위한 터를 닦는 것"이라고 생각했다. 인간 실험 대상자는 반드시 필요했다. 이 병은 동물에게는 옮지 않았기 때문이다. 쿠바로 파견된 리드는 조사를 시작했다.

그가 조직한 실험은 목적이 수단을 정당화하는 가장 과감한 과학적 사례로 꼽을 만하다. 이 실험은 황열병 환자를 문 모기가 감염되지 않은 사람을 물어 병을 옮길 수 있다는 추측에 기초를 두고 있었다. 스페인 이민자들은 금화로 100달러를 받고 자원을 했다. 병에 걸리면 100달러의 보너스를 추가로 받기로 했다. 실험에 참여한 미군 병사들은 아무런 보수를 받지 못했다.

실험 방법은 좋게 말해도 유치하기 짝이 없었다. 일단 모기를 시험관에 넣은 다음 감염자의 팔에 시험관을 뒤집어 모기가 피를 빨게 했다. 두 주 뒤, 병의 인자가 곤충 안에서 성숙했다고 가정하고, 그 시험관을 건강한 자원자의 팔에 뒤집었고, 모기는 다시 피를 빨았다. 첫 번째 실험에서 실험 대상자 두 명이 병에 걸렸다. 한 명은 목숨이 위태로운 중증이었고, 또 한 명은 그보다는 덜했다. 이 프로젝트에 참여했던 존스 홉킨스 대학교의 과학자 제시 라지어 박사는 운이 별로 좋지 못했다. 그는 황열병으로 죽었는데, 실험에서 모기에게 물려 병이 옮았던 것으로 보인다.

다른 종의 모기들을 이용해 추가의 실험이 이루어졌다. 그 결과 스무 명이 넘는 환자가 발생했다. 열네 명은 감염된 모기에게 물려서 걸렸고, 나머지는 병의 초기 단계에 이른 자원자들에게서 뽑은 여과된 혈청의 주입으로 병에 걸렸다. 전체적으로 약 서른 명의 자원자가 황열병에 걸렸고, 그 가운데 다섯 명이 죽었다.

이 실험은 쿠바에서 황열병을 없애는 모기 박멸 운동을 일으켰으며, 여과성 바이러스, 아니면 어떤 초미생물이 모기를 매개해 인간에게 옮겨진다는 사실을 입증했다. 그러나 이 실험은 비판도 받았다. 우선 첫 번째 실험은 자원자들로부터 어떤 공식적 동의도 받지 않고 이루어졌던 것으로 보인다. 리드는 나중에 가서야 위험을 인정하는 실험 계획을 작성했다. 또 리드의 참여 문제도 있었다. 그는 라지어와 마찬가지로 자신에게 실험을 하는 데 동의했다. 그러나 라지어와는 달리 자신에게는 실험을 하지 않았다. 그의 동료들 가운데 일부는 이 결정을 두고 수

황열병

딘 콘웰이 그린 "황열병의 정복자들"은 황열병의 원인과 치료를 발견할 임무를 띤 전문 위원회를 묘사한다. 왼쪽에 평복을 입고 서 있는 사람은 쿠바의 의사 카를로스 핀라이다. 오른쪽의 층계에는 미군 병리학자 월터 리드가 서 있다.

상쩍은 눈길을 보냈다.

윤리 문제를 젖혀놓는다면(인간의 건강과 관련된 이론이나 실천을 확립하는 데 이 문제를 젖혀놓는 것은 가능하지 않겠지만), 황열병 실험과 이 실험을 통한 병의 제거는 미래의 상황을 예고하는 신호였다. 즉 폐렴, 인플루엔자, 간염 A형과 B형, 수두, 홍역 같은 다양한 바이러스성 질환에 대한 예방 조치를 실시하는 미래를 열어 보여준 것이다. 마침내 이제는 아무도 바이러스성 질환의 위협 때문에 일상생활에 크게 지장을 받을 필요가 없게 되었다. 과거에 사람들이 느낀 두려움은 1793년 황열병 공황 동안 미국인 의사가 쓴 다음과 같은 글을 보면 알 수 있다. "길에 나서더라도 사람들은 길 한가운데로만 다녔다. 사람들이 죽은 집 옆을 지나다가 감염될 위험을 피하려는 것이었다. 악수를 하던 오랜 습관은 사라졌으며, 상대가 손만 내밀어도 모욕감을 느끼는 사람들이 많았다."

리드 이후에 바이러스가 병을 일으킨다는 사실을 보여준 또 하나의 주목할 만한 실험은 1910년 뉴욕의 병리학자 프랜시스 페이턴 라우스 박사가 주도했다. 라우스는 닭에게서 발견된 육종(肉腫)—결합조직에 생기는 악성 종양—에서 얻어낸 여과된 액체를 다른 닭에게 주입했다. 그는 이 실험을 몇 번 반복했다. 그때마다 결과는 똑같았다. 액체를 주입한 닭은 육종에 걸렸다. 세포가 없는 여과된 추출물에 바이러스가 들어 있고, 이 바이러스가 악성 종양을 옮긴다는 증거였다. 오늘날에도 큰 의미가 있다고 인정받는 라우스 박사의 실험에 당시에는 많은 사람들이 회의적인 눈길을 보냈다. 암 세포 자체가 암을 옮기는 유일한 인자라는 것이 당시의 일반적인 가정이었기 때문이다.

이런 모든 작업이 생산적이었지만, 그럼에도 과학자들은 바이러스의 구조에 관해서는 거의 알지 못했다. 그러나 라우스 박사의 실험이 이루어지고 나서 몇 년 뒤 미국의 생화학자 웬들 스탠리는 담배모자이크 바이러스를 포함한 바이러스들을 정제하고 결정화(結晶化)한 뒤 검사하여 그 분자 구조를 밝혀냈다. 1934년에는 나중에 소아마비의 살아 있는 바이러스로 백신을 만든 미국의 미생물학자 앨버트 사빈이, 원숭이에게 물린 뒤 척수 염증으로 사망한 사람의 중추신경계에서 바이러스를 분리해냈다.

결국 이 병원균은 오로지 질긴 단백질 껍질로만 이루어져 있으며, 그 안에는 핵산이 채워져 있다는 사실이 밝혀졌다(나중에 연구자들은 이 구조가 유전자 암호를 운반하는 DNA 또는 RNA로, 똘똘 말려 있으며, 세포의 기능과 유전을 통제한다는 것을 알게 된다). 이런 관찰은 심각한 문제를 제기했다. 바이러스는 박테리아나 다른 세포들이 살아 있는 방식으로 살아 있지는 않지만, 그럼에도 성장하고 재생산을 할 수 있었기 때문이다.

이 바이러스들은 생물과 비생물 사이의 일종의 중간지대에 있었다. 따라서 연구자들은 질문을 던질 수밖에 없었다. 이들은 어떻게 생존하는가? 어떻게 감염을 시키는가? 바이러스들은 1940년대에 전자현미경이 발명된 뒤에야 사진으로 찍을 수 있었기 때문에, 연구자들은 아직 제한된 답밖에 얻을 수가 없었다.

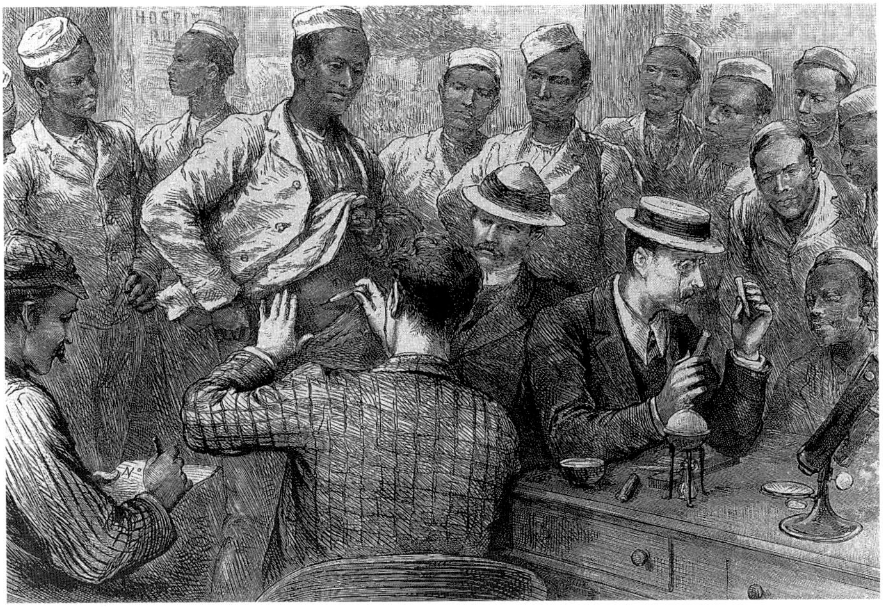

예방접종

현대에 나온 이 목판화는 인도의 제3그루카 부대 병사들이 1893년 전염병 시기에 콜레라 예방접종을 받는 광경을 묘사하고 있다.

1930년대 말에 박테리아 여과지를 몰래 통과할 수 있는 이 작은 인자들은 숙주 세포가 있어야 살 수 있으며, 살아남기 위해 숙주 세포의 정상적 복제 명령들을 포함한 기제 전체를 장악한다는 사실이 알려졌다. 원래의 유전정보가 바뀌거나 지워진 이 불운한 세포는 바이러스의 명령에 속아서 정상적인 단백질 대신 수천의 새로운 바이러스를 제조한 뒤 자멸할 수밖에 없다. 또는 변형을 일으켜 결함이 있는 새로운 자기 자신을 무한 복제하게 된다. 납치를 당한 박테리아 세포

1922~1960

1922
캐나다의 의사인 프레더릭 밴팅, 찰스 베스트, 존 맥리오드 당뇨병 환자들에게 처음으로 인슐린을 투여하다.

1928
스코틀랜드의 미생물학자 알렉산더 플레밍 포도상구균 박테리아를 실험하다가 페니실린을 발견하다.

1940년대
화학요법 암의 효과적인 치료 방법으로 등장하다.

1943
미국의 미생물학자 셀먼 왁스먼 결핵을 일으키는 박테리아에 대항하는 최초의 항생물질 스트렙토마이신을 분리하다.

는 몇 분 안에 물질대사 과정을 모두 잃어버릴 수도 있다. 인간 세포의 경우는 몇 시간이 걸린다.

마침내 연구자들은 많은 바이러스들이 오랫동안 세포 안에 조용히 자리만 잡고 있다가, 뭔가—약, 환경 오염물, 어떤 생화학적 변화—가 그들의 활동을 촉발시키면 그때부터 세포 자체의 유전 명령에 변화를 일으켜 병이 나게 할 수도 있다는 것을 눈치 채기 시작했다. 당시의 연구자들은 알 수가 없었겠지만, 바로 이 시기에 에이즈를 일으키는 바이러스가 처음으로 인간에게 뛰어들었을 것이다.

약과 항생제

바이러스와 박테리아가 일으키는 인간 질병과 싸우고, 그것을 치료하거나 예방하는 일은 계속해서 의학 연구의 중심 무대를 차지했다. 그러나 파스퇴르의 시대에 항바이러스제의 개발은 어려웠다(사실 지금도 마찬가지다). 적이 눈에 보이지도 않고 또 매우 복잡했기 때문이다. 파스퇴르를 비롯한 많은 사람들은 어떤 물질이 미생물의 성장을 늦춘다는 사실에 주목했지만, 그런 치료 가운데 일부는 병균이 감염시키고 있는 조직에도 손상을 주었다. 필요한 것은 박테리아에만 달라붙어 세포 내의 특정 분자들에게만 반응하는 물질이었다. 예를 들어 오늘날의 매우 특수한 단일클론항체 같은 것이었다. 그런 것이 실제로 존재하기는 했지만, 독일의 화학자이자 미생물학자 파울 에를리히가 처음 인식하기 전까지는 아무도 알지 못했다. 유기 분자의 측쇄 이론이라는 그의 복잡한 이론은 면역과 혈청 반응 연구를 한층 발전시켰다.

1953	1954	1955	1960
미국의 유전학자 제임스 왓슨과 영국의 생물학자 프랜시스 크릭 이중나선 구조와 DNA의 기능을 밝히다.	미국 매사추세츠 주 보스턴의 외과의사 조지프 머리 일란성 쌍둥이에게 첫 장기(신장)이식을 시도하여 성공하다.	미국의 의사 조너스 솔크가 1952년에 발견한 소아마비 백신 미국에 공급되다.	미국에서 첫 피임약 이노비드-10 개발 및 시판되다.

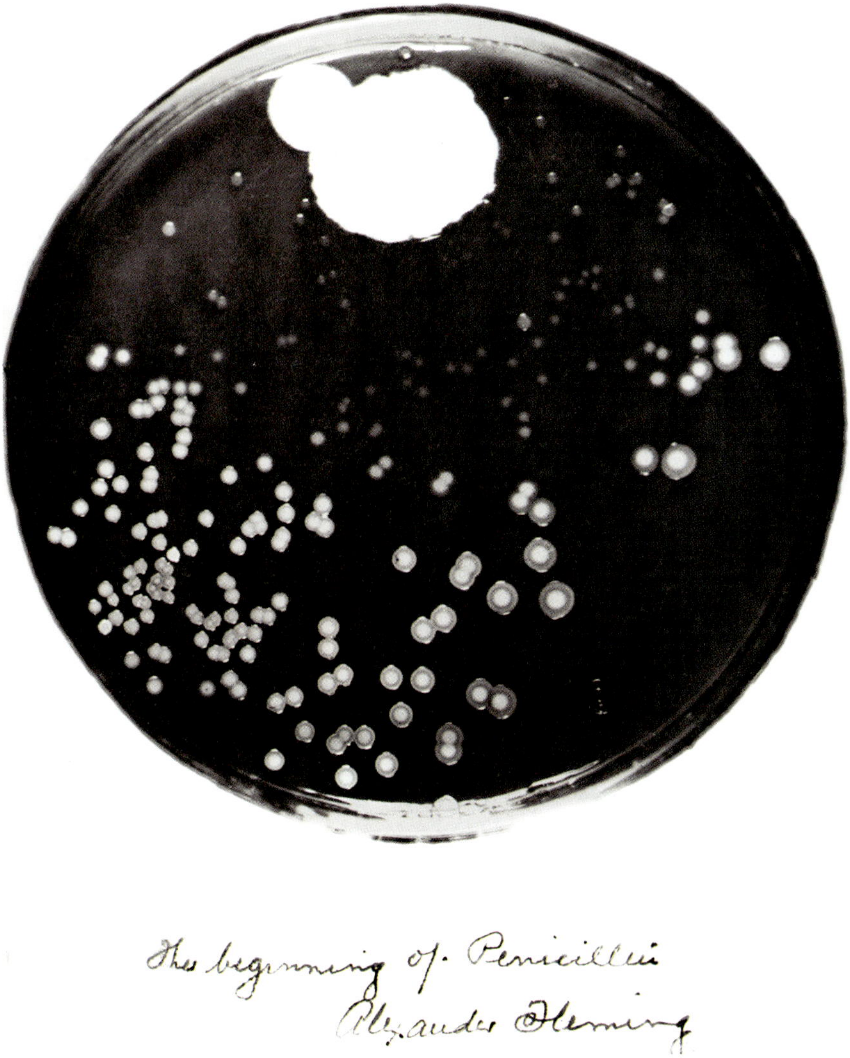

성공적인 항균

박테리아를 죽이는 화합물을 찾아내는 데는 끊임없는 시행착오가 필요하다. 그렇지만 때로는 우연히 찾을 수도 있다. 알렉산더 플레밍의 배양균 접시에서 포도상구균을 죽인 페니실린 곰팡이가 그런 우연적 발견의 예다.

에를리히는 현미경으로 박테리아를 볼 수 있게 해주는 염료에 관해 깊이 생각해보았다. 만일 이런 염료 가운데 병균을 죽일 수 있는 화학적 성질을 갖춘 것이 발견된다면 그것은 항균 치료의 기초가 될 수 있었다. 1910년 에를리히의 연구소는 수백 번의 실험 끝에 매독—당시에는 거의 치명적이며, 종종 죽기 전에 사람을 미치게 하는 성병이었다—을 일으키는 파상균을 죽이는 화합물 606번을 찾아냈다.

곧 이와 비슷한 "마법의 탄환"들—병을 치료하거나 예방하는 약이나 치료법들—이 발견되기 시작했다. 우연히 발견된 것도 많았다. 1928년 영국의 연구자 알렉산더 플레밍 경은 포도상구균 박테리아의 배양균으로 실험을 하다 실수로 접시 하나를 오염시키고 말았다. 그러나 이 접시는 포도상구균으로 완전히 덮이지 않았다. 포도상구균이 전혀 자라지 않는 넓은 구역이 나타난 것이다. 그 구역은 곰팡이로 덮여 있었는데, 이 곰팡이가 박테리아를 죽이는 강력한 물질을 만들어내는 듯했다. 이 물질은 곧 페니실륨 노타툼으로 밝혀졌다. 플레밍이 페니실린이라고 이름 붙인 이 물질은 수많은 생화학자들이 연구를 한 끝에 10년 뒤에 치료에 이용되었다. 페니실린은 곧 20세기의 가장 중요한 항생물질이 되었다.

그러나 페니실린이 약으로 널리 이용되기 오래 전에, 다른 종류의 화합물도 효과가 있다는 것이 입증되었다. 1932년 에를리히와 같은 나라 사람인 게르하르트 도마크는 연쇄구균을 죽이는 염료를 발견했다. 이 염료는 그의 딸과 프랭클린 D. 루스벨트 대통령의 아들을 효과적으로 치료했다. 그 중요한 성분인 술파닐아미드(나중에 프론토실이라는 상표로 알려진다)는 분리되어 박테리아의 성장을 억제하는 수많은 화합물을 만드는 데 이용되었다. 이 화합물들은 현재 한데 뭉뚱그려 술파제라고 부른다.

이런 눈부신 성공에도 불구하고 한 중요한 세균은 항생물질의 공격에 완강하게 저항했다. 폐나 다른 조직들에 영향을 주는 흔하고 또 보통 치명적인 병인 결핵을 일으키는 간균(桿菌)이었다. 1600년대부

알렉산더 플레밍

페니실린의 발견자

1881
스코틀랜드 에어셔의 록필드에서 8월 6일에 출생하다.

1906
런던 대학의 세인트메리 병원 의과대학을 졸업하다.

1918
제1차 세계대전에서 군의관으로 복무한 뒤 세인트메리 병원으로 돌아와 가르치면서 연구하다.

1921
동물 조직과 분비물에서 항생 작용을 하는 효소 리소자임을 파악하고 분리하다.

1928
포도상구균을 연구하다가 곰팡이의 한 종인 페니실륨 노타툼이 주위의 박테리아를 죽인 것을 발견하다. 이것이 페니실린의 발견이다.

1928
왕립외과대학의 애리스 앤드 게일 강사가 되다.

1943
왕립학회 회원으로 선출되다.

1944
의학 분야의 공로로 기사 작위를 받다.

1945
에른스트 보리스 체인, 하워드 월터 플로리와 노벨 생리 · 의학상을 공동 수상하다.

1948
런던 대학 미생물학 명예교수가 되다.

1951~1954
에든버러 대학의 총장으로 일하다.

1955
3월 11일에 영국 런던에서 사망하다.

터 수많은 연구자들이 이 병을 집중적으로 연구했다. 그 가운데 잉글랜드의 의사 벤저민 마튼은 1720년에 이 병을 일으키는 인자가 미생물이라는 가정에 기초한 폐결핵 이론을 제시했다. 150여 년 뒤 코흐는 결핵결절을 발견했다.

그 뒤로 금 조합제에서부터 횡격막을 마비시키는 신경 수술에 이르기까지 수많은 결핵 치료법이 시도되었다. 그러다가 마침내 1943년 러시아계 미국인 생화학자 겸 토양생물학 전문가인 셀먼 왁스먼은 결핵 박테리아를 죽이는 스트렙토마이신이라는 물질을 생산하는 곰팡이를 분리했다. 비록 결핵을 완전히 없애지는 못했지만, 인간을 위협하는 또 한 가지의 전염병에 대처할 수 있는 막강한 치료법이 발견된 것이다.

아직 해결되지 않은 바이러스 문제

바이러스성 질환은 여전히 만만치 않은 위협이 되고 있다. 그 병들을 이해하려면 지루한 작업을 해야 했다. 어떤 병들은 지금도 마찬가지다. 항균 물질을 만들어내는 것도 마찬가지다.

전시의 약

페니실린은 제2차 세계대전의 전장에서 그 가치를 증명했다. 이전의 전쟁에서 부상당한 병사들을 죽이던 감염과 맞서 싸웠던 것이다. 전쟁 후 이 약은 대량 생산에 들어갔다.

박테리아와 바이러스

박테리아와 바이러스 사이에는 중요한 차이가 있지만, 둘 다 끔찍한 병을 일으킬 수 있다는 점에서는 같다.

박테리아는 단세포 미생물로, 보통 무성생식을 하지만 때때로 유성생식을 하기도 한다. 박테리아에는 세포질, 즉 반액체 상태의 투명한 생명 물질이 들어 있다. 박테리아는 사람에게 도움이 되기도 한다. 죽은 물질을 분해하거나 장에서 음식의 소화를 돕는 것이 그런 경우다. 그러나 병원성이 되어 감염을 유발하거나 옮기는 등의 해를 입히기도 한다. 박테리아는 항생물질로 죽이거나 성장을 억제할 수 있다. 항생물질은 입으로 먹을 수도 있고, 주사로 주입할 수도 있고, 국소 요법으로 이용할 수도 있다.

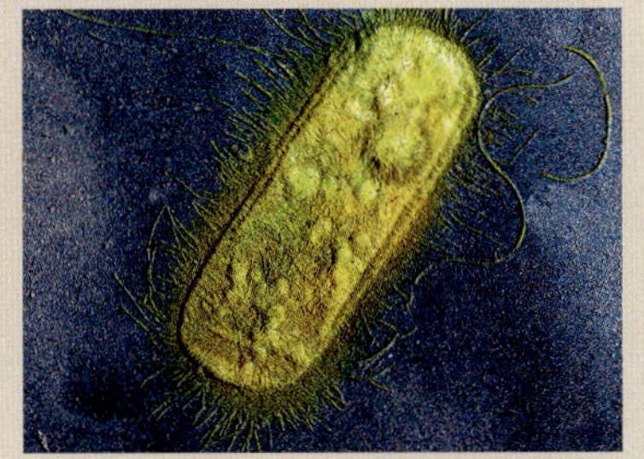
어디에나 있는 대장균은 유용할 수도 있고 해가 없을 수도 있고 독성이 있을 수도 있다.

바이러스는 박테리아보다 작아 일반 현미경으로 볼 수 없다. 또 보통 살아 있다고 여기지 않는다. 이들은 세포질로 이루어진 것이 아니라, DNA나 RNA의 핵으로 이루어져 있으며, 그 주위를 단백질 막이 둘러싸고 있다. 바이러스는 이렇게 생명 물질을 저장하고 있음에도 혼자서는 생존할 수 없다. 유일한 생존 방법은 살아 있는 세포로 들어가, 복제 명령을 포함한 세포의 기제를 장악하여 기생적인 활동으로 피해를 주는 것이다. 바이러스에는 항생물질도 효과가 없다. 대신 바이러스를 파괴하거나 그 성장 또는 재생산을 억제하는 항바이러스 물질을 이용해야 한다.

항바이러스물질보다는 항생물질(또는 박테리아가 일으키는 병을 막는 백신)을 만드는 것이 훨씬 더 쉽다. 초기에 미생물에 대항하던 물질은 상대적으로 간단했다. 예를 들어 페니실린은 곰팡이, 회석한 석탄산을 비롯한 다른 자연 항생물질에서 얻어냈다. 화학자들은 결국에는 반합성, 합성 항생물질을 생산하게 되었다. 예를 들어 결핵을 치료하기 위한 스트렙토마이신이라든가, 오레오마이신, 테라마이신 같은 광범위 항생물질, 그리고 특히 장티푸스에 효과가 있는 클로람페니콜 등이 그런 예다. 티푸스, 백일해, 결핵 같은 박테리아성 질환에 대항하기 위한 백신을 비롯한 다른 예방 수단도 개발되었다.

백신은 면역 시스템이 과거에 싸운 일을 기억하느냐에 달려 있다. 백신은 가짜 적을 먼저 보여줌으로써 면역 시스템이 나중에 진짜 병의 공격에 대비하게 한다. 이 가짜 적은 약화되거나 죽은 바이러스다. 이 바이러스는 림프구가 항생물질을 재생산하거나 만들어내도록 자극은 하지만 병을 일으키지는 않는다. 이제 몸은 진짜 병이 찾아오면 싸울 준비가 되어 있다.

그러나 병을 일으키는 미생물 가운데 일부는 항생물질에 저항하여 돌연변이를 한다. 이렇게 되면 약은 저항하지 않는 균만 더 파괴하며, 그 결과 돌연변이체가 증가하고 약에 대한 저항을 강화하도록 부추긴다. 항생물질의 과다 처방은 저항성 있는 변종의 출현을 돕는 셈이다.

지금까지 홍역, 인플루엔자, 광견병, 포진, 소아마비 등에 대항하는 백신들이 개발되었다. 어떤 항바이러스물질은 그 수용 단백질, 즉 다양한 물질들과 결합되어 있는 분자 구조에 개입하여 바이러스가 세포에 들어가는 것을 막는다. 어떤 항바이러스물질은 바이러스에서 세포를 장악하는 능력을 박탈하며, 또 어떤 항바이러스물질은 바이러스의 재생산 능력 파괴를 노린다.

항바이러스물질도 항생물질과 마찬가지로 병의 여러 변종의 유전자들이 결합하여 새롭고 독성이 더 강한 변종이 형성되면 효력을 잃을 수 있다. 예를 들어 인플루엔자를 일으키는 바이러스는 변화무쌍한 것으로 악명이 높다. 따라서 한 변종의 인플루엔자에 대항하는 백신은 다른 변종으로부터는 보호해주지 못할 수도 있다.

바이러스 감염이 반드시 병을 뜻하지는 않는다. 사실 어떤 바이러스는 전혀 해를 주지 않는다. 어떤 바이러스는 그 증상이 아주 미약해서 알지도 못하고 지나가기도 한다. 사실 치료를 받는 소아마비 한 건당, 병에 걸렸는지 알지도 못하고 지나가는 사례가 수백 건 있을 것이다. 반대로 HIV, 즉 인간면역결핍 바이러스는 전 세계적으로 수백만 명을 감염시키고, 매년 3백만 명 이상을 죽인다는 사실에 주목할 필요가 있다.

20세기에 바이러스의 유전적 특질에 관한 지식이 쌓이면서 과학자들은 바이러스가 숙주세포 내부의 화학적 성질을 바꾸는 과정을 더 잘 이해하게 되었다. 그러나 몇 가지 장벽이 남아 있다. 가장 단단한 장벽 가운데 하나는 많은 종류의 바이러스가 DNA는 없고 세포핵 밖에서 활동하는 RNA만 갖고 있다는 점이다.

그렇다면 어떻게 이런 바이러스들이 숙주세포의 DNA에 영향을 줄까? 그 답은 미국의 바이러스 학자 데이비드 볼티모어가 발견한 역전사라는 세포 효소에 있다. 볼티모어는 이 업적으로 1975년에 노벨 생리 · 의학상을 수상했다. 볼티모어는 역전사효소가 RNA의 가닥 하나를 복제해 DNA에 집어넣기 때문에 바이러스—이제 레트로바이러스(retrovirus. retro는 '거꾸로'란 뜻을 가진다—옮긴이)라는 이름이 붙었다—가 감염된 세포의 핵의 화학적 명령을 바이러스 자신에게 도움이 되도록 바꿔 쓸 수 있다는 사실을 밝혀냈다.

몇 가지 종류의 간염을 일으키는 바이러스를 비롯해 다른 많은 바이러스들 앞에서 과학은 여전히 좌절하고 있다. 그러나 소아마비 바이러스는 결국 백신에 의해 거의 제거되었다. 그리고 1977년에는 전 세계적인 예방접종 덕분에 수천 년 동안 인류를 괴롭혀 온 천연두가 최종적으로 치료되었다. 세계보건기구는 전 세계의 연구소에 보관된 천연두 바이러스를 파괴하는 데 동의했다(미국과 소련에 있는 것만 남겨두었다).

이것은 반가운 소식이었지만, 모두가 동의한 것은 아니다. 천연두 바이러스를 모두 없애야 한다고 믿는 과학자들 가운데 한 사람인 볼티모어는 그 딜레마를 이렇게 요약했다. "몇 사람이 천연두 문제에 감상적으로 대처하는 바람에 그 바이러스가 계속 존재하고 있다. 특히 환경론자들은 살아 있는 종은 절대 없애서는 안 된다고 생각한다. 물론 멸종은 늘 일어나는 일이지만, 이 경우는 의식적으로 없애는 것이며, 어떤 사람들은 그 점 때문에 마음이 불편한 것이다."

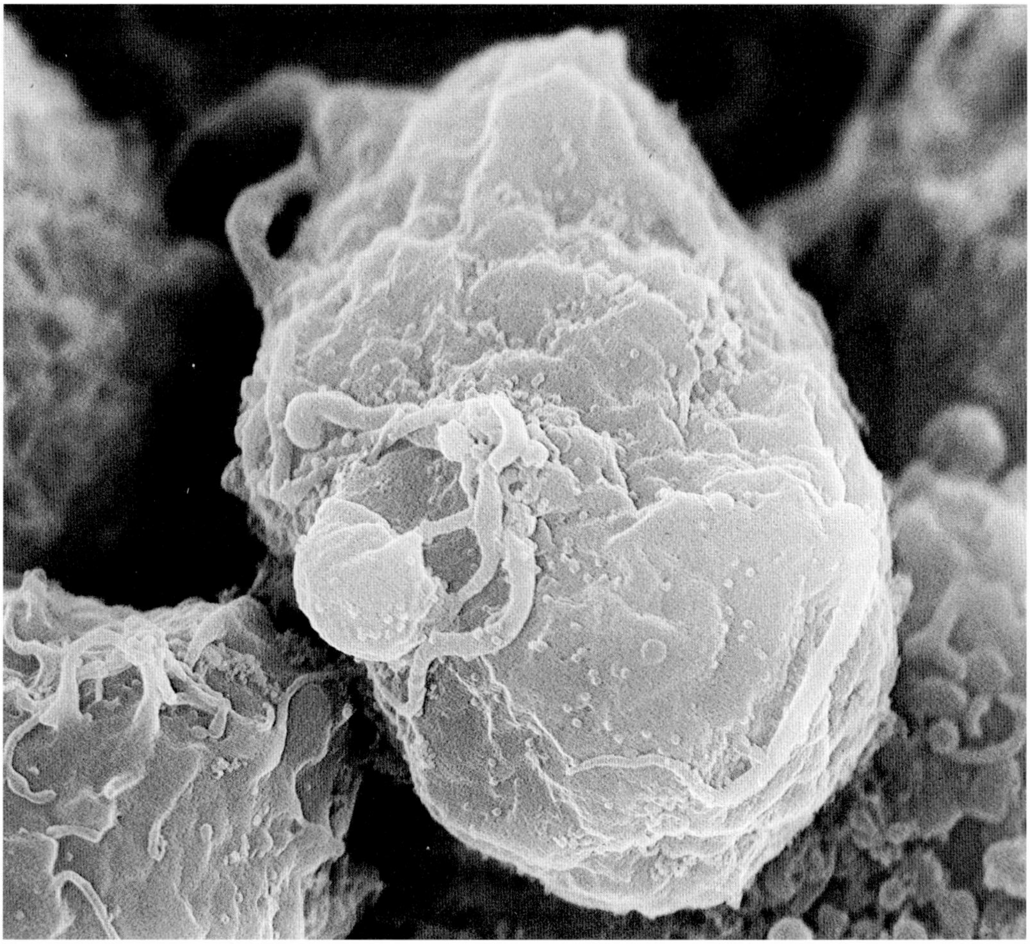

에이즈의 원인

2만 6천 배로 확대한 이 인간면역결핍 바이러스(HIV)는 후천성 면역결핍증(AIDS)을 일으키는 원인을 찾아내려는 연구자들의 눈길을 오랫동안 피해왔다. 이 바이러스는 지금까지도 항바이러스 치료에 저항하고 있다.

정확하게 말하자면 바이러스학자들 가운데도 많은 사람이 나중에 연구를 할 수도 있는 대상을 없애는 것을 원치 않는다. 또 누군가가 천연두를 생물학적 무기로 이용한다면, 공격을 받은 나라는 바이러스를 갖고 있어야 백신을 준비해서 자국민을 보호할 수 있을 것이다.

항바이러스물질을 찾고자 하는 노력 덕분에 천연두와 소아마비만이 아니라 인플루엔자, 홍역, 이하선염 등 다른 수많은 병들의 백신이 성공적으로 생산되었다. 그러나 에이즈의 백신 개발은 특히 어렵다. 복잡한 이유 때문에 면역 시스템이 다른 바이러스들을 다루듯이 HIV를 통제하지 못하는 것이다. 전 세계의 여러 연구소에서는 현재 유전자 치료를 연구하고 있다. 이것은 진짜 에이즈 바이러스의 성장에 개입할 수 있는 유전적 구성요소를 갖춘 무해한 에이즈 바이러스를 손상된 세포에 보내는 방법으로, 이 대안이 어쩌면 효과가 있을지도 모른다. 볼티모어는 말한다. "연구소에서는 성공을 거두지만, 사람들에게 성공을 거둘지는 두고 봐야 한다."

다른 문제들도 남아 있다. 예를 들어 미국의 신경학자 스탠리 B. 프루시너는 프리온을 발견했다. 프리온—어쩌면 바이리노라고 부르는 잡종 입자일지도 모른다—은 스크래피(양이나 염소의 신경질환)와 1990년대에 영국의 쇠고기 산업을 일시적으로 마비시킨 광우병 등의 끔찍한 병을 초래하는 것으로 알려져 있다. 일부 과학자들은 아직 프리온의 존재에 의문을 제기하지만, 이것은 여전히 집중적인 연구 주제이며, 언젠가는 새로운 치료법과 백신이 생길 것이다.

영양 섭취와 물질대사

19세기 중반부터 의약화학이 발전하면서 수많은 질병을 어느 정도 통제할 수 있게 되었다. 이제 많은 과학자들은 정상적 성장과 신체 활동에 필수적이라고 여겨지는 특정한 유기물질에 시선을 돌리게 되었다. 우리는 오늘날 이것을 비타민이라고 부른다.

영양섭취와 물질대사—살아 있는 유기체 내부에서 생명을 유지하는 데 필수적인 화학적이고 물리적인 과정들—는 상당한 관심을 불러일으켰다. 1881년 스위스의 생리학자 N. 루닌이 합성우유는 동물의 성장을 억제하는 반면, 생우유는 동물의 성장을 촉진한다는 사실을 발견하면서 비타민의 역할에 관한 초기의 개념이 자리를 잡게 되었다. 루닌은 순수한 화학 음식에는 성장을 촉진하고 생명을 유지하게 하는 어떤 미지의 요인이 빠져 있다고 추론했다. 곧 그 신비한 물질이 유기화합물의 한 종류인 아민(amine)이라는 가정에 기초하여 "비타민(vitamine)"이라는 용어가 만들어졌다. 그 물질이 아민이 아니라는 사실이 발견되자 e는 떨어져나가고 "vitamin"이라는 말이 널리 통용되는 용어가 되었다. 이제 이름은 갖게 된 셈이다. 그런데 비타민이란 무엇인가?

시간이 지나면서 비타민은 식물이나 동물로 이루어진 음식에서 자연적으로 얻을 수 있는 물질로 밝혀졌다. 그러나 이 신비의 물질을 분리하고, 확인하고, 궁극적으로 합성하기 위해서는 거듭된 실험이 필요했다. 특히 구루병, 괴혈병, 각기병, 펠라그라 등 결핍 질환의 자세한 연구가 가장 큰 성과를 거두었다.

기본적으로 아동 질환인 구루병은 한동안 영국에 널리 퍼지면서 심각한 문제가 되었다. 이 병은 뼈의 성장을 저해하여 뼈의 기형과 탈염을 일으킨다. 이 병에 걸린 아이의 뼈는 골절도 쉽게 일으킨다. 연구자들은 동물에게 영양분이 결핍된 먹이를 먹여 구루병을 일으키는 실험을 한 뒤 햇빛과 대구간유가 상태를 호전시킨다는 사실을 알아냈다. 비타민은 1918년에 구루병에 저항하는 인자로 인식되었으며, 1932년에 분리되었다. 이 비타민에는 비타민 D라는 이름이 붙었다. 연

비타민의 공급원

비타민 C의 추가 공급원을 마련하기 위해 오래 전부터 다양한 종류의 장미에서 자라는 장미 열매라고 부르는 작은 과일을 모아 시럽을 만들었다. 현재는 그것으로 비타민을 만들고 있다.

구자들은 식단에서 어떤 유기물질이 빠지면 병을 일으킨다고 생각하고 그런 물질을 "인자 A"와 "인자 B" 등으로 표현했는데, 이런 습관에서 "비타민 D"라는 표현이 나온 것이다.

By his MAJESTIES Licence,

A Book of Directions

And Cures done by that Safe and Succesful Medicine CALLED,

A N

HERCULEON ANTIDOTE,

OR THE

GERMAN GOLDEN ELIXIR

VVhich is deſervedly ſo called, for its Special Virtues, in Curing that POPULAR DISEASE, the *SCURVEY*.

THIS HERCULEON ANTIDOTE, Cures by cleanſing of the Blood, Purging by URINE, and gently by STOOL.

SOme Diſeaſes are Familiar to ſome Nations, which others are free from; the *Leproſie*, *Itch*, *Pox*, as in *Italy*, and ſome Parts of the *Indies*; ſo in the *Eaſtern* Parts, our *Popular* Diſeaſe is the *Scurvey*, which this Golden Elixir hath had ſuch admirable Succeſs far beyond any thing Exſtant for the *Scurvey*, and that it cures moſt Diſtempers, for there are few Diſeaſes, but has a ſpice of the *Scurvey*, which corrupts the Blood.

The Symptoms and Nature of the Scurvey.

THe Scurvy is the Original of moſt violent Diſtempers, which this Golden *Elixir* preventeth, as Stoppages, Obſtructions, raiſing Vapours that cauſes Swimming and Fumes in the Head, Dimneſs of Sight, Deafneſs, and Drowſineſs which makes the Body dull and heavy, and alters the Complexi- A on:

선원들이 가장 잘 안다

긴 항해에 나선 선원들은 비타민 C 결핍으로 생기는 괴혈병으로 죽곤 했다. 1617년 영국의 의사 존 우드올은 레몬과 라임이 이 병을 예방한다는 사실을 발견했다. 당시에는 아무도 그 이유를 몰랐다. 그러나 이유를 모른다고 해서 사람들이 이 훌륭한 치료법을 외면하지는 않았다.

괴혈병은 잇몸에 피가 흐르고 해면질로 변하면서 몸이 허약해지는 오래된 병으로, 1250년에 처음 기록에 등장했다. 1617년 영국의 외과의 존 우드올은 예방조치로 레몬과 라임을 먹으라고 권했다. 이것은 직관적인 통찰이었으며, 실제로 나중에 연구 결과 괴혈병은 비타민 C 결핍 때문에 일어난다는 사실이 밝혀졌다. 영국의 배는 과일 상자를 잔뜩 실었으며, 선원들은 맥주에 그 주스를 섞어 마셨다. 한 의사는 이렇게 쓰고 있다. "서로 과일 껍질을 던지는 것도 선원들이 늘 즐기는 오락의 하나였다. 그 결과 갑판에는 늘 과일 껍질이 흩어져 있었으며, 향기가 나는 술로 축축했다. 그 덕분에 제독은 선원들을 건강하게 집으로 돌려보낼 수 있었다."

1920년대에는 봇물이 터진 듯했다. 잇따라 비타민들이 알려지고 분리되었으며, 결핍되었을 경우에 생기는 병이 확인되었다. 쌀겨에서는 항신경염 인자가 발견되었다. 우리는 이제 그 물질이 비타민 B-1이라는 것을 알고 있다. 비타민 D를 강화한 우유는 1925년에 시장에 나왔다. 비타민 E는 1931년에 맥아에서 발견되었으며, 비타민 C 또는 아스코르빈산은 1933년에 합성되었다. 아직 상점 선반이 병에 든 비타민 보충제의 무게에 눌려 신음할 정도는 아니었지만, 이런 발견으로 사람들은 우유, 달걀, 신선한 과일, 잎이 있는 채소를 포함한 균형 잡힌 건강 보호 식단의 효과를 알게 되었다. "음식이 가장 좋은 약"이라는 조나단 스위프트의 말에는 진실이 담겨 있었던 것이다.

비타민 이야기에는 흥미로운 여담이 있다. 노벨상 수상자를 지명 추천하는 위원회는 오래 전부터 비타민을 발견한 사람들을 무시해왔다. 그래서 비타민이 가설적인 물질이며, 다양한 병을 설명하는 데 사용되는 미확인 유기 영양소라고 생각하는 회의주의자들이 위원회를 지배한다는 의심이 생겼다. 어떤 과학자는 "아무도 비타민을 본 적이 없다"고 말했다. 그러나 1926년부터 모든 것이 변했다. 네덜란드의 과학자 B. C. P. 얀센과 W. F. 도나트가 마침내 쌀겨에서 비타민 B-1의 순수 결정체를 추출해낸 것이다. 이 결정체의 100분의 1밀리그램만으로도 결핍증이 있는 비둘기를 치료할 수 있었으며, 이 사실은 나중에 다시 확인되었다. 1929년 노벨상 위원회는 마침내 네덜란드의 과학자 크리스티안 에이크만과 영국의 생화학자 골랜드 홉킨스에게 질병, 건강, 물질대사에서 비타민의 역할을 밝힌 공로로 상을 주었다.

호르몬의 역할

알려진 비타민의 명단이 늘어나자 연구자들은 다른 종류의 신비한 물질로 관심을 돌렸다. 물질대사, 성장, 건강 전반에 영향을 미치는 것으로 보이는 신체 분비물이었다. 갑상선, 뇌하수체, 부신과 같은 내분비샘에서 분비되는 이 물질은 바로 혈류로 흘러들었다. 1905년에 이 분비물에 호르몬이라는 이름이 붙었는데, 이것은 '자극한다'는 뜻을 가진 그리스어에서 나온 말이다. 이들이 다양한 기관을 자극하여 반응을 얻어내고, 심지어 감정에도 영향을 주는 전령 역할을 하는 것은 분명해 보였다. 의학 연구자들은 이미 갑상선을 어느 정도 이해하고 있었다. 목의 기관(氣管) 앞에 있는 두 개의 돌출된 기관인 갑상선은 다양한 호르몬을 생산하는 것처럼 보였다. 어떤 갑상선 호르몬의 과다 분비는 체중 감소와 신경과민을 일으켰다. 요오드가 부족하면 선이 커져서 갑상선종을 일으킬 수 있으며, 그럴 경우 목 앞쪽이 눈에 띄게 부었다.

1800년대 말 신경학자와 신경외과의사들은 가끔 직관에 따라 갑상선을 건드려보곤 했다. 그들의 노력은 보답을 얻었다. 오스트리아의 노벨상 수상자 율리우스 바그너-야우레크는 요즘에는 흔하게 살 수 있는 요오드염으로 갑상선종을 예방할 수 있다는 사실을 발견했다.

또 한 사람의 주목할 만한 오스트리아인 안톤 프라이어 폰 아이젤스베르크는 실험실에서 고양이에게서 갑상선과 부갑상선을 제거하여 고통스러운 근육 경련을 동반하는 질병 테타니를 일으켰다. 그의 수술은 테타니가 선들의 기능 약화로 인한 불완전한 칼슘 물질대사 때문에 일어난다는 사실을 증명했다. 점액수종이라는 병으로 고통을 받는 사람들을 갑상선의 추출액으로 치료할 수 있다는 사실도 확인되었다. 오늘날 그런 병은 간단하게 갑상선기능저하증이라고 부르며, 보통 천연 또는 합성 갑상선 호르몬을 이용하여 치료한다.

1901년이 되어 일본의 화학자 다카미네 조키치는 신장 위쪽에 자리 잡은 부신에서 생산되는 아드레날린을 발견했다. 스트레스를 받으면 혈류에 아드레날린이 쏟아져들어가 혈압을 올리고, 위액을 억제하고, 동공을 팽창시키고, 근육을 긴장시킨다. 이 모든 현상이 특정 단백질의 존재 때문이다. 다른 호르몬 실험들도 뒤따랐는데, 최초로 강력한 고환 추출물—남성 호르몬인 테스토스테론이 포함되

수용체와 세포막

세포에는 수천 개의 내부 구조물이 있으며, 거의 모두가 움직이는 상태다. 그 가운데도 피부처럼 세포를 둘러싸고 있는 막은 특히 주목할 만하다. 세포막에는 다양한 종류의 분자의 출입을 통제하는 수용체를 비롯한 구조물이 수천 개 박혀 있다.

수용체를 바라보는 방법에는 두 가지가 있다. 하나는 이들이 항원, 약, 신경전달물질, 호르몬 등과 같은 물질과 결합할 수 있는 분자 구조물 또는 장소라고 보는 것이다. 또 하나는 어떤 감각 자극에 반응하는 전문화된 세포 또는 신경종말 집단이라고 보는 것이다. 예를 들어 장의 세포막 수용체는 소화의 다양한 생산물을 받아들여, 이 분자들을 혈관에 흐르는 피로 보낸다. 심장 근육 세포의 바깥 막은 자극성 호르몬인 아드레날린—스트레스를 받을 때 몸이 생산하는, 싸울 것이냐 달아날 것이냐를 결정하게 하는 호르몬—을 위한 수용체를 갖고 있다. 병과 싸우는 B세포의 수용체들은 특정한 항원의 수용 영역과 결합한다.

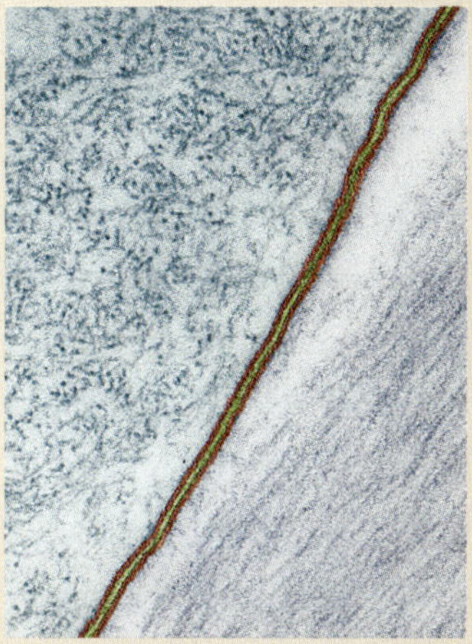

이 색깔을 강조한 투과형전자현미경 사진은 두 세포 사이의 세포막을 보여준다.

내분비샘이 혈류에 호르몬을 방출하면, 호르몬은 모든 세포와 만난다. 그러나 표적 세포라고 부르는 세포만이 어떤 주어진 호르몬에 반응을 한다. 호르몬 분자가 표적 세포의 수용체 단백질과 결합하면 호르몬은 반응을 일으켜, 특정한 화학 반응을 빨라지거나 느려지게 한다.

어떤 호르몬은 세포에 들어가 세포질의 수용체 단백질과 결합한다. 호르몬과 수용체는 함께 핵으로 이동하여 염색체와 결합하며, 세포가 어떤 단백질을 합성하게 한다. 어떤 호르몬들은 절대 세포에 들어가지 않고, 단순하게 세포의 표면에 있는 수용체 단백질과 결합한 뒤 세포질 속으로 제2의 전령을 보내며, 이때부터 세포의 호르몬에 대한 반응이 시작된다.

분자 인식에 핵심이 되는 자물쇠와 열쇠 구조는 약을 설계하는 데 도움을 주었다. 과거에는 새로운 약을 만들려면 많은 합성물을 시험해야 했지만, 지금은 컴퓨터가 바이러스나 병과 연결된 효소의 단백질 수용 영역을 시뮬레이션하여, 수용체에 적합하도록 계산된 약 분자의 모델을 만들어낸다.

최근에 연구자들은 완전히 새로운 미각 수용체 집합(T2R이라고 부른다)을 발견했다. 그 구성요소는 무려 80가지나 되는 듯하며, 이들은 쓴맛—종종 독과 연결되는 복잡한 맛이다—을 찾아내는 데 도움을 준다. 혀에는 짠맛, 신맛, 단맛, 쓴맛을 찾아내고 구별하는 세포들이 들어 있는 미뢰가 가득하기 때문에, T2R 수용체들이 오직 미뢰의 영역 내에 존재하는 세포들에서만 발견된 것도 놀랄 일은 아니다. 수용체 유전자들이 실험용 세포로 들어왔을 때, 세포는 오직 쓴 합성물에만 반응했다. 더욱이 각각의 수용체 분자들은 쓴맛을 매우 까다롭게 골라내는 것처럼 보였다. 한 가지 형태의 쓴맛에 반응하는 수용체는 기본적으로 다르게 보이는 합성물은 무시했다. 이것이 80가지나 되는 서로 다른 쓴맛 수용체가 존재하고, 하나의 수용체가 쓴맛의 다양한 변형들을 인식하지 못하는 이유를 설명해준다.

어 있었다—을 이용한 몇 번의 실험도 그 가운데 하나다.

섹스나 성 기능을 개선할 가능성이 예견되는 문제에서는 흔히 그렇듯이, 정당한 자격을 갖춘 또는 자격이 미심쩍은 많은 남성 과학자들이 달려들어 고환에 숨어 있다고 여겨지는 활력을 연구하는 데 몰두했다. 그 결과 성적 능력을 높여준다는 치료들이 쏟아져 나왔는데, 어쩌면 1848년에 이루어진 잘 알려지지 않는 실험에서 자극을 받기도 했을 것이다.

독일의 생리학자 아르놀트 아돌프 베르톨트는 비소중독의 해독제를 발견한 신뢰할 만한 과학자였는데, 결국 그의 평판을 높이는 데 별 도움이 되지 않은 일을 시도하게 되었다. 수평아리의 고환을 거세한 식용 수탉의 복강 안에 이식해본 것이다. 베르톨트는 이 수탉이 다시 암탉을 쫓아다니는 것을 보고 경외감과 기쁨에 사로잡혔다. 베르톨트는 이런 갑작스러운 변화가 일어난 것이, 그의 표현을 빌자면, 어떤 '내분비' 때문이라고 추론했다. 그 자신은 아직 상황을 잘 몰랐겠지만, 그는 실제로는 근대적인 호르몬 치료를 개발하는 문턱에 서 있었다.

프랑스의 신경학자 샤를-에두아르 브라운-세카르의 작업은 정력과 회춘이 밀접한 관계가 있다는 관념을 자극했다. 1889년 72살 나이의 브라운-세카르는 정액에 포함된 분비물이 혈류로 들어가 몸을 튼튼하게 한다고 주장했다. 그는 개와 기니피그의 피와 정액을 물로 희석하여 자신의 몸에 열 차례 주사해보았다. 이 이야기를 믿을 수 있을지 모르겠지만, 어쨌든 그 결과는 놀라웠다. 그는 젊었을 때의 힘을 되찾았으며, 성적인 능력도 갖추게 되었다고 주장했다. 이제 실험실 작업을 해도 피곤하지 않았으며, 몇 시간씩 힘든 실험실 작업을 한 뒤에도 어려운 주제에 관한 글을 쓸 수 있었다. 그는 자신의 주장을 증명하려고 주사를 중단했다. 그러자 다시 허약한 상태로 돌아갔다. 다른 과학자들도 몇 명 실험을 한 결과 그와 똑같은 결과가 나왔다고 주장했다.

곧이어 엄청난 비판이 쏟아졌으며, 아무도 그의 주장을 진지하게 받아들이지 않았다. 브라운-세카르는 실제로는 어떤 호르몬을 미량으로 주사했던 것인지도 모른다. 아니면 그의 주사가 젊음의 생기와 정력을 갈망하던 나이든 남성에게 딱 적당한 위약(僞藥) 역할을 했던 것인지도 모른다.

반면 혈당 수준을 제어하는 호르몬인 인슐린의 생명을 구하는 효능에 관해서는 전혀 의심스러운 점이 없다. 1920년대까지만 해도 당뇨병은 사실상 사형선고였다. 기원전 1550년경 에베르스 파피루스에서도 묘사되었던 이 병은 1800년대 말에 처음으로 인슐린을 분비하는 샘인 췌장과 관련이 있음이 확인되었다. 과학자들은 당뇨병 환자들에게 췌장 조직을 갈아 먹여 보았으나 효과가 없었다. 소화효소 가운데 뭔가가 췌장의 호르몬을 파괴하고 있었다.

스테로이드의 발견
의사들은 호르몬의 발견으로 신체 기관의 기능에 관하여 새로운 통찰을 얻게 되었다. 미국의 화학자 E. C. 브라운은 염증 완화 효과가 있는 코티손을 비롯한 부신 스테로이드를 찾아냈다.

캐나다의 생리학자 프레더릭 밴팅은 췌장과 장을 연결하는 관을 묶으면 변하지 않은 상태의 췌장 분비물을 얻을 수 있다고 생각했다. 그는 그 물질을 분리한다면 당뇨병 치료에 사용할 수도 있을 것이라고 생각했다. 밴팅은 개의 췌장을 제거하여 인공적으로 당뇨병을 일으킨 다음 이 가설을 시험해보기로 했다. 밴팅과 토론토 대학의 조수 찰스 베스트는 실험을 시작했다.

1921년에 그들은 결론에 이르렀다. 췌장을 제거한 개 마조리는 전형적인 당뇨병 증상을 나타냈다. 그러나 밴팅과 베스트가 추출한 췌장 분비물을 주사하자 당뇨병은 사라졌다. 나중에 그들의 동료들은 이 호르몬을 정제하고 더 연구했으며, 여기에 인슐린이라는 이름을 붙였다. 이것은 '섬'을 뜻하는 라틴어에서 나온 말인데, 이 호르몬이 췌장 가운데 랑게르한스섬이라고 부르는 부분에서 생산되기 때문에 그런 이름이 붙었다.

이듬해인 1922년 연구자들은 처음으로 인슐린을 인간에게 사용했다. 당뇨병으로 죽어가던 열네 살의 소년이었다. 곧 소년의 증상이 사라졌다. 치명적이라고 여겨지던 천벌이 이제 의학의 통제를 받게 되었음을 보여주는 첫 표시였다. 밴팅은 1923년 실험실의 책임자인 존 R. R. 맥클리오드와 함께 노벨상을 공동 수상했다. 그러나 안타깝게도 베스트는 상을 함께 타지 못했으며, 밴팅은 이 사실 때문에 오랫동안 괴로워했다.

1936년 미국의 화학자이자 생리학자 에드워드 캘빈 켄돌은 부신에서 다른 중요한 호르몬을 분리했다. 그는 다른 8개의 스테로이드 호르몬과 더불어 처음에는 화합물 E로 부르다가 나중에 코티손이라고 부르게 된 물질을 분리해냈다. 이것은 아드레날린과 마찬가지로 몸이 스트레스에 반응하여 분비하는 호르몬이다.

코티손은 지금도 염증을 완화하기 위해 널리 사용된다. 1940년대 말에 미국의 화학자 퍼시 레이번 줄리언은 합성 코티손을 개발했으며, 이것은 결합조직 질환, 류머티즘, 심한 알레르기 반응을 치료하는 데 자주 처방된다.

암

호르몬을 분리하는 것—배양액의 혼합물에서 호르몬만을 떼어낸다는 뜻이다—은 초기의 과학자들이 암을 이해하고 그 핵심에 들어가려고 했을 때 부딪혔던 난관에 비하면 상대적으로 쉬운 일이었다. 이 과학자들은 암의 구조를 이해하지 못했을지는 모르지만, 적어도 그것이 정상이 아니라는 사실은 알고 있었다.

암이라는 개념은 적어도 그런 이름을 붙인 히포크라테스만큼은 오래되었을 터이고, 실제로는 아마 그보다 훨씬 더 오래되었을 것이다. 종양은 이집트의 미라에서도 발견되지만, 고대인들이 그 병이 무엇인지 알았느냐 하는 문제를 놓고는 논란이 많다. 16세기 영국의 의사 앤드루 부어드는 진실과 오류 사이에 아슬아슬하게 걸쳐 있는 말로 암에 대한 관심을 촉구했다. "암을 가리키는 카르시노마라는 단어는 그리스 말이다. 영어로는 감옥의 병이라고 부른다. 어떤 사람들은 이것을 몸의 상부를 파고들어 먹어치우는 궤양이라고 부르지만, 나는 감옥의 병이라고 생각한다."

한 가지 분명한 점은 암을 무덤으로 가는 병이라고 여겨 다들 두려워했다는 것이다. 이 병을 이해하려는 노력이 다양하게 이루어지면서, 인간 암에서 뽑아낸 물질을 개한테 주입하여 옮기려고 해본다거나 콜타르 같은 물질을 피부에 발라본다거나 하는 황당한 실험도 이루어졌다.

19세기에 세포와 조직의 이론이 발전하면서 연구자들의 노력도 성과를 거두게 되었다. 앞서도 보았듯이 루돌프 피르호는 병이 미친 세포 때문에 일어나며, 비정상적인 조건에 처한 세포는 비정상적인 후손을 생산한다고 믿었다. 과학자들은 쥐의 암을 한 차례 옮겼다가 다시 옮길 수 있게 되었으며, 어떤 연구자들은 다양한 화학물질과 자극물이 피부암을 일으킬 수 있다는 사실에 주목했다.

그러나 암이 전적으로 세포이며, 세포가 분열을 하면서 날뛰게 만드는 요소와

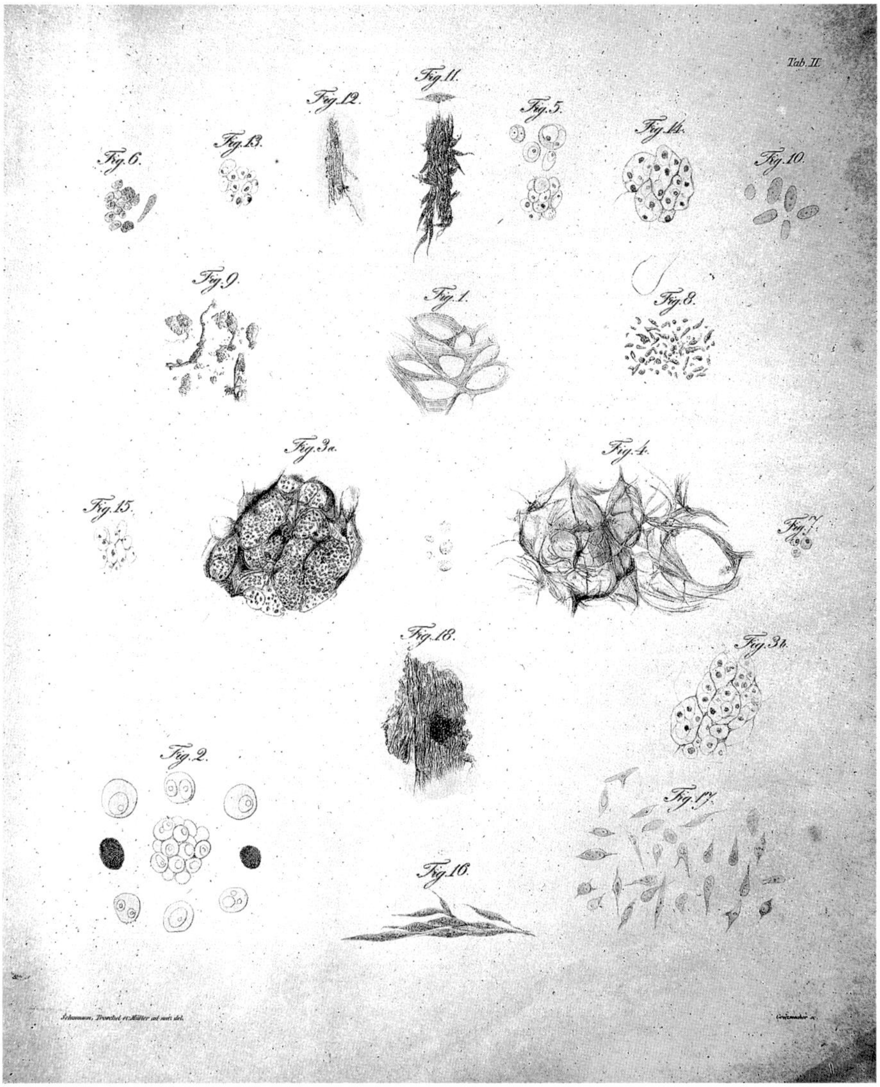

암의 실마리

1830년대에 독일의 병리학자 요하네스 뮐러는 현미경 연구 결과 암이 비정상 세포들로 이루어져 있다는 결론을 내렸다. 그의 발견은 모든 세포는 세포에서 나온다는 예측을 낳았다.

구조의 복잡한 조합으로 이루어진다는 사실은 20세기에 들어서야 분명해졌다. 연구자들은 화학적, 물리적 인자 또는 바이러스가 세포의 성장과 분화를 규제하는 유전자의 기능을 막고 재배치할 수 있다는 사실을 알았다. 이 시나리오에서는 단 하나의 세포가 걷잡을 수 없이 분열을 하고, 증식을 하고, 다른 세포와 결합하여 돌연변이 세포의 군체를 만들 수 있었다. 예를 들어 악성 종양이 그런 것이다.

이렇게 세포가 잘못된 지시를 내리는 원인은 분명치 않았다. 그러나 이런 불확실성 때문에 오히려 연구는 속도가 빨라졌다. 미국의 위대한 의학 교육자 에이브러험 플렉스너는 이렇게 말했다. "병을 일부만 정확하게 알고 있다고 해서 실제로 사용되는 과학적 방법의 의미가 없어지는 것은 아니다. 모호한 영역에서는 확률이 확실성을 대체한다. 이 영역에서 의사는 실제로 추측만 할지도 모르지만, 그러나 가장 중요한 점은 자신이 추측한다는 사실을 안다는 것이다. 그의 처치는 시험적이지만 규칙을 준수하며, 주의 깊게 또 환자의 반응에 민감하게 대처하는 방식으로 이루어진다."

암의 발생 방식에 관하여 몇 가지 이론들이 나타나기 시작했다. 대부분의 이론의 핵심에는 바이러스가 있었다. 라우스의 닭 육종 바이러스, 코와 목의 암과 연결되는 엡스타인-바 바이러스, 아프리카 어린이들에게서 발견된 안면 암인 버킷의 림프종, 자궁 경부암과 관련이 있는 단순 포진 바이러스 등 암에서 바이러스가 차지하는 역사를 보면 이것은 놀라운 일이 아니었다. 그러나 인간의 암 다수

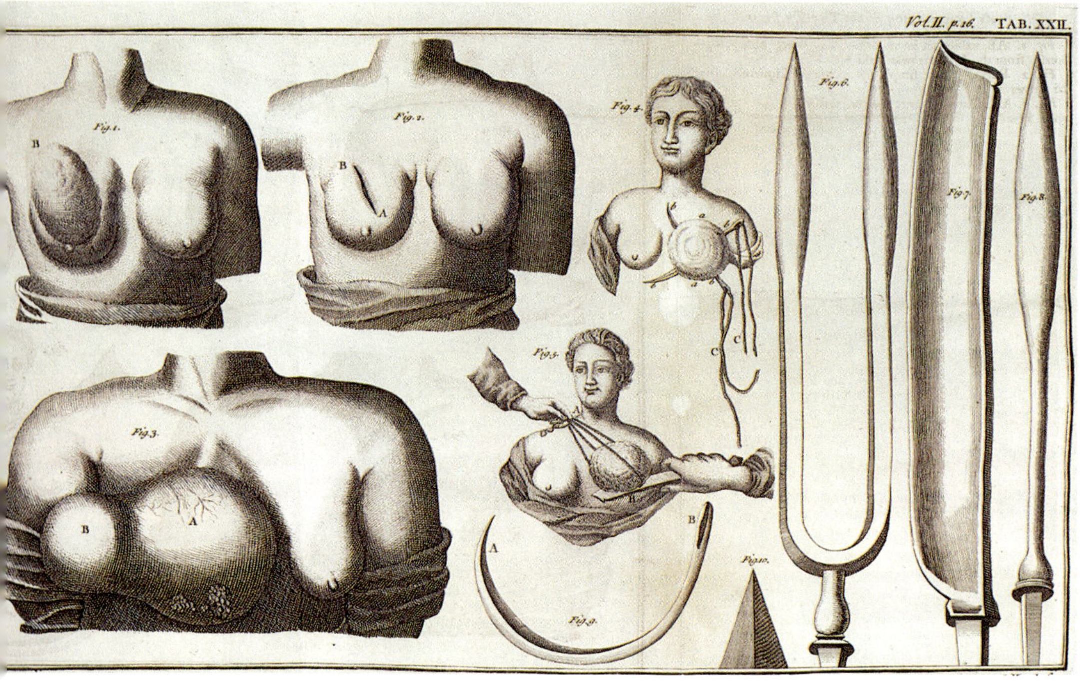

유방암

여성 여덟 명 가운데 한 명이 유방암에 걸린다. 유방암은 덩어리의 제거에서부터 부분, 전체, 근치 유방절제에 이르기까지 여러 가지 방법으로 치료하며, 그 뒤에는 화학 또는 방사선 치료를 하는 경우가 많다.

와 바이러스 사이의 관련은 아직 확정되지 않았다. 그럼에도 추적은 계속되었다.

어떤 연구자들은 만일 대부분의 암에 원인이 되는 바이러스가 있다면 그 바이러스가 우리 몸 어딘가에, 예를 들어 세포핵 같은 곳에 자리를 잡고 있을 것이라고 추측했다. 어쩌면 몇 세대 동안 숨어 있다가 풀려나와 악성 종양으로 발전하는 것인지도 몰랐다. 하지만 어떻게?

이 과정에서 세포의 명령이 분명히 어떤 역할을 한다고 생각하는 것이 논리적이었다. 이론가들은 이렇게 주장했다. 바이러스 유전자—세포 안에서 바이러스를 만들어낼 수 있는 유전자—를 상상해보라. 이 바이러스 유전자들이 세포의 핵, 나아가 그 DNA에 들어가면, 암 복제의 청사진이 작성된다. 이 교활한 체계는 몇 세대를 거치며 전해질 수 있다. 그러면 바이러스 유전자 조각들이 어떻게 암으로 폭발하는가? 다양한 발암물질—화학물질과 약, 방사선, 또 어쩌면 다른 바이러스들—이 원인이라는 대답이었다.

이어 연구자들은 한 가지 발견을 기초로 바이러스 유전자들이 자신들의 의지를 행사하는 방식에 질문을 던지기 시작했다. 동물의 암 바이러스와 그 바이러스에 담겨 있는 유전자를 면밀히 살피기 시작하여, 결국 암을 일으키는 바이러스에 대응하는 유전자들이 동물 세포에 있다는 사실을 발견한 것이다. 그렇다면 바이러스 유전자와 매우 비슷한 이 유전자들이 바이러스의 도움 없이도 그 자체로 암을 일으킬 수 있다는 뜻인가? 이 수상쩍은 유전자에는 원종양형성 유전자라는 이름이 붙었다. 암을 유발하는('종양형성') 유전자로 바뀔 가능성이 있는('원') 정상적 유전자라는 뜻이었다. 이런 발견과 더불어 암의 독특한 기초를 이루는 새로운 분자 이론이 나타났다.

과학자 팀들은 이제 이런 원종양형성 유전자를 만드는 구조를 열심히 파헤치기 시작했다. 이 유전자는 동물이나 인간 양쪽 모두에서 발견되었다. 보통은 양성으로 세포 분열과 성장을 정상적으로 통제하지만, 이내 치명적으로 변하고 만다. 이 문제를 탐구하는 연구자들 가운데 중심은 나중에 미국 국립보건원 원장이 되는 해럴드 바머스와 J. 마이클 비숍으로, 둘 다 당시에는 캘리포니아 대학 샌프란시스코 캠퍼스에 소속되어 있었다.

1970년대에 라우스 닭 육종 바이러스를 실험하던 바머스와 비숍

엑스선
엑스선은 대전 입자의 감속 또는 원자 내부 전자들의 운동으로 생기는 아주 짧은 파장의 전자기 방사다. 빌헬름 콘라트 뢴트겐은 1895년 독일 뷔르츠부르크에서 엑스선을 발견했다.

암과 아포토시스

암은 화학적 검사를 비롯한 다른 실험실 검사, 또는 오늘날의 막강한 스캐닝 장치를 통한 영상 촬영이 아니면 존재를 잘 드러내지 않는 경우가 많다. 그러나 이렇게 눈에 잘 보이지 않는다고 해서 그들의 작업 방식, 즉 세포들이 통제 불가능하게 분열하여 돌연변이 세포들의 군체인 악성 종양을 형성하도록 몰고 가는 것마저 감출 수는 없다. 많은 경우 암 세포는 혈류나 림프계로 들어간 다음, 기형이 된 세포들을 몸의 구석구석까지 가져가 2차 군체를 조직하는 전이라고 부르는 현상을 일으킨다.

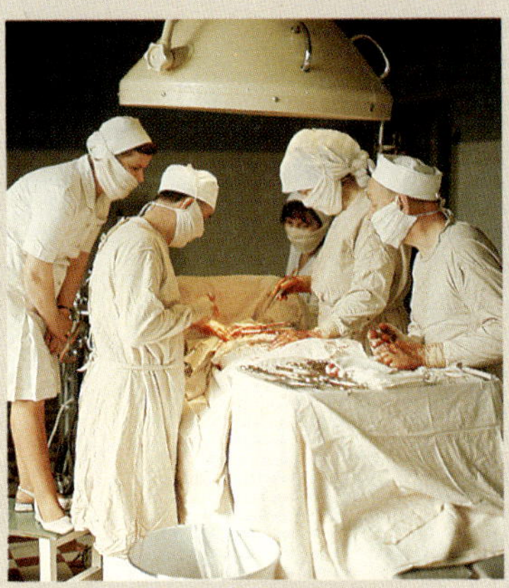

의사들이 암에 걸린 폐의 일부를 들어내는 엽절제술을 시도하고 있다.

세포가 암이 되면 그 막이 약간 변하여 몸 자체의 세포와는 약간 다른 표지를 갖게 된다. 보통 면역 시스템은 이 새로운 표지를 인식하고 대응하여, 돌연변이 세포를 제거한다. 우리 몸은 손상을 입은 세포나 구성요소를 파괴하고 대체하여 물질대사 손실에 저항을 하도록 만들어졌으며, 이런 과정은 끊임없이 계속된다. 세포에는 리소좀과 페록시좀이라고 부르는 전문화된 구조물이 있어, 이것들이 필요 없는 세포 물질을 파괴한다. 이 구조물들은 기본적으로 화학적인 쓰레기 처리 장치다. 이들 효소의 유전암호를 지정하는 유전자의 돌연변이가 테이색스병—발작과 실명을 특징으로 하며 보통 네 살 전에 환자를 죽이는 유전적 질환—을 일으킨다는 사실만 보더라도 이 효소의 중요성을 알 수 있다.

쓰레기 처리 장치는 손상된 세포 구성요소들을 제거한다. 이런 구성요소들은 그것을 만드 유전자들이 가동되면 대체된다. 유전자 자체 손상을 입을 경우에 대비해 세포는 DNA를 수 할 능력을 갖추고 있다. DNA는 상호 보완적 두 가닥으로 구성되는데, 가닥이 능력을 상실하면 다 가닥이 원상복구를 위한 주 역할을 할 수 있다. 그러나 리가 되지 않을 경우 DNA 일반적으로 세포의 자멸과 웃한 세포들의 분열을 통 대체를 유도한다(해당 세포 계속적인 세포 분열이 가능 조직 내에 있을 경우).

세포 자살은 과학적으로 아포토시스라고 부르는데, 리스어의 '추락'을 뜻하는 에서 파생된 것이다. 세포가 아포토시스로 죽 면 오그라들어 작은 조각들로 부서진 뒤 이웃 에게 흡수된다. 세포 자살은 평생에 걸쳐 지속 으로 일어난다. 예를 들어 피부의 한 층은 정기 으로 새로운 세포를 제조한다. 이 세포들은 피 표면으로 이동하며, 자살을 하면 허물처럼 벗 져나가고 그 밑의 새로운 세포로 대체된다. 이 점에서 아포토시스는 나쁜 것이 아니다.

아포토시스는 또 암을 꺾을 때도 도움을 준 종양억제 유전자라고 부르는 유전자는 세포의 살을 관장한다. 이 유전자는 통제 불가능한 복 를 하여 종양으로 자랄 가능성이 높은 손상된 포들을 죽인다. 그러나 브레이크 유전자라고 르는 유전자가 등장할 수도 있다. 이 유전자는 포토시스를 막는 생산물을 만들어내 계획된 죽을 피하게 하여 종양의 성장을 촉진한다. 고삐 풀린 세포 분열은 항아포토시스 인자가 작용한 결과이며, 암도 마찬가지다. 사실 아포토시스에 대한 저항은 대부분의, 아니 모든 종류의 암의 특징이다.

과학자들은 암과의 싸움에서 아포토시스를 촉발하는 방법을 찾고 있다. 실제로 새로운 아포토시스 유도 약제의 효능을 검증하는 임상 실험이 한동안 진행되기도 했다. 어쩌면 브레이크 유전자의 단백질 생산을 막는 약제가 발견되어, 암 세포가 아포토시스를 유도하는 화학 요법에 저항을 못하게 만들 수 있을지도 모른다.

은 특이한 것을 발견했다. 육종에 걸린 닭 바이러스에서 발견되는 src 유전자("sark"라고도 부른다)는 가금의 일반적인 유전자의 일부라는 것이었다. 말을 바꾸면 이 유전자는 세포의 정상적인 유전자로 출발했지만 돌연변이를 일으켜 암을 만들어냈다는 것이다.

이 중요한 발견 덕분에 문제를 일으키는 수많은 정상적인 성장 규제 세포 유전자—암을 일으키는 바이러스에 있는 유전자에 대응하는 유전자—의 분리가 가능했다. 바머스와 비숍을 포함한 여러 연구자는 물고기에서부터 원숭이에 이르기까지 거의 모든 척추동물에게 있는, 그러나 인간에게는 없는 대략 열 개의 그런 유전자를 가려낼 수 있었다. 이런 종류의 정보는 나중에 암이 실제로 유전적 질환이라는 증거가 쌓이면서 더 많이 나타나게 된다.

이 작업 단계에서 중요한 역할을 한 사람이 매사추세츠 주 케임브리지에 자리잡은 화이트헤드연구소의 생물학 교수 로버트 웨인버그 박사로, 그는 잠재적인 암과 직접적으로 대응하는 유전자들을 추적했다. 웨인버그와 다른 연구자들의 선구적인 작업 덕분에 인간의 방광, 대장, 유방, 폐, 림프계에 생기는 암의 원인이 되는 실제 유전자들이 밝혀졌다.

1982년 웨인버그는 자신이 연구하는 인간 암 유전자들이 실제로 동물의 암 바이러스의 유전자와 동일하다는 사실을 확인했다. 거의 비슷한 시기에 미국 국립 암 연구소의 연구자들은 동물 암 바이러스와 인간 방광암 유전자 사이의 관련을 발견했다. 웨인버그는 변형된 세포에서 종양형성 유전자를 분리하는 극적인 장면을 연출했다. 그는 거꾸로 정상 세포에 종양형성 유전자를 집어넣으면 정상 세포가 암 세포로 바뀔 수 있음을 보여주었다.

연구자들은 암에 포함된 바이러스 유전자와 세포의 종양형성 유전자 사이의 신비한 관계를 점차 더 잘 이해할 수 있게 되었다. 바이러스의 종양형성 유전자와 세포의 종양형성 유전자는 이제 가까운 친척으로 받아들여진다. 바이러스 때문에 들어온 것이건 아니면 정상적인 세포 유전자의 변화로 생긴 것이건, 악한 유전자가 방사선이나 오염물질 같은 해로운 것에 노출되어 DNA의 특정한 한 부분이 변형되면 악성 종양이 시작될 수 있다. 그러나 전에 생각했던 것과는 달리

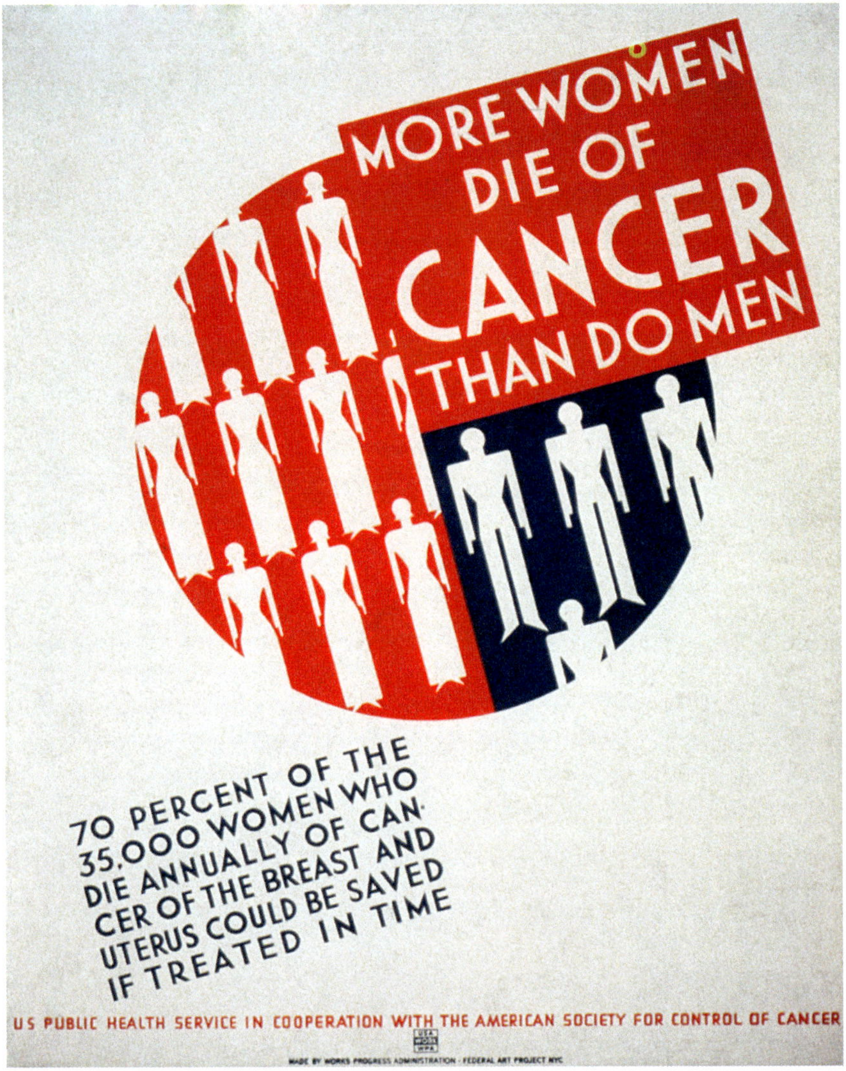

교육과 통제

1935년 여성 클럽들이 시작한, 암에 대한 경각심을 높이기 위한 운동에는 수천 명의 자원자들이 뛰어들었다. 이 운동이 시작되었을 때는 불과 1만 5천 명만이 참여했지만, 1938년에 그 수는 15만 명으로 불어났다.

염색체 어디에서나 일어나는 것은 아니다. 웨인버그는 그 업적을 인정받아 1997년에 미국 국립과학상을 받았다. 바머스와 비숍은 1989년에 노벨상을 공동수상했다.

종양형성 유전자의 관련성을 새롭게 이해하고 유전정보가 해로운 영향을 받는 방식을 더 파악하게 되자, 연구자들은 현대 생물학에서 가장 집중적으로 연구되는 주제로 방향을 틀기 시작했다. 즉 아포토시스의 개념과 그것이 세포의 죽음에서 차지하는 중요한 역할이다.

1972년에 처음 제시된 아포토시스는 계획된 세포의 죽음, 또는 일부의 표현대로, 다세포 유기체의 불필요한 세포가 수행하는 '의도적 자살' 과정이라고 정의할 수 있는 흥미로운 현상이다. 손상이나 병으로 인한 세포와 조직의 죽음을 가리키는 네크로시스와는 달리 아포토시스는 질서정연한 사건으로, 하나의 세포가 움츠러들어 이웃의 세포들에게 소화되는 빠르고 간결한 과정이다. 이 과정에는 이점이 있다. 발달하는 태아의 손가락에서 일어나는 일이 종종 예로 인용된다. 이 경우 아포토시스는 붙어 있는 손가락들 사이의 세포들을 분해하여 제거하는 과정이며, 그 결과 손가락들이 분리되어 서로 독립된 구조물이 된다.

보통 성인은 아포토시스로 매일 700억 개의 세포를 잃는다고 한다. 이것은 남아돌거나 손상을 입은 세포를 제거하는 생물학적 과정의 정상적이고 중요한 한 부분이다. 그러나 다른 많은 사건들, 꼭 정상적이라고 말할 수 없는 사건들도 아포토시스를 일으킬 수 있다. 암이나 바이러스 감염을 치료하는 데 사용하는 방사선이나 약, 코르티코스테로이드 같은 호르몬이 그런 것에 속한다. 1990년대가 저물도록 내내 이루어진 실험 연구 끝에 과학자들은 유기체의 신경계와 면역계를 형성하는 데 아포토시스가 도움이 되며, 조직을 형성하는 데는 필수적이라는 사실을 확인했다. 그들은 또 이 과정이 세포의 죽음과 갱신 사이의 자연스러운 균형을 이끈다는 사실을 보여주었다.

과학자들의 한 가지 걱정은 하나의 세포가 어떤 식으로든 손상을 입어 스스로를 죽이는 능력을 상실할 경우, 그런 손상이 계속 복제되어 암으로 자랄 수 있다는 점이었다. 사실 아포토시스에 저항하는 능력은 대부분의, 아니 모든 암이 공유하는 특징이라는 증거가 쌓여가고 있다. 몸은 악성 세포를 제거할 방법을 갖추고 있지만, 암 세포의 돌연변이가 그 과정을 방해한다는 것이다.

과학자와 제약회사들은 아포토시스를 제어하여 암 세포를 파괴하도록 자극할 방법을 찾는 일에 초점을 맞추기 시작했다. 그러나 세포를 선별하여 죽이는 일은 쉽지 않다. 과거도 그랬고 현재에도 까다로운 문제들이 많다. 예를 들어 과학자들은 왜 일부 종양들이 방사선이나 화학치료에 노출되었을 때도 세포 자살에 저항하는지 밝혀내야 한다. 아포토시스를 조절하는 방법도 더 알아내야 한다. 또 암 세포에서 자살을 유도하는 방법을 찾아내더라도, 소포클레스가 말했듯이, 치료가 너무 세지 않도록 조절할 방법을 찾아내야 한다. 잘못하면 건강한 세포들을 죽일 수도 있기 때문이다.

유전학과 DNA의 발견

유전암호, 즉 유전이나 이와 관련된 질병을 빚어내는 주형의 해독은 과학의 특별한 업적으로 꼽을 만한 발견이다. 이 발견이 없었다면 종양형성 유전자와 아포토시스를 비롯한 다른 여러 가지 생화학적 현상에 관한 과학적 이론의 바탕이 되는 지식은 하나도 얻을 수 없었을 것이다. 오랜 세월 동안 과학자들을 곤혹스럽게 만들었던 문제를 해결하는 길을 처음 연 사람은 오스트리아의 식물학자이자 수사 그레고르 멘델이다. 멘델은 어울리지 않는 실험실, 바로 고요한 수도원의 정원에서 평범한 식물을 대상으로 실험을 했다.

DNA를 상상도 못하던 때에, 심지어 세포 구조의 윤곽이 그려지기도 전에, 멘델은 우리가 현재 유전이라고 알고 있는 현상을 증명했다. 이를 위해 멘델은 완두콩을 여러 세대 재배하여, 각 세대의 씨앗으로 다음 세대를 길러내면서 그 과정에서 드러나는 모든 특징을 신중하게 기록했다. 종자를 엄격히 관리하여 다른 것과 섞이지 않은 순계 식물은 세대를 거듭하면서 늘 비슷한 특징을 보여주었다. 예를 들어 순계 빨간 꽃 식물은 늘 빨간 꽃 식물을 생산했다.

이어 멘델은 교배를 했다. 즉 품종을 섞었다. 키가 작은 품종을 키가 큰 품종과 섞고, 빨간 꽃이 피는 품종을 하얀 꽃이 피는 품종과 섞는 등의 일을 한 것이다. 여러 차례 교배가 이루어진 뒤 멘델은 그 씨앗을 받아 봄마다 다시 심고 그 후손의 특징을 관찰했다.

몇 가지 놀라운 사실이 나타났다. 예를 들어 키가 작은 품종의 꽃가루를 키가

이중나선의 영웅들

영국의 생물학자 프랜시스 크릭(왼쪽)과 미국의 유전학자 제임스 왓슨은 1951년에 DNA의 구조를 발견하는 일에 나섰다. 1953년에 그들은 이중나선 구조를 제시했으며, 이 공로로 1962년에 노벨상을 받았다.

큰 품종의 꽃가루와 섞었을 때 평균 키의 식물은 나오지 않았다. 빨간 꽃과 하얀 꽃을 교배해도 분홍 꽃은 나오지 않았다. 각각의 새로운 식물은 어떤 특질을 하나의 완성된 단위로 물려받고, 이런 단위—우리는 이제 이것이 유전자임을 알고 있다—는 이후 세대로 순수하게 전해졌기 때문이다.

따라서 키가 큰 식물과 키가 작은 식물의 교배는 키가 크거나 작은 식물을 낳았다. 첫 세대는 모두 키가 클 확률이 높았다. 마찬가지로 빨간 꽃과 하얀 꽃을 교배하면 어느 한쪽 색깔의 식물이 나왔다. 교배의 첫 세대는 모두 빨간 꽃이었다.

멘델은 또 첫 세대 잡종을 서로 교배했을 경우 그 결과는 앞의 결과와 달라질 수도 있다는 것을 발견했다. 즉 하얀 꽃이나 작은 키도 나온다는 것이다. 이것은 작은 키나 큰 키, 또는 빨간 꽃이나 하얀 꽃의 요소들이 늘 안에 있다가 미래 세대에 어느 때라도 나타날 수 있다는 뜻이었다.

멘델은 곧 이런 유전적 단위가 쌍으로 발생한다는 것을 알았다. 즉 개개의 특질의 하나는 어머니로부터, 하나는 아버지로부터 물려받는다는 것이었다. 한 유전자가 다른 유전자를 압도할 수도 있다. 인간의 경우로 보면 어떤 사람이 아버지의 파란 눈이 아닌 어머니의 갈색 눈을 물려받는다는 뜻이 될 수도 있다. 유전자는 우성일 수도 있고 열성일 수도 있지만, 모든 유전자는 후손의 유전적 구성의 일부를 이루어 미래의 세대에 나타날 잠재력을 갖추고 있다. 예나 지금이나 과학자들이 하는 많은 일이 그런 것처럼, 멘델의 생각도 그가 죽고 나서 오랜 세월이 흐른 뒤에야 그 의미를 제대로 평가받을 수 있었다. 1900년 무렵 생물학 문헌을 조사하던 과학자들은 잘 알려지지 않은 정기간행물에서 이 수도사의 실험 자료를 찾아냈다. 다른 연구자들은 멘델의 발견을 식물만이 아니라 동물에서도 확인하여, 유전법칙은 현대 생물학에서 빼놓을 수 없는 요소가 되었다. 그 아버지에 그 아들이란 말은 이제 타당한 실험에 기초한 격언이 된 것이다.

세월을 훌쩍 건너뛰어 1944년 뉴욕의 록펠러 연구소로 가 보자. 이곳에서 오스월드 T. 에이버리, 콜린 M. 맥리어드, 매클린 매카티 등 연구자 세 사람은 처음으로 DNA, 즉 디옥시리보핵산이 유전정보의 전달자임을 증명했다. 그들은 박테리아에서 DNA 일부를 순수한 형태로 뽑은 다음, 다른 박테리아의 결함이 있는 유전자와 교체하는 방법을 사용해 그 사실을 알아냈다.

10년 뒤 하버드의 젊은 생화학자 제임스 왓슨과 영국의 물리학자 프랜시스 크릭은 DNA의 복잡한 분자 구조를 묘사했다. 그러나 이들이 이런 작업을 하기 전에 먼저 DNA의 핵심적인 구성요소들이 파악되어야 했다.

왓슨과 크릭의 작업이 이루어지기 3년 전 체코 태생의 생화학자 에르빈 샤가프는 DNA의 핵심 구성요소인 네 가지 염기—시토신(C), 구아닌(G), 티민(T), 아데닌(A)이라고 부르는 작은 화학적 단위들—의 분포를 연구하여 왓슨과 크릭을 위한 무대를 마련했다. 샤가프는 모든 생물체들에서 이 염기들의 수는 각기 다르다고 결론을 내렸다. T와 A의 양은 같고, G와 C의 양은 같지만, T와 G의 양, T와 C의 양 등이 같을 필요는 없다는 것이다.

왓슨과 크릭은 이것이 T는 늘 A와 묶여 있고 G는 늘 C와 묶여 있다는 의미라고 해석했다. 다른 조합은 발생하지 않는다. 이것은 복잡한 DNA 분자가 유사분열로 자신을 복제할 때 거의 절대 실수를 하지 않는 이유를 설명해준다. 염기는 오직 그런 특정한 짝으로만 서로 연결되어 있기 때문이다. 따라서 재생산 과정에서 긴 DNA가 두 가닥으로 풀려 C-G와 T-A 결합이 깨질 때, 모든 반쪽은 완벽한 주형으로 기능하여 주위의 세포질에서 짝이 되는 염기를 더 가져다가 자동적으로 자신을 정확하게 복제한다. 한쪽 반이 홀로 남은 A라면, 이 A는 T를 찾는다. 남은 염기가 C라면 G와 묶인다.

그러나 이것들이 모두 어떻게 배치되어 있을까? DNA의 형태는 어떤 것일까? 왓슨과 크릭의 작업 전에 영국의 연구자 모리스 윌킨스와 로절린드 프랭클린은 엑스선결정학—화학 구조 분석을 위하여 결정 물질에 엑스선을 쏘는 까다로운 방법—을 이용하여 DNA를 연구해왔다.

왓슨과 크릭은 프랭클린이 찍은 엑스선 결정 사진을 바탕으로 그들의 풍부한 상상력과 노력을 보태 마침내 DNA의 구조를 잡아냈다. 이것이 그 유명한 이중나선 구조로, 세포의 삶에서 가장 중요한 두 가지 활동을 하면서 자신을 변화시키는 능력을 가진 나선형 층계이다. 그 두 가지 활동 가운데 첫 번째는 둘로 나뉘어 자신을 재생산하는 것으로, 이 과정은 유사분열이라고 부른다. 또 하나는 단백질을 제조하는 것이다. DNA의 다양한 구성 성분인 뉴클레오티드 가운데 화학자에게 낯선 물질은 없다. 사다리의 양쪽 옆면은 인산염으로 이루어져 있는데, 이것은 광물인 인, 산소, 당류의 결합물이다. 사다리의 발판은 화학적 염기로, 샤가프가 말했듯이 각 발판은 두

그레고르 멘델

유전학의 아버지

1822
7월 20일에 오스트리아-헝가리의 하인첸도르프(현재는 체코 공화국의 힌치체)에서 요한 멘델이라는 이름으로 출생하다.

1843
모라비아의 브륀(나중에 체코 공화국의 브르노)의 아우구스티누스 수도원에 들어가 그레고르라는 이름을 받다.

1847
브륀의 아우구스티누스 교단의 성 토마스 수도원에서 사제로 서품을 받다.

1851~1853
빈 대학에서 과학과 수학을 공부하다. 실험물리학과 식물생리학도 이 과정에 포함되어 있었다.

1856
완두콩 실험을 시작하다. 이 실험으로 유전의 원리를 발견하게 된다. 또 거의 2만 8천 가지에 이르는 다른 식물도 재배하고 실험하기 시작했다.

1863
처음으로 기상 관찰 내용을 발표하다. 이 작업은 1882년까지 계속된다.

1865
식물 교잡에 관한 실험 결과를 브륀 자연과학 연구회에서 설명하다.

1866
"식물 잡종에 관한 연구"라는 글을 발표하다. 여기에서 나중에 멘델의 유전법칙이라고 알려진 개념을 제시했다.

1868
브륀의 성 토마스 수도원 원장으로 선출되다.

1872
프란츠 요제프 1세로부터 왕실과 제국 십자훈장을 받다.

1884
1월 6일에 브륀에서 사망하다.

1900
멘델이 살아 있을 때 인정받지 못했던 결론들이 재발견되다.

가지 화학물질로 이루어져 있으며, 그 둘은 중간에서 결합되어 있다.

나선의 발판은 생명의 형태와 기능을 결정한다. 가능한 배열 방법은 거의 무한이다. 머리를 훈련할 겸 조합을 만들어보면 아마 영원히 계속할 수 있을 것이다. 예를 들어 한 무리의 발판들은 이렇게 보일 수도 있다. CG, GC, AT, TA, TA, AT, CG, CT, GC, GC, AT, GC, A…….

바이러스 하나에는 다양한 서열로 배치된 DNA 발판 20만 개가 들어 있을 수도 있다. 병균의 염색체에는 5백만 내지 6백만 개가 들어 있을 수도 있다. 가장 높은 수준인 인간의 세포 하나에는 수십억 개가 들어 있다. 그러나 생명의 형태가 어떠하든, 세균이든, 쥐든, 인간이든 모두 똑같은 화학물질로 이루어져 있다. 생명이 어떤 형태가 될 것인지 결정하고, 각각의 유전자에게 단백질 제조를 지시하는 특수 암호를 제공하는 것은 이 네 가지 화학적 알파벳이 배열되는 순서다.

DNA의 구조가 처음으로 베일을 벗자, 다음 단계의 연구 과제는 이중나선 구조가 세포에게 명령을 내리고 세포가 그 정보를 이용하는 방식을 알아내는 것이 되었다. 곧 DNA의 각 유전자는 다양한 아미노산—보통 생명의 기본 요소라고 부르는 유기적 화학물질로, 세포의 유동적인 세포질에 들어 있다—들로 특정한 단백질을 구성하는 암호화된 명령을 포함하고 있다는 사실이 분명해졌다. 이 정보가 어떻게 핵 밖으로 나가 단백질을 구축하기 시작하는 것일까? 크릭은 단백질 제조에는 어떤 주형 분자가 관련되어 있는 것이 틀림없다고 추측했다.

이 가설을 확인한 사람은 따로 연구를 하던 미국의 두 생화학자 말론 호글랜드와 폴 버그였다. 호글랜드와 버그 모두 세포질에서 RNA 조각을 분리해내는 데 성공하여, 이 조각들이 저마다 서로 다른 아미노산을 만들어내도록 구성되어 있

1967~2003

1967
남아프리카의 의사 크리스티안 바너드 최초로 인간 심장 이식에 성공하다.

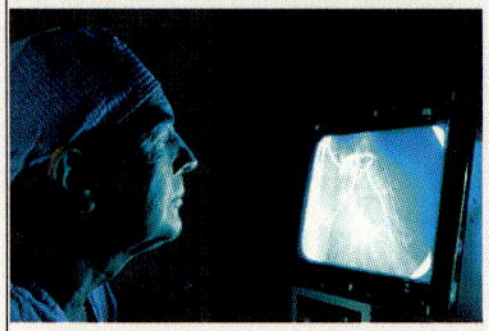

1978
영국 맨체스터에서 최초의 시험관 아기 루이스 조이 브라운이 태어나다. 이때 사용한 체외 수정 방법은 이제 보편화되었다.

1980
국제보건기구 천연두가 박멸되었다고 발표하다.

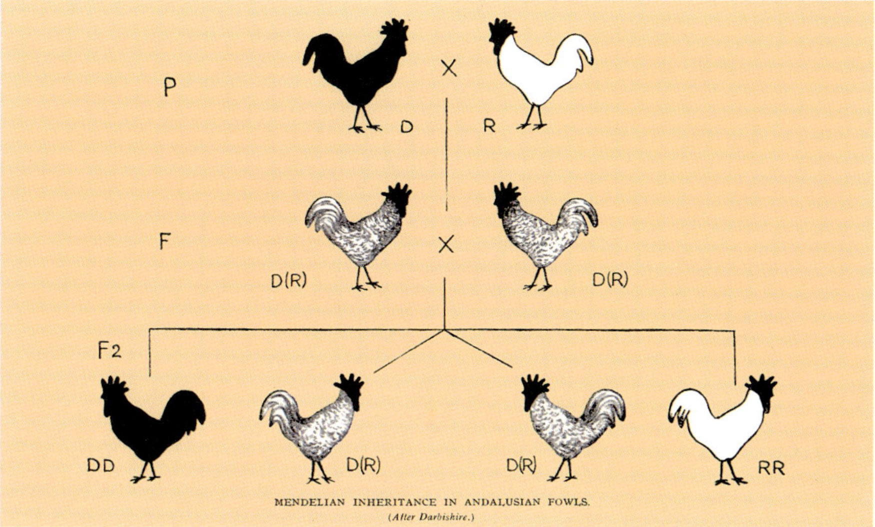

유전

오스트리아의 식물학자 그레고르 멘델은 물려받은 특징이 우성(D)일 수도 있고 열성(R)일 수도 있음을 보여주었다. 우성이 불완전하면 이 닭의 색깔처럼 혼합이 일어날 수도 있다. 회색 닭들이 짝을 지으면 원래의 색깔 유전자들이 다시 나타난다.

음을 보여주었다. 이 짧은 RNA 가닥(운반 RNA 또는 tRNA라고 부른다)들의 서로 다른 서열은 서로 다른 단백질의 조합 패턴을 결정한다.

그러나 여기에서 또 다른 문제가 생긴다. tRNA 서열을 결정하는 것은 무엇인가? 개별적인 가닥들이 어디로 가고 언제 방향을 틀지 어떻게 아는가? 이 답은 프랑스의 두 과학자 자크 모노와 프랑수아 자콥에게서 나왔다. 그들은 핵의 유전자가 어떻게 인체의 화학적 합성을 통제할 수 있는지 연구하고 있었다. 그들은 "오페론"이라고 부르는 유전암호의 특별한 단위들이 다른 유전자들의 활동을 통

1983	1986	1998	2003
프랑스의 뤼크 몽타니에와 미국의 로버트 갈로 에이즈를 일으키는 바이러스 HIV를 밝혀내다.	B형 감염을 막아주는 백신 유전공학으로 처음 개발되다.	위스콘신 대학과 메릴랜드의 존스 홉킨스 대학의 과학자들 처음으로 인간 줄기세포를 분리해내다.	인간 게놈 프로젝트가 완료되어 인간 DNA의 서열을 확인하고 지도를 그리다. 이로써 20,000에서 25,000개 사이의 유전자들이 드러났다.

특징의 구별

DNA에서는 각 생물체의 유전형질의 특징을 확인할 수 있다. 이런 유전적 증거는 이제 범죄자를 밝혀내는 데 사용되며, 이것은 지문보다 더 정확하다.

제한다고 주장했다.

왓슨과 크릭이 큰 걸음을 내디디고 나서 10년 정도가 흐른 뒤 모노와 자콥은 마침내 핵의 DNA 서열에서 명령을 읽어내 그것을 세포체의 단백질 공장으로 전달하는 분자 심부름꾼 체계를 밝혀냈다. 유전자, 즉 DNA의 일부가 지퍼를 열고 다른 핵산을 만드는데, 이번에는 또 다른 유형의 RNA, 바로 전령 RNA라고 부르는 mRNA가 그 일을 담당한다.

유전자는 전령에게 어떤 한 단백질의 암호화된 청사진 전체를 건네준다. 이 일을 하고 나면 다시 지퍼를 닫는다. 이제 이 전령은 핵에서 나가 세포질로 들어가, 그 명령을 세포에 흩어져 있는 밀도 높은 작은 알갱이, 즉 리보솜 가운데 하나에게 전달한다. 리보솜은 사실상 단백질을 조립하는 작업장이다. 이 과정 전체는 건축가가 건설 기술자에게 청사진을 건네는 것과 비슷하다. 단지 설계도가 종이가 아니라 유전자에 암호화되어 있고, 건축 재료가 벽돌과 모르타르가 아니라 아미노산이라는 점이 다를 뿐이다. 간단히 말해서 DNA에 저장된 유전정보는 RNA 분자로 전사되며, 이것이 유전암호에 의해 단백질의 분자 구조로 번역된다. 명령이 단백질의 구조, 즉 기능으로 구현되면 이 과정은 끝이 난다. 단백질 자체는 RNA나 DNA나 다른 단백질을 만드는 자료를 운반하지 않는다.

생명을 유지하는 단백질을 제조할 때 DNA의 역할을 강조한 나머지 DNA에 어두운 면이 있다는 사실을 흔히 잊는 경향이 있다. 예를 들어 DNA는 손상을 입으면 암을 일으키기도 한다. 유전자 암호의 단 하나의 오류—'단어' 하나의 철자를 잘못 쓰거나 '문단'의 위치가 잘못 놓이는 등의 오류—로 여러 개의 장기와 관련된 병이 생기기도 한다. 생산 라인이 고장나면 중요한 화학물질이 만들어지지 않을 수도 있고, 반대로 위험할 정도로 많이 쌓여서 뇌와 동맥에 막히는 곳이 생기기도 한다. DNA의 암호가 잘못되면 엉뚱한 종류의 단백질이 만들어지기도 한다. 노화가 진행되면서 암호의 오류가 종종 발생하며, 결함이 있는 단백질이 만들어지거나 몸이 퇴화

프랜시스 크릭

DNA 구조의 공동 발견자

1916
6월 8일에 영국 노샘프턴에서 태어나다.

1934
런던 유니버시티 칼리지에서 물리학을 공부하다.

1937
유니버시티 칼리지를 우등으로 졸업하고 박사학위를 받기 위한 연구를 시작하다.

1949
영국 케임브리지 캐번디시 연구소의 의학연구위원회에 들어가다.

1951
제임스 왓슨이 캐번디시 연구소에 도착하여 크릭과 공동 작업을 시작하다.

1953
제임스 왓슨과 함께 "핵산의 분자구조"를 발표하다. 이것은 DNA의 구조와 기능에 관한 그들의 발견을 논의한 첫 번째 논문이다.

1954
케임브리지 카이우스 칼리지에서 박사학위를 받다. 논문 제목은 "엑스선 회절: 폴리펩티드와 단백질"이었다.

1958
서열 가설과 센트럴 도그마를 제시하다. 오늘날에는 둘 다 분자생물학의 중심 학설로 받아들여진다.

1961
프랑스 과학아카데미의 샤를 레오폴드 메이어상을 수상하다.

1962
제임스 왓슨, 모리스 윌킨스와 노벨 생리 · 의학상을 공동 수상하다.

1976
솔크 생물학 연구소로 옮겨가다. 이곳에서 연구 분야를 의식과 뇌로 바꾸었다.

2004
7월 28일에 캘리포니아 샌디에이고에서 사망하다.

인간 게놈의 지도를 그리다

2003년에 완료된 인간 게놈 프로젝트는 유전물질을 대규모로 이해하려는 유전체학 분야를 창조한, 13년에 걸친 기념비적인 노력이었다.

이 프로젝트는 모든 참가자들을 만족시킬 만한 숫자들을 내놓았다. 그들은 이제 인간 유전자의 총수가 3만 개 정도임을 알고 있다. 인간 게놈에는 31억 6,470만 개의 화학적 뉴클레오티드 염기(A, C, T, G)가 포함되어 있다. 보통 유전자는 3천 개의 염기로 이루어져 있지만, 그 숫자는 경우마다 크게 달라진다. 인간 유전자 가운데 가장 큰 것은 240만 개의 염기를 가진 디스트로핀인데, 이것은 정상적인 근육에서는 소량 발견되지만 근위축증이 있는 사람들에게서는 찾아볼 수 없는 구조단백질이다. 또 이제 우리는 거의 모든—99.9퍼센트—뉴클레오티드 염기의 순서가 사람이면 누구나 똑같다는 사실을 알고 있다.

이런 많은 정보에도 불구하고 여전히 빈 구멍들이 있다. 예를 들어 발견된 유전자의 50퍼센트 이상의 기능을 알지 못한다. 유전자의 정확한 숫자도 여전히 논란의 여지가 있다. 병과 관련된 유전자들이 발견되었지만—30개 이상이 특히 유방암이나 근육 질환과 관련되어 있다—심장 혈관 질환, 당뇨병, 관절염, 많은 암들의 바탕에 깔린 DNA 서열을 발견하는 것은 아직 까다로운 일이다.

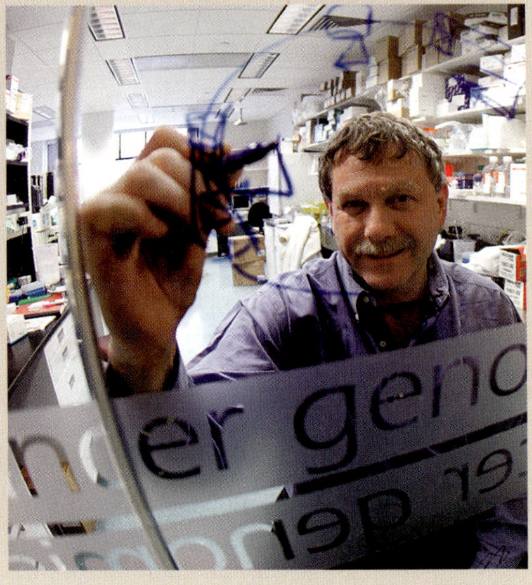

인간 게놈 연구의 선두에 선 브로드 연구소의 에릭 S. 랜더는 2001년에 발표된 게놈 지도의 첫 번째 저자가 되었다.

이 프로젝트가 야기한 윤리적, 법적, 사회적 쟁점들과 관련해서도 까다로운 문제들이 남아 있다. 예를 들어 게놈 프로젝트는 이 프로젝트에서 나온 결과와 관련이 있는 활동 가운데 하나인 복제가 포괄적 용어임을 더 잘 이해할 필요가 있다고 결정했다. 복제는 전통적으로 과학자들이 생물학적 물질을 복제하는 다양한 방법들을 묘사하는 데 사용해왔지만, 많은 사람들은 이 용어를 유명한 복제양 돌리나 상상 속의 복제인간 같은 살아 있는 생물을 창조하는 것으로 이해하고 있다. 그런 연구에 대한 우려는 이해할 만하다. 기술적인 어려움이 있을 뿐 아니라, 복제가 인간의 신체적이고 정신적 발달에 영향을 주는 방식에 대한 정보도 부족하기 때문이다.

한편 게놈 프로젝트의 정보는 유전적 쌍둥이를 생산하는 것 외에도 다른 유형의 복제 기술이나 목적에 사용될 수 있다. DNA 재조합 기술이나 유전자 복제에는 유전적 질환을 치료할 잠재력이 있다. 배아 복제라고도 부르는 치료용 복제는 인간 발달을 연구하고 많은 병을 치료하는 데 이용할 수 있는 줄기세포를 얻을 목적으로 인간의 배아를 생산하는 것을 목표로 한다.

게놈 프로젝트의 관리자들이 말했듯이, "다양한 유형의 복제의 기본을 이해해야만 현재의 공적인 정책적 쟁점과 관련하여 정확한 정보에 근거한 입장을 갖고 가능한 최선의 개인적 결정을 내릴 수 있다."

할 수도 있다.

다운 증후군처럼 염색체 이상이 생기면 자연이 의도한 것보다 많은 유전자가 존재할 수도 있다. 또 다른 경우에는 유전자 일부가 사라져 다양한 유전적 결함을 일으킬 수 있다. PKU, 즉 페닐케톤 요증이라는 병은 유전자 오류의 예로, 특정한 효소에 악영향을 준다. 이런 유전적 대사 질환 가운데 다수는 정신 지체를 낳기도 한다.

과학자들은 해로운 유전자의 발현을 억제하고 활동이 부진한 유전자를 자극하는 방법을 찾으려고 노력해왔다. 왓슨과 크릭을 비롯한 여러 사람들의 업적 이후 오랜 세월이 흐른 지금 인간 게놈, 즉 인간의 모든 유전자, 인체의 구성과 기능의 청사진을 작성한 일은 최근 과학사에서 새로운 이정표가 되었다. 심각한 생화학적인 오류를 교정하는 방법을 알아내는 것도 이런 인간 게놈 연구의 목표 가운데 하나다.

인간 게놈

인간 게놈 프로젝트의 시기는 적절했다. 이제 과학자들이 주어진 세포에서 DNA 서열을 읽을 능력을 갖추어, 세포생물학에서 가장 이해가 되지 않았던 현상 가운데 하나를 해명했기 때문이다. 그러나 이 과제는 범위가 너무 엄청나, 거의 불가능해 보일 정도였다. 인간 DNA의 모든 유전자를 밝혀내고, 그 DNA를 구성하는 염기쌍 30억 개의 서열을 판정하고, 그 정보를 논리적으로 접근 가능한 데이터베이스로 정리 분류하고, 이러한 프로젝트의 완성이나 영향과 관련하여 불가피하게 일어날 수밖에 없는 윤리적, 법적, 사회적 쟁점들을 다루어야 했기 때문이다.

물론 유전자는 성숙한 적혈구 세포를 제외한 모든 세포에 존재하는 완전한 게

유전자 연관
1875년에 태어난 영국의 유전학자 레지널드 퍼네트는 영국의 생물학자 윌리엄 베이트슨과 함께 유전자 연관, 성 연관, 성 결정, 상염색체 연관을 발견했다. 퍼네트는 유전적 결합의 수와 범위를 보여주는 퍼네트 스퀘어를 개발했으며, 1967년에 영국에서 사망했다.

놈 안에 있었다. 하지만 인간의 모든 유전자를 하나하나 분류할 수 있을까? 그것은 거의 불가능한 일이었다. 어떤 유전자는 너무 작아 쉽게 탐지할 수가 없다. 하나의 유전자가 몇 가지 서로 다른 단백질 생산물의 암호를 가질 수 있다. 어떤 암호는 RNA에만 쓰일 수 있다. 유전자 쌍들은 서로 겹칠 수 있다. 이 모든 것을 고려하면 정말 엄청난 과제였다.

그러나 이 일을 달성하기만 하면 과학은 인간의 유전을 거대한 규모에서 더 분명하게 이해할 수 있을 터였다. 어떤 사람이 왜 그렇게 생겼는지, 유전이 인간의 건강과 회복에 어떻게 기여하는지, 결함이 있는 유전자가 어떻게 병을 일으키는지. '유전자'니 'DNA'니 하는 용어들이 나오기도 전인 1777년 프로이센의 프리드리히 대왕이 한 다음과 같은 말을 확인해줄 수 있을 터였다. "사람은 지울 수 없는 특징을 갖고 태어난다."

인간 게놈 프로젝트는 1990년에 시작되었다. 미국 에너지부와 국립보건연구소가 공동 주관한 13년간의 사업이었다. 이 프로젝트의 가장 중요한 특징은 연방정부가 기술을 민간 부문에 이전한다는 계획이었다. 이 프로젝트의 관리자들은 개인 기업에 기술사용을 허가하고 혁신적인 연구에 지원금을 주어 수십억 달러 규모의 미국 생명공학 산업을 촉진하고 새로운 의학적 응용 분야 개발을 장려하려 했다.

이 사업은 노동집약적으로 이루어졌다. 훈련받지 못한 사람들의 눈으로 보면 생명의 암호는 뭐가 뭔지 알 수 없었다. 그러나 판독할 수 있는 과학자들에게는 흐릿한 경우보다는 명료한 경우가 더 많았다. 그들은 그 모든 지도를 그리는 것이 유전자 자체를 실제로 조작하여 병을 치료하는 데 관건임을 알았다.

유전자를 운반하는 DNA의 실 같은 가닥들인 세포핵의 염색체는 작은 조각으로 나누어야 했다. 염색체에 염기가 5천만에서 2억 5천만 개 들어 있을 수 있다는 점을 고려하면 매우 까다로운 일이었다. 각각의 짧은 조각에서 나온 DNA는 겔 전기 영동법이라고 알려진 과정을 거쳐 분리한 뒤 구성하는 염기들을 확인할 수 있도록 염색을 해야 했다. 짧은 유전자 서열로부터 실제 정보를 스캔하고 기록하는 일은 자동 염기서열 분석기가 도와주었다. 그런 뒤에 컴퓨터가 이 짧은 서열들(각각 약 500개의 염기로 이루어진 토막들)을 연속적인 긴 가닥으로 조립했다.

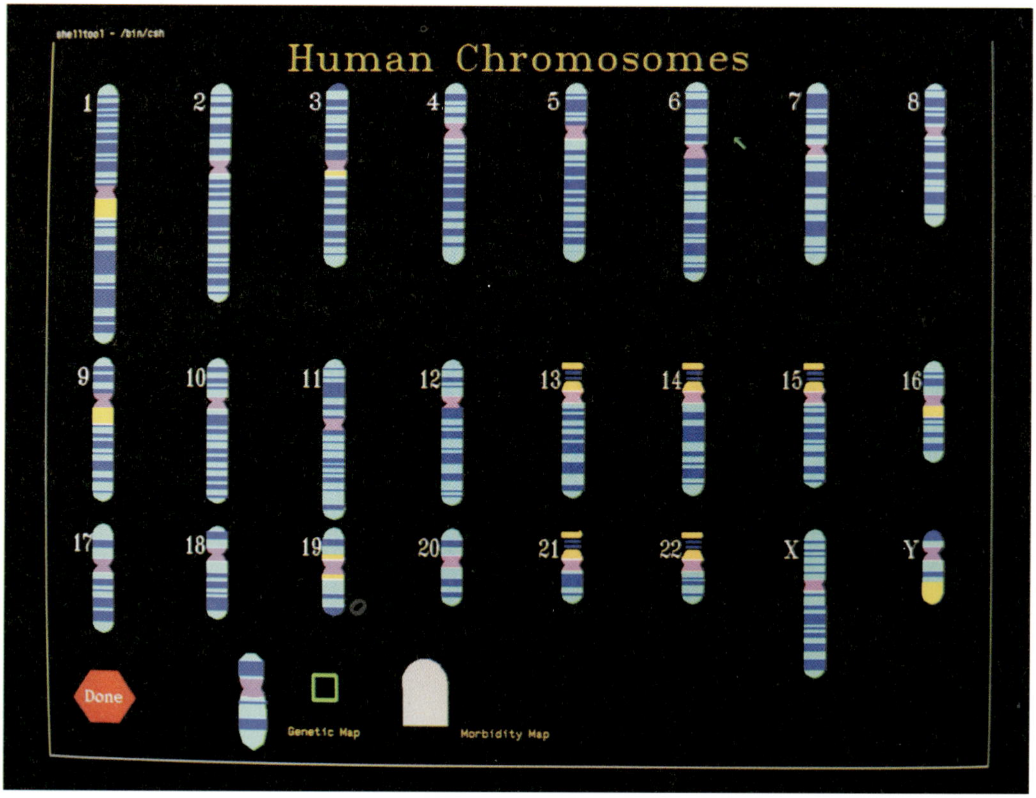

분명한 색깔

DNA 조각들은 전기장에 노출시켜 분리한 뒤에 착색을 시켜 분석을 할 수 있다. 그 결과 드러난 패턴은 DNA를 누구에게서 추출했느냐에 따라 다르다.

연구자들은 오류나 유전자 암호 구역을 비롯한 여러 특징들을 찾기 위해 그 각각을 분석했다. 이 프로젝트에는 인간 외에도 대장균, 초파리, 실험실 쥐 등 몇 가지 유기체의 유전적 구성 연구도 포함되었다.

게놈 가운데 아주 낮은 비율만이 과학자들이 유용하게 생각하는 정보인 단백질을 위한 암호를 갖고 있다는 점을 고려할 때 이 프로젝트는 겨에서 밀을 분리해내는 일과 비슷했다. 그 대다수는 중요한 단백질 구성 정보가 전혀 없어 종종 '쓰레기 DNA'라고 부르는 반복된 서열들만 포함하고 있기 때문이다.

이 프로젝트의 핵심적인 부분은 예정보다 일찍 2003년에 완료되었다. 게놈이 암호화하는 유전자의 정확한 숫자는 여전히 연구 중이지만 2만 개에서 2만 5천 개 사이이며, 어쩌면 그 이상일 수도 있다. 그러나 그전에 추정한 십만 개보다 훨씬 적은 수인 것만은 분명하다. 이 결과를 보고 과학자들은 깜짝 놀랐다. 인간의 유전자가 단순한 선형동물보다 몇천 개밖에 더 많지 않았기 때문이다.

정확한 숫자를 알기까지는 시간이 더 걸릴 것이며, 훨씬 더 노동집약적인 실험을 해야 할 것이다. 그러나 분명한 것은 유전 치료 같은 실용적인 응용과는 별도로 인간 게놈 프로젝트가 과학자들에게 생물계에 대한 이해를 제공했으며, 앞으로 오랜 세월 동안 연구 방향을 규정할 것이라는 점이다. 단지 인간 연구만이 아니다. 이 프로젝트의 과학자들이 창조한 기술과 그들이 수집한 정보는 다른 많은 유기체, 특히 생물학 연구에 많이 사용되는 쥐, 초파리, 편형동물의 게놈을 해명하는 데 도움을 줄 것이다. 중요한 점은 대부분의 살아 있는 유기체들이 동일한 또는 비슷한 유전자를 많이 공유하고 있다는 점이다. 따라서 하나의 모델이 되는 유기체—예를 들어 선형동물—의 유전자의 서열이나 기능을 밝혀내면 인간이나 다른 유기체의 같은 유전자도 설명할 수 있다.

미국 국립인간게놈연구소 소장인 프랜시스 콜린스는 게놈 프로젝트 결과를 용도가 다양한 책에 비유했다. "이것은 역사책으로, 오랜 시간에 걸쳐 우리 종이 여행한 이야기가 담겨 있다. 또한 정비 지침서로 인간 세포를 구축하기 위한 믿을 수 없을 정도로 자세한 청사진이 담겨 있다. 또 훌륭한 의학 교과서로, 보건 담당자들에게 병을 다루고, 예방하고, 치료할 새롭고 엄청난 능력을 부여할 수 있는 통찰을 담고 있다."

그러나 축하할 일은 또 남아 있다. 2005년 국제합맵콘소시엄이라고 부르는 집단은 인간의 유전 변이를 정리한 포괄적인 카탈로그를 펴냈다. 인간 게놈 서열에 기초한 이 카탈로그는 천식, 당뇨병, 심장병, 암 같은 흔한 질병과 관련된 유전자 연구를 가속화한 획기적인 성취다.

미국, 캐나다, 중국, 일본, 나이지리아, 영국 출신의 200명이 넘는 연구자들은 광범한 지역 출신의 자원자 269명으로부터 뽑은 혈액 표본을 이용했다. 지금까지 그 결과는 인간 게놈의 변이가 일배체형이라고 부르는 가까운 이웃들로 구성된다는 거의 확실한 증거를 제공하고 있다. 이 일배체형은 보통 훼손되지 않은 정보 단위로 유전된다.

미래의 게놈

합맵 카탈로그는 의사들이 각 환자에게 적당한 약을 적당량 처방하는 데 도움을 줄 것이다. 의사들은 개인의 환경적 요인에 대한 다양한 반응을 고려하여 예방 전략을 짤 것이다. 이 카탈로그는 건강에 도움이 되고, 감염 질환을 막아내고, 건강한 장수를 촉진하는 유전적 요인을 밝혀내는 데 기여할 것이다.

도쿄 대학의 인간게놈연구센터 소장인 유스케 나카무라는 이렇게 말한다. "이것은 몇 년 전만 해도 상상할 수 없을 정도는 아니지만 비실용적이라고 생각하던 연구를 가능하게 해주는 놀라운 도구다. 이것은 과학 공동체가 노력을 크게 절약할 수 있게 해준다. 일반적 질환의 유전적 요인을 찾는 비용을 10에서 20퍼센트 줄여준다."

히포크라테스에서 합맵에 이르기까지, 세균 이론에서 인간 게놈에 이르기까지 인간의 몸은 의학자들만이 아니라 다른 모든 사람들까지 계속 놀라게 하고, 매료시키고, 당황하게 하고 있다.

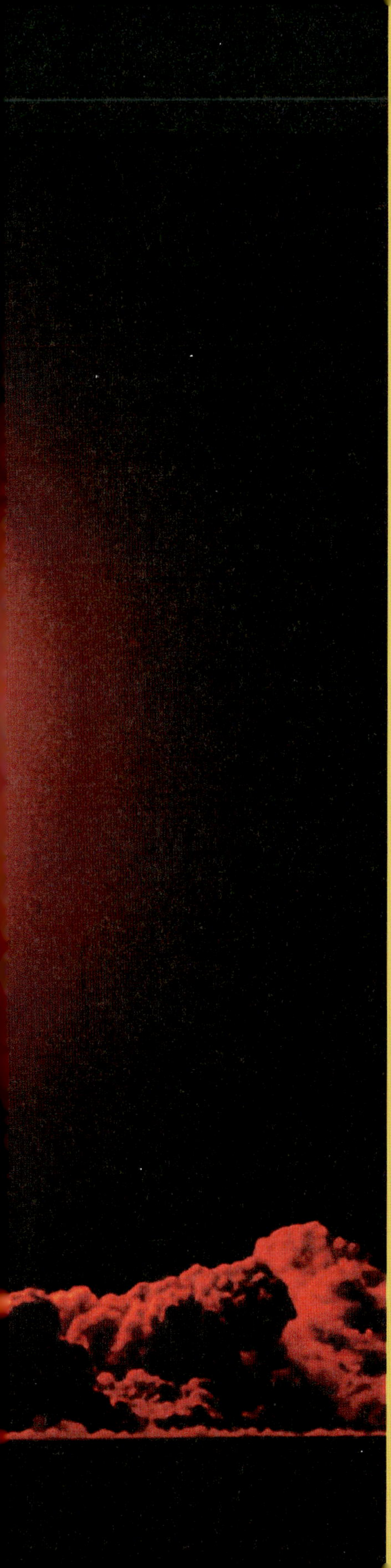

물질과 에너지

3

물질과 에너지의 수수께끼를 해명하려는 노력은 2천 년 넘게 계속되었다. 그 결과 방대한 양의 지식을 축적했지만, 그럼에도 오늘날에도 과학자들은 탐구를 계속하고 있다. 분명히 알게 된 것 한 가지는 자연세계의 많은 면을 이해하는 데 수학이 핵심적이라는 사실이다. 그러나 수학에서 가장 단순한 부분, 오늘날 우리가 쉽고 당연한 것으로 여기는 부분조차도 사실은 우리의 조상들이 그들 자신의 필요와 욕망에 따라 점진적으로 발전시킨 결과물이다. 우리의 이야기는 숫자에서부터 시작할 것이다.

인간 역사에서 문자와 수학이 같은 시기에 발전했다는 것은 우연이 아니다. 둘 다 물리적 세계를 묘사하는 방식이며, 물리적 세계에 관한 정보를 일군의 상징으로 바꾸는 능력이 요구된다. 그러나 상징의 사용은 인간에게 백만 년이 걸린 과정의 마지막 단계이다. 이 과정이 시작되던 시점에서는 인간도 다른 많은 동물과 마찬가지로 더 많은 것과 더 적은 것 정도만 구별했을 것이다. 이때는 직관적으로만 계산을 할 수 있었다. 새가 둥지의 알의 개수를 느끼는 것이나 말벌이 새끼에게 벌레를 몇 마리나 먹였는지 느끼는 것과 마찬가지다. 인간도 돌

앞 페이지 물질이 에너지로. 1957년 9월 14일 네바다 사막 실험장 위에서 11킬로톤짜리 원자탄이 터져 버섯구름이 피어오르고 있다.

네 개가 쌓인 무더기가 열 개가 쌓인 무더기와 다르다거나, 네 걸음의 거리가 열 걸음의 거리와 다르다는 것 정도를 인식했을 것이다. 우리로서는 잘 이해하기 힘들지만 돌이나 걸음의 차이는 인식했어도 '넷'이나 '열'이라는 개념은 없었다.

어떤 숫자가 인식되었다면 그것은 자신에 대한 인식에서 나왔을지도 모른다. 예를 들어 하나의 몸, 하나의 머리, 하나의 입을 인식하는 과정에서 하나라는 수를 이해했을 것이다. 또 좌우대칭의 대칭적 존재로서 부속기관이 대부분 둘 달려 있기 때문에 둘을 이해했을 것이다. 하나는 특이함을 암시한다. 둘은 남성과 여성, 낮과 밤, 해와 달, 땅과 하늘, 물과 땅, 뜨거움과 차가움처럼 비교나 대립을 뜻했을 것이다. 오늘날에도 제의나 종교적 관행에서는 어떤 숫자들이 강력하고 중요한 진리를 말해준다고 믿는다.

셈과 측정의 도구들

인간의 정신이 언제부터 이런 숫자와 관련된 진리의 터를 넓혀가기 시작했을까? 경험과 전통은 문자 사용 이전에도 이주하는 목자나 사냥꾼들에게 그들의 연장이나 무기의 형태와 크기를 어떻게 정할지, 사냥감에게 얼마나 가까이 다가가야 할지, 다음 여행이 얼마나 오래 걸릴지 가르쳐주었다. 백만 년 전 우리의 옛 조상들은 돌을 날로 만들려면 몇 번이나 쳐야 하는지 헤아렸을까? 사냥을 나가기 전에 들고 다닐 돌의 숫자를 세었을까? 잡은 짐승들의 숫자를 세었을까? 하루 여행에서 몇 걸음이나 걸었는지 표시했을까? 인간의 뇌가 지금보다

기원전 600~50년경

기원전 600년경
밀레토스의 탈레스 생명과 땅의 근본 원소는 물이라고 결론을 내리다.

기원전 500년경
피타고라스학파 수학을 연구하여 기하학 연구를 크게 발전시키다.

기원전 420년경
그리스 철학자 데모크리토스 모든 물질이 원자라고 부르는 아주 작은 더 이상 쪼개지지 않는 구성요소로 이루어져 있다고 주장하다.

해시계

정교하든 단순하든 해시계는 인간의 시간 감각이 자연세계와 밀접하게 연결되어 있음을 보여준다.

600시시 정도 작았던 백만 년 전에는 그렇게 하지 못했다면, 언제부터 그런 분명한 셈이 시작되었을까?

기원전 320~260년경 에우클레이데스(유클리드) 모든 기하학적 지식을 수집하여 그의 유명한 저술 『기하학 원론』에 펼쳐놓다.	**기원전 300년경** 인도의 수학 처음으로 0을 숫자의 위치 지정자로 사용하다.	**기원전 287~212** 아르키메데스 떠 있는 물체를 밀어올리는 부력은 그 물체가 차지하고 있는 공간에 들어갈 유체의 무게와 같다고 결론을 내리다.	**기원전 50년경** 인도에 십진법이 생기다.

최초의 문자

점토판에 찍은 그림문자는 고대 수메르에서 회계 장부 역할을 했다. 설형문자라고 부르는 이 쐐기 모양의 상징들에서 최초의 문자가 나왔다.

5만 년 전 변화하는 환경에서 생활의 복잡성 때문에 더 나은 계산을 할 필요가 생겼을까? 그런 계산을 하는 데 더 큰 두뇌가 필요했을까? 수, 즉 양을 표현하는 기수와 순서를 표현하는 서수의 이해가 인간 문화의 출발을 의미할까?

사람들이 언제 처음으로 셈이나 대수의 초기 형태를 만들어냈는지, 언제부터 해, 달, 별, 행성의 규칙적인 운동을 측정하기 시작했는지 알 수 있는 증거는 거의 없다. 먹을 것과 잘 곳을 찾아 무작정 돌아다닌 것이 아니라면, 자신들의 여행 경로는 어떻게 표시했을까? 선사시대 사람들도 틀림없이 그림자가 하루 종일 바꿘다는 사실, 따라서 땅에 꽂은 막대기 둘레를 따라 원을 그리고 간격을 나누어 시간의 진전을 표시할 수 있다는 사실을 알았을 것이다. 그노몬('아는 자'라는 의미의 그리스어다)이라는 이런 장치는 지금도 아프리카의 부시족이 사용하고 있다. 이런 최초의 측정 체계 가운데 일부가 인간의 신체에 기초를 두고 있다는 사실—한 뼘 또는 팔이나 발이나 걸음의 길이—은 이런 방법이 오래 전부터 사용되어왔음을 보여준다.

그노몬
기원전 35세기라는 이른 시기에 나온 해시계의 원시적 형태인 그노몬은 시간을 측정하는 세계 최초의 장치였다. 기원전 8세기에는 더 정확한 도구가 사용되었다.

그러나 셈은 문제가 다르다. 예를 들어 나무 두 그루를 보는 것에서부터 그 나무를 재현하기 위해 땅에 막대기를 두 개 꽂는 것으로의 이행은 커다란 도약이다. 거기에 막대기 무더기를 더하는 것은 더 큰 도약이다. 인류학자와 고고학자들은 1만 년 전 중동에서 농업과 가축 사육을 시작했을 때 이 과정도 시작되었을 것이라고 추측하고 있다. 손가락이나 발가락으로 세는 것, 또는 나뭇조각에 그어놓은 몇 개의 눈금으로 세는 것은 한정된 수에는 효과가 있었다. 그러나 한때 사냥꾼이나 유목민이었던 사람들이 비옥한 땅에 정착을 하여 곡식이나 가축을 기르게 되자 많은 양의 물자를 다루어야 했다. 초기 정착지에서도 공동의 창고에 저장한 곡식을 계산해야 했다. 그런 많은 양은 더 고급스럽고 효율적인 계산 방법을 요구했다.

기원전 7500년 현재의 이라크 남부에 자리 잡은 수메르라고 부르는 땅에서는 비축한 물자의 양을 기록하기 위해 다양한 형태의 작은 점토 조각들을 사용했다. 지금 아이들이 보드 게임에서 사용하는 조각들을 상상하면 된다. 작은 점토 조각 하나는 1부셸(27킬로그램)을 나타냈다. 원통 하나는 동물 한 마리를 나타냈다. 달걀 모양의 작은 조각은 기름 단지였다. 이렇게 셈에 이용되는 조각에는 구, 원판, 작은 피라미드 모양 등이 있었다.

이런 물건은 청동기 시대 이전에 나왔다. 점토를 고온으로 단단하게 구워 어느 정도 모양이 유지되게 할 수 있던 시기, 기교를 부린 도기가 생산되던 시기에 나온 것이다. 조각들은 하나의 단위를 나타냈으며, 소유물을 평가하는 데 사용되었다.

천, 향수, 연장 등 물자가 많이 생산될수록 계산용 조각도 정교해졌다. 이런 조각은 고고학자 드니스 슈만트-베세라의 이론에 따르면, 문명에 새롭게 나타난 목

흙, 공기, 불, 물

세상은 무엇으로 만들어졌을까? 인간의 감각은 이 기본적인 질문에 대하여 여러 고대 문화에서 똑같은 답을 제공했던 것 같다. 처음에는 기원전 2000년경에 중국에서, 그 다음에는 고대 인도에서, 마지막에는 그리스에서 만물이 몇 가지 기본 원소로 이루어져 있다고 결론을 내렸다. 중국에서 그 원소는 물, 금속, 나무, 불, 흙이었다. 그리스와 인도에서는 흙, 공기, 불, 물이었다. 고대인에게 물리학과 형이상학은 서로 멀리 떨어진 것이 아니었다. 따라서 이런 원소에는 실제적인 속성만이 아니라 개념적인 속성도 부여되었다.

1496년의 이탈리아에서 나온 이 목판화에는 흙, 공기, 불, 물—네 가지 원소—이 연결되어 있다.

그리스에서는 기원전 5세기 초에 엠페도클레스가 처음으로 네 원소에 관한 개념을 정리했다. 시인이자 철학자이자 정치가이자 피타고라스의 추종자였던 엠페도클레스는 흙, 공기, 불, 물이 생명과 물질의 리조마타, 즉 뿌리를 이룬다고 결론을 내렸다. 만물이 원자 아니면 공허로 이루어져 있다고 믿었던 데모크리토스, 물질은 창조되거나 파괴될 수 없다고 믿었던 파르메니데스와는 달리 엠페도클레스는 원소들이 늘 변하고 압력을 받으며, 우주의 커다란 두 힘, 즉 끄는 힘과 미는 힘, 그의 표현을 빌리자면 사랑과 싸움의 영향을 받는다고 주장했다. 이런 힘들이 세상에서 창조와 파괴라는 되풀이되는 주기를 만들어낸다.

물질이 창조되었다가 파괴된다는 엠페도클레스의 생각은 만물이 목적을 가지고 창조되었다는 아리스토텔레스의 견해와 정면으로 배치되는 것이었다. 아리스토텔레스도 흙, 공기, 물, 불이 모든 물질 안에 결합되어 있다는 데는 동의했다. 그러나 낮고 생명이 없는 것에서부터 인간적이고 신성한 것에 이르기까지 존재의 사슬을 따라 완성도의 수준이 높아지는 방식으로 결합되어 있었다. 아리스토텔레스는 네 가지 원소가 둘씩 대립물끼리 짝을 지어—흙과 공기, 물과 불—한쪽이 다른 쪽으로 바뀌는 과정을 복잡하고 자세하게 설명했다.

"예를 들어 공기는 불에서 나온다. 한 가지 특질만 변하면 되기 때문이다. 불은 우리가 보았다시피 뜨겁고 건조하다. 반면 공기는 뜨겁고 축축하다. 따라서 축축한 것이 건조한 것을 누르면 공기가 생긴다……. 그러나 불이 물로, 공기가 흙으로 바뀌는 것, 마찬가지로 물과 흙이 불과 공기로 바뀌는 것은 가능하기는 하지만 더 어렵다. 특질이 더 많이 바뀌어야 하기 때문이다."

기원전 5세기에 의사 히포크라테스는 건강이 네 가지 체액—혈액, 점액, 두 가지 담즙—의 균형에서 나온다고 믿었다. 네 가지 체액은 네 가지 주요 기관, 네 계절, 인간의 네 연령대, 네 원소와 유사했다. 중세 내내 이 상징적 특질의 체계는 원소 자체만큼이나 중요했다. 축축한 상태와 건조한 상태의 균형, 열기와 냉기의 균형은 정신적인 동시에 신체적 건강을 의미했다.

아리스토텔레스의 다른 많은 생각들과 마찬가지로 네 원소와 그에 상응하는 네 가지 체액 이론은 오랫동안 아무런 도전을 받지 않았다. 그러다가 중세에 연금술사들이 물질의 참된 물리적 속성들을 발견하기 시작하자, 아리스토텔레스의 원소 이론도 시험대에 올랐다.

잉글랜드의 화학자 로버트 보일은 1661년에 네 가지 원소의 본성을 논박했다. 그는 진짜 원소들은 분해되지도 않고 다른 물질에서 생기지도 않는다고 주장했다. 르네상스 시대에 이르면 원소의 해석은 과학이 아니라 비유로 인식되었다. 18세기 말에 프랑스의 화학자 앙투안 라부아지에는 보일의 기준에 기초하여 원소의 명단을 발표했다. 이것이 오늘날 주기율표의 출발점이 되었다.

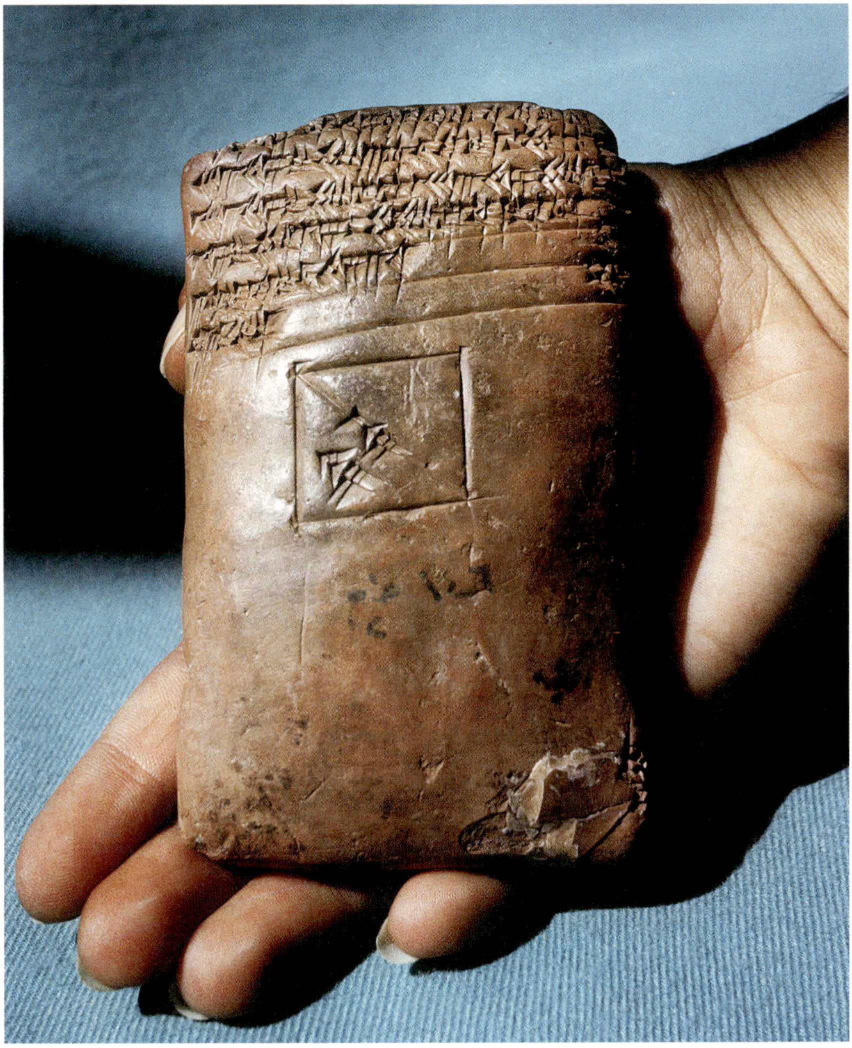

잃어버린 숙제?

이것은 바빌로니아의 전형적인 손 크기 점토판에 도형으로 그려놓은 수학 문제로 여겨진다. 해법은 문제 위쪽에 설형문자로 적혀 있다.

적, 즉 세금 징수를 위해 사용된 것일 수도 있다. 조각 자체는 점토로 만든 구 안에 보관되었고, 겉에는 안에 든 상징물의 모양을 나타내는 표시가 새겨져 있었다. 곧이어 조각을 나타내는 표시들이 조각 자체를 대체했고, 점토 구들은 좀더 쉽게 표시를 새길 수 있도록 납작한 판으로 바뀌었다. 이제 달걀 모양의 조각 50개 대신, 점토판에 첨필로 달걀 모양의 표시 50개를 새기게 된 것이다.

슈만트-베세라에 따르면 기원전 3100년경에 큰 진전이 이루어졌다. 곡식 상징물의 이미지 50개로 곡식 50부셸을 표시하는 대신 곡식 1부셸의 상징 앞에 숫자 50을 나타내는 특별한 기호 또는 기호들의 조합을 새기는 체계가 개발되었다. 숫자는 어떤 특정한 물건을 가리킨다는 점에서 아직 완전히 추상화되지는 않았다. 예를 들어 둘은 여전히 그 자체로는 의미가 없고, 어떤 것이 두 개 있다는 사실을 나타내는 데 사용될 때에만 의미가 있었다. 여러 물건의 양을 표시하는 데 똑같은 상징을 사용할 수 있다는 것은 단순한 셈을 넘어선 거대한 진전이었다. 처음에는 단 두 가지 숫자 상징만 사용했지만, 그럼에도 간단한 십진법을 만들 수 있었다. 아마 십진법은 인간의 손가락이 열 개이기 때문에 직관적으로 채택되었을 것이다. 쐐기는 하나를 나타냈고, 원은 열을 나타냈다.

기원전 3천 년이 되자 점토 상징물은 낡은 것이 되어 좀더 내구력이 있는 점토 계산판으로 대체되었다. 이와 더불어 나타난 새로운 그림문자 자료 저장 체계는 이후 3천 년 동안 중동에서 사용되면서 세련되게 다듬어졌다. 이 시기에는 문자도 사용되었다. 문자의 경우에는 새로운 상징들의 집합을 사용했는데, 이것은 '쐐기 모양'이라는 의미에서 설형문자라고 부른다. 언뜻 보기에는 단순한 이 발전이 이루어지는 데 4천 년 넘게 걸렸다. 그러나 인간이 새로운 관찰과 생각을 측정하고 묘사하는 데 숫자를 사용하게 되면서 세계에 관한 지식도 급격하게 발전하기 시작했다.

설형문자
고대 중동에서 가장 중요하고 널리 퍼진 문자는 설형문자였다. 말하자면 고대 중동의 라틴 알파벳이나 마찬가지였다고 한다. 설형문자는 수메르에서 최초로 사용된 것으로 알려져 있다.

'비옥한 초승달 지대'의 커다란 메소포타미아 문화의 한 부분이었던 바빌로니아는 수메르가 발전시킨 것을 더 정교하게 다듬었다. 그들은 더 많은 수 기호를 개발하여, 하나의 단위가 다른 단위로 전환될 수 있는 체계를 만들었다. 우리가 지금 그램을 킬로그램으로 바꾸거나, 킬로그램을 톤으로 바꾸는 것과 마찬가지다. 예를 들어 원뿔 열 개는 작은 동그라미 하나와 같았다. 작은 동그라미 여섯 개

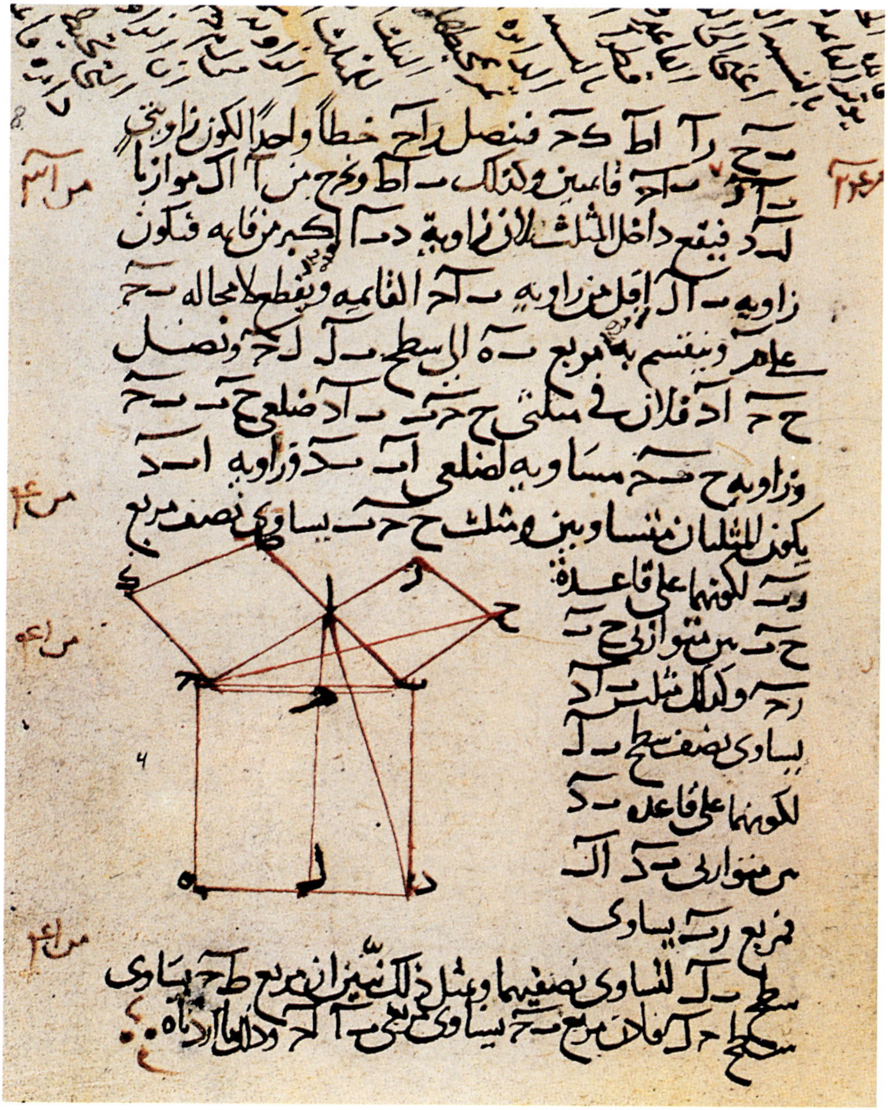

직각삼각형

오늘날 피타고라스는 주로 직각삼각형의 변들 사이의 수학적 관계를 설명한 사람으로 알려져 있다. 그가 이것을 처음으로 설명했는지는 분명하지 않지만, 이 개념은 널리 퍼졌다. 이 문서는 에우클레이데스가 증명한 피타고라스의 정리를 아랍에서 편집한 것이다.

는 큰 원뿔 하나와 같았다. 큰 원뿔 열 개는 안에 동그라미가 들어간 큰 원뿔 하나와 같았다. 안에 동그라미가 들어간 큰 원뿔 여섯 개는 커다란 동그라미 하나와 같았다. 바빌로니아 사람들은 60진법을 사용했다. 우리가 각도나 시간에 사용하는 단위를 생각하면 된다. 안에 작은 동그라미가 든 큰 동그라미는 큰 동그라

앞 페이지 17세기에 살바토르 로사가 그린 이 그림에서는 수학자일 뿐 아니라 신비주의자인 피타고라스가 지하세계에서 나오고 있다.

미 열 개와 같았다. 가장 작은 단위가 10×6×10×6×10, 즉 36,000개 모인 셈이다.

사물마다 각기 다른 셈법이 적용되었다. 곡식을 헤아릴 때 사용하는 체계는 가축을 헤아릴 때 사용하는 체계와 달랐다. 그러나 각 체계에서 사용하는 상징은 같을 수도 있었다.

다음 천 년 동안 이런 과도기의 복잡성이 정리되어 오직 두 가지 상징만 사용하는 체계가 태어났다. 뾰족한 곳이 밑으로 간 쐐기는 10보다 작은 수를 표현했다. 왼쪽을 바라보는 쐐기는 10을 표현했다. 덧셈, 뺄셈, 곱셈, 나눗셈은 지금과 같은 방법으로 했다. 10이 아니라 60에서 자리수가 올라가는 것이 다를 뿐이었다(53분에 20분을 더하는 경우를 생각해보라. 7분만 더하면 한 시간이 되고, 13분은 남게 된다). 바빌로니아 사람들은 계산을 쉽게 하려고 광범위한 곱셈과 나눗셈 표를 만들었다. 큰 계산을 작은 계산으로 잘게 나눈 뒤 나중에 합치려는 것이었다. 바빌로니아 사람들은 이 체계를 이용해 고급 계산을 할 수 있었다.

바빌로니아 사람들은 수학적인 표를 만드는 취미가 있었지만, 일반적인 수학적 공식을 만드는 데까지 나아가지는 않았던 것 같다. 그들은 대수 계산을 할 수 있었다. 예를 들어 사각형의 밑변과 높이의 곱과 합을 알면 밑변과 높이의 크기를 알아낼 수 있었다. 그러나 그들은 방정식을 푼 것이 아니라 일련의 단계를 거쳐서 이 문제를 풀었다.

그리스인들은 그들의 초기의 지식이 이집트인들에게서 왔다고 주장했다. 당시에는 이집트가 더 높은 수준의 문명이었던 것 같으나, 그들 또한 수학에서 십진법을 실용적인 대수 그 이상으로 확장시키지는 못했다. 어쨌든 그리스인들은 기원전 7세기에는 이집트와 교역을 확립하였으며, 기원전 4세기에 이집트는 그리스 제국의 일부가 되었다.

고대 세계의 어디든 수학이 발전한 문화는—중국과 인도만이 아니라 서반구의 잉카에서도 독립적으로 수학이 발전했다—저마다 부, 생산성, 지식을 표현할 새로운 방법을 얻었다. 수학과 동시에 발전한 문자도 대체로 같은 목적에 이용되었다. 글이 꼭 철학은 아니듯이, 측정도 자연 현상을 연구하는 데 이용하기 전에는 과학이 되지 않는다. 수학의 언어를 과학적 발견에까지 적용하는 데에는 한 단계의 도약

세계적인 명성

피타고라스의 정리는 전 세계에서 사용하고 기념한다. 우간다의 동전에는 직각삼각형, 그의 정리를 표현한 공식, 피타고라스의 모습이 새겨져 있다.

이 더 필요했다. 자연 자체가 수학적 법칙을 따른다는 신념이었다.

이런 이해는 어떻게 가능했을까? 최초의 증거는 기원전 7세기 그리스에서 찾아볼 수 있다. 당시에는 그리스 본토에서 에게 해를 가로질러 터키 해안에 이르기까지 국가들의 연방체가 뻗어 있었는데, 이들은 자유 사상을 지지하고, 정치적 변동이 잦은 독립적인 나라들이었다.

아프리카, 중동, 인도, 중국으로부터 물자와 사상을 가져오는 교역망의 한가운데 자리 잡고 급속히 성장했던 이오니아 문명은 처음부터 지적 호기심이 많았다. 작은 섬이나 성장하는 도시 한가운데서 철학 학파들이 생겨나고, 학파의 창시자의 이름은 일반 사람들에게까지 알려졌다. 기원전 7세기 말과 6세기 초에 터키 해안에 있는 이오니아의 도시 밀레토스 출신의 자연철학자들—탈레스와 그의 제자 아낙시만드로스, 아낙시만드로스의 제자 아낙시메네스 등—은 복잡한 우주진화론을 제시했다. 그들의 연구는 간단한 수학적 비율들로 우주를 설명할 수 있다는 결론을 낳았다.

이탈리아의 피타고라스학파는 이 생각을 극단으로 밀고 나갔다. 그들의 작업은 그리스, 그리고 나중에는 모든 과학 사상의 경로에 큰 영향을 미쳤다. 피타고라스의 실제 가르침은 전혀 남아 있지 않지만, 그가 수학, 과학, 나아가 모든 서양 사상에 미친 깊은 영향은 아무도 부정할 수 없다.

기원전 560년 터키 해안의 사모스 섬에서 태어난 피타고라스는 젊은 시절 이집트와 바빌로니아까지 여행을 했다. 그는 사모스로 돌아와 종교 집단 같은 단체를 만들었다. 남자와 여자들이 모여 금욕, 채식, 절제, 정치, 철학, 천문, 환생, 음악, 수학에 몰두하는 단체였다. 피타고라스와 그의 추종자들은 음계에서 음 사이의 간격을 결정하는 수적 비율을 발견했다. 그들은 수학적 관계를 찾으려는 노력을 음악으로부터 기하학적 형태와 수열까지 확대했으며, 늘 조화와 대칭을 염두에 두고 있었다.

우리에게 이런 발전이 중요해 보이는 것은 소리 같은 자연적인 대상에서도 수학적인 법칙을 찾았기 때문이다. 피타고라스학파는 수학적 진술은 엄격한 증거를 요구한다는 명제를 이론적 규율로 삼았다. 피타고라스학파에게 '만물은 수'였다. 그들은 별과 행성의 규칙적인 운동에서 '천체들의 음악'을 찾았다. 그들은 인간들이 우주를 이해하고 삶을 조화로 이끌 수 있는 방법이 기하학일 것이라고 말

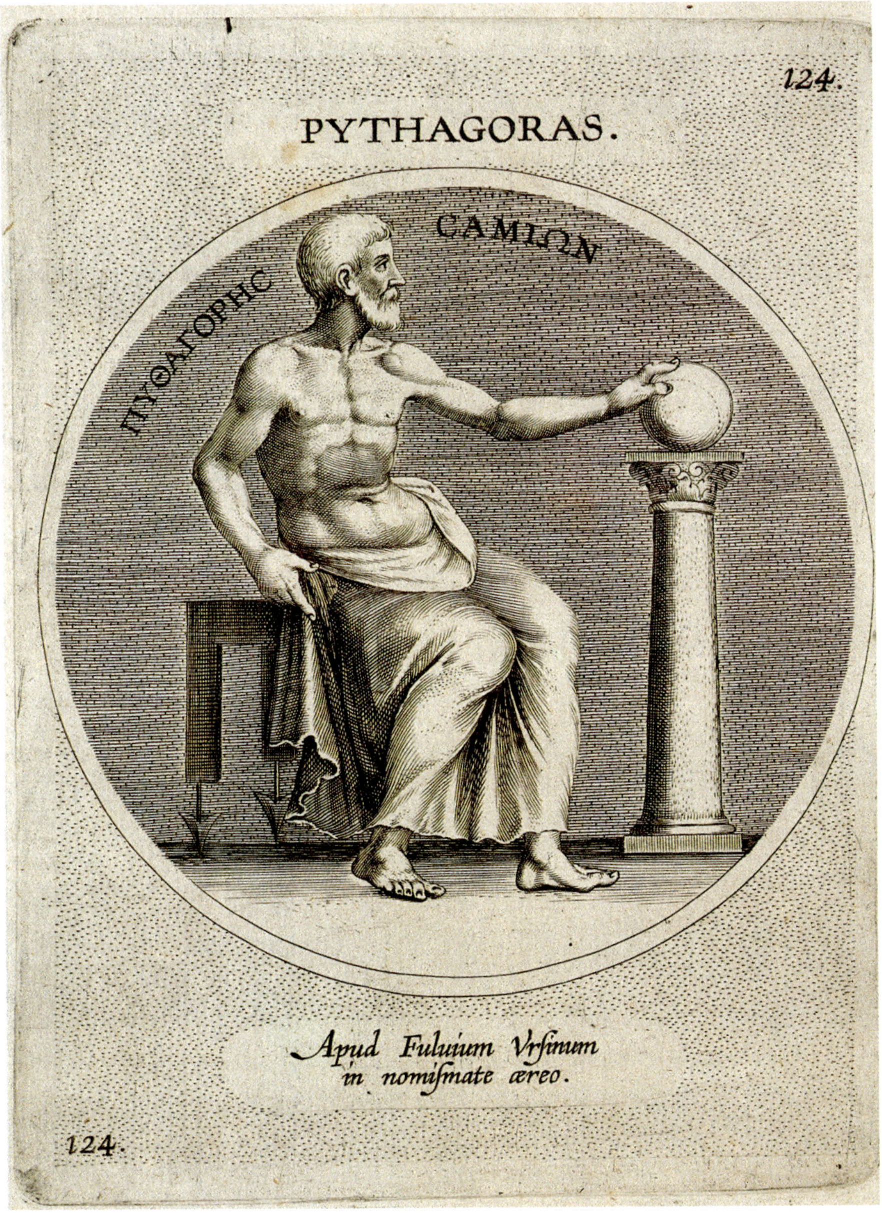

어디에나 존재하는 수학

피타고라스와 그의 추종자들은 현실이 본질적으로 수학적이라고 믿었다. 열심히 연구하면 우주의 감추어진 조화와 수학적 질서를 판독해낼 수 있다고 생각한 것이다.

했다.

피타고라스학파는 낯선 발견에 경외감을 품었다. 그들은 직각삼각형의 빗변과 다른 두 변의 길이 사이에 변함없는 비율이 있음을 인식했지만, 그들이 아는 수로 이루어진 분수로 표현할 방법을 찾지 못했다.

이 정확하게 표현할 수 없는 수는 어떤 종류의 수일까? 그들은 우리가 오늘날 무리수라고 부르는 수의 발견을 목전에 두고 있었다. 그들의 연구는 결국 우리가 현재 피타고라스 정리라고 부르는 공식을 낳았다.

이 정리는 수학적으로는 $a^2 + b^2 = c^2$으로 표현된다. 여기서 a와 b는 변들의 길이이고 c는 빗변의 길이다. 삼각형의 변들이 각각 1일 경우, 이 정리를 이용하면 빗변의 길이는 2의 제곱근이 될 것이다. 피타고라스학파의 생각은 옳았다. 이 값을 다른 두 숫자의 비율로 표현할 방법은 없었다. 우리의 현대 십진 기수법으로 하자면, 소수점 뒤에 나오는 숫자들(1.414213……)은 일정한 패턴으로 반복되지도 않고 끝나지도 않는다. 원의 원주에 대한 지름의 비율인 파이(π) 또한 알려진 숫자로 표현할 수 없는 수학적 존재다.

피타고라스 이후 그리스 사상가들은 기하학적 형태에서 영적인 매력을 발견하기도 했다. 플라톤은 우리가 일상에서 관찰하거나 만나는 모든 것이 지상의 인간 경험 영역 바깥에 존재하는, 시간을 초월한 이상적 형상들의 불완전한 반영이라고 주장했다. 플라톤주의자들은 피타고라스학파의 예를 따라 자연의 형상과 현상에는 수학적 대칭성이 내재해 있으며, 이 새로운 진리들은 발견을 기다리고 있다고 주장했다.

수학이 자연을 설명할 수 있다는 관념은 엄청난 개념적 진전이었다. 예를 들어 플라톤은 제자들에게 겉으로는 제멋대로인 것처럼 보이는 하늘의 행로들 뒤에 감추어진 행성들의 규칙적이고 조화롭고 수학적으로 완벽한 운동을 발견할 것을 촉구하여 수학적 천문학의 기틀을 잡았다고 한다. 플라톤의 관점은 그 뒤로 수백 년 동안 반복된 간략한 표어에 정리되어 있다. "신은 늘 기하학적이다."

거의 2천 년 뒤에 갈릴레오는 본질적으로 똑같은 이야기를 하게 된다. 우주는 "수학이라는 언어로 적힌…… 거대한 책이며, 그 등장인물은 삼각형, 원 등 기하학적 도형들"이라는 것이다.

기원전 300년경에 살았던 에우클레이데스(유클리드)는 기하학적 진리에 대한 탐구에서 영감을 받아 고대 바빌로니아부터 기원전 400년경 에우독소스의 작업에 이르기까지 모든 기하학적 지식을 정리했다.

에우클레이데스는 그 결과로 나온 책 『기하학 원론』에서 모든 기하학은 네 가

많은 사람들의 스승
그리스의 수학자 에우클레이데스는 과거에나 현재나 기하학 최고의 스승으로 일컬어진다.

지 공준(公準)에서 파생된다고 말한다. 첫째, 두 점 사이에는 선분을 그을 수 있다. 둘째, 모든 선분은 무한히 직선으로 연장할 수 있다. 셋째, 길이가 한정된 선분을 주면 그 선분을 반지름으로 하고 한쪽 끝을 중심으로 하는 원을 그릴 수 있다. 넷째, 모든 직각은 합동이다. 『기하학 원론』에 나오는 에우클레이데스의 신중한 단계별 수학적 추론은 수학적 증명의 기준이 되었다.

에우클레이데스의 책은 2천 년 이상 기본적인 기하학 교과서로 사용되었다. 네덜란드의 수학자 B. L. 반 데르 바에르덴은 이렇게 썼다. "『기하학 원론』은 처음 기록되었을 때부터 현재까지 인간사에 지속적이고 중요한 영향력을 행사해왔다. 이 책은 19세기에 비유클리드 기하학이 나타나기까지는 기하학적 추론, 정리, 방법론의 주요한 원천이었다."

그리스인들: 정신과 물질

기하학, 수학, 천문학이 그리스에서 발전한 것처럼, 물리학이라고 부르는 자연의 연구도 그리스에서 유래했다. 초기의 자연철학자들은 물질세계에 의문을 품었다. 세상은 어떻게 생겨나게 되었을까? 우주의 일차적 본질은 무엇일까? 공기일까, 물일까, 불일까, 아니면 그 모두의 어떤 조합일까? 무에서 물질이 나올 수 있을까? 창조자가 있을까? 생명에는 목적이 있을까, 아니면 다 우연히 생겨나게 되었을까? 물질의 세계는 늘 똑같을까, 아니면 늘 변할까? 많은 사람들에게 이것은 형이상학적 문제였으며, 수학적인 해법이 있을 것 같지 않았다.

기원전 7세기와 6세기의 초기 철학자들 몇 명은 일차 원소 또는 원소들의 조

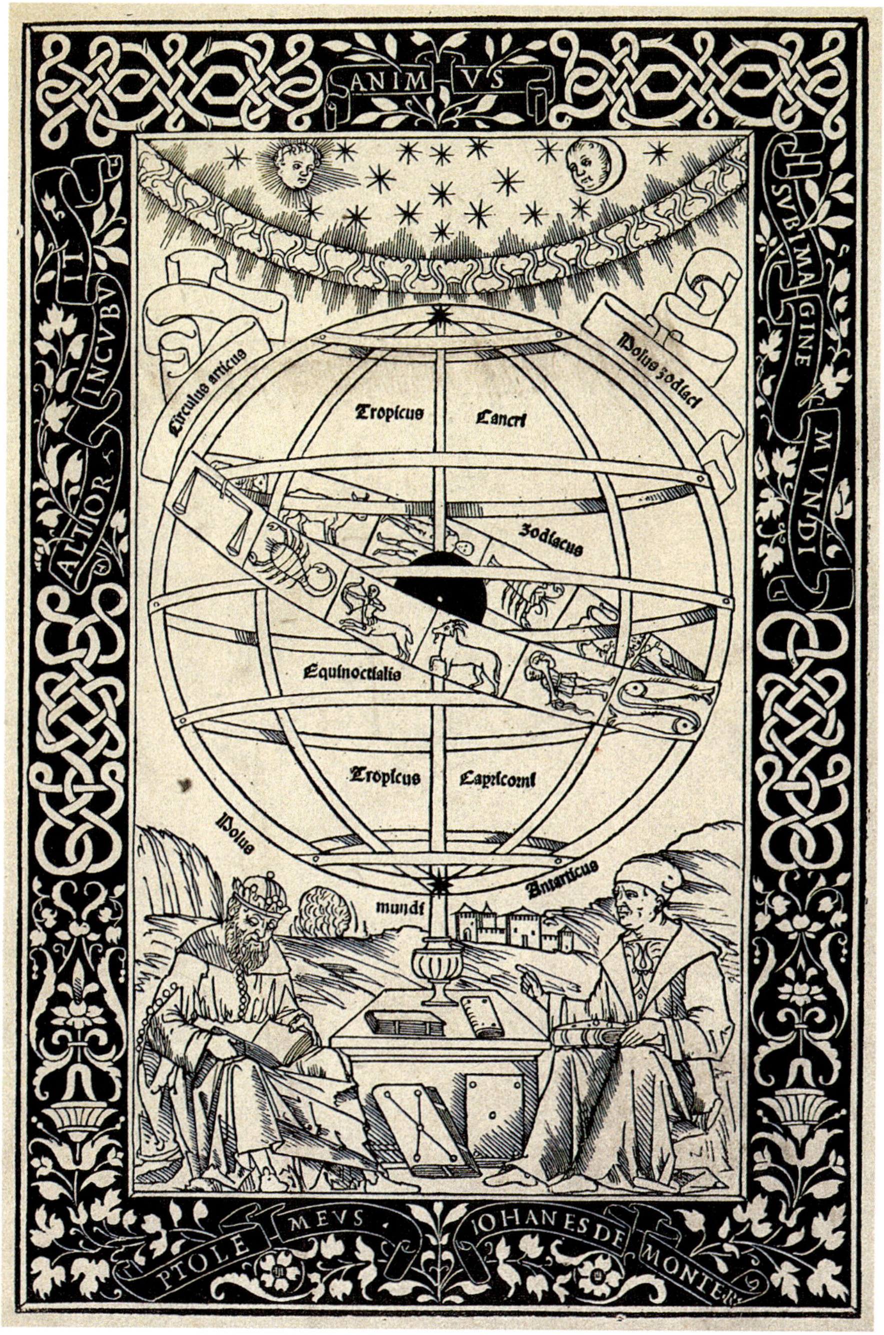

하늘의 질서

에우클레이데스가 전해준 기하학 지식은 별, 해, 달, 행성들과의 관계 속에서 지구의 자리를 잡으려는 시도를 자극했다. 프톨레마이오스는 지구를 우주의 중심에 놓았는데, 이 실수는 오랜 세월이 흐른 뒤에야 바로잡히게 된다.

웃는 철학자

그리스의 철학자 데모크리토스는 공간과 물질이 더 나눌 수가 없고, 곧 사라질 것처럼 작은 원자라는 단위가 무한히 모여 이루어진다고 믿었다. 그는 이 원자들이 늘 운동하지만, 겉으로 보기에는 견고한 형태로 결합될 수 있다고 생각했다.

합을 중심으로 우주 개념을 발전시켰다. 물질의 형태가 다양하다는 것—무생물에서 생물까지—은 이 원소들이 늘 변하는 상태에 있으며, 존재함과 사라짐 사이의 균형을 찾는 일을 되풀이한다는 의미였다. 이런 개념이 논쟁의 주요 흐름을 지배하다가, 기원전 5세기에 이야기는 두 갈래로 나뉘었다.

기원전 515년경에 태어난 엘레아의 파르메니데스는 물질이 나타났다 사라진다는 것은 어느 지점에서 비존재가 존재할 수밖에 없다는 뜻이 되며, 그것은 불가능한 일이라고 주장했다. 존재는 존재하는 것이며, 그렇다면 존재는 늘 그 상태를 유지하기 때문이라는 것이었다. 파르메니데스는 그의 시 "진실의 길"에서 이렇게 말했다. "존재하지 않는 것이 존재한다는 말은 사라질 것이다. 네 생각이 그 길을 따르지 않도록 하라!"

같은 시대 사람이자 파르메니데스의 제자였다고도 여겨지는 엠페도클레스도 불변의 우주는 한 번 확립되면 변하지 않는다는 데 동의했다. 그러나 모든 물질의 네 가지 '뿌리'인 흙, 물, 공기, 불의 복잡한 상호작용에 의해 우리가 사는 세상이 변할 수 있다고 주장했다. 이 뿌리들은 사랑과 싸움—이것이 엠페도클레스가 인력과 척력에 붙인 이름이다—으로 인해 떨어지기도 하고 서로 붙기도 한다. 뿌리 하나하나는 그 나름의 성격을 갖고 있으며, 모든 물질은 곧 원소라고 부르게 될 이 뿌리들의 다양한 조합으로 이루어진다.

압데라의 데모크리토스는 이 논쟁에서 매우 다른 입장을 취했다. 기원전 460년경에 태어난 데모크리토스는 웃는 철학자로 알려졌다. 그가 인간 조건 앞에서 늘 유지했던 즐거운 태도 때문이었다. 그는 백 살까지 살았다는 소문이 있다.

데모크리토스는 존재와 비존재가 공존하지 못할 이유를 알 수가 없었다. "무(無)라는 것도 분명히 있다." 데모크리토스는 파르메니데스의 신봉자들을 그렇게 꾸짖었다. 그는 세상이 커다란 공허이며, 그 안

고대의 수학

추상적 추론의 완성자들

기원전 1900~1600년경
나중에 '피타고라스의 정리'라고 알려진 지식을 바빌로니아 사람들이 이용하다.

기원전 580년경
피타고라스가 사모스에서 출생하다.

기원전 535년경
피타고라스 이집트로 여행하여 페르시아의 이집트 침공 동안 캄비세스의 포로가 되다. 그는 곧 페르시아로 갔으며, 어쩌면 인도까지 여행을 했을 수도 있다.

기원전 532년경
피타고라스 이탈리아 남부로 옮겨가 크로톤에서 학파를 세우다.

기원전 500년경
피타고라스 이탈리아 남부의 메타폰툼에서 사망하다.

기원전 400년경
에우독소스 소아시아의 크니도스에서 출생하다.

기원전 372년경
에우독소스 아테네에서 두 달 동안 강의를 듣다가 이집트로 가서 사제들과 함께 연구를 하다.

기원전 350년경
에우독소스 평생을 교사와 입법가로 보낸 뒤에 크니도스에서 사망하다.

기원전 330년경
에우클레이데스 태어나다. 출생지는 이집트의 알렉산드리아였던 것으로 추측된다.

기원전 300년경
에우클레이데스 기하학 교과서인 『기하학 원론』을 완성하다.

기원전 287년경
아르키메데스 시칠리아의 시라쿠사에서 태어나다.

기원전 212년
아르키메데스 로마의 시라쿠사 침략 때 죽다.

기원전 260년경
에우클레이데스 사망하다.

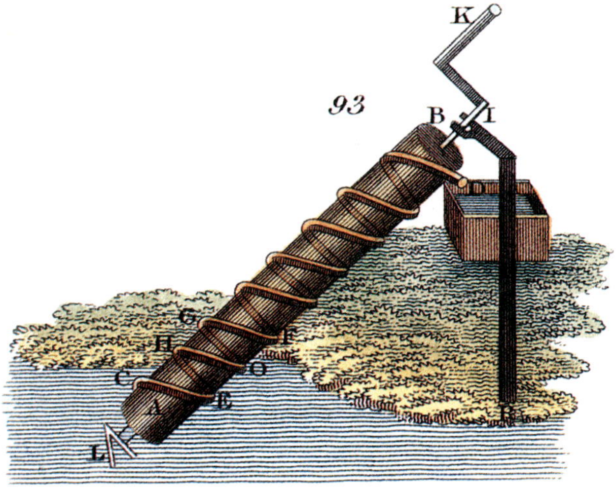

발명의 재주와 찬사

그림에 나오는 아르키메데스의 나선식 펌프는 간단한 역학을 이용하여 물을 빨아올렸다.

1653년에 렘브란트가 그린 맞은편 그림에서는 고대 철학자 아리스토텔레스가 그보다 옛날 인물인 시인 호메로스의 흉상을 바라보고 있다.

에 인식할 수 없을 정도로 작고 또 뚫고 들어갈 수도 없는 원자들, 온갖 형태와 크기를 가진 원자들(그리스 말에서 원자를 가리키는 아토모스는 자르거나 나눌 수 없다는 뜻이다)의 비가 계속 내린다고 상상했다. 원자들의 무작위적 충돌은 사물을 형성한다. 이 사물은 원자들이 해체되면 분해된다.

플라톤은 세상의 불완전한 모습 뒤에 숨은 영원한 실재를 찾는 쪽으로 제자들을 이끌었지만, 그의 가장 유명한 제자 아리스토텔레스는 자연을 직접 관찰하는 일을 매우 중시했다. 아리스토텔레스는 플라톤학파와 피타고라스학파가 찬양하는 고상한 천상의 운동을 연구했을 뿐 아니라, 벌레에서부터 바다의 생물에 이르기까지 자연세계의 현세적이고 특수한 것들도 연구했다.

아리스토텔레스는 논리적인 근거에서 원자론을 거부하고 대신 엠페도클레스의 불, 물, 흙, 공기의 네 가지 원소를 이용한 아주 자세한 물질 이론을 정리했다. 아리스토텔레스는 이것이 생물과 무생물을 구성한다고 보았다. 그러나 원소들이 변할 수 있다고 믿었다는 점에서 엠페도클레스와는 달랐다. 원소들은 축축해질

1600~1704

1600	1604, 1609	1621	1654
잉글랜드의 의사 윌리엄 길버트 자력에 관한 이해를 한층 끌어올린 『자석에 관하여』를 발표하다.	이탈리아의 천문학자 갈릴레오 갈릴레이 중력, 가속도, 속도와 관련된 실험을 하다.	네덜란드의 천문학자 빌레브로르트 스넬 굴절하는 빛의 경로를 결정하는 법칙을 발견하다. 이것은 스넬의 법칙이라고 부르게 된다.	프랑스의 수학자이자 철학자 블레즈 파스칼 힘은 모든 방향으로 균등하게 유체를 통하여 전달된다고 말하다.

1662	1668	1687	1704
잉글랜드의 철학자 로버트 보일 온도가 일정할 때 기체의 부피는 그 압력에 반비례한다고 결론을 내리다. 이것은 보일의 법칙이라고 부르게 된다.	잉글랜드의 물리학자 아이작 뉴턴 물체의 선형 운동량은 그 질량 곱하기 속도와 같다고 결론을 내리다.	뉴턴 『자연철학의 수학적 원리』(『프린키피아』라고도 줄여 부른다)를 출간하여 운동의 법칙들과 만유인력의 법칙을 제시하다.	뉴턴 빛과 스펙트럼에 관한 연구서인 『광학』을 출간하다.

수도 있고 건조해질 수도 있었으며, 뜨거워질 수도 있고 차가워질 수도 있었다. 또 원소들은 서로 바뀔 수 있었다.

아리스토텔레스는 자연세계를 관찰한 결과—물고기는 헤엄을 치도록 정교하게 설계되어 있고, 소는 씹도록 정교하게 설계되어 있다—자연의 모든 것에는 계획 또는 목적이 있다고 생각하게 되었다. 그는 생명이 목적의 수준에 따라 위계적으로 조직되어 있다고 믿었다. 무생물에서부터 시작하여 성장에서 완전성을 발견하는 식물로, 이런 식물에서부터 먹을 것에서 완전성을 찾는 동물로, 또 이런 동물에서부터 생각과 행복에서 완전성을 찾는 인간으로 나아간다는 것이다.

아리스토텔레스의 세계는 역동적이다. 변화와 운동이 그 주된 특징이다. 그는 모든 물체의 배후에 놓인 네 가지 원인—그는 이렇게 불렀다—을 밝혀냈다. 이 원인을 알게 되면 사물 자체도 이해할 수 있다. 첫 번째 원인은 사물을 만드는 재료가 되는 물질이다. 두 번째는 이 물질이 취하는 형태다. 세 번째는 능률적 원인으로, 이것이 사물을 만든다. 네 번째는 아리스토텔레스의 세계관에서 가장 중요하다. 최종적 원인이라고 부르는 이 원인은 사물의 존재 이유, 그 목적, 즉 왜 사물이 존재하는가를 표현한다.

인간의 손으로 만든 인공적인 결과물과는 달리 모든 자연적인 것들은 그 자체 내부에 스스로를 목표 또는 최종적 원인으로 추동하는 원리가 있다.

예를 들어 도토리는 외부의 힘이 없더라도 자신의 목적을 달성하는 방향으로 나아간다. 즉 싹이 트고 성장하여 성숙한 떡갈나무가 되는 것이다. 따라서 아리스토텔레스에게 물질적 내용은 늘 유동적이어서, 한 상태에서 다른 상태로 변할 수 있다. 때로는 변화의 내적 원리로 인해 자신의 적절한 목적을 향해 나아가기도 하고, 때로는 인간의 인위적인 외적 손길에 의해 다른 목적으로 벗어나기도 한다.

데모크리토스 이후 백여 년이 흐른 뒤 에피쿠로스는 그의 원자 이론으로 돌아가 영혼, 신, 창조자의 도움 없이 공허 안에서 움직이는 원자들로 이루어진 물질적 세계를 떠올렸다. 그러나 에피쿠로스의 원자는 데모크리토스의 경우와는 달리 무게가 있었다. 갑자기 방향을 틀어 충돌할 수도 있었다. 어떤 형태가 주어지면 냄새나 맛 같은 감각을 자극할 수도 있었다. 에피쿠로스에게 자연적 사건들은 아무런 목적이 없었다. 모든 것이 원자들의 우연한 활동에서 빚어졌다. 정신도 원자들의 구조물이라는 점에서 몸과 다를 것이 없었다. 죽음이 오면 정신과 몸의 원자들은 공중에 흩어졌다.

그리스인들은 기본적인 물리학적 개념들을 남겨놓았다. 원자건 다른 것이건 원소는 모든 물질의 기본적인 구성요소다. 물질은 창조, 성장, 부패, 파괴를 겪는다. 물질은 변화를 겪기 때문에 그 형태는 종종 일시적이다. 이 모든 생각 또는 질문들은 2천5백 년이 지난 지금까지도 과학자와 철학자들을 여전히 흥분시키고 있다.

"유레카!"

젊은 알렉산드로스 대왕—아리스토텔레스가 직접 가르쳤다—의 놀라운 아프리카, 아시아 정복에 힘입어 기원전 4세기부터 그리스의 지식과 문화가 고대 세계에 널리 전파되었다. 기원전 323년 알렉산드로스의 때 이른 죽음 뒤에 그의 제국은 장군들이 나누어 가졌지만, 헬레니즘 문화는 여전히 통일된 힘을 유지하고 있었다.

아마 과학이나 수학과 관련하여 가장 그리스화된, 또 단연 가장 생산적인 지역은 이집트였을 것이다. 이집트의 도시 알렉산드리아(마케도니아의 대왕의 이름을 따서 건설된 여남은 개의 도시 가운데 유일하게 그 이름을 유지한 곳)는 고대 세계에서 가장 세계주의적인 도시가 되었다. 여러 나라의 상인과 학자들이 이 비옥한 생산의 중심으로 몰려들었다.

기하학자 에우클레이데스는 알렉산드리아에서 활동했으며, 고대 세계에 많은 업적을 남긴 수학자 아르키메데스도 마찬가지였을 것이다. 기원전 287년경 시칠리아의 시라쿠사에서 태어난 아르키메데스는 사실보다는 전설로 더 유명하다. 가장 유명한 전설은 아르키메데스가 목욕을 하다 말고 뛰어나와 벌거벗은 채 거리를 돌아다니며 "유레카!"—나는 알았다!—하고 소리를 질렀다는 것이다. 물에 가라앉은 물체가 그 부피와 동일한 물을 대신한다는 사실을 알아냈을 때의 일이다. 아르키메데스는 과학을 실용적인 목적에 활용할 줄 아는 사상가였으며, 또 어떤 과정이 어떻게 이루어지는지 알고 싶어 하고 그 뒤에 어떤 수학적 원리들이 숨어 있는지 파악하고 싶어 한 사상가였다.

욕조에서 얻은 통찰

전설에 따르면 아르키메데스는 욕조의 물이 흘러넘친 것을 계기로 왕의 새 왕관이 순금인지 합금인지 알아낼 방법을 찾은 순간 '유레카'라고 외쳤다고 한다.

그가 '유레카'를 외친 순간이 그런 예이다. 시라쿠사의 왕은 아르키메데스에게 왕관 하나를 내주면서 그것이 순금으로 만들었는지 아니면 합금으로 만들었는지 알아봐달라고 요청했다. 전해지는 이야기에 따르면 아르키메데스는 욕조에 들어가다가 욕조 밖으로 흘러넘친 물의 양이 자기 몸의 부피와 같다는 사실을 깨달았다고 한다. 이렇게 해서 아르키메데스는 황금 왕관의 정확한 부피를 측정하는 방법을 발견했다. 황금은 금속 중 가장 밀도가 높기 때문에, 왕관과 똑같은 양의 물을 대체하는 순금 토막을 만든 다음 왕관의 무게와 순금의 무게를 비교하는 것으로 아르키메데스의 일은 간단하게 끝이 났다. 왕관이 순금 덩어리보다 무게가 덜 나가면 금보다 가벼운 금속을 섞어서 만든 것임에 틀림없었다. 결국 둘의 무게가 같지 않았기 때문에 왕관은 순금으로 만들어지지 않았다는 사실이 증명되었다.

아르키메데스는 기하학 연구에서는 에우독소스의 작업을 발전시켰으며, 많은 노력을 기울인 끝에 원의 원주와 지름의 비율, 즉 파이를 매우 정확하게 계산해냈다. 그는 또 구의 표면적과 부피를 계산하는 공식도 발견했다. 구의 부피를 계산하는 공식을 발견한 일은 무척 자랑스럽게 여겼기 때문에 묘비에 새겨달라고 부탁하기도 했다. 아르키메데스는 또 물체의 질량 중심을 결정하는 공식도 만들어냈다.

아르키메데스가 최초로 발명한 기계는 물을 언덕 위로 끌어올리는 장치였던 것 같다. 아르키메데스의 나선식 펌프라고 알려진 이 기계는 나선 모양의 파이프로, 이것을 돌리면 냇물의 물을 높은 곳으로 끌어올릴 수 있었다. 아르키메데스는 지렛대의 원리를 상세히 밝혔다. 즉 지레에서 균형을 잡은 어떤 사물과 받침점 사이의 거리는 무게에 반비례한다는 것이다. 그는 또 도르래, 쐐기, 윈치의 원리도 밝혀냈다.

지레는 새로운 발명품이 아니었다. 그러나 아르키메데스는 지레의 수학적 원리를 공식으로 정리한 뒤 무게만 알고 있으면 그것을 들어올리는 데 필요한 지레의 길이를 계산할 수 있었다. 아르키메데스는 전설적인 시범에서 일련의 도르래를 이용해 거대한 배를 손의 힘만으로 움직일 수 있다는 사실을 시라쿠사의 왕에게 보여주기도 했다.

아르키메데스는 거울이나 반사된 빛을 가지고 실험을 하기도 했다. 그러나 그가 불을 피울 수 있는 거울을 여러 개 이용하여 로마의 함대에 불을 질렀다는 이야기는 출처가 의심스럽다. 물론 로마는 시라쿠사를 약탈했고, 아르키메데스는 혼전 가운데 살해되었지만 로마인들은 아르키메데스의 총명함과 기계를 부리는 재주를 칭송하였으며, 그의 명성은 고대를 넘어서까지 살아남았다. 아르키메데스의 수학적 업적은 아랍의 수학자들에게도 널리 인정을 받았다. 아랍 수학자들은 서기 8세기에 그의 작업을 재발견했다. 아르키메데스는 이탈리아 르네상스 때도 다시 큰 인기를 누렸다. 그는 이탈리아 북부에 살던 매우 생산적인 새로운 세대의 엔지니어들에게 모범이 되었으며, 그곳에서부터 유럽 전역으로 영향력이 확대되었다. 아르키메데스가 고안한 장치들만이 아니라 부력, 물에 뜨는 물체, 수역학에 대한 이론적 연구는 16세기와 17세기에도 분석적 탐구와 발명에 영감을 주었다. 예를 들어 프랑스의 수학 신동 블레즈 파스칼은 1600년대 중반 아르키메데스의 업적을 이용하여 갇혀 있는 액체에 가한 압력은 액체 전체에 균일하게 전달된다는 사실을 발견했다. 그의 실험은 주사기와 유압 프레스의 발견을 낳

기계적인 노하우

아르키메데스는 지레의 법칙을 알게 되자 이렇게 자랑을 했다고 한다. "내가 설 자리만 다오. 그러면 지구를 움직이겠다."

았는데, 이 원리는 오늘날 유압 브레이크 시스템에서도 필수적이다.

아르키메데스와 파스칼은 유체정학, 즉 움직이지 않는 유체의 과학을 연구했다. 그러나 유체는 보통 움직인다. 그래서 18세기에 유체역학 연구가 등장했다. 이것은 흐르는 물, 관을 통해 흐르는 물, 해류와 파도, 심지어 유리창 위를 흐르는 빗방울의 물리학을 연구하는 것이다.

유체정학에 아르키메데스가 있다면, 유체역학에는 다니엘 베르누이가 있다. 베르누이는 1700년 네덜란드의 그로닝겐에서 스위스의 수학자 요한 베르누이의

아들로 태어났다. 그에게는 형제가 둘 있었는데, 모두 수학자였다. 아들은 아버지에게서 수학을 배웠지만, 아들의 업적은 곧 아버지를 넘어서게 된다. 아들 베르누이는 수학, 의학, 물리학을 공부했으며, 1738년에 획기적인 『유체동역학』을 출간한다. 다니엘 베르누이는 이 책에서 자신의 이름을 딴 원리를 정리했는데, 그 내용은 유체의 압력은 그 속도가 증가하면 감소한다는 것이었다. 이것이 유체역학의 기초가 되었다. 이 베르누이의 원리는 관을 통과하는 물의 운동만이 아니라 강을 흐르는 물의 운동도 설명한다. 나중에는 새와 비행기의 날개가 움직이는 방식도 설명하게 되었다. 공기 또한 유체이기에, 날개는 위의 기압을 줄여 밑에서 들어 올리는 힘인 양력을 만들어내는 모양을 하게 된다.

1734년 다니엘 베르누이와 그의 아버지는 파리 과학원이 주는 천문학 대상을 공동 수상했다. 아버지 베르누이는 아들과 공동 수상을 한 것에 격분하여 아들을 집에서 쫓아냈다. 아버지 요한 베르누이는 나중에 심지어 아들의 획기적인 작업 『유체동역학』이 자신의 작업을 베낀 것이라고 주장하면서 이런 거짓 주장을 뒷받침하려고 인쇄 날짜를 위조한 비슷한 제목의 책을 출간하기까지 했다.

기압계

기압계는 기압의 수준을 측정한다. 기압계는 고도도 알아낼 수 있다. 기압은 해수면으로부터 올라온 거리에 상응하기 때문이다. 기압계가 급속하게 떨어지면 보통 폭풍이 예상된다. 갑자기 올라가면 보통 맑은 날씨를 예측한다.

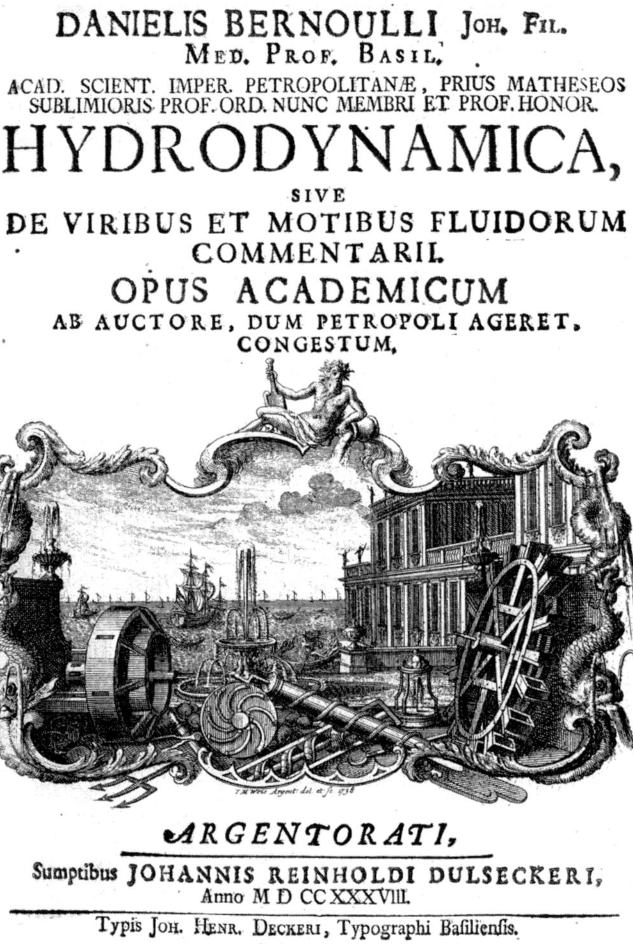
DANIELIS BERNOULLI JOH. FIL.
MED. PROF. BASIL.
ACAD. SCIENT. IMPER. PETROPOLITANÆ, PRIUS MATHESEOS SUBLIMIORIS PROF. ORD. NUNC MEMBRI ET PROF. HONOR.
HYDRODYNAMICA,
SIVE
DE VIRIBUS ET MOTIBUS FLUIDORUM COMMENTARII.
OPUS ACADEMICUM
AB AUCTORE, DUM PETROPOLI AGERET, CONGESTUM.

ARGENTORATI,
Sumptibus JOHANNIS REINHOLDI DULSECKERI,
Anno M D CC XXXVIII.
Typis JOH. HENR. DECKERI, Typographi Basilienſis.

공기역학의 원리

아르키메데스와 파스칼은 정지한 유체를 묘사했지만 수학자 다니엘 베르누이는 움직이는 유체에는 다른 물리적 속성이 있다는 사실을 발견했다. 베르누이는 자신의 발견을 『유체동역학*Hydrodynamica*』에서 설명했는데, 이 책의 제목은 움직이는 물을 가리키는 그리스어에서 가져왔다.

1738~1827

1738
스위스의 수학자 다니엘 베르누이 유체가 빨리 움직일수록 압력은 낮아진다는 사실을 밝혀내다. 이것은 날개의 모양을 설명하는 원리이며, 인간의 비행을 가능하게 해준 원리다.

1785
프랑스의 물리학자 샤를-오귀스탱 드 쿨롱 전하들 사이의 힘을 발견하다. 나중에 여기에 쿨롱의 법칙이라는 이름이 붙는다.

1798
미국 태생의 영국 물리학자 벤저민 톰슨 열을 연구한 끝에 그것이 물질에 내재하는 어떤 내용물이 아니라 마찰에서 온다고 주장하다.

1800
이탈리아의 물리학자 알레산드로 볼타 전기 배터리를 발명하다.

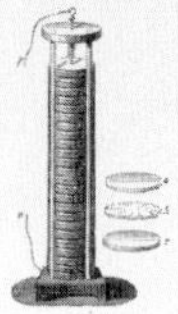

이슬람의 기여

이방인들이 유럽에 침입하여 로마제국이 붕괴한 뒤 과학적 사상의 위대한 개화는 서기 800년부터 1300년까지 새로 떠오르는 이슬람 세계, 특히 수도인 바그다드와 코르도바에서 이루어졌다. 칼리프들의 후원하에 그리스 원전 수백 권을 아랍어로 번역하는 거대한 사업이 벌어지기도 했다.

이슬람 과학 황금기의 중요 인물은 서기 965년경에 바스라(오늘날의 이라크)에서 태어난 아부 알리 알 하산 이븐 알 하이탐(라틴식으로 알하젠이라고도 부른다)이다. 알하젠은 젊은 시절 정부의 말직을 버리고 과학 연구에 뛰어들었다. 그는 특히 아리스토텔레스의 작업에 흥미를 느꼈으며, 곧 수학자와 자연철학자로 명성을 얻었다. 알하젠은 파티마 왕조—예언자 무함마드의 딸 파티마의 이름을 딴 이슬람 왕조—가 이집트를 통치하던 시기에 카이로로 이주했다. 파티마 왕조는 북아프리카와 시칠리아를 다스렸으며, 카이로를 제국의 수도로 삼았다. 파티마 왕조의 칼리프 알 하킴은 과학에 큰 관심을 보였으며, 카이로에 학문의 전당을 건설했다. 이 시설은 바그다드의 도서관이자 문서와 기록 보관소인 '지혜의 집'과 쌍벽을 이룬다.

알하젠은 이집트에 도착한 후 매년 범람하는 나일 강을 통제하는 문제를 생각해보았다. 결국 알하젠은 알 하킴에게 도움을 청했거나 아니면 그에게서 이 사업을 위임받았을 것이다. 어느 쪽이든 알하젠은 나일 강의 흐름을 통제할 목적으로 엔지니어 팀과 함께 나일 강으로 갔다.

알하젠은 상류로 올라가보고 자신의 계획이 실현될 수 없음을 깨달았다. 그는

1803	1811	1821~1825	1827
잉글랜드의 화학자 존 돌턴 모든 원소는 원자로 이루어져 있으며 이 원자들이 결합하여 화합물을 이룬다고 결론을 내리다.	이탈리아의 물리학자 아메데오 아보가드로 같은 온도의 같은 양의 기체에는 같은 수의 분자가 들어 있다는 것을 증명하다.	프랑스의 물리학자 앙드레-마리 앙페르 움직이는 전하가 자기장을 만든다는 사실을 발견하다.	독일 물리학자 게오르크 지몬 옴 전압은 전류에 저항을 곱한 값과 같다는 옴의 법칙을 발표하다.

칼리프에게 돌아가 보고를 했고 칼리프는 기분이 좋지 않았다. 알하젠은 정부에서 과학과 관련이 없는 한직을 맡게 되었지만, 칼리프의 처분이 그것으로 끝나지 않을지도 모른다고 걱정했다. 알 하킴은 자기 멋대로 하는 데 익숙한 사람이었기 때문이다. 알 하킴은 계몽된 군주였지만 위험할 정도로 특이한 사람이기도 했다. 그는 적의 도시를 정복한 뒤에 개들이 짖는 것이 짜증난다고 모두 죽여버리기도 했다. 알하젠은 의문의 여지없는 과학의 천재였지만 일부러 미친 척하여 자신을 보호하기로 결심했다. 그는 과학 연구를 계속했지만 겉으로는 1021년에 알 하킴이 죽을 때까지 미친 사람 행세를 했다.

이제 50대에 이른 알하젠은 빛, 시각, 색깔, 굴절 등과 관련된 광학에서 중요한 혁신을 이룩했다. 그는 눈에서 빛이 나와 사물이 보인다는 그리스의 관념을 거부했다. 알하젠은 수학적 모델과 실험을 이용하여 빛을 받는 물체들이 사방으로 빛을 발산한다고 주장했다. 그는 빛이 직선으로 움직인다고 가정하였으며, 이것을 "광선"이라고 불렀다. 알하젠은 눈의 렌즈가 이 광선을 받아들여 우리가 사물을 볼 수 있는 것이라고 믿었다. 그는 심지어 해부학까지 연구하여 눈이 시신경과 연결되어 있음을 관찰했다.

중세 이슬람 과학자들은 해부학, 의학, 초기 화학, 역학 등의 분야에 독창적인 발견을 하며 기여했다. 이슬람 학문에서 가장 범위가 넓고 중요한 분야로 꼽히던 것은 수학이었다. 이때의 수학은 복잡한 것과 단순한 것을 망라했다. 우리가 큰 빚을 지고 있는 인물은 무함마드 이븐 무사 알 콰리즈미이다(그의 가장 중요한 업적의 아랍어 원본은 지금 사라지고 없지만).

알 콰리즈미는 780년 바그다드에서 태어났다. 그는 칼리프 알 마문이 813년 바그다드에서 권좌에 오른 뒤에 건설한 지혜의 집에서 그리스 원전 연구자 겸 번역자가 되었다. 그러나 알 콰리즈미가 나중에 직접 쓴 글은 그가 번역한 어느 원전 못지않게 중요한 업적이 되었다. 그의 의도는 "상속, 분할, 소송, 교역을 할 때, 또 서로 거래를 할 때, 또는 땅을 측정하고, 운하를 파고, 기하학적 계산을 하는 등의 일을 할 때에 사람들이 언제나 사용해야 하는 대수에서 가장 쉽고 가장 유용한 방법"을 제시하는 것이었다. 다시 말해서 수학의 실제 적용을 설명하는 것이었다.

알 콰리즈미는 이 목적을 위해 독자에게 문제를 정리하여 방정식으로 만든 다

아랍의 영향

중동의 사상가들은 수학에 상당한 기여를 했다. 1508년에 나온 이 그림은 계산에서 대수 연산이 관례적으로 사용되던 주판에 승리를 거둔 것을 기념한다. 왼쪽의 인물은 아라비아 숫자를 사용하고 있는데, 무슬림들이 이것을 인도에서 서구로 전했다.

음 푸는 방법을 제시했다. 그는 이 과정의 첫 번째 부분, 즉 방정식에서 음의 항을 제거하는 이항 과정을 알 자브르라고 불렀으며, 방정식의 결과를 내는 것을 알 무카발라라고 불렀다. 앞의 표현에서 대수를 뜻하는 'algebra'라는 말이 나왔으며, 알 콰리즈미라는 이름이 라틴어에서 연산을 뜻하는 말로 사용되면서 여기에서 알고리듬(algorithm)이라는 말이 나왔다.

알 콰리즈미는 이미 엄청난 업적을 세웠지만, 다음 책인 『힌두 계산 기술』에서는 아랍의 숫자들을 표준화하는 일로 나아갔다. 또 기록된 숫자의 자리를 표기하기 위하여 0을 도입하는 중요한 일도 했다. 알 콰리즈미의 작업은 고급 수학에도 기여했지만 그가 의도한 대로 수학을 일상적으로 사용하는 것을 가능하게 해주기도 했다. 이후 700년 동안 아랍의 수학자, 천문학자, 과학 기구 제작자들은 수학적이고 분석적인 능력으로 서양 세계를 압도했다.

과학은 기술적 진보를 기다렸다가 앞으로 전진하곤 한다. 이런 면에서 광학에 관한 알하젠의 작업은 너무 앞서간 셈이었다. 아직 그의 이론을 입증할 만큼 유리 렌즈를 잘 다듬을 수 없었기 때문이다. 갈릴레오는 망원경을 개선하기 위하여 화상의 가장자리에 색상 왜곡—흔히 색수차라고 한다—이 없는 렌즈를 개발하려고 노력하다가 포기하고 말았다. 중세에 로버트 그로세테스트와 로저 베이컨은 확대 렌즈를 이용하면 연구자들이 멀리 있는 것만이 아니라 일반적인 인간 시력으로 볼 수 없는 작은 것도 볼 수 있을 것이라고 예측했다. 그러나 렌즈를 연마하는 기술을 발전시켜 적합한 투명 유리를 얻는 데에는 수백 년이 걸렸다.

초기의 현미경은 두 조각의 금속 사이에 렌즈를 하나만 사용했으며, 나사 장치를 이용해 대상에 초점을 맞추었다. 1590년대에 네덜란드의 렌즈 제조업자 한스 얀센은 렌즈 두 개를 이용한 복합현미경이 물체를 더 크게 확대할 수는 있지만, 두 렌즈의 짝을 맞추고 제대로 정렬을 시키는 수고가 필요하다는 것을 알았다. 17세기 말 안토니 반 레벤후크는 250배 이상의 확대 능력을 가진 현미경을 만들어 전에 보지 못하던 많은 물체의 구조를 드러내 과학계를 놀라게 했다.

17세기와 18세기에 광학의 발전에서 영감을 받은 연구자들은 빛

아라비아 숫자.
1, 2, 3, 4, 5, 6, 7, 8, 9, 0은 보통 '아라비아' 숫자라고 부르지만 정확한 이름은 '힌두-아라비아' 숫자라 해야 한다. 인도의 힌두인들이 기원전 3세기에 이 수 체계의 대부분을 만들어냈기 때문이다. 0은 서기 9세기가 되어서야 알려졌다. 0을 도입한 사람은 아랍의 학자 알 콰리즈미였다. 이런 숫자들 대부분이 인도에서 왔지만 아랍인이 유럽에 소개했고, 유럽인은 '아라비아' 숫자라고 잘못 알게 된 것이다.

뉴턴의 망원경
아이작 뉴턴은 1668년에 반사망원경을 개발했다. 그는 렌즈가 아니라 거울을 이용하여 물체의 빛을 모음으로써 유리를 통과하는 빛의 프리즘 효과 때문에 망원경의 시야가 흐려지는 것을 막았다.

의 본질 자체를 생각하기 시작했다. 그들은 빛줄기가 렌즈나 액체를 통과하면 휜다는 사실을 똑똑히 관찰했다. 1621년에 레이덴의 빌레브로르트 스넬은 그 휘는 각도를 계산하는 수학 공식을 만들어냈다. 그러나 왜 빛이 휘는지 알아내는 것은 완전히 다른 문제였다. 그 문제의 답을 찾는 과정에서 결국 모든 형태의 에너지

정전기

잉글랜드의 의사 윌리엄 길버트는 정전기의 속성을 연구하여 그것을 자기력과 비교했다. 이 19세기의 그림은 길버트(검은 옷을 입고 서 있는 남자)가 엘리자베스 1세를 비롯한 구경꾼들 앞에서 전기 실험을 하는 모습을 보여준다.

에 대한 세상의 이해도 바뀌게 된다.

17세기에는 빛이 무한한 속도로 움직인다고 여겼다. 1676년 덴마크의 천문학자 올레 뢰머는 목성과 지구가 가장 멀리 떨어져 있을 때는 규칙적으로 발생하는 목성의 월식이 계산으로 예측한 것보다 더 늦게 일어나지만, 목성과 지구의 거리가 가까워지면 이런 차이가 발생하지 않는다는 사실을 알아냈다. 뢰머는 그런 지연이 빛의 속도 때문이라고 주장했다. 빛이 태양계의 건너편에서 우리에게 오려

면 시간이 더 걸린다는 것이었다. 뢰머는 빛이 초속 224,000킬로미터의 속도로 움직인다고 계산했다. 그의 계산은 25퍼센트 정도 틀렸지만, 그의 주장을 뒷받침할 만큼은 정확했다.

거의 같은 시기에 독일의 수학자 크리스티안 호이겐스는 빛에 관해 또 다른 주장을 했다. 1659년 호이겐스는 형과 함께 연마한 렌즈를 장착한 망원경을 이용하여 토성의 고리들을 발견했다. 그는 빛이 눈에 보이지는 않지만 어디에나 있는 에테르를 통하여 파동처럼 움직인다고 믿었다. 빛의 파동은 웅덩이에 던진 돌멩이가 일으키는 파문처럼 밖으로 퍼져나간다는 것이었다. 다른 물체를 만나면 웅덩

자기

1600년에 윌리엄 길버트가 처음으로 자기에 관한 책을 썼지만, 고대 그리스인들도 천연자석과 쇠 사이의 끌어당기는 힘을 알고 있었으며, 로마의 시인 루크레티우스도 그의 작품에서 자기를 암시했다.

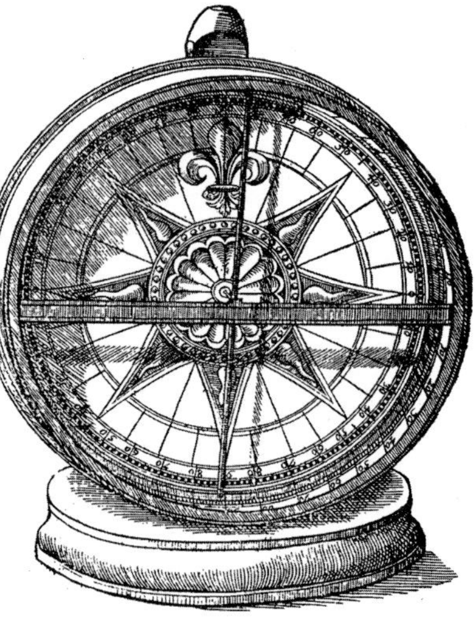

항해의 필수품

나침반의 목판화는 윌리엄 길버트의 『자석에 관하여』에 어울리는 삽화다. 나침반의 자기력은 이 항해도구의 작동에 핵심적이기 때문이다.

이의 물결처럼 되튀어 — 빛의 경우에는 반사하여 — 호이겐스가 말하는 "2차 잔물결"을 일으켰다.

호이겐스의 생각에 의문을 제기한 사람은 많았다. 빛 파동이 밀도가 높은 매체를 만나면 속도가 느려지는 것처럼 보이다가, 그 매체를 통과하면 다시 속도를 높이는 것은 어떻게 된 일인가? 당시 영국의 케임브리지 대학 교수로 있던 아이작 뉴턴은 왜 빛 파동이 구부러져 장애물을 에둘러가지 않느냐고 물었다.

이 무렵 뉴턴은 중력 이론과 운동의 세 가지 법칙의 개략적인 윤곽을 잡기 시작했다. 그는 26살에 케임브리지 대학의 교수가 되었지만, 대학 밖에는 거의 알려지지 않았다. 그러다가 1668년에 빛을 모으는 주요 장치로 거울을 사용하는 반사망원경을 설계하면서 이름을 얻었다.

뉴턴은 망원경 설계로 이미 많은 찬사를 받았지만 계속해서 렌즈의 색수차 문제와 씨름해보겠다는 결심을 했다. 이 색깔들은 어디에서 오는가? 당시에는 순수한 빛 — 예를 들어 햇빛 — 에는 색이 포함되지 않는다는 믿음이 널리 퍼져 있었다. 프리즘, 물 위의 기름, 렌즈가 무지개 색조의 빛줄기를 만들어낼 수 있다는 사실은 많은 사람들이 알았지만, 그런 색깔들은 빛이 부딪히는 물체에서는 오는 것이라고 믿었다. 뉴턴은 흰 빛이 색깔이 없기는커녕 실제로는 많은 색깔들의 스펙트럼을 포함하고 있다는 사실을 증명하려 했다. 그는 프리즘을 사용하여 광선을 스펙트럼으로 쪼갠 뒤, 두 번째 프리즘을 이용하여 색깔들을 다시 단일한 흰 빛으로 결합했다. 여기서 더 나아가 뉴턴은 색깔이 있는 광선을 프리즘에 통과시켰다. 광선은 변하지 않았다. 이는 스펙트럼 각각의 색깔은 더 이상 나눌 수 없다는 사실을 증명한 것이다. 그는 또 다양한 색깔이 다양한 각도로 굴절된다는 사실 — 그 광선들이 프리즘을 통과하면서 제각기 다른 각도로 휜다는 사실 — 을 알아냈다.

뉴턴은 곧 빛이 파동으로 움직인다고 믿었던 호이겐스나 로버트 후크와 다른 견해를 제시했다. 빛이 입자로 구성되어 있다고 주장한 것이다. 또 색이 다르면 굴절율도 달라지기 때문에 색수차가 없는 렌즈를 만드는 것은 불가능하다고 말했다. 뉴턴은 1704년에 『광학』을 출간했다. 이것은 주목할 만한 업적이었으며, 1705년에 앤 여왕에게 작위를 받았다.

그러나 적어도 렌즈에 관해서는 뉴턴이 틀렸다는 사실이 곧 증명되었다. 잉글랜드의 법률가 체스터 무어 홀이 두 가지 종류의 유리로 만든 망원경은 한 유리가 다른 유리의 색수차를 상쇄할 수 있다는 사실을 알아낸 것이다. 그러나 문제는 여전히 남아 있었다. 빛은 무엇인가? 입자인가 아니면 파동인가?

자력

그 문제를 탐사하는 기초 작업은 1600년에 이루어졌다. 잉글랜드의 의사 윌리엄 길버트—엘리자베스 여왕의 주치의였다—는 이 해에 『자석, 자성체, 거대한 지구 자석에 관하여』를 출간했다. 길버트는 오로지 자신의 관찰과 측정에만 의지하여, 고대부터 알고 있었지만 그때까지는 그렇게 공을 들여 연구한 적이 없는 힘을 연구했다.

고대 세계도 자철광이라고도 알려진 산화철의 한 형태인 천연자석의 자기적 속성을 알았다. 그러나 그들은 이 힘을 도저히 설명할 수가 없었다. 그리스인들도 천연자석을 알았으며, 자기를 뜻하는 'magnetism'이라는 말 자체가 소아시아 마그네시아 근처에서 발견된 천연자석에 붙은 이름에서 나왔다.

과학사가 콜린 로넌에 따르면 고대 중국의 점쟁이들은 원반 두 개로 이루어진 점판을 사용했는데 아래 원반은 지구를 나타내고 위의 빙글빙글 돌아가는 원반은 하늘을 나타냈다. 두 판 모두 방위가 찍혀 있었다. 점쟁이는 상징적인 물체를 판 위에 던진 다음 그것이 어디에 떨어지느냐를 보고 점을 쳤다.

서기 1세기경 북두칠성을 상징하는 회전하는 숟가락이 위의 판을 대체했다. 얼마 후 점쟁이들은 판과 숟가락을 천연자석으로 만들기 시작했다. 그렇게 하자 숟가락의 손잡이가 늘 같은 방향을 가리킨다는 것을 알게 되었다. 마치 마법 같

전기와 자석

1820년 한스 크리스티안 외르스테드는 자석의 바늘을 전류에 가까이 가져가면 전류와 직각으로 방향을 튼다는 사실을 관찰했다. 그는 이 현상에 주목하기는 했지만 그 이유를 설명하지는 못했다.

았다. 로넌에 따르면 이 "남쪽을 가리키는 숟가락"은 바늘 같은 물건으로 진화했다. 결국 이것은 점판 외에 다른 곳에서도 사용되었다.

나중에 쇠바늘을 천연자석에 문지르거나 불에 달구어 남북 방향으로 놓은 상태에서 식히면 자성을 띠게 할 수 있다는 사실이 발견되었다. 이 중요한 실용적 지식 덕분에 건축물의 배치 때 나침반을 사용할 수 있게 되었다. 나침반은 10세기에는 항해의 도구로도 사용되었다. 중국 과학자들은 또한 서구 과학자들보다 700년 먼저 자석의 남과 북—즉 나침반이 가리키는 남과 북—이 지리적인 남과 북과 같지 않음을 알았다.

13세기에 이르러 중국의 자석 나침반이 서쪽으로 전해졌다. 1269년 프랑스의 십자군 전사이자 학자이자 공병인 피에르 펠레랭 드 마리쿠르(라틴식으로 페레그리누스라고도 부른다)는 『자석에 관한 편지』를 썼는데, 이것이 서양 과학에서 자석의 속성을 다룬 첫 논문이다. 페레그리누스는 처음으로 자석의 양쪽 끝을 극이라고 불렀다. 그는 처음으로 같은 극이 서로 밀쳐내는 방식을 연구하고, 처음으로 자석의 실용적 응용법을 생각해본 사람이었다. 페레그리누스는 당시 군인이었으며 이탈리아의 도시 루체라를 포위 공격하던 앙주의 샤를 1세의 군대에 소속되어 있었다.

1600년에 출간된 윌리엄 길버트의 『자석, 자성체, 거대한 지구자석에 관하여』는 새로운 과학 글쓰기의 출발을 알렸다. 역사가 스튜어트 멀린과 데이비드 배러클러프는 그 점을 이렇게 표현했다. "전해지는 이야기보다는 실험과 관찰에 기초한 베이컨의 과학이 그의 『신 오르가논』이 출간되기 20년 전에 이미 실천에 옮겨지고 있었다." 라틴어로 저술된 길버트의 텍스트는 케플러의 『신 천문학』이 나오기 9년 전, 갈릴레오가 『별의 전령』에 첫 천문학적 관찰을 기록하기 10년 전에 나왔다.

그 이전 수백 년 동안 자석을 이용하고 묘사해왔음에도, 아무도 자석의 이해에 길버트만큼 다가가지 못했다. 『자석에 관하여』의 첫 여섯 부에서 길버트는 지구 자체가 커다란 자석이라고 결론을 내린다. 이어서 그는 자석의 속성과 그가 '전기력'이라고 부른 것—호박 같은 것을 천이나 모피에 가볍게 문지른 다음 가벼운 물체를 끌어당길 때 생기는 힘—을 구분한다(논란의 여지가 있는 주장이었으며, 결국 둘 사이에는 중요한 유사성이 있음이 밝혀진다). 길버트는 축소판 지구라는 뜻으로 테렐라라고 부른 공 모양의 천연자석을 이용하여 지자기(地磁氣)의 효과를 연구했다.

200년 뒤 코펜하겐 대학의 과학 교수 한스 크리스티안 외르스테드는 전류가 흐르는 전선을 나침반의 바늘 위에 갖다대면 바늘이 전선과 직각을 이루는 방향으로 움직인다는 것을 보여주었다. 왜일까? 외르스테드는 결론 없이 그 결과만 발표했다.

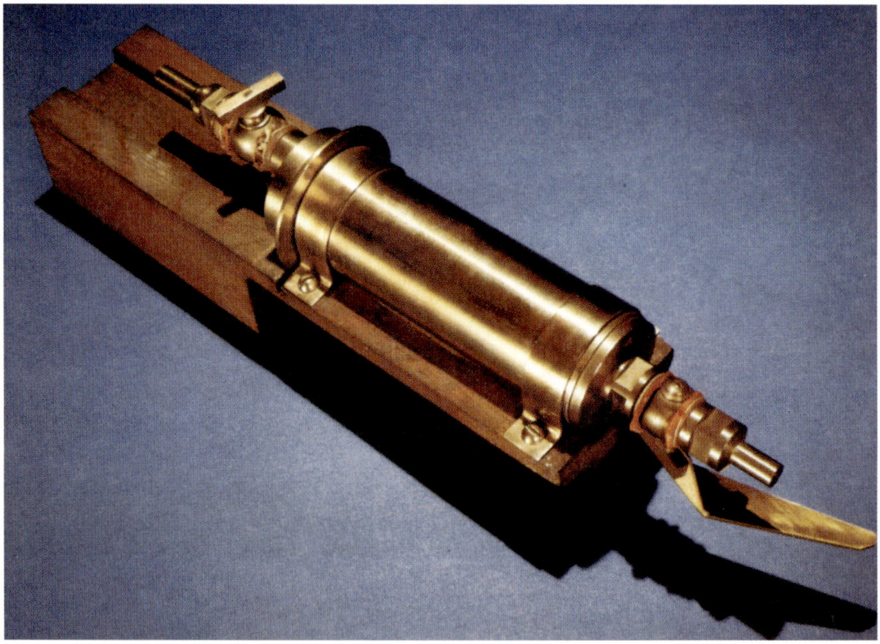

기체를 측정하기 위하여

유디오미터(순수한 공기를 측정한다는 그리스어에서 나왔다)는 이탈리아의 물리학자 알레산드로 볼타가 연소 뒤의 가스를 측정하기 위해 발명한 도구다. 이 모델은 1766년에 처음으로 수소 기체를 확인한 잉글랜드의 화학자 헨리 캐번디시가 개발했다.

새로운 원소들

헨리 캐번디시는 부자였다. 게다가 양쪽 할아버지가 데본셔 공작과 켄트 공작으로 흠 잡을 데 없는 귀족 혈통이었다. 캐번디시는 1783년 52살에 모든 유산을 상속받았을 때 잉글랜드 은행에서 최대의 개인 계좌를 갖게 되었다. 캐번디시는 수소를 발견하고 처음으로 대기의 성분을 분석한 사람이지만, 소매에 주름 장식이 달린 빛바랜 자주색 양복에 오래 전에 유행이 지난 삼각 모자를 쓰는 등 옷차림이 형편없었다. 게다가 몹시 수줍어해서 하인과 직접 마주치는 것을 피하려고 집에 층계를 따로 설치할 정도였다. 하인들하고는 메모로 의사를 주고받았다. 그는 자신에게는 한 푼도 쓰지 않았지만, 자선을 요구하면 누가 제일 많이 냈는지 알아보고 잔돈까지 거기에 맞추어 냈다. 그는 자신의 초상화를 그리게 한 적이 없으며, 화학과 물리학에서 중요한 발견을 했음에도 여러 사람들이 설득해야만 마지못해 그 발견을 공개했다.

그러나 이런 특이한 면이 있긴 했어도 캐번디시는 지칠 줄 모르는 실험가였다. 그는 집 앞에 비계를 세우고 나무들 속으로 들어가 천문 관찰을 했다. 지붕에는 거대한 온도계를 설치했다. 그는 기체의 본질과 성분을 알려고 노력했다. 처음으로 이산화탄소를 분리한 스코틀랜드의 화학자 조지프 블랙에서부터 조지프 프리스틀리, 또 캐번디시만한 부자였지만 과학적 업적에도 불구하고 단두대의 이슬로 사라진 앙투안 라부아지에에 이르기까지 당대 최고의 과학자 몇 사람도 이 이 주제에 관심을 쏟았었다.

캐번디시는 고체와 액체의 작용으로 발생하는 기체를 분석하기 위해 꼼꼼하게 실험을 했다. 그는 실험실에서 분리할 수는 있지만 자연에서는 찾아볼 수 없는 기체를 '인공' 기체라고 불렀는데, 이 기체는 분리하고, 용기에 담고, 무게를 달 수 있었다. 캐번디시는 1776년 아무런 이름이 없는 인공 기체를 하나 발견하여 왕립학회에 보고했다. 이 기체는 플라스크 안에서 탔을 때 유리에 물을 남겼다. 캐번디시는 처음에는 모든 기체에 물이 포함되어 있다고 설명했다. 그러나 라부아지에는 이 발견 소식을 들었을 때, 산이 금속에 작용하면서 물만이 아니라 '불에 타는 공기'를 함께 발생시키는 실험을 하고 있었다. 라부아지에는 마침내 물에 두 가지 구성요소가 있다는 사실을 증명할 수 있었다. 하나는 그가 산소라고 부른 기체였고, 또 다른 하나는 캐번디시가 밝혀낸 기체였다. 라부아지에는 캐번디시가 발견한 기체를 수소(hydrogen)라고 불렀다. 그리스어로 물을 만드는 것이라는 뜻이었다. 물은 3천 년 동안 네 가지 기본 원소의 하나로 여겨져오다가 마침내 두 기체로 이루어진 화합물이라는 사실이 밝혀진 것이다.

캐번디시는 이어서 전기 스파크를 공중에서 일으켜서 강제로 산화질소를 만드는 실험을 했다. 그 다음에는 물속에서 산화질소를 분리하여 아질산을 만들었다. 금욕주의적인 캐번디시는 런던의 저택에 있는 연구실에 틀어박혀 중세의 연금술사처럼 일을 하며, 공기 역시 원소가 아니라 질소와 산소의 혼합물임을 알아냈다. 그는 그 비율이 4 대 1이라고 생각했는데, 이것은 실제 비율인 5 대 1과 놀라울 정도로 가까운 수치였다. 캐번디시는 더 나아가 공기 중의 질소와 산소를 모두 화합시키려 해도 어떤 화학 작용에도 저항하는 미량의 뭔가가 남는다는 사실도 알아냈다. 이 비활성 물질—캐번디시는 그렇게 불렀다—은 사실 아르곤으로, 이 원소의 존재가 확인되는 데는 그 뒤로 백 년이 더 걸렸다.

18세기 말에 화학은 과학의 첨단이었다. 라부아지에와 캐번디시의 작업으로 물질의 성분에 기초한 화학적 명명법이 재정리되었다. 19세기 초 프랑스의 화학자 조지프 루이 게이뤼삭은 모든 기체의 양이 똑같으면 온도가 증가할 경우 팽창하는 비율도 똑같다는 사실을 알아냈다. 게이뤼삭은 물불 안 가리는 화학자로 1804년에는 대기를 측정하려고 수소 기구를 타고 고도 6600미터 높이까지 올라가기도 했다. 팽창하는 기체에 관한 그의 발견은 샤를의 법칙이라고 명명되었다. 그보다 15년 전에 거의 똑같은 결론에 이르렀지만 발표는 하지 않았던 자크 샤를을 기리기 위해서였다. 1808년 게이뤼삭은 모든 기체는 늘 특정한 자연수의 부피 비율로 결합하는 것처럼 보인다는 사실을 알아냈다. 예를 들어 2 대 1이나 5 대 3 같은 방식이었다. 왜 그럴까? 게이뤼삭은 또 기체가 결합하면 부피가 줄어드는 것처럼 보인다는 사실도 발견했다. 이것은 또 왜 그럴까?

첫 번째 문제에 대한 답은 잉글랜드 맨체스터의 퀘이커교도 교사 존 돌턴에게서 나왔다. 독학으로 과학을 공부한 돌턴은 서른 살까지 매일 날씨를 기록했다. 그는 색맹이었기 때문에, 이와 관련된 연구도 체계적으로 수행했다.

돌턴은 대기를 연구하다가 게이뤼삭이 제기한 문제를 공기의 화합물적 성격에 비추어 생각해보게 되었다. 캐번디시가 발견했듯이 공기는 무게가 서로 다른 두 기체로 이루어져 있었다. 그런데 왜 무거운 기체가 가벼운 기체에서 분리되지 않는 것일까? 왜 서로 다른 기체들이 서로 다른 양으로 용해되는 것일까? 그는 기체들이 결코 화학적으로 결합하는 것이 아님을 깨달았다. 그보다는 열에 의해 한데 묶인 것이라고 볼 수 있었다. 돌턴은 고대 그리스의 데모크리토스를 존중하여 이 기체 알갱이를 원자라고 불렀다. 그러나 데모크리토스의 원자들은 모두 같아, 자연 원소들을 단순하고 통일적 관점에서 본 반면에 돌턴의 원자들은 모두 다른 존재들이었다.

돌턴은 다양한 유형의 원자들이 존재한다는 사실에서 화합물이 늘 똑같은 무게비로 결합되는 이유를 찾을 수 있다고 생각했다. 각각의 기체, 각각의 원소에는 그 나름의 독특한 원자와 독특한 속성이 있었다. 예를 들어 무거운 기체에는 무거운 원자가 있었다. 그는 원자들이 다양한 무게비로 결합하여 다양한 화합물을 만들어낼 수 있다고 주장했다. 이것을 배수비례의 법칙이라고 불렀는데, 이것은 예를 들어 탄소와 산소의 혼합물은 그 비율에 따라 일산화탄소도 될 수 있고

주기율표

주기율표는 과학 실험실 벽에서 흔히 볼 수 있는 표로, 다양한 색깔의 사각형으로 이루어져 있으며 사각형마다 문자와 숫자가 달려 있다. 학생들에게 원소의 주기율표는 상당히 까다롭고 부담스러운 대상이다. 그러나 과학자들에게는 모든 물질의 구조와 활동을 알려주는 표이다.

러시아의 화학자 드미트리 멘델레예프는 1869년에 처음으로 원소의 표를 그렸다. 그는 원자량에 따라 원소들을 정리했다. 멘델레예프는 그때까지 확인되고 분석된 원소 50개의 표를 그리면서, 각각의 원소가 그의 표에서 여덟 번째 뒤에 오는 원소를 닮았다는 사실을 알았다. 예를 들어 리튬은 나트륨을 닮았고, 이들은 모두 칼륨을 닮았다.

드미트리 멘델레예프는 1871년에 그의 주기율표에 대한 회의적 태도에 직면했다.

멘델레예프는 그 설명으로 주기법칙이라는 법칙을 제시했다. "원자량에 따라 배열된 원소들은 속성의 주기적 변화를 보여준다."

멘델레예프는 알려진 모든 원소를 원소의 특징을 기준으로 배열한 뒤 그의 표에 빈 구멍들이 있음을 알아챘다. 그는 자신의 이론과 자연의 질서를 확신했기 때문에 아직 발견되지 않은 원소들이 있으며, 그 원소들이 발견되어 분석되면 속성에 따라 빈자리들을 차지하게 될 것이라고 예측했다.

놀랍게도 멘델레예프의 예측은 들어맞았다. 추가로 발견되고 연구되고 보태진 원소들은 그의 표에서 정해진 자리를 차지했으며, 그가 개념화한 패턴을 따랐다.

그 후 50년 동안 주기율표는 더 다듬어졌다. 1911년 원소의 원자 번호—핵에 있는 양성자, 즉 양의 전하의 숫자—로 그 속성을 결정한다는 사실을 알게 되면서, 이 숫자가 원자량을 대체하게 되었다. 주기율표는 원자들이 어떤 질서에 따라 구성되어 있음을 보여준다. 각 원소의 핵에 연속적으로 양성자를 추가하면 원소의 정체성이 바뀌는 것이다.

현대의 주기율표는 원자 수의 증가에 따라 왼쪽에서 오른쪽으로 원소들을 배치한다. 수평의 일곱 줄은 주기라고 부르며, 수직의 여덟 줄은 집단이라고 부른다. 각 주기의 원소들은 금속으로 시작해서 비금속으로 나아가며, 비활성 기체는 각 줄의 맨 오른쪽에 있다. 현재 주기율표는 92개의 자연 원소와 20개의 인공 원소(핵반응에서 나타나는 것)로 이루어져 있다.

멘델레예프의 법칙은 여전히 원소들의 상호관계에 대한 통찰을 보여준다. 이 법칙은 비슷한 강도, 용해점, 밀도를 가진 원자들을 어떤 식으로 한데 묶을 수 있는지 보여주며, 원소들이 어떻게 또 얼마나 쉽게 서로 결합하는지 보여준다. 주기율표를 철저하게 이해하면 한눈에 어떤 원소의 원자 구조가 얼마나 안정적인지, 어떤 원소가 전기와 열을 얼마나 잘 전도하는지 알 수 있다. 멘델레예프의 통찰은 과학자들에게 자연 현상과 관련된 정보를 바라보고 구축하는 새로운 방식을 제공했다.

이산화탄소도 될 수 있다는 뜻이었다. 또한 화학반응은 원소 입자들을 결합하거나 분리할 수 있지만 새로운 원자는 창조되지 않으며, 어떤 원자도 파괴되지 않았다.

1803년 돌턴은 맨체스터 문학철학 학회에 첫 논문을 제출했는데, 그 반향은 아주 멀리까지 퍼졌다. 어떤 주어진 물질의 주어진 양이 늘 똑같은 수의 원자를 포함하고 있다고 가정할 때, 화학 반응에서 그 물질에 포함된 원자들의 상대적 비율을 측정하면 관련된 원자들의 상대적 무게가 나왔다. 돌턴은 상대적인 원자량의 표를 만들어 수소에 1단위의 무게를 주고 이를 기준으로 삼았다. 지금도 탄소의 원자량 12에 기초한 비슷한 체계를 사용하고 있다.

결합된 기체가 분리된 상태의 기체보다 공간을 덜 차지하는 이유에는 바로 몇 년 뒤에 답이 나왔다. 이탈리아 토리노의 아메데오 아보가드로는 기체들이 결합하면 원자들의 집단이 만들어진다는 가설을 세웠다. 아보가드로는 이것을 분자라고 불렀는데, 분자라는 뜻의 'molecule'이라는 말은 라틴어에서 작은 더미를 뜻하는 'molecula'에서 온 것이다.

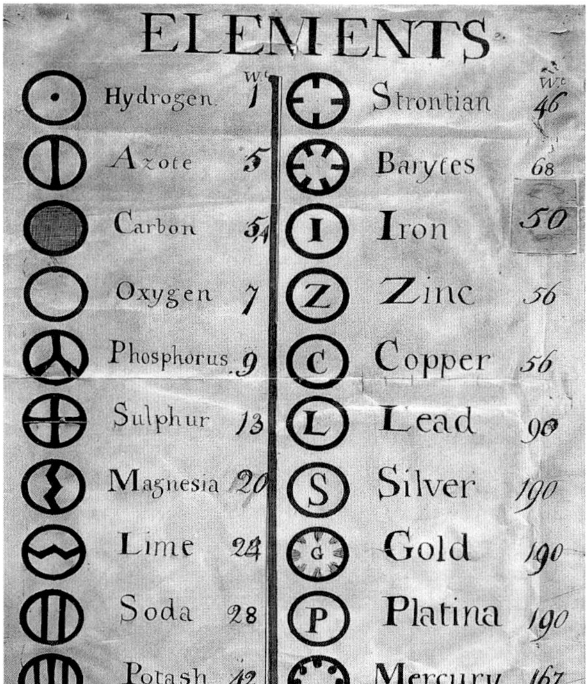

초기의 원소표

잉글랜드 맨체스터의 과학교사 존 돌턴은 근대적인 원자론을 정리하여 1808년에 원자량을 표기한 이런 원소표를 발표했다.

돌턴은 런던과 에든버러의 왕립학회 회원으로 선출되고, 프랑스 과학원 회원으로도 선출되었으며, 옥스퍼드에서 명예 학위를 받았다(그러나 옥스퍼드는 돌턴이 성공회 신자가 아니라는 이유로 학생으로는 입학시키지 않았다). 마침내 돌턴은 왕도 알현하게 되었다. 그러나 이런 것들이 돌턴의 습관을 바꾸지는 못했다. 그는 1787년부터 해오던 대로 자신의 고향 레이크디스트릭트의 날씨를 매일 기록하며 살았다. 1844년 7월 27일에 마지막으로 날씨를 기록했는데, 이 날은 그가 죽은 날이었다.

1800년에 이르자 알려진 원소의 수는 서른을 헤아리게 되었다. 돌턴이 죽은 1844년에 그 숫자는 거의 두 배로 불어났다. 곧 화학자들은 이 명단에 그야말로 단순한 명단 이상의 의미가 있는지 묻기 시작했다. 1864년 영국의 화학자 존 뉴런즈는 어떤 원소들이 비슷한 화학적 속성을 보이는 이유를 궁금해했다. 이는 원소들을 분류하는 것이 가능한지 묻는 것이기도 했다. 이런 생각은 시베리아의 기묘한 교수 드미트리 멘델레예프의 취미가 없었다면 더 이상 진전되지 못했을지도 모른다. 멘델레예프는 학생들의 시위를 지지하는 등 인습에 얽매이지 않은 태도 때문에 상트페테르부르크 대학에서 쫓겨나기도 한 인물이었다.

멘델레예프는 새로운 화학 교과서를 쓰는 일을 하면서 약 60장의 카드에 알려진 원소들의 이름과 속성을 적었다. 솔리테어라는 카드놀이를 무척 좋아했던 멘델레예프는 원소 카드를 원자량과 화학적 속성의 순서에 따라 몇 개의 패턴으로 배치하기 시작했다. 그는 비슷하게 행동하는 원소들을 수직의 줄에 함께 배치하는 한 가지 방법을 발견했다. 이것은 뉴런즈가 암시했던 개념, 즉 화학적 속성들이 주기적으로 되풀이된다는 개념을 시각적으로 보여주었다. 1869년 멘델레예프는 주기율표라고 부르는 것을 발표하면서, 그의 표가 아직 알려지지 않은 원소 몇 가지의 존재를 암시한다는 사실에 주목했다. 그는 표에 공란을 남겨두면서, 그 위치를 근거로 새로 나타날 원소들의 속성을 예측했다.

1860년 독일 하이델베르크의 두 과학자 구스타프 키르히호프와 로베르트 분젠은 1814년 독일의 안경상 요제프 폰 프라운호퍼가 처음 제시한 생각을 다듬기 시작했다. 프라운호퍼는 실험을 하던 도중 태양의 스펙트럼이 색깔들의 연속적 배열이 아니라 다양한 폭의 검은 선 수백 개로 쏟아져 들어오는 것을 발견했다. 그는 1820년대 초에 이 선들이 패턴은 약간 다르지만 밝은 별의 빛에도 존재하며, 렌즈가 아니라 격자로 광선을 가를 때도 나타난다는 것을 알았다. 프라운호퍼는 이 선들의 의미가 무엇인지는 몰랐지만 A부터 K까지의 문자를 사용해 이 선들을 구분했다.

키르히호프와 분젠은 프라운호퍼가 사용한 도구보다 해상도가 더 높은 도구를 이용하여 같은 작업을 되풀이해보고, 오늘날 프라운호퍼의 선으로 알려져 있는 것을 발견했다. 그들은 각각의 원소가 그 나름의 독특한 파장들의 조합—스펙

공기란 무엇인가?
18세기의 빈틈없는 과학자들은 공기가 눈에 보이지는 않지만 여러 기체들로 구성되어 있음을 깨달았다. 현재 우리는 공기가 약 78퍼센트의 질소, 21퍼센트의 산소, 1퍼센트의 아르곤과 이산화탄소, 그밖에 미량의 다른 많은 원소들이 섞인 것임을 알고 있다.

트럼 지문 역할을 하는 선의 패턴—을 흡수하고 방출한다는 흥미진진한 사실도 알아냈다.

이제 어떤 물질의 성분을 결정하는 방법으로 길고 지루한 화학적 분석 대신 스펙트럼 분석이 자리를 잡게 되었다. 알려진 원소들의 스펙트럼이 알려지고 나자, 과학자들은 실험실에서, 들판에서, 심지어 우주의 빛에서 새로운 선 패턴들을 찾기 시작했다. 그와 더불어 곧 새로운 원소들을 발견하기 시작했다. 이 새로운 원소들의 속성을 분석하자 드미트리 멘델레예프가 그 원소들을 위해 예비해둔 바로 그 자리를 채우고 있음을 알게 되었다. 멘델레예프의 카드 놀이판 같은 주기율표는 100개 이상의 원소를 포함하도록 확장되어 오늘날 전 세계의 모든 과학 교실에 걸려 있다.

어디에나 존재하는 전기

윌리엄 길버트는 호박 조각을 문질러서 생긴 자력과 관련하여 '전기'라는 말을 사용했는데, 이것은 예언적인 단어였다. 길버트의 작업을 더 밀고 나가는 데 처음 관심을 가진 사람으로는 독일의 오토 폰 게리케를 꼽을 수 있다. 폰 게리케는 과학의 많은 분야에 손을 댄 창의력이 뛰어난 사람으로, 길버트가 『자석에 관하여』를 출간하고 나서 2년 뒤인 1602년 마크데부르크에서 태어났다.

폰 게리케는 공식 교육은 받지 않았지만, 고향에서는 인기가 좋아 24살에 시의회 의원으로 선출되었으며 그 후 50년 동안 이 자리를 유지했다.

폰 게리케는 공간의 본질에 깊은 관심을 가졌다. 그는 아무런 물질이 없는 진공이 실제로 존재할 수 있느냐는 문제를 제기했다. 아리스토텔레스와 데카르트는 둘 다 그 가능성을 부정했다.

행성이 그 궤도에서 어떻게 움직이느냐, 행성들이 서로 어떻게 상호작용을 하느냐 하는 문제들도 진공 문제와 관련이 있었다. 케플러와 길버트는 이미 자기가 원인이라고 주장한 적이 있었기 때문에 폰 게리케는 그 가능성을 조사하는 일에 착수했다. 폰 게리케는 부분적으로 진공을 만드는 수단을 고안하여, 1650년에 용기에서 대량의 공기를 없앨 수 있는 효율적인 펌프를 발명했다. 이것으로 공기

존 돌턴과 색깔

·영국의 원자 이론가 존 돌턴은 자신의 색맹을 시험하고 그 현상을 과학적으로 이해하기 위해 색실이 담긴 이런 작은 책을 만들었다.

의 탄성과 더불어 진공을 만들어낼 가능성을 보여줄 수 있었다. 폰 게리케는 진공의 속성도 연구했다. 그는 진공에서는 연소가 일어날 수 없지만, 자석은 진공에서도 금속을 끌어당길 수 있다고 결론을 내렸다.

폰 게리케는 1657년에 마크데부르크에서 이루어진 유명한 실험에서 구리 반구(半球) 두 개로 하나의 공을 만든 다음, 공에서 펌프로 공기를 빼내면 주위의 기압 때문에 공이 밀봉된다는 것을 보여주었다. 그는 기압의 힘을 보여주기 위해 각각 말 여덟 필로 이루어진 두 팀으로 공을 다시 반으로 떼어내게 했다. 물론 말은 공을 떼어내지 못했다. 폰 게리케는 빈과 베를린의 궁정에서도 이 극적인 실험을 재연했다.

폰 게리케는 자기가 진공에서도 힘을 발휘한다는 것을 보여주었기 때문에 이번에는 자력이 천체에 영향을 주는지 확인하는 일에 착수했다. 폰 게리케는 길버

전자기학

전자기학은 물리학의 한 분야로, 전기와 자기 사이의 관계를 규명하려 한다. 이 관계는 오래 전부터 밝히려 했지만, 1819년에 이르러서야 전류 또는 전기장의 변화가 자기장을 만들어내며, 반대로 자기장의 변화가 전기장을 만들어낸다는 사실이 마침내 확인되었다.

이 발견에서 나온 첫 번째 유용한 장치가 전자석이다. 보통 철심 주변에 감는 코일에 전류가 흐르면 철심이 자기를 띤다. 이 기본적인 장치는 지금도 초인종, 회로 차단기, 수화기 등에 사용되고 있다.

자기력도 전자기유도라는 과정을 통해 전류를 만들어낼 수 있다. 변화하는 자기장은 도체 안에 전기장을 만든다. 초기의 실험에서 막대자석을 코일 속에서 움직이자 자기장이 변했고, 이에 따라 전선에 전류가 흐르기 시작했다. 오늘날에는 강력한 자석의 양극 사이에서 코일이 회전한다. 코일은 폐쇄 회로의 한 부분을 이루며, 코일이 회전하면 전기를 끌어낼 수 있다.

전자기유도는 역사상 가장 중요한 발명품으로 꼽히는 전기 발전기의 기본적인 작동 원리다. 발전기가 없다면 전기불이 모두 꺼지고 전기와 전자 장비가 모두 멈추고 모든 산업은 중단될 것이다.

스코틀랜드의 물리학자 제임스 맥스웰은 빛이 전자기복사의 한 형태라고 결론을 내렸다.

과학기술의 또 하나의 중요한 장치인 전기모터의 경우 그 작동 과정이 반대이다. 발전기와 기본 장치는 같지만, 자기장에 놓인 도선을 통해 전류를 보낸다. 이렇게 하면 코일이 움직여, 전기에너지를 기계에너지로 바꾸게 된다.

스코틀랜드의 수학자이자 물리학자 제임스 클러크 맥스웰은 1864년부터 전기와 자기 사이의 관계에 관한 기존 연구의 많은 부분을 검토했다. 맥스웰은 전기와 자기가 서로 관계가 있을 뿐 아니라 함께 활동하여 복사에너지처럼 밖으로 퍼지는 전자기파를 만들어낸다고 주장했다. 그는 눈에 보이는 빛은 전자기 파장의 스펙트럼에서 작은 부분을 차지할 뿐이라고 주장했다. 나중에 이루어진 실험들은 맥스웰이 옳다는 것을 보여주었다.

트의 천연자석 테렐라 실험에서 출발했다. 그는 일단 황을 비롯한 지구상의 여러 물질들로 이루어진 커다란 공을 만들었다.

길버트는 공을 회전시킨 다음 그것을 손으로 문지르면 자신이 전기라고 생각한 효과가 나타난다는 것을 알았다. 공은 물건을 끌어당기는 힘을 얻고 불꽃을 냈으며, 그 효과는 공이 회전을 멈춘 뒤에도 지속되었다. 길버트의 실험에 흥미를 느낀 폰 게리케는 크랭크로 공을 돌릴 수 있는 기계를 만들었다. 나중에는 공을 더 빨리 돌리기 위해 벨트로 공을 움직이는 기계까지 설계했다. 폰 게리케는 황이 들어간 이 공이 빛을 내게 하는 데 성공했다. 전기장 발광을 보여주는 첫 실험이 이루어진 것이었다. 폰 게리케의 기계를 복제한 물건들은 진지한 과학적 연구만이 아니라 오락에서도 인기를 끌었다. 18세기 전반기에 정전기 기계는 어디에서나 찾아볼 수 있었을 뿐 아니라, 유리공, 원반, 심지어 맥주병을 재료로 삼는 등 여러 가지 변형도 등장했다.

영국에서는 스티븐 그레이가 정전기에 관한 두 가지 사실을 발견했다. 첫 번째는 자기소, 즉 정전기의 유출물이 비단 실을 타고 이동한다는 사실이었다. 두 번째는 전원에 가까이 갖다댄 물체도 전기를 띤다는 사실이었다.

프랑스에서 샤를 프랑수아 드 시스터네 뒤페는 전기를 띤 물체가 서로 끌어당기거나 밀칠 수 있다는 사실을 발견했다. 뒤페는 이것을 보고 두 가지 종류의 전기 발산이 있다고 생각하여 유리성 발산과 수지성 발산이라고 불렀다.

기계들이 발전하면서 만들어내는 정전기의 양도 늘었다. 그러나 전기 발생량은 계속 늘일 수 있지만 저장할 수 없다는 것이 문제였다. 독일의 발명가 에발트 G. 폰 클라이스트와 네덜란드 레이덴 대학의 과학자 피터르 반 뮈센부르크가 이 문제를 해결했다. 두 사람은 각각 1745년과 1746년에 독자적으로 전기를

볼타 권총

이탈리아의 물리학자 알레산드로 볼타의 배터리는 여러 용도에 쓰였는데, 그 가운데 일부는 장난스럽기도 했다. 이 '볼타 권총'이라고 불리는 장치는 원통형 약실로 이루어져 있는데, 그 안에 수소나 산소 같은 폭발성 기체를 집어넣었다. 총열은 코르크로 막았다. 전기를 일으키면 기체 혼합물에 불꽃을 일어나며 코르크가 튀어나갔다.

저장하는 장치를 개발했다. 최초로 축전지를 발명한 것이다.

그들은 유리단지에 반쯤 물을 채우고 코르크 마개를 닫았다. 그런 다음 코르크를 통해 단지 안으로 전선을 집어넣어 물에 닿게 했다. 전선의 다른쪽 끝은 정전기 발전기 근처에 가져가 전기를 띠게 했다. 그런 뒤에 단지를 발전기로부터 떼어내도 충전된 전기는 계속 유지되었다. 전선에 손을 대보면 알 수 있었다. 1745년 2월 4일 『왕립학회 철학회보』에 실린 한 편지는 전선에 손을 댄 사람의 다음과 같은 사례를 보고했다. "이 사람은 몇 분 동안 호흡을 하지 못하다가 오른팔 전체에 강한 통증을 느꼈다. 그는 처음에는 사악한 힘에 사로잡힌 줄 알았다."

폰 클라이스트는 유리에 금속을 입혀 이 기계를 개선했다. 이제 전기는 유리를 통과하여 물로 흐르게 되었다. 기술적으로 한발 앞서려는 경쟁이 벌어지면서 뮈센부르크는 유리의 안팎에 모두 금속을 입혔다. 그 결과 외부의 금속이 내부의 금속에 전기를 전하게 되었다. 그렇게 하는 과정에서 뮈센부르크는 금속의 층들 사이의 유리가 얇을수록 단지에서 방출되는 불꽃도 더 커진다는 사실을 발견했다. 이것은 전기가 둘이 아니라 하나의 흐름임을 보여주는 듯했다. 이 가설은 미국의 발명가 벤저민 프랭클린이 증명하게 된다. 뮈센부르크의 장치에는 레이덴병이라는 이름이 붙었으며, 오늘날에도 이것을 기초로 한 장치가 여전히 사용되고 있다.

1700년대 중반에 이르러 전기는 유행하는 과학이 되고 있었다. 사람들은 전기자가 장착되어, 회전을 시키면 충전이 되고 충전이 다 되면 전기를 방출하는 장치들을 만들었다. 과학사가 패트리셔 패러는 이렇게 말한다. "전기는 이제 특권을 가진 지식인들만 몰두하는 신비에 싸인 대상이 아니라 사회 전체의 화젯거리가

1827~1864

1827
스코틀랜드의 식물학자 로버트 브라운 물에 떠 있는 작은 입자들 안에서 운동을 발견하다. 나중에 브라운 운동이라는 이름이 붙는다.

1835
프랑스의 물리학자 가스파르 드 코리올리 회전하는 좌표계 내에서 물체는 회전 때문에 휜 행로를 따라 움직인다는 사실을 보여주다. 나중에 여기에는 코리올리 효과라는 이름이 붙는다.

1842
오스트리아의 물리학자 크리스티안 요한 도플러 파원(波源)의 속도에 따라 파동의 주파수가 달라진다고 예측하다. 나중에 이것을 도플러 효과라고 부르게 된다.

나폴레옹을 놀라게 하다

1800년 볼타가 나폴레옹 보나파르트(앉아 있다)와 과학자들에게 자신의 배터리—은과 아연을 번갈아 쌓은 '전퇴'였다—시범을 보이고 있다. 나폴레옹은 깊은 감명을 받아 볼타에게 레지옹 도뇌르 훈장을 수여하고 백작 작위를 주었다.

1848	1850년대	1859	1864
스코틀랜드의 물리학자 윌리엄 톰슨(켈빈 경) 절대영도를 발견하다.	윌리엄 랭킨, 루돌프 클라우지우스, 윌리엄 톰슨(켈빈 경) 열역학의 제1, 제2법칙을 만들어내다.	물리학자 로버트 분젠과 구스타프 키르히호프 원소들이 빛의 독특한 파장을 발산하여, 스펙트럼에서 특정한 흡수선이 사라진다는 사실을 발견하다.	스코틀랜드의 물리학자 제임스 클러크 맥스웰 전기와 자기와 관련된 네 가지 방정식을 제시하다.

프랭클린의 연

벤저민 프랭클린의 유명한 연날리기 실험은 번개의 전기적 속성을 보여주었을 뿐 아니라 미국의 이 기묘한 인쇄업자, 작가, 정치가, 발명가의 아이콘적 이미지가 되었다.

되어가고 있었다. 부유한 가족은 자기들만 쓰는 장치를 따로 샀으며, 귀족 여자들은 손가락이나 고래뼈 페티코트에 작은 전구를 달아 불빛을 반짝거리거나, 좀 아프기는 했지만 감각적인 전기 키스로 자신을 사모하는 남자들을 자극했다." 벤저민 프랭클린은 정전기에 노출되면 울리는 종을 발명했다. 돌팔이 의사들은 정전기가 두통에서부터 질병에 이르기까지 모든 것을 치료할 수 있다고 떠벌였다.

레이덴병에 충전되는 전기의 양이 늘어나고, 연구를 목적으로 이 병을 여러 개 연결하여 전기를 대량으로 저장하는 일도 가능하게 되었다. 그러자 전기의 위험성도 분명하게 인식되었다. 1750년 프랭클린은 뇌우가 치는 날씨에 금속 조각과 비단 실을 단 연을 날려 레이덴병에 충전을 할 수 있음을 보여주었다. 번개가 정전기임을 증명한 것이다. 그러나 번개로 전지에 충전을 하려던 다른 사람은 죽음을 맞이했다. 검시관의 보고서에 다르면 "이마에는 작은 구멍이 나고, 왼쪽 신발은 타고, 발에는 푸른 점이 남았다". 지구와 하늘의 전기가 분명히 한 가지라는 무시무시한 증거였다.

조지프 프리스틀리는 1765년에 벤저민 프랭클린을 만났다. 그들은 정치적인 토론도 하고—두 사람 다 계몽주의 시대의 자유주의적 인물들이었다—전기 연구에 관한 메모를 비교하기도 했다. 프랭클린은 프리스틀리에게 그의 연구를 발표하라고 권했으며, 프리스틀리는 1767년에 『전기의 역사와 현 단계』를 발표했다. 프리스틀리는 무엇보다도 전하 사이의 인력과 척력은 거리의 제곱에 반비례한다고 주장했다. 이는 뉴턴이 중력에서 발견한 것과 일치했다.

1785년 프랑스의 물리학자 샤를 드 쿨롱은 예민한 기계 장치를 발명하여 프리스틀리의 가설을 증명했다. 나중에 쿨롱의 법칙이라는 이름이 붙은 이 법칙은 두 전하 사이의 힘이 전하의 곱에 비례하고 둘 사이의 거리의 제곱에 반비례한다는 내용이다. 쿨롱은 또 자신의 법칙이 자력에도 적용된다는 사실을 알아냈다.

그런데 전기란 무엇일까? 레이덴병은 오직 한 번의 방전만 가능했기 때문에 연구가 어려웠다. 그러나 19세기 초에 이탈리아 물리학자 알레산드로 볼타의 작업으로 이런 조건이 바뀌게 되었다.

볼타는 동물 전기라는 별명이 붙은 신비한 힘에 회의적이었다. 이 힘은 그의 친구이자 동향 사람인 루이지 갈바니가 발견했다. 갈바니는 금속 도구로 개구리 다리를 조사하다가 다리를 건드리면 꿈틀거린다는 것을 알았다. 그는 금속이 개구리에게서 어

벤저민 프랭클린

미국 과학의 아버지

1706
1월 17일에 미국 매사추세츠 주 보스턴에서 출생하다.

1718~1723
형 제임스 밑에서 인쇄공 도제 일을 하다.

1729
『펜실베이니아 가제트』를 창간하다.

1730
펜실베이니아의 공식 인쇄업자로 선정되다.

1732
『가난한 리처드의 연감』 첫 판을 발간하다.

1737
필라델피아의 체신국장으로 선출되다.

1744
효율적으로 집안 난방을 할 수 있는 개선된 벽난로인 프랭클린 스토브를 만들다.

1746
전기 현상 연구를 시작하다.

1751
『전기에 관한 실험과 관찰 기록』을 발표하다.

1753
런던 왕립학회에서 코플리 훈장을 받다. 이 해에 미국 북부 식민지의 체신장관 대리가 되었다.

1756
왕립학회 회원으로 선출되다.

1770
기상학 연구를 시작하고 멕시코 만류의 해도를 그리다.

1776
독립선언문에 서명하다.

1790
미국과 프랑스의 영웅으로 펜실베이니아 주 필라델피아에서 4월 17일에 사망하다.

패러데이의 발전기

영국의 물리학자 마이클 패러데이가 1831년 실험실에서 일하는 모습이다. 패러데이는 코일을 따라 자석을 움직여 전류를 유도할 수 있다는 사실을 발견했다. 그는 이 발견을 바탕으로 첫 전자기 발전기를 만들었다.

떤 종류의 전기적인 흐름을 방출하게 한다는 가설을 세웠다. 볼타는 갈바니의 실험을 따라해보다가 전기가 개구리의 근육이 아니라 습기가 많은 조건과 탐침에 사용하는 서로 다른 금속들 때문에 발생하는 것이라고 확신했다.

볼타는 사실을 확인하려고 매우 직접적인 실험을 했다. 그는 은과 주석, 황동과 철처럼 다양한 금속들의 조합을 혀에 대보았다. 모두 쓰라린 느낌이 들었다. 볼타는 이것이 혀의 침을 가운데 두고 두 금속 사이에 전기가 흐르기 때문이라고 추측했다. 금속을 어떻게 조합하느냐에 따라 쓰라림의 강도도 달라졌다. 볼타는 이 내용을 조심스럽게 표에 기록했다. 이어 볼타는 자신의 실험을 인위적으로 재연했다. 은과 아연 원반을 쌓고 그 사이사이에 소금물에 적신 종이를 끼워넣은 것이다. 그 결과 전기가 계속 흐르는 것을 알 수 있었다. 나중에 볼타 전퇴(電堆)라고 부르게 되는 최초의 전지를 발명한 것이다. 볼타 전퇴는 연구가 가능할 만큼 많은 양의 전류를 생산했고, 그 결과 아직 잘 파악되지 않았던 전기력 연구에서 화학이 새로이 핵심적인 요소로 떠오르게 되었다.

영국의 화학자 험프리 데이비는 볼타의 작업을 처음 이용한 사람으로 꼽힌다. 기체를 이용한 창의적 실험으로 유명한 데이비는 볼타 전퇴의 의미에 흥미를 느꼈다. 화학적 반응이 전기를 생산한다면 전기는 물질과 반응하여 그것을 원래의

열역학 법칙

에너지는 자기 멋대로 왔다 갔다 하는 것이 아니다. 에너지는 19세기 중반에 과학자들이 처음으로 정리한 열역학 법칙들을 따른다.

에너지보존법칙이라고도 부르는 열역학 제1법칙은 만들어진 에너지와 사용된 에너지가 같다는 것이다. 막대기 두 개에서 얻은 열의 양은 나무에 저장된 에너지와 나무를 비빌 때 사용한 에너지의 양과 같을 것이다. 증기기관에서 나오는 에너지의 양은 그 에너지를 생산하기 위해 태운 석탄의 양보다 클 수 없다.

와트의 1788년 증기기관의 내부구조를 보여주는 개략도.

열역학 법칙은 하나의 계 내에서 평형을 지향하는 경향에도 주목한다. 뜨거운 커피를 차가운 컵에 넣으면 열에너지는 커피에서 컵으로 흘러가 곧 그 둘은 같은 온도가 될 것이다. 그런데 왜 열이 커피에서 컵으로 갔다가 다시 돌아오지는 않는 것일까? 여기에서 열역학 제2법칙이 등장한다. 에너지는 오직 한 방향으로만 흐른다는 것이다. 몸이 1킬로미터를 달리며 태운 칼로리는 달리기를 멈추어도 몸으로 돌아오지 않는다. 달리면서 발산한 에너지가 돌아오지 않듯이 말이다. 엔진이 더 많은 연료를 요구하듯이 몸도 더 많은 음식을 요구한다.

제2법칙에는 두 번째 부분이 있다. 즉 이 비가역적 과정에서 에너지의 일부는 일에 쓰이지 않는다는 것이다. 달리기의 과정에서 몸이 태우는 칼로리로부터 나오는 에너지의 일부는 사용되지 않는다. 칼로리는 잠재적 에너지를 뜻하며, 질서 잡힌 평형 상태를 유지하고 있다. 달리기를 해서 이 에너지를 운동에너지로 바꾸면 그 에너지는 휘저어지고 그 일부가 무질서하게 발산된다. 이런 에너지의 발산은 엔트로피(entropy)라고 부르는데, 이 말은 변화를 뜻하는 그리스말 'entrope'에서 나왔다.

열은 분자의 운동으로 생긴다. 따라서 운동이 멈추면 열은 옮겨지지 않으며 엔트로피도 없다. 열역학 제3법칙은 절대 0도에서는 엔트로피도 0이라는 것이다. 다른 말로 하면, 에너지가 없으면 에너지의 손실도 없다는 것이다. 그러나 이렇게 꽁꽁 언 상태를 제외하면 세상—그리고 우주—에는 비가역적 과정들이 넘쳐난다. 열역학의 법칙들이 옳다면 이런 과정들이 오래 계속될수록, 더 많은 엔트로피가 모든 계에 쌓일 것이다. 결국 붕괴는 불가피할지도 모른다.

마이클 패러데이

1886년 존 아이어가 제작한 작품 속의 마이클 패러데이. 스코틀랜드 에든버러의 카페 로얄의 유명한 과학자들을 기념하는 일련의 타일들 가운데 한 곳에 묘사되어 있다.

구성 원소들로 분리할 수 있지 않을까?

데이비는 거대한 볼타 전퇴를 만들어서, 재를 물에 담갔을 때 나오는 물질인 포타시 같은 화합물에 전류를 흘렸다. 그는 전지의 전선을 연결시킨 포타시 덩어리에서 반짝거리는 금속 방울들이 생겼다가 터지는 것을 보았다. 칼륨이라고 부르는 새로운 원소를 발견한 것이다. 데이비는 또 나트륨, 칼슘, 스트론튬, 바륨, 마그네슘, 붕소, 실리콘 등 다른 원소들도 분리했다. 그는 이제 18세기의 언어로 표현하자면, "화학적 인력과 전기적 인력이 똑같은 원인에서 생긴다"는 것을 확신했다.

험프리 데이비의 많은 유산 가운데는 원자들이 전기력의 어떤 배열에 의해 화합물로 함께 묶여 있다는 주장도 있다. 또 어떤 실험을 하다가 눈앞에서 폭발이 일어나는 바람에 일시적으로 장님이 되었을 때 조수로 고용한 패러데이라는 이름의 젊은 남자를 후원한 일도 그의 유산이라고 할 수 있다.

마이클 패러데이는 1791년에 대장장이의 아들로 태어났다. 그는 자주 몸이 아팠으며, 열세 살에 학교를 그만두고 제본소의 도제가 되었다. 그는 일을 하는 과정에서 과학책을 많이 읽으며 감추어진 재능을 키워나갔고, 험프리 데이비의 화학 강의에도 자주 참석했다. 패러데이는 넋을 잃은 표정으로 데이비의 강의를 들으며 메모도 많이 했다.

데이비가 사고를 당해 조수가 필요하게 되자 사람들은 패러데이를 추천했다. 데이비는 패러데이의 노트로 판단하여 그가 빈틈없는 사람이라고 생각해 조수로 고용했다. 당시 국제적으로 이름을 얻은 강사였던 데이비는 유럽으로 18개월간 여행을 떠나는 길에 스물두 살의 패러데이를 데려갔다. 데이비의 부인은 이 젊은이를 시종처럼 대했다. 그러나 패러데이는 데이비의 강연에 참석하고, 그의 실험을 보고, 유럽의 위대한 과학자들을 여러 명 만난다는 것만으로도 행복했다.

패러데이는 자기 자신의 연구를 시작했다. 그는 특히 전기와 자기 사이의 관계에 주목했다. 1820년 한스 크리스티안 외르스테드는 자석에 전류를 가까이 가져가면 자석이 전류의 흐름에 직각이 되는 방향으로 움직인다는 사실을 발표했다.

프랑스 물리학자 앙드레-마리 앙페르는 1821년부터 1825년까지 외르스테드의 작업의 연장선상에서 연구를 하여 전기와 자기 사이의 기본적 관계를 파악했다. 그는 전기가 같은 방향으로 흐르는 두 전선은 서로 끌어당기고, 전기가 반대 방향으로 흐르는 두 전선은 서로 밀친다는 것을 알았다. 앙페르는 코일을 만들고 거기에 전류를 통과시켜 전자석을 만들 수 있다는 사실을 발견했다. 코일을 추가하면 자석의 힘도 강해졌다. 코일로 쇳조각을 감싸면 자석은 더 강해졌다. 앙페르는 전기가 전선과 쇠의 모든 원자들을 정렬시키기 때문에 자력이 나온다고 주

변압기

패러데이는 전류가 자기를 만드는 것처럼 자기장도 전류를 만들 수 있다고 주장했다. 그는 1831년에 이 장치, 즉 최초의 변압기로 그 주장을 증명했다.

장했다.

패러데이는 외르스테드와 앙페르의 작업을 염두에 두고(이미 외르스테드의 회전 나침반에 기초한 작은 전기 모터를 만들어보기도 했다), 이런 문제를 제기했다. 전기가 자기 효과를 만들어낸다면 자기도 전기를 만들어낼 수 있을까? 패러데이는 코일로 쇠막대를 감싸고—앙페르의 전기 회로에서 전기가 빠진 상태—막대를 따라 강력한 자석 한 쌍을 움직여보았다. 전기를 탐지하는 데 사용하는 장치인 검류계는 코일에 전류가 유도되었음을 보여주었다. 그러자 패러데이는 이번에는 자석들을 고정시키고 그 사이에 구리 원반을 설치하여 이 모델을 개선했다. 전선의 한쪽 끝은 회전하는 원반 테두리에 가까이 갖다 댔고, 다른 쪽 끝은 원반을 회전시키는 축에 연결시켰다. 자석들 사이의 원반을 회전시키자 전기가 전선에 유도되었다.

이렇게 해서 패러데이는 최초로 전자기 발전기를 만들었다. 19세기에 이 전자기 유도의 원리는 엔진과 기계에서 새로운 세계를 창조했으며, 운송과 통신 분야를 혁명적으로 바꾸어놓았다.

발전기는 어떻게 작동할까? 패러데이는 오랫동안 이 문제를 탐구했지만 그에게는 전자—전자의 운동이 전류를 구성한다—에 대한 지식이 없었다. 그런 지식이 생기려면 한 세대 이상을 더 기다려야 했다. 그럼에도 패러데이는 전류가 어떤 물질을 통과할 때 원자의 힘이 발산되는 장을 잔뜩 긴장시키며, 원자들이 전류를 다음 덩어리에 전달하면 긴장도 풀린다는 가설을 세웠다. 전기는 긴장의 선을 따라 전도체를 통과한다. 파도가 물을 통과하면서 그 봉우리를 유지하는 것과 마찬가지다. 해안을 향해 움직이는 것은 물이 아니라 에너지이다. 패러데이는 번개가 치는 것도, 정전기가 만들어지는 것도, 볼타 전퇴에 전류가 흐르는 것도 다 이런 식이라고 주장했다. 그는 여전히 전기가 무엇인지 분명히 알지 못했다. 그럼에도 그 답은 아주 가까운 곳에 있는 것처럼 보였다.

완전한 스펙트럼

19세기에는 오랫동안 계속되어온 빛의 본질을 둘러싼 논쟁에 다시 크게 불이 붙었다. 빛은 입자—뉴턴은 그것을 미립자라고 불렀다—로 이루어진 것일까, 아니면 호이겐스 같은 유럽 대륙의 이론가들이 주장한 대로 파동으로 이루어진 것일까? 이 싸움은 시각생리학에 관심을 가졌던 영국의 의사이자 물리학자 토머스 영이 실험을 시작한 1800년부터 부활했다.

영은 벽의 아주 작은 구멍을 통해 빛을 비추었다. 벽 너머에는 작은 구멍 두 개가 뚫린 벽이 또 하나 있었고, 그 너머에는 스크린이 있었다. 스크린에 도달한 빛은 번갈아가며 검은 띠와 밝은 띠를 보여주었다. 이것은 어떤 지점에서 빛의 파동들이 서로를 상쇄하여 어두운 띠를 만든다는 뜻이었다. 반대로 파동들이 서로 강화하면 밝은 띠가 나타났다.

이 모습은 입자의 성질과는 완전히 달랐으며 파동의 간섭 패턴을 분명하게 보여주었다. 영국의 뉴턴파는 영의 실험 결과를 받아들이려 하지 않았다. 그러나

원자의 힘

물리학자 어니스트 러더퍼드가 발견했듯이 하나의 원자—모든 물질의 기본 단위—는 대부분 빈 공간으로 이루어져 있다. 그 안에 양성자와 중성자가 있으며, 양전하를 띠고 있는 핵은 그 공간의 약 10억 분의 1 정도를 차지한다. 핵 주위에는 음전하가 걸린 전자들이 있다. 전자는 자연에서 전하가 걸려 있는 입자 가운데 가장 가볍다. 전자는 전기력의 영향으로 자신의 자리를 유지하지만, 지나가는 양전하에 언제든지 끌려갈 수 있다. 핵 주위의 전자들의 독특한 배치가 각 원소에 독특한 화학적, 물리적 속성을 부여한다. 원자의 구성은 그 원소가 열이나 전기를 얼마나 잘 전도하는지, 얼마나 빨리 녹는지, 다른 원소들과 얼마나 쉽게 화합물을 구성하는지 결정한다.

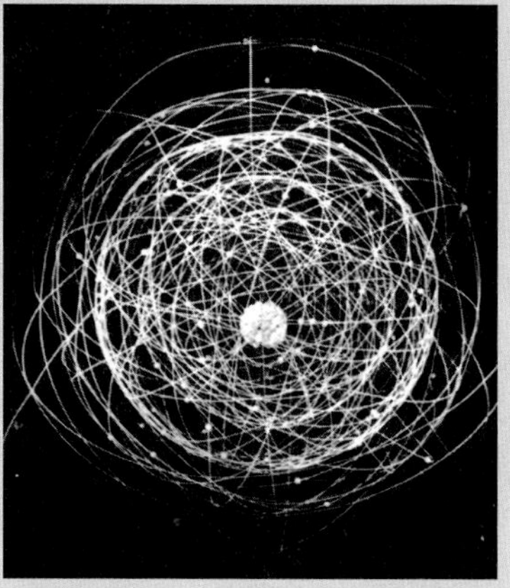
전자 92개와 양전자 143개가 있는 우라늄 원자는 쉽게 분열되어 많은 에너지를 방출한다.

러더퍼드는 중심에 핵이 있고 그 주위에서 전자들이 회전을 하는 원자 모델을 제시했다. 중심에 태양이 있고 그 주위에서 행성들이 궤도를 도는 모형과 비슷했다. 이것이 지금도 가장 인기 있는 원자 모델이기는 하지만, 사실 거의 백 년이나 시대에 뒤진 설명이다. 현재 과학자들은 핵 주위의 전자의 운동을 묘사할 때 고정된 파동 패턴 구름 같은 것을 그린다. 그 안에서 어떤 전자의 실제 위치는 가능한 모든 위치들 가운데 하나에 있을 확률에 불과하다. 핵 안의 양성자와 중성자들 또한 파동 패턴을 만든다.

방사성 물질들이 발견되자, 원자에 양성자, 중성자, 전자 외에 다른 것도 틀림없이 있다는 심증이 생겼다. 1932년에는 양전자가 발견되었다. 전자와 질량이 같지만 전하가 반대인 입자다. 1960년대부터는 핵 자체의 내부에서 새로운 입자들이 발견되어 쿼크라는 이름이 붙었다.

전자기의 기본적인 힘이 알려지면서 대전 입자들 사이의 관계가 밝혀졌고 과학자들은 원자가 유지되는 방식을 이해할 수 있었다. 그러나 원자 내부의 환상적인 세계에서 작용하는 힘들을 완전히 설명하지는 못했다. 눈에 보이지는 않지만 식별은 가능한 이 영역에서 '질량'이나 '입자'라는 용어는 내용이나 의미가 없다고 볼 수 있다.

곧 연구자들은 두 가지 새로운 기본적인 힘을 발견했다. 하나는 양성자와 중성자들을 핵 안에 유지하는 것으로, 강한 핵력이라고 부른다. 또 하나는 예를 들어 방사성 붕괴 같은 과정에서 핵의 구성을 바꾸고 원자 내의 존재들의 오고감과 상호작용에 영향을 주는 것으로, 이것은 약한 핵력이라고 부른다.

네 가지 힘 가운데 가장 강한 것은 강한 핵력으로, 이것은 모든 물질의 핵을 유지하는 역할을 한다. 그러나 그 효과는 극히 짧은 거리에서만 유지된다. 반면 중력은 달이 지구의 조수에 미치는 영향에서도 알 수 있듯이 긴 거리에서도 작용한다. 전자기력도 강한 핵력만큼은 아니지만 강한 편이다. 또 영향을 발휘하는 거리도 긴 편이다. 약한 핵력은 그 이름에서도 알 수 있듯이 매우 약하다. 게다가 강한 핵력과 마찬가지로 영향을 미치는 범위도 짧다. 과학자들은 언젠가는 이 네 가지 근본적인 힘을 통일하는 방법을 발견하게 될 것이라고 확신한다. 그들은 이미 그러한 발견에 이름도 지어놓았다. 바로 '대통일 이론'이다.

유럽 대륙에서는 받아들였고, 프랑스의 물리학자 오귀스탱 장 프레넬은 영의 실험 결과를 확인했다.

1850년대에 패러데이와 서신교환으로 우정을 나누던 스코틀랜드의 물리학자 제임스 클러크 맥스웰은 패러데이의 전기장과 자기장을 설명할 방법을 찾고 있었다. 그는 왔다 갔다 움직이는 전하가 전기파와 자기파의 서로 연결된 진동 패턴을 만들어낸다는 사실을 발견했다.

맥스웰은 패러데이와 자신의 발견을 정확하게 설명하고 전기와 자기의 힘을 통일하는 이론을 정리하기 위해 6년간 열심히 수학적인 노력을 기울였다. 마침내 1864년 맥스웰은 놀랄 만한 결과를 제시했다. 전류가 만들어내는 자기장을 설명하는 방정식이 빛의 파동의 전달을 설명하는 데 이용하는 방정식과 거의 똑같다는 것이었다. 이 결과는 또 자기파가 초속 297,600킬로미터로 이동한다는 것을 보여주었다. 빛의 속도와 똑같았다. 맥스웰은 전기와 자기가 같은 것이며, 빛은 전자기복사의 한 가지 형태, 그러나 유일하지는 않은 형태라고 결론을 내렸다. 그의 방정식은 눈에 보이지 않는 힘들의 세계가 사람들이 생각했던 것보다 훨씬 크다는 것을 보여주었으며, 가시광선보다 더 길거나 짧은 파장이 있을 것임을 예측하기도 했다.

맥스웰의 이론에 과학계에 큰 충격을 주었다. 특히 독일의 젊은 물리학자 하인리히 헤르츠는 큰 감명을 받아 다양한 종류의 전자기복사가 있다는 맥스웰의 예측을 검증해보았다. 1888년 헤르츠는 필요한 장비를 모았다. 작은 간극이 있는 전기회로와 전자기파에 반응하도록 설계된 금속 장치(현재는 안테나라

제임스 클러크 맥스웰

현대 물리학의 아버지

1831
6월 13일에 스코틀랜드 에든버러에서 출생하다.

1847
에든버러 대학에 입학하여 자연철학, 도덕철학, 정신철학을 연구하다.

1854
케임브리지 대학 트리니티 칼리지의 수학과를 졸업하다.

1855~1872
『색깔의 지각과 색맹』이라는 제목으로 일련의 연구 결과를 발표하다.

1859
케임브리지에서 "토성의 고리의 안정성에 관하여"라는 논문으로 애덤스상을 타다.

1860
런던의 킹스 칼리지의 교수가 되다. 색깔에 관한 연구 업적으로 왕립학회에서 럼퍼드 메달을 받았다.

1861
런던 왕립학회의 회원으로 선출되다.

1864
왕립학회에 전기와 자기 사이의 관계를 보여주는 방정식—지금은 맥스웰 방정식으로 알려져 있다—을 제출하다.

1865
킹스 칼리지의 물리학과 천문학 교수 자리를 사임하다.

1866
루트비히 볼츠만과는 별도로 연구하여 맥스웰-볼츠만 분포 법칙을 만들다.

1871
케임브리지 대학 최초의 물리학과 캐번디시 석좌 교수가 되다.

1879
11월 5일 케임브리지에서 사망하다. 스코틀랜드 파턴의 작은 묘지에 묻혔다.

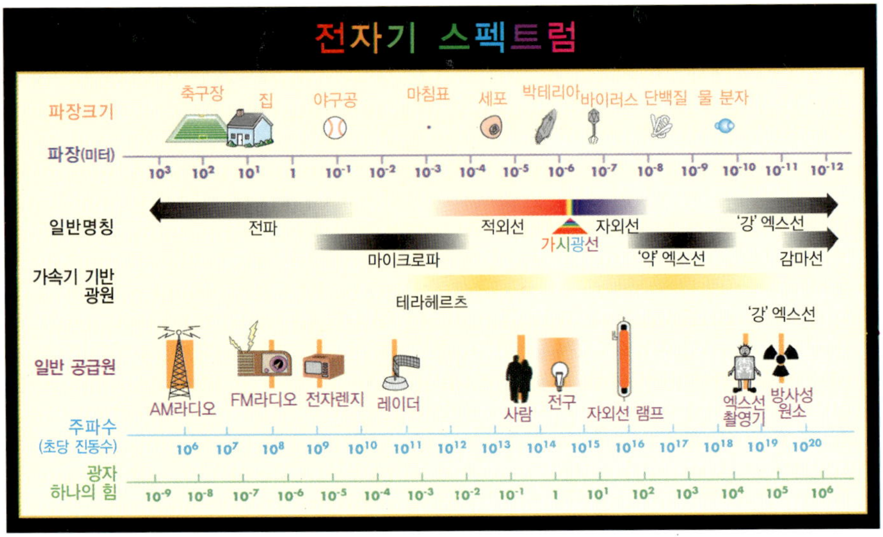

보이는 것과 그 너머

눈에 보이는 빛과 색깔은 전자기 스펙트럼의 작은 부분에 불과하다. 단파인 감마선과 장파인 전파는 인간의 눈으로 볼 수 없다.

고 알려져 있다)였다. 회로를 닫으면 간극을 가로질러 스파크가 일어났다. 헤르츠는 그 스파크가 파동을 일으키고, 그 파동은 눈에 보이지 않지만 몇 미터 떨어진 안테나로 탐지할 수 있을 것이라고 추론했다. 과연 그가 생각한 대로 되었다. 그러자 헤르츠는 이런 전자기파는 길이가 약 30센티미터이며, 맥스웰이 예측한 대로 빛이나 열파동처럼 벽에 부딪히면 반사되고, 다양한 물질에 의해 굴절이 일어나며, 편광이 발생하기도 한다(즉 한 평면에서 진동한다)고 결론을 내렸다. 게다가 이런 파동—당시에는 헤르츠 파동이라고 불렀지만 지금은 전파라고 부른다—은 빛의 속도로 움직이는 것 같았다.

맥스웰은 이미 10년 전에 죽었지만 헤르츠의 작업은 그의 장 이론을 확인해주었다. 또 이탈리아 물리학자 구그리엘모 마르코니의 창의력 넘치는 천재성에도 자극을 주었다. 마르코니는 전건(電鍵)으로 스파크를 통제하고, 안테나를 확장하고, 헤르츠의 파동을 탐지할 수 있는 코히러라는 장치를 사용하는 등 헤르츠의 장비를 구석구석 개선했다. 마르코니는 곧 2킬로미터가 넘는 거리에서 파동을 주고받을 수 있었다. 1901년 마르코니는 대서양 건너로 전파를 보내는 데 성공했다.

그러나 중요한 수수께끼가 남아 있었다. 파도는 물을 통해 움직이고, 음파는

두려움을 모르는 퀴리

프랑스의 물리학자 마리 퀴리는 방사능 방출을 더 잘 이해하려고 우라늄, 라듐, 폴로늄을 가지고 실험을 했다. 퀴리는 방사능에 노출되는 것이 얼마나 위험한지 몰랐다.

기압의 변동으로 인해 움직인다. 그런데 이 모든 전자기파, 특히 우주에서 별빛을 가져오는 파동을 운반하는 매질은 무엇일까?

아리스토텔레스 시대 이후로 눈에 보이지 않는 매질이 만물을 둘러싸고 있다는 것은 보편적 지식으로 간주되었다. 신비한 에테르를 통과하며 만물이 움직인다는 것이었다. 1887년 미국의 물리학자 앨버트 마이컬슨과 에드워드 몰리는 이 에테르라는 것의 영향을 측정하기 시작했다. 마이컬슨과 몰리는 간섭계라고 부르는 기발한 L자 모양의 발명품을 이용했다. 이 장치의 두 팔은 서로 수직을 이루었다. 각 팔의 끝에는 거울이 달려 있었다. 두 팔이 만나는 중앙에는 광원, 그리고 광선을 둘로 쪼개 반씩 양쪽의 거울로 보낼 수 있는 장치가 있었다. 반씩 나뉜 광선은 거울에서 반사되면 다시 합쳐졌다. 그들은 간섭계의 한쪽 팔이 지구의 운동 방향을 가리키도록 설치했다.

이론적으로 보자면 지구는 움직임 없는 에테르를 헤치고 나아간다. 지구 궤도의 방향으로 나아가는 광선은 지구의 운동으로부터 약간의 추진력을 얻어 약간 더 빨리 움직일 것이다. 반면 직각으로 움직이는 광선은 순전히 빛의 속도로만 움직일 것이다. 따라서 두 빛은 약간 시차를 두고 중앙으로 올 것이며, 이렇게 위상이 다른 빛의 파동이 서로 간섭을 하는 현상이 나타날 것이다. 그러나 두 물리학자가 아무리 관찰을 해도 차이를 발견할 수 없었다. 과학은 마침내 에테르, 적어도 탐지 가능한 에테르는 존재하지 않는다는 가능성을 마주할 수밖에 없었다. 빛과 전자기파가 움직이는 데는 매질이 필요 없는 것처럼 보였다.

19세기 말에 이르자 전자기복사에 관한 많은 문제가 해결된 듯했다. 다만 전자기복사가 무엇이냐 하는 수수께끼는 여전히 풀리지 않았다. 그러다가 갑자기 예상치 못한 곳에서 복사의 신비와 원자의 본질에 관한 과학의 지식을 모두 심화시키는 발견들이 이루어졌다.

1895년 독일의 물리학자 빌헬름 뢴트겐은 여러 동료들과 마찬가지로 음극선이라는 이상한 현상을 연구하고 있었다. 과학자들은 그 전부터 음극, 즉 전류가 전지나 다른 전기 저장 장치를 떠나는 부분의 속성을 관찰해오고 있었다. 진공관에 넣은 음극은 이상한 방사를 했는데, 이것은 특정한 화학물질과 부딪힐 때만 탐지할 수 있었다.

뢴트겐은 음극선 장치를 어두운 방에 설치하고 관을 검은 판지로 덮었다. 그러다 우연히 아주 이상한 현상을 보게 되었다. 몇 걸음 떨어진 곳에 있는 물체가 빛을 발하기 시작한 것이다. 음극관을 끄자 발광도 멈추었다. 관에서 어떤 광선이 방사되고 있다는 뜻이었다.

이것은 설명할 수 없는 현상이었다. 뢴트겐은 음극선—그것이 무엇인지는 몰라도—이 공중에서 몇 센티미터 이상을 나아가지 못한다는 사실을 알았기 때문이다. 그는 자신이 뭔가 다른 것을 발견했음을 깨달았다. 그는 곧 이 광선이 자신의 손을 통과하여 스크린에 뼈의 윤곽을 보여주는 그림자를 비춘다는 것을 알았다. 뢴트겐은 몇 주 동안 꼼꼼하게 실험을 한 끝에 너무 이상해서 그냥 'X'라고 부르게 된 전자기파의 존재를 발표했다.

엑스선은 거의 즉시 의학에 사용되었다. 그럼에도 과학자들은 이것이 무엇인지, 왜 그런 작용을 하는지 알지 못했다. 케임브리지 대학의 물리학 교수 조지프 존 톰슨은 엑스선을 기체에 통과시키면 기체가 전기를 전도할 수 있다는 사실을 알아냈다. 프랑스의 물리학자 앙투안 앙리 베크렐은 엑스선이 형광, 즉 햇빛에 노출된 뒤에 어떤 화합물들에서 나타나는 빛과 관련이 있을 수도 있다고 생각했다.

베크렐은 검고 무거운 종이로 싼 사진판을 화합물 밑에 놓고 그것을 햇빛에 비추어볼 계획이었다. 그 화합물—이 경우에는 우라늄이었다—이 형광을 발하면서 엑스선을 발산한다면 그 방출 때문에 사진판이 뿌옇게 흐려질 것이라고 추측했다.

그러나 날씨가 흐렸기 때문에 베크렐은 우라늄과 사진판을 서랍에 집어넣고 해가 나기를 기다렸다. 베크렐은 그것을 다시 꺼내 일단 사진판을 현상해보았다. 놀랍게도 사진판은 심하게 노출이 된 상태임을 알 수 있었다. 우라늄만으로도 어떤 방사가 일어난 것이다. 하지만 무엇이 방사된 것일까? 베크렐은 엑스선과 마찬가지로 우라늄선도 기체가 전류를 전도하게 만든다는 것을 알았다.

폴란드 태생의 프랑스 물리학자 마리 퀴리는 곧

마리 퀴리

방사능의 선구자

1867
11월 7일 폴란드 바르샤바에서 마리아 스클로도프스카라는 이름으로 출생하다.

1893
파리 대학에서 물리학 학위를 받다.

1895
피에르 퀴리와 결혼하다. 연구 과학자가 되어 단련된 강철의 자기적 속성을 연구했다.

1896
방사가 화학적 반응의 속성이 아니라 원자의 속성임을 발견하다.

1898
남편 피에르와 함께 폴로늄과 라듐을 발견하다.

1903
피에르 퀴리, 앙리 베크렐과 노벨 물리학상을 공동 수상하다.

1904
박사 학위를 받다.

1906
파리 대학의 물리학 교수가 되다.

1910
『방사능에 관한 논문』을 발표하다.

1911
노벨 화학상을 받다. 과학 분야에서 노벨상을 두 번 받은 유일한 사람이 되었다.

1914~1919
제1차 세계대전 동안 프랑스군을 위해 적십자 방사선 봉사를 지휘하고, 엑스선 이동 부대를 조직하다.

1918
파리 대학의 라듐 연구소에서 자신의 실험실을 만들고 책임자가 되다.

1934
7월 4일 프랑스 살랑슈 근처에서 사망하다.

에너지의 보존

독일의 의사이자 물리학자인 헤르만 폰 헬름홀츠는 인간 생리학의 연구를 바탕으로 에너지보존의 법칙을 끌어냈다. 어떤 계에서 나온 에너지는 거기에 들어간 에너지와 똑같다는 것이었다.

그녀가 방사능이라고 부르게 된 속성이 우라늄과 토륨에 공통적으로 존재한다는 사실을 발견했다. 그녀는 다른 물질들을 시험해보다가 우라늄 원광인 역청 우라늄광이 순수한 우라늄보다 방사능 수준이 더 높다는 사실을 발견했다.

그녀와 물리학자인 남편 피에르는 파리의 황량한 실험실에서 수 톤의 원광을 실험하여 마침내 1898년에 새로운 물질인 폴로늄과 라듐을 발견했다고 발표했다. 라듐은 그때까지 알려진 물질 가운데 방사능이 가장 강한 물질이었으며, 그 강력한 방사 때문에 주위의 공기에 전하가 걸릴 정도였다.

열의 비밀스러운 삶

이 시기에는 전자기복사의 연구와 발견이 과학계의 최대의 화젯거리였지만, 또 다른 종류의 에너지 연구도 조용한 속도로 진행되고 있었다. 바로 열에너지였다. 어쩌면 너무 익숙한 것이라서 열의 연구는 뉴스거리가 안 된다고 여겼을 수도 있다. 사실 18세기 중반에 이르러서는 누구든지 불은 뜨겁고, 물을 끓이거나 음식을 조리하는 데 필요하며, 기관, 곧이어 기차, 배, 기계를 움직이게 된 증기를 만드는 데도 필요하다는 사실을 알고 있었다.

그러나 과학자들에게 열은 전기만큼이나 수수께끼였다. 갈릴레오는 물질이 온도가 올라가면 팽창한다는 사실에 기초하여 온도계를 고안했다. 그는 뒤집어놓은 플라스크처럼 생긴 용기에 액체를 얼마간 채워놓고 그 안에 공기를 집어넣었다. 온도 변화에 따라 공기는 팽창하거나 수축했고, 그에 따라 액체의 높이가 올라가거나 내려갔다. 그러나 액체의 움직임을 측정할 잣대가 없었기 때문에 이 장치는 온도의 상대적 변화를 보여주었을 뿐이다.

그 다음 단계, 즉 고정된 점들이 있는 자를 만드는 단계는 18세기 초에야 가능했다. 1675년에 처음 빛의 속도를 측정했던 덴마크의 천문학자 올레 뢰머는 액체로 알코올을 사용하는 온도계를 개발했다. 그는 자의적으로 물이 어는점을 0도, 물이 끓는점을 60도로 정했다.

1708년 폴란드 태생의 네덜란드 장비 제조업자 다니엘 가브리엘 파렌하이트는 뢰머를 찾아갔다. 그는 네덜란드로 돌아가 자기 나름의 알코올 온도계를 만들었다. 그는 맥주가 어는 온도를 0도로 설정하고 인간의 체온을 100도로 설정했다. 이 기준대로 하면 물은 32도에서 얼고 212도에서 끓었기 때문에 뢰머가 설정한 수치와는 상당한 차이가 있었다. 스웨덴의 천문학자 안데르스 셀시우스는 물이 어는점과 끓는점 사이가 정확히 100도인 온도계를 만들었다. 셀시우스는 원래 끓는점을 0도로, 어는점을 100도로 잡았지만, 그가 1744년에 죽은 뒤 스웨덴의 생물학자 카롤루스 린네가 잣대를 거꾸로 뒤집어 오늘날 우리가 사용하는

전신기의 선구자
윌리엄 톰슨이 1858년에 특허를 낸 예민한 거울 검류계는 장거리 전신 케이블을 가능하게 해주었다.

섭씨온도계가 탄생했다. 그런데 이 온도계들은 대체 무엇을 측정하는 것일까? 어떤 사람들은 열이 물질 안에서 일어나는 진동에서 온다고 생각했다. 어떤 사람들은 열이 무게 없는 유체—열소(熱素)라고 불렀다—이며, 이것이 물질에 포함되어 있다가 이곳저곳으로 흐른다고 생각했다. 18세기 말 잉글랜드에 살던 미국인 벤저민 톰프슨이 이 논쟁에 끼어들었다.

보스턴 근처에서 태어난 톰프슨은 1776년에 고향에서 탈출했다. 미국 독립전쟁 초기에 영국 편을 들어 영국의 군대 지휘관이자 첩자로 일했기 때문이다. 그는 간통과 남색으로도 비난을 받았다. 톰프슨은 부인(그보다 약 20살 연상이었다)과 딸을 남겨두고 영국으로 가 과학을 연구하기 시작했다. 그는 1779년에 왕립학회의 회원이 되었다.

톰프슨은 프랑스를 여행하던 중 막시밀리안 공으로부터 바이에른으로 초대를 받았다. 톰프슨은 기병대 소장이자 국가 추밀 고문관으로 임명되어, 군대를 개선하고 뮌헨 외곽에 영국식 정원을 짓는 일을 맡았다. 결국 톰프슨은 백작 작위를 받았으며, 처자식을 두고 온 미국 뉴햄프셔의 도시 이름을 따 럼퍼드 백작이라는 이름을 선택했다.

톰프슨은 뮌헨에서 군수품 일을 하면서 대포에 구멍을 뚫을 때 대포의 금속이 매우 뜨거워진다는 사실을 알았다. 그는 만들어지는 열의 양이 금속 자체 내부에 있는 열의 양보다 더 크다는 결론을 연역해냈다. 이것은 열이 열소, 즉 금속 안에 담긴 유체라는 관념이 성립할 수 없다는 증거였다. 톰프슨은 마찰이 열을 낸다는 사실을 깨달았다. 운동이 열쇠였다. 톰프슨은 더 나아가 어떤 운동이 얼마나 많은 열을 내는지 추정하기까지 했다. 톰프슨은 1798년 왕립학회에 『마찰력에 의해 생기는 열의 원천에 관한 실험적 탐구』를 제출했다.

톰프슨은 다채로운 인물이었다. 프랑스와 영국이 전쟁을 하자 양쪽 모두 그가 첩자라고 생각했다. 두 이야기가 다 맞았는지도 모른다. 톰프슨은 영국의 왕립연구소를 빌려 험프리 데이비를 강사로 고용했다. 그는 또 평생 발명가로 살았다. 열을 보존할 수 있도록 벽난로와 스토브를 다시 설계했다. 중앙난방장치, 연기 없는 굴뚝, 오븐을 개발했다. 비단을 실험하고 보온내의를 제조했다. 그는 돈을 벌기도 하고 잃기도 했으며, 마침내 프랑스의 위대한 화학자 앙투안 라부아지에의 부유한 미망인과 결혼했다. 마지막 아이러니는 그가 미국 예술과학원의 럼퍼드상을 제정하고, 미국 독립전쟁 기간 동안 친영국적 분위기의 중심이었던 하버드 대학에 럼퍼드 석좌 교수 자리를 만들었다는 것이다.

톰프슨의 작업은 맨체스터 양조업자의 아들 제임스 프리스코트 줄에게로 이어졌다. 보수적이고 신학적인 기질의 줄은 모든 에너지가 하나이며 서로 전환될 수 있다고 믿었다. 비록 존 돌턴 밑에서 공부를 했다 해도 양조업자가 증명하기에는 어려운 명제였다. 그러나 줄은 집요했다.

그는 우선 전기에서부터 시작을 했다. 1840년 줄은 전기회로에서 발생하는 열은 전류의 제곱 곱하기 저항에 비례한다는 사실을 발견했다. 이어 줄은 전류와 기계적 운동이 예측한 만큼의 열을 만들어낼 수 있는지 확인하려고 했다. 톰프슨도 그런 생각은 했으나 추정만 할 수 있을 뿐이었다. 줄도 톰프슨과 마찬가지로 에너지가 하나의 형태에서 다른 형태로 바뀌는 것을 열소라는 가설적 유체를 빌려오지 않고 설명할 수 있었다.

줄은 수학적 훈련을 거의 받지 않았기 때문에 자신의 생각을 인

파렌하이트와 셀시우스

파렌하이트와 셀시우스는 각각 온도를 측정하기 위한 척도를 발명했다. 두 척도 사이에는 일정한 비율이 존재한다. 섭씨(셀시우스)를 화씨(파렌하이트)로 바꾸는 공식은 $\frac{9}{5}\times$(섭씨온도) +32이다. 화씨를 섭씨로 바꾸는 공식은 $\frac{5}{9}\times$(화씨온도)−32이다.

환상적인 빛

아인슈타인은 레이저를 발명하지는 않았지만 분명히 도움은 주었다. 일찍이 1916년에 아인슈타인은 원자가 광자, 즉 빛의 개별적인 단위를 방출하는 방식이 두 가지가 있다고 예측했다.

하나는 자연적인 방출로, 여기에서 전구의 익숙한 불빛이 생긴다. 원자가 들뜨면—예를 들어 전류가 전구 속의 텅스텐 필라멘트를 통과하면—전자들이 더 높은 에너지 궤도로 뛰어오른다. 그러나 자연은 늘 가장 낮은 에너지 구성을 선호한다(그래서 물은 낮은 곳으로 흐른다). 따라서 전자들은 거의 즉시 원래의 위치로 돌아오면서 추가의 에너지를 없애려고 광자를 버린다. 이렇게 버려진 광자들이 빛으로 나타나는 것이다.

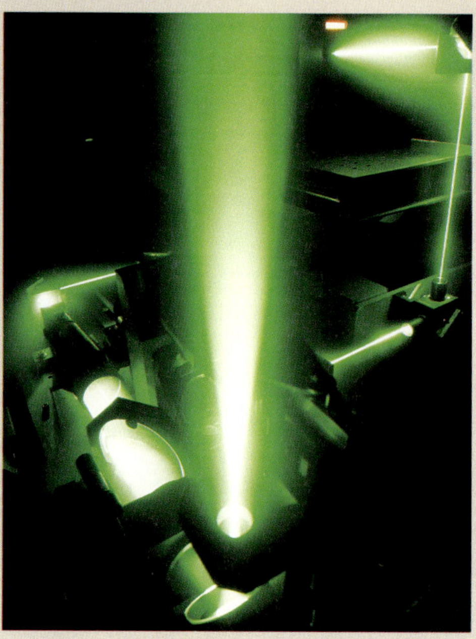

완벽한 거울이나 렌즈를 만들 때는 레이저 광선을 이용하여 결함을 찾아낸다.

그러나 아인슈타인에 따르면 원자가 이미 들뜬 상태일 경우 적당한 양의 에너지를 가진 광자로 원자를 때리면 전자는 광자를 두 개 방출하게 된다. 즉 처음에 원자를 때렸던 광자와, 이 광자와 크기가 똑같은 두 번째 광자다. 이론적으로 보자면 이때는 매우 강력한 광선이 나올 수 있다. 광자들이 파장과 방향이 똑같고, 또 위상이 정확히 일치하여 서로 전혀 상쇄하지 않기 때문이다.

1954년 미국의 물리학자 찰스 타운스는 아인슈타인이 말한 효과를 만들어내기 위한 장치를 실제로 제작했다. 그는 그것을 메이저라고 불렀다. 타운스는 암모니아 분자의 구름을 들뜨게 한 다음 마이크로파 복사로 폭격했다. 구름은 그 안에 들어간 것보다 더 많은 마이크로파를 방출하여, 아인슈타인의 원자 방출의 두 번째 개념을 입증했다.

6년 뒤 다른 미국인 시어도어 메이먼은 가시광선에도 똑같은 작용을 할 수 있는 장치를 만들었다. 그는 원통형의 루비를 크세논 섬광등으로 들뜨게 하여 빛을 방출시킴으로써 처음으로 레이저를 만들었다(레이저라는 이름은 사실 '유도 방출 복사에 의한 빛의 증폭'의 영어 앞머리를 딴 것이다). 그러나 1960년에 레이저는 좋은 구상이기는 했지만 분명하고 유용한 용도가 없었다.

그러나 물리학자들이 레이저의 용도를 생각해내는 데에는 오랜 시간이 걸리지 않았다. 그들은 레이저를 다양한 강도와 파장으로 만들어, 수술, 탐사, 절삭, 인쇄 등 다양한 용도에 활용했다. 레이저 탐사기는 달까지의 거리를 측정했다. 또 레이저는 식료품점의 모든 바코드 판독기의 한가운데 자리 잡고 있기도 하다.

광섬유의 발명은 레이저의 새로운 용도를 제

시했다. 광자가 광섬유 케이블을 따라 움직이는 속도는 전자의 물결이 전선을 따라 이동하는 속도보다 훨씬 더 빠르다. 이제 번쩍이는 레이저 빛은 전화, 텔레비전, 컴퓨터 모뎀을 비롯한 많은 정보 통신 장치의 작동에 핵심적인 신호를 구리선을 흐르는 전기 신호보다 훨씬 더 빠르게 또 더 많이 운반할 수 있다.

정받는 데 어려움을 겪었다. 그러나 다른 연구자들은 그의 세심한 실험을 재연할 수 있었다. 특히 물의 온도를 화씨 1도 올리는 데 배의 노를 젓는 힘이 얼마나 필요한지 알아낸 1847년의 발견이 주목을 받았다. 줄은 열기관이 수행한 일의 양은 에너지를 일로 바꾸는 과정에서 잃어버린 열의 양에 비례한다는 사실을 입증했다. 오늘날에도 일의 표준단위는 줄이라고 부른다.

줄은 윌리엄 톰슨(훗날의 켈빈 경)과 함께 작업을 했는데, 톰슨 또한 열과 전자기를 연구하면 결국 통일된 에너지 이론이 나올 것이라고 확신했다. 톰슨과 줄은 연구 결과를 공유했으며, 결국 톰슨은 열소 이론에 대한 자신의 믿음을 재고하게 되었다. 편견 없는 과학적 협력자였던 톰슨은 열, 전기, 자기와 관련된 수학 분야에서 엄청난 작업을 해냈다.

줄이 실험을 하는 동안 독일의 생리학자였다가 나중에는 물리학자가 된 헤르만 폰 헬름홀츠가 물리학에서 가장 심오하고 또 유용한 생각 한 가지를 정리하고 있었다. 바로 에너지보존법칙이었다. 자연의 에너지양은 고정되어 있어 늘지도 줄지도 않는다는 것이었다(에너지라는 말은 '일하는 중'이라는 뜻을 가진 그리스어 'energia'에서 왔다). 이 법칙은 에너지가 한 종류에서 다른 종류로 바뀔 때도, 즉 열에너지에서 기계에너지로, 화학에너지에서 전기에너지, 운동에너지에서 위치에너지로 바뀔 때도 적용된다. 이 에너지는 불타는 연료가 만들어내는 에너지만이 아니라 풍차나 흐르는 물이 만드는 에너지에도 적용된다. 또 몸이 만드는 에너지에도 적용되며, 나중에는 중력, 복사, 핵에너지에도 적용된다는 것이 확인된다. 과정의 어느 시점에서든 에너지의 총량을 측정하면 언제나 똑같다.

줄과 독일의 의사이자 물리학자인 율리우스 마이어가 이미 비슷한 생각들을 이야기했지만, 이 법칙은 1847년 헬름홀츠의 책 『힘의 보존에 관하여』에서 가장 적절하게 표현되었다. 그의 에너지보존 개념은 열역학이라는 새로 등장하는 과학의 핵심이 되었으며, 그

전이점

녹는점은 고체가 액체가 되는 온도다. 어는점은 액체가 고체가 되는 온도다. 이론적으로 두 온도는 같다. 끓는점은 액체가 기체가 되는 온도다.

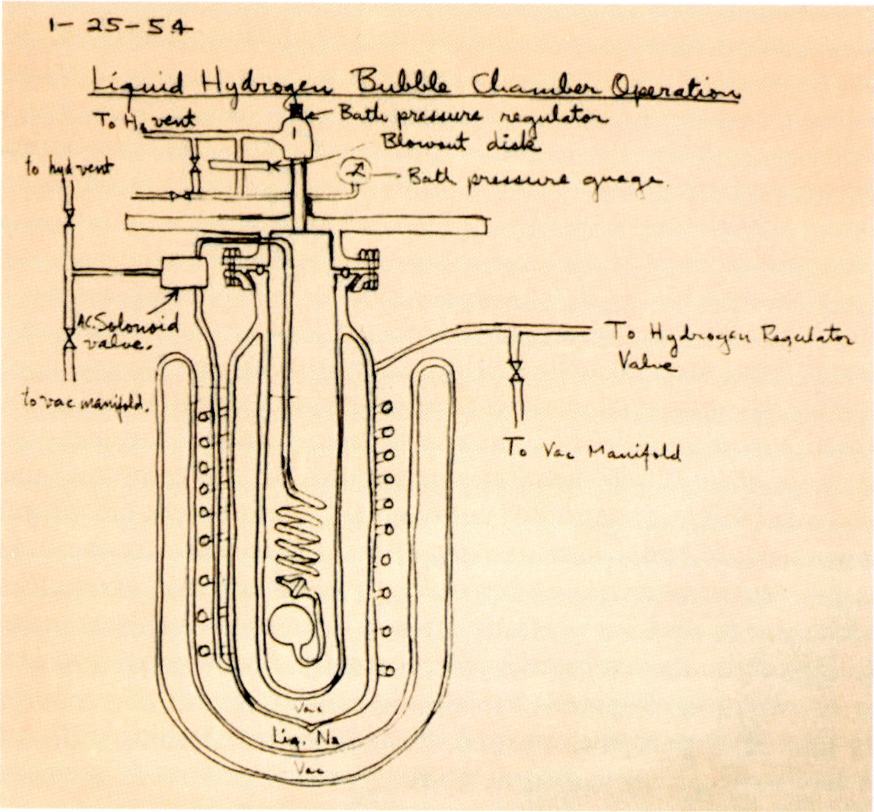

수소의 냉각

1954년에 존 우드와 A. J. 슈베민은 수소를 냉각시켜 액체로 만들기 위하여 거품상자를 만들었다. 수소 기체는 섭씨 영하 252도에서 압력을 가하면 액체가 된다.

제1법칙 역할을 했다. 에너지가 한 종류에서 다른 종류로 변형될 수 있다는 사실이 발견되자, 그간 설명되지 않았던 많은 관찰들이 설명되기 시작했다.

프랑스의 물리학자 니콜라 사디 카르노는 증기기관의 효율은 기계의 최고 온도와 최저 온도의 차이와 관계가 있다는 사실을 발견했다. 말을 바꾸면 열기관에서 얻을 수 있는 일의 양은, 예를 들어 보일러에서 나오는 증기 같은 열원(熱源)과 기관에서 열이 마지막으로 옮겨가는 곳인 열 배출구 양쪽의 온도 차이에 달려 있다. 이런 관계가 알려지고 받아들여졌지만, 아무도 그 이유는 알지 못했다. 카르노는 열소 이론을 이용하여 기관을 통과하는 모든 열에는 변화가 없다고 가정했다. 그러자 독일의 물리학자 루돌프 클라우지우스는 만일 그렇다면 열이 재순환하여 기관을 영원히 움직일 수 있는 것 아니냐고 반박했다.

클라우지우스는 자연에서는 열이 늘 한쪽 방향으로만, 즉 뜨거운 곳에서 찬 곳으로만 흐르는 것이 자연스럽다는 결론을 내렸다. 이 경로는 비가역적이다. 만일 가역적이라면 커피는 주위 공기로부터 열을 끌어당겨 하루 종일 뜨거운 상태를 유지할 수 있을 것이다. 클라우지우스는 더 나아가 시간이 흐르면 하나의 계 안에서 에너지의 일부는 늘 흩어져 일에 쓸 수 없어진다고 말했다. 계 안의 이런 무질서는 축적된다. 이것은 엔트로피라고 부르게 되었다. 이런 공리들이 합쳐져서 열역학 제2법칙을 구성하며, 영국에서는 윌리엄 톰슨, 즉 켈빈 경이 독자적으로 발전시켰다.

(켈빈 경은 제2법칙을 멋지게 뒤집어, 뜨거운 기체가 기계적인 힘과 열의 발산을 일으킬 수 있다면, 그 역도 성립할 것이라는 점에 주목했다. 기계적인 힘을 이용하여 기체를 압박하면 열을 저온에서 고온으로 이동시킬 수 있다는 것이었다. 이런 생각이 입증되면서 19세기에 처음으로 냉장 산업이 성장하게 되었다).

빈의 물리학자 루트비히 에두아르트 볼츠만은 제2법칙에서 한 걸음 더 나아가, 만일 에너지가 원자들의 운동에 바탕을 둔다면 열역학을 수학적으로 분석할 수 있을 것이라고 가정했다. 볼츠만은 분자들 사이의 에너지 분포와 엔트로피의 효과를 나타내는 방정식을 만들었다.

볼츠만은 계 안의 무질서를 정확히는 아니라 해도 적어도 확률적으로는 측정할 수 있다고 말했다. 볼츠만은 물질의 원자 구조와 거기에 영향을 줄 수 있는 모든 에너지 형태 사이의 통계학적 관계를 입증하여, 맥스웰과 더불어 19세기 후반에 물질과 에너

켈빈 경

절대영도의 발견자

1824
6월 26일 아일랜드 벨파스트에서 윌리엄 톰슨이라는 이름으로 출생하다.

1834
글래스고 대학에 입학하다.

1841
케임브리지 대학 피터하우스 칼리지에 입학하다.

1845
수학에서 우등의 성적으로 졸업을 하고 케임브리지 피터하우스 칼리지의 연구원으로 선출되다.

1846
글래스고 대학의 자연철학 교수가 되다. 왕립철학회의 회원도 되었다.

1848
『절대 온도 눈금론』을 발표하다. 그가 제안한 눈금에는 나중에 켈빈 눈금이라는 이름이 붙는다.

1851
왕립학회 회원으로 선출되다.

1852
제임스 프리스코트 줄과 협력하여 기체의 온도는 기체를 가두는 방식의 변화에 따라 변한다는 사실을 발견하다. 이 발견에는 나중에 줄-톰슨 효과라는 이름이 붙는다.

1854
제임스 랭킨과 윌리엄 랭킨 형제와 함께 전신 통신 장비 개선을 위한 첫 특허를 얻다.

1857
영국 선박 아가멤논 호와 미국 선박 나이아가라 호에서 대서양 전신 케이블을 설치하는 사업을 시작하다.

1860
물질의 열전기, 열자기, 초전기적 속성에 관한 중요한 논문들을 발표하다.

1907
12월 17일 스코틀랜드 에어셔 근처에서 사망하다.

지의 관계를 정리하고 그 연구를 종합한 중요한 인물로 자리매김했다. 이 시기에는 물질의 원자 이론에 대한 반발도 강하게 일어났으며, 이 이론의 가장 강력한 옹호자였던 볼츠만은 학술적인 논쟁에 휘말렸다. 지친 상태에 우울증까지 겹쳤던 볼츠만은 1906년에 목을 매 자살했다.

절대영도의 이상한 세계

열의 본질이 설명되어 전기 및 화학에너지와 더불어 울타리 안으로 들어오게 되자, 물질의 차가운 상태에 관한 문제도 제기되었다. 켈빈 경은 어떤 것도 더 차가워질 수 없는 온도를 절대영도로 설정하고, 물질이 그런 낮은 온도에 근접하면 전기 저항이 증가하고 에너지가 사라질 것이라고 예측했다.

그러나 열과 열역학에 관한 연구가 진행되면서 켈빈의 예측에 의문이 제기되었다. 운동은 열을 생산할 뿐 아니라, 액체와 기체에도 영향을 주는 것처럼 보였다. 네덜란드의 물리학자 요하네스 디데릭 반 데르 발스는 액체와 기체의 분자 상태가 온도만이 아니라 압력과 부피에도 좌우된다는 사실을 증명했다. 온도가 내려가면 분자의 열을 생산하는 분자의 불규칙 운동도 느려진다.

1887년 물리학자들은 산소를 90K(K는 켈빈의 약자로, 절대 0도를 0도로 설정하고 섭씨온도계의 눈금 크기를 그대로 사용한다)까지 냉각시키는 데 성공했다. 이 온도에서 기체는 액체가 되었다. 20세기가 되기 직전에는 수소 또한 20K 정도에서 액화되었다. 1908년 네덜란드 물리학자 헤이커 카머르링 오네스는 4.2K에서 헬륨을 액화시켰다. 오네스는 또 켈빈의 예측과는 반대로 물질이 그런 온도에서는 모든 저항을 잃고, 오늘날의 용어로 말하자면, 초전도체가 된다는 사실을 알아냈다. 어떤 물질은 점성을 완전히 잃어버리고 오늘날 우리가 말하는 초유동체가 되었다. 예를 들어 2.19K에서 헬륨 액체는 유리의 옆면을 타고 올라가 밖으로 넘치고, 아주 작은 틈으로도 흘러나왔다.

초전도라고 부르는 이 상태는 어떤 것인가? 1950년대 말 존 바딘, 존 슈리퍼, 리온 쿠퍼 등 미국의 물리학자 세 명은 초저온 상태에서는 원자들이 독특하게 기하학적으로 배열되면서 전자(원자의 핵심적 구성요소)가 쌍을 이루어 에너지를 똑같이 방출하고 흡수하기 때문에 그 운동이 아무 손상도 입지 않는다고 주장했다.

헬름홀츠

1881년에 그려진 이 초상화의 인물은 열역학의 위대한 인물 가운데 한 명인 헤르만 폰 헬름홀츠다. 그는 에너지보존법칙을 정리했을 뿐 아니라, 눈 안쪽을 검사하는 옵탈마스코프를 발명하는 등 의학에도 상당한 기여를 했다.

예를 들어 2.19K 상태의 원자들은 모두 똑같은 운동량을 갖는다. 함께 묶여 있는 달리기 선수들처럼 하나가 움직이면 모두 움직인다. 열이 너무 빨리 전도되기 때문에 물질을 통과하며 파동을 형성한다. 자기장이 초전도체에 다가가면 물질의 가장 바깥에 있는 층에 소용돌이 전류가 일어나 자기장을 밀어낸다. 초전도 물질은 실제로 자기장 위에 뜬다. 이 속성을 이용해 열차를 철도 위에 띄어서 바퀴와 철로의 마찰 없이 움직이게 할 수 있다. 초전도성은 또 다른 기술적 경쟁에 자극을 주었다. 높은 온도에서도 초전도성을 가지는 물질을 만들게 되면 일상적인 기구나 기계에도 사용할 수 있기 때문이다.

원자의 내부

영국의 물리학자 조지프 존 톰슨은 음극선을 연구하다 전기장과 자기장의 영향으로 굴절되는 음전하 입자들이 있다는 사실을 발견했다. 그는 이 입자가 수소 원자 질량의 천분의 일 정도라고 생각했다. 톰슨은 이것을 미립자(corpuscle)라고 불렀지만, 이 이름보다는 아일랜드의 물리학자 조지 스토니가 만들어낸 전자라는 이름으로 세상에 널리 알려지게 되었다.

과학자들은 원자가 전기적으로 중성이라는 사실을 알았다. 따라서 음전하 입자가 포함되어 있다면 양전하 입자도 포함되어 있을 것이 틀림없었다. 당시의 주도적인 이론은 전자들이 양전하가 걸린 원자 물질 속에 푸딩 속의 건포도처럼 박혀 있다는 것이었다. 그러나 뉴질랜드 출생의 물리학자 어니스트 러더퍼드는 곧 이런 생각을 박살냈다. 그는 1900년에 다른 사람들과 함께 방사능 방출에 세 종

1868~1905

1868	1869	1877	1886
영국의 물리학자 조지프 노먼 로키어 햇빛의 스펙트럼 흡수선을 분석하여 태양에서 헬륨을 발견하다.	러시아의 화학자 드미트리 이바노비치 멘델레예프 원소들의 주기율표를 제시하다.	오스트리아의 물리학자 루트비히 볼츠만 원자의 온도와 에너지에 상관관계가 있다는 사실을 발견하다.	독일의 물리학자 하인리히 헤르츠 전파를 발견하다.

종류가 있음을 확인했다. 그는 각각을 알파, 베타, 감마라고 불렀다. 그리고 이런 방출을 하는 과정에서 일부 원소가 다른 원소로 변형된다는 사실도 알아냈다.

러더퍼드는 무거운 알파 입자는 전자를 벗겨낸 헬륨 원자일 가능성이 높다고 판단했다. 그는 알파 입자를 금속판에 겨냥했을 때 무슨 일이 일어나는지 보는 실험을 고안하고 입자가 흩어지는 방식을 측정했다. 그 대부분은 약간만 휘었다. 그러나 1911년 어느 날 러더퍼드의 조수들은 놀라운 결과를 보고했다. 약 8천 개의 알파 입자들 가운데 하나가 금속판에 부딪혔다가 날아온 방향과 거의 똑같은 방향으로 튀어나갔다는 것이다. 러더퍼드는 그것이 "내 평생에 일어난 가장 믿을 수 없는 사건"이었다고 회상한다. "화장지에 직경 50센티미터가 넘는 대포알을 쏘았는데 튀어나와 나를 맞히는 것만큼이나 믿을 수 없는 일이었다."

러더퍼드는 그 반사된 입자가 원자의 아주 작은 핵에 맞았다고 결론을 내렸다. 그는 핵이 원자 질량의 거의 전부를 차지하지만 부피는 아주 작은 부분만 차지한다고 생각했다. 따라서 원자는 거의 텅 빈 공간이라는 결론이 나올 수밖에 없었다. 더욱이 러더퍼드를 비롯한 몇몇 연구자는 1919년에 원자에 적당한 종류의 복사선을 쏘면 핵에서 핵심적인 입자들을 벗겨내, 물질을 한 원소에서 다른 원소로 바꿀 수 있다고 결론을 내렸다. 오래전 연금술사들의 목표인 물질 변형이 이루어진 것이다. 우리는 지금 이 핵심적인 입자들을 양성자라고 부른다.

원자를 부수어 그 구성요소를 살피는 것은 까다로운 일이었다. 과학자들은 양성자와 전자 같은 입자들을 전하에 노출시켜 가속시키는 것이 가능하다는 사실은 알고 있었다. 그러나 입자가 핵을 박

가속을 얻은 입자

입자 가속기는 아주 빠른 대전 입자를 만들어내 그 광선을 쏜다. 이 입자는 원자일 수도 있고 원자보다 작을 수도 있다. 오늘날 이 복잡한 기계는 방사성 탄소 연대 측정, 암 치료, 방사성 동위원소 생산, 원자핵의 본질 연구 등에 쓰인다.

1897	1900	1905	1905
영국의 물리학자 조지프 존 톰슨 원자의 구성요소를 발견하다. 이 입자에는 결국 전자라는 이름이 붙었다.	독일의 물리학자 막스 플랑크 흑체가 모든 파장에서 복사파를 방출한다는 사실을 밝히다.	독일의 물리학자 알베르트 아인슈타인 특수상대성 이론을 발표하다.	열역학 제3법칙이 정리되다.

강력한 우라늄

보호 장치를 한 손으로 우라늄-235 알갱이를 들고 있다. 우라늄-235는 방사능이 매우 높은 원소로, 원자로의 연료로 사용되고 핵무기의 폭약으로도 사용된다.

살낼 만큼 빨리 움직이게 하거나 다른 흥미로운 일을 하게 하려면 현실에서 얻기 힘들 정도로 높은 전압이 필요했다.

자연에는 이른바 우주선이라는 형태로 고에너지 입자를 흘려보내는 몇 가지 공급원이 있다. 우주선은 사실 광선이 아니라, 다양한 공급원으로부터 우주를 거쳐 흘러들어와 지구를 때리는 대전입자들이다. 우주선들은 전자를 떼어낼 만큼

강한 에너지로 원자를 때리며, 그 효과는 병에 기체(안개 상자)나 액체(거품 상자)를 채우면 관찰할 수 있다. 들어오는 입자들이 독특한 자취를 남기기 때문이다.

그러나 통제된 상황에서 입자 충돌을 연구하려면 인위적인 가속 수단이 필요하다. 1932년 잉글랜드에서 물리학자 존 코크로프트와 어니스트 월턴은 강력한 가속기를 만들어 광자가 엄청난 힘으로 리튬 원자를 때리게 만들었다. 그 결과 리튬은 두 개의 헬륨 핵으로 갈라졌다. 미국의 물리학자 로버트 밴더그래프는 그보다 훨씬 더 높은 전압을 만들어낼 수 있는 발전기를 고안했다. 그 설계는 오늘날에도 많은 정교한 시설에 이용되고 있다. 곧 과학자들은 훨씬 더 큰 힘을 요구하게 되었다.

미국의 물리학자 어니스트 로렌스는 그 힘을 얻을 방법을 찾아냈다. 그는 입자를 한 번만 빠르게 가속시키는 대신 편리한 물리학 법칙, 즉 대전입자는 자기장에서 옆으로 움직이는 경향이 있다는 법칙을 이용하여 원을 그리며 계속 돌게 하는 것이 가능할 것이라고 추론했다. 로렌스는 입자가 자석 주위를 회전하게 할 수 있다면, 한 바퀴 돌 때마다 전하로 한두 번 더 가속을 시켜, 결국에는 엄청난 에너지 수준으로 밀어올릴 수 있을 것이라고 생각했다.

로렌스의 첫 번째 사이클로트론—그는 자신이 발명한 기계를 그렇게 불렀다—은 직경이 불과 13센티미터 정도밖에 되지 않았다. 그럼에도 제 역할을 다했다. 곧 더 큰 모델들이 각 입자를 수백만 볼트까지 높였다.

1930년에는 원자의 구성요소 가운데 전자와 양성

엔리코 페르미

원자 물리학자

1901
9월 29일에 이탈리아 로마에서 출생하다.

1922
피사 대학에서 박사학위를 받고 특별 연구원이 되다.

1924~1926
피렌체 대학에서 수리물리학과 역학을 강의하다.

1926
원자보다 작은 입자들을 관장하는 통계적 법칙을 발견하다. 지금은 페르미 통계로 알려져 있다.

1927
로마 대학의 이론물리학 교수로 선출되다.

1929
이탈리아 왕립학술원 회원으로 선출되다.

1935~1936
느린 중성자를 발견하다. 여기에서 출발하여 핵분열의 발견에 이르게 된다.

1938
핵물리학의 업적으로 노벨상을 수상하다. 이탈리아를 떠나 미국에 정착했다.

1939
컬럼비아 대학의 물리학 교수가 되다.

1942
시카고 대학에서 맨해튼 프로젝트의 책임자가 되어 핵에너지와 원자탄 개발 작업을 하다.

1945
뉴멕시코 주에서 새로 개발된 원자탄을 처음 실험하는 자리에 참석하다.

1954
11월 28일에 시카고에서 사망하다.

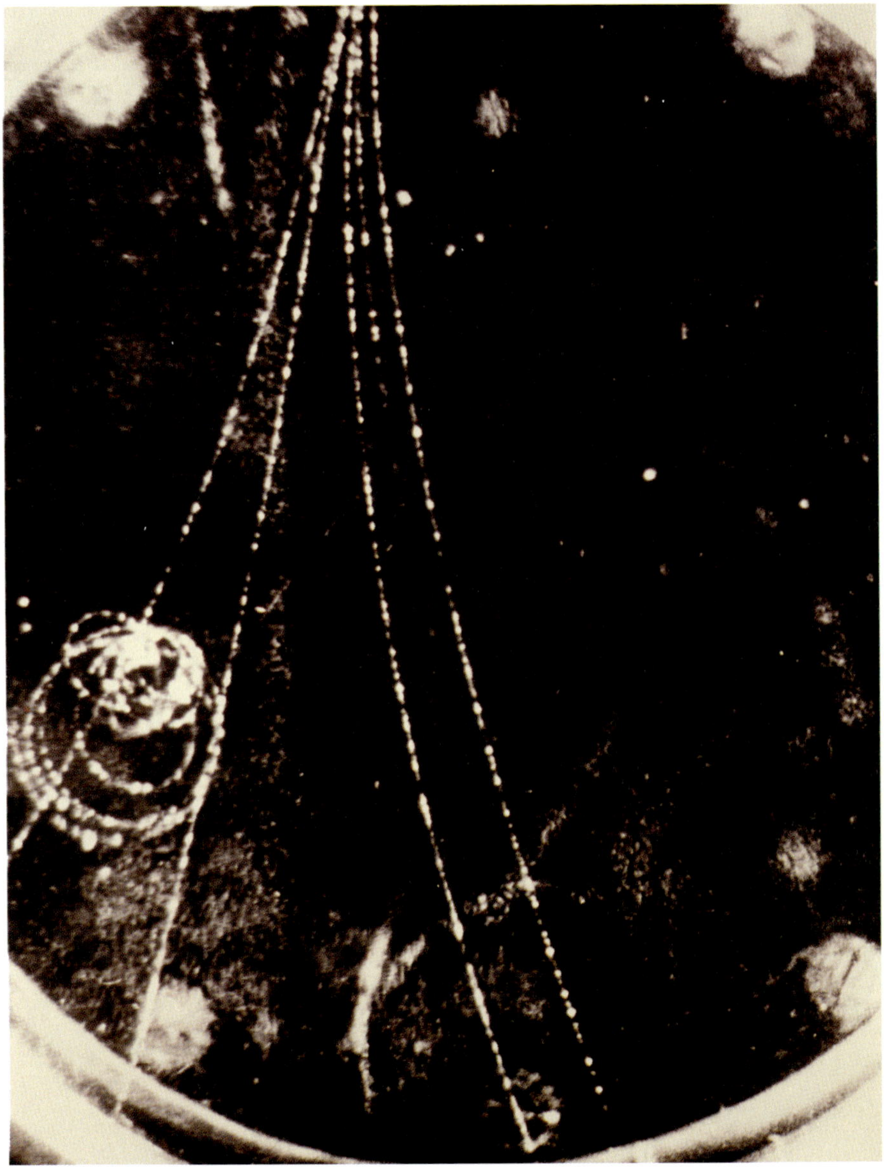

우주선의 자취

우주선의 전자 셋과 광자 셋이 구름 상자의 벽에 자취를 남겼다.

자만 알려져 있었다. 과학자들은 각 원소의 원자를 둘러싸고 있는 전자가 몇 개인지 알고 있었으며, 또 양성자의 수 또한 그와 정확히 일치한다는 사실도 알고 있었다. 그러나 이것이 옳다면 원자는 너무 가벼웠다.

예를 들어 탄소에는 전자가 6개였다. 따라서 양성자도 6개여야 했다. 그러나 앞서 확인된 원자량은 양성자 12개 분량에 해당되었다. 나머지는 어디에 있을까? 핵 안에 광자-전자 쌍이 6개 더 숨어 있거나, 양성자와 질량은 같지만 전하는 없는 핵입자가 들어 있는 것이 틀림없었다. 1932년 영국의 물리학자 제임스 채드윅은 수십 년 동안 관찰은 되어왔지만 세 가지 범주의 방사 어느 것에도 맞지 않는 신비한 형태의 핵 방출이 사실 오래 전부터 찾던 중성자가 일으키는 것이라고 결론을 내렸다.

핵반응에서 생기는 거의 질량이 없는 생성물인 중성미자를 둘러싸고도 비슷한 수수께끼가 있었다. 방사능에서 나온 에너지 생성물의 계산이 맞지 않자 중성미자가 존재한다는 주장이 나왔다. 1934년 이탈리아에서 물리학자 엔리코 페르미가 이 입자의 이름을 정하고 설명까지 했지만 실제로 찾는 데는 20년 이상이 더 걸렸다. 마찬가지로 1930년에 영국의 물리학자 폴 디랙은 질량은 전자와 같지만 전하가 반대인 입자, 즉 반물질의 존재를 예측했다. 2년 뒤 그런 물질이 발견되어 양전자라는 이름이 붙었다.

1930년대 말에 원자핵의 기본 구성요소들이 밝혀졌으며, 연구자들은 어떤 일이 벌어지는지 보려고 양성자로 핵을 때려대느라 바빴다. 그러나 페르미는 중성자를 이용하는 데 관심을 가졌다. 양성자는 핵 안의 다른 광자들이 전기적으로 밀쳐냈다. 그러나 중성자는 안으로 미끄러져 들어가 방사능을 생산했다. 페르미는 중성자들이 동위원소, 즉 중성자의 숫자가 다른 변형 원자를 만들어낼 가능성이 높다고 생각했다. 페르미는 1938년 이탈리아의 파시스트 정권을 피해 미국으로 가기 직전 중성자의 속도를 핵이 포착할 만큼 늦출 수 있다는 것을 알았다.

같은 해에 독일의 연구자 오토 한과 프리츠 슈트라스만은 느린 중성자를 이용해 자연에 존재하는 가장 무거운 원소인 우라늄을 때렸다. 결과는 놀라웠다. 우라늄이 원자량이 낮은 원소들로 바뀌는 모습을 보인 것이다. 이런 일은 불가능한 일로 여겨졌다. 우라늄은 워낙 거대해서 아무것도 갈라놓을 수 없다고 가정하고 있었기 때문이다.

오스트리아 태생의 물리학자 오토 프리슈와 리제 마이트너(마이트너는 원래 오토 한과 함께 연구를 했지만 유대인이었기 때문에 독일에서 피신했다)는 그 결과를 전해 들었다. 그들은 우라늄의 핵이 더 작은 핵들로 분열하면서 그 과정에서 중성자 두 개를 버렸다고 결론을 내렸다. 분열의 결과물은 원래의 우라늄 원자보다 질량이

양자역학

전자기파 안에서 움직이는 에너지를 가리키는 양자에서 이름을 따온 양자역학은 원자와 아원자 수준에서 물질과 에너지를 연구한다. 이 규모에서 에너지와 물질은 이상하게 상호작용하는 것처럼 보이기 때문에 이 연구는 까다롭다. 또 양자 세계 내부에서는 측정 행위 자체가 측정 대상에 영향을 주기 때문에 정확한 측정이 불가능하다는 사실로 인해 더 까다로워진다. 관찰에는 빛이 필요한데 빛도 에너지다. 따라서 빛 양자들이 관찰 대상에 영향을 주게 된다.

원자 내부의 물질의 양은 공간의 양에 비해 아주 작다. 단단한 벽돌 같은 물질에 빛을 비추어도 아원자 규모에서는 빛에너지의 일부가 통과해버릴 확률이 높다. 양자역학에서 이런 과정은 터널 효과라고 부른다. 이 수준에서 물질은 아주 섬세한 그물이라고 상상할 수 있으며, 양자는 그것을 향해 뛰어오르는 아주 작고 눈이 먼 벼룩이라고 상상할 수 있다. 벼룩 가운데 일부는 그물에 이를 만한 에너지가 없을 것이다. 그러나 대부분은 그물에 걸릴 것이다. 몇 마리는 그물을 완전히 통과할 것이다. 그물에 달라붙은 채 남아 있는 벼룩들의 배치가 빛의 파동 패턴에 해당한다.

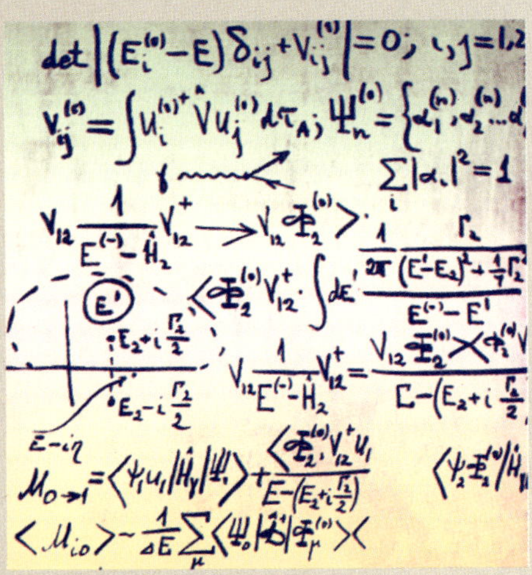

원자 입자의 힘을 파악하려고 노력하는 물리학자들은 자신의 발견을 표현하기 위해 고난도의 수학을 이용한다.

대부분의 사람들은 큰 규모에서만 물질과 에너지를 알고 있다. 따라서 양자역학의 이런 관념들 가운데 많은 부분은 괴상하다고는 할 수 없어도 상당히 불가해하게 여겨질 것이다. 그러나 에너지의 연구가 전기와 자기 사이에 관련이 있다는 사실을 보여주었듯이, 양자역학도 아원자 수준에서는 물질과 에너지 사이의 구분이 사라진다는 사실을 보여주었다. 둘 다 입자—양자—와 파동의 속성을 가지는 것으로 보이며, 둘 다 불확정성이라는 짐을 지고 있는 것으로 보인다.

1913~1970

1913	1916	1924	1925
덴마크의 물리학자 닐스 보어 원자의 양자 모델을 제시하다.	알베르트 아인슈타인 일반상대성 이론을 발표하다.	오스트리아 태생의 미국 물리학자 볼프강 파울리 두 개의 전자는 동시에 같은 상태에 있을 수 없다고 주장하다. 이것은 파울리 배타 원리라고 알려지게 된다.	원자의 분산 이론이 정리되다. 이에 따르면 빛은 물질의 속성에 따라 여러 물질을 서로 다른 속도로 통과한다.

약간 가벼웠다. 마이트너는 사라진 질량이 에너지로, 그것도 막대한 에너지로 전환되었다고 계산했다.

전쟁이 임박하자 독일이 원자 분열을 이루어냈다는 사실이 우려를 자아냈다. 미국은 핵분열을 이용하고 통제하는 것을 목표로 하는, 맨해튼 프로젝트라고 부르는 극비의 고강도 연구 프로그램을 추진했다. 페르미는 시카고 대학의 경기장 벽 밑에 최초의 원자로를 건설했다. 그는 분열에서 방출되는 중성자들이 계속해서 다른 핵의 분열을 일으키는 연쇄반응을 만들어낸다는 사실을 확인하고 싶었다. 그의 원자로는 중성자를 흡수하는 탄소와 카드뮴으로 꽉 차 있었기 때문에 연쇄반응은 느린 속도로 진행되었다. 그럼에도 원자로는 심하게 뜨거워졌다. 통제를 하지 않는다면 연쇄 분열 반응이 폭발로 이어질 것이었다.

뉴멕시코 주 로스알라모스에서는 비밀 연구팀이 첫 원자탄을 만들어, 1945년 여름에 시험을 해보았다. 몇 주 뒤 원자탄은 태평양 건너 일본에 떨어졌다. 전쟁은 며칠 뒤에 끝이 났다.

히로시마와 나가사키를 없애버린 폭탄은 핵분열에서 발생하는 에너지가 엄청난 힘의 원천이라는 사실을 세상에 확실하게 인식시켰다. 1957년에 이르자 핵분열 에너지는 영리적인 발전소에서 전기를 만들어내는 데 사용되었다. 이 에너지는 지금도 전 세계에서 같은 목적으로 사용되고 있다.

원자에는 아직도 비밀이 많았다. 1960년대에 미국의 물리학자 머리 겔-만은 양성자와 중성자가 훨씬 더 작은 것들로 이루어져 있다고 주장하며, 그것을 즉흥적으로 쿼크라고 불렀다. 이 이론은 여섯 종류의 쿼크를 예측했으며, 1995년에 이 여섯 개 가운데 마지막 쿼크가 마침내 발견되었다.

1932	1932	1968	1970
영국의 물리학자 제임스 채드윅 중성자를 발견하다.	미국의 물리학자 칼 앤더슨 구름상자를 이용하여 반입자의 존재를 찾아내다.	가브리엘레 베네치아노 강한 핵력의 이중 반향 모델을 발표하여 현대 끈 이론에 영감을 주다.	스티븐 호킹 블랙홀이 복사 에너지를 방출할 수 있음을 보여주다. 나중에 호킹 복사라는 이름이 붙었다.

끈 이론

물리학자들은 세상이 움직이는 방식을 설명하면서 늘 우주의 물질, 에너지, 힘이 모두 모든 규모에서 관련을 맺고 있어야 한다고 확신한다. 전자기학은 전기, 자기, 빛의 이론들을 통합할 수단을 제공했다. 양자 이론은 전자기 세계를 물질의 아원자 세계와 통일했다. 아인슈타인의 이론은 빛과 중력, 시간과 에너지의 관계를 확립했다. 아인슈타인은 그의 생애의 마지막 20년 동안 중력의 본질을 설명하는 일반상대성 이론을 전자기력의 원자 세계를 설명하는 양자 이론과 연결시키려고 노력했다. 그러나 이른바 통일장 이론을 향한 그의 모든 시도는 실패했다. 그 결과 물리학자들에게는 아주 작은 규모의 사물과 큰 규모의 사물을 묘사하는 서로 다른 일군의 공식들이 남겨졌다. 또 질량을 둘러싼 공간이 휜 결과인 중력은 혼자 떨어진 것처럼 보였다.

영국의 물리학자 스티븐 호킹은 현대 우주론의 형성에 큰 기여를 했다.

이런 모든 이론을 통일하여 아원자 세계와 대우주를 망라하고 모든 물질과 힘을 묘사하는 하나의 이론을 세우는 것이 지금은 가능할까? 누가 그런 이론을 만들어낸다면 어떻게 증명할 수 있을까? 이런 질문을 하다보면 모든 물질과 에너지의 핵심에는 진동하는 끈, 즉 무한히 작은 에너지 필라멘트가 있다는 이론의 옹호자들과 마주치게 된다. 각 끈에는 특정한 입자와 관계되는 독특한 진동이 있다. 바이올린 현의 진동이 한 음과 관련을 맺는 것과 마찬가지다.

이 끈은 작다. 0 다음에 소수점을 찍고 그 다음에 0을 32개 붙인 뒤에 1을 적고, 그 다음에 센티미터를 붙인 크기다. 끈 이론의 개발자 가운데 한 사람인 미국의 물리학자 브라이언 그린은 이렇게 표현했다. "원자를 태양계만 한 크기로 확대한다면 끈은 나무만 한 크기다."

끈 이론은 1960년대에 시작되었다. 연구자들은 원자의 핵 안에서 광자와 중성자를 묶고 있는 강한 핵력을 연구하고 있었다. 그들은 자신들의 수학적 분석이 진동하는 필라멘트 같은 에너지를 묘사하고 있다는 사실을 알게 되었다.

끈 이론에 따르면 모든 근본적인 힘들—중력, 전자기복사, 강한 핵력과 약한 핵력—사이의 관계는 이런 끈들이 여러 차원에서 일으키는 반향 때문에 이루어진다. 그들은 11개나 되는 차원을 가설로 내세우는데, 우리가 경험하는 세 차원을 뺀 나머지는 모두 너무 작아 우리가 볼 수 없다. 진동이 하나의 끈에서 다른 끈으로, 입자에서 입자로, 힘에서 힘으로 이런 차원들을 통과하면서 그 모두를 통합한다. 중력은 중력자라는 개념을 통해 이런 아원자 수준의 힘들과 관련을 맺는다. 중력자란 메릴랜드 대학의 물리학자 실베스터 제임스 게이츠의 표현을 빌면 "중력을 전달하는 역할을 하는 시공간의 중력에너지 파동"이다.

이것이 아인슈타인의 통일장 이론일까? 많은 사람들이 의심을 하지만 끈 이론가들은 계속 복잡한 수학을 이용하여 이 생각을 파고든다. 실험적 증거는 활동하는 끈의 증거를 입자 가속기가 찾아내야 나올 것이다.

그러나 비밀은 아직도 무수히 많다. 오늘날의 가속기들은 몇 킬로미터 길이의 원형 입자 트랙을 갖추고 있으며, 입자를 빛에 가까운 속도로 가속시킬 수 있다. 연구자들은 이런 장치를 이용하여 우리 행성의 에너지 밀도에서는 생길 수 없는 낯선 입자들을 탐지해냈다. 다음 세대의 입자 가속기들은 가장 깊은 비밀 두 가지를 설명하는 데 도움이 될 입자들을 드러낼지도 모른다. 왜 빅뱅의 시기에 물질이 반물질보다 우위에 서게 되었을까? 어떻게 거의 크기가 없는, 점 같은 전자와 쿼크가 질량을 가질까?

아인슈타인의 에너지

아이작 뉴턴은 빛이 그가 미립자라고 부른 입자들의 형태로 발산된다고 주장했다. 19세기 초 토머스 영의 실험은 빛이 파동이라는 사실을 분명하게 보여주는 것 같았다. 19세기 내내 이 생각은 유지되었을 뿐 아니라, 많은 문제들을 해결하고, 빛, 자기, 열 사이의 관계와 관련된 실험적이고 통계학적인 증거를 만들어내는 데 도움을 주었다.

빛에 이런 실험에서 확인된 것 이상의 뭔가가 있을지도 모른다는 첫 번째 신호는 음극과 엑스선에서 전자의 증거를 얻은 뒤에 나왔다. 독일의 물리학자 필리프 레나르트는 전압 발생을 시각화하는 또 다른 실험에서 단일 주파수 광선으로 금속 표면에 초점을 맞추다가 빛이 금속판에서 전자를 튀어나오게 한다는 사실을 발견했다. 민감한 전류 측정 장치에 연결한 또 다른 판은 튀어나온 전자를 받아들였다. 레나르트는 전기 격자를 설치했는데, 이것은 격자를 통

알베르트 아인슈타인

상대성 이론의 아버지

1879
3월 14일에 독일 울름에서 출생하다.

1896~1900
취리히 연방 공과대학에서 공부하다.

1905
특수상대성, 브라운 운동, 광양자의 상호작용과 광전효과에 관한 논문을 발표하다.

1911
프라하의 카를페르디난트 대학의 교수가 되다. 빛의 휨을 예측했다.

1914~1933
독일의 카이저 빌헬름 물리학 연구소에서 물리학 교수 겸 이론물리학 책임자가 되다.

1915
일반상대성 이론에 관한 작업을 발표하다.

1921
광전효과로 노벨 물리학상을 수상하다.

1930
팽창하는 우주 모델을 만들다.

1933
나치가 정권을 잡은 뒤 독일을 떠나 뉴저지 주 프린스턴의 고등학술연구소에 자리를 얻다.

1946
원자 과학자 비상위원회 위원장을 맡다.

1952
이스라엘 대통령직을 제안받지만 사양하다.

1953
『상대성의 의미』를 출간하다.

1955
4월 15일 프린스턴에서 사망하다.

만물의 핵심

노벨상을 두 번 수상한 미국의 화학자 라이너스 폴링이 나무 모델을 이용하여 단백질 분자의 복잡성을 설명하고 있다.

과하여 첫 번째 금속판에 닿는 광선의 전압을 변화시킬 수 있었으며, 전자 수집판을 향하여 튀는 전자들의 전하에도 영향을 줄 수 있었다. 레나르트는 격자의 전압을 높이면 전자를 모으는 판을 때리는—광전효과—전자들의 양을 나타내는 전류가 급격하게 감소한다는 것을 알았다(이제 수집판은 음전하를 가져 음전하를 띤 전자들 다수를 밀어냈다). 어느 시점에 이르자 전류는 완전히 사라졌다. 그러나 빛의 강도를 높여 전자에 에너지를 더 많이 주어도 실험 결과에는 차이가 없었다.

1905년 독일의 물리학자 알베르트 아인슈타인은 그 이유를 설명했다. 1900년 독일의 물리학자 막스 플랑크는 뜨거운 물체가 예측과는 달리 적외선, 가시광선, 자외선이 뒤섞인 빛을 방사하지 않는 이유를 밝혀내려다가 볼츠만의 열역학 제2법칙에 기초한 수학 공식을 도출해냈다. 이 공식은 에너지가 연속적인 흐름으로 방출되는 것이 아니라 불연속적인 조각들로만 방출되는 것을 증명하는 듯했다. 그 조각 각각은 '양자'라고 불렀다. 아인슈타인은 플랑크의 이 발견을 알고 있었다. 그는 레나르트의 광선이 입자 또는 광자로 이루어져 있고, 이 입자 각각이 자신의 에너지를 첫 번째 금속판의 전자에 옮겨준다고 가정했다. 이 판에서 방출된 전자는 전하가 걸린 격자를 통하여 수집판으로 가면서 에너지를 사용한다. 전자들 가운데 일부는 수집판까지 가고, 일부는 가지 못한다. 표면에 가장 가까이 있는 것들, 가야 할 거리가 짧은 전자들이 수집판까지 가는 데 성공을 할 가능성이 높았다. 따라서 빛을 강화한다고 해서 광자나 전자에 더 많은 에너지를 주지는 않는다. 단지 광자를 더 많이 추가하여, 전자를 더 많이 튀어나오게 할 뿐이다. 간섭하는 전압을 충분히 높이면 어떤 전자도 수집판에 이르지 못할 것이다.

그렇다면 빛은 입자로 이루어진 것일까?

전자의 발견과 원자는 대부분 텅 빈 공간이라는 결론에 기초하여 러더퍼드는 1911년에 아주 작은 태양계를 닮은 원자 모델을 고안했다. 양전하가 걸린 핵이 중심에 있었다. 핵이 차지하는 공간은 원자 전체 크기의 십억분의 일이지만, 질량은 대부분을 차지했다. 음전하가 걸린 전자들은 행성처럼 핵 주위의 궤도를 돌았다.

1912년 덴마크의 물리학자 닐스 보어는 전자들이

라이너스 폴링

생화학과 물리학의 지도자

1901
2월 28일 미국 오리건 주 포틀랜드에서 출생하다.

1925
캘리포니아 공과대학에서 화학으로 박사학위를 받다. 이후 38년 동안 캘리포니아 공과대학에 재직했다.

1933
미국 과학원에 최연소 회원으로 선출되다.

1937
게이츠 연구소 소장과 캘리포니아 공과대학 화학 및 화학공학과의 학과장으로 임명되다.

1939
『화학 결합의 본질』을 출간하다. 이 책은 화학과 생화학의 고전이 되었다.

1942
댄 캠벨, 데이비드 프레스먼과 함께 인공 항생제의 성공적인 합성을 발표하다.

1954
화학 결합 연구로 노벨 화학상을 수상하다.

1955
다른 노벨상 수상자 50명과 함께 핵무기 사용의 종결을 요구하는 마이나우 선언을 발표하다.

1958
『전쟁은 이제 그만』을 출간한 뒤 학교 행정부와 불화가 생겨 캘리포니아 공과대학을 떠나다.

1963
노벨 평화상을 수상하다.

1973
분자교정의학연구소를 설립하다. 이것은 나중에 라이너스 폴링 과학의학연구소가 되었다.

1994
8월 19일에 캘리포니아의 목장에서 사망하다.

융합의 광경
뉴멕시코 주 앨버커키에 있는 입자 광선 융합 가속기 2호는 1990년대에 지구나 우주에서 벌어지는 핵폭발의 핵심에서 무슨 일이 벌어지는지 조사하는 데 이용되었다.

그런 식으로 움직이면 금세 에너지를 다 써버릴 것이라고 주장했다. 그는 플랑크와 아인슈타인의 작업을 염두에 두고 러더퍼드 모델의 전자 개념을 수정할 방법을 제시했다. 새로운 모델은 전자가 열이나 전자기복사를 받아들일 때 독특한 파장으로 반응하며, 이 스펙트럼 지문이 한 물질을 다른 물질과 구분해준다는 사실을 보여주어야 했다. 전자들은 핵 주위의 궤도를 돌지만, 그 궤도는 고정되어 있고 원자마다 달랐다. 원자가 빛에너지를 받아들이면, 이 에너지가 전자들 사이에 퍼지며, 전자는 고정된 한 궤도에서 다른 궤도로 뛰어오른다. 전자가 다시 원래의 궤도로 복귀하면 원자 고유의 파장으로 광자를 방출한다.

이 생각은 빛이 입자인 동시에 파동임을 암시했다. 곧 독일의 베르너 하이젠베르크, 오스트리아의 에르빈 슈뢰딩거, 프랑스의 루이 드브로이 등 유럽의 많은 이론가들이 보어의 양자 이론을 논리적 결론으로 받아들였다. 입자는 실제로 파동처럼 행동하며, 이것이 그 양자로서의 본질을 설명해주었다. 그러나 빛의 파동에는 예를 들어 운동량처럼 입자 같은 속성도 있었다. 사실 물질은 워낙 파동과 비슷하기 때문에 원칙적으로 하나의 전자가 어떤 주어진 순간에 어디에 있는지 말하는 것은 불가능했다. 측정하기 전에는 실제로 어떤 특정한 자리에도 존재하지 않았으며, 측정할 방법도 없었다. 오히려 전자는 동시에 어디에나 있었으며, 어떤 위치에 어떤 속도로 움직일 것이라는 확률만 있을 뿐이었다. 심지어 아인슈타인조차도 이런 개념을 받아들이기를 어려워했다. 아인슈타인은 우주를 가지고 "신은 주사위 놀이를 하지 않는다"고 말했다. 그러나 믿어지지 않는 일이지만, 양자역학은 곧 정확한 물리학 이론임이 입증된다.

아인슈타인의 시공간

물리학자 막스 보른은 독일의 물리학 정기간행물인 『물리학 연감』 1905년 9월호는 "과학 문헌 전체에서 가장 주목할 만한 잡지"라고 말했다. 당시 베른의 스위스 특허청 검사관이었던 스물여섯 살의 알베르트 아인슈타인은 여기에 논문 세 편을 발표했다. 이 논문들은 오랫동안 확고하게 자리를 잡고 있던 갈릴레오와 뉴턴 세계관의 막을 걷어내고, 그때까지 감추어져 있던 우주를 드러냈다. 그러자 공간, 물질, 에너지, 중력이 불가능해 보이는 묘기를 부리기 시작했다.

아인슈타인의 획기적인 이론들을 어떻게 이해하면 좋을까? 우선 상대성의 세계는 우리에게 익숙한 세계, 즉 시간, 속도, 공간, 장소, 물질이 구체적 현실을 이루는 세계가 아니라는 사실을 인정하는 것이 최선이다. 우리는 시계로 시간을 표시하고, 자동차

리처드 파인먼

이론물리학자

1918
5월 11일 뉴욕 주 퀸스에서 출생하다.

1939년
매사추세츠 공과대학에서 과학 학사학위를 받다.

1941
프린스턴 대학에서 원자탄 프로젝트 작업을 시작하다. 나중에 뉴멕시코 주 로스알라모스에서 이 일을 계속했다.

1945
뉴멕시코 주에서 원자탄 폭발을 관찰하다. 코넬 대학의 이론물리학 교수가 되어 양자전기역학의 근본적인 문제들을 연구했다.

1950
캘리포니아 공과대학의 이론물리학 교수 자리를 받아들이다.

1950년대
초유동성 이론에 양자역학적 설명을 제공하다. 방사성 붕괴와 관련된 약한 핵력을 설명하는 이론을 만들어내기도 했다.

1959
캘리포니아 공과대학의 리처드 체이스 톨먼 석좌 이론물리학 교수가 되다.

1961
『양자전기역학』과 『근본적 과정 이론』을 출간하다.

1965
양자전기역학과 관련된 근본적인 작업으로 노벨상을 받다. 왕립학회의 회원으로도 선출되었다.

1986
챌린저 우주 왕복선 사고 조사 위원회에서 일을 하다.

1988
2월 15일에 캘리포니아 주 로스앤젤레스에서 사망하다.

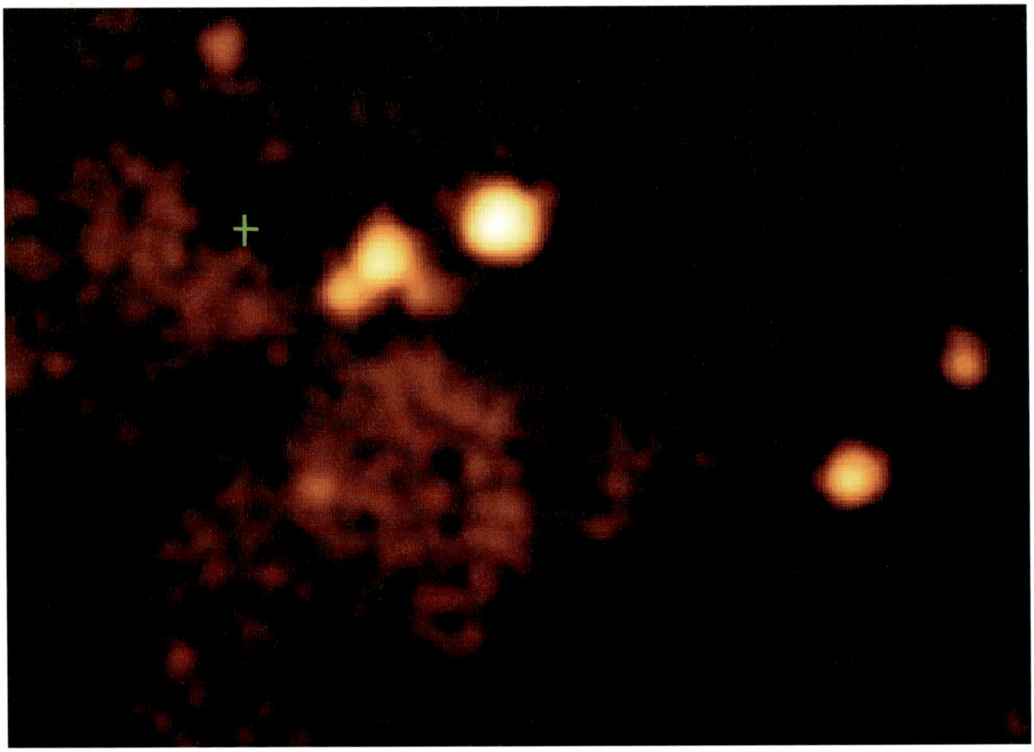

블랙홀

찬드라 엑스선 관측소에서 찍은, 별이 가득한 은하 M82의 이 엑스선 이미지는 은하계의 핵 외부에서 블랙홀의 존재를 처음으로 확인해주었다. 이것은 아마 새로운 형태의 블랙홀일 것이다.

나 비행기를 타면 가장 빨리 움직일 수 있고, 몇 개의 기본적인 좌표로 우리의 장소를 인식하고, 물질이 단단하다는 것을 안다. 아인슈타인이 말했듯이 일상생활에서는 "우리의 모든 사고와 개념들이 감각 경험에 기초하며, 감각 경험을 참조로 해서만 의미를 가진다". 아인슈타인의 이론이 어렵게 느껴지는 이유는 이 이론이 우리의 감각 경험에서 벗어나기 때문이다. 그가 1905년에 그 이론들을 발표했을 때는 물리학자들 대부분의 경험에서도 벗어난 것처럼 보였다.

20세기 초에 빛의 본질이 상당히 많이 알려졌음에도 물리학자들은 빛의 속도가 움직이는 물체에서 빛을 비추었을 때조차 똑같다는 사실에 어리둥절했다. 시속 2킬로미터로 움직이는 물결을 따라 시속 1킬로미터로 헤엄을 친다면, 전체 속도는 시속 3킬로미터가 된다. 반면에 물결을 가로질러 헤엄을 친다면 속도는 시속 1킬로미터로 돌아갈 것이다.

19세기에 과학자들은 지구가 눈에 보이지는 않지만 유체 같은 에테르 속을 움직인다고 생각했다. 그러나 아인슈타인은 에테르는 없으며, 빛의 속도는 빛을 발산한 물체가 정지해 있든 움직이든 관계없이 똑같다고 주장했다. 적어도 빛에 관한 한 이 관점은 뉴턴 물리학과 어긋났다. 뉴턴 물리학에서 속도는 단순하게 합쳐지기 때문이다. 그러나 아인슈타인은 실제로 빛의 속도로 움직이면 어떻게 될지를 상상했다.

우리의 감각 경험은 시간이 어디에서나 같은 속도로 움직인다고 말해준다. 우리가 거리에 서 있고 머리 위로 비행기가 날아간다면, 우리는 아무 의심 없이 비행기 승객의 시계가 우리의 시계와 같은 속도로 움직인다고 생각한다. 나아가서 비행기의 앞과 뒤에서 번개가 치는 것을 본다면 우리는 비행기 안의 누구라도 똑같은 광경을 보았을 것이라고 가정한다. 시간은 우리 모두에게 똑같기 때문이다. 그러나 아인슈타인은 이 모든 것이 우리가 어디에서 얼마나 빨리 움직이느냐, 또는 같은 것을 보는 다른 사람이 어떻게 움직이고 있느냐에 따라 달라진다는 사실을 깨달았다.

내가 시속 10킬로미터로 차를 운전한다 해도, 내 차 전조등의 불빛은 여전히 초속 297,600킬로미터로 움직인다. 다른 사람이 시속 20킬로미터로 움직인다 해도, 그의 전조등 불빛은 여전히 초속 297,600킬로미터로 움직인다. 둘 다 빛의 속도보다 더 빨리 달릴 수 없고, 속도가 거리 나누기 시간(시속)이라면, 다른 속도로 달리는 차에서 나오는 빛의 속도가 내 차의 경우와 변함이 없다는 사실을 설명하는 유일한 방법은 거리와 시간이 바뀐다는 것뿐이다.

스티븐 호킹

블랙홀의 이론가

1942
1월 8일 영국 옥스퍼드에서 출생하다.

1962
옥스퍼드 대학을 우등으로 졸업하고 케임브리지 대학에 입학하여 우주학 박사 과정을 밟다.

1963
운동뉴런병 또는 루게릭병이라고도 알려진 근위축성 측삭 경화증 진단을 받다.

1966
박사논문을 완성하고 케임브리지 대학의 곤빌 앤드 키스 칼리지에서 특별 연구원 자리를 얻다.

1970
블랙홀이 복사에너지를 방출한다는 것을 증명하다. 나중에 호킹 복사라는 이름이 붙었다.

1974
왕립학회 최연소 회원으로 선출되다.

1979
케임브리지의 루카스 석좌 수학 교수로 임명되다. 뉴턴이 1669년에 앉았던 자리이다.

1985
폐렴에 걸려 기관지 절개 수술을 받으면서 말을 못하게 되다. 컴퓨터로 글을 쓰고 말을 합성하는 방식으로 의사소통을 하기 시작했다.

1988
『시간의 역사』를 출간하다.

1998
『스티븐 호킹의 우주: 설명된 우주』를 출간하다.

2004
블랙홀 역설에 대한 해법을 발표하다. 아일랜드 더블린에서 열린 국제회의에서 일반상대성과 중력에 관한 발견을 발표하다.

2005
스미스선 이백주년 메달을 받다.

아인슈타인의 이론은 바로 이런 사실을 말한다. 물체가 빨리 움직일수록 그 물체의 시간은 더 느려진다는 것이다. 미국 자연사박물관의 헤이든 천문관 관장인 닐 타이슨은 빛의 속도의 25퍼센트일 때—초속 75,200킬로미터일 때—1초가 0.03초 길어진다는 사실을 보여주는 표를 만들었다. 빛의 속도의 50퍼센트일 때는 1초가 0.15초 길어진다. 빛의 속도의 99퍼센트일 때는 1초가 지구에서 경험하는 1초의 7.09배가 된다. 빛의 속도의 99.99999999퍼센트에서 1초는 지구에서 경험하는 1초를 기준으로 말하면 19.6시간이 된다.

이는 단지 개념적인 것이 아니다. 아인슈타인 이론의 증거는 빠르게 나는 비행기에서 확인할 수 있다. 이런 사실은 빛의 속도에 근접하게 움직이는 원자 입자들 같은 물체를 다룰 때는 고려해야 하는 중요한 문제이다. 원자 가속기에서는 그런 입자들의 질량도 증가하는 것처럼 보인다. 빛의 속도에 이른다면 물체의 질량은 무한이 될 것이다. 아인슈타인은 그런 기술을 이용할 수 없었지만 그의 생각은 질량, 그리고 질량과 에너지의 관계로 향했다.

아인슈타인은 특수상대성 이론을 발표하고 나서 몇 달 뒤 『물리학 연감』 다음 호에 일반상대성 이론의 앞부분을 발표했다. "물체의 관성은 그 에너지 내용에 의존하는가?" 그의 획기적인 논문의 제목은 이렇듯 아주 미묘했으며, 물질이나 에너지는 창조될 수도 파괴될 수도 없다는 굳건한 이론에 반기를 들고 있었다. 자기에너지는 전기에너지가 될 수도 있고, 액체는 기체가 될 수 있었지만, 물질과 에너지의 보존 법칙은 불가침으로 여겨지고 있었다.

그러나 아인슈타인은 생각이 달랐다. 그는 물질과 에너지가 동전의 양면이라고 주장했다. 에너지는 물질에서 창조될 수 있고, 물질은 에너지에서 창조될 수 있었다. 그는 심지어 이런 관계를 묘사하는 방정식도 제시했다. $E = mc^2$. 여기에서 E는 에너지이며, m은 질량, c는 빛의 속도다. 빛의 속도의 제곱은 엄청난 숫자—시간당 킬로미터를 제곱한 단위로 1,147,812,249,600,000,000에 가깝다—이기 때문에 작은 질량에서도 큰 에너지가 나올 수 있다.

아인슈타인은 마리 퀴리가 연구한 라듐의 일부가 실제로 에너지로 바뀌고 있었다는 사실을 깨달았다. 우리가 현재 방사능이라고 부르는 현상은 질량이 에너지로 전환하는 현상이며, 아인슈타인의 이론은 이를 정확하게 측정한다. 이 방정식은 핵분열의 연구를 낳았는데, 핵분열이란 원자가 갈라지면서 질량에서 에너지를 방출하는 과정이다. 핵분열을 이용한 기술은 원자탄을 낳았으며, 아인슈타인은 이 점을 몹시 안타깝게 생각했다.

핵융합, 즉 원자들의 결합에서는 훨씬 더 큰 양의 에너지가 생산될 수 있다. 태양에서 강렬한 열은 수소 원자를 갈라놓는다. 양전하가 걸린 핵과 음전하가 걸린 전자를 분리하는 것이다. 이 입자들은 충돌하여 헬륨 원자를 낳는다. 수소 원자 네 개가 헬륨 원자 하나를 낳는다. 그러나 그 결과로 생산된 헬륨의 질량은 수소를 결합한 질량보다 작다. 그 차이가 나는 부분은 더 작은 핵입자들과 에너지로 바뀐다. 과학자들은 태양과 별에 동력을 공급하는 이 과정을 재현하려고 노력하기 시작했다.

아인슈타인의 특수상대성 이론은 또 하나의 문제를 제기했다. 예를 들어 태양의 중력이 지구에 작용한다는 의미는 중력이 순간적으로 1억 4880만 킬로미터를 움직여야 한다는 뜻이 된다. 이것은 빛의 속도보다 더 빠르다. 그러나 아인슈타인은 어떤 것도 빛의 속도보다 빠르게 움직일 수는 없다고 했기 때문에, 중력 외의 다른 것이 지구를 궤도에 유지해주거나 아니면 중력이 뉴턴의 생각과는 다른 것이 되어야 한다.

아인슈타인은 중력이라고 부르는 힘을 일으키는 것은 어떤 질량 주위에 생기는 공간의 왜곡이라고 생각했다. 뉴턴의 법칙에 따르면 중력은 두 물체 사이의 거리에 달려 있었다. 그러나 아인슈타인의 일반상대성 이론에 따르면 그 거리는 물질의 공간 왜곡으로 생기는 곡선상의 거리다.

큰 질량이 있으면 공간이 휘고, 중력은 그 곡면을 따라 광선을 끌어당긴다. 태양의 질량은 광선을 휘게 할 수 있지만, 별이 붕괴하여 그 질량이 작은 부피로 줄어들 때 공간이 휘는 것에 비하면 거의 눈치 챌 수가 없을 정도다. 그럴 경우 공간의 왜곡은 무척 심해지고 중력은 무척 강해져서 심지어 빛도 빠져나갈 수가 없다. 그런 가속의 소용돌이는 블랙홀이라고 알려져 있다.

아인슈타인의 특수상대성 이론과 일반상대성 이론은 물리학자들이 우주를 이해하는 방식을 바꾸는 동시에 사람들이 우주 안에서 인간의 자리를 상상하는 방법도 바꾸었다. 아인슈타인은 자신의 이론의 철학적 영향을 의식했다. "수학자가 아닌 사람은 '4차원적인'

알베르트 아인슈타인과 원자탄

알베르트 아인슈타인은 미국의 원자탄 개발에 직접 참여하지는 않았지만, 그의 이름은 원자 시대와 영원히 연결되어 있을 것이다. 아인슈타인은 평화주의자였다. 그러나 독일 과학자들이 큰 파괴를 가져오는 무기를 생산할 수 있는 연구 프로젝트를 진행한다는 것을 알고 프랭클린 루스벨트 대통령에게 알렸다. 이렇게 해서 맨해튼 프로젝트가 시작되었고 일본에 원자탄을 사용하게 되었다.

것을 생각하면 신비한 떨림에 사로잡힌다. 신비한 계시로 뭔가를 깨달을 때 느끼는 감정과 비슷하다. 그럼에도 우리가 사는 세계가 4차원적인 시공간 연속체라는 말은 상식적인 말에 불과하다."

양자역학

연구자들은 양자역학 이론들을 이용해 보이지 않는 원자가 현실 세상에서 작용하는 방식을 분석하기 시작했다. 원자 구조에 대한 새로운 이해의 맥락에서 화학 결합은 어떻게 형성되는가 하는 것도 양자 이론이 제기한 많은 문제들 가운데 하나였다.

1920년대 미국의 화학자 라이너스 폴링은 원자에 고정된 구조가 없듯이 화합물에서 원자들의 결합은 하나의 구조적 형태에서 다른 형태 사이의 중간적 상태로만 존재한다는 사실을 발견했다. 이 현상은 공명이라고 부른다. 1929년에 폴링은 그런 결합에서 전자들 사이의 관계를 발견할 수 있는 규칙을 확정할 수 있었다. 그는 이 규칙을 통해 전자들이 형성하는 화합물의 속성을 더 많이 이해할 수 있었다.

폴링의 작업은 이론 화학과 응용 화학을 결합하는 그의 능력 때문에 돋보였을 뿐 아니라, 화학 결합이 안정적인 동시에 가변적일 수 있다는 그의 이해 때문에도 돋보였다. 폴링은 이를 발판으로 겸상적혈구빈혈증을 연구하여, 이 병이 헤모글로빈 분자 구조의 변화 때문에 생긴다는 사실을 발견했다. "겸상적혈구 헤모글로빈: 분자의 병"이라는 제목의 그의 논문은 겸상적혈구빈혈증만이 아니라 다른 많은 병의 유전적 원인에 관심을 갖게 하는 데 큰 기여를 했다.

폴링은 또 DNA 분자 구조의 모델을 만들려는 시도도 했다. 1953년에는 결정학자 로버트 코리와 함께 꼬인 가닥 세 개가 달린 3차원 DNA 모델의 이미지와 이에 대한 논의를 발표했다. 폴링은 1954년에 화학결합에 관한 작업으로 노벨상을 받았다. 1963년에는 두 번째로 노벨상을 받았는데, 이번에는 핵무장 해제를 위한 노력을 인정받아 수상한 평화상이었다. 만일 그의 DNA 분자 모델에 가닥이 두 개만 달려 있었다면 그는 세 번째 노벨상을 받았을지도 모른다. 그러나 그 상은 결국 프랜시스 크릭과 제임스 왓슨에게 돌아갔다. 이들은 DNA 분자의 구

핵분열

일본의 도카이 연구개발 센터에서는 핵분열로 발생되는 중성자들이 연구자들의 물질과 생명과학 연구를 돕고 있다.

조적 등뼈가 삼중이 아니라 이중나선임을 밝혀냈다.

미국의 물리학자 리처드 파인먼도 양자물리학에서 영감을 받은 사람이었다. 양자물리학의 불확정성은 그의 타고난 독창성에 영감을 준 것 같았다. 파인먼은 양자역학의 어려운 수학을 이용하여 전자기복사에서 작용하는 아원자 수준의 힘들의 관계를 제시할 수 있었다. 원자의 일정치 않은 구조 속에서 광자가 전자 또는 양전하를 띤 대립적 입자인 양전자와 상호작용하는 방식을 보여줄 수 있었던 것이다. 나아가서 파인먼은 파인먼 다이어그램이라고 알려진 그림을 이용하여 입자들의 힘의 교환과 충돌을 보여줄 수 있었다. 파인먼은 양자전기역학(QED) 분야의 획기적인 작업으로 노벨상을 수상했다.

리처드 파인먼은 물리학자 머리 겔-만과 협력하여 방사성 붕괴 과정에서 작용하는 힘들을 묘사하는 데도 성공했다. 약한 핵력이라고 부르는 이 힘은 이제 원자 안에 존재한다고 이론화된 가장 작은 입자들—페르미온, 보존, W 입자, Z 입자—의 존재를 어렴풋이 보여주었다. 이 입자들은 반응이 느린 경우가 많았

리처드 파인먼

노벨상을 수상한 미국의 물리학자 리처드 파인먼이 1983년 3월 캘리포니아 주 로스앤젤레스에서 메모를 잔뜩 적어놓은 칠판 앞에 서 있다.

기 때문에, 극한의 열과 압력을 받으면 더 큰 반응을 일으킬 수 있었다. 이 입자들은 핵융합의 핵심에 자리를 잡고 있다는 사실이 드러났다. 카리스마와 온화한 분위기를 겸비했던 파인먼은 과학을 대중화하는 데도 큰 역할을 했다. 그는 이야기꾼으로서의 재능도 한껏 활용하여, 물리학의 고급스러운 작업의 논리와 의미를 재미있게 묘사함으로써 과학자와 비과학자를 모두 매료시켰다.

21세기에 에너지와 물질을 연구하는 사람들 가운데는 오래된 우주론 연구로 돌아가는 사람들도 있다. 잉글랜드의 물리학자 스티븐 호킹은 양자물리학과 아인슈타인의 일반상대성 이론을 통일시키려고 한다. 호킹은 이 두 가지 개념— 양자물리학은 아원자 영역을 다루고 일반상대성 이론은 질량이 큰 물체들을 다룬다—을 결합하고, 이런 지적인 통일체를 활용하여 우주나 중력이 너무 강해 빛이 빠져나오지 못하는 블랙홀의 기원 같은 불가해한 문제들을 이해하려고 노력한다. 호킹은 블랙홀이 수십억 톤의 질량이 광자 하나의 크기로 압축된 것이라고 묘사한다. 이런 상태라면 그 입자는 양자 이론에 따라 행동할 것이다. 즉 복사에너지를 방출하다가 점차 사라져갈 것이다.

나중에 호킹은 유럽입자물리연구소(CERN)의 토마스 헤르토크와 함께 대담한 주장을 했다. 우리는 어떤 시점에서 어떤 입자의 정확한 운동량이나 위치를 알 수 없지만, 만일 초기의 우주였던 입자가 양자 이론을 따른다면 우주 자체가 양자적 사건이라는 것이다. 그럴 경우, 헤르토크의 표현에 따르자면 "우주에는 단일한 역사가 있는 것이 아니라 가능한 모든 역사가 있으며, 그 각각에는 그 나름의 확률이 있다".

고대인들은 하늘을 올려다보며 물질과 에너지에 경이감을 느꼈다. 오늘날 우리에게는 우아한 일반상대성도 있고 불가해한 진리 같은 양자역학도 있지만, 그럼에도 여전히 고대인과 다를 바 없이 경이에 사로잡힌다.

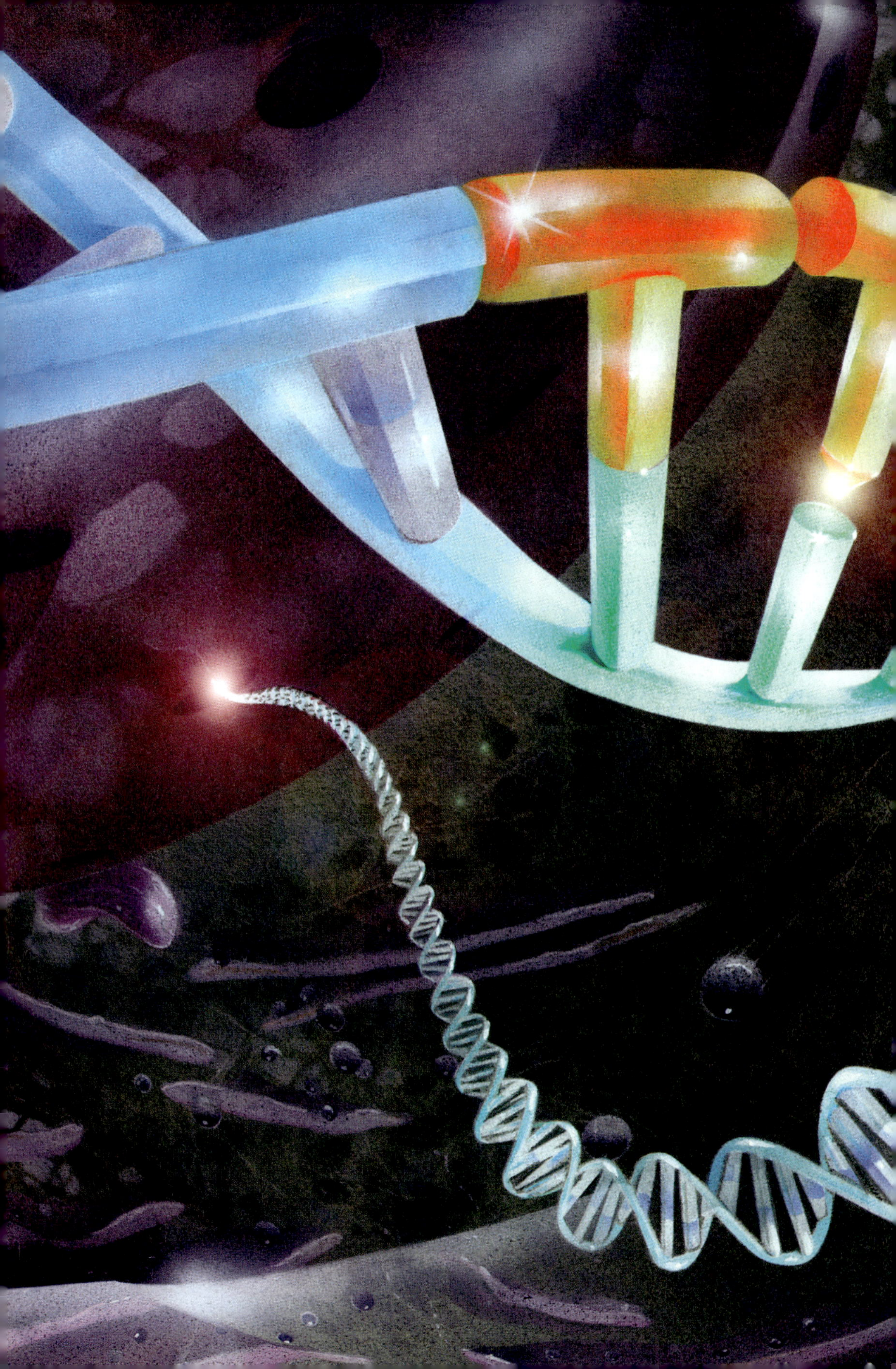

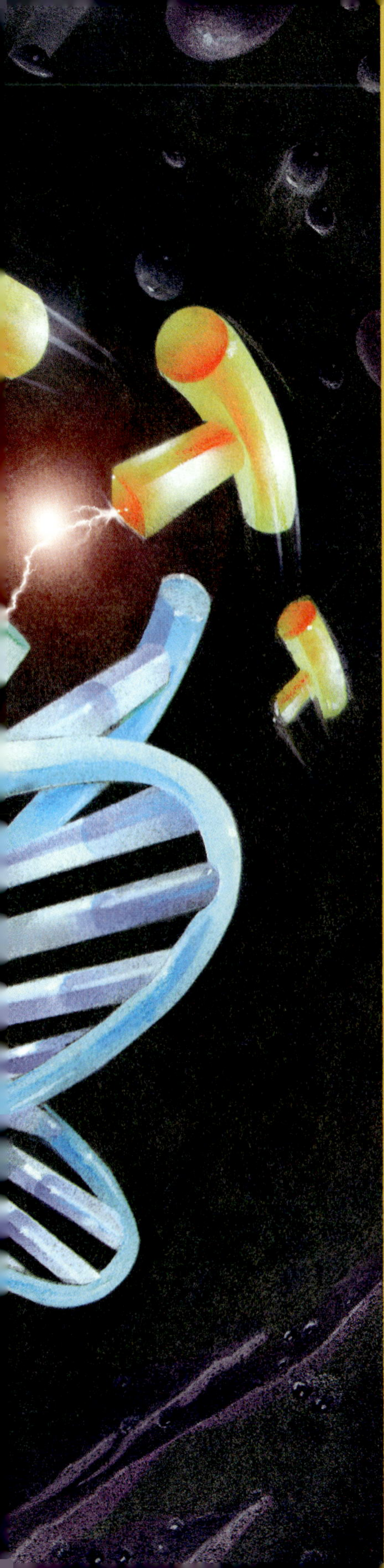

생명 4

자연세계를 관찰하고 그 지식을 생존에 이용하는 능력에서 볼 때 초기의 인간들은 결코 원시적이지 않았다. 현대를 사는 우리는 많은 과학적 지식을 가지고 있지만 야생에 혼자 남겨졌다고 가정할 경우 약 15만 년 전 아프리카에서 나와 이후 10만 년 동안 세계 대부분의 지역으로 퍼져 나간 문자사용 이전의 사람들에게 상대가 되지 않을 것이다.

유목 생활은 복잡하다. 건강과 적응력을 갖추어야 할 뿐 아니라, 그보다 더 중요한 것으로, 자연세계가 기능하는 방식에 관한 아주 자세한 정보가 필요하다. 한 지역에 익숙한 것만으로는 큰 도움이 되지 않는다. 자신이 지나가고 야영을 하고 사냥을 하고 꿀을 구하고 가축을 먹일 모든 환경의 특성을 알아야 한다. 이런 생활의 핵심은 정확한 때에 정확한 장소에 있는 것이다. 물이 흐를 때, 풀이 자랄 때, 나무에 열매가 맺을 때, 식물이 씨를 뿌릴 때, 사냥하는 짐승이 이주할 때 그곳에 있어야 한다. 자연 현상이 발생하는 시기를 이렇게 연구하는 것은 지금은 생물 계절학이라고 부른다. 18세기까지는 공식적으로 과학으로 인정받지 못했지만, 아마 현실에 응용된 최초의 자연과학이었을 것이다. 그러나 문자가 없었기 때문에 생물 계절학 자료는 안타깝게도 수만 년 동안 기록으로 남겨지지 못한 채 오직 입으로만 세대에서 세대로 전해졌다.

앞 페이지 공학적으로 처리한 유전자에서 조작한 뉴클레오티드 염기쌍을 DNA 가닥에 집어넣고 있다.

그렇다고 초기의 인간 문화의 증거 또는 자연세계에 관한 그들의 지식의 증거가 없는 것은 아니다. 고고학자들은 초기 인간의 도구와 야영지, 그리고 가장 극적으로 이 사람들이 절벽이나 동굴 벽에 남긴 이미지—동물, 사냥, 그리고 자기 자신을 묘사한 이미지—를 찾아냈다. 우리는 또 얼마 되지도 않고 그나마 사라지고 있기는 하지만 지금도 지구에 존재하는 유목 부족들에게서도 몇 가지를 배울 수 있다. 그 결과 뒤늦게도 이제서야 그들의 지식이 얼마나 폭이 넓은지 깨닫고 있다.

예를 들어 인간은 오스트레일리아에 적어도 5만 년을 살았다. 인도네시아에서 오스트레일리아에 가려고만 해도 넓은 바다를 항해할 수 있는 배가 필요했다. 그곳에 도착한 뒤에도 사람들은 완전히 다른 기후에 적응해야 했다. 살아남은 오스트레일리아 원주민 문화(5만 년을 버티고 살아남을 수 있는 문화가 얼마나 될까?)에서 찾을 수 있는 증거를 보면, 그들은 해도 달도 아닌 계절 변화에 기초한 복잡한 달력을 개발했다. 그들은 특정한 식물의 성장이나 우세풍의 변화를 기준으로 계절의 변화를 기록했다. 아메리카의 원주민은 어느 식물에 꽃이 피고 어떤 새가 보이느냐를 기준으로 연어나 순록이 이주하는 때를 알았다.

과학의 선구자들

이 초기의 인간은 자연세계에는 친숙했겠지만, 과연 생명, 세계, 그들 자신이 어떻게 존재하게 되었는지도 궁금해했을까? 역시 기록은 없으니, 얼마 안 되는 고고학적 증거와 현재의 유목 부족들의 믿음만 가지고 판단을 할 수밖에 없

기원전 1만 5천 년경~서기 70년

기원전 1만 5천 년경
프랑스의 최초의 동굴 벽화에 동물들이 묘사되다. 인간이 자연세계에 호기심을 가졌다는 최초의 증거이다.

기원전 570년경
그리스의 철학자 아낙시만드로스 최초의 생물은 물에서 살다가 나중에 육지 동물로 발전했다고 주장하다.

기원전 560년경
그리스 철학자 크세노파네스 화석을 살펴 생명의 진화를 추측하다.

선사시대의 꿀

오스트레일리아 중부의 인구가 드문 땅에서 원주민 부족들은 지금은 슈거백이라고 부르는 침 없는 벌의 꿀을 귀중하게 여겼다.

다. 어떤 인류학자들은 매장 의식이 인간이 자신을 의식하고 자신의 생명을 존중하는 태도를 보여주는 증거라고 주장한다. 그들은 2만 년이 넘는 매장 유적들을 그 예로 든다. 일부 부족들은 죽은 자들을 존중하여 그들이 내세에 사용할 개인 소지품으로 보이는 것을 함께 묻었다는 것이다.

기원전 380년경	기원전 350년경	기원전 320년경	서기 50~70년
그리스 철학자 플라톤 자신의 고향 그리스의 토양 침식, 지나친 방목, 삼림 남벌의 결과를 묘사하다.	그리스 철학자 아리스토텔레스 포괄적인 동물 분류 작업을 하여 『동물사』와 『동물의 신체 부분』을 쓰다.	그리스의 과학자 테오프라스토스 체계적인 식물학 연구를 시작하다. 그는 『식물사』, 『식물의 본원에 관하여』 등의 영향력 있는 책들을 썼다.	로마의 학자 아버지 플리니우스(가이우스 플리니우스 세쿤두스) 『박물지』를 발표하다.

수렵과 채집

지난 1만 1천 년 동안 아프리카 남부의 칼라하리 분지에 살며 사냥과 채집을 했던 원주민은 일반적으로 산족 또는 코이산족이라고 부른다. 이 원주민은 강제로 농업에 종사하게 된 사람들을 제외하면 여전히 구석기시대의 생활 방식을 대체로 유지하고 있다.

인류학자들은 태국 서해안의 안다만 해에서 방랑하며 살아가는 어부들 같은 현재의 부족들을 보면서 초기의 인간들이 자신의 생명을 주위의 생물들의 생명과 비교했을 가능성이 높다고 결론을 내린다. 어디에서든 유사점을 찾았을 것이라는 이야기다. 동물과 식물도 인간과 마찬가지로 태어나서 살고 죽는다. 그들에게도 어머니와 아버지가 있다. 그들도 짝을 찾고 재생산을 하고 자식을 보호하고 돌본다. 식물이건 동물이건 생물은 먹을 것과 물이 없으면 시들거나 죽는다. 따라서 모든 생물 또한 유아기, 성장, 성적 성숙, 질병, 노화를 경험한다고 상상하는 것은 그렇게 어려운 일이 아니었을 것이다. 만일 그랬다면, 모든 생물 또한 인간과 마찬가지로 감정, 욕망을 갖고 있고, 심지어 꿈도 꾼다는 결론에 이르렀을 것이다. 그들 또한 고통과 쾌락을 경험한다. 그들 또한 자신을 표현할 수 있다. 예를 들어 겨울에 언 호수는 시끄럽게 갈라지는 소리를 낸다. 어떤 사람들은 그 소리를 듣고 호수가 눈에 덮이자 춥다고 호소하는 소리라고 말하기도 했을 것이다. 생물이 인간과 그렇게 비슷하다면, 그들 또한 똑같은 종류의 영적 본질, 즉 살아 있다는 느낌에 충만할 것이 틀림없다고 생각했을 것이다.

자연세계를 이런 식으로 해석하는 것을 애니미즘(animism)이라고 부른다. 이것은 숨이나 영혼을 뜻하는 라틴어 'animus'에서 나온 것이다. 애니미즘을 믿는 사람들은 인간을 대하듯이 자연세계를 대했다. 그들은 자신들에게 먹을 것, 옷, 쉴 곳을 주는 식물이나 동물을 존중한다. 순조로운 바람이나 바다에 감사한다. 자신들에게 해를 줄지도 모른다고 생각하는 것들을 두려워한다. 필요하다고 생각하면 자연세계와 좋은 관계를 계속 유지하기 위해 제물을 드린다. 그들을 둘러싼 세계의 존재들이 그들의 제물에 감사하고 보답을 할 것이라고 믿기 때문이다.

애니미즘은 자연숭배와 다르다. 애니미즘을 믿는 사람들은 자신들이 자연세계의 뜻에 따르는 것이 아니라, 그 세계와 공동의 유대를 맺고 있다고 느낀다. 자연이 그들에게 말을 한다는 것이다. 이것이 과학일까? 적어도 가끔 지혜를 얻을 수는 있을 것이다.

안다만 해의 모켄족은 2004년 12월 인도양 주변에서 수만 명의 목숨을 앗아간 거대한 해일에서 살아남았다. 과학자들은 해일을 미리 예측할 수 없다고 주장했다. 그러나 모켄족은 바다가 그들의 섬 해안에서 물러나는 것을 보자 높은 곳으로 이동해야 한다고 판단했다. 최소한 5백 년 동안은 안다만 해에서 그런 큰 해일이 일어난 적이 없음에도 그렇게 판단한 것이다.

약 1만 년 전 지구에 커다란 변화가 일어났다. 북극에서 북반구 가운데까지 밀고 내려온 수천 미터 두께의 빙하가 물러나기 시작했다. 북방의 인간 생활은 더 편해졌다. 사람들은 전에 탐험해본 적이 없는 땅으로 이주해 들어갔다. 그곳에서 사람들은 농사를 짓기 시작했다. 이 시기에 세계 다른 곳에서도 농사가 시작되었던 것으로 보인다.

많은 사람들이 이미 가축을 길러, 이주할 때 함께 이동했다. 기원전 5천 년이 되자 사람들은 생물학적 유전의 기본 사항을 이해했다. 적어도 동물이나 식물의 품종을 선별할 정도는 된 것이다. 지성의 작용이든지 우연이든지 간에 그들은 윤작, 관개, 경작이 도움이 된다는 사실을 이해하게 되었다.

먹을 것을 쫓아다니는 대신 생산해내는 능력을 갖추게 되자 인간과 자연의 관계가 완전히 바뀌었다. 그에 따라 생명의 기원에 관한 생각도 바뀌었다. 이제 식물이나 동물의 영혼과 유사성을 느끼지 않게 되었는지도 모른다. 자신의 목적을 위해 식물이나 동물을 조작할 수 있었기 때문이다. 사람들이 공동체, 마을, 도시에 정착하면서 새로운 사회구조에 대한 요구에서 새로운 관념들이 나타났는지도 모른다. 이유가 무엇이건 사람들은 자연과 그 힘을 이해하기 위한 더 큰 구도를 고안하기 시작했다.

중동에서는 우주를 움직이고 그 안에서 인간, 동물, 식물의 자리를 준 신들이 나타났다. 극동에서는 세상이 패턴과 주기로 이루어져 있었으며, 인간은 그 규칙과 관계를 이해해야 한다고 생각했다. 문화와 마찬가지로 추론도 다양했다. 그러한 추론은 농업과 교역의 요구나 문자와 수학의 발달과 더불어 끈질기게 유지되다가, 기원전 몇백 년 전에 이르러 마침내 생명의 본질에 관한 최초의 과학적 연구에 자리를 내주었다.

과학의 뿌리

지금은 터키라고 부르는 땅과 그리스는 교역과 여행의 교차로에 자리 잡고 있었다. 항구 도시들은 지중해 주변의 문화 중심지들에서 몰려오는 사람들로 북적거렸다. 그리스인은 바다를 돌아다니는 적극적인 상인들이었다. 교역은 물자만이 아니라 사상도 움직였다. 그 결과 기원전 6세기의 세계는 새로운 생각들로 가득 찬 것처럼 보였다.

이 무렵 인도 북부에서는 고타마 싯다르타가 재산을 버리고 영적인 부를 찾아 떠났다. 덧없는 세상에서 살아가는 삶의 본질에 관한 의문으로 가득 찼던 이 방랑하는 철학자는 깨달음을 얻어 붓다라고 알려지게 되었다.

기원전 6세기 중국에서는 유교의 엄격한 도덕에서부터 도교의 추상적이고 모순적인 진리들에 이르기까지 여섯 개 고전학파의 사상이 꽃피는 가운데 과학기술도 발전했다. 이 가운데 어떤 철학도 그리스의 도덕 철학과 견줄 만하지만, 중국인은 자연의 실제적인 움직임에는 별다른 호기심이 없었던 듯하다. 반대로 기원전 6세기에서 4세기에 이르는 시기의 그리스 자연철학자들은 고대 세계에서 최고의 수준을 자랑했다.

가끔 학술 집단보다는 종교 집단에 더 유사한 것 같은 학파들을 만들었던 그리스 철학자들은 피지스(physis), 즉 자연이라는 관념을 파고들기 시작했다. 이 개념은 서구 과학 발전의 열쇠가 되었다.

'physis'라는 말은 흔히 '자연'으로 번역되기는 하지만, 그리스어에서 그 뿌리는 '자라다' 또는 '생성되다'라는 뜻이다. 여기에는 우주가 그 질서정연하게 배치되어 있지만, 외적인 힘이 아니라 자신의 법칙을 따르며 변화하는 체계라는 뜻이 내포되어 있다. 최초의 자연철학자들은 이해할 수 있는 우주라는 관념을 바탕으로 자연의 모든 것이 어떤 기본적이고 더 쪼갤 수 없는 물질로 이루어져 있다고 가정했다. 모든 자연력의 작용을 받으면서도 자신의 정체성을 유지하면서 모든 물질을 구성하는 원소로 이루어져 있다는 것이었다.

아리스토텔레스

과학의 아버지

기원전 384
그리스의 스타기로스에서 출생하다.

기원전 367
17살에 아테네의 플라톤의 아카데메이아에 들어가다. 그 후 20년 동안 이곳에 머물렀다.

기원전 348 또는 347
플라톤이 죽은 뒤 아테네를 떠나 소아시아 미시아의 아소스로 가다.

기원전 345~342
레스보스 섬에서 자연사를 연구하다.

기원전 342
마케도니아로 돌아가 필리포스 2세의 아들인 알렉산드로스의 스승이 되다.

기원전 336
모든 지식의 백과사전을 쓰기 위한 자료를 모으기 시작하다.

기원전 335 또는 334
아테네로 돌아와 리케이온에서 자신의 학파를 이끌다.

기원전 322
그리스의 칼키스에서 사망하다.

탁월한 과학 저작들

『자연학』
『하늘에 관하여』
『기상학』
『동물사』
『동물의 발생에 관하여』
『동물의 신체 부위』
『동물의 진보』

처음으로 이 문제를 붙들고 씨름하여 적어도 그 나름으로는 만족스러운 답을 찾아낸 사람은 탈레스였다. 이 그리스의 천문학자이자 수학자이자 철학자는 소아시아 해안에 위치한 이오니아의 도시 밀레토스 출신으로 기원전 624년에 태어나 547년에 죽었다. 그는 아무도 일식이 어떻게 생기는지 모르던 때에 일식을 예측하여 명성을 얻기도 했다.

탈레스는 생명의 근본 원소가 물이라고 믿었다. 다른 물질 가운데 물처럼 생겨났다가 사라지면서도 늘 변함이 없는 것이 달리 무엇이 있는가? 탈레스는 그렇게 물었다. 물은 액체로 흐르고, 고체로 얼고, 심지어 증발하여 허공으로 사라지기까지 한다.

나중에 아리스토텔레스를 비롯한 다른 철학자들은 탈레스의 생각에 반대했지만, 그럼에도 그가 자연 연구의 기초를 닦은 점은 인정했다. 탈레스가 자연세계에는 철학적인 완결성만이 아니라 물리적 완결성도 있으며, 생명과 자연을 설명하는 데에는 신이나 신화가 필요 없다고 정리를 해놓았기 때문이다.

탈레스 뒤에 등장한 아낙시만드로스는 물이 보편적인 원소일 수 없다고 주장했다. 대신 기본적인 원소는 물질이 아니라 아페이론이라 부르는 것이라고 주장했다. 아페이론은 그 자체로는 아무런 특징이 없었으며, 무한하고, 한정할 수 없고, 신성하고, 발생과 파괴라는 자연력에서 벗어나 자신을 유지할 수 있었다.

아낙시만드로스의 제자인 밀레토스의 아낙시메네스는 아페이론을 거부하고 공기 또는 증기가 일차 질료라고 주장했다. 공기는 물처럼 불, 바람, 구름, 물, 흙, 돌로 바뀌어도 그 본질을 유지할 수 있었기 때문이다.

헤라클레이토스는 공기가 아니라 불로 자신의 우주를 구축했다. 그는 불에서 나는 연기가 허공으로 올라가 비로 돌아온다고 믿었다. 비는 바다를 만들고, 바다는 땅에 자리를 내준다. 그러나 헤라클레이토스에게 이보다 중요한 것은 그의 변화 개념이었다. 그는 자연의 모든 것이 항상 변하는 상태라고 생각했다. 그의 유명한 말에 따르면, "같은 강물에 두 번 발을 담글 수는 없다"는 것이다.

헤라클레이토스는 썰물과 밀물, 창조와 부패, 밀고 당김 같은 대립하는 내적인 힘들이 세상에 가득하며, 이 대립이, 그의 표현을 빌자면, 팽팽한 활시위처럼 세상을 지속적인 긴장 상태로 유지한다고 보았다. 그럼에도 불구하고, 아니 오히려 그렇기 때문에 자연은 궁극적으로 역동적 평형의 상태를 이룬다. 변화는 우주의 질서를 유지한다. 그러나 이런 힘들은 어떤 법칙들을 따른다. 따라서 우주에는 로고스라고 알려진 근본적인 질서가 있다. 그가 남긴 경구에 따르면, 심지어 우주의 불도 "박자에 맞추어 켜지고 박자에 맞추어 꺼진다."

헤라클레이토스는 "자연은 숨기를 좋아한다"고 썼다. 그러나 "보이지 않는 조화가 보이는 조화보다 더 강하다"고 덧붙였다. 자연은 악기의 현의 음율처럼 이해할 수 있고, 심지어 측정도 할 수 있다.

플라톤의 아카데메이아

"아카데메이아의 철학자들"이라는 제목의 이 로마 모자이크는 아테네 아크로폴리스에 있는 그리스 철학자 플라톤과 그의 제자들을 묘사하고 있다.

목적론
아리스토텔레스에서부터 18세기 임마누엘 칸트에 이르기까지 많은 철학자들이 목적론적으로 과학에 접근했다. 우주와 생물의 모든 변화는 완전을 향해 나아가며, 현재의 상태에 내재하는 또는 은밀하게 영향을 주는 계획을 따르고 있다는 것이다.

헤라클레이토스는 사물의 규칙 또는 비율인 로고스의 중요성을 확신했다. 로고스가 우주를 이해하는 하나의 방법일 뿐 아니라 생기 넘치는 삶의 필요조건이라고 본 것이다. 그는 로고스에 대한 사람들의 무지를 견딜 수가 없었다. "만물이 로고스에 따라 일어나지만 사람들은 로고스가 사물들에 어떻게 응용되는지, 로고스가 무엇인지 전혀 경험하지 못하는 것 같다. 내가 자연을 설명할 때 사용하는 말이나 행동을 보고 들어도 마찬가지다. 사람들은 잘 때와 마찬가지로 깨어 있을 때도 자신이 하는 일을 의식하지 못하는 것 같다."

헤라클레이토스는 쉽게 절망하는 경향이 있었으며, 인간 본성에 관한 비관적 견해 때문에 '우는 철학자'라는 별명을 얻었다. 그를 조롱하는 이야기이기는 하지만, 어떤 이야기에 따르면 헤라클레이토스는 나중에 은자가 되어 산 속에서 풀과 식물만 먹으며 살았으며, 마구간에 들어가 거름의 열로 몸을 덥혀 수종(水腫)을 치료하려다 죽었다고 한다.

헤라클레이토스의 개인적 특이성이야 어쨌든 간에 그는 그 시대의 다른 사람들과 함께 우주에 관한 그리스인의 관점을 정리했을 뿐 아니라, 서양의 사상, 특히 과학 사상을 현재까지도 변함없이 이어지는 길 위에 올려놓았다. 우주의 이해를 인간 존재의 이해에 적용한 사람은 헤라클레이토스만이 아니었다. 헤라클레이토스든 당시의 다른 그리스 철학자든 우주의 본질 연구와 인간 본성이나 도덕성 연구를 구분하지 않았다. 기원전 5세기에서 4세기까지 살았던 압데라의 데모크리토스는 이렇게 간단하게 정리했다. "인간은 작은 우주다."

철학자 플라톤에게 우리가 감각을 통해 경험하는 세계는 변화와 불확실성으로

1551~1735

1551~1558
스위스의 박물학자 콘라트 게스너 『동물지』를 출간하다. 이것은 초기의 중요한 동물학 저서다.

1590~1608
독일의 발명가 한스와 차하리아스 얀센 복합현미경을 만들다.

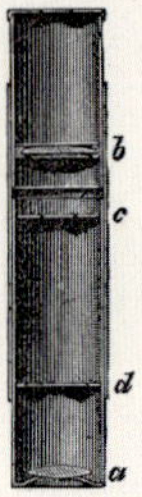

1665
로버트 후크 현미경을 보다가 코르크의 세포를 발견하다.

1665
후크 현미경을 이용한 생물학적 관찰 결과를 묘사한 『작은 도면들』을 출간하다.

교사 아리스토텔레스

7세기에서 13세기까지 아랍과 유대인 학자들은 그리스 철학자 아리스토텔레스의 작업들을 번역하고, 분석하고, 그것에 기초하여 연구를 했다. 이 13세기 터키의 원고는 아리스토텔레스가 제자들에게 가르치는 광경을 묘사하고 있다.

가득했다. 우주를 이해하려 할 때 감각적 경험이나 관찰은 믿을 수가 없었다. 플라톤이 선호한 연구 방법은 이성과 명상이었다. 플라톤은 이런 전제로부터 우리의 감각 세계 너머에 영원한 형상의 세계, 변하지 않는 이데아의 실재가 존재한다는 유명한 사상을 끌어냈다.

예를 들어 우리 눈으로 보고 우리 손으로 만지는 나무는 측정하고, 베고, 쪼개

1668	1669	1674	1735
이탈리아의 의사 프란체스코 레디 부패하는 물질에서 파리와 구더기를 관찰하여 자연발생설을 반박하다.	네덜란드의 박물학자 얀 스왐메르담 『곤충의 자연사』를 출간하다. 그는 이 책에서 곤충과 전갈을 묘사하고 분류했다.	안토니 반 레벤후크 원생동물을 관찰하고 그것을 극미동물이라고 부르다.	스웨덴의 분류학자 칼 폰 린네 『자연의 체계』를 출간하여 식물, 동물, 광물의 분류 체계를 설명하다.

고, 태울 수 있다. 연구를 위해서는 이런 특정한 나무가 흥미가 있을 수도 있지만, 진리라는 더 큰 그림에서 보자면 우리가 지각하는 나무는 단순히 외양일 뿐이다. 우리가 더 높은 정신 속에서 인식하는 나무라는 이데아가 훨씬 더 중요하다. 나무라는 이데아는 변하지도 파괴되지도 않는다. 그것은 형상, 즉 나무라는 본질, 모든 나무의 영원한 실재를 제시한다. 변하지 않는 형상의 영역을 연구하려면 경험적 관찰이 아니라 명상과 이성이 필요하다.

플라톤이나 그 이전의 철학자들을 읽을 때는 자연세계가 실제로 어떻게 움직이는지 거의 이해하지 못한 상태에서 이론을 세웠다는 사실을 아는 것이 중요하다. 실험은 제한되어 있었다. 대신 철학적 추론이 전면에 나섰다.

아리스토텔레스는 이런 상황을 바꾸려고 노력했다. 아리스토텔레스는 20년 동안 플라톤의 제자였지만 기원전 347년에 플라톤이 죽은 뒤 아카데메이아를 떠나 자신의 넓어져가는 관심사를 연구하기 시작했다. 그는 레스보스 섬에서 제자 테오프라스토스와 함께 식물이나 동물을 관찰하면서 꼼꼼하게 기록을 했다. 이 한 가지만으로도 아리스토텔레스는 스승과 한참 거리가 멀어졌다. 플라톤은 그런 관찰을 하찮게 여겼기 때문이다. 그러나 이런 관찰 덕분에 아리스토텔레스와 테오프라스토스는 그들의 시대에 혁신적인 과학자들이 되었다.

그러나 아리스토텔레스는 또 자신의 물질세계 관찰이 플라톤의 이데아보다 많은 것을 말해준다고 믿었다. 예를 들어 어떤 식물의 이데아적이고 변함없는 형상이 어떻게 실제 식물 없이 존재할 수 있겠는가? 형상은 자연에 관한 정보는 줄 수 없다. 자연 바깥에 존재하기 때문이다. 아리스토텔레스에게 사실은 관찰에서 오는 것이며, 이론은 사실에서 오고, 이 이론은 관찰을 통해 확인되어야 했다.

아리스토텔레스는 만물에는 첫째로 그것을 창조한 질료가 있다는 결론을 내렸다. 둘째로 창조의 수단이 있다. 셋째로 일군의 속성이 있다. 그는 사물의 이런 속성을 '원인'이라고 불렀다. 그리고 마지막으로 목적이 있다. 물질세계의 모든 것에는 목적이 있으며, 만물은 그것을 최종적으로 완벽하게 실현한다. 이것이 사물의 내적 본질의 한 부분이다.

자연이 목적을 가지고 움직이며 완전을 향해 나아간다는 이런 믿

생체해부

생체해부는 살아 있는 동물이나 생물을 해부하는 것이다. 기원전 6세기 이탈리아의 생리학자이자 철학자 알크마이온은 처음으로 생체해부를 한 것으로 알려져 있다. 기원전 4세기에서 3세기까지 활동했던 그리스 의사 헤로필로스는 죄수 600명을 생체해부한 것으로 알려져 있다. 나치의 의사 요세프 멩겔레와 일본의 의사 이시야마 후쿠지로는 제2차 세계대전 때 인간 생체실험을 했다.

음은 목적론이라고 알려져 있다. 목적론이라는 뜻의 영어 'teleology'는 끝이나 목적을 뜻하는 그리스어 텔로스(telos)에서 나왔다. 아리스토텔레스는 자연을 관찰한 결과 눈에 보이는 모든 것이 설계에서는 합리성을 보여주고 기능에서는 목적을 보여준다고 확신했다. 아리스토텔레스의 우주에서 물질, 공간, 시간, 운동은 모두 목적론적 기능을 가진다.

운동은 물질세계를 가능하게 해준다. 운동이 없으면 우주의 변화도 없을 것이다. 변화가 없으면 시간도 없을 것이다. 변화나 운동을 관찰하거나 측정할 정신이 없으면 시간도 영향을 줄 수 없다. 만물은 자신의 완전한 실현을 향해 움직이는 능력을 갖고 있다. 아리스토텔레스는 이것을 현실성(entelechy)이라고 불렀다.

아리스토텔레스는 생명의 궁극적 질료를 찾는 과정에서 물, 아페이론, 불, 원자, 공기 등 선배들의 어떤 선택에도 동의하지 않았다. 그는 불, 공기, 흙, 물이라는 네 가지 궁극적 원소가 있다고 믿었다. 아리스토텔레스에 따르면 이들 각각은 다른 것으로 바뀔 수 있으며, 이 물질에는 세상 만물처럼 내재적 목적이 있다. 물질은 하나의 연속체를 따라가면서 형상을 얻는다. 이 연속체는 낮은 형상으부터 더 높은 형상으로 올라가는 존재의 사다리이다. 무생물에서부터 인간에 이르는 이 사다리의 높은 곳에 있을수록 더 발전된 조직적인 형상이 나타났으며, 영혼은 더 복잡해졌다.

아리스토텔레스는 심지어 다른 철학자들은 몸에서 분리할 수 있고 몸과는 다르다고 생각한 영혼 또한 몸의 유기적 구성 부분일지도 모른다고 주장했다. "영혼은 몸의 현실성, 즉 엔텔레키로서 동시에 형상, 운동의 원칙, 목적이기도 하다." 식물에는 아리스토텔레스가 영양의 영혼이라고 부른 것이 있으며, 이것이 영양분을 흡수하여 재생산을 하도록 해준다. 동물에게도 영양의 영혼이 있으며, 여기에 감각과 운동 능력도 있어서 먹을 것을 찾을 수 있다. 인간 영혼은 여기에 덧붙여 이성적 생각을 할 능력도 있다. 이 셋에 공통되는 한 가지는 몸과 영혼에 목적이 있다는 것이다. 그 목적이란 자신의 본질의 실현이다.

아리스토텔레스는 이 거대한 구도를 어떻게 활용했을까? 우선 아리스토텔레스는 이를 바탕으로 자연에서 관찰되는 방대한 종류의 생물 형태들 사이의 유사성만이 아니라 차이도 분석하기 시작했다. 아리스토텔레스 이전의 어떤 철학자도 그만큼 많이, 또 꼼꼼하게 현장 관찰을 한 적이 없었다. 현존하는 아리스토텔

생기론

많은 사람들이 원인, 영혼, 형상에 관한 아리스토텔레스의 글들이 생기론이라는 개념의 탄생에 영향을 주었다고 생각해왔다. 생기론이란 생물과 무생물을 구별하는 기준이 구체적으로 말하기 힘든 생기력(vital force)이라고 보는 관점이다. 생기론은 오늘날에도 끈질기게 남아 있지만, 가장 큰 영향력을 행사했던 시기는 16세기부터 18세기까지다. 이 시기에 생기론은 유기체가 매우 복잡한 기계와 같다는 기계론적 관점과 맞섰다. 르네상스 시기와 그 이후에 생리학이 발전하면서 근육, 신경, 기관의 작동 방식에 대한 지식도 늘자, 주로 기계론적 관점으로 신체를 바라보게 되었다. 그러나 생기론자들의 입장에서 보자면 해부학적 물리학은 오직 어느 선까지만 설명할 수 있을 뿐이었다. 그들의 입장에서 보자면, 유기체에 동력을 주고, 지각과 이해를 제공하며, 재생산을 지휘하고, 심지어 계 안의 질서를 유지하는 것은 생기력이다.

마리 프랑수아 사비에 비샤는 인체에서 21가지 조직을 밝혀냈다.

생기력이라는 이런 개념은 종교적이거나 영적이거나 철학적인 것이 아니었다. 물론 나중에는 종교, 심령술, 철학이 생기력을 자기 영역에 끌어들이기는 한다. 그러나 생기력은 원래는 과학적인 개념으로, 아직 확인이 되지 않은 생리적 실체라고 가정하던 존재였다. 생기력은 원소와 같은 것이었다. 서구의 영혼도 중국의 기, 또는 도도 아니었다. 엄격한 실험 과학자인 파스퇴르도 어떤 세포 현상은 오직 생기력으로만 설명할 수 있다고 믿었다. 사물이 눈에 보이지 않는 중력이라는 힘의 결과로 땅으로 떨어지듯이, 생기론자들은 어떤 세포 기능, 나아가서 유기체의 기능의 원인이 눈에 보이지 않는 생기력이라고 믿었다.

프랑스의 수학자이자 철학자인 르네 데카르트는 기계론적 관점의 제일가는 옹호자였다. 프랑스의 해부학자 마리 프랑수아 사비에 비샤는 데카르트의 생각에 반대를 했는데, 그것은 어떤 종교적인 신념이 아니라 인간의 기관과 조직을 광범하게 살펴본 결과였다. 비샤는 조직이 생명의 기본 단위라고 믿었으며, 이 조직이 병, 부패, 죽음에 저항할 수 있게 해주는 생기력이 틀림없이 존재한다고 믿었다.

현미경은 세포의 복잡성을 드러냈으며, 화학은 그 복잡한 분자 기능을 드러냈다. 그 결과 생기력으로만 설명되던 신비한 현상은 줄어들었다. 결국 생기론은 힘을 잃었지만, 여전히 가치 있는 철학적 관념으로 여기는 사람들이 존재했다. 어떤 사람들은 생기력 비슷한 것이 유기체의 기본적인 화학작용을 지휘하며, 생명이 없는 화학물질에서부터 복잡한 생명 형태로 진화하는 바탕이 된다고 믿었다.

아리스토텔레스도 이런 종류의 과학적 생기론을 염두에 두었을까? 생기론은 어떤 미지의 힘이 존재하며, 그것으로 실험과 관찰로 설명할 수 없는 것들을 설명할 수 있다고 주장한다. 그러나 이론과 실험이 더 많은 것을 설명하게 됨에 따라 생기론의 존재 근거는 흔들리고 있다.

아리스토텔레스는 미지의 힘을 제시하지 않았다. 그는 관찰과 이성을 모든 과학의 핵심으로 여겼다. 영혼, 상상력, 진화, 우주의 장대함 같은 아직 설명할 수 없는 현상들은 계속적인 관찰을 요구한다고 생각했다. 인간의 지각과 이성이 결국 모든 것을 파악할 수 있을 것이라고 믿었기 때문이다.

레스의 글——논리학과 물리학에서 윤리학과 정치학에 이르기까지 다양하고 많은 글들이 있다——가운데 3분의 1이 자연에 관한 것이다. 아리스토텔레스가 시도한 생물 분류에 맞먹는 작업은 천 년 이상이 흐른 뒤에야 등장했다.

아리스토텔레스는 오로지 자신의 축적된 관찰만을 근거로 종을 그 외부의 신체적 특징만으로 분류하는 것은 의미가 없다는 사실을 깨달았다. 그는 플라톤이 인간을 "깃털 없는 두 발 동물"로 분류한 뒤, 누가 털을 뽑은 닭을 보내며 "플라톤의 인간"이라고 불렀다는 이야기를 잘 알고 있었다.

그래서 아리스토텔레스는 간단한 체계를 고안했다. 동물계를 붉은 피를 가진 종류와 그렇지 않은 종류로 나눈 것이다. 첫 번째 집단(대략 척추동물들)에는 포유동물, 조류, 파충류, 양서류, 어류, 고래가 포함되었다. 피가 없는 동물 집단(대략 무척추동물들)에는 두족류, 갑각류, 곤충과 거미, 조개와 더불어 산호처럼 식물을 닮은 동물이 포함되었다. 아리스토텔레스는 속이라고 부르는 넓은 범주 안에서 종의 이름을 정했다.

아리스토텔레스는 살아 있는 새끼를 낳는 동물과 알을 낳는 동물을 또 구분했다. 그런 다음 알을 낳는 동물들을 새처럼 알을 낳는 경우와 물고기처럼 알을 낳는 경우로 나누었다. 이런 방법으로 아리스토텔레스는 돌고래가 살아 있는 새끼를 낳기 때문에 어류보다는 포유류에 더 가깝다고 결론을 내릴 수 있었다.

아리스토텔레스는 『동물의 발생에 관하여』에서 생식을 연구했다. 그는 달걀을 해부하여 배(胚)가 알이나 자궁에서 자라는 작은 어른이 아님을 알았다. 아리스토텔레스는 유전의 작용도 어느 정도 인식했다. 그는 소 같은 반추동물은 위가 복잡하고, 이가 넓고 무디다는 것을 알았다. 그는 이 두 가지 특징이 보완적일 수도 있다고 생각했다. 무딘 이 때문에 생기는 소화의 한계를 복잡한 위가 보완해 준다는 것이었다. 그는 이렇게 썼다. "자연은 늘 한쪽에서 뺀 것을 다른 쪽에서

챙겨준다." 실제 실험 작업이 드물던 시기에 아리스토텔레스는 자신의 자료를 살피고 이용해 문제를 정리하고 답을 찾았다.

아리스토텔레스는 다양한 생각을 했을 뿐 아니라 자신이 관찰한 것을 체계화하고 분류하는 능력도 뛰어났다. 그럼에도 만물에는 목적이 있으며 그 목적의 완성을 향해 나아간다는 원래의 생각에도 굳게 매달렸다. 그는 이런 기준을 운동, 물질, 형태, 기능에 적용했고, 유기체와 무기물에 적용했고, 식물, 동물, 인간에게 적용했다.

인간 삶의 목적은 무엇인가? 고대의 많은 철학자들이 그런 질문을 했다. 행복해지는 것이다. 아리스토텔레스는 그렇게 대답했다. 행복을 향해 나아간다는 증거는 무엇인가? 도덕적이고 지적인 덕이 늘어나는 것이다. 인간 본질이 실현되면 어떻게 되는가? 이성의 기능이 완전해진다. 이 모든 철학적 교의가 과학과 인간 지식 이론에 깊은 영향을 주었으며, 그 그림자는 중세, 나아가 심지어 현재에까지 드리워져 있다.

중세의 눈을 뜨다

상인이나 먼 부족들이 머나먼 땅과 기묘한 현상에 관한 소식을 듣고 지중해의 나라들로 들어오자, 사람들의 눈에 자연세계가 무한히 다양해 보이기 시작했다. 서기 1세기에 플리니우스는 자신이 듣고 읽은 모든 것을 분류하기 시작했다. 그는 사자, 표범, 코끼리를 묘사했다. "발가락이 뒤에 달렸고, 그 개수는 발마다 여덟 개인" 인도의 한 부족 이야기도 했다. "카토블레파라는 야생동물" 이야기도 했는데, 그 눈을 보면 누구나 "그 자리에서 쓰러져 죽는다"고 했다.

플리니우스는 후대의 저자들에 비하면 그래도 회의적인 태도를 유지한 편이었다. 2세기 로마의 클라우디우스 아엘리아누스는 셈을 할 줄 아는 피닉스와 머리가 둘, 뿔이 넷, 발이 여덟, 꼬리가 둘인데다가 말도 할 줄 아는 이집트의 양 이야기를 하기도 했다(그래도 이 양 이야기를 할 때는 약간의 의심을 드러냈다).

그런 생물이 어떻게 존재할 수 있느냐는 중요한 문제가 아니었다. 4세기에서 5세기에 걸쳐 살았던 성 아우구스티누스는 교회의 교리를 이야기하면서 이렇게 기록했다. "기독교인은 자연에 관해서는 창조주의 선의가 만물의 원인이라는 것

성 토마스 아퀴나스

생각에 잠긴 성 토마스 아퀴나스의 모습을 보여주는 15세기의 초상화. 그는 빈틈없는 논리로 중세 스콜라 철학 전통의 정점에 섰다.

이상을 알 필요가 없다……. 그리스인들이 자연학자라고 부른 사람들이 했던 것처럼 사물의 본질을 파고들 필요가 없다." 아우구스티누스의 시대에 아리스토텔레스의 인기는 상당히 줄어들었다. 무엇보다도 그리스어에 대한 지식이 사라지고, 아리스토텔레스의 글들이 라틴어로 하나도 번역이 되지 않았기 때문이다. 자연은 일종의 추상이 되었다.

종과 분류학

아리스토텔레스는 동물을 분류하는 체계를 만들었다. 그러나 16세기와 17세기에 이루어진 탐험, 또 현미경을 통한 발견 때문에 새로운 생명체들이 드러나 새로운 분류 방법이 요구되었다.

한 종류의 식물이나 동물을 실제로 다른 종류와 구분하는 특징은 무엇이고, 한 종류 내의 부차적인 변형에 불과한 특징은 무엇인지 결정하는 것이 중요한 과제의 하나였다. 영국의 과학자이자 성공회 사제인 존 레이는 수컷과 암컷이 재생산을 할 수 있고 그 결과로 나온 유기체가 부모를 닮았으면 그들은 색깔, 크기, 다른 외적 특징의 차이에도 불구하고 모두 같은 종에 속한다는 간단한 규칙을 제시했다.

식물 연구를 하러 가기 위해 경쾌하게 차려입은 분류학의 아버지 린네.

스웨덴의 박물학자 칼 폰 린네는 1707년에 태어나 성 기관의 설계를 기준으로 식물을 구분하기 시작했다. 그는 각각의 유기체에 대하여 속을 앞에 놓고 종을 다음에 놓는 식으로 라틴 이름 두 개를 사용하는 분류 체계를 고안했다. 예를 들어 개와 이리는 모두 카니스속(*canis*)에 속한다. 린네는 이 둘을 구분하기 위해 집에서 기르는 일반적인 개의 종은 파밀리아리스(*familiaris*)라고 부르고 이리는 루푸스(*lupus*)라고 불렀다.

속과 종은 '제국'으로 시작되는 더 크고 위계적인 체계에 속한다. 제국이란 지구의 모든 것을 가리킨다. 여기에서 각 유기체는 동물, 식물, 광물 등의 '계'에 속하고, 그 다음에 '강(綱)'에 속한다. 즉 린네의 체계에서 동물은 물고기, 새, 포유동물, 곤충, 양서류로 구분될 수 있다. 여기서 더 나누면 '목(目)', '속', '종', 그리고 가끔 종 안에서 '변종'으로까지 구분할 수 있다.

린네는 1735년에 이런 체계를 처음으로 제안했다. 이 체계는 '계'와 '강' 사이에 '문(門)'만 들어갔을 뿐, 지금도 그대로 사용되며, 모든 종의 과학적인 이름은 공식적인 국제 명명법에 정리되어 있다. 그러나 종을 구분하는 기준은 린네의 시대 이후로 명료하게 다듬어졌다.

린네는 종의 기본적인 속성을 이용해 구분을 했다. 새의 부리, 포유동물의 이, 물고기의 지느러미, 곤충의 날개가 그런 예다. 그러나 린네가 살아 있을 때도 모든 과학자가 그런 구분법에 동의한 것은 아니었다. 어떤 사람들은 이 체계는 이런 속성들이 오랜 세월에 걸쳐 변함이 없다고 가정하고 있지만, 새로운 화석들은 이런 가정이 틀렸다는 점을 보여준다고 주장했다. 거의 200년이 흐른 뒤에야 분류학은 고생물학과 진화생물학의 새로운 발견들과 진정으로 통합될 수 있었다.

1950년 독일의 곤충학자 빌리 헤닝은 유기체 공통의 진화적 조상을 고려한 분류 체계를 고안했다. 생물은 진화를 하기 때문에 오랜 세월에 걸쳐 특징들이 바뀐다. 계통발생분류학이라는 새로운 과학은 유기체가 그 조상과 공유하는 특징에 초점을 맞춘다.

계통발생분류학자들은 전에는 인식되지 않았

던 유기체들의 관계를 드러냈다. 예를 들어 시간이 지나면서 파생되고 바뀐 비슷한 특징들을 인식하여 새와 공룡의 조상이 같다는 사실을 보여줄 수 있었다(모든 과학자가 받아들인 것은 아니지만). 계통발생분류 체계도 린네의 체계와 마찬가지로 그 유효성은 어떤 특징에 따라 분류를 할 것이냐에 달려 있다. 최근에는 분류의 논리와 진화 이론을 최선의 방식으로 결합하려는 새로운 체계들이 제안되고 있다.

중세에는 동물 우화집—상상의 동물이 다수를 차지하는 동물 우화집—이 전면에 등장하게 되었다. 이 가운데 가장 인기가 좋았던 것은 3세기에 익명의 그리스인이 만든 『피시올로구스』였다. 그 제목은 '박물학자'라는 뜻이지만 실제로는 『이솝 우화집』과 『리플리의 믿거나 말거나』를 섞어놓은 것에 가깝다. 『이솝 우화집』은 원래 기원전 6세기에 나와 수백 년에 걸쳐 여러 자료에서 나온 이야기가 보태졌고 중세에도 널리 읽혔다.

기독교의 우주는 여전히 당혹스럽기는 했지만 그래도 위안을 주었다. 지구와 인류가 신의 창조의 중심에 있었다. 당대의 이론에서는 모든 것이 문자 그대로 그들의 주위를 돌았다. 토마스 아퀴나스 같은 중세의 사상가들은 기독교의 교리와 아리스토텔레스나 프톨레마이오스의 우주론을 화해시켰으며, 그 결과 투명한 구들이 영원히 흐트러지지 않는 질서를 유지하며 회전한다는 웅장하고 조화로운 그림을 제시했다. 아리스토텔레스가 가정한 제1운동자는 신과 신을 따르는 천사들로 대체되어 있었다. 달 밑에 있는 것들은 불완전하고 변하기 쉬웠으나, 그럼에도 아주 잘 이해되고 있었다. 아리스토텔레스의 물리학, 고전 시대 그리스의 네 가지 체액, 성경에서 묘사된 세계, 이 모든 것이 서로 멋지게 조화를 이루었으며, 전체적으로 누구든지 그것만 알면 그만이었다.

중세의 자연세계 연구는 신학적 질문들에 자극을 받았으며, 과학은 종종 신학적 논쟁의 형식을 띠곤 했다. 당시의 신학자들이 바늘 머리 위에서 천사가 몇 명이나 춤을 출 수 있느냐를 놓고 논쟁을 했다는 이야기는 근거가 없을 수도 있지만, 이런 논쟁들은 실제로 비현실에서 비현실로 도약을 하기도 했다. 예를 들어 중세에는 조개삿갓이 강둑의 나무에서 열매로 열려 물로 떨어진다고 생각했다. 조개삿갓은 일단 물에 잠기면 기러기로 바뀌어 매년 봄 대륙을 찾아온다고 믿었다. 아무도 실제로 이 기러기들이 알을 낳고 새끼를 기르는 것을 보지 못했다. 그 시절에는 오직 성숙한 기러기가 유럽을 가로질러 북극의 번식지로 이동하는 것

하늘이 터지다

도미니크회의 수사 알베르투스 마그누스의 『자연학』 채색 사본은 놀라울 정도로 현대적인 형태와 색채로 바다에 떨어지는 번개를 보여주고 있다.

만 보았을 뿐이다. 그러나 조개삿갓과 기러기 목의 생김새가 비슷하다는 것은 알았다. 그래서 기러기를 닮은 조개삿갓이 조개삿갓을 닮은 기러기로 발전한다고 결론을 내린 것이다.

기독교 학자들은 이 기러기들을 어류로 분류할지 가금으로 분류할지를 놓고 논쟁을 벌였다. 만일 어류라면 육류는 먹을 수 없지만 어류는 먹을 수 있는 금요

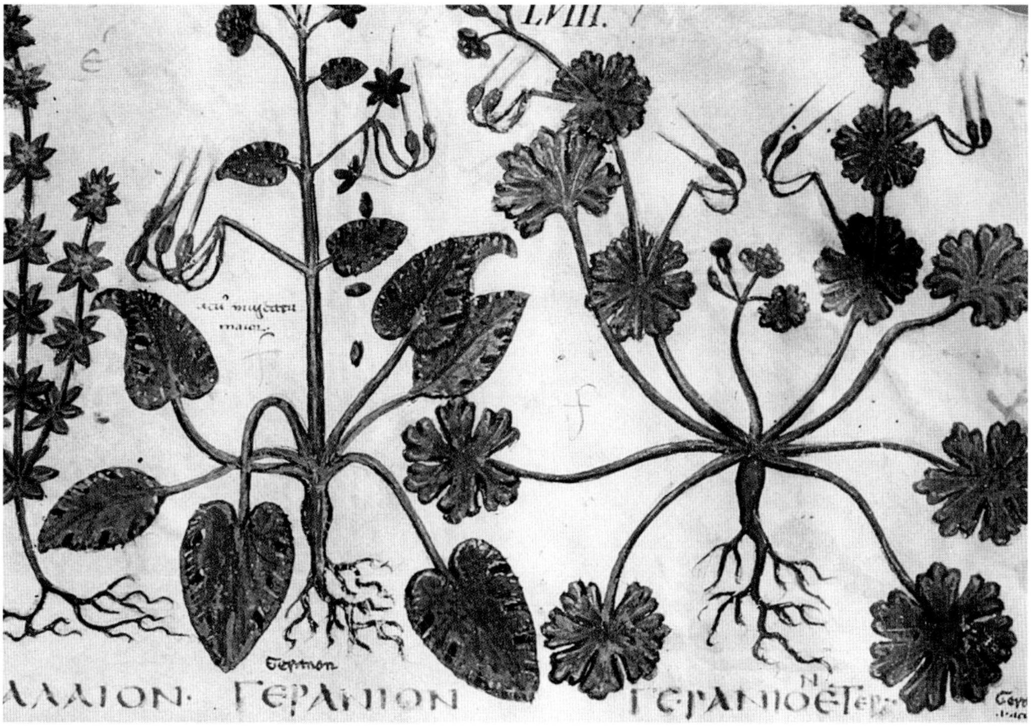

두꺼운 의학서

그리스의 의사이자 약리학자이자 식물학자인 디오스코리데스가 서기 77년에 쓴 『약물에 대하여』는 16세기까지 약초와 동물을 달이는 일과 관련하여 제일가는 참고서였다. 위의 그림은 17세기의 약초에 관한 원고에서 나온 것이다.

일이나 사순절에 먹을 수 있을지 없을지를 놓고 논쟁을 벌였다. 유대인 철학자들은 이 기러기가 유대인에게는 금지된 음식인 조개인지 아닌지를 놓고 논란을 벌였다. 조개가 아니라면 제의의 관행에 따라 도살을 해야 하는지 아닌지를 놓고 논쟁을 벌였다. 어떤 사람들은 편리하게 타협을 했다. 조개삿갓과 기러기는 모두 나무에서 떨어졌으므로 어류도 가금도 아닌 식물 열매라는 것이었다.

그러나 신학적 토대를 벗어나지는 않았지만, 과거의 권위자들, 심지어 아리스토텔레스, 프톨레마이오스, 갈레노스 같은 논란의 여지가 없다고 여겨지던 권위자들조차 많은 부분에서 틀렸을 수도 있다는 생각이 점차 확산되기 시작했다. 과학적 증거와 합리적 논증을 이용하면 이런 지성에 도전하여 자연을 더 논리적으로 설명하는 새로운 견해들을 내놓을 수 있을 것 같았다.

동시에 다른 분야에서도 이와 비슷한 경향의 사고가 진행되고 있었다. 세상의 일상적 사건으로부터 신이 점차 물러나기 시작한 것이다. 그렇다고 새로운 사고 방식을 제시한 사람들이 무신론자였다는 말은 결코 아니다. 대부분은 독실했다. 또 많은 수는 서품을 받은 사제였다. 그러나 그들은 우주에 대한 신의 간섭을 선배들과는 다르게 보았다. 수백 년 동안 대부분의 사람들은 모든 자연과 인간 존재에 신의 살아 있는 손이 개입한다고 가정했다. 그러나 이제는 창조주가 시계태엽처럼 자연의 태엽을 감아놓고 변함없는 원칙에 따라 시간 속에서 움직이도록 놓아둔 것처럼 여기기 시작했다. 그리고 그 원칙은 우리가 이성과 실험으로 이해할 수 있었다.

과학의 등장

13세기 잉글랜드의 주교 로버트 그로세테스트는 아리스토텔레스를 공부하다 영감을 받아 과학을 연구하기 시작했다. 아리스토텔레스의 글은 이슬람 학자들이 보존했으며, 이것이 아랍어에서 라틴어로 번역되었는데, 그 무렵 유럽에 다시 나타나기 시작했다. 아리스토텔레스는 어떤 것을 아는 것이 곧 그 원인들을 아는 것이라고 믿은 반면, 그로스테스트는 더 과학적인 방법을 확립했다. 인과원리를 관찰하고 분석하고 발견하는 것, 가설을 세운 다음 그 가설을 시험하는 방법이었다. 50살 연하이지만 그로스테스트의 동료였던 로저 베이컨은 그 못지않게 실험에 의욕을 보였다. 베이컨은 세계를 더 이해할수록 창조주에 대한 지식도 늘어난다고 믿었다. 신학에 의해 조직된 과학적 지혜라는 베이컨의 이상은 코페르니쿠스, 케플러, 보일, 뉴턴에게 영감을 주었다.

1200년경 슈바벤(현재의 독일 남서부)에서 태어난 알베르투스 마그누스 또한 아리스토텔레스에게서 자극을 받았다. 알베르투스는 곤충을 꼼꼼하게 관찰하고, 해부하고, 생식기를 살펴보았다. 그는 아리스토텔레스가 달걀과 어류 발달을 조사한 것을 철저히 규명했다. 알베르투스는 또 단순하면서도 체계적인 식물 분류를 시작하여, 식물을 꽃의 형태에 따라 구별했다.

조직된 과학 탐구가 유럽을 휩쓸고 있었다. 13세기 후반에는 토마스 아퀴나스가 새로운 아리스토텔레스학파는 원하는 대로 모든 것을 연구하고 실험할 수 있다고 주장했다. 결과적으로 그들이 하는 일은 창조주의 세계를 더 드러내는 것이었기 때문이다.

이후 300년 동안 새로운 기술——중국의 종이와 인쇄, 이탈리아의 조금(彫金), 그리고 마지막으로 활자——은 새로운 생각과 배움을 자극했다. 탐험 여행과 신세계의 발견은 문명의 틀을 확장했다. 이탈리아의 15세기 미술가들은 새로운 사실주의를 파고들어 세계를 상상한 대로가 아니라 있는 대로 묘사했다. 우화적인 소재를 그릴 때도 단색의 배경은 사라지고 세밀한 원근법과 주의 깊게 관찰한 빛이 등장했다. 미술——특히 판화 삽화——은 르네상스의 자연사 연구의 촉매가 되었다. 이런 '과학적' 화가 가운데 최고봉인 레오나르도 다 빈치의 광범한 작품 세계는 그의 사후에야 알려지지만, 다른 화가들도 새로운 경험주의를 탐구하고 있었다.

1471년에 뉘른베르크에서 태어난 독일의 르네상스 화가이자 조각가 알브레히트 뒤러는 과학에 기초한 미술을 옹호했다. 그는 식물과 동물을 정확하게 묘사했으며, 원근법에 관한 논문도 썼다. 다음 세기에는 식물 백과사전이 많이 쏟아져 나왔다. 1530년대에 독일 마인츠의 오토 브룬펠스는 식물 238종을 묘사한 세 권짜리 『식물 생태도』를 내놓았다. 이 책이 나오기 전에도 약용 식물을 그린 그림들은 많았지만, 중세의 동물 우화집과 마찬가지로 정확하지가 않았다. 브룬펠스의 책에 삽화를 그린 목판화가 한스 바이디츠는 식물의 정확한 구조만이 아니라 야생에서 나타나는 모습도 보여주었다.

히에로니무스 보크(트라구스)의 『신 약초집』은 1539년에 나왔다. 독일의 이 루터파 의사는 이 책에서 각 식물의 생활사를 기록했다. 그러나 이 책이 제대로 관심을 받은 것은 1546년 도판본이 나왔을 때였다. 그러나 이때에도 1542년에 나온 레온하르트 푹스의 『식물사』와 경쟁을 해야 했다(영어에서 수령초를 뜻하는 'fuchsia'는 푹스의 이름을 딴 것이다). 그림과 삽화가 많이 들어간 푹스의 책은 독일 토착종 약 400종과 외래종 100종을 묘사하고 있다. 신대륙의 첫 본초서는 아즈텍의 식물 그림에 기초하여 1552년에 나왔다.

그리스어-라틴어 사전을 편찬하고, 의학박사 학위를 받고, 1,100명의 저자에 대한 주석이 달린 서적 해제를 만들고, 19권짜리 백과사전을 낸 스위스의 천재 콘라트 게스너는 1천5백 개의 목판화가 포함된 『식물학』을 출간하면서 식물을 구조에 따라 분류했다. 그러나 워낙 많은 일을 하다 보니 동물 생활에 관한 4천5백 페이지에 이

알베르투스 마그누스

알베르투스는 중세의 가장 유명한 식물학자였다. 그의 식물 분류 체계는 관다발, 쌍떡잎, 외떡잎 등 현대의 개념들을 고려하고 있다. 그는 토마스 아퀴나스의 스승으로 20세기에 바티칸에서 시성(諡聖)되었다.

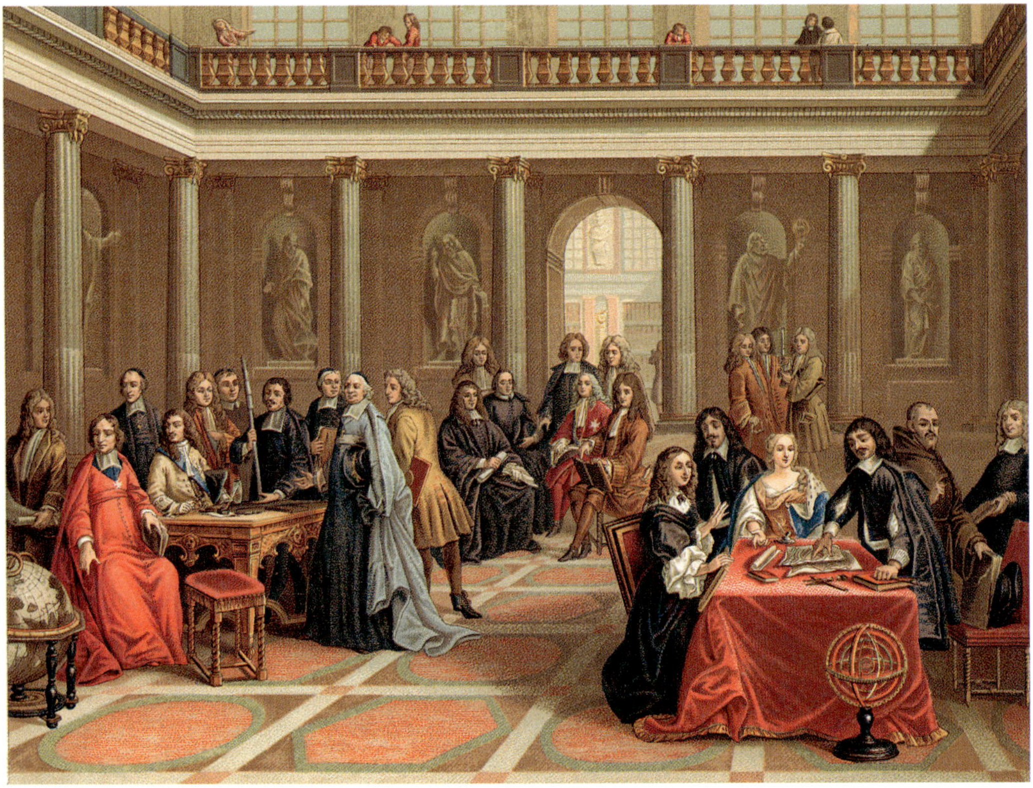

유명한 마지막 강의

스웨덴의 크리스티나 여왕(오른쪽에 앉아 있다)이 프랑스의 수학자이자 철학자 르네 데카르트(그녀의 오른쪽에 서 있다)에게 수업을 받고 있다. 데카르트는 이 1650년의 스웨덴 방문 때 폐렴으로 죽었다.

르는 다섯 권짜리 개론서는 완성하지 못했다. 이 책은 그가 죽고 나서 22년이 흐른 뒤인 1587년에 마침내 완성되었다. 이것은 이 시대에 나온 수많은 백과사전식 동물학 참고서 가운데 하나이다.

과학에 관한 새로운 관점으로 이행하는 데 중요한 걸음을 내디딘 프랜시스 베이컨은 과학자라기보다는 정치가였다. 베이컨은 1561년에 런던에서 엘리자베스 여왕의 국새상서(國璽尙書)의 아들로 태어났다. 그는 스물세 살에 의회에 들어가 정치가로 입문했으며, 이 격동의 시대의 다른 많은 정치가들과 마찬가지로 성쇠를 두루 맛보았다. 엘리자베스 여왕이 죽자 베이컨은 제임스 1세를 섬겼으며, 제임스 1세는 1617년에 그를 국새상서로 임명하고, 1620년에는 세인트올번스 자작의 지위를 주었다. 베이컨은 정치가로서 활동하면서도 철학에 관한 책들을 썼는데, 그 가운데는 과학적 사고의 흐름을 바꾸어놓게 되는 『신 오르가논』도 있다. 이것은 『대혁신』의 두 번째 권이었는데, 그 첫 부분은 1605년에 나왔다.

베이컨은 과학의 흐름의 방향을 다시 잡았다. "우리는 기초에서부터 새로 시작해야 한다." 베이컨은 그렇게 썼다. 베이컨의 주장에 따르면 과학은 철학도 인문학도 아니었다. 지식의 축적을 향해 나아가는 발견의 과정이었다. 그보다 앞섰던 로저 베이컨 ——친척이 아니다——과 마찬가지로 프랜시스 베이컨도 관습적인 사고방식이나 인간 본성과 지각의 약점이 지식의 추구를 막는다고 믿었다. 그것이 "현재 인간의 이해를 사로잡고 있는 우상과 거짓 관념들"이었다. 베이컨은 이 우상들 속에 또한 소망적 사고, 이것은 우리가 이미 믿고 있는 것의 증거를 찾거나, 우리를 기쁘게 하는 결과를 찾는 경향을 집어넣었다. 또 측정 도구가 아니라 감각에 지나치게 의존하는 태도도 집어넣었다. 베이컨은 이런 편견들은 과학적 지식 추구에 들어설 자리가 없다고 주장했다.

베이컨은 또 이미 자리를 잡은 자연에 관한 지배적 개념으로 자연을 조사해서도 안 된다고 말했다. 오히려 특수한 것에서 시작하여 "하나의 공리에서 다음 공리로 규칙적으로 또 점진적으로 나아가, 맨 마지막에 가서야 가장 일반적인 것에 이르러야 한다"는 것이었다. 베이컨은 이런 정신적 훈련을 "진정하고 완벽한 귀납법"이라고 불렀으며, 과학의 핵심적인 방법론이 되었다. "확실한 것에서 시작하면 의심에 이르게 되고, 의심에서 시작하면 확실한 것에 이르게 된다." 베이컨은 그렇게 썼다.

1628년 윌리엄 하비는 잉글랜드의 왕립의과대학에 피가 몸을 순환한다는 사실을 발견했다고 알렸

프랜시스 베이컨

과학적 방법론의 창시자

1561
1월 22일 런던에서 출생하다.

1573
케임브리지의 트리니티 칼리지에 들어갔다가 법률 공부를 위해 그레이스 인 법학원에 입학하다.

1582
법정변호사가 되고 처음으로 영국 정치에 발을 들여놓다.

1584
하원에 진출하다.

1603
제임스 1세에게 작위를 받아 프랜시스 베이컨 경이 되다.

1605
『학문의 진보』를 출간하다. 여기에서 분명한 지식을 얻는 데 방해가 되는 '정신의 우상'을 비롯한 다른 장애들을 묘사했다.

1613
제임스 1세가 법무장관으로 임명하다.

1618
대법관이 되고 베룰럼 남작 작위를 받다.

1620
『신 오르가논』을 출간하여, 지식을 범주들로 재정리할 계획을 제시하다.

1621
세인트올번스 자작이 되다. 뇌물을 받은 혐의로 대법관 자리에서 해임되었다.

1626
4월 9일 런던 하이게이트에서 사망하다.

1627
『새로운 아틀란티스』가 사후에 출간되다. 여기에는 실험실과 도구에 관한 자세한 사항, 과학자, 연구자, 해석자의 역할을 비롯하여 과학적 연구에 관한 베이컨의 이상이 표현되었다.

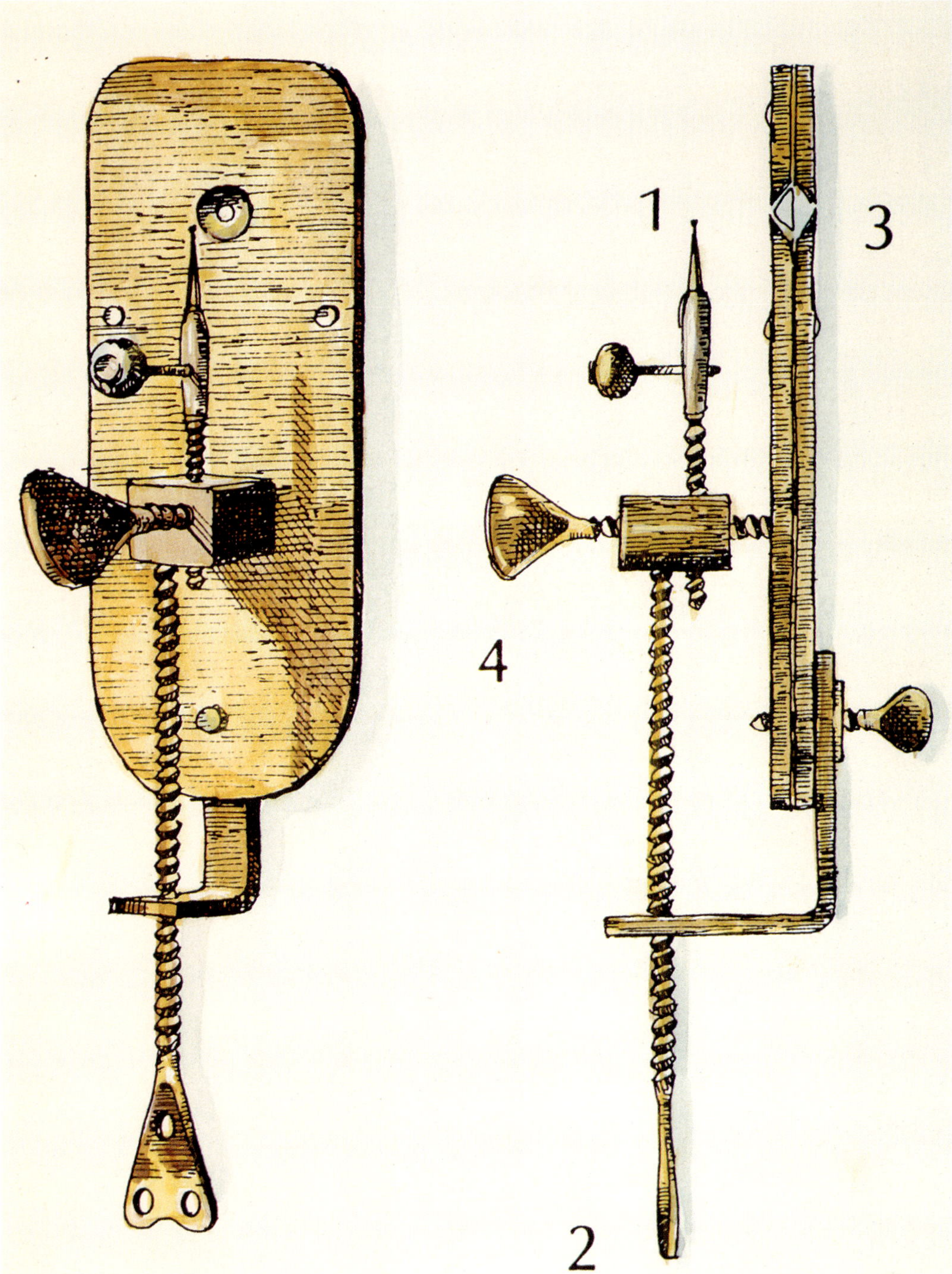

안토니 반 레벤후크가 1674년 이후에 만든 거의 500개에 이르는 현미경 가운데 하나. 각각의 부품에는 1) 물체를 지탱하는 점, 2)와 4) 조정 나사, 3) 렌즈 등의 이름이 붙었다. 이 현미경들 가운데 일부는 대상을 200배로 확대해서 보여주었다.

다. 오늘날 우리가 보기에는 당연해 보이지만, 피가 심장에서 폐로 순환할 뿐 아니라 심장에서 펌프 작용에 의해 정맥, 동맥, 모세혈관으로 이루어진 계를 돈다는 순환계 개념은 당시에는 알려져 있지 않았다. 하비는 자신의 말대로 관찰과 이해라는 점진적인 단계들을 거쳐 이런 사실을 발견했다.

하비의 책 『동물의 심장과 혈액의 운동에 관하여』는 프랜시스 베이컨의 귀납법을 보여주는 좋은 예이다. 하비는 고대 그리스의 의사 갈레노스의 이론에서부터 시작하여 이전의 모든 이론을 정리하고, 그 각각을 자신의 관찰과 비교하며 의문을 제기했다. 그는 자기 나름의 연구를 시행하여 사실을 하나하나 쌓아나간 끝에 전체적인 체계를 파악하게 되었다. 그 결과 하비는 피의 순환은 생명 자체의 본질을 반영하는 계로, 지구의 순환계만이 아니라 태양과 행성들의 우주적 순환과도 닮은꼴이라고 결론을 내렸다. 하비에 따르면 심장은 "소우주의 태양이다……. 심장은 가족의 신으로서 몸 전체를 양육하고, 돌보고, 북돋우는 자신의 기능을 수행하며, 진실로 생명의 기초를 이룬다".

과학자들은 자신의 발견을 기존의 종교적이고 철학적인 체계 안에 집어넣으려고 했다. 한편 철학자들은 과학의 혁명을 따라잡을 필요가 있다고 생각했다.

프랑스의 수학자이자 철학자 르네 데카르트는 낡은 관념들에 대한 베이컨의 경고를 극단으로 밀고나갔다. 그는 인간의 정신은 추론에 의해 우주를 이해할 수 있다고 믿었다. 그는 감각 자체는 믿을 수 없다고 생각하여 자신에게 이런 질문을 던졌다. 의심으

르네 데카르트

계몽주의 철학자

1596
3월 31일에 프랑스 라에에서 출생하다.

1616
프랑스 푸아티에 대학에서 법학 학위를 받다.

1629
『정신 지도 규칙』을 완성하다. 출간은 1701년에 이루어진다.

1633
교회의 갈릴레오 유죄 판결 소식을 듣고 『세계』의 출간 계획을 포기하다.

1637
굴절의 법칙, 무지개의 기원, 해석기하학을 설명하는 논문들이 포함된 『방법서설』을 발표하다.

1641
『제1철학에 관한 성찰』을 출간하면서 여섯 가지 반론과 응답도 함께 발표하다.

1642
『성찰』의 2판을 출간하다.

1643
보헤미아의 공주 엘리자베스와 긴 서신교환을 시작하다. 이 해에 그의 철학 때문에 위트레흐트 대학의 관리들에게 유죄 선고를 받았다.

1644
『철학의 원리』를 출간하다.

1647
프랑스 왕에게서 연금을 받다. 『프로그램에 대한 주석』을 발표하고 『인체의 묘사』와 관련된 작업을 시작했다.

1649
『정념론』을 출간하다.

1650
2월 11일에 스톡홀름에서 사망하다.

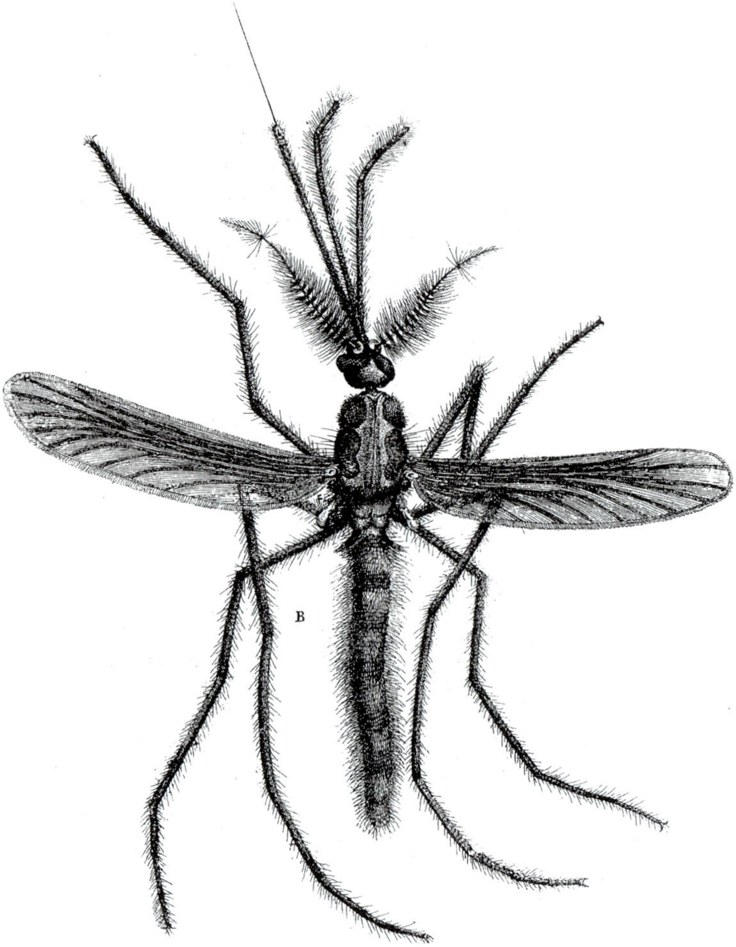

복잡한 생물

네덜란드의 현미경 학자 얀 스왐메르담의 곤충해부학 연구는 곤충이 고등 동물의 복잡함이 결여된 단순한 생물이라는 인식을 바꾸어놓았다.

1749~1828

1749 프랑스의 박물학자인 뷔퐁 백작 조르주 루이 르클레르 위대한 저서 『박물지』를 출간하다.	1771 영국의 과학자 조지프 프리스틀리 식물이 이산화탄소를 산소로 바꾼다는 사실을 발견하다.	1794~1796 영국의 의사 이래즈머스 다윈 『동물생리학 또는 생물의 법칙』을 출간하다. 여기에는 진화론에 관한 초기의 생각들이 담겨 있다.	1798 경제학자 토머스 맬서스 『인구론』에서 인구 과잉의 가능성을 예견하다.

로부터 자유로운 것은 무엇인가?

데카르트에게 가장 확실한 것은 자신이 존재한다는 사실이었다. "나는 생각한다. 따라서 나는 존재한다." 데카르트는 모든 인간 지식의 근본 원리를 그렇게 표현했다. 오직 인간만이 그런 생각을 한다. 인간은 신을 생각하기 때문에 신 역시 존재하는 것이 틀림없었다. 데카르트는 자연세계는 발견 가능하며, 또 몇 가지 기본적 구조와 운동으로 이루어져 있다고 믿었다.

보고 믿는 새로운 방식

15세기와 16세기에 항해자들은 지리적으로 새로운 지평을 발견했고, 망원경의 발명으로 하늘에 초점을 맞추는 일도 가능해졌지만, 생명 과정은 여전히 해안에 머무르면서 관찰하고 바라볼 수 있을 뿐인 먼 바다와 같았다. 그러나 현미경이 발명되면서 17세기 과학자들, 또 나중에는 비전문가들까지도 새로운 탐험 영역에 나설 수 있었다. 현미경은 처음부터 상상할 수 없었던 깊이의 새로운 지식을 드러냈다. 유일한 질문은 무엇을 먼저 볼 것인가 하는 것이었다.

17세기 이탈리아의 생물학자 마르첼로 말피기는 피부를 조사하는 데서부터 시작하여 몸의 다른 조직들로 나아갔다(피부의 안쪽 층을 가리키는 말피기 층이라는 말도 그의 이름에서 나왔다). 말피기는 미뢰를 찾아냈다. 적혈구와 식물의 구조도 연구했다. 간, 신장, 뇌, 비장의 구조도 연구했으며, 식물과 동물이 어떤 조직적 특징을 공유한다는 것을 알았다.

1801 프랑스의 생물학자 장 밥티스트 드 라마르크 무척추동물 분류학 연구를 발표하다. 그는 이것을 바탕으로 초기 형태의 진화론에 이르렀다.	1804 프랑스의 동물학자 조르주 퀴비에 멸종 이론을 제시하다.	1809 라마르크 유전 형질 개념을 진화론의 바탕으로 삼다.	1828 프리드리히 뵐러 요소를 합성하다. 이것은 무기물을 유기화합물로 합성한 최초의 사례다.

말피기는 개구리의 폐 조직에서 동맥과 정맥을 연결해주는 실 같은 작은 관들을 발견했다. 말피기는 이 모세혈관이 폐쇄된 순환계라는 윌리엄 하비의 이론을 증명해준다고 올바르게 결론을 내렸다. 볼로냐 대학의 권위자들은 그의 작업에

세포의 구조

과학의 핵심적인 교의는 모든 발견이나 이론은 다른 발견이나 주장에서 반복되고 확인되기 때문에 더 진전된 작업의 기초가 된다는 것이다. 세포 이론이 그 완벽한 예를 보여준다.

모든 과학적 이론이 그렇듯이 세포 이론도 오랜 관찰의 역사를 거쳐 나타났다. 세포 이론의 경우에는 무려 2천 년 동안 증거가 쌓여왔다. 관찰과 이론이 결합되어 생물 세포의 존재와 본질이 어느 정도 확실해지자 발견의 문이 열렸고, 과학은 생명의 기원에 더 가까이 다가가게 되었다.

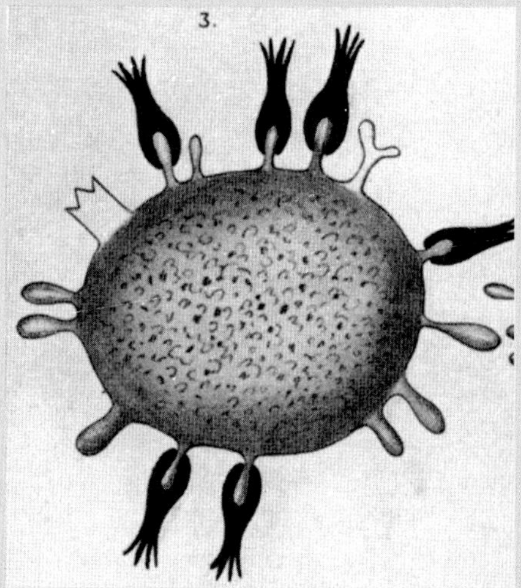

이 그림은 적혈구가 항체를 생산하는 방식에 관한 독일 혈액학자 파울 에를리히의 이론을 설명해준다.

기본적으로 세포가 모든 살아 있는 유기체의 기본 단위라는 것, 생명의 기능적인 특징을 소유한 가장 단순한 단위라는 것을 지금은 모든 과학자가 하나의 원리로 받아들인다. 모든 세포에는 보편적 특징이 있다. 그러나 서로 구별되는 독특한 정체성도 있는데, 이것은 그 형태와 기능이 결정한다. 세포는 그 세포로 이루어지는 생물과 많은 특징을 공유한다.

세포 이론 덕분에 유전의 이해에도 진전이 이루어졌다. 초기 발달 단계에서 세포는 그 염색체의 DNA 복제본을 준비한다. 세포가 분열될 때는 똑같은 염색체 두 개가 세포핵 중간에 늘어선다. 세포가 분열되면 이 두 염색체가 서로 얽혔던 손가락들이 떨어지듯이 둘로 나뉜다. 각각의 염색체들은 새로운 세포핵 안으로 들어간다. 분자와 세포 수준에서 이루어지는 이 분열에는 효소와 단백질이 참여한다.

세포는 지질(脂質)의 막 안에 역동적인 분자 산업단지를 담고 있다. 펌프와 운반 장치가 분자를 넣고 빼낸다. 화학반응도 일어난다. 단백질 내부 구조에서는 효소가 합성된다. 모든 과정이 정확하게 통제되고 품질 관리가 이루어진다. 공정의 어떤 부분이라도 혼란을 일으키거나 너무 빨리 이루어지면 세포는 공정을 중단할 것이다.

세포의 역동적인 화학 반응 통제 능력에 관해서는 아직 모르는 것이 많이 남아 있다. 그러나 건강한 세포에서 분열은 늘 똑같이 진행되며, 유전물질의 정확한 복제와 이전을 보장한다. 이런 발견은 세포 이론 덕에 얻어졌으며, 이것이 또 이 이론을 확인하는 데 도움을 준다.

세포생물학자인 폴 너스 경은 이렇게 썼다. "세포 재생산은 모든 생물학적 재생산의 기초이기 때문에 이런 세포적 속성이 모든 살아 있는 유기체의 진화의 기초라고 말할 수 있다."

의문을 제기했으나, 말피기는 말년에 교황 이노센트 12세의 주치의로 임명되었다.

로버트 후크는 런던에서 일을 하면서 파리의 발과 벌의 침에서부터 연체동물의 혀와 코르크에 이르기까지 아주 다양한 자연 현상들을 관찰하고 그 관찰을 뛰어난 데생 솜씨로 기록했으며, 이를 바탕으로 살아 있는 세포의 존재를 주장했다. 1665년에 출간된 후크의 『작은 도면들』은 사람들에게 살아 있는 자연 내부의 풍부한 세계를 최초로 보여준 놀라운 작업이었다. 17세기의 일기 작가 새뮤얼 피프스는 이 책을 "내 평생 읽어본 가장 독창적인 책"이라고 평가했다.

네덜란드의 얀 스왐메르담은 현미경을 이용하여 곤충을 연구했다. 그는 무엇보다도 벌 군체에서 생식력이 있는 암컷이 무성의 암컷 일벌과 수벌을 지배한다는 사실을 발견했다. 1669년에는 『곤충의 자연사』를 발표했는데, 이것은 오늘날의 기준에서 보아도 뛰어난 저작이다. 스왐메르담은 이 책을 쓰기 위해 곤충 3천 종 이상, 나아가서 거미와 전갈까지 해부하고 분류했다. 그가 제시한 증거는 압도적이다. 아리스토텔레스의 생각과는 달리 곤충에게도 내부에 신체 구조가 있었으며 스스로 재생산을 할 수 있었다.

영국의 의사 니어마이어 그루는 식물에도 생식 기관이 있다는 사실을 발견했다. 꽃은 아름다운 대상일 뿐 아니라 성 기관도 포함하고 있었다. 남성 성 기관, 즉 수술은 꽃가루를 생산하며, 여성 성 기관, 즉 암술은 꽃가루를 받아들여 씨를 맺었다.

같은 시기에 스왐메르담과 같은 나라 사람으로 공

로버트 후크

세포의 발견자

1635
7월 18일에 영국 아일오브와이트에서 출생하다.

1655
옥스퍼드의 물리학자이자 화학자 로버트 보일의 조수로 고용되다.

1660
탄성의 과학적 법칙을 발견하다. 나중에 여기에 후크의 법칙이라는 이름이 붙지만, 이 발견은 1678년에야 공표되었다.

1662
왕립학회의 실험 관리자로 임명되다. 그 뒤에 곧 왕립학회 회원으로 선출되었다.

1664
목성이 축을 중심으로 회전한다고 추론하다.

1665
런던 그레셤 칼리지의 기하학 교수가 되다.

1665
가장 유명한 저서 『작은 도면들』을 출간하다. 여기에서 현미경으로 관찰한 것들을 묘사했는데, 여기에는 식물 세포도 포함되어 있었다. 후크는 이 세포를 코르크에서 처음 발견했다.

1666
왕립학회 연설에서 진자를 이용해 중력을 측정할 수 있다고 주장하다.

1672
회절 현상을 발견하고, 빛의 파동 이론을 제시하다.

1674
최초로 그레고리 반사망원경을 제작하고, 이것으로 중요한 천문학적 관찰을 하다.

1678
행성의 운동을 수학적으로 묘사하다. 나중에 뉴턴이 행성 운동을 연구하면서 이것을 정교하게 다듬었다.

1703
3월 3일 영국 런던에서 사망하다.

자연선택

철학자 허버트 스펜서는 다윈의 이론을 가리키는 "진화"라는 용어를 만들었지만, 이 용어는 찰스 다윈의 유명한 『종의 기원』에는 1872년 6판에 가서야 등장한다. 다윈은 목적론적 진화 개념, 즉 라마르크적인 완벽한 상태, 신이 정한 종결점, 또는 아리스토텔레스적인 목적을 향한 발달이라는 개념을 염두에 두지 않았다. 다윈은 그 책의 제목이 보여주듯이 기원에, 특정한 종이 나타나게 된 과정에 관심을 가졌다.

진화론을 조롱한 이 19세기 만평 밑에는 "그오오릴라 씨" 라고 적혀 있다.

다윈은 자연철학자가 아니었다. 그는 19세기 영국의 과학자로, 이론은 집요한 질문, 관찰, 실험에 의해서만 증명될 수 있다는 사실을 잘 알았다. 예를 들어 리처드 밀너가 쓴 『진화 백과사전』에는 이런 대목이 나온다. "다윈은 어떤 식물의 씨앗이 물에 둥둥 떠가서 대양의 먼 섬에 이르렀다고 추측만 한 것이 아니다. 그는 많은 종류의 씨앗을 바닷물이 든 통에 여러 달 담갔다가 땅에 심어 어떤 종에서 싹이 트는지 확인했다." 다윈은 그냥 종의 엄청난 다양성을 가정한 것이 아니다. 그는 자신이 여행에서 가져온 수천 개의 조개삿갓을 묘사하고 분류하면서 8년을 보냈다. 그는 표본을 수집하고 전 세계의 지질학적 구성을 관찰했다.

다윈은 그의 책에서 맨 밑바닥에서부터 꼼꼼하게 단계를 밟아 주장을 펼쳤기 때문에 그 결론부에 이르면 세상을 바꾸어놓은 이론이 거의 자명하게 느껴질 정도다. 다윈은 맬서스를 염두에 두고 유기체는 생존 가능한 숫자보다 훨씬 많은 후손을 생산한다고 주장했다. 모든 나무가 뿌리는 모든 씨앗이 뿌리를 내린다거나 모든 물고기가 낳은 모든 알이 모두 성체가 되는 것은 분명히 불가능했다. 태어난 모든 잠재적 개체는 생존을 위해 싸워야 했으며, 다윈은 그들이 오랜 시간에 걸쳐 자원을 놓고 경쟁을 벌이는 동안 우연히 변종들이 나타난다고 주장했다.

린네, 라마르크, 퀴비에 등은 이미 한 종에 속한 개체들이 서로 닮아 보이기는 하지만, 여전히 구조적이고 유기적인 광범한 변종이 있다는 사실을 보여주었다. 다윈은 하나의 우연한 변이 덕분에 "만 가지 시도 가운데 살아남는 하나"가 그 최고의 형질을 후손에게 전할 수 있다는 점을 인식했다. 그런 시도에서 살아남은 것들로부터 태어난 후손은 대부분의 경우 더 적응력 있고 미래의 시련들도 잘 견딜 수 있을 것이다.

그러나 인공선택에 관해서든 자연선택에 관해서든 당시에 다윈이 알 수 없었던 것은 그런 변이가 동물이나 식물의 유전적 구조 내부에서 일어난다는 점이었다. 그런 유전적 변화는 몇 세대에 걸친 변이, 교배, 또는 순수한 우연으로 일어날 수 있다. 이것은 모두 무작위적인 과정이다. 즉 개체의 적합성을 높이거나 낮추기 위해 일어나는 것이 아니라는 뜻이다. 어떤 것은 유리할 수도 있지만, 어떤 것은 불리할 수도 있다. 다만 무작위적이라 하더라도 개체에게 경쟁 우위를 제공하는 유전적 변화는 생존할 가능성이 높다.

종의 진화는 자연선택에서 일어날 수도 있지만 꼭 그런 것만은 아니다. 포식이나 환경변화 같은 변수들도 진화를 방해할 수 있다. 라이엘의 지질학적 역사와 마찬가지로 다윈의 진화 역시 분명한 방향이나 궁극적 목표 없이 천천히 진행된다.

식 교육은 받은 적이 없는 포목상 안토니 반 레벤후크는 렌즈를 완벽하게 다듬는 데 관심을 가졌다. 그러다가 자신의 사업에 지장을 줄 정도로 그 일에 빠져들게 되었다. 레벤후크는 40배에서 270배까지 확대를 할 수 있는 렌즈를 만들었다. 그는 또 동맥이나 정맥과 연결된 모세혈관을 보기도 했다. 레벤후크는 근육 조직, 눈의 렌즈, 이의 치석, 적혈구도 보았다. 또 레벤후크는 적혈구보다 25배나 작은 것도 보았다. 처음으로 박테리아를 본 것이다.

레벤후크가 남성의 정액에서 정자를 발견하자 전성설(前成說)이라고 부르던, 당시 지배적인 수태 이론을 둘러싼 논쟁에 불이 붙었다. 하비, 스왐메르담, 말피기를 비롯한 많은 사람들은 모체 안에 태어나지 않은 동물이 아주 작은 개체의 형태로 존재한다고 믿었다. 그러나 레벤후크와 네덜란드의 또 다른 현미경학자 니콜라스 하르트수커는 개체가 정자 안에 존재한다고 주장했다. 하르트수커는 이 존재를 보았다고 하면서, 그것을 호문쿨루스, 즉 작은 사람이라고 불렀다.

레벤후크는 물방울에서 두 번째로 놀라운 발견을 했다. 현미경으로 보자 아주 작은 생물들이 활기차게 헤엄을 치는 것이 보였던 것이다. 그는 이것을 극미동물이라고 불렀다. 물론 우리는 지금 그것이 원생동물임을 알고 있다. 이 생물체의 발견은 아리스토텔레스 이전까지 거슬러 올라가는 오랜 자연발생설을 둘러싼 논쟁을 일으켰다. 자연발생설이란 이런 하등동물과 더불어 파리, 벌, 심지어 양서류까지도 부모가 없고, 냇물 바닥의 진흙이나 썩는 고기에서 자연발생적으로 생겨난다는 믿음이다. 많은 사람들이 레벤후크가 현미경을 통해 잠깐 본 이 작은 생물의 엄청난 숫자를 보고서 이런 많은 생물들은 자연발생설로만 설명할 수 있다고 생각했다. 그 외에는 이 아주 작은 생물의 엄청난 숫자나 기원을 설명할 수가 없었기 때문이다.

자연발생설은 단순한 관찰로도 지지할 수 있었다. 예를 들어 겨울이면 개구리나 도롱뇽은 보이지 않는다. 그러다가 봄이 되면 물이 있는 곳 어디에서나 나타난다. 건초 더미에는 갑자기 쥐가 우글거린다. 노출된 쓰레기나 하수에서는 구더기, 파리, 벼룩이 생긴다. 벌이 생기게 하는 한 가지 방법은 어린 황소를 죽여 묻는 것이었다. 그러면 한 달 뒤에 벌이 떼로 날아다니게 된다.

1668년 이탈리아의 의사 프란체스코 레디는 고기가 든 단지들을 늘어놓았다. 어떤 것은 밀봉을 하고, 어떤 것은 거즈를 덮고, 나머지는 뚜껑을 열어두었다. 뚜

껑이 없는 단지에는 파리가 들어갔고 곧 고기에 구더기와 파리가 나타났다. 그러나 거즈로 막아놓은 단지에는 바깥에 파리가 꼬이기는 했지만 안의 고기에는 구더기 몇 마리가 나타났을 뿐이다. 밀봉된 단지에는 구더기나 파리가 없었다. 레디는 그것이 파리가 고기에 다가가 알을 낳지 못하기 때문이라고 결론을 내렸다.

레디는 파리가 만들어지는 것이 아니라 태어난다는 것을 증명했다. 그러나 그의 실험을 따라서 해본 사람들조차도 여전히 더 작은 유기체들, 예를 들어 레벤후크가 물에서 발견한 것이나 다른 사람들이 상한 수프에서 발견한 생물은 자연발생적으로 생긴다고 믿었다. 이렇게 비록 제한된 영역이기는 하지만 자연발생설은 그 후로도 150년이나 더 유지되었다.

생명의 조직

항해자와 탐험가들이 근대 초기 과학자들에게 엄청나게 풍부한 생물학적 자산을 안겨주던 시기에 이 과학자들은 또 그들 나름으로 현미경의 렌즈를 통해 새로운 생명 형태를 발견하고 있었다. 그뿐만 아니라 구조적인 차이의 연구를 통해 한 가지 종류의 식물이나 동물처럼 보이는 것들이 실제로는 둘이나 셋이나 그 이상의 서로 다른 종류임을 깨닫게 되었다. 그 결과 생물학적 분류 체계가 필요하게 되었다.

그렇다고 그 전의 과학자들이 생물 세계를 체계화하려는 노력을 하지 않았다는 뜻은 아니다. 아리스토텔레스는 속과 종을 뜻하는 그리스어 게노스(genos)와 에이도스(eidos)를 이용해 큰 집단의 식물이나 동물, 또 그 집단 내의 개체들을 구분하려 했다. 그의 제자 테오프라스토스는 식물 세계를 집단으로 구분했으며, 13세기의 알베르투스 마그누스와 16세기의 콘라트 게스너도 그 일을 이어받았다. 17세기에 이르자 아무도 본 적이 없는 식물이나 동물의 잎, 줄기, 뼈가 바위에 남긴 자국들이 발견되면서 모든 생물 종을 분류하는 일은 더욱 복잡해졌다. 이 돌이 된 잔해들——화석을 뜻하는 영어의 'fossil'이라는 말은 라틴어의 '파냈다'는 말에서 나온 것이다——은 어떤 범주에 속할까?

미생물
자연발생설에 대한 믿음은 1800년대 초에는 시들해졌지만, 미생물의 기원은 루이 파스퇴르가 미생물의 재생산 방식을 알아낸 19세기 후반에야 알 수 있었다.

잉글랜드의 박물학자이자 식물학자 존 레이는 종들 사이의 구조

종의 다양성

조르주 루이 르클레르는 『박물지』에서 18세기까지 알려진 자연세계의 모든 것을 분류하려 했다. 그는 자연의 다양성을 보면 세상이 성경에서 말하는 6천 년보다 훨씬 더 오래되었음을 알 수 있다고 주장했다.

적 차이와 유사성을 기준으로 분류 체계를 만들었다. 레이는 꼼꼼하게 조사를 하면 어떤 특징들이 정말로 한 종류의 동물이나 식물을 다른 종류와 나누는지, 또 어떤 특징들—예를 들어 크기나 색깔 같은 특징들—이 한 종류 내의 우연적 변종에 속한 것인지 알 수 있다고 생각했다. 레이는 간단한 규칙을 제시했다. 남성과 여성이 재생산을 하여 부모를 닮은 유기체를 창조할 수 있으면 그 개체들은 같은 종에 속한다는 것이다.

스웨덴의 식물학자 칼 린네는 속보다는 종을 강조한 레이의 태도에 배울 점이 있다고 생각했다. 그래서 큰 집단을 규정하는 데서 시작하여 종을 거기에 집어넣는 대신 비슷한 구조를 가진 종을 속으로 묶기 시작하여, 이들을 다시 과로 묶고, 과를 다시 목과 강으로 묶었다. 이런 추론 과정은 구체적인 것에서 일반적인 것으로 나아간다는 베이컨의 과학적 이상인 귀납법과도 잘 맞았다.

식물 수집에 욕심이 많았던 린네에게 이런 추론 경로는 들판에서 식물을 확인하는 방법과 비슷해 보였다. 린네는 니어마이어 그루의 연구를 인정하여 식물을 재생산 방법에 따라 분류했다. 꽃과 씨가 있는 식물과 꽃과 씨가 없는 식물을 나

눈 것이다. 린네는 포유동물은 발가락과 이를 기준으로 나누고, 새는 부리를 기준으로 나누었다.

프랑스의 수학자 뷔퐁 백작 조르주 루이 르클레르는 프랑스의 자연사 수집품의 분류 일을 맡자 과학 세계를 지질학, 자연사, 인류학으로 나누었다. 모든 인간 지식에 관한 백과사전적인 논문 『박물지』의 첫 부분은 1749년에 나왔지만, 매일 작업을 하는 빡빡한 일정 때문에 전체 50권은 1804년에야 완성이 되었다.

이렇게 여러 사람이 분류학(분류학을 뜻하는 영어 'taxonomy'는 배치를 뜻하는 그리스어 'taxis'와 법을 뜻하는 'nomos'에서 왔다) 분야에서 노력을 기울이자 과학자들은 거기에서 영감도 받고 또 어느 정도는 강요도 받아 종들의 구조적 유사성과 차이를 비교하는 것을 자신들의 책임의 일부라고 생각하게 되었다. 예를 들어 척추동물은 어째서 그렇게 많은 해부학적 특징을 공유하는가? 또는 개구리의 심장은 어째서 인간의 심장과 기능이 똑같은가? 과학자들은 또 왜 새의 날개뼈가 도마뱀의 발과 비슷해 보이고 또 기능마저 비슷한지, 어째서 원숭이의 안팎이 모두 인간과 닮았는지 의문을 품었다.

이 마지막 질문은 뷔퐁이 쓴 엄청난 양의 글 속에도 들어가 있다. 그는 유기체가 시간이 지나면서 변하며, 그 유기체가 살았던 장소와 시간이 독특한 특징을 만들어낸다고 생각했다. 뷔퐁의 조수로 일하다가 결국 그의 뒤를 이어 프랑스 자연사 박물관을 책

앞 페이지 라마르크는 획득된 특징이 유전될 수 있다는 자신의 이론의 아주 좋은 예가 기린이라고 생각했다. 그는 동물이 살면서 환경과 상호작용을 하는 과정에서 기울이는 노력, 예를 들어 나무에서 잎을 따 먹으려고 목을 뻗는 것이 그 후손의 형태에 영향을 줄 수 있다고 생각했다.

칼 린네

과학적 명명법의 창시자

1707
5월 23일 스웨덴 남부 스몰란의 라슐트에서 출생하다.

1727
룬드 대학에 들어가 의학을 공부하다.

1730
웁살라 과학 아카데미에서 식물학 강사로 임명되다.

1732
라플란드를 탐험하기 위한 과학 원정대에 참여하다. 이 여행의 결과는 1737년에 『라포니카 식물상』이라는 이름으로 출간되었다.

1735
네덜란드로 가 하르데르베이크 대학에서 의학 공부를 마무리하다.

1735
『자연의 체계』를 출간하여 식물, 동물, 광물의 새로운 분류 체계를 설명하다.

1741
웁살라 대학 교수로 임명되다. 이 대학의 식물원을 복원하면서 자신의 분류법에 따라 식물을 배열했다.

1744
웁살라 왕립스웨덴과학회의 간사로 임명되다.

1753
그의 가장 위대한 식물학 작업인 『식물의 종』을 출간하다. 새로운 과학적 명명법인 라틴 이명식(二名式) 체계를 사용하여 식물 5,900종을 분류했다.

1761
스웨덴의 왕 아돌프 프레드릭이 귀족 신분을 하사하다.

1778
여러 번 약한 발작을 일으킨 뒤에 1월 10일 스웨덴 웁살라에서 사망하다.

임지게 된 장 밥티스트 드 라마르크는 스승이 생각하던 방향으로 계속 전진해 나아갔다.

라마르크는 의사이자 식물학자로 훈련을 받았지만 박물관에서는 무척추동물 ―라마르크 자신이 만들어낸 말이다― 분야를 책임지게 되었으며, 곧 이들의 다양성에 매력을 느끼게 되었다. 라마르크는 1803년에 제자들에게 이렇게 말했다. "동물계와 관련하여 우리는 주로 무척추동물에 관심을 기울여야 한다. 자연에서 그들의 엄청난 수, 조직 체계의 독특한 다양성, 증식 수단…… 등이 자연의 진정한 길을 고등동물보다 훨씬 잘 보여주기 때문이다."

라마르크는 "자연이 자신의 모든 산물에게 존재를 부여할 때 사용하는 두 가지 주요한 수단이 시간과 우호적인 조건"임을 인식했다. "우리는 자연에게는 시간의 한계란 없으며, 그 결과 늘 시간을 자기 마음대로 한다는 것을 알고 있다." 라마르크는 이것을 하나의 과정이라고 보았다. 시간이 지나면서 자연 환경이 바뀌고 그에 따라 그 안에서 사는 종은 새로운 행동을 채택하게 된다. 이렇게 되면 이 종의 해부학적 구조나 기관 가운데 어떤 것을 더 많이 쓰거나 덜 쓰게 된다. 결국 유용한 구조는 크기가 커지는 반면 사용되지 않는 구조는 쇠퇴하게 된다. 이런 변화는 오랜 시간에 걸쳐 일어나며, 이 변화는 한 세대에서 다음 세대로 전해진다.

예를 들어 기린은 높이 있는 나뭇잎을 먹어야 했기 때문에 긴 목을 갖게 되었다는 것이 라마르크의 생각이었다. 오랜 세대에 걸쳐 긴 목이라는 특징이 전달되었고, 마침내 완벽하게 적합한 목 길이를 얻게 되었다. 라마르크는 수천 년 전의 아리스토텔레스처럼 세상의 변화를 바라볼 때 목적론적 관점을 갖고 있었다. 종의 진화는 우연적인 것이 아니라 한 종의 궁극적인 복잡성과 완전성을 향해 나아가는 과정이라고 믿은 것이다. 라마르크의 여러 가지 생각이 틀렸을지는 모르지만, 종의 변화가 오랜 시간에 걸쳐 이루어진다는 것, 과학이 무척추동물로부터 배울 것이 많다는 점만큼은 옳았다.

다윈의 혁명

18세기 말 과학의 발전을 보여주는 발견을 하나만 들라면 시간에 대한 새로운 이해를 꼽을 수 있을 것이다. 라마르크는 비록 결론이 부정확하기는 했지만 생물이 현재와 같은 모습이 되기 위해서는 성경에서 말하는 6천 년보다 많은 시간이 걸렸음에 틀림없다고 생각했다. 라마르크와 같은 나라 사람이자 원수지간이었던 조르주 퀴비에는 라마르크의 이론 가운데 많은 것을 의심했지만, 어렸을 때부터 스스로 화석과 해부학을 연구했기 때문에 지구가 사람들이 상상하는 것보다 훨씬 더 오래되었을 것이라는 이야기는 믿었다.

"왜 사람들은 화석 하나만으로도 지구의 형성을 설명할 수 있는 이론을 만들어낼 수 있다는 것을 모르고 있을까?" 퀴비에는 그렇게 물었다. "화석이 없다면 지구가 형성될 때 연속적인 시대를 거쳤다고 꿈도 꾸지 못했을 것이다." 그러나 다른 사람들도 이미 비슷한 결론에 도달해 있었다. 덴마크의 과학자 니콜라우스 스테노는 17세기 후반에 화석이 된 상어 이빨을 확인했으며, 뷔퐁 백작은 화석을 "지구의 가슴에서 가져온 기념비"라고 부르면서 "이 자료에 포함된 어류와 식물 일부는 현재 존재하는 종에 속하지 않는다"는 사실을 인정했다.

퀴비에가 보기에 유기체들이 구조와 기관을 공유한다는 것은 기능을 공유한다는 것이지 조상이 이어져 있다는 뜻은 아니었다. 그는 유기체가 변하게 되면 생존에 부적합해질 것이라고 보았으며, 부적합해서 멸종한 유기체 같은 것은 없다고 생각했다. 퀴비

장 밥티스트 드 라마르크

진화의 초기 이론가

1744
8월 1일 프랑스 피카르디에서 출생하다.

1756
아미앵의 예수회 신학교에 입학하다.

1760
예수회 대학을 나와 프랑스 육군에 입대하여 7년 전쟁 동안 독일에서 전투에 참여하다.

1769
파리에서 의학 공부를 시작하다. 곧 식물학 연구로 방향을 바꾸었다.

1778
프랑스의 식물을 분류한 첫 번째 식물학 저서 『프랑스 식물상』을 출간하다.

1781
왕립식물원의 식물표본실의 관리인이 되다.

1794
프랑스 자연사 박물관의 무척추동물—그가 거의 아는 것이 없는 주제였다—교수로 임명되다.

1801
『무척추동물의 체계 또는 강(綱)의 일반 일람표』를 출간하여 하등 무척추동물의 새로운 분류법을 설명하다.

1802
『수문지질학』을 출간하다. 여기에 포함된 지구의 역사 항목에서 지구에 주기적으로 바다의 범람이 있었다고 설명했다.

1809
『동물 철학』을 출간하다. 여기에는 획득된 특징의 유전을 통한 종의 진화라는 이론이 담겨 있다.

1815, 1822
『무척추동물의 자연사』를 출간하다.

1829
12월 18일에 프랑스 파리에서 사망하다.

에는 화석 기록이 보여주는 사라진 종을 설명하기 위해 자연 '혁명'이라는 가설을 세웠다. 하나의 종을 멸종으로 이끌 만한 격변이 주기적으로 일어났다는 것이다.

이런 혁명과 멸종의 원인은 무엇일까? 퀴비에는 구체적으로 말하지 않았다. 성경을 굳게 믿는 사람들은 노아의 홍수가 그런 사건일 수도 있다고 생각했다. 에트나 화산이나 베수비오 화산의 폭발이라든가 남아메리카의 화산이나 지진처럼 역사에 기록된 다른 사건도 그런 예가 될 것 같았다. 1755년에는 큰 지진과 해일이 리스본을 파괴하여 수만 명을 죽임으로써 자연세계에서 일어나는 사건들에는 늘 하느님의 손이 개입한다는 믿음에 의심을 던지게 했다. 곧 더 많은 의심이 생겨나게 되었다.

1794년 의사이자 철학자이자 식물학자에다가 가끔 시까지 쓴, 찰스 다윈의 할아버지 이래즈머스 다윈은 『동물생리학 또는 생물의 법칙』이라는 제목으로 진화론을 발표했다. 다윈은 이 책에서 모든 생물에게 공통의 조상이 있을 가능성을 이야기했다. "살아 있는 필라멘트"가 있어 여기에서 모든 생명이 나왔다는 것이다. 그의 이론에는 한 종이 다른 종으로 발전할 수 있다는 내용이 포함되어 있었다.

이래즈머스 다윈은 또 다른 흥미로운 가설도 내놓았다. 인구 과잉으로 인한 경쟁이 종의 진화를 촉진했다거나, 인간이 원숭이나 유인원과 밀접한 관계가 있다거나, 성 선택이 종의 형성에서 어떤 역할을 할지도 모른다는 것 등이다. "수컷들 사이의 이런 경쟁의 마지막 경로는 가장 강하고 적극적인 동물이 종을 번식시킨다는 것이며, 그렇게 해서 종은 개선되는 것처럼 보인다."

할아버지가 죽은 지 7년 뒤인 1809년에 태어난 손자 찰스 다윈은 처음에는 이런 문제에 거의 관심을 보이지 않았다. 그의 성적은 형편없었으며, 오로지 부유한 지주의 생활을 즐기며, 딱정벌레를 수집하고, 새를 사냥하는 데에만 관심을 가지고 있는 듯했다. 다윈은 아버지의 강권에 따라 신학교에 입학하려다가 세계 일주를 하는 비글 호의 선장 조수로 일해볼 것을 권하는 편지를 받았다. 찰스 다윈은 아버지의 반대를 무릅쓰고 그 제안을 받아들였다.

다윈은 1831년 12월 27일에 공책과 읽을거리를 잔뜩 들고 남아메리카로 출발했다. 읽을 책 가운데는 막 출간된 찰스 라이엘의 『지질학 원리』도 있었다.

영국 출신의 라이엘은 법률가였다가 지질학자가 된 사람으로, 오랜 여행과 연구 끝에 퀴비에나 지금은 격변론자라고 부르는 많은 사람들이 생각했던 것과는 달리 지구에서 일어난 변화가 혁명이 아니었다고 결론을 내렸다. 라이엘은 가장 중요한 변화는 바람이나 물 같은 항상적인 힘들의 작용으로 아주 오랜 시간에 걸쳐 점진적으로 눈에 띄지 않게 이루어졌다고 주장했다. 라이엘은 스코틀랜드의 농부이자 지질학자인 제임스 허턴과 더불어 동일과정설이라는 이론을 만들었다. 지구는 오래되었다. 변화는 느리다. 쌓인 것은 결국 침식되어 사라진다. 이 과정은 지속적이다. 이런 것이 그 이론의 핵심 내용이다.

스물두 살짜리 청년에게는 만만치 않은 책이었을 테지만, 다윈은 그 내용을 모두 흡수했던 것 같다. 다윈은 나중에 이렇게 쓴다. "내 생각은 반은 라이엘의 머리에서 나왔다." 다윈은 이 여행에서 진지하게 공부를 해보겠다는 자극을 얻었을 뿐 아니라, 다양한 생명을 직접 관찰할 기회도 얻었다. 이 여행에서 다윈은 오랜 시간에 걸친 종의 변화에 관하여 새로운 생각을 가지게 되었다.

찰스 다윈은 그 뒤 20년 동안 '종의 문제'가 그의 마음속에 머물도록 내버려두었다. 그는 결혼을 했고, 자녀를 열이나 두었으며, 여행 때 수집한 조개삿갓 수천 개를 8년 동안 묘사하고 분류했다. 다윈은 논문을 여러 편 썼지만, 그의 '발달 가설'은 소수의 동료들, 특히 주로 찰스 라이엘과 식물학자인 조지프 후커하고만 토론을 했다. 다윈은 논란의 여지가 없는 논문을 발표하여 확고한 평판을 확보하면 자신의 새로운 이론도 더 잘 받아들여질 것이라고 생각했다. 그러는 동안 그보다 열네 살 연하인 또 다른 영

찰스 다윈

진화론의 아버지

1809
2월 12일 영국 슈롭셔 슈루스베리에서 출생하다.

1827
케임브리지 대학의 크라이스트 칼리지에 입학하여 성직자가 될 준비를 하다.

1829
F. W. 호프와 북 웨일스 곤충 여행을 떠나다. 곤충과 생물학에 대한 관심이 시작되었다.

1831
탐사선 비글 호에 무임 박물학자로 승선해달라는 초대를 받다.

1835
갈라파고스 제도의 지질, 동물, 식물을 연구하다. 핀치와 거북을 세밀하게 관찰했다.

1839
왕립학회 회원으로 선출되다.

1840~1846
비글 호 탑승 경험을 바탕으로 지질학과 동물학에 관한 글을 발표하다.

1858
앨프레드 러셀 월리스의 자연선택을 통한 진화론에 관해 알게 되다. 여기에는 아직 발표되지는 않았지만 그의 이론과 매우 유사한 주요 개념들이 포함되어 있었다.

1858
런던의 린네 학회에서 월리스와 함께 자연선택을 통한 진화론에 관한 논문을 공개 낭독하다.

1859
『종의 기원』을 출간하다. 이 책은 다윈의 생애에 여섯 번 개정되었다.

1882
4월 19일에 영국 켄트 주 다운의 다운 하우스에서 사망하다. 나중에 런던의 웨스트민스터 수도원에 묻혔다.

진화론

"미래에도 다윈이 시작한 논쟁은 계속될 것이다." 런던의 〈타임스〉는 찰스 다윈의 부고에서 그렇게 말했다. 다윈의 죽음 뒤에 나온 이 미국 잡지 만화는 끝나지 않는 논쟁에 관하여 일부에서 느끼는 감정을 보여준다.

국 사람이 그와 비슷한 생각을 파고들고 있었다.

앨프레드 러셀 윌리스는 열네 살에 학교를 중퇴했다. 그는 다윈을 비롯한 탐험가들의 항해에 매력을 느껴 동료와 함께 바다로 나갔다. 윌리스는 남아메리카에

서 표본을 수집하여 그것을 팔아 더 많은 여행을 할 자금을 마련하기를 원했다. 그러나 그의 수집품을 전부 실은 배가 불에 타고 말았다. 월리스는 낙담하지 않고 말레이 군도에 가서 다시 일을 시작했다. 그러는 동안 내내 종들이 시간이 지나면서 변하는 문제를 생각했다.

월리스도 다윈과 마찬가지로 토머스 맬서스의 작업에서 영향을 받았다. 맬서스는 영국의 성직자이자 정치경제학자로, 1798년에 쓴 『인구론』에서 모든 종에서 제어되지 않은 인구 증가는 결국 생존에 필요한 자원이 감당할 수 있는 수준을 넘어서게 될 것이라는 이론을 제시했다. 맬서스에게 인구는 기하급수적으로 증가하고 식량자원은 산술급수적으로 증가한다는 것은 수학적 현실이었을 뿐 아니라, 런던 거리에서 그가 분명하게 볼 수 있는 현실이기도 했다. 인구는 늘어나고 빈민은 굶주리는 상황을 보았던 것이다. 궁극적인 전 세계적 기근을 막는 것은 재앙에 가까운 전염병뿐이었다.

월리스와 다윈이 맬서스의 이론에서 흥미를 느꼈던 대목은 인구 증가가 곧 생존경쟁을 뜻한다는 점이었다. 다윈은 맬서스의 사상에 관하여 이렇게 썼다. "이런 상황에서 유리한 변이는 보존되는 경향이 있고 불리한 변이는 파괴되는 경향이 있다는 생각이 바로 떠올랐다. 그 결과로 새로운 종이 형성될 수 있었다. 여기에서 나는 마침내 설득력이 있는 이론에 이르게 된 것이다."

병의 원인

이탈리아의 해부학자 조반니 바티스타 모르가니는 평생 의사로 일하고 부검을 해본 결과 병에 특정한 원인과 병리가 있다는 사실을 알게 되었다. 이것은 18세기에는 새로운 개념이었다.

그러나 월리스도 작업을 하고 있었다. 그는 완성된 논문 "원형에서 변종이 무한하게 벗어나는 경향에 관하여"를 다윈에게 보냈다. 월리스는 다윈이 논문을 괜찮다고 생각한다면 출간을 위해 찰스 라이엘에게도 보내겠다고 말했다.

다윈은 공황 상태에 빠졌다. 라이엘도 이미 월리스가 같은 연구를 하고 있다고

1831~1865

1831	1837	1857	1858
스코틀랜드의 식물학자 로버트 브라운 세포핵을 발견하다.	푸르키녜 세포—소뇌에 자리 잡은, 분지가 많은 커다란 신경 세포—가 발견되다.	루이 파스퇴르 미생물이 발효의 원인이라고 발표하다.	찰스 다윈과 앨프레드 월리스 독자적으로 자연선택을 통한 진화론을 제시하다. 다윈은 1859년에 독창성이 풍부한 『종의 기원』을 출간했다.

주의를 준 적이 있었다. 다윈은 라이엘에게 편지를 보냈다. "그 말씀이 그대로 현실이 되었습니다."

이제 다윈이 자신의 생각을 발표하면 월리스의 생각을 훔쳤다는 비난을 무릅써야 할 판이었다. 후커와 라이엘은 다윈에게 어쨌든 그의 책을 쓰라면서, 그와 월리스의 이론을 1858년 린네 학회에 동시에 제출하자고 말했다. 다윈과 월리스 모두 동의했다. 결국 그해에 다윈의 『종의 기원』이 출간되었고, 바로 베스트셀러가 되었다.

몸의 화학

다윈이 제시한 생명의 기원에 대한 이해가 라이엘의 지질학, 맬서스의 경제학, 심지어 라마르크의 라마르크설 등 그 이전의 과학적 작업에 의지했던 것과 마찬가지로 동물 생리, 즉 생물의 화학적, 물리학적, 해부학적 기능들의 궁극적인 이해도 겉으로 보기에는 서로 관련이 없는 수많은 과학 분야들에서 이루어진 작업의 결과였다.

이 가운데 첫 번째는 해부학으로, 영어에서 해부학을 가리키는 'anatomy'는 자른다는 뜻의 그리스어 'ana temnein'에서 온 것이다. 그 이름을 지은 사람은 테오프라스토스였다. 헤로필로스는 역사상 처음으로 기원전 300년경 알렉산드리아 의대에서 인체 해부를 했다. 에라시스트라토스는 그 작업을 이어받았다. 그는 공기가 폐로 들어간다고 결론을 내렸지만, 피가 아닌 공기가 심장과 동맥을 순환한다고 생각하기도 했다. 에라시스트라토스는 심장의 판막이 기능하는 방식

1858	1861	1962	1865
독일의 병리학자 루돌프 피르호 세포는 기존의 세포에서만 생긴다고 주장하다.	파스퇴르 병원균 이론을 발전시키다.	파스퇴르 미생물의 자연발생설이 그릇됨을 증명하다	오스트리아의 식물학자 그레고르 멘델 콩 교배 실험을 완성하다.

을 파악했지만, 피가 오직 정맥으로만 흐른다고 생각했다.

이탈리아의 조반니 바티스타 모르가니는 해부학 연구에 기초하여 좀더 유용한 결론들을 내놓았으며, 해부학적 지식을 이용하여 병의 원인과 치료법을 확립함으로써 병리학을 확립했다. 1761년에 출간된 그의 저서 『해부학 연구에 바탕을 둔 질병의 원인과 발병 장소에 관하여』는 혈전에서부터 담석에 이르기까지 많은 병의 카탈로그였다. 모르가니는 또 세심한 분석을 기초로 병을 진단하기 위한 새로운 구상도 발전시키기 시작했다. 그의 책은 또 그 시대에 가능한 수준에서 다양한 병을 개관하고 그 나쁜 예후도 제시했다.

현미경은 해부학적 기능을 파악하는 새로운 실마리를 제공했다. 말피기는 모세혈관을 파악하여 하비의 순환론을 완성했다. 후크는 조직이 세포로 이루어졌음을 알았다. 스왐메르담은 곤충을 해부하여 이들도 복잡한 기관과 재생산 체계를 갖추고 있음을 보여주었다. 퀴비에는 유기체는 전체로 하나이며, 해부학적 기관들이 각각의 기능을 수행한다고 주장했다. 몸은 하비가 주장한 대로 지상이나 천상의 다른 모든 계와 마찬가지로 하나의 계를 이루고 있었다.

만일 그렇다면 신체 기능도 다른 모든 계들을 지배하는 물리적 원리들을 따르지 않을까? 펌프질하는 심장, 팽창하는 폐, 수축하는 근육, 씰룩거리는 신경은 어떤 열기관의 작용으로 움직이는 지레, 용수철, 지레받침에 불과한 것이 아닐까?

17, 18세기의 정신에도 복잡한 구조는 낯설지 않았다. 사실 별날수록, 복잡할수록, 괴상할수록, 놀라울수록 더 좋게 받아들였다. 이때는 자동기계의 시대였다. 사람들은 아주 작은 기계 새들의 노래에 잠을 깨고, 마법 상자 안의 기계 손가락들이 질문에 답을 하고, 인간 형태의 로봇이 체스를 두었다. 인형들은 기계 그림이라고 부르는 액자 속의 3차원 '그림'을 통과하여 움직였다. 자동 기계가 연극 전체를 공연했다. 1752년 오스트리아의 잘츠부르크 근처 헬브룬의 정원을 찾아간 사람들은 수력으로 움직이는 인형 백여 개를 볼 수 있었다.

이탈리아의 수학 교수 조반니 보렐리는 인간의 몸에도 비슷한 기계적 능력이 있는지 확인하려고 시도한 많은 사람들 가운데 하나였다. 말피기의 친구이기도 했

앞 페이지 마리 안 피에레트 파울체는 불과 열네 살의 나이에 프랑스의 화학자 앙투안 라부아지에와 결혼하여 그의 번역자이자 실험실 조수 역할을 했다. 자크 루이 다비드의 그림이 두 사람의 모습을 보여준다.

던 보렐리는 기계의 작용을 분석하듯이 신체의 역학을 분석하기 시작했다. 보렐리는 새의 날개와 물고기의 근육을 분석했으며, 날고 헤엄을 치는 데 필요한 기계적 힘을 정확하게 묘사했다.

보렐리는 인간의 몸이 마치 추와 도르래로 이루어진 체계처럼 바로 발 위에서 중력의 중심을 맞추고 유지하는 방식을 관찰했다. 팔과 다리 근육이 내는 힘을 측정하고, 그 결과를 비슷하게 균형이 잡힌 지레들의 힘과 비교하기도 했다. 그는 걷고, 뛰고, 도약하고, 무거운 것을 들어올리는 동작의 모형을 만들고, 그와 관련된 힘과 짝힘을 분석했다.

내장도 이와 비슷하게 기계론적 유추가 가능할까? 보렐리가 보기에 심장은 펌프 실린더의 피스톤처럼 움직였다. 그는 몸에 피를 순환시키는 데 필요한 압력을 계산해보기도 했다. 또 그는 위가 맷돌처럼 움직이고, 폐는 풀무처럼 움직인다고 생각했다. 줄리앙 오프로이 드 라메트리에게 몸은 기계에 불과했다. 그가 1748년에 낸 책 『인간기계론』은 인간 생명은 기본적으로 자극에 대한 일군의 반응이라는 극단적이고 또 당시의 기준으로 보면 충격적일 정도로 무신론적인 명제를 제시했다. 그는 간이 담즙을 생산하듯이 뇌도 생각을 분비한다고 보았다.

라메트리의 책이 나온 해에 독일 괴팅겐 대학에서 일하던 알브레흐트 폰 할러는 처음으로 인간 생리학 교본을 출간했다. 지칠 줄 모르는 박식가 할러는 의사이자 생물학자이자 식물학자이자 해부학자이자 실험생리학자였다. 그는 심장과 호흡을 연결시키는 구조를 보여주었다. 또 근육과 신경을 실험한 결과 감각은 신경에 거의 변화를 일으키지 않고, 근육으로 이전되어 근육이 반응을 일으킨다는 것을 보여주었다.

할러는 이 작업의 결과 명성과 더불어 대학에 자리를 확보했다. 그러나 1753년에는 고향인 스위스 베른으로 돌아가 여덟 권짜리 『신체의 생리학적 요소』를 완성하고, 시와 소설을 썼다. 이 모두가 좋은 반응을 얻었다.

할러가 실험에서 거둔 성공은 다른 연구자들에게도 영감을 주었다. 프랑스에서 프랑수아 마장디는 분석의 엄격성과 비인간적 방법론으로 널리 알려졌다. 화학자로 훈련받은 마장디의 초기 작업은 소화와 관련된 것으로, 섭취한 화학물질이 신체에 영향을 주는 방식을 연구했다. 그는 스트리크닌, 모르핀, 코데인, 키니네에서 활성 성분을 추출하여, 그 각각을 약품으로 사용하기도 했다. 또 마장디는 척수의 신경을 연구한 스코틀랜드의 해부학자 찰스 벨의 실험을 이어받아 감각을 뇌에 전달하는 신경과 뇌로부터 근육으로 신호를 보내는 신경이 택하는 각각의 경로를 추적할 수 있었다.

마장디는 이런 선구적인 작업으로 실험생리학의 아버지라는 평판을 얻었지만, 이런 명성에는 대가가 따랐다. 그는 동물을 대상으로 잔인한 실험을 하곤 했다. 1824년 영국으로 강연 여행을 떠났을 때는 살아 있는 개를 이용하여 신경 절단의 결과를 보여주었다. 많은 사람들이 이 시범을 매우 역겨워했으며, 영국에서는 생체해부 반대 운동이 뜨겁게 타오르게 되었다.

그럼에도 마장디의 제자 클로드 베르나르는 스승의 생체해부 방법론을 이어받았다. 그러나 그의 관심의 초점은 신체가 내적인 환경을 조절하는 방식이었다. 베르나르가 보기에 생리학이 옳은 것이라면 모든 생물에게 똑같이 적용되어야 했다. 신체가 기계가 아니라 살아 있는 자기 조절 체계라면 피와 체액이 항상성을 담당하는 것이 분명했다. 항상성이란 세포가 산소와 이산화탄소를 교환한다거나 영양분을 흡수하는 등 자신의 활동을 하는 내적인 평형 상태를 뜻했다.

베르나르는 정통적인 견해와는 반대로 음식의 분쇄나 흡수의 과정 대부분이 위가 아니라 내장에서 일어난다는 것을 알았다. 그는 간에서 당분을 저장하는 물질 글리코겐을 확인했다. 베르나르는 소화에서 효소의 역할과 탄수화물이 단당(單糖)으로 분해되는 방식을 파악했다. 몸은 뼈와 근육으로 이루어진 생물역학적 체계 내부를 순환하는 체액들의 우아한

앙투안-로랑 라부아지에

근대 화학의 아버지

1743
8월 26일에 파리에서 출생하다.

1764
마자랭 콜레주에서 법학 학위를 받다.

1768
파리 왕립과학원의 회원으로 선출되다.

1769
프랑스 최초의 지질학 지도 작업을 하다.

1770
물은 흙으로 바뀔 수 없다는 내용의 논문을 왕립학회에서 발표하다.

1775
금속이 타면서 공기 중의 핵심적인 원소, 즉 산소를 흡수한다는 사실을 증명하다.

1775~1792
프랑스 탄약국장으로 임명되어 화학 전문지식을 군대의 기획에 적용하다.

1776
산(酸)에 산소가 포함되어 있다고 주장하다.

1783
수소와 산소를 결합하여 물을 얻다.

1787
세 동료와 함께 『화학명명법』을 출간하다. 여기에서 화합물의 이름을 정하는 체계를 도입했다.

1788
런던 왕립학회 회원으로 선출되다.

1789
『화학요론』을 출간하다.

1794
5월 8일 파리에서 사망하다. 프랑스 혁명으로 단두대에서 처형당한 것이다.

생명의 숨

라부아지에는 실험실의 실험 대상들이 내쉬는 공기의 내용물을 알아보는 실험을 했다. 꼼꼼하기로 소문난 그의 부인 마리 안이 메모를 하고 있다.

네트워크이지만, 동시에 생명과 몸은 화학의 원리들도 참조해야 이해할 수 있다는 사실 또한 분명해지고 있었다.

이 작업의 많은 부분은 플로지스톤의 수수께끼가 마침내 풀린 거의 백 년 전의 발견에 의존하고 있었다. 플로지스톤(phlogiston, 열소)이라는 말은 독일의 의사이자 화학자 게오르크 에른스트 슈탈이 사용한 것으로, 불에 타는 물질을 뜻하는 그리스어에서 나왔다. 그는 모든 가연성 물질에는 그 물질이 타오르도록 해주는

핵심적인 성분이 있다고 가정했으며, 이 물질을 나타내기 위해 그런 이름을 사용했다. 하지만 플로지스톤이 무엇일까? 슈탈에게 플로지스톤은 진짜 물질이라기보다는 연소를 설명하는 데 도움을 주기 위한 가설적 개념이었다. 당시의 많은 과학자들과 다름없이 슈탈도 녹이 스는 과정, 타는 과정, 숨 쉬는 과정이 모두 어떻게든 서로 관련되어 있다고 생각했다.

그러나 슈탈 이후 과학자들은 플로지스톤이 진짜

조지프 프리스틀리

산소의 발견자

1733
3월 13일에 영국 리즈 근처에서 출생하다.

1752
노샘프턴셔 대번트리의 비국교도 학교에 입학하다.

1755
영국 서퍽과 체셔에서 목사로 일하기 시작하다.

1767
숯 깡통이 전기를 전도한다는 사실을 발견하다.

1767
전기 실험 업적으로 런던 왕립학회 회원으로 선출되다.

1767
벤저민 프랭클린의 권고에 따라 『전기의 역사와 현 단계』를 발표하다.

1771
식물이 기체를 방출한다는 사실을 발견하고, 그 기체를 플로지스톤이 없는 공기라고 부르다.

1772
물에 이산화탄소를 녹이는 데 성공하다. 첫 번째 논문인 『여러 종류의 기체에 관하여』를 발표하다.

1773
기체의 속성에 관한 연구 공로로 왕립학회의 코플리 메달을 받다.

1774
붉은 산화수은을 가열하여 색깔이 없는 기체를 얻고, 이것이 산소임을 밝히다.

1794
미국으로 이주하다.

1804
펜실베이니아 주 노섬버랜드에서 2월 6일에 사망하다.

물질인 것처럼 생각하기 시작했다. 만일 그렇다면 플로지스톤에는 매우 이상한 속성이 몇 가지 있는 셈이었다. 나무의 재는 나무보다 무게가 덜 나갔다. 플로지스톤이 모두 나가버려서 그런 것처럼 보였다. 그러나 유황과 인은 공기 중에서 탄 뒤에 연소 이전보다 무게가 더 많이 나갔다. 프랑스의 화학자 앙투안 라부아지에는 유황과 인이 연소 때 공기의 일부를 흡수하는 것이 틀림없다고 생각했다.

그전에 화학자들은 기체를 가두는 수단을 고안했다. 부모의 큰 재산을 물려받은 데다가 스스로도 유능한 사업가였던 라부아지에는 기체 연구를 위한 실험실을 짓고 장비를 갖출 만한 재력이 있었다. 그는 실험실에서 연소 때 무슨 일이 일어나는지 이해하려고 노력했다. 라부아지에는 매우 인내심이 많아서 정성스럽게 실험을 했다. 노력이 어떤 결과를 거두지 못하면 고집스럽게도 처음부터 다시 시작했다.

1774년 영국에서 조지프 프리스틀리도 기체 실험을 하고 있었다. 유리 상자에서 초를 태우면 그 안에 있는 쥐는 남은 공기로 살아갈 수가 없었다. 그러나 상자 안에 작은 식물을 넣어두면 다시 공기가 숨을 쉴 만하게 바뀌어, 쥐는 계속 숨을 쉴 수 있었다.

수은과 납의 어떤 화합물——우리가 현재 산화물이라고 부르는 화합물——을 가열해도 이 사라진 기체, 그러나 확인되지는 않은 기체를 다시 채울 수 있었다. 촛불을 이 기체 안에 두면 더 밝게 탔다. 프리스틀리는 이 생명을 주는 기체에 "플로지스톤이 없는 공기"라는 이름을 붙였다.

라부아지에의 실험도 프리스틀리의 발견을 뒷받침했다. 라부아지에는 이 새로 발견된 기체를 실험 대상으로 삼았다. 그는 이 기체 때문에 유황과 인이 탈 때 무게가 늘며, 금속이 녹이 슬 때 산화물이 생긴다는 사실을 알아냈다. 라부아지에는 이 기체를 '산소'라고 불렀는데, 이 말은 산(酸)을 만들어낸다는 뜻이었다. 라부아지에는 이 새로 발견된 기체 덕분에 연소 과정을 설명할 수 있었다. 그는 연소가 대기의 산소와 타기 쉬운 물질 사이의 화학적 결합에서 생긴다고 말했다. 새로운 기체는 유리 상자 속의 쥐를 살아 있게 하는 것과 같은 물질이었기 때문에 라부아지에는 연소가 어떤 식으로든 호흡과도 연관이 있다고 생각했다.

라부아지에의 작업은 격변의 시기에 이루어졌다. 프랑스 혁명으로 잠깐 환호가 일었지만, 곧 혼돈이 찾아왔다. 라부아지에는 자유의 대의를 지지했지만 피신

광합성

광합성이란 식물이 자신의 조직의 성장과 복원을 위하여 이산화탄소나 물 같은 무기물질을 유기물질로 전환하는 과정이다. 광합성은 주로 녹색 식물에서 일어나지만, 조류(藻類), 또 심지어 한정된 숫자이기는 하지만 박테리아에서도 일어난다. 동물의 대부분은 식물을 먹는 초식동물이기 때문에 광합성은 거의 모든 생물의 기본적 식량을 공급하는 과정이기도 하다. 이것은 햇빛(또는 인공조명)을 받아 일어나는 과정이며, 이 과정에서 공기에 산소를 방출하기도 한다. 바로 이 점 때문에 동물 세계나 지구의 환경에 이중으로 중요한 역할을 하는 셈이다.

광합성에는 두 단계가 있다. 첫 번째는 햇빛을 붙잡아 이용하는 단계이다. 두 번째는 탄소를 고정하는 단계이다.

가장 중요한 사례인 녹색 식물의 광합성은 주로 잎에서 이루어진다. 식물의 뿌리는 이 과정의 중요 요소인 물을 흡수하여 잎으로 운송한다. 동시에 기공이라고 부르는 잎의 작은 구멍들을 통해 공기 중의 이산화탄소가 잎 속으로 들어간다. 물은 엽록체의 축축한 벽에서 분해된다. 엽록체란 매우 중요한 색소인 엽록소가 들어 있는, 아주 작은 렌즈 모양의 기관이다. 수많은 엽록체는 광합성 과정이 실제로 이루어지는 무대다.

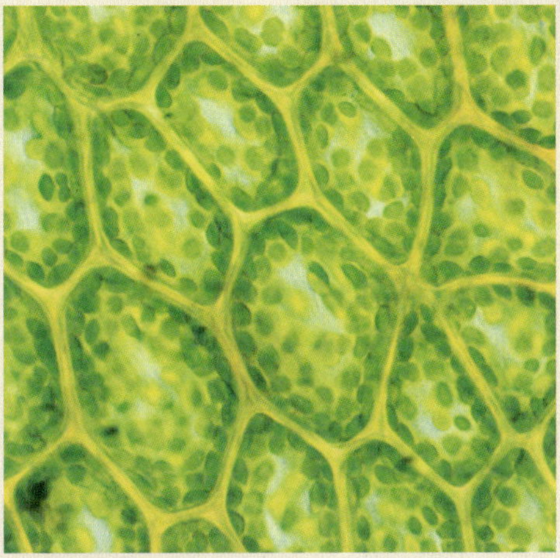

녹색 식물의 잎에는 보통 엽록체가 50억 개 들어 있다. 이 그림에서는 세포 속의 아주 작은 점들로 나타나 있다.

두 번째 단계에서는 엽록소가 촉매 역할을 하여, 빛에너지가 물 분자를 산소와 수소로 나누는 것을 돕는다. 그런 뒤에 수소 분자의 일부가 이산화탄소에서 나온 탄소와 결합하여 당을 만들면서 일련의 복잡한 화학 반응이 일어난다.

당은 식물이 성장하고 재생산을 하는 데 필요한 녹말, 지방, 단백질, 비타민 등의 물질로 전환되는 기초물질이다. 이런 물질은 또 동물 세계의 먹이사슬의 기초가 된다.

식량 생산에 사용되지 않고 남은 약간의 산소는 식물의 호흡과정에서 사용된다. 예를 들어 밤에 태양으로부터 에너지를 얻을 수 없을 때 식물은 자신의 양분을 산화시켜서 필요한 에너지를 생산할 수 있다. 광합성 과정에서 생산된 산소는 기공을 통해 방출되어 다시 대기 속으로 돌아온다.

엽록소가 녹색이고, 따라서 우리의 식물세계 대부분이 녹색인 것은 우연이 아니다. 햇빛 스펙트럼에서 빨간색과 파란색 부분은 식물이 요구하는 모든 에너지를 공급하는데, 엽록소는 이 구역의 빛을 가장 효율적으로 흡수한다. 녹색 구역(500에서 600나노미터 사이)은 거의 흡수하지 않는다. 따라서 이 색깔은 반사되며, 그 결과 식물은 녹색으로 보이는 것이다.

을 하지 않은 것이 실수였다. 그의 재산은 군주제와 연결되어 있었기 때문에 공포정치가 시작되자 그의 운명은 결정된 것이나 다름없었다. 1794년 라부아지에를 비롯한 부유한 자본가들은 체포되어 단두대로 끌려갔다.

프랑스의 수학자 조제프 루이 라그랑주는 이렇게 말했다. "그의 머리를 자르는 데는 한순간이면 족했다. 그러나 백 년이 걸려도 그런 머리를 또 만들어낼 수는 없을 것이다."

모든 세포는 세포에서 나온다

초기 현미경의 제한된 성능에도 불구하고 과학자들은 열심히 세포를 연구하여 이해 범위를 넓혀나갔다. 18세기에 해부학자와 생리학자들은 몸을 작동하는 부품들의 집합체로 생각하기 시작했다. 예를 들어 해부학자들은 병의 원인을 내부 기관 가운데 한 곳에서 찾을 수 있다고 믿었다. 프랑스의 해부학자 사비에 비샤는 짧은 연구 기간 동안 21가지 종류의 인간 신체 조직을 확인했다. 동시에 살아 있는 조직이 더 작은 단위로 이루어져 있을 가능성이 있다는 생각도 등장했다. 예를 들어 일찍이 기원전 5세기에 그리스 자연철학자들이 주장했던 원자와 비슷한 것으로 이루어져 있을지도 모른다는 생각이었다. 이것이 단순히 더 작은 기관일까? 몸의 원자적 구조를 표현하는 것일까?

1805년 독일의 자연철학자 로렌츠 오켄은 세포가 그 자체로 생물이며, 레벤후크가 물방울을 확대했을 때 그 안에서 헤엄치고 있던 생물과 비슷하다고 주장했다. 1830년 오켄은 이런 생명 단위들의 집합이 모든 식물과 동물의 조직을 구성한다고 주장했다. 그의 주장은 기존 과학계에 거의 영향을 주지 못했다. 오켄은 한 번도 현미경을 들여다본 적이 없었기 때문이다.

그러나 영국의 식물학자 로버트 브라운이 식물 세포에 레벤후크의 극미동물 같은 내적 구성요소가 포함되어 있는 것을 관찰하자 오켄의 주장은 덜 이상해 보였다. 브라운은 이것을 핵이라고 불렀다. 원래 시각에 관한 연구로 유명했던 체코의 생리학자 얀 에반젤리스타 푸르키네는 동물 조직의 세포가 텅 빈 것이 아니라, 그가 원형질이라고 명명한 것으로 가득 차 있는 것을 관찰했다. 푸르키네는 또 세포가 분열하는 것을 목격했다고 보고하기도 했다.

철학은 세포의 구조와 기능의 증거를 제공할 능력이 없었지만, 관찰 과학도 더 나은 기술이 부족했기 때문에 속수무책이었다. 현미경 렌즈가 좋아지기는 했지만, 복합 렌즈에 영향을 주는 굴절 혼탁을 걷어내기 전에는 한계가 있었다. 1830년대에 이르자 많은 문제가 해결되어 식물과 동물 세포의 유사성과 더불어 세포의 구조도 훨씬 더 분명해졌다. 그 결과 독일의 어떤 법률가 출신의 식물학자는 1837년에 의기양양하게 세포의 수수께끼가 해결되었다고 선언하기도 했다.

발효
루이 파스퇴르가 미생물이 발효를 일으킨다는 사실을 파악하자, 다양한 유기체가 일으키는 다양한 종류의 발효가 밝혀지기 시작했다. 신 우유는 젖산 발효와 관련이 있으며, 스위스 치즈의 구멍은 프로피온산 발효와 관련이 있다.

마티아스 야콥 슐라이덴은 1837년에 법률가 일을 그만두고 독일의 예나에서 식물학을 가르쳤다. 그러나 그에게는 대부분의 식물학자들이 하고 있던 식물 분류라는 힘든 일을 할 인내심이 없었다. 슐라이덴은 식물의 기원에 관한 논문에서 대담하게 세포가 모든 살아 있는 유기체의 핵심 단위를 구성한다는 이론을 제시했다.

그러자 생리학자인 그의 친구 테오도르 슈반이 그의 주장을 지지하고 나섰다. 슐라이덴만큼 대인관계에서 마찰이 심하지 않았던 슈반은 소화와 발효, 즉 당(糖)이 이산화탄소와 알코올로 바뀌는 과정을 연구하고 있었다.

이 현상은 선사시대부터는 아니었다 해도 고대 이후에는 잘 알려져 있었다. 포도에 든 당의 발효로 와인이 만들어지고, 곡식에 있는 당의 발효로 맥주나 화주가 만들어지기 때문이다. 그러나 발효가 살아 있는 세포—그의 연구에서는 효모—의 정상적인 생명 과정의 일부라는 슈반의 주장은 과학자들에게는 터무니없어 보였다. 슈반은 결국 독일 동료들의 조롱을 피하려고 벨기에로 피신했다. 그러나 그의 생각이 옳았다. 살아 있는 세포는 당 분자를 분해하여 에너지를 얻기 때문이다.

슈반이 보기에는 개별 세포의 이해가 생리학 이해의 열쇠였다. 그는 『동식물의 구조와 성장의 상호 조화에 관한 현미경적 연구』에서 이렇게 말했다. "기본이 되는 부분 각각은 그 자체의 힘, 그 자체의 생명을 갖고 있다. 유기체 전체는 낱낱의 기본적인 부분들의 상호작용이 바탕이 되어야만 존재할 수 있다."

슈반과 슐라이덴은 세포가 수정(水晶)의 형성과 마찬가지로 화학적 과정에서 태어나며, 세포가 유기체의 공동의 이익을 위해 일을 하는 것은 어떤 생기력(vital force) 덕분이라고 잘못 생각하기는 했지만, 그럼에도 세포 이론의 기본 범위를 확정하는 데는 성공했다.

폴란드 태생의 생리학자 루돌프 피르호는 이 두 독일인의 작업을 더 발전시켰다. 피르호는 1858년 『세포 병리학』에서 생기력은 세포 이론에서 아무런 역할을 하지 못한다고 주장했다. 피르호는 같은 폴란드 사람으로 동물 세포를 연구하던 로베르트 레마크와 식물 세포를 연구하던 프랑스의 식물학자 바르텔레미 뒤모르티에의 연구에 기초하여 마침내 "모든 세포는 세포에서 나온다"는 모토를 내세웠다. 유기체를 구성하는 중심적인 생기력 같은 것은 없었다. 그는 세포가 "조직, 기관, 계, 개인을 구성하는 하위 구성물들의 큰 사슬에서 마지막 고리"라고 썼다.

병리학자인 피르호의 관점에서 보자면 병은 비정상적 조건에 대한 세포의 반응이었다. 피르호는 세포를 자율적인 시민에 비유했다. 세포는 살아 있는 사회의 구성원으로서, 이웃과 유기체 전체의 복지를 위해 행동해야 한다는 것이었다. 그러나 가끔 그런 일이 이루어지지 않는데, 그 결과가 병인 것이다. 살아 있는 유기체는 세포들의 총합이었으며, 세포 각각은 그 자체로 "생명력을 갖고 있고" 또 "생명의 특징들로 가득한" 하나의 단위였다.

유전의 법칙

19세기 말에는 과학계의 많은 사람들이 세포나 진화 이론을 연구하고 있었지만, 그 두 가지 모두 어떤 종이 형질이나 변이를 한 세대에서 다음 세대로 전하는 방식을 설명하지 못했다.

현미경이 계속 좋아지면서 세포가 놀랄 만큼 복잡하다는 사실은 분명해졌다. 세포 안에 유기체의 모든 특징이 포함되어 있다는 피르호의 주장을 뒷받침할 만큼 복잡했다. 만일 피르호의 주장이 사실이고, 세포가 오직 다른 세포에서만 나올 수 있는 것이라면, 세포는 그 모든 정보를 한 세포에서 다른 세포로 어떻게 전달할까? 유기체는 부모의 특징을 어떻게 물려받을까? 이런 의문을 해소할 이론의 단초는 보헤미아의 한 수도사의 정원에서 나왔다.

요한 멘델은 그 자신의 말에 따르면 가난하고 불행한 젊은 시절을 보냈으며, 평생 여러 번 신경쇠약에 시달렸던 것 같다. 따라서 그가 안정된 생활을 할 수 있

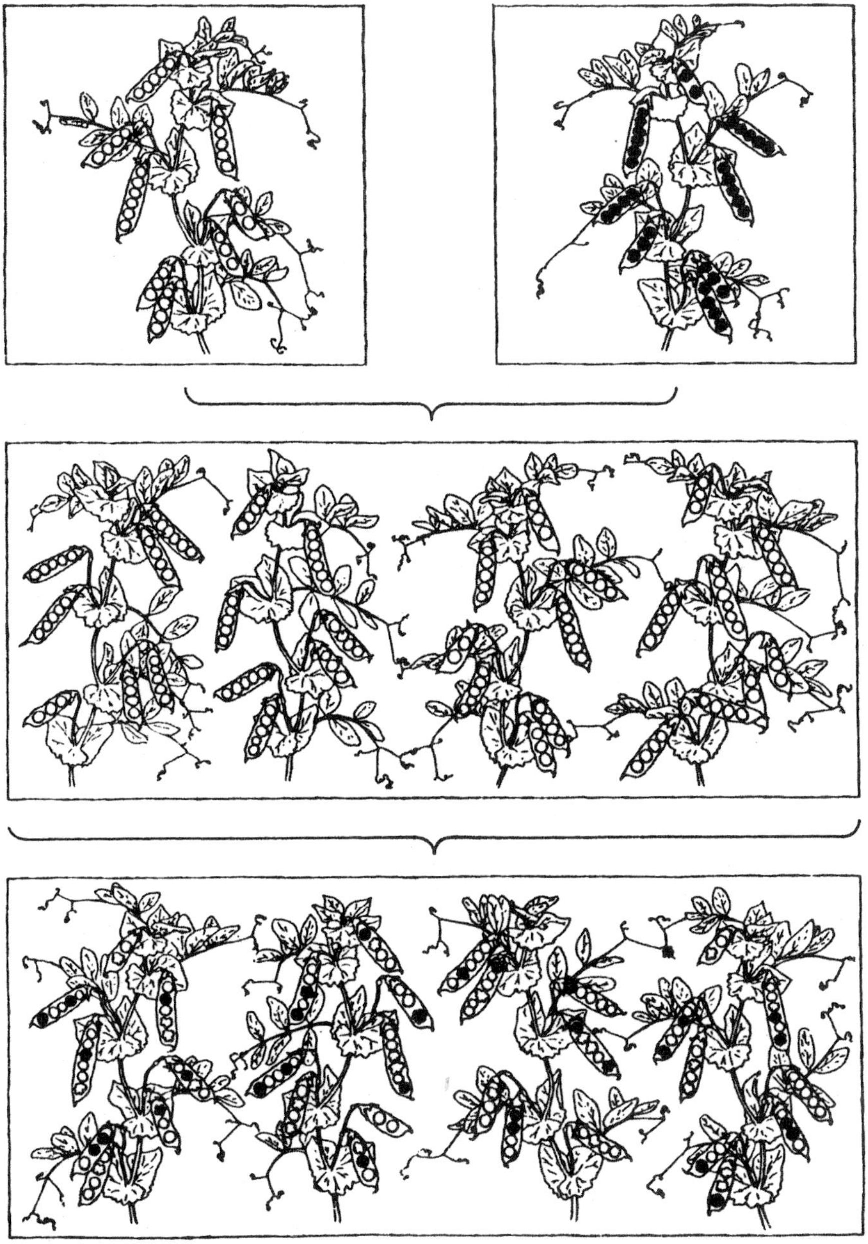

물려받은 형질

오스트리아의 식물학자 그레고르 멘델이 1860년대에 연구한 바에 따르면 씨앗이 둥근 완두콩과 주름진 완두콩을 교배한 결과 다음 세대에서는 모두 둥근 씨앗만 나왔으며, 그 다음 세대에 가자 둥근 씨앗과 주름진 씨앗의 비율이 3대 1이 되었다.

는 최선의 장소는 교회였던 것으로 보인다.

멘델은 스물한 살이던 1843년에 모라비아의 브륀(나중에 체코 공화국의 브르노가 되었다)에 있는 아우구스투스 수도회에 들어가 그레고르라는 이름을 사용하게 되었다. 그는 과학, 특히 물리학을 공부했지만, 적성에 잘 맞는 것 같지는 않았다. 심지어 교사 자격시험에서도 떨어질 정도였다. 그는 빈 대학에서 물리학, 수학, 생물학, 식물학을 2년 동안 공부한 뒤 1854년에 수도원으로 돌아와 기술 고등학교에서 자연과학을 가르쳤다.

멘델은 이후 10여 년 동안 세심하게 계획된 일련의 실험을 강박에 사로잡힌 듯 정확한 방법으로 수행해나갔다. 실험 대상은 수도원 정원에서 기르는 콩과 식물들이었다. 보통의 조건에서라면 이 식물들은 자기들끼리 수정을 하여 키가 크거나 작은 식물이 나오기도 하고, 색깔이 다른 꽃이 나오기도 하고, 모양이 다른 씨앗이 나오기도 했을 것이다. 그러나 멘델은 이런 변화에 어떤 체계가 있는지 알아보려고 이 식물들을 타화 수정시켰다. 키가 큰 것끼리, 작은 것끼리, 또 큰 것과 작은 것을 섞어서 수정시켜본 것이다.

이런 방식 자체가 새로운 것은 아니었다. 농작물이나 가축의 품종을 개량하기 위한 인공 교배는 선사시대부터 이루어졌다. 멘델은 이런 유서 깊은 교배 관행을 설명할 수 있는 과학을 확립하려고 했다.

그래서 멘델은 세심하게 실험을 시작하여, 반복을 해보고 결과를 재확인하였다. 결국에는 식물을 약 만 포기나 재배하게 되었다. 그 결과 그가 발견한 사실은 당시의 통념과 맞지 않았다. 당시의 통념은 한 종에 속하는 두 변종을 결합하면 양쪽의 특징이 섞인 후손이 나온다고 여겼다.

키가 큰 것과 키가 큰 것을 교배하면 키가 큰 것이 나왔다. 작은 것끼리 교배하면 작은 것이 나왔다. 하지만 키가 큰 것과 작은 것을 교배하여 거기서 나온 씨앗이 자랐을 때 멘델은 중간 크기의 식물을 보게 된 것이 아니었다. 몇 개는 작고 몇 개는 크지도 않았다. 모두 키가 큰 것만 나왔다. 그 결과에 놀란 멘델은 이 키가 큰 식물이 만들어낸 씨앗을 심었다. 이 씨앗들은 두 종류 다른 크기의 식물로 자랐다. 즉 키가 큰 것과 작은 것이 섞여 있었던 것인데, 큰 것과 작은 것의 비율이 3 대 1이었다. 실험을 반복해도 결과는 똑같았다. 어째서 이런 일이 벌어지는 걸까?

멘델

그레고르 멘델은 약 만 포기의 식물 교배 실험을 했지만 명성을 구하지도 않았고 유전학에 대한 자신의 공로를 인정받고자 하지도 않았다.

멘델은 각각의 식물에 키를 통제하는 유전적 요인이 두 개가 있는 것이 틀림없다고 추론했다. 하나는 수술 쪽에서 받은 것이고 또 하나는 암술 쪽에서 받은 것이었다. 키가 큰 식물과 작은 식물을 교배하면 두 요인의 결합 결과는 논리적으로 네 가지였다. 크다-크다, 작다-작다, 크다-작다, 작다-크다. 식물 넷 가운데 셋이 키가 컸기 때문에 멘델은 키가 큰 요인이 우성이고 작은 요인이 열성이라고 추론했다.

다른 여섯 가지 형질의 실험에서도 똑같은 비율이 나오자 멘델은 모든 형질이 두 유전적 요인을 갖고 있다고 결론을 내렸다. 나아가서 정자나 난자는 하나의 유전적 요인만 갖고 있지──예를 들어 키가 크다든가 작다든가──둘 다 갖고 있지는 않다고 보았다. 마지막으로 멘델은 유전적 요인이 한 묶음으로 전해지는 것이 아님을 깨달았다. 예를 들어 키와 씨앗의 형태가 반드시 함께 전해지지는 않는다는 것이었다. 사실 각각의 생식세포는 부모로부터 유전 요인을 무작위로 물려받았다.

"잡종이 부모의 두 가지 유형만이 아니라 자신을 닮은 후손을 생산하는 놀라운 현상은 그렇게 설명된다." 멘델은 그렇게 썼다. 예를 들어 작다-크다는 크다-작다와 같은 결과를 낳는다. 멘델의 표현을 빌리자면, "두 형질 가운데 어느 것이 꽃가루에 속했고 어느 것이 씨방 세포에 속했는지는 수정 결과에 아무런 차이를 주지 않는다."

멘델은 1866년에 브륀 자연과학회 정기간행물에 자신의 결과를 발표했다. 오늘날 이 논문은 확률이론과 통계분석의 사용에서 혁신을 이룬 실험 계획과 보고의 모범으로 인정을 받지만, 발표 후 수십 년 동안이나 식물학자나 생물학자들은 이 논문을 거의 알지도 못했고 인용하지도 않았다. 멘델은 다윈에게 한 부를 보냈지만 다윈이 이것을 읽었다는 증거는 없다. 멘델 자신은 자신의 과학적 연구 결과에 관하여 다른 논문은 전혀 쓰지 않았다. 1844년에 수도원장으로 선출되어 죽을 때까지 그 직책으로 봉사했을 뿐이다.

그러나 묘하게 일들이 겹치면서 과학의 주류에서 일을 하던 사람들 사이에서 멘델의 작업이 빛을 보게 되었다. 그뿐만 아니라 곧 멘델의 작업이 과학의 주류의 방향을 규정하게 되었다.

1900년에 서로 관련 없이 일을 하던 연구자 세 명이 유전 과정을 발견했다고 보고했다. 또 그들 각각은 연구의 최종 단계 또는 연구가 끝난 직후에 한 알려지지 않은 수도사의 작업을 발견했다고 덧붙였다. 놀랍게도 수도사 멘델은 유전의 기본 법칙을 이미 발견했을 뿐 아니라 이 후대의 연구자들이 하고 있던 작업을 뛰어넘고 있었다.

유전학자 대니얼 L. 하틀과 피테츠슬라프 오렐이 1992년 논문에서 말했듯이, 멘델은 기본적으로 잡종 육성자의 일을 하고 있었지만 뛰어난 통찰력 덕분에 "유전 형질이 세포의 요소들로 결정되는데…… 이 요소들은 쌍으로 존재하며, 분리와 독립 유전이라는 특징을 보여주고, 연속적인 여러 세대 동안 유전이 이루어지는 과정에서도 변하지 않고 유지된다"는 사실을 파악했다. 35년이 흐른 뒤였음

1876~1916

1876
독일의 발생학자 오스카르 헤르트비히와 헤르만 폴이 수정된 달걀에는 남성 핵과 여성 핵이 모두 있음을 보여주다.

1882
독일의 해부학자 발터 플레밍 세포 분열을 연구하고 그 과정을 유사분열이라고 명명하다.

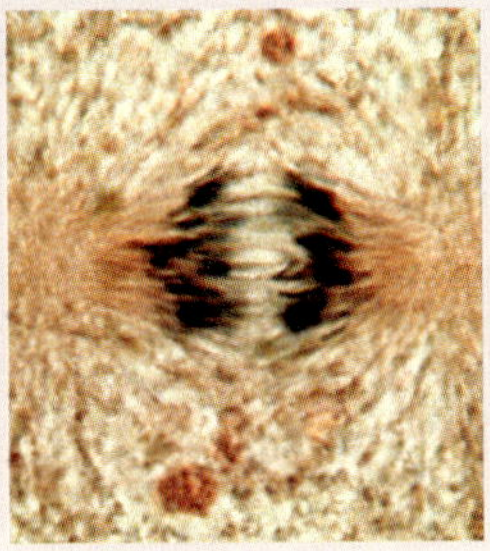

1892
러시아의 미생물학자 드미트리 이바노프스키 박테리아보다 작은 병원체가 병과 관련되어 있음을 발견하다. 여기에서 최초로 바이러스 개념이 생겼다.

에도 연구자들은 별로 덧붙일 것이 없었다.

이 연구자들이 정확히 언제 멘델의 작업을 발견했는지, 멘델의 작업이 그들의 연구에 얼마나 영향을 주었는지는 그 이후로 계속 논란이 되고 있다. 그러나 과학자들은 모든 것을 멘델의 공로로 인정했다. 막 피어나는 유전 연구는 멘델주의로 알려지게 되었으며, 잡종의 형성과 발달, 유전 가능한 요인들의 전달과 관련된 그의 이론은 멘델의 법칙으로 알려지게 되었다. 멘델이 만들어낸 우성과 열성이라는 말은 유전 과학에서 사용되는 일반적 용어가 되었으며, 여전히 현장에서 필수적인 표현이다.

멘델의 작업이 인정을 받고 나서 오래지 않아 연구자들은 세포분열시에 세로로 배열되었다가 분열하는, 염색체라고 알려진 실 같은 성분의 중요성을 느끼기 시작했다. 이 형태들은 백 년 전부터 현미경으로 관찰되어왔지만, 과학자들은 멘델과 그의 후예들이 원리들을 확립하고 난 뒤에야 그 기능이 유전 인자를 전달하는 것임을 이해하게 되었던 것이다. 멘델이 유전 요인이라고 부른 것은 생명을 형성하는 정보의 조각들로, 곧 유전자라는 이름을 얻게 된다.

이상한 새로운 형태

어떤 종류의 박테리아가 병을 일으킨다는 사실은 일찍이 1880년대에 알려졌다. 그럼에도 천연두나 인플루엔자 같은 병은 사라지지 않았으며, 아무도 그 병의 병원균을 찾아낼 수 없었다. 식물이 알 수 없는 병에 걸리기도 했다. 담배에 병을 퍼뜨리는 미지의 병원균에 특별한 관심이 쏠리기도 했다. 1898년

1902
미국의 유전학자 월터 서턴 염색체는 쌍이며 이것이 유전의 운반자일 수도 있다고 주장하다.

1905
미국의 동물학자 클래런스 맥클렁 포유류의 여성은 X 염색체가 둘이고 남성은 X 하나와 Y 하나를 갖고 있음을 보여주다.

1911
미국의 유전학자 토머스 모건 멘델 인자—멘델이 주장한 유전의 요소—들이 염색체에 한 줄로 배열되어 있다고 주장하다.

1916
캐나다의 미생물학자 펠릭스 데렐 박테리오파지를 발견하다.

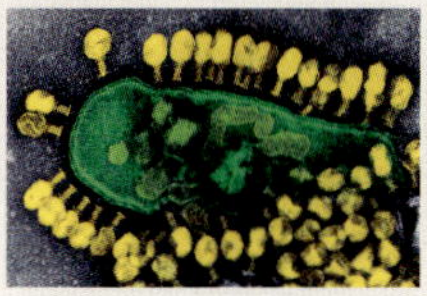

네덜란드의 식물학자 마르티누스 베이예링크는 병에 걸린 담배의 즙이 다른 담배에 병을 옮길 수 있다는 것을 알았다. 어떤 연구자들은 이 즙에 독성 물질이 포함되어 있다고 생각했지만, 아주 묽게 희석시킨 즙도 병을 옮겼다. 그러자 그 연구자들도 어떤 유기체가 병을 일으킨다는 사실을 인정했다.

어떤 병원균인지는 몰라도, 어쨌든 사람들의 탐색에 저항을 하는 것 같았다. 박테리아를 거르기 위해 고안된 세라믹 필터의 미세한 구멍도 쉽게 통과하는 것을 보면 박테리아보다 작은 것은 분명했다. 당대의 가장 좋은 현미경으로도 보이지 않았고, 알코올로 죽일 수도 없었고, 인공 매질 위에서 배양할 수도 없었다. 베이예링크는 이것을 바이러스라고 불렀다.

이후 수십 년 동안 바이러스를 분리하기 위해 고안된 방법들은 외려 바이러스를 둘러싼 수수께끼를 증폭시키기만 했다. 가장 큰 바이러스라 해도 현미경으로 간신히 보일까 말까 했다. 알려진 모든 유기체, 알려진 모든 세포는 유전물질 분자만이 아니라 호흡과 대사 수단을 포함하고 있는데, 바이러스를 어떻게 살아 있는 유기체라고 부를 수 있을까? 바이러스는 혹시 살아 있는 화학 분자가 아닐까?

1932년 미국의 생화학자 웬들 스탠리는 담배 바이러스의 농축 배양균을 처리한 결과 단백질과 핵산을 포함하는 결정형 구성체가 생긴다는 사실을 알았다. 스

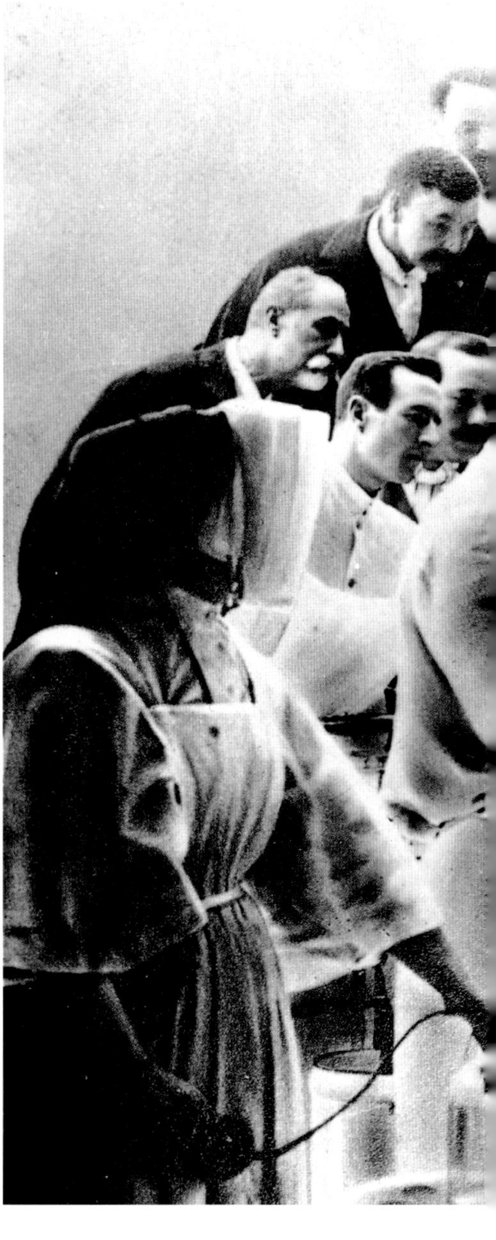

방부법

이그나츠 필리프 제멜바이스, 조지프 리스터, 로베르트 코흐의 발견 뒤로 외과 수술법은 극적으로 바뀌었다. 이 사진에서는 병리학자 루돌프 피르호가 1900년에 뇌수술을 관찰하고 있다.

탠리는 이 결정을 분해하고 재구성해도 바이러스가 여전히 감염을 일으킬 수 있다는 사실을 발견했다. 그는 이 연구로 1946년 노벨 화학상을 받았다.

스탠리가 이 연구를 하고 나서 오래지 않아 바이러스에 생명의 화학적 성질이 포함되어 있기는 하지만 전형적인 기생체라는 사실이 분명해졌다. 그들은 숙주 세포 안에 들어가 살면서 그 내용물을 가로채 대사를 하고, 에너지를 비축하고,

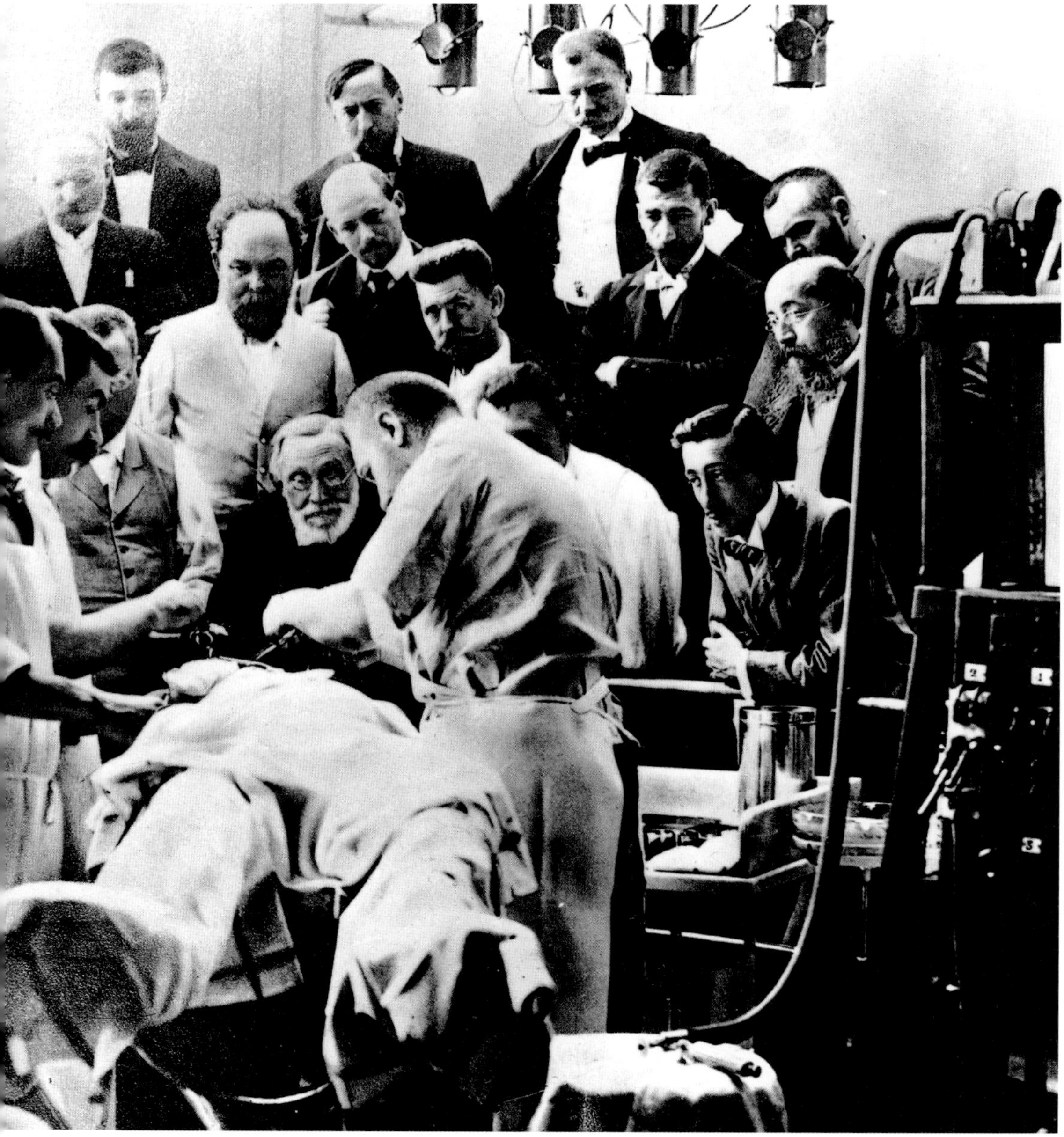

백신 연구

1946년 2월 런던 연구소의 과학자들이 치명적 바이러스의 치료법을 발견하기 위해 진정제를 투여한 흰족제비에게 인플루엔자 바이러스를 주사하고 있다. 1918~1919년에는 인플루엔자 전염병으로 전 세계에서 약 2천5백만 명이 죽었다.

재생산을 할 수단을 얻는다. 숙주 세포가 없으면 바이러스는 자력으로 활동할 수 없다. 바이러스는 세포에 침투하는 놀랄 만큼 세련된 전략을 갖고 있으며, 일단 살아 있는 세포 안으로 들어가면 아주 빠르게 재생산을 하여 비리온이라고 부르는, 껍질에 둘러싸인 새로운 세대의 바이러스 입자를 만들어낸다. 이것은 바이러스의 복제품으로, 바이러스 군단에 합류하여 다른 세포를 공격하고 감염시킨다.

박테리아를 잡아먹는 것

박테리오파지(박테리아를 잡아먹는 것이라는 그리스어에서 나왔다)는 박테리아를 감염시키는 바이러스다. 박테리오파지는 콜레라나 선페스트의 치료에 이용될 수 있을 것처럼 보였다. 그러나 실험은 실패했고, 항생제가 등장하면서 박테리오파지는 사용되지 않았다. 그러나 1990년대에 약에 저항하는 박테리아가 나왔기 때문에 이 바이러스는 여전히 연구되고 있다.

다행스럽게도 대부분의 바이러스는 병을 일으키지 않는다. 나아가서 어떤 바이러스에게 노출되면 그 바이러스나 가까운 친척 바이러스에 면역이 생긴다. 중국인은 천 년 전에 이 사실을 깨닫고 이 지식을 활용하여 천연두에 이미 감염된 사람의 살갗으로 만든 가루를 조제해서 천연두 발생을 통제했다. 감염되지 않은 사람들은 이 가루를 약간 들이마셔서 천연두에 대한 면역력을 얻을 수 있었다. 이하선염이나 홍역 같은 바이러스에 대한 현대의 백신도 같은 일을 한다. 진짜 병이 몸에 침입하면 면역체계가 바이러스를 인식하고 거기에 대항하는 항체를 생산하는 것이다.

안타깝게도 일반적인 감기 같은 바이러스는 변이와 진화가 매우 빠르다. 따라서 특정한 한 독감 바이러스를 막는 백신은 똑같은 바이러스의 새로운 변종에는 효과가 없다. 항생제로 죽일 수 있는 박테리아와는 달리 바이러스는 몸의 세포에 살기 때문에 세포 자체를 죽이지 않고는 바이러스도 죽일 수 없다. 그래서 에이즈를 일으키는 바이러스를 알면서도 연구자들이 그 치료법을 만들어내지 못하는 것이다. HIV, 즉 인간면역결핍 바이러스는 사실 면역체계의 세포를 죽이기 때문에, 보통의 경우에는 쉽게 물리칠 수 있는 새로운 감염이 치명적인 결과를 가져올 수 있다.

바이러스에 관하여 이런 것들을 알고 있음에도, 그들의 기원에 관한 문제는 여전히 수수께끼다. 그러나 숙주 세포의 명령 체계를 장악해서 살아가는 것을 보면 세포에서 진화했지 그 반대가 아닐 가능성이 높다.

바이러스가 수수께끼라 해도, 유전 재료가 전혀 없는 병원균의 존재는 불가능해 보였고, 지금도 일부에서는 불가능하다고 여긴다. 그러나 1980년대에 이런 모습을 보여주는 치명적인 병원균을 미국의 신경학자 스탠리 B. 프루시너가 발견했다. 그는 이것이 단백질 같은 감염 입자, 줄여서 프리온임을 밝혀냈다.

처음에 양의 경우는 스크래피라고 하는 신경 질환, 소의 경우는 광우병이라고 하는 병과 관련하여 발견된 프리온은 뇌에 있는 정상 단백질의 괴상한 형태——영양을 공급하는 크고 복잡한 분자——로 보였다. 그러나 어떻게 된 일인지 변이를 일으킨 단백질은 근처의 정상 단백질이 자신의 변이를 복제하도록 유도한다. 변이를 일으킨 단백질의 숫자는 늘어나며, 그런 과정에서 그 단백질이 사는 신경이나 뇌 세포는 죽어나간다. 결국 뇌는 죽은 세포투성이가 되어 스펀지처럼 보이게 된다.

프리온이 일으키는 병은 치료가 까다로운 경우가 많다. 여기에는 인간이 걸리는 크로이츠펠트-야콥병, 게르스트만-슈트라우슬러-샤인커병, 치명적인 가족성불면증, 쿠루 등이 있다. 동물이 걸리는 스크래피, 우뇌해면증(광우병), 노새사슴과 엘크의 만성위축병 등도 여기에 포함된다.

우리는 프리온이 일으키는 병에 관하여 점점 더 많은 것을 알아가고 있지만, 프리온의 구성이나 지속성과 관련된 궁극적 의문에는 아직 답을 찾지 못했다.

생명의 숨

1779년 네덜란드 태생의 영국 의사 얀 잉겐호우스는 "식물을 대상으로 한 실험, 햇빛에서 대기를 정화하는 힘, 그리고 밤이나 그늘에서 대기를 손상시키는 힘의 발견, 여기에 대기의 건강성 수준을 정확하게 조사하는 새로운 방법도 추가"라는 야릇한 제목을 가진 논문을 발표했다.

잉겐호우스는 일련의 실험을 통해 빛에 노출되거나 물에 있는 식물이 기체를 방출한다는 사실을 관찰했다. 그는 식물이 빛, 이산화탄소, 물을 기반으로 살아가며, 산소, 그의 표현으로는 플로지스톤이 없는 공기를 생산한다는 사실을 발견했다. 잉겐호우스는 광합성 과정을 관찰하고 있었던 것이다.

"식물에게는 나쁜 공기를 교정할 능력이 있다." 잉겐호우스는 그렇게 쓰고 나서 봉인된 상자 안의 쥐가 촛불을 켜놓았을 때는 죽지만 식물도 함께 넣으면 산다는 조지프 프리스틀리의 발견을 인용했다.

식물은 플로지스톤이 없는 공기(즉 산소)를 방출하고 동물은 생존을 위해서 그 공기가 필요하기 때문에 인간을 둘러싼 대기도 식물의 호흡에서 비슷한 혜택을

녹색 세상

약 35억 년 전에 광합성이 등장하면서 우리가 아는 생명이 시작되었다. 녹색 식물은 햇빛, 이산화탄소, 물을 이용하여 동물의 먹이가 되는 탄수화물을 생산한다.

계와 도메인

"왕들이 아름다운 녹색 공간에서 체스를 둔다(Kings play chess on fairly green spaces)." 이 문장, 또는 이와 비슷한 문장들은 오랫동안 학생들이 린네가 18세기에 개발한 살아 있는 유기체들의 분류법, 즉 계(kingdom), 문(phylum), 강(class), 목(order), 과(family), 속(genus), 종(species)을 암기할 때 도움을 주었다. 과학적 발전이 이루어지고 수천 종의 새로운 생물이 발견되는 동안에도 이 체계가 300년 동안 살아남았다는 것은 생물의 특징에 대한 린네의 통찰을 증명해준다. 그는 단지 편리한 분류체계를 만든 것이 아니었다. 그의 분류법은 과학자들이 종의 해부학적 특징을 비교하고, 이런 비교를 통하여 각 개체와 그 관계들에 관해 더 많은 것을 이해하도록 도와주기 위해 고안되었다.

나비류나 나방류 연구가들은 확인과 분류를 위해 종종 표본을 핀으로 꽂아놓곤 한다.

그러나 세월이 흐르면서 많은 것이 변했다. 특히 과학자들이 하나의 개별적 유기체가 위계에서 차지하는 위치를 결정할 때 사용하는 기준이 바뀌었다. 현미경의 발명 이전에는 유기체를 그 크기, 색깔, 발톱의 형태, 발가락의 숫자, 눈의 모양에 따라 분류할 수도 있었다. 물론 자의적인 기준은 아니었지만, 유기체에서 관찰 가능한 기준으로 한정이 되었다. 특징은 더 많이 비교해볼수록 좋았다. 새와 박쥐는 둘 다 날개를 갖고 있지만 그렇다고 같은 종에 속하지는 않는다. 물고기와 돌고래가 같은 종에 속하지 않는다는 사실을 아리스토텔레스가 깨달았던 것과 마찬가지다.

이런 분류는 아주 단순해 보이지만 분류 위치를 둘러싼 의견 불일치는 위계의 높은 계단에서도 벌어졌다. 실제로 지난 50년 동안 이 위계의 맨 윗자리를 놓고 큰 변화가 생겼다. 과학자들이 세포를 보고, 이어 생물의 분자 구조까지 관찰하게 되자, 계의 숫자는 둘—동물과 식물—에서 다섯으로 늘어났다.

린네의 의도대로 분류학은 유기체가 서로 얼마나 가까운 또는 먼 관계를 맺고 있느냐에 달려 있다. 세포 이론의 발달에 따라 인간과 다른 동물의 세포에는 핵이 있지만, 핵이 없는 동물 집단, 즉 박테리아도 존재한다는 사실이 분명해졌다. 그들은 동물도 식물도 아닌 그들 자신의 계, 즉 모네라계에 속하게 되었다. 곧 버섯이 식물에서 갈라져 나왔고, 이어 단세포 유기체에게도 그들 자신의 계, 즉 원생생물계가 주어졌다. 이렇게 해서 동물, 식물, 모네라, 균, 원생생물 등 다섯 가지 계가 생긴 것이다. 바이러스는 빠졌다. 과연 바이러스도 생물일까?

DNA의 분자 연구는 다른 구분을 제시하기 시작했다. 분류학자들은 어떤 종들을 한 속에서 다른 속으로 옮기고, 변종을 종으로 승격시키고, 기존의 종을 변종이라고 생각하여 빼버렸다. 그러다가 미국 일리노이 대학의 칼 우즈는 모네라계에 속하는 집단인 고세균이 유전학적으로 인간만큼이나 박테리아와 다르다는 사실을 발견했다.

이렇게 해서 진화의 기원을 반영하여 계보다 큰 '도메인'이 생기게 되었다. 진핵생물은 핵 있는 세포를 망라하며, 여기에는 식물, 동물, ·, 원생동물이 포함된다. 원핵생물에는 모네라 계, 즉 박테리아와 남조류가 포함된다. 분자분류학자들은 원핵생물에서 고세균을 끌어내 도메인을 진핵생물, 박테리아, 고세균 등 셋으로 만들었다.

얻는다는 것이 잉겐호우스의 추측이었다. 이것은 크고 중요한 도약이었다. 서로 거울처럼 비추는 두 가지 기본적인 화학 반응——이것을 이해하는 데에는 거의 200년이 걸렸다——은 생물의 작용만이 아니라 지구 대기의 창조와 유지에도 핵심이었던 것이다.

광합성은 식물이 태양에서 에너지를 얻은 다음, 그것을 물, 이산화탄소와 결합하여 탄수화물(당과 녹말)과 산소를 생산하는 과정이다. 동물은 이 탄수화물과 산소를 얻고, 이 물질들로부터 이산화탄소와 에너지를 생산한다. 19세기 말에 이르자 과학자들은 바로 이런 작용이 생물의 세포 안에서 일어난다는 점을 입증했다. 그러나 그 실제 과정은 20세기에 과학자들이 세포의 놀라운 생화학적 기능을 이해하고 난 뒤에야 분명해졌다.

1940년대에 영국의 생화학자 로버트 힐은 광합성 과정의 산소가 식물 세포 안의 녹색 입자에서 만들어진다는 사실을 발견했다. 이 입자는 엽록소라고 불렀다. 엽록소는 세포에서 분리된 상태에서도 여전히 빛을 흡수하고 광합성을 진행할 수 있었다. 이 화학 반응에 필요한 산소는 물 분자를 분해하여 얻었다. 미국의 생화학자 멜빈 캘빈은 식물 세포 안에서 탄소 원자가 탄수화물이 되는 경로를 연구하여, 마침내 1980년대에 그 과정을 발견할 수 있었다. 광자의 작용으로 분자들 사이에서 일련의 전자 교환이 시작되는 것이 바로 광합성의 출발점이었다.

동물 세포의 에너지 생산도 이해하기가 쉽지 않았다. 19세기에 프랑스의 생리학자 클로드 베르나르는 몸이 당을 글리코겐, 즉 탄수화물로 바꾸어 간에 저장할 수 있다는 사실을 보여주었다. 그러나 세포가 글리코겐을 분해하여 자기 활동의 연료로 쓰는 과정은 1935년에 가서야 두 체코계 미국 생화학자 칼 코리와 거티 코리가 보여줄 수 있었다. 몇 년 뒤 독일계 미국 생화학자 프리츠 알베르트 리프만은 아데노신삼인산(ATP)이라고 부르는 인산염 분자가 음식

세포 호흡

세포 호흡은 유기체가 음식 분자를 분해하여 에너지를 생산하는 과정이다. 여기에는 두 종류가 있다. 산소가 있는 상태에서 일어나는 것은 유기 호흡이며, 산소가 없는 상태에서 일어나는 것은 무기 호흡이다.

분자 분해에서 나온 에너지를 세포의 나머지 부분으로 전달한다는 사실을 확인했다. 독일 태생으로 영국에서 일한 생화학자 한스 크렙스는 물질대사로 시트르산이 세포를 위한 에너지를 내놓고 이산화탄소와 물을 방출하는 복잡하지만 우아한 과정을 파악했다. 이런 체계는 어떻게 진화했을까?

20세기 말에 분자생물학자들은 17억 5천만 년 전만 해도 지구의 생물은 오직 두 가지 범주의 세포, 즉 핵이 없는 원핵생물과 고세균밖에 없었다는 점을 설득력 있게 보여주었다. 이 두 세포 형태는 1970년대에 미국의 생물학자 칼 우즈가 구별했다. 고세균에게는 산소가 치명적인 독성물질이다. 많은 고세균은 메탄을 생산했는데, 이들은 지구에서 극한의 환경, 예를 들어 매우 짠 물, 깊은 진흙, 끓을 정도로 뜨거운 물에서 살았다. 우즈는 이 세균이 박테리아와는 다르지만 그 유전 성분은 고등식물의 세포와 가까워 보인다는 사실을 발견했다. 고세균과 박테리아가 서로 특징 몇 가지를 보태 세 번째 큰 범주인 진핵생물을 만들어낸 것인지도 모른다. 진핵생물은 진짜 핵이 있는 세포로, 식물과 인간이 모두 이 범주에 속한다.

생명의 암호 해독

현미경 기술 덕분에 세포를 발견했듯이, 20세기에는 새로운 기술 덕분에 세포 내의 복잡한 구조를 더 많이 발견하고 이해할 수 있었다.

1912년 영국의 물리학자 윌리엄 브래그와 로렌스 브래그 부자는 수정을 엑스선으로 찍었을 때 수정의 원자들 때문에 광선이 흩어지고 그 결과 수정 분자의 3차원 배열을 반영한 이미지가 나타난다는 것을 알았다. 엑스선결정학을 발견한 것이다.

세포 과학자들은 세포 내의 개별적 분자를 연구하기 시작했다. 분자 구조를 알면 그 기능의 실마리를 얻게 되며, 그런 지식은 세포의 행동 방식을 이해하는 데 핵심적인 역할을 할 수 있었다. 예를 들어 단백질은 긴 사슬처럼 구축된 모양으로 발견되었다. 아미노산 분자들이 연결되어 똬리를 틀면서 다양하고 복잡한 형태를 갖춘 것이다.

그러나 생화학자들이 세포의 복잡한 화학적 성질을 해명해나가고 있었지만,

환경의 영향

러시아의 농업과학자 트로핌 리센코는 환경만으로도 유전적 특징이 바뀐다고 주장했다. 1930년대에 소련 당국은 이 이론을 과학자들보다 더 잘 받아들였다.

분자로 가득한 이 외피가 자신의 —— 나아가 궁극적으로 유기체의 —— 생물학적 형질을 완벽하게 물려주는 방식은 여전히 수수께끼였다. 실제로 20세기 중반까지도 1860년대에 그레고르 멘델이 유전에 관하여 설명한 것에서 별로 나아가지 못했다. 현미경이 개량되면서 세포를 더 선명하게 보게 되자, 핵의 염색체라고

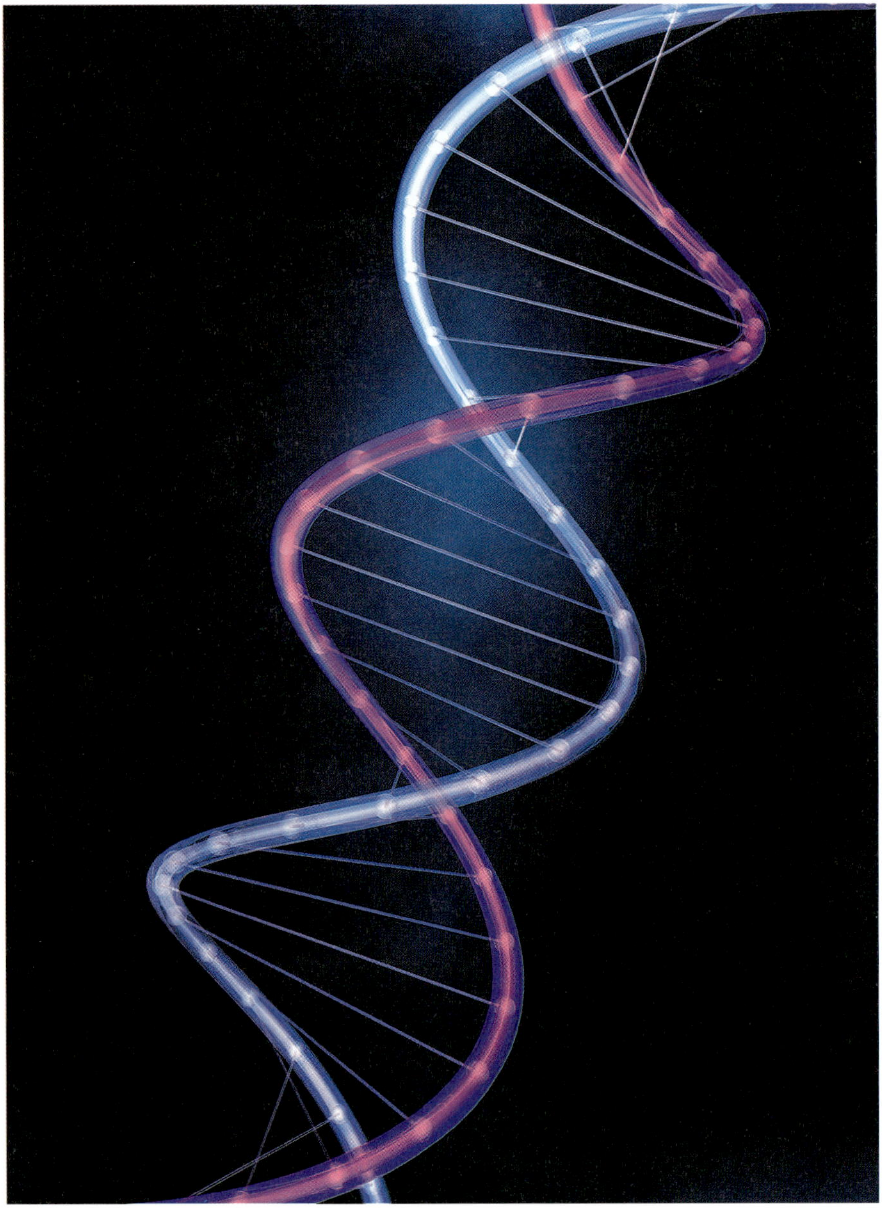

이중나선

DNA 나선의 우아한 구조. 긴 당-산 가닥으로 이루어져 있으며, 원자의 화학적인 쌍으로 연결되어 있다. 이것이 단백질을 만드는 데 필요한 정보를 운반하며, 유기체의 유전암호를 포함하고 있다.

부르는 긴 사상체가 유전에서 핵심적인 역할을 한다는 사실이 분명해졌다. 세포 분열 과정에서 염색체가 늘어나고, 복제되고, 분리되는 모습도 분명하게 관찰되었다.

멘델은 자신이 연구하는 유전 형질 각각에 두 개의 인자가 있는 것이 틀림없다고 생각했다. 그러나 멘델의 실험은 오직 몇 가지 형질에만 초점을 맞추었으며, 살아 있는 유기체에는 물론 훨씬 더 많은 형질이 있었다. 염색체가 그 모두를 다 책임지는 것일까? 많은 과학자들이 의심을 품고 유전 패턴을 설명하는 다른 방법을 계속 연구했다.

러시아의 농업과학자 트로핌 리센코의 예는 유명하다. 리센코는 마르크스주의와 라마르크주의를 섞어 영양 같은 환경적 요인이 유전적 특징을 바꾼다고 주장했다. 그의 생각은 1930년대 소련의 공식 유전 이론이 되었으며, 그렇게 되자 이 이론에 반대하는 것은 위험한 일이 되었다. 리센코의 생각을 의심하고 그 대신 유전자 이론을 옹호했던 러시아의 유전학자 니콜라이 바빌로프는 소련 감옥에서 죽었다. 제2차 세계대전까지 과학은 국가 이데올로기 때문에 파행에 이르렀다. 독일, 나아가서 나치가 점령한 영토의 많은 과학자들이 박해를 피해 피신할 수밖에 없었다.

미국의 생물학자 토머스 모건도 형질 유전 문제로 고민했다. 초파리를 연구하던 모건은 이들에게 염색체가 네 개밖에 없다는 사실을 밝혀냈다. 어떻게 이런 작은 구조로 그렇게 많은 정보를 운반하는 것이 가능할까?

모건은 마침내 그런 놀라운 과정은 유전적 특징이 염색체의 하부단위에서 운반된다면 가능하며, 그 가운데 일부는 재생산 과정에서 재결합한다고 결론을 내렸다. 이런 하부단위를 지금은 유전자라고 부른다. 이 결론은 온전한 이해를 향하여 뛰어난 한 걸음

제임스 왓슨

DNA의 이중나선의 공동 발견자

1928
4월 6일 미국 일리노이 주 시카고에서 출생하다.

1943
열다섯 살에 장학금을 받아 시카고 대학에 들어가다.

1947
동물학 학사 학위를 받다.

1950
인디애나 대학에서 박사학위를 받다. 엑스선이 박테리오파지에 미치는 영향에 관한 논문을 제출했다.

1950
코펜하겐에서 덴마크 국립연구소의 머크 연구원으로 박사후 연구 과정을 수행하다.

1951
영국 케임브리지의 캐번디시 연구소에서 프랜시스 크릭과 DNA 구조에 관한 연구를 시작하다.

1953
크릭과 함께 DNA의 구조와 기능의 발견을 알리는 "핵산의 분자 구조"를 발표하다.

1961
하버드 대학교의 생물학 교수가 되다.

1962
생리 · 의학 분야의 노벨상을 수상하다. 프랜시스 크릭, 모리스 윌킨스와 공동 수상했다.

1968
DNA 발견에 관한 이야기를 『이중나선』이라는 제목의 책으로 출간하다.

1988
미국 국립보건원이 수행한 인간 게놈 프로젝트의 부책임자가 되다.

1989
인간 게놈 프로젝트의 책임자가 되다.

프랭클린과 RNA

로절린드 프랭클린은 런던 버벡 칼리지의 결정학 연구소에서 담배모자이크 바이러스의 분자 구조를 연구했다. 그녀는 리보핵산(RNA)이 다른 유기체의 핵에서 발견되는 이중나선이 아니라 단일한 가닥임을 발견했다.

을 내디딘 것이지만, 그럼에도 아직 질문에 답이 나온 것은 아니었다. 그 하부단위——물론 염색체에 비하면 많은 수지만 여전히 상대적으로 적은 수였다——가 어떻게 그렇게 많은 형질을 결정하는 정보를 운반할까?

1929년 러시아 태생의 미국 화학자 피버스 레빈은 세포핵의 산에 두 가지 서로 다른 종류의 당이 있다는 사실을 알았다. 하나는 리보핵산 즉 RNA 형태로 존재하는 리보오스였다. 또 하나는 디옥시리보핵산, 즉 DNA 형태로 존재하는 디옥시리보오스였다.

염색체는 DNA와 단백질로 구성되었다. 이 가운데 어느 것이 유전정보를 운반할까? 20가지 아미노산으로 이루어진 단백질은 그 구조가 DNA보다 훨씬 다양했다. DNA에는 시토신, 구아닌, 티민, 아데닌 등 네 가지 기본적인 화학적 구성요소밖에 없었다. 1944년 연구자들은 단백질과 DNA 분자 양쪽에 방사성 동위원소를 붙여 추적하는 실험을 했다. 오스월드 T. 에이버리, 콜린 M. 맥리어드, 매클린 매카티는 바이러스 입자(자체 DNA가 없다)가 자신의 유전물질 전달을 위해 숙주를 선택하는 과정을 관찰한 뒤 세포의 유전정보를 운반하는 것은 DNA라고 결론을 내렸다. 이것 역시 필요한 모든 정보가 이 분자 속에 어떻게 다 들어가는가 하는 질문에 답을 해주지는 못했지만, 과학자들에게 유기체 연구에는 생물학과 화학만이 아니라 물리학도 필요하다는 사실을 보여주었다.

빈 태생의 물리학자 에르빈 슈뢰딩거도 생물물리학의 주창자였다. 슈뢰딩거는 1933년 나치 정책에 항의하여 독일을 떠났고, 노벨 물리학상을 받았다. 브렌다 매독스는 『로절린드 프랭클린과 DNA』라는 책에서 이렇게 말했다. "슈뢰딩거는 살아 있는 유기체를 그 분자와 원자 구조의 관점에서 생각할 때가 왔다고 선포했다. 산 것과 죽은 것 사이에는 큰 차이가 없었다. 모두 똑같은 물리학과 화학 법칙을 따르기 때문이다."

과학자들은 그런 엄청난 양의 정보를 저장하는 DNA의 능력의 핵심은 그 구조에 있는 것이 틀림없다고 생각했다. 그러나 DNA의 모양과 기능이 알려진 것은 9년이 더 흐른 뒤였다.

제2차 세계대전이 끝나자, DNA의 구조를 파악하기 위해 전 세계 과학자 팀들이 경쟁을 벌였다. 미국에서는 단백질 분자의 나선 형태를 발견한 라이너스 폴링이 캘리포니아 공과대학의 동료들과 함께 이 문제를 연구하고 있었다. 영국에서는 물리학자 프랜시스 크릭이 미국의 분자생물학자 제임스 왓슨과 팀을 이루었고, 런던 킹스 칼리지의 생물물리학자 모리스 윌킨스와 분자생물학자 로절린드 프랭클린은 엑스선결정학의 방법으로 DNA를 연구하기 시작했다.

프랭클린이 찾아낸 이미지들은 특히 많은 것을 보여주었다. 그녀는 엑스선 광선을 좁혀 더 나은 이미지를 얻었다. 1920년대에 결정학의 선구자였던 아일랜드 태생의 과학자 J. S. 버널은 그녀의 DNA 이미지들이 "이제까지 찍은 어떤 물질의 엑스선 사진보다 아름답다"고 말했다. 그녀의 사진들은 원하는 물질의 구조를 확대해서 포착했다. DNA는 동전을 구불구불 쌓아놓은 것처럼 일정한 폭의 층들이 되풀이되는 나선처럼 보였다. 결정학자 윌리엄 애스트베리는 1938년에 바로 그런 구조, 즉 염기 층들 사이의 간격이 일정한 구조를 상상했지만, 그럼에도 유전물질이 핵산보다는 단백질일 것이라고 생각했다. 1950년 DNA의 네 가지 염기의 분포를 연구하던 생화학자 에르빈 샤가프는 모든 살아 있는 세포는 티민(T) 염기와 아데닌(A) 염기의 숫자가 같고, 구아닌(G)

로절린드 프랭클린

엑스선결정학의 선구자

1920
7월 25일 영국 런던에서 출생하다.

1938
케임브리지의 뉴넘 칼리지에 입학하여 자연과학을 공부하다.

1941
졸업을 하지만 그대로 케임브리지에 남아 로널드 노리시 밑에서 가스 색층(色層) 분석을 연구하다.

1942
영국 석탄이용연구협회에서 석탄의 물리적, 화학적 구조를 연구하다.

1945
케임브리지에서 물리화학 박사학위를 얻고 탄소와 흑연의 미세구조를 연구하다.

1947
파리의 국립화학국 중앙연구소에서 엑스선결정학을 이용한 작업을 시작하다.

1951
런던 킹스 칼리지의 생물물리 연구소에 들어가 모리스 윌킨스와 함께 일을 시작하다.

1952
엑스선결정학을 이용하여 사진 51번을 찍다. 이것은 DNA 분자의 나선 구조를 가장 잘 보여주는 사진이었다.

1953
런던 버벡 칼리지의 결정학 실험실에서 일을 시작하다. 담배모자이크 바이러스의 분자구조를 연구했다.

1958
4월 16일 런던에서 난소암으로 사망하다.

1962
제임스 왓슨, 프랜시스 크릭, 모리스 윌킨스 DNA의 구조와 기능을 발견한 공로로 노벨상을 공동 수상하다. 이들의 작업은 프랭클린의 사진 51번에 바탕을 둔 것이었다.

과 시토신(C) 염기의 숫자가 같다고 결론을 내렸다.

왓슨과 크릭은 자신들의 관찰과 애스트베리의 발견에 기초하여 T는 늘 A와 연결되고 G는 늘 C와 연결된다고 생각했다. 이것으로 복잡한 DNA 분자가 세포분열에서 자기 복제를 할 때 거의 실수를 하지 않는 이유를 설명할 수 있었다. 재생산 과정에서 긴 DNA 가닥은 두 개의 반쪽으로 풀린다. 각각의 염기쌍은 둘로 나뉜다. 이어 새로운 분자를 형성하면서 염기는 오직 자신의 짝하고만 결합한다. A는 T를 찾고, C는 G를 찾는다. 이렇게 해서 이 쌍들이 새로운 DNA 분자를 형성한다.

그 다음에는 이렇게 결합된 염기쌍들이 당이나 핵산과 섞이는 과정을 개념화하는 것이 문제였다. 왓슨과 크릭은 막다른 길에 들어선 것처럼 보였다. 캘리포니아의 폴링은 전진을 한 듯했다. 폴링은 나선으로 돌아갔다. 크릭과 왓슨의 영국 실험실에서 멀지 않은 실험실에서 프랭클린은 점점 선명해지는 회절 이미지들 속에서 DNA의 구조를 관찰하는 일에 바짝 다가가 있었다. 크릭과 왓슨은 프랭클린의 자문을 구했으나, 그들의 관계는 협력과는 거리가 멀었다. 당시에는 과학 실험실에서 여성이 연구를 주도하는 경우가 드물었다. 심지어 대학 식당에서 남성 연구자들과 함께 식사를 하는 것도 허용되지 않는 일이 많았다. 게다가 성격 차이로 윌킨스하고도 소원해졌기 때문에 프랭클린은 거의 혼자서 일을 했다.

정확한 진상은 알 수 없지만, 어쨌든 윌킨스는 크릭과 왓슨에게 프랭클린이 찍은 사진의 사본을 주었다. 그러자 크릭과 왓슨은 분자의 형태가 나선임을 깨달았다. 프랭클린은 이미 깨달은 사실이었다. 이제 모델이 명확해졌다. DNA는 긴 나선형의 당-산 가닥으로 이루어져 있었으며, 나선형 층계처럼 서로 감겨 있었고, 각각의 계단에는 다시 원자가 화학적인 쌍을 이루고 있었다. 이 작업으로 크릭, 왓슨, 윌킨스는 1962년에 생리 · 의학 분야의 노벨상을 수상했다. 그러나 그들 누구도 프랭클린의 역할을 인정하지 않았다. 그녀는 1985년 서른 일곱 살에 난소암으로 사망했다.

새로운 DNA 모델은 분자에 있는 각각의 유전자가 세포의 다양한 아미노산으로 하나의 특정한 단백질을 구축하기 위한 명령을 운반한다는 사실을 분명히 보여주었다. 그러나 아미노산은 DNA가 있는 핵이 아니라 세포의 액체, 즉 세포질에 있다. 미국의 생화학자 말론 호글랜드와 폴 버그는 따로 연구를 하다가 세포질의 RNA 가닥이 아미노산을 포착하는 역할을 한다는 사실을 발견했다. 운반 RNA 또는 tRNA라고 부르는 이 짧은 RNA 가닥의 다양한 서열은 다양한 단백질의 조립 패턴을 결정한다. 이들은 일종의 분자 안내자로 DNA를 '읽는' 또 다른 유형의 RNA, 즉 전령 RNA 또는 mRNA로부터 정보를 받는다. tRNA 가닥이 mRNA와 연결이 될 때 이들은 어떤 아미노산을 합쳐서 어떤 단백질을 만들지 결정할 수 있다. 유전 명령이 단백질에 구현되면 암호, 즉 유기체의 유전이 확정된다.

해저와 극한의 환경

고세균이 생물이라고 칼 우즈가 결론을 내렸을 때 이것이 다른 생물과 얼마나 다른지, 얼마나 다양한 종류가 존재하는지, 얼마나 다양한 장소에 살고 있는지 아무도 깨닫지 못했다. 이들은 세포핵이 없었다. 섭씨 백 도가 넘는 심해의 갈라진 틈에도 살았다. 사해의 소금 웅덩이에도 살았다. 옐로스톤의 온천에도 살았다. 소와 흰개미의 창자에도 살았다. 지표에서 3킬로미터를 내려간 곳에서 75도의 온도를 견디며 물, 수소, 이산화탄소를 먹고 살았다. 일부는 이런 곳에 수억 년 동안 격리되어 있었을 것이다. 이런 생활 조건 때문에 이런 종류에 속하는 어떤 유기체는 최근에 지옥의 균이라는 뜻으로 바실루스 인페르누스(*Bacillus infernus*)라는 이름을 얻었다. 코넬 대학의 토머스 골드는 지하의 모든 미생물의 무게가 지표 위의 모든 유기체의 무게와 맞먹을 수도 있다는 계산을 했다. 탐험가들은 아직 새로운 종을 찾는 일을 끝내지 않았다. 2002년 유전학자 J. 크레이그 벤터는 세계 대양의 다양성을 탐사하는 기획을 시작했다. 특수 장비를 갖춘 선박을 타고 노바스코티아를 출발한 벤터는 매 320킬로미터마다 200리터의 바닷물 표본을 뜨면서 대서양의 사르가소 해까지 갔다. 벤터는 바닷물 1밀리리터에 박테리아가 약 백만 마리, 바이러스가 약 천만 마리가 있음을 알았다. 3년이 지난 뒤 벤터는 과학계에 알려진 유전자의 숫자를 두 배로 늘려놓았다. 대양은 생명으로, 또 전에 관찰된 적이 없는 생명 형태들로 터질 듯했다. 벤터는 대기에서도 표본을 채취하는 작업에 나섰다.

한편 과학자들은 깊은 바다 바닥, 심지어 그 밑에서 발견된 새로운 다양성과 씨름을 하고 있었다. 대표적인 고세균으로서 스트레인 121이라고 알려진 미생물

해저 여행

깊은 바다 탐험은 추위와 압력을 견딜 수 있는 배의 발명을 기다려야 했다. 윌리엄 비브와 엔지니어 오티스 바턴(왼쪽)이 발명한 구형 잠수기(球形潛水器)는 수면의 배에서 물속으로 내려간다.

은 2003년 매사추세츠 대학의 미생물학자 데릭 러블리가 발견했다. 스트레인 121은 대양 바닥의 갈라진 틈의 열수(熱水) 분출 구멍에 산다. 이들의 거주 환경은 지표 밑으로 4킬로미터 깊이까지 내려갈 수도 있다. 이곳은 중앙해령(中央海

1935~1996

1935	1937	1937	1967
미국의 생화학자 웬들 스탠리 바이러스의 결정화에 성공하다.	우크라이나 태생의 미국 유전학자 테오도시우스 도브잔스키 『유전과 종의 기원』에서 진화와 유전적 변이를 연결시키다.	독일 태생의 영국 생물학자 한스 아돌프 크렙스 세포 호흡의 중심을 이루는 구연산 회로를 발견하다. 나중에 크렙스 회로라는 이름이 붙었다.	영국의 생물학자 존 거든 핵이식을 이용하여 발톱개구리를 복제하다. 이것은 최초의 척추동물 복제였다.

嶺)이 뻗어 있는 곳으로, 지구의 지각판이 벌어지는 곳이고, 천 도가 넘는 마그마가 분출하여 대양 바닥에 새로운 껍질을 형성하는 곳이다.

러블리가 발견한 이 미생물은 '호흡의 새로운 형태'를 보여준다. 스트레인 121은 동물이 산소를 이용하듯이 철을 이용해 먹은 것을 소화시키고 생명 에너지를 생산한다. 이 생물은 121도에서도 살아가는 데 아무런 문제가 없는데, 이제까지 이 온도에서 생존한 미생물은 발견된 적이 없었다. 이 극한의 온도 때문에 이 생물에게 스트레인 121이라는 이름이 붙었다.

이 온도는 다른 이유에서도 중요하다. 우선 루이 파스퇴르의 시대 이후로 121도는 수술 도구를 소독하는 온도였기 때문이다. 두 번째로 생명이 열수 분출 구멍 같은 환경에서 나타났느냐를 놓고 논쟁이 벌어졌을 때, 쟁점은 생명이 그런 높은 온도에서 살 수 있느냐 하는 것이었기 때문이다.

만일 지구에 존재할 것이라고 생각하지도 못했던 이런 '극한 미생물'이 이곳 지구에 존재한다면, 다른 행성의 지표 밑에도 그런 생물이 존재할 수 있지 않을까? 생명의 기원을 더 깊이 이해할수록 생명의 정의도 폭이 넓어진다. 스트레인 121은 "생명이 존재할 수 있는 창문을 조금 더 연 것뿐"이라고 데릭 러블리는 말한다.

이런 심해의 구멍이 생명 기원의 열쇠를 쥐고 있을까? 지상의 생태계와 비교할 때 바다의 미생물에 관해서는 거의 알려진 것이 없다. 그러나 바다는 지구 표면의 70퍼센트를 차지하며 평균 깊이는 4킬로미터다. 중앙해령은 지구 표면 위로 약 7만 킬로미터를 뻗어 있다. 태양에너지는 수면 밑으로 약 3백 미터밖에 못 들어간다. 찬

구형 잠수정

윌리엄 비브와 오티스 바턴은 1930년에 처음으로 구형 잠수정을 타고 약 4백 미터 깊이로 내려갔다. 이 강철 잠수함을 타고 탐험하는 일은 매우 위험했기 때문에 이것은 더 안전한 중심해잠수정(中深海潛水艇)과 심해잠수정으로 대체되었다.

1974

아프리카에서 루시라는 이름의 사람 조상 화석이 발견되다. 여기에서 인류의 기원에 관한 더 많은 정보를 얻을 수 있었다.

1977

갈라파고스 열곡의 해저 열수 분출 구멍 주위에서 화학합성에 기초를 둔 동물 군집이 발견되다.

1996

영국에서 복제양 돌리 태어나다. 돌리는 성숙한 포유류의 세포로 만든 첫 복제동물이었다.

WOODS HOLE
OCEANOGRAPHIC
INSTITUTION
ALVIN
NSF-ONR-NOAA

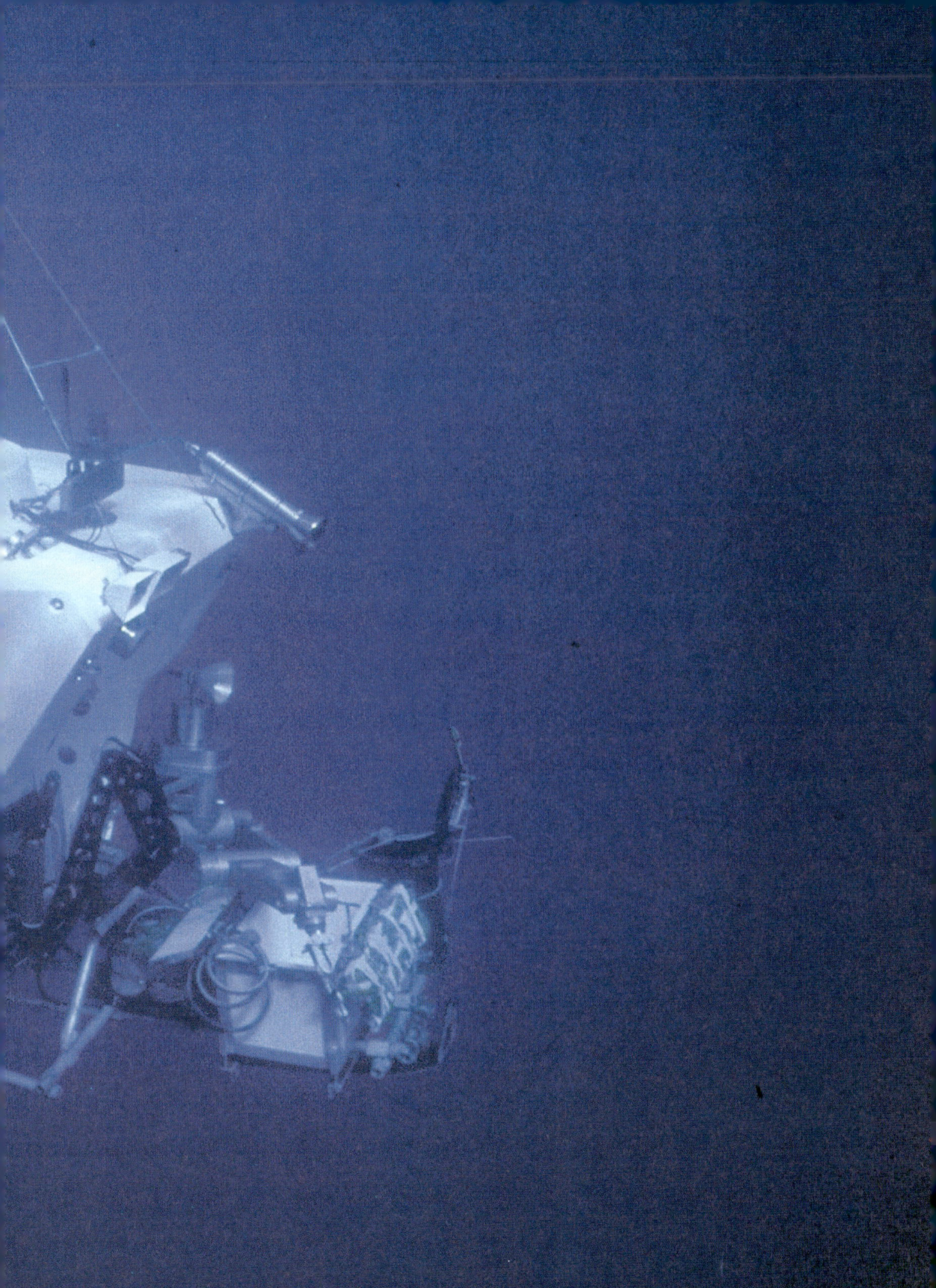

해저를 향해

심해 조사 잠수함 앨빈 호는 1974년에 처음으로 물에 들어가 그 이후 세계의 바다를 여행해왔다. 앨빈은 4천5백 미터 깊이로 내려가 열수 분출 구멍과 심해 산맥을 발견했다.

물은 바다 바닥으로 가라앉기 때문에 해저는 몹시 추운 곳이다. 게다가 완전한 어둠 속에서 수면의 천 배나 되는 압력을 견뎌야 한다.

깊은 해저는 원래 생물이 살 수 없는 죽음의 지대로 여겨졌다. 그러나 1884년 프랑스의 생물학자 A. 세르테는 해저 5천 미터가 넘는 곳에서 미생물을 발견했다. 영국 선박 챌린저 호의 항해에서는 바다의 생명에 관한 더 많은 증거가 나왔다. 챌린저 호는 1872년에서 1876년 사이에 6만 8천 해리 이상 항해를 하며 표본 채취를 했고, 그 결과 50권의 과학 보고서가 나왔다.

인간의 심해 탐사는 1934년에 시작되었다. 미국의 동물학자 윌리엄 비브와 엔지니어 오티스 바턴은 수면의 배와 케이블로 연결된 강철 구형 잠수정을 타고 천 미터 깊이까지 내려갔다. 줄로 묶인 잠수정을 조작하는 것은 까다롭고 위험한 일이었다. 케이블이 잘리면 잠수정은 대포알처럼 바다 바닥으로 가라앉을 것이 뻔했다. 글 솜씨가 뛰어났던 비브는 잠수정의 현창으로 밖을 살피며 눈에 보이는 생물을 극적으로 묘사했다.

1953년 스위스 태생의 벨기에 물리학자 오귀스트 피카르는 자신이 설계한 열기구를 타고 대기를 탐사하는 일을 평생 한 사람이었는데, 나중에는 심해잠수정(심해잠수정을 가리키는 영어의 'bathyscaphe'는 깊다는 뜻의 그리스어 'bathos'와 배라는 뜻의 skaphos에서 나왔다)을 타고 3천 미터 밑으로 내려가보았다. 프로펠러에서 동력을 얻는 이 조그만 잠수함 모양의 잠수정은 액체가 채워진 채 수면 위에 떠 있는 장치에 매달려 있었다. 사망하기 2년 전인 1960년 피카르는 아들 자크가 탄 두 번째 잠수정이 지구에서 가장 깊은 곳이라고 하는 괌 근처의 마리아나 해구 속으로 1만 미터 이상 내려가는 것을 자랑스럽게 지켜보았다.

1977년에는 프랑스와 미국이 협력하여 만든 연구용 잠수함 앨빈 호가 에콰도르 해안의 갈라파고스 열곡으로 뛰어들었다. 지질학자 두 명을 태운 앨빈 호는 길이 7미터가량의 잠수함으로 조작이 쉬웠다. 지질학자들은 2킬로미터 정도 내려갔을 때 온천을 발견했으며, 그 구역에 이상한 바다 생물이 아주 많다는 것을 알아냈다. 과학자들은 심해의 해령에 열수 구멍──바다 바닥의 갈라진 틈으로 아주 뜨거운 물이 솟아오르는 온천──이 있을지도 모른다는 생각은 했지만, 유황이 많고 물이 300도 정도로 부글부글 끓는 환경에 생명이 있을 것이라고는 예상하지 못했다. 그러나 놀랍게도 낯선 대합조개, 게, 거대한 홍합, 2미터 길이의

온천

추운 겨울에도 미국 옐로스톤 국립공원의 온천은 활동을 유지하여, 이 극한의 온도를 견디는 박테리아나 고세균의 생존을 지원한다.

서관충, 말미잘, 심지어 큰 물고기에 이르기까지 다양한 생명이 있었던 것이다.

이들은 어떻게 살아갈까? 앨빈 호에 탑승했던 지질학자 가운데 한 사람인 존 콜리스는 이런 군집이 처음 발견되자 1981년에 바다 바닥에서 분출하는 액체 속에 녹아 있는 황화수소와 메탄에 열이 합쳐지면서 나오는 엄청난 에너지가 햇빛이 없는 환경에서 생명을 지탱하는 것일 수도 있다는 가설을 제시했다.

이 가설이 옳다면 이 바다 바닥 생태계는 독특한 적응 능력을 보여주는 셈이다. 화학적 에너지와 화학 합성이 빛에너지와 광합성을 대체하기 때문이다. 스트레인 121처럼 열에 강한 미생물이 이 먹이사슬의 기반을 형성하면서, 뜨거운 물의 황화물 산화에서 에너지를 끌어내 전체 계를 위한 생물학적 화합물을 만드는 것이다. 이 화학합성 미생물은 열수 분출구에서 사는 연체동물의 먹이가 될 수도 있고, 먹이사슬의 훨씬 높은 단계에 있는 동물과 공생관계를 이루며 살 수도 있을 것이다.

어떤 산호는 자신의 내부에 사는 미세한 황록공생조류가 제공하는 폐기물과 산소로 살아간다. 이와 마찬가지로 열수 분출구 주위에서 번창하는 서관충도 공생하는 미생물에 의존한다.

이 서관충은 입, 위, 내장이 없기 때문에 그 아가미의 빳빳하고, 붉고, 헤모글로빈이 풍부한 필라멘트가 없다면 굶어죽을 것이다. 이 필라멘트는 주위의 물로부터 산소, 이산화탄소, 황화수소를 흡수한다. 서관충의 심장은 이 녹아든 기체를 자기 몸의 많은 부분을 차지하는 내부 주머니로 내려보낸다. 그러면 박테리아가 꽉 들어찬 세포로 이루어진 서관충의 몸이 부풀어 오른다. 박테리아는 조직 약 1그램당 100억 개 정도가 들어 있다. 서관충에 사는 박테리아는 자신들의 생존에 사용하는 산소와 황화수소를 얻는 대가로 유기 탄소를 합성하여 그것을 숙주인 서관충과 자신의 먹이로 삼는다.

대적점

1977년 우주선 보이저 1호는 목성 옆을 날아가다가 커다란 대적점(大赤點)의 사진을 찍었다. 이것은 지구에서 수백 년 동안 관찰된 고압 폭풍이다. 그러나 여전히 생명의 흔적은 보이지 않았다. 과학자들은 다른 덜 극한적인 환경에서도 생명을 찾고 있다.

이런 생태계에서는 지상의 생태계와 같은 다양성은 찾아볼 수 없지만, 유황이 담긴 광물은 거의 무한하기 때문에 이들을 이용하는 이 화학합성 생태계도 여느 산호초 못지않게 생산적일 수 있다. 1970년대 말 이후 발견된 약 200개의 열수 분출구에서 전에는 알려지지 않았던 300종 이상의 생물이 확인되었다. 이런 열

수 분출구는 태평양, 인도양, 대서양에 퍼져 있으며, 갈라파고스의 연기 분출구에서부터 대서양 중앙의 거대한 '잃어버린 도시'에 이르기까지 다양하다. 열수 분출구에서 먼 곳이라 해도 황화물을 만들어내는 곳에서는 화학 합성 생태계가 발견되었다.

이런 생태계는 지구 표면에서 살아가는, 빛을 이용하는 생명과 전혀 관계가 없는 것일까? 전혀 관계가 없지는 않을 것이다. 해수의 이산화탄소는 수면의 생명에서 온다. 또 이 열수 생물의 유생(幼生)은 얕은 물로 떠올라 수면에서 내려온 것을 먹고 살 수도 있다. 그럼에도 화학합성 생명의 발견 때문에 과학자들은 생명이 살 수 있는 조건의 범위를 다시 생각하고 생명의 기원에 관한 이론을 재구성하게 되었다. 이 열수 분출구 거주자들은 가장 기본적인 원소로 생명을 창조한다. 그렇다면 최초의 생명은 이런 장소에서 또는 이런 조건에서 진화했을까?

열수 분출구는 지상에서 다양한 생명이 멸종하는 동안에도 살아남은 아주 오래된 형성물이다. 열수 분출구와 그 주위의 차가운 바닷물 사이의 온도 차이가 유기 분자를 위한 유리한 조건을 제공하는 것일까? 이곳의 열을 좋아하는 박테리아와 고세균이 가장 오래된 생물이라는 데는 의문의 여지가 없다. 또 가장 적응력이 높은 생물이기도 할 것이다.

새로운 생태계는 바다 바닥 밑이나 단단한 바위의 내부에서도 발견된다. 박테리아는 이곳에서 수소와 이산화탄소의 반응으로 에너지를 얻고 메탄과 물을 생산한다.

오리건 주립대학의 스티븐 조바노니는 최근 태평양 바다 밑 300미터 깊이에서 살고 있는 박테리아 군집을 발견했다. 조바노니가 그곳에서 발견한 모든 미생물은 완전히 새로운 종에 속하며, 이 심해 군집은 다른 심해 박테리아 군집과 공통점이 거의 없다.

가장 흔한 종은 수소와 질산의 반응으로 암모늄을 형성하는 과정에서 에너지를 얻는 박테리아이다. 이 발견 덕분에 우리는 태양에너지로부터 독립한 방대한 생태계의 모습을 일부나마 보게 되었다.

이 모든 종류의 새롭고 특이한 발견 때문에 우주생물학이라는 과학이 시작되었다. 이것은 지구 바깥의 유기 생물을 연구하는 학문이다. 우주생물학자는 인간을 닮은 화성인이나 수성인과 접촉을 하기를 바라지 않는다. 그들은 태양계나 은

하계에서 광합성이 아니라면 화학합성으로라도 한때 생명을 유지했을 만한 곳을 찾는다. 전에는 너무 뜨겁거나 춥거나 건조해서 생명이 살 수 없을 것이라고 생각했지만, 지금은 지구의 극한 미생물의 발견으로 이런 곳도 생명의 조건으로 다시 고려되고 있다.

이 글을 쓰는 시점까지는 지구 밖에서 그런 생명이 발견된 적은 없다. 다만 감질 나는 실마리가 있을 뿐이다. 이 실마리는 우주선이 화성 또는 목성이나 토성의 위성을 자세히 관찰하면서 나타났다. 예를 들어 토성의 아주 작은 위성 엔셀라두스에 보이는 수증기 간헐천이 생명의 가능성을 암시하는 곳일까? 물론 이곳의 환경은 매우 혹독하다. 그러나 얼마 전까지만 해도 우리는 지구의 극한 환경이 생명이 살기에는 불가능한 곳이라고 생각했다.

우주에는 유기 분자가 가득하다. 강력한 우주망원경이 수억 광년 떨어진 젊은 별을 둘러싼 구름에서 그런 분자를 발견하기도 했다. 그런 분자는 혜성을 타고 은하계를 돌아다닌다. 우리는 생명의 가능성을 이제야 조금이나마 이해하기 시작한 것인지도 모른다.

우주의 우화. 에덴동산에서 신의 양쪽에 아담(해)과 하와(달)가 있다. 인물은 모두 상징적인 별자리와 관련되어 있다. 별

지구와 달

5

1968년 12월 21일 프랭크 보먼, 제임스 러블, 윌리엄 앤더스 세 사람은 아폴로 8호에 탑승했다. 아폴로 8호는 그들을 달까지 쏘아 올릴 새턴V 로켓의 맨 위에 붙은 사령선이었다. 이들은 지구의 위성 주위를 열 바퀴 돈 뒤에 12월 27일에 지구로 귀환했다. 이것이 인류가 다른 천체로 떠난 최초의 여행이었다. 그러나 이 역사적인 임무에서 포착한 가장 인상 깊은 이미지는 우리의 고향 지구를 찍은 사진이었다.

자그마한 우주선이 달의 건너편에서 어두운 그림자를 헤치고 궤도를 돌 때, 이들은 지구가 달의 지평선 위로 서서히 떠오르는 모습을 지켜보았다. 이때 찍은 "떠오르는 지구"라는 유명한 이미지는 황량한 달 위에 걸린, 구름에 덮인 파란 세계를 보여주었다. 먼 우주에서 처음 포착한 이 지구의 이미지는 새까만 우주를 배경으로 흰색과 검은 색으로만 이루어진 황량한 달의 풍경과 대조를 이루며, 지구의 아름다움, 우아함, 연약함을 드러냈다. 이 이미지는 우리가 고향이라고 부르는 이 창백한 푸른 점을 바라보는 완전히 새로운 시각을 제공했다.

우리 세계에 대한 최초의 관념은 고대의 관찰이나 신화에서 찾아볼 수 있다. 시계 장치처럼 움직이는 천체들의 끝없는 운동, 그들이 뜨고 지는 현상 때문에 초기의 인류는 지구가 우주의 중심이라고 상상했다.

신화에서 과학으로

지구의 기원에 관한 이야기는 전 세계의 신화에서 수없이 되풀이되어왔다. 나바호 인디언에서부터 불교도에 이르기까지 다양한 문화의 창조 신화는 모든 존재에 앞선 지고의 존재의 마음속에서 지구가 형성되는 과정을 묘사한다. 유대교와 기독교의 신은 때로 무에서부터 지구를 조직적으로 설계하고 건설한 건축가로 묘사되기도 한다. 아이슬란드, 스칸디나비아, 그리스, 일본, 중국, 바빌로니아의 신화는 혼돈으로부터 등장하는 창조에 관해 이야기한다.

간단히 말해서 지구가 어떤 모양인지 그려보고 어떻게 만들어졌는지 설명하는 것은 인간의 본질적인 충동에 속한다. 그러나 과학은 그런 이미지와 설명이 측정할 수 있는 증거와 일치할 것을 요구한다. 사실 18세기 이전까지는 우리 태양계의 신비한 활동과 기원을 판독하는 데 도움을 줄 만한 이론, 장비, 나아가서 튼튼한 기반이 될 만한 경험적 기록이나 관찰의 원리가 없었다.

1687년 아이작 뉴턴의 『프린키피아』의 출간과 더불어 천체역학의 기본 개념

기원전 1800년경~서기 132년

기원전 1800년경
중국인이 지진을 기록하다.

기원전 1150년경
람세스 2세 치세 이집트에서 현존하는 가장 오래된 지도인 투린 파피루스를 만들다.

기원전 540년경
그리스의 철학자 크세노파네스 조개껍질 화석은 큰 홍수 때문에 조개가 땅에 묻힌 결과라고 주장하다. 1300년대에 조반니 보카치오는 이 관찰이 옳다고 확인해주었다.

평평한 지구

현대의 화가가 고대인들이 생각하던 평평한 지구를 개념화했다. 알려진 세계를 떠난 배들이 위태롭게 가장자리 밖으로 나가고 있다.

이 이해되고 받아들여지기 시작했다. 1700년대 중반이 되자 태양, 달, 행성의 표가 나오고, 태양, 달, 행성의 운동의 작은 변화에 관한 합리적 설명이 등장했다. 이런 표는 이전의 표보다는 훨씬 더 정확했지만, 태양계 행성들의 움직임의 설명되지 않는 변화는 그대로 남았다. 예를 들어, 관찰에 따르면 목성과 달은 궤도에

기원전 530년경	기원전 450년경	기원전 235년경	서기 132년
사모스의 피타고라스 월식 때 달에 드리우는 그림자를 보고 지구가 공 모양일지도 모른다고 추론하다.	그리스의 역사가 헤로도토스 지진이 지형을 크게 바꿀 수 있다고 주장하다.	그리스 철학자 에라토스테네스 지구의 둘레를 재는 실험을 하다. 그의 계산 결과는 실제 크기보다 15퍼센트밖에 크지 않았다.	중국의 엔지니어 장형 최초의 지진 기록 장치를 개발하다. 이 장치는 인간이 느낄 수 없는 미세한 움직임도 탐지할 수 있었다.

서 가속을 하는 반면 토성을 느려졌다. 이런 경향이 계속되면 목성의 궤도는 줄어들고 토성의 궤도는 서서히 확장될 터였다. 그러면 목성은 궤도가 좁아지다 결국 태양에 부딪혀 종말을 맞이하게 된다. 토성은 태양계 바깥으로 점점 밀려나게 된다. 달은 궤도가 좁아져 지구와 충돌한다. 초기의 이런 관찰대로라면 태양계는 종말을 맞이할 수밖에 없을 것 같았다.

레온하르트 오일러, 조제프 루이 라그랑주, 피에르 시몽 드 라플라스 등 저명한 수학자 세 명이 이 문제를 연구했다. 그들의 연구 결과 행성의 운동에서 두 가지 유형의 변화가 드러났다. 첫 번째는 주기변화라고 부르는 것으로 이것은 비교적 빨리 원래대로 돌아왔다. 반면 영년변화라고 부르는 두 번째 변화는 지속적인 변화를 보여주었다. 오일러는 심지어 그 변화가 불가역적이라고 믿었다. 오래 진행되면 행성 궤도의 형태도 바뀔 수 있다는 것이었다. 오늘날 우리는 다르게 이해하지만, 18세기에만 해도 목성과 토성이 가속과 감속을 하는 것이 영년변화의 예라고 생각했다.

1772년 라플라스는 두 행성 사이의 중력의 힘이 행성의 궤도 주기를 영구적으로 바꿀 수 없음을 증명했다. 그는 나중에 라그랑주의 작업을 바탕으로 목성, 토성, 달의 궤도의 영년변화로 보이는 모습이 사실은 아주 긴 시간 간격을 둔 주기변화에 불과하다는 사실을 증명했다. 목성과 토성을 대상으로 계산을 한 결과 이들의 궤도에서 일어나는 변화는 약 900년의 기간에 걸쳐 일어나며, 이 때문에 영구적으로 보인다는 것이었다.

1796년에 라플라스는 뉴턴의 천체역학을 더 많은 독자에게 소개하는 『세계의 체계에 대한 해설』을 출간했다. 그 다음에 나온 『천체역학 개론』도 영국과 미국의 천문학자들에게 자신과 동료들이 개발한 방법을 자세히 설명한다. 이 작업은 연구자들에게 매우 긴요했다. 라플라스는 궤도 변화를 연구하는 과정에서 태양계의 안정적인 모델을 개발했을 뿐 아니라 태양계가 처음 태어난 몇 분 동안의 모델도 만들게 되었다. 라플라스는 거대한 기체 구름 또는 성운이 태양 주위를 천천히 돌다가 이 구름으로부터 행성과 그 위성들이 응축되었을 것이라고 보았다.

오늘날 천문학자들은 성간 기체와 먼지로 이루어진 공 모양의 구름이 천천히 회전하다 응축하는 과정에서 태양계가 형성되었을 것이라고 본다. 이 구름의 밀도는 그 자체의 중력으로 수축을 시작할 수 있을 만큼 높았을 테지만, 그래도 근

측량

이 부조는 아시리아의 통치자 아슈르바니팔이 전차를 타고 여행하는 모습을 보여준다. 그는 자신이 얼마나 갔는지 어떻게 알았을까? 고전시대에는 다양하고 또 부정확하기도 한 거리 단위들이 사용되었다. 오늘날에는 국제적 협력의 결과 시간, 길이, 무게 등 여러 가지 측량을 위한 엄격한 기준이 정해져 있다.

처의 사건(초신성 폭발에서 별의 죽음 같은)에서 일어난 압력파로 최초의 붕괴가 시작되었을 가능성이 훨씬 높다.

성운이 붕괴하기 시작하자 온도가 높아지면서 회전 속도도 빨라졌다. 그러자 구름은 점점 평평해져 원반 모양으로 바뀌었다. 소용돌이를 따라 이 원반의 중심으로 들어오는 물질은 안으로 오면서 속도가 붙었을 것이다. 원자들은 서로 충돌하면서 운동에너지를 열로 바꾸었을 것이다. 원반의 중심에 물질이 점점 축적되면서 원반은 더 빨리 돌고 더 작게 수축되었으며, 온도와 압력은 올라갔다. 한편 원반 안의 기체가 중심에서 일정한 간격으로 모이기 시작하여, 그 물질이 결국 행성들을 형성했다.

마침내 원반의 중심에서 원시별을 이룰 만큼 충분한 물질이 모였다. 원시의 태양은 수소를 헬륨으로 융합하여, 자신의 핵 원자로에 불을 붙이는 데 필요한 온도와 압력을 얻었다. 강렬한 태양의 뜨거운 열은 근처의 얼음 알갱이와 얼어붙은 이산화탄소를 증발시켰다. 따라서 이런 물질은 발달하는 태양계의 바깥 영역에서만 존재할 수 있었다. 반면 돌 같은 규산염과 금속 알갱이는 원반 전체에 존재할 수 있었다. 아주 작은 알갱이들이 충돌하여 점점 큰 물체를 이루었고, 시간이 지나면서 이것이 행성이 되었다. 이렇게 해서 돌과 흙의 세계들로 구성된 태양계 내권(수성, 금성, 지구, 화성)과 거대 기체 행성들로 이루어진 태양계 외권(목성, 토성, 천왕성, 해왕성)이 형성된 것이다.

어떤 면에서 보자면 이런 설명도 이 세계의 창조와 활동에 관한 또 하나의 이야기에 불과할 수 있다. 다른 면에서 보자면 이 설명은 다른 어떤 신화와도 크게 다르다. 이것은 수학적으로 증명 가능하며, 수 세대에 걸친 관찰자와 이론가들의 상세한 기록을 주의 깊게 참조하고 있기 때문이다.

인간의 우주, 특히 우리의 행성과 달을 이해하는 방식은 몇천 년 동안 신화에서 과학으로 발전했다. 그런 개념들, 그리고 그 토대가 되는 믿음이 변한 과정이 이 자리에서 우리가 이야기해보고자 하는 내용이다.

지구 측량

지구의 형태와 크기에 대한 옛날 사람들의 생각은 서로 엄청나게 달랐다. 최초의 그리스인들은 지구가 평평하다고 가정했다. 그들은 지구를 지탱하는 것이 무엇이냐는 질문을 던졌다. 무엇이 지구를 흔들리지 않게 붙잡아주는지 궁금했기 때문이다. 지구의 형태에 관하여 지금까지 남은 최초의 기록은 호메로스의 시이다. 여기에는 지구가 바다에 둘러싸인 평평한 원반으로 묘사되고 있다.

천문학자 밀레토스의 탈레스는 지구가 평평하며 물 위에 올라가 있다고 주장

물시계
시간의 경과는 몇 가지 방법으로 표시할 수 있었다. 그 가운데 하나가 떨어지는 물이었다. 기원전 50년 아테네에 세워진 바람의 탑에는 이 그림에 나온 것과 비슷한 복잡한 물시계가 있었다고 한다.

했다. 탈레스의 제자 아낙시만드로스는 지구는 평평한 원통 모양으로 지탱해주는 것이 없으며, 그 깊이는 폭의 3분의 1이라고 생각했다. 그는 지구가 허공에 떠 있지만, 우주의 다른 모든 물체와 떨어진 거리가 같기 때문에 그 자리를 유지한다고 주장했다. 그는 또 지구를 유지시키는 것이 물이나 다른 원소가 아닌 영적인 힘이라고 믿었다. 이 영적인 힘은 만물의 원인으로, 모든 것이 이 영원한 근원에서 생겨나고 또 이곳으로 사라졌다.

밀레토스의 아낙시메네스는 지구가 넓고 평평하며, 공기가 지탱한다고 믿었다. 콜로폰의 크세노파네스는 우리의 발밑, 즉 지표가 공기와 만나는 곳이 세상의 위쪽 한계이며, 아래쪽은 밑으로 무한히 내려간다고 주장했다.

공 모양의 지구를 처음 제시한 사람은 기원전 6세기 그리스의 유명한 철학자이자 수학자 피타고라스였다. 당대의 진보적 사상가였던 피타고라스는 세상을 일련의 형태, 패턴, 규칙적인 주기라고 보았다. 그는 달이나 태양 같은 다른 천체가 둥글다는 점, 식이 일어나는 동안 달과 해에 드리운 그림자가 둥글다는 점에 주목했다. 피타고라스는 또 수평선에서 올라오는 배도 관찰했다. 그는 이 모든 현상에 근거하여 지구는 공 모양이라고 결론을 내렸다.

고대 그리스의 다른 철학자 몇 명도 지구는 공 모양이라는 생각을 제시했다. 기원전 8세기에도 그런 철학자가 있었다. 5세기에 고대 그리스 철학자들의 전기를 쓴 디오게네스 라에르티오스는 세계가 공 모양이라고 생각했던 사람으로 파르메니데스와 피타고라스를 꼽았다. 기원전 4세기로 거슬러 올라가는 아리스토텔레스의 『하늘에 관하여』는 현존하는 글 가운데 최초로 지구가 공 모양임을 밝혔을 뿐 아니라, 그런 진술의 증거도 제시했다.

아리스토텔레스는 지구가 공 모양이며 우주의 중심에 고정된 자리를 차지하고 있다는 사실을 설명하기 위해, 무거운 원소는 중심을 향하여 움직이는 경향이 있다고 말했다. 그도 피타고라스와 마찬가지로 일식 동안에 달에 드리운 지구의 그림자를 지구가 둥글다는 증거로 제시했다. 이 그림자는 일관되게 원형이었으며, 달이 매달 상이 달라질 때마다 나타나는 다양한 형태와는 달랐다.

아리스토텔레스는 지상에서 북이나 남으로 움직이면 밤하늘의 별의 위치도 바뀐다는 사실을 알았다. 북쪽으로 가면 남쪽 하늘의 별이 지평선에 가까워지다가 심지어 그 밑으로 사라진 것처럼 보이기도 한다. 반면 북쪽 하늘의 별은 지평선 위로 더 높이 올라가는 것처럼 보인다. 남쪽으로 가면 그 반대가 된다. 아리스토텔레스는 이런 관찰에 근거하여 지구는 공 모양이라고 추론했다. 그것도 상당히 작은 공이라고 말했다. 상대적으로 짧은 거리만 움직여도 별이 눈에 띄게 자리를 옮겼기 때문이다.

아리스토텔레스로부터 백 년 뒤 에라토스테네스는 지구의 둘레를 계산했다. 기원전 276년경 키레네(오늘날의 리비아)에서 태어난 에라토스테네스는 천문학자이자, 지리학자이자, 운동선수이자, 철학자이자, 시인이자, 수학자였다. 그는 또 5종 경기(펜타슬론) 우승자이기도 했다. 그에게는 펜타슬로스와 베타라는 두 가지 별명이 있었다. 펜타슬로스라는 별명은 그의 운동 능력 때문에 붙은 것이었으며, 그리스 알파벳의 두 번째 문자인 베타라는 별명은 그가 그밖의 다른 많은 분야에서 둘째가는 실력자처럼 보였기 때문에 붙은 것이었다.

에라토스테네스는 오랫동안 아테네에서 공부했다. 그는 수학자이자 물리학자인 아르키메데스와 절친한 사이였다. 마흔 살쯤 되었을 때 에라토스테네스는 이집트 알렉산드리아의 훌륭한 도서관 관장 자리를 맡았다. 이 과학 연구소는 당대 최고의 학습 센터로, 전시실, 강의실, 독서실, 상주 학자나 방문 학자의 숙소를 두루 갖추고 있었다. 절정기에 이 도서관에는 70만 개 이상의 파피루스 두루마리가 있었다. 에라토스테네스는 도서관 관장으로서 당대 최고의 과학이나 문학 문헌을 접할 수 있었다.

에라토스테네스는 이집트 남부의 시에네(현재의 아스완)에서 이루어진 관찰에 관해 알게 되었다. 6월 21일 태양이 하늘에서 가장 높은 곳까지 올라가자 신전 기둥 그림자가 사라지고 태양이 우물 바닥까지 비추었다는 것이다. 에라토스테네스는 이 이야기에 큰 흥미를 느껴 알렉산드리아에서도 똑같은 현상이 나타나는지 보기로 했다.

6월 21일 한낮에 알렉산드리아에서는 시에네와는 달리 그림자가 점점 짧아지다가 사라지는 일이 생기지 않았다. 태양이 하늘에서 가장 높은 곳에 이르렀을 때에도 그림자는 여전히 뚜렷하게 나타났다. 에라토스테네스는 만일 지구가 평평하다면 두 도시에서 같은 높이에 있는 물체는 그림자의 길이가 같을 것이라고 생각했다. 그러나 실제로는 달랐다. 그는 이 사실을 놓고 지구의 표면이 곡선이라는 사실을 연역해냈다. 에라토스테네스는 이 사실을 바탕으로 지구의 크기를 계산하는 일을 시작했다.

에라토스테네스가 어떤 식으로 계산을 했는지는 자세히 알려지지 않았다. 그가 원래 썼던 『지구 측정에 관하여』는 오늘날 남아 있지 않다. 그러나 우리는 에라토스테네스가 기원전 300년경 에우클레이데스(유클리드)의 작업을 살펴보았으며, 당대의 다른 수학 또는 과학도 연구했다는 사실을 알고 있다. 에라토

존 해리슨

항해용 시계의 발명가

1693
3월 24일 영국 요크셔 파울비에서 출생하다.

1713~1717
나무만 이용한 시계를 세 개 만들다.

1730
왕실 천문학자인 에드먼드 핼리에게 자신이 만든 시계를 보여주러 런던까지 가다. 그는 정확한 항해용 시계를 제작하여 경도상을 타기를 바랐다.

1735
첫 번째 항해용 크로노미터 H1을 완성하다.

1736
런던에서 리스본을 왕복하는 1천7백 해리 동안 바다에서 H1을 시험하다.

1737
H1보다 튼튼하게 설계한 H2의 제작을 시작하다.

1740
H2의 설계 결함을 깨닫고 H3 작업을 시작하다.

1753
존 제프리스에게 자신의 설계에 따라 H4를 커다란 회중시계처럼 만들어달라고 맡기다.

1759
H3이 경도위원회가 요구하는 정확성의 수준에 이르지 못하다. 그러나 H4가 완성되었다.

1761~1764
아들이 H4를 들고 대서양 횡단을 시도하여 그 신뢰성을 입증하다. 그러나 경도위원회는 이 시계의 정확성을 의심하여 해리슨에게 상을 주려 하지 않았다.

1773
조지 왕의 옹호를 받아 마침내 경도위원회로부터 큰 상금을 받다.

1776
3월 24일 83살 생일에 런던의 레드라이언 스퀘어에 있는 집에서 사망하다.

경선

1690년에 나온 이 지구 지도는 양극에서부터 뻗어 나오는 경선을 묘사한다. 경선은 자오선이라고도 부른다.

스테네스는 시에네에서 6월 21일 한낮에 그림자가 사라지고 우물 바닥에 해가 비추었다면 이 해는 시에네 바로 위에, 즉 지평선에서 90도 각도로 떠 있었을 것이라고 추론했다. 에라토스테네스는 같은 날 같은 시간 알렉산드리아에서 남쪽 지평선 위로 태양이 가장 높이 올라간 지점을 측정했다. 그는 알렉산드리아와 시에네의 태양의 위치 차이는 7도가 약간 넘는다는 것을 알아냈다. 원의 둘레 전체를 도는 데 필요한 360도의 약 50분의 1인 셈이었다.

지구의 둘레
지구 적도의 둘레는 40,075.02킬로미터이며, 양극을 이은 둘레는 40,007.86킬로미터다.

기하학의 원리에 따라 지구 둘레를 계산하려면 알렉산드리아와 시에네 사이의 거리도 알아야 했다. 두 도시 사이를 여행하는 행상인들은 약 5천 스타디아, 즉 대략 800킬로미터라는 추정치를 알려주었다. 이 거리를 그가 계산한 각도에 따라 50으로 곱하자 지구의 둘레는 25만 스타디아(약 45,981킬로미터)라는 결과가 나왔다. 놀랍게도 에라토스테네스의 계산은 실제 거리보다 약 15퍼센트 정도만 더 길 뿐이었다. 지구 둘레의 실제 측정치는 40,075킬로미터이기 때문이다. 에라토스테네스는 간단한 유클리드 기하학과 빈틈없는 관찰로 2천여 년 전에 지구의 크기를 계산할 수 있었던 것이다.

기원전 3세기의 천문학자 사모스의 아리스타르코스는 최초로 태양이 우주의 중심이라고 주장했다. 아리스타르코스는 월식 동안에 달이 지구의 그림자를 통과해 움직이는 것을 관찰했다. 그는 이 관찰을 바탕으로 달의 크기가 지구의 약 3분의 1이라고 어림잡았다. 그는 에라토스테네스의 계산을 이용하여 달의 둘레가 약 83,333스타디아(13,256킬로미터)일 것이라고 추측했다. 현재 우리는 달의 둘레가 10,856킬로미터라고 알고 있다.

아리스타르코스는 기하학과 달의 상 변화를 이용하여 지구에서 태양과 달까지 거리를 계산했다. 그의 계산에 따르면 태양은 달보다 약 19배 멀리 떨어져 있고, 약 19배 더 컸다. 실제로는 389배 더 멀리 떨어져 있다. 실제와 크게 차이가 나기는 하지만, 아리스타르코스의 계산은 태양이 지구보다 훨씬 더 크다는 것을 보여주어, 태양 중심의 태양계 모델로의 중요한 걸음을 내디딘 것이라고 볼 수 있다.

길 찾기

지중해 연안에는 뱃사람들이 살았다. 호메로스의 서사시와 이집트의 상형문자는 그들의 여행을 증언하는데, 이런 여행은 지구의 모양과 성질을 이해하는 데 기여했다.

페니키아인은 에라토스테네스가 지구의 크기를 계산하기 400년 전에 아프리카를 배로 일주했다. 옛날 뱃사람들은 길을 잃지 않으려고 해안선을 따라 움직이면서 눈에 익은 지형의 안내를 받았다. 그들은 또 바다의 깊이를 재는 측심과 별자리나 행성의 위치에 기초하여 자신의 위치를 계산하는 천문 항법으로 목적지를 찾아갔다.

기원전 4세기 그리스의 역사가 헤로도토스는 바다에 나갔을 때 알렉산드리아로부터 얼마나 떨어져 있는지 그 거리를 계산하는 방법을 설명했다. 요컨대 납을 단 줄이 바다 바닥에 닿았을 때 깊이가 11길(1길은 약 1.8미터)이면 알렉산드리아까지는 대체로 하루가 남은 것이다.

태양과 별도 그들이 길을 찾는 데 도움을 주었다. 페니키아인은 아수(일출)와 에레브(일몰)를 이용하여 기본 방위 가운데 둘인 동과 서를 찾았다. 밤이면 별, 특히 북극성을 찾았다. 지구의 지리적 북극은 북극성의 방향과 거의 일치했기 때문에, 이것이 세 번째 기본 방위를 가리키는 등대 역할을 한다.

북반구에서 북극성은 정북을 가리킬 뿐 아니라, 지평선을 기준으로 어디에 자리잡고 있는지 판단하여 위도도 추측할 수 있다. 머리 바로 위의 천정(지평선 위로 90도)에 북극성이 떠 있다면 북극에 있는 것이다. 천정과 지평선 중간(북쪽 지평선

1546~1785

1546	1568	1600	1644
독일 인문학자 게오르기우스 아그리콜라 광물의 포괄적 분류체계인 『화석의 본성론』을 쓰다.	플랑드르의 지도제작자 게라르두스 메르카토르 항해자들이 나침반에서 읽은 것을 조정하지 않고 직선 항로를 그릴 수 있는 투영법을 개발하다.	윌리엄 길버트 전기와 자기에 관한 연구 『자석에 대하여』를 출간하다.	르네 데카르트 『철학의 원리』에서 지구가 녹은 덩어리에서 출발하여 식는 과정에서 껍질이 생긴 것일 수도 있다는 이론을 제시하다.

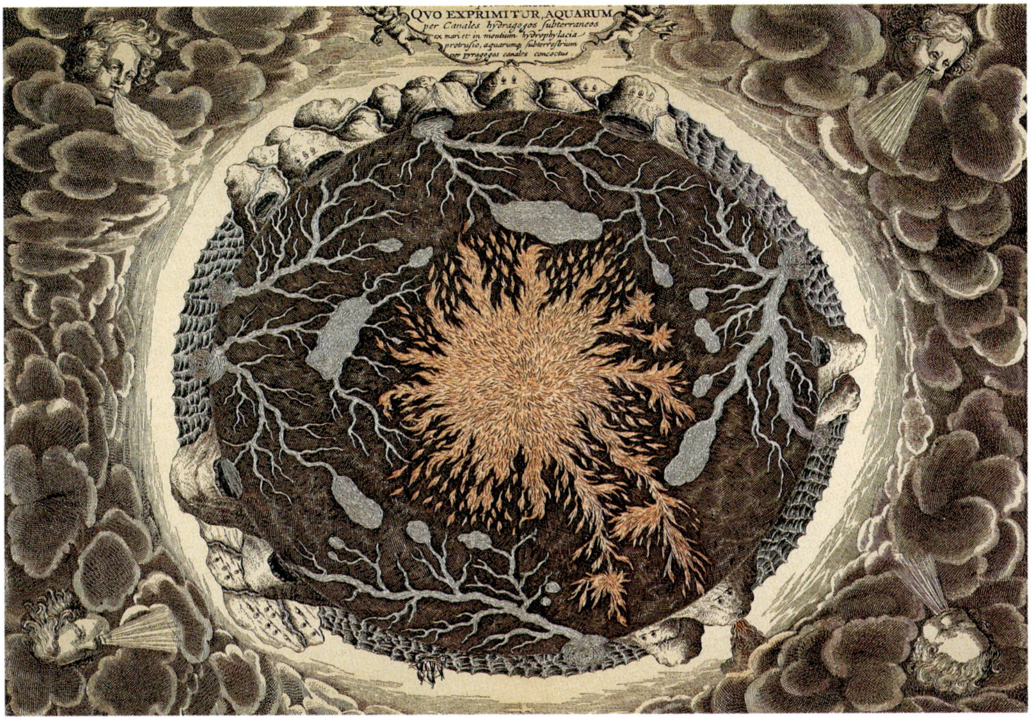

옛날 지구의 핵

1664년에 나온 이 그림에서 지구의 내부에는 중앙의 타오르는 핵을 둘러싸고 호수와 강이 있다.

위로 45도)에 있으면 관찰자는 북위 45도에 있는 것이다. 북극성이 지평선 바로 위에 있으면(지평선 위로 0도) 관찰자는 적도에 있는 것이다. 북극성은 남반구로 넘어간 사람에게는 보이지 않는다. 실제로 남반구에서 항해하는 사람들에게는 정남을 가리키는 밝은 별이 없다. 남십자성 별자리의 십자를 이루는 밝은 별들은

1666	1686	1735	1785
덴마크의 지질학자 니콜라우스 스테노 퇴적층에서는 오래된 바위가 새 바위 밑에 놓인다는 지층누중의 법칙을 정리하기 시작하다.	영국의 천문학자 에드먼드 핼리 여러 지역의 우세풍을 나타내는 세계지도를 만들다. 최초의 기상도를 만든 것이다.	영국의 기상학자 조지 해들리 적도에서 양극으로 공기를 움직이는 대규모 세포를 도입하여 대기 순환을 묘사하다.	스코틀랜드의 지질학자 제임스 허턴 지구의 풍경은 오늘날에도 관찰되는 과정을 거치며 점차 형성되었다는 동일과정설을 발표하다.

천구의 남극을 가리킨다. 남쪽 하늘의 별들은 이 극 주위를 도는 것처럼 보인다.

기원전 3세기에 활동했던 알렉산드리아의 시인 칼리마코스에 따르면 밀레토스의 탈레스는 이오니아의 뱃사람들에게 작은곰자리를 이용하여 항해를 하라고 가르쳤다. 작은곰자리에서 가장 밝은 별들은 소북두칠성이라고 알려진 일곱 개의 별이다. 북반구에서 이 별자리는 훌륭한 하늘의 안내자 역할을 한다. 북극성은 이 국자 모양의 별자리에서 손잡이에 있는 마지막 별이기 때문이다.

나중에는 바이킹도 위대한 항해자로 꼽히게 되었다. 이들이 사는 곳은 북위가 높았기 때문에 여름은 낮이 길고 밤이 짧다. 해가 져도 오래 가지 않는다. 위도가 더 높아지면 여름 몇 달 동안 밤하늘이 완전히 어두워지지 않는다. 대신 어스름의 빛이 하늘을 밝혀 별이 잘 보이지 않는다.

따라서 북쪽의 뱃사람들은 하늘을 관찰하는 것 외에 다른 항해 방법을 찾아야 했다. 그런 방법 가운데 하나가 새였다. 바닷새는 부리가 가득 차면 항상 육지의 둥지로 향했으며 부리가 비어 있으면 바다로 나갔다. 스칸디나비아의 배 가운데는 육지를 좋아하는 것으로 여기던 새, 예를 들어 갈가마귀를 싣고 가 일부러 굶기는 경우가 있었다. 이런 새를 풀어주면 가장 가까이 있는 육지로 날아갈 것이라고 생각했기 때문이다.

역사상 가장 위대한 대양 항해자들은 남태평양의 섬들에서 나왔다. 폴리네시아, 미크로네시아, 멜라네시아가 그런 곳이었다. 옛날 폴리네시아 사람들은 손으로 깎은 비교적 작은 배를 타고 수천 킬로미터를 항해하여 먼 섬들에 흩어져 살았다.

항해자들

이와 같은 페니키아의 갤리선이 기원전 7세기에 지중해의 무역로를 항해하며 교역을 했다.

폴리네시아 사람들도 북쪽 민족들과 마찬가지로 새를 이용하여 길을 찾았다. 그들은 또 정교한 별자리 지도를 그려 은하수에 있는 앵무새, 쥐치, 박, 상어 우두머리 등의 별자리를 자세히 묘사하기도 했다.

폴리네시아 사람들은 새와 별의 길안내를 받기도 했지만 바다의 움직임을 빈틈없이 관찰하기도 했다. 우세풍을 이용하기도 했고, 해류와 근처 섬의 파도의 패턴 변화를 관찰하기도 했다. 인도양에서 서쪽으로 향하는 해류는 옛 인도네시아 사람들의 탐험에 도움을 주었을 것이다. 실제로 그곳에서 남서쪽으로 약 6,500킬로미터 떨어진 마다가스카르 사람들의 혈통은 폴리네시아까지 거슬러 올라갈 수 있다.

에라토스테네스

에라토스테네스는 지리학에 중요한 공헌을 했지만 그의 인생은 비극적으로 끝이 났다. 그는 말년에 시력을 잃었으며, 마침내 굶어서 스스로 목숨을 끊었다.

기원전 천 년경 호메로스 시대의 세계지도는 지중해를 둘러싼 나라들에 한정되어 있었다. 이 지역 사람들은 그들이 사는 땅덩이가

예술과 과학

위대한 프랑스 조각가 장 앙투안 우동이 피에르 시몽 라플라스 후작의 흉상을 조각하고 있다. 라플라스의 부인과 딸들이 지켜보고 있다. 1804년에 루이 레오폴드 부아이가 그린 그림이다.

오세아누스 플루비우스, 즉 지구 주위를 흐르는 거대한 강에 둘러싸여 있다고 믿었다.

간혹 지리학의 아버지라고 일컬어지는 에라토스테네스는 기원전 3세기에 현재까지 알려진 최초의 세계 지리 지도를 만들었다. 이 『지리학』은 세 부분으로 나뉘어 있다. 첫 번째는 역사적 소개, 두 번째는 수학적 지리(지구의 측량 문제도 포함), 세 번째는 지도와 거기에 포함된 나라에 대한 묘사다.

역사적 소개는 호메로스에서 헤시오도스에 이르는 지리학적 주장들을 특히 강조했으며, 이것을 에라토스테네스의 시대에 새로 얻은 세계 지리에 관한 지식으로 보강했다. 수학 분야는 지구가 공 모양이라는 가정 하에 지도제작의 원리에 관해 자세한 설명을 했다. 여기에는 양극만이 아니라 북회귀선과 남회귀선을 포함한 대(帶)도 설명하고 있다.

마지막 부분에는 서쪽으로는 지브롤터, 동쪽으로는 미지의 땅까지 뻗어 있는 자세한 지도도 포함되어 있다. 호메로스의 지도에서와 마찬가지로, 세계의 대양이 알려진 모든 땅덩이를 둘러싸고 있었다. 그러나 에라토스테네스의 지도는 동쪽, 남쪽, 북쪽으로 호메로스가 그린 것보다 훨씬 더 멀리 뻗어나갔다. 여기에는 잉글랜드, 아일랜드, 인도, 나아가서 스리랑카 또는 마다가스카르라고 볼 수도 있는 땅의 윤곽도 포함되어 있었다.

각 나라나 지역은 들은 이야기에 따라 그렸으며, 수학적 방법에 따라 그린 것은 아니었다. 이탈리아는 장화처럼 그렸고, 스페인은 황소 가죽처럼 그렸고, 이탈리아의 사르데냐 섬은 인간의 발자국처럼 묘사했다. 다시 말해서 에라토스테네스는 그때까지 알려진 지식을 모으고 편집하여 지도를 그린 것이다. 에라토스테네스는 여기에 식물, 동물, 각 나라나 지역이 생산하는 작물에 관한 정보도 포함시켰다.

서기 2세기에 프톨레마이오스는 첫 세계지도책을 만들었는데, 여기에는 위도와 경도가 그려진 지도 27개가 들어 있다. 프톨레마이오스는 선배들의 천문학적 관찰 덕분에 위도선을 그릴 수 있었는데, 이는 오늘날의 실제 위치와 매우 가깝다. 그러나 프톨레마이오스의 지도는 여전히 지중해가 중심이었으며, 가장자리로 갈수록 신뢰성이 떨어진다. 가장자리에는 테라 인코그니타, 즉 미지의 땅이 자리잡고 있다. 프톨레마이오스의 지도는 지금까지 남아 있는 것 가운데 중앙의 알려진 땅을 둘러싼 바다가 없는 최초의 지도이다. 이 지도는 또 각 바다의 이름을 밝혀 놓았는데, 여기에는 오세아누스 인디쿠스(인도양)와 오세아누스 옥시덴탈리스(대서양)도 있다.

프톨레마이오스의 지도책은 지구 중심적 우주 모델과 마찬가지로 수백 년 동안 핵심적 기준으로 자

뷔퐁 백작

자연사가

1707
9월 7일 프랑스 몽바르에서 조르주 루이 르클레르라는 이름으로 출생하다.

1717
디종의 예수회 대학에서 공부하다.

1723
디종에서 3년간 법을 공부하지만 결국 과학을 연구하기로 결심하다.

1728
앙제에서 수학, 의학, 식물학을 공부하다.

1734
파리의 왕립과학원 회원으로 선출되다.

1739
왕립식물원 원장으로 임명되다.

1740
뉴턴의 『유율법과 무한급수』를 불어로 번역하다.

1749~1767
당대의 자연사, 지질학, 인류학에 관한 지식을 모두 담은 『박물지』의 첫 권들을 출간하기 시작하다. 원래 계획은 50권이었으나 결국 36권만을 냈다.

1753
프랑스 학술회원에 선출되어 "문체에 관하여"라는 제목의 연설을 하다.

1770~1783
새에 관한 『박물지』 아홉 권을 출간하다.

1778
『자연의 신기원』을 출간하여, 단계에 따라 지질학사를 재구성하다.

1783~1788
광물에 관한 『박물지』 다섯 권을 출간하다.

1788
4월 16일 파리에서 사망하다.

리를 잡았다. 10세기에 이탈리아인은 매우 상세한 지시사항이 담겨 있고 바다의 수심과 해안선 묘사까지 포함된 해도를 제작했다. 300년 뒤에는 거리 축척과 방위가 담긴 해도가 나타났다. 그러나 이런 상당히 정확한 해도가 있었음에도 1700년대 말까지는 바다에서 항해를 할 때 여전히 추측 항법에 의존해야 했다. 선박의 위도는 태양과 별의 위치의 도움을 받아 쉽게 결정할 수 있지만, 경도를 정확하게 결정하는 것은 완전히 다른 문제였기 때문이다.

경도 측량

지금까지 알려진 최초의 경도 측량 방법은 기원전 2세기 히파르코스가 제시한 방식에서 유래했다. 그는 월식이 지구의 여러 지점에서 동시에 볼 수 있는 시간 신호 역할을 할 수 있다는 사실을 깨달았다. 월식은 오랜 세월 동안 관찰되었으며, 각 지역에서 시작하는 시간과 끝나는 시간이 기록되었다. 지구는 24시간마다 한 바퀴씩 자전을 하기 때문에 한 시간에 원의 24분의 1, 즉 15도(360도를 24로 나눈 것)를 움직인다고 보면 된다. 이론적으로 보자면 하나의 지역과 다른 지역 사이에 기록된 월식의 시간 차이를 이용하여 각각의 경도, 즉 지구에서 동이나 서쪽으로 간 거리를 계산할 수 있었다.

1631년 천문학자 헨리 겔리브랜드는 북서 항로로 출항하던 토머스 제임스 선장에게 그의 항해 동안 일어나는 식의 시간을 기록해달라고 요청했다. 겔리브랜드는 선장의 관찰을 이용하여 런던과 캐나다 제임스 만에 있는 찰튼 섬 사이의 경도 차이를 계산할 수 있었다. 그의 답은 79도 30분으로 불과 15분만 틀린 것이었다.

16세기와 17세기 동안 훌륭한 장비를 갖춘 항해자들은 정북과 자북, 곧 지구의 지리학적 극과 나침반이 가리키는 극 사이의 차이를 계산하여 자신의 경도상의 위치를 판단하려 했다. 1600년에 의사 윌리엄 길버트는 『자석에 관하여』라는 책을 출간하여, 지구를 커다란 자석으로 묘사하면서 그 자기장이 천연자석의 자기장과 흡사하다고 주장했다. 길버트는 자북극과 지리상의 북극 사이의 차이에 관한 자료를 모으기 시작했다. 이 차이는 동이나 서로 움직이면 달라진다. 그러나 이런 지식이 바다에 나간 뱃사람들에게 진정으로 도움이 된 것은 그로부터

200년이 지난 뒤였다.

육지에서 보이는 곳 너머로 항해하는 것은 위험한 일이었다. 상선이나 전함은 자주 실종되었다. 영국 같은 해양 국가에게 그런 위험은 국가 안보를 위협하는 사안이었다. 1707년 10월 한 영국 전함 함대가 프랑스와 전투를 마치고 귀국하고 있었다. 이제 하루만 더 가면 고향에 도착할 수 있었다. 그들은 북위 약 50도에 이르자 영국해협에 이르렀다고 믿고 동쪽으로 포츠머스를 향해 다가가기 시작했다. 그러나 그들은 실제로는 해협에서 서쪽으로 몇 도 떨어진 콘월 곶 근처에 있었다. 전함 네 척은 실리제도에서 차례차례 비극적 종말을 맞이했다. 운항 실수 때문에 몇 분 사이에 2천 명의 목숨이 사라진 것이다.

1713년 험프리 디턴이라는 이름의 교사가 동료 윌리엄 휘스턴과 함께 경도 문제를 풀 방법을 찾아냈다. 그들은 대양의 정해진 곳에 배 몇 척을 정박시켜놓자고 했다. 각 배에서 정해진 시간에 커다란 신호탄을 쏜다. 그 소리는 사방으로 적어도 150킬로미터는 들릴 것이다. 그것을 듣고 뱃사람들은 신호탄으로 알려준 영국 그리니치의 시간과 자신의 현지 시간의 차이를 알 수 있으며, 이론적으로 이 시간 차이를 이용해 자신이 있는 곳의 경도를 판단할 수 있을 것이다.

사실 휘스턴과 디턴의 구상은 비현실적인 해결책이었음에도, 여기에 자극을 받아 영국 의회는 경도위원회를 설립했다. 1714년 위원회는 경도상을 제정하여, 바다에 나가 있는 배가 경도를 오차 0.5도 안쪽으로 알아내는 현실적인 방법을 제시하는 사람에게는 2만 파운드라는 엄청난 상금을 주고, 1도 내의 오차로 알아내는 사람에게는 1만 파운드, 40분 이내의 오차로 알아내는 사람에게는 1만 5천 파운드의 상금을 주겠다고 했다. 위원회가 보기에 현실적이라고 여겨지는 기술은 서인도제도 항해에서 시험을 할 예정이었다. 엄청난 상금의 유혹 때문에, 당시의 표현을 빌리자면 경도 미치광이가 엄청나게 생겨나, 설익은 구상이 끝도 없이 쏟아져 나왔다.

이 광기 속에서 진지하게 논쟁을 불러일으킨 제안은 딱 두 가지뿐이었다. 첫 번째는 천문학적 방법이었다. 뱃사람들은 이미 하늘을 보고 위도를 계산하고 있었다. 비슷한 방법을 경도 결정에도 사용할 수 있을 것이라는 이야기였다. 이와 관련하여 몇 가지 천문학적 방법이 등장했다. 별과 달의 상대적 위치에 기대는 방법도 있었고, 목성의 큰 위성 네 개의 위치에 기대는 방법도 있었다. 그러나 모

OCEANUS CONGELATUS
OCEANUS OCCIDENTALIS
HISPANIA
MARE AFRICUM
ITALIA
MAGNA GERMANIA
MARE SARMATICUM
ASIA MINOR
CIRCULUS CANCRI
LIBIA INTERIOR
ARABIA FELIX
Gradus longitudinis ab occidente in orientem
5 10 15 20 25 30 35 40 45 50 55 60 65 70 75 80

TRIO
AQUILO
VEL BOREAS
TERRA INCOGNITA
SCHITHIA
SERICA REGIO
Samantini Montes
India ultra gangem
SINARUM REGIO
INDIA EXTRA GANGEM
SINUS MAGNUS
SINUS SABARICUS
MARE INDICUM
Terra incognita secundum Tholomeum

앞 페이지 15세기에 찍어낸 프톨레마이오스의 2세기 세계 지도는 지중해 해안선을 상당히 정확하게 묘사하고 있다. 그러나 이런 정확성은 테라 인코그니타, 즉 미지의 땅으로 갈수록 점점 찾아보기 힘들어진다.

두 천체의 세심한 관찰과 정확한 측량을 요구했기 때문에 바다에서 흔들리는 배 위에서는 거의 불가능한 과제였다.

두 번째는 시간과 지구의 자전에 기댄 방법이었다. 당시 시계는 진자가 중심이었기 때문에 흔들리는 배에서는 정확하게 시간을 맞추지 못했다. 바람이 심해서 항해가 위험할 때는 더 그랬다. 따라서 문제는 바다를 항해하는 배 위에서 어떻게 시간을 아느냐 하는 것이었다. 영국의 젊은 시계 제작자 존 해리슨은 아주 흥미로운 방법으로 문제를 해결했다.

캐번디시 실험

1700년대 말 헨리 캐번디시는 아이작 뉴턴의 만유인력의 법칙을 확인했다. $F = G\frac{Mm}{r^2}$로 표현되는 이 법칙에서 G는 중력상수, M과 m은 두 물체의 질량, r은 M과 m 사이의 거리, F는 그들 사이의 중력이다. 이 공식은 질량이 큰 물체가 작은 물체를 끌어당긴다는 것을 보여준다.

캐번디시는 1731년 10월 10일 그와 마찬가지로 실험과학자였던 찰스 캐번디시 경의 장남으로 태어났다. 헨리 캐번디시는 케임브리지를 다닌 뒤, 1753년에 런던 소호의 그레이트 말버러 스트리트에 있는 아버지의 집으로 갔다. 부자는 전기, 자기, 열에 관한 실험을 했다. 1783년에 아버지가 죽은 뒤 캐번디시는 클래팜 코먼으로 이사하여 실험을 계속했다.

캐번디시는 지구의 평균 밀도를 측정했다.

캐번디시는 지질학자 존 미첼의 설계에 기초하여 비틀림 저울을 만들었다. 이 저울은 2미터짜리 나무 막대 양쪽에 두 개의 무거운 공을 단 모양이었다. 아령처럼 보이는 이 장치는 거울이 붙은 석영 섬유로 천장에 매달아 놓았다. 그런 다음 160킬로그램짜리 커다란 납공을 두 개 단 두 번째 저울을 작은 저울 옆에 가져가, 큰 공이 작은 공에 가까이 다가가도록 움직였다.

큰 공과 작은 공 사이의 인력은 작은 저울을 매단 석영 섬유에 회전력을 일으켜 섬유가 비틀렸다. 캐번디시는 광선을 이용하여 이 비틀림을 측정했다. 그는 거울을 향하여 빛을 쏘았고, 거울은 광선을 90도로 반사했다.

작은 저울이 큰 저울 쪽으로 끌려가면서 약간 회전을 하자 광선은 90도에서 어긋났다. 이 과정에서 캐번디시는 질량이 큰 물체가 작은 물체를 끌어당긴다는 뉴턴의 이론을 증명했을 뿐 아니라 지구의 평균 밀도도 측정했다. 그는 지구의 밀도를 특정한 중력, 즉 지구의 밀도와 물의 밀도의 비율로 표현했다.

잉글랜드 북부의 작은 마을 파울비에서 태어난 해리슨은 호기심 많은 청년이었다. 해리슨은 목수였지만 시계의 내부 작동에 관심을 가져 여가 시간에 시계를 만들거나 수리하기 시작했다. 해리슨은 여러 종류의 나무의 속성을 잘 알았으며, 나무 시계를 제작할 때 이 지식을 이용했다. 해리슨은 마찰을 없애려고 와셔나 축은 카리브 해나 남아메리카에서 나는 유창목으로 만들었다. 이 나무에는 윤활유 역할을 하는 천연 수지가 들어 있었다. 해리슨의 나무 기계 장치는 당시의 금속 시계보다 훨씬 개량된 것이었다. 금속 시계에는 기름을 넣어주어야 했는데, 그 기름이 금세 찐득찐득해지고 말라붙었기 때문이다. 해리슨은 또 자신이 제작한 시계 장치를 다듬어 오차를 한 달에 1초 이내로 줄였다. 그는 바다에서도 효과적인 시계를 만드는 문제를 붙들고 씨름했다.

이것은 거의 불가능한 과제처럼 보였다. 습도와 기압 변화와 온도 때문에 시계 장치는 팽창과 수축을 거듭하다가 결국 뒤틀려버렸다. 게다가 위도가 달라지면 중력도 달라졌기 때문에 진자의 운동도 일정하지 않았다. 또 파도가 심한 바다 위에서도 제대로 기능하는 진자를 어떻게 설계할 것이냐 하는 오래된 문제도 있었다.

해리슨은 젊은 시절 마을 교회의 종지기 일을 했다. 그는 밧줄을 잡아당기면서 종이 우아한 호를 그리는 것을 지켜보곤 했다. 이 경험은 진자시계를 설계하는 데 귀중한 자산이 되었다. 해리슨은 시간을 정확하게 재려면 진자가 어떤 조건에서도 같은 길이를 유지하는 것이 필요하다는 사실을 알았다.

해리슨은 다양한 재료로 실험을 해보았다. 그 과

제임스 허턴

지질학의 아버지

1726
6월 3일 스코틀랜드 에든버러에서 출생하다.

1749
네덜란드에서 의학 학위를 받다.

1750
의사가 되는 대신 집안의 땅에서 농사를 짓기로 하다. 이때 지질학에 관심을 갖게 되었다.

1754
농업 지식을 개선하려고 네덜란드, 벨기에, 프랑스를 여행하다.

1768
농사일을 접고 에든버러에서 과학을 연구하다.

1783
에든버러 왕립학회가 창립되자 적극적으로 활동하다.

1785
지질학적 발전 이론을 묘사하는 "지구의 체계, 그 지속성, 안정성에 관한 논문 요약"을 쓰다.

1788
프랑스 왕립농업협회의 외국인 회원으로 선출되다.

1788, 1790
에든버러 왕립협회와 협력하여 기상학에 관한 논문을 발표하다.

1794
형이상학과 철학에 관한 세 권짜리 논문 『지식의 원칙들에 관한 연구』를 출간하다.

1795
『지구의 이론』을 두 권으로 출간하여 이전의 주장을 자세히 설명하고 광범한 증거를 제시하다.

1797
3월 26일 스코틀랜드 에든버러에서 사망하다.

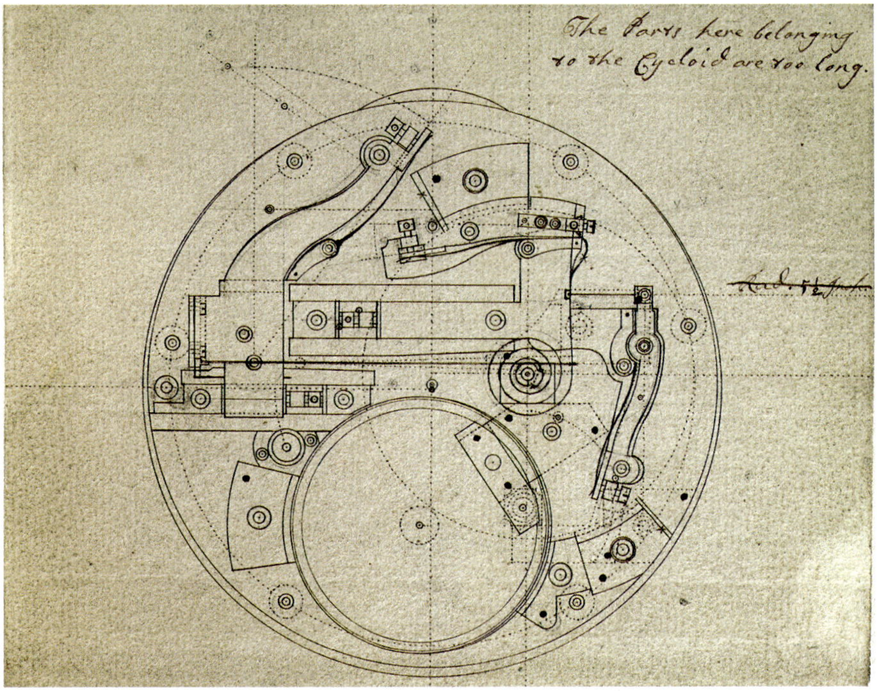

유산

존 해리슨의 H4 시계를 펜과 잉크로 그린 그림. 내부의 운동을 보여준다.

정에서 황동과 철로 만든 줄이 가열을 하면 다른 비율로 팽창한다는 사실을 알았다. 해리슨은 두 금속으로 만든 줄이 적당히 조합될 때까지 실험을 계속했다. 두 줄을 함께 단단히 묶자 황동과 철은 서로 보완을 하여 하나의 금속으로만 만들었을 때보다 훨씬 더 안정된 진자가 나왔다.

이어 해리슨은 똑같은 시계를 두 개 만들었다. 하나는 아주 추운 방에 두고 다

1798~1920

1798
영국의 물리학자 헨리 캐번디시 지구의 평균 밀도를 계산하다. 핵에는 아주 밀도가 높고 무거운 금속이 포함되어 있다고 결론을 내렸다.

1830~1833
영국의 지질학자 찰스 라이엘 세 권짜리 『지질학 원리』를 발간하다. 여기에는 제임스 허턴의 이전 작업에 기초한 많은 구상들이 포함되어 있다.

1855
이탈리아의 루이지 팔미에리 전자기 지진계를 발명하다.

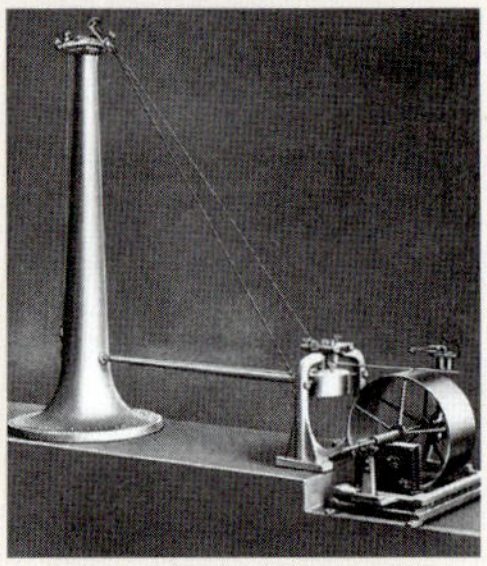

찰스 라이엘

찰스 라이엘은 영향력 있는 저서 『지질학 원리』로 유명하다. 라이엘은 1875년에 죽음을 맞이했을 때도 이 책의 12판 수정 작업을 하는 중이었다.

1862 스코틀랜드의 엔지니어 윌리엄 톰슨(켈빈 경) 지구의 나이가 1억 년이라고 추측하다.	1872~1876 영국 선박 챌린저 호 최초의 해양학 탐험을 수행하다. 이 조사로 해양학이라는 새로운 과학이 생겨났다.	1912 독일의 지구물리학자 알프레트 베게너 대륙이동설을 제시하다.	1920 세르비아의 수학자 밀루틴 밀란코비치 지구의 궤도 변화 때문에 기후가 주기적 변화를 겪는다는 사실을 증명하다.

켈빈의 나침반

스코틀랜드의 엔지니어이자, 수학자이자, 물리학자인 윌리엄 톰슨(켈빈 경)은 항해에 사용하는 이런 입식 나침반을 발명했다.

른 하나는 불을 활활 땐 방에 두었다. 해리슨은 두 방 사이의 문간에 서서 두 시계가 똑딱이는 소리에 귀를 기울였다. 그는 두 방의 시계가 동시에 똑딱일 때까지 황동과 철의 줄 조합을 바꾸었다. 그렇게 해서 해리슨은 온도 변화에 매우 저항력이 있는 진자를 갖게 되었다.

1730년 해리슨은 온도, 마찰, 중력이 시계에 미치는 영향을 보여주는 자료를 모두 모아 런던으로 갔다. 이제 정확하고 믿을 만한 항해용 시계를 제작할 만큼 지식을 쌓았다고 확신한 해리슨은 자신이 발견한 것을 당시 왕실 천문학자인 에드먼드 핼리에게 제출했다.

핼리는 해리슨을 런던의 유명한 시계 제작자 조지 그레이엄에게 소개해주었다. 해리슨은 그레이엄을 불신하여, 그가 자신의 발견을 훔쳐갈지 모른다고 걱정했다. 하지만 알고 보니 그레이엄은 "매우 정직한 사람"이었다. 그는 해리슨의 작업에 큰 감명을 받아 그의 시계를 완성할 수 있도록 돈을 빌려주겠다는 제안까지 했다.

해리슨은 이후 6년 동안 첫 항해용 시계를 제작했다. 이 시계를 해리슨 1호라고 불렀는데, 오늘날에는 간단하게 'H1'이라고 부르기도 한다. 해리슨은 진자 대신 시간을 재는 장치를 고안했다. 이것은 용수철을 이용하여 꾸준하고 지속적인 운동을 만들어냈다. 이렇게 하면 시계의 작동이 진자나 중력에 의존하지 않게 되며, 하루에 한 번만 태엽을 감아주면 바다 위의 흔들리는 배에서도 규칙적인 운동이 계속된다.

해리슨은 자신의 소중한 시계를 런던으로 가져갔다. 그러자 그레이엄이 그것을 과학계에 내보일 기회를 마련해주었다. 시계는 곧 유명해졌다. 이 시계는 곧 첫 번째 시험을 거쳤다. 포르투갈의 리스본까지 폭풍이 몰아치는 바다를 5주간 항해하는 것이었다. 'H1'은 훌륭하게 자기 역할을 했다. 그러나 해리슨은 더 정확한 시계를 만들 수 있다고 확신했다. 감명을 받은 경도위원회는 두 번째 모델을 제작할 자금 250파운드를 선금으로 주었다.

해리슨은 진행 과정 초기에 'H2' 설계에 내재한 문제점을 발견했다. 거친 바다 같은 곳에서 극한의 운동을 하게 되면 정확성을 잃어버렸던 것이다. 그래서 해리슨은 새로운 모델을 만들기 시작했다. 해리슨은 경도위원회의 지원금을 받아 19년 동안 제작과 갱신을 반복했다. 시간이 지나자 경도위원회 위원들은 해리슨이 사람들의 기대에 부응하는 항해용 시계를 과연 만들어낼 수 있을지 의문을 품기 시작했다.

결국 해리슨은 커다란 바다 시계 설계를 포기하고, 대신 작은 회중시계를 생각해보기로 했다. 1753년에 해리슨은 회중시계를 설계하여, 시계 제작자 존 제프리스에게 제작을 의뢰했다. 해리슨은 회중시계를 시험해보고 그 정확성에 놀라, 자신이 오랜 세월 엉뚱한 방향으로 연구를 해왔다는 사실을 깨달았다. 해리슨은 더 작은 시계를 설계하고 제작하는 일

헨리 캐번디시

수소의 발견자

1731
10월 10일 프랑스 니스에서 출생하다.

1749
케임브리지 대학 피터하우스 칼리지에 입학하다.

1753
학위 없이 케임브리지 대학을 그만두다.

1760
왕립학회 회원으로 선출되다.

1764
비소에 관한 실험을 하다.

1766
왕립학회가 캐번디시의 수소 발견을 인공 기체에 관한 논문에서 발표하다. 캐번디시는 이 발견으로 코플리 메달을 받았다.

1772, 1776
전기 현상에 관한 논문을 발표하다.

1773
고대학회 회원과 대영박물관 이사로 선출되다.

1784~1785
물이 수소와 산소의 화합물임을 발견하다.

1784~1789
천문학적 탐구와 실험을 설명하는 일련의 논문 다섯 편을 발표하다.

1798
왕립학회의 논문에서 지구의 밀도를 측정한 결과를 발표하다. 지구의 핵은 밀도가 아주 높은 금속으로 이루어져 있다고 결론을 내렸다.

1803
프랑스 학술원의 외국인 회원으로 선출되다.

1810
2월 24일에 런던에서 사망하다.

라이엘과 지구의 역사

잉글랜드의 지질학자 찰스 라이엘 경은 동일과정설만이 아니라 점진주의도 옹호했다. 그의 표현을 빌리면 지구의 역사는 "현재 작용하고 있는 법칙들의 지배를 받는, 중단 없는 연속적인 물리적 사건들"의 결과다.

을 시작했다.

마침내 1759년에 완성된 'H4'는 앞으로 나올 모든 정밀시계의 선구자가 되었다. 이 시계는 첫 항해부터 잘 움직였다. 그러자 경도위원회는 영국 포츠머스서부터 바베이도스까지 대서양을 건너는 2차 시험을 명령했다. 이제 71살이 된 해리슨은 아들 윌리엄에게 대신 여행에 나서라고 했다.

배가 떠나기 전 시계는 포츠머스의 태양의 위치를 이용하여 정오에 시간에 맞추었다. 시계는 배의 보호 상자에 넣고 잠갔으며, 하루에 한 번만 꺼내 조심스럽게 태엽을 감아주었다. 이후 46일 동안 시계는 쌀쌀한 기후의 영국에서 무더운 카리브 해까지 여행을 했다(대략 10도의 온도 차이가 났다). 1764년 5월 13일 아침에 해리슨의 'H4' 시계를 실은 배는 바베이도스의 브리지타운 해안에 닻을 내렸다.

몇 달 전인 1763년 8월 네빌 매스컬린은 이 섬의 정확한 경도를 알아내고 해리슨의 선상 시계의 정확성을 확인하는 임무를 띠고 바베이도스에 파견되었다. 목성의 위성들을 지상에서 관측하여 섬의 경도를 계산하고 그 결과를 해리슨의 시계가 보여주는 시간에 기초한 계산과 비교하는 일을 맡은 것이다. 그러나 매스컬린에게는 그 나름의 계획이 있었다.

그는 경도를 결정하는 자기 나름의 방법을 궁리하고 있었다. 그는 바베이도스에서 자신의 방법이 우월하다고 떠들면서, 자신이 경도상을 탈 것이라고 큰 소리를 쳤다. 윌리엄 해리슨은 브리지타운에 도착하여 매스컬린 이야기를 듣자 스스로 상에 눈독을 들이고 있는 사람이 어떻게 객관성을 유지할 수 있냐고 문제를 제기했다. 매스컬린은 자신의 인격을 모욕했다고 생각하여 해리슨에게 앙심을 품었다.

정오가 되어 해가 브리지타운의 하늘 위 가장 높은 점으로 올라가자 윌리엄 해리슨은 'H4'의 보호 상자 자물쇠를 열었다. 시계는 포츠머스 시간으로

찰스 라이엘

지사학자(地史學者)

1797
11월 14일 스코틀랜드 포파셔에서 출생하다.

1819
옥스퍼드 대학에서 학사 학위를 받고 런던의 린네학회와 지질학회 회원으로 선출되다.

1824
포파셔의 지질학 지도를 만들고 그곳의 민물 호수에 매장된 광물을 자세하게 연구하다. 이 발견을 첫 번째 논문 "포파셔 민물 석회암의 최근 형성에 관하여"에 담았다.

1826
왕립학회 회원으로 선출되다.

1828
프랑스와 이탈리아를 여행하며 지질학과 자연현상을 연구하다.

1830~1833
세 권짜리 『지질학 원리』를 출간하다.

1838
『지질학 원론』을 출간하다.

1841
미국으로 여행을 가 강연을 하고 풍경을 연구하다.

1848
과학적 업적으로 작위를 받다.

1858
런던의 왕립학회로부터 코플리 메달을 받다.

1863
『원시 인류의 지질학적 증거』를 출간하다.

1865
런던 지질학회에서 월러스턴 메달을 받다.

1875
2월 22일 런던에서 사망하다.

'지층' 스미스

니콜라우스 스테노가 지층누중과 수평성의 원리를 설명하고 나서 백 년 뒤에 영국의 지질학자 윌리엄 스미스가 잉글랜드 옥스퍼드셔에서 태어났다. 영국 지질학의 아버지로 알려진 스미스는 가족의 작은 농장에서 인생을 시작했다. 공식 교육을 거의 받지 못했던 스미스는 여가 시간에 화석을 찾아보고 수집했다. 그는 기하학, 측량, 지도 제작을 공부하고, 열여덟 살 때는 측량사 에드워드 웨브의 조수로 일할 만큼 능숙한 솜씨를 갖추게 되었다.

1791년 스미스는 서머싯의 한 오래된 장원을 측량하러 갔다. 그는 장원의 광산에서 일을 하다가 암석층에서 어떤 패턴을 보았으며, 특정한 층에 특정한 종류의 화석이 있음을 알았다.

스미스는 일 때문에 여행을 많이 다녔다. 스물다섯 살이 되었을 때는 이미 전국을 다 돌아다녔다. 그는 똑같은 순서의 화석 집단이 잉글랜드 전역에서 발견된다는 사실을 알았다. 한 퇴적암의 화석들은 늘 그 층의 아래에서부터 꼭대기까지 순서에 맞추어 나타났다. 그는 똑같은 암석과 화석 패턴을 계속 발견했다.

스미스는 전국을 여행하면서 표본을 수집하고 여러 지역의 지도를 그렸고, 그 과정에서 스트레이터(지층) 스미스라는 별명을 얻었다. 이 작업을 토대로 스미스는 동물군 천이의 법칙을 정리했다. 한 지역의 퇴적암이 정해진 순서로 화석을 포함하고 다른 지역의 암석이 똑같은 순서로 화석을 담고 있으면, 이 지층들이 서로 관련이 있다고 추론할 수 있다는 것이다. 이 원리 덕분에 지질학자는 상대적 시간의 증가를 결정하고 서로 관련이 있는 지층의 연도를 파악할 수 있다.

윌리엄 스미스는 지질학에 대한 사랑으로 최초의 대형 지층 지도를 그렸다.

스미스의 발견은 상식처럼 보일지 몰라도 매우 중요했다. 스미스의 시대에 지층은 독일 지질학자 아브라함 고트로브 베르너가 제시한 대로 네 가지로 분류되었다. 그러나 윌리엄 스미스는 새로운 체계를 만들어냈으며, 이것을 근거로 지질학 연표를 작성할 수 있었다.

1799년 스미스는 수많은 여행에서 얻은 자료를 기초로 서머싯의 바스 주변 지역의 첫 번째 대형 지질학 지도를 그릴 수 있었다. 16년 뒤에는 잉글랜드와 웨일스의 첫 번째 지질학 지도를 공개했다. 세로는 5미터가 넘고 가로는 2미터에 가까운 엄청난 크기였다. 1817년에는 스노든에서 런던에 이르는 지층의 지질학적 단면도를 그렸다.

그러나 1819년 스미스는 채무자 감옥에 갇혔다. 다른 사람들이 지도를 표절하는 바람에 이런 획기적인 작업에도 불구하고 인정도 못 받고 돈도 못 벌었던 것이다. 스미스는 런던의 감옥에서 풀려나와 집 없는 떠돌이 측량사가 되어 잉글랜드 북부를 떠돌았다. 몇 년 뒤 그의 옛 고용주였던 존 존스턴 경이 스미스의 업적을 인정하여, 그가 런던의 지질학회에 재가입하는 것을 도왔다. 1831년에 스미스는 평생에 걸친 업적으로 월러스턴 메달의 첫 번째 수상자가 되었다.

오후 3시55분을 가리키고 있었다. 경도가 15도씩 차이 날 때마다 시간은 한 시간이 차이 날 테니까, 시계의 시간은 브리지타운이 포츠머스에서 서쪽으로 약 60도라는 것을 보여주는 셈이었다. 이것은 실제 위치에서 겨우 몇 킬로미터 정도만 벗어난 수준이었다. 'H4'는 이사회에서 원래 요구했던 수행능력보다 3배나 뛰어난 능력을 보여준 것이다.

그러나 이 무렵 위원회는 해리슨에게 등을 돌려 그에게 상을 주지 않으려 했다. 시계가 천문학적 방법보다 뛰어난 능력을 보일 수 있다는 사실을 믿을 수 없다고 핑계를 댔다. 위원회는 해리슨에게 비밀을 털어놓으라고 했다. 다른 시계 제작자에게 그의 설계를 그대로 복사하게 할 속셈이었다. 위원들은 또 해리슨에게 그 시계를 두 개 더 만들어보라고 요구했다. 심지어는 해리슨이 자신의 비밀을 다른 나라에 팔 것을 걱정한 위원회는 매스컬린에게 요크셔에 있는 해리슨의 집에서 시계 네 개를 모두 모아 오라고 명령했다.

해리슨은 마지못해 시계를 두 개 더 제작하고 자신의 설계를 시계 제작자인 라컴 켄돌에게 주었다. 켄돌은 시계를 두 개 더 만들었다. 이 시계는 왕립천문대에서 열 달간 시험을 거쳤다. 그러나 이 실험에서 긍정적인 결과가 나왔음에도 불구하고, 위원회는 여전히 해리슨에게 상을 주려 하지 않았다.

실망한 해리슨의 아들은 조지 3세에게 편지를 보내 아버지의 처지를 호소했다. 결국 해리슨 부자는 왕을 알현하게 되었다. 그들은 자신들이 겪은 이야기를 하면서 시계를 왕에게 주고, 왕이 직접 시험해 볼 것을 권했다. 시계는 훌륭한 능력을 보였지만 여

알프레트 베게너

대륙이동설의 주창자

1880
11월 1일 독일 베를린에서 출생하다.

1904
베를린 대학에서 천문학 박사학위를 받다.

1905
베를린 근처 프로이센 왕립항공관측소에서 일하다. 연과 기구를 이용하여 대기권 상층을 연구했다.

1906
형제인 쿠르트 베게너와 함께 기구를 타고 52시간 이상 공중에 머물러 세계 기록을 깨다.

1909
마르베르크 대학에 자리를 잡다. 기상학과 천문학 강의를 했다.

1911
기상학 강의를 모아 『대기의 열역학』이라는 제목의 책으로 냈다. 이 책은 곧 독일 전역에서 교과서로 사용되었다.

1912
대륙이동설을 제시하다. 그린란드에서 원정대 네 명과 함께 겨울을 났다. 그들은 봄에 황량한 눈밭을 가로질러 1천2백 킬로미터를 여행했다.

1915
『대륙과 대양의 기원』 초판이 출간되다. 1920년, 1922년, 1929년에 확장판이 발간되었다.

1924
오스트리아 그라츠 대학에 특별히 마련된 기상학과 지구물리학 교수 자리를 받아들이다.

1930
그린란드에서 구조 임무를 마치고 돌아오던 중 사망하다. 과학계는 1960년대가 되어서야 그의 대륙이동설을 받아들였다.

전히 위원회는 해리슨에게 상을 주려 하지 않았다. 결국 왕이 고집을 부려서야 해리슨은 처음 탐구를 시작한 지 43년 만에 경도상을 받게 되었다.

지구의 나이

육천 년은 긴 시간처럼 보인다. 그러나 지구에서 인간의 역사가 기록된 기간은 지질학적 시간이라는 잣대로 보자면 눈 깜짝할 사이이다. 그 지질학적 시간을 측정하는 방법, 다시 말해서 지구의 생애를 설명하는 방법을 찾는 일은 지적인 도전이었으며, 그 시도는 인간이 기억할 수 없는 옛날로 거슬러 올라간다.

1800년대까지 서구에서 지구의 지질학적 역사를 생각하는 방식은 대체로 성경의 이야기를 따랐다. 이 가운데 가장 유명한 것으로는 아마 주의 성공회 대주교 제임스 어셔의 이야기를 꼽을 수 있다. 그는 대담하게도 지구가 기원전 4004년에 창조되었다고 주장했다.

더블린의 부유한 영국계 아일랜드 가문에서 태어난 어셔는 헌신적인 학자이자 열정적인 칼뱅주의자였다. 그는 영혼의 예정설, 신의 완전한 주권, 성경의 최고 권위를 믿었다. 그가 발표한 글은 교회사에 대한 학문적 관심을 보여주며, 그의 생각은 종종 분명한 반가톨릭 경향을 드러내곤 했다.

1648년 어셔는 달력에 관한 논문을 발표했다. 그의 가장 유명한 글인 『세계의 최초 기원에서부터 시작하는 구약 연대기』는 그로부터 2년 뒤에 발표되었다. 곧이어 1654년에 어셔는 『연대기의 추가 부록』을 발표했다. 바로 이 책에서 어셔는 구약에 등장하는 사람들의 나이를 기초로 지구가 창조된 시기를 계산했다.

수퍼컴퓨터, 탄소 연대 측정, 위성에서 보내오는 지구 사진 등을 참고할 수 있는 오늘날의 세계에서는 그런 주장을 한다는 것이 지나치게 광신적인 태도로 보일 수도 있다. 그러나 어셔의 시대의 맥락에서 보자면 이것은 대단한 학문적 업적이었다. 어셔는 성경에 기록된 연속되는 세대들의 나이를 더했을 뿐 아니라, 이 사건들을 고대 문헌에 기록된 사건들과 대응시켰다. 이런 일을 하려면 여러 언어, 성경, 고대사에 관한 깊은 지식이 필수적이었다.

18세기 말에 이르자 사람들은 지사(地史)에 관한 기존 통념에 의문을 제기하기 시작했다. 예를 들어, 지구의 나이가 6천 살이라는 관념——여기에는 어셔도 어

고대 지구의 역사

부자간인 월터와 루이스 알바레스가 우리 하늘의 별의 위치를 보여주는 스타돔(star dome)을 살펴보고 있다. 알바레스 부자는 지구에 격변을 일으킨 운석이 대량 멸종을 초래했다고 주장했다.

느 정도 기여했다——도 도전을 받았다. 알프스 산맥이나 다른 곳에서 발견된 바다 생물 화석을 노아의 대홍수의 증거로 여기는 것도 그런 통념의 하나였다. 이전 문명들은 화석이 암석 속에서 자연적으로 자란다고 믿었다. 고대 그리스인 가운데 일부는 공룡 뼈가 거인종의 흔적이라고 해석하기도 했다.

레오나르도 다 빈치는 처음으로 화석의 진정한 기원을 제시한 사람으로 손꼽힌다. 그는 화석이 고대 해양 생물의 잔해이며, 지층에서 발견되는 화석 무리는 실제로 과거에는 현재 해안에서 발견할 수 있는 것과 비슷한 유기체의 살아 있는 군체였다고 주장했다. 레오나르도는 또 어떤 층은 화석이 풍부하고 어떤 층에는 아무것도 없다는 사실을 알았다. 그는 이것을 근거로 각 층이 서로 다른 조건에

지층누중의 법칙
지층누중의 법칙은 방해를 받지 않은 퇴적암에서는 새로운 암석이 오래된 암석 위에 놓인다고 말한다.

서 퇴적됐다고 결론을 내렸다. 즉 한 번의 커다란 대홍수가 아니라 철마다 생기는 홍수에서 차례차례 쌓인 것이라고 보았다. 다 빈치는 또 해안에서 먼 이탈리아 북부에서 발견되는 화석을 보고, 노아의 이야기에 나오는 것과는 달리 불과 40일 만에 그렇게 멀리 갈 수는 없다고 생각했다.

그로부터 백 년 넘게 지난 17세기에 자연철학자 닐스 스텐센(라틴어식 이름인 니콜라우스 스테노로 널리 알려져 있다)은 이탈리아 리보르노 근처 해안에서 잡힌 커다란 상어 머리를 선물로 받았다. 덴마크 출신이지만 피렌체에 살던 해부학자 스테노는 그 상어의 이빨이 흔히 글로소페트라에, 즉 이빨 돌멩이라고 부르는, 화석에서 발견되는 삼각형 돌조각과 많이 닮았다는 것을 알았다. 스테노는 그 이빨 돌멩이가 실제로 상어 이빨임에 틀림없다고 생각했다. 그런데 어쩌다가 돌이 되었으며, 어떻게 암석층에 박힌 채 그 형태를 유지하고 있는가?

스테노가 살았던 17세기에 자연철학자들은 물질의 속성을 막 이해하기 시작했다. 그들은 고체가 아주 작은 입자로 이루어져 있다고 믿었다(오늘날 우리는 그것을 분자라고 부른다). 스테노는 광물 입자가 상아 이빨의 입자를 대체하여, 그것을 돌로 바꾸어놓았다고 주장했다. 그 과정이 아주 느려서 이빨은 타고난 형태를 보존할 수 있었다. 상어가 죽으면서 그 살은 부패했지만 이빨은 바다 바닥에 떨어졌고, 그곳에서 돌로 변하기 시작했다. 이빨 위에 퇴적물이 더 쌓였고, 시간이 지나면서 이 퇴적물은 이빨이 박힌 돌이 되었다. 스테노는 1669년에 이런 생각을 그의 책 『자연의 작용으로 고체 속에 밀폐된 고형체에 관한 니콜라우스 스테노의 논문 서론』으로 발표했다.

스테노는 화석을 정확하게 해석했을 뿐 아니라 암석, 지층의 형성 방식에 관한 중요한 생각들도 제시했다. 첫째는 지층누중의 법칙이다.

스테노는 심각하게 왜곡되지 않은 일련의 암석층에서는 바닥 층이 제일 먼저 퇴적됐고, 따라서 가장 오래된 것이라고 추론했다. 지질학자들은 이 기본적인 원칙을 알기 때문에, 각 층의 상대적 연령을 파악할 수 있다.

스테노의 두 번째 법칙은 수평성의 원리다. 유동체의 입자들은 중력의 영향을 받으며 자리를 잡기 때문에 원래의 층은 반드시 수평을 이룬다. 가파르게 경사가 진 층은 퇴적된 뒤에 변동이 생긴 것이 틀림없다. 스테노의 마지막 법칙은 측면

연속성의 원리라고 부른다. 지층은 원래는 사방으로 쭉 뻗어나가다가 얇아지면서 사라지거나 (저지나 분지에서) 이전의 퇴적층에 막힌다는 것이다.

뉴턴의 숙적이었던 영국의 과학자 로버트 후크는 화석의 유기적 본질을 주장하고, 화석이 모두 성경에 나오는 단 한 번의 홍수 때 퇴적되었다는 생각에 도전했다. 후크는 화석에 지구의 자연사에 관한 정보가 담겨 있으며, 화석은 비슷한 시대의 암석들을 연대기적으로 비교하는 데 이용할 수 있다고 주장했다. 그가 연구한 많은 화석은 그에 대응하는 생물이 없었다. 그래서 후크는 어떤 화석에는 "고정된 수명"이 있다고 말했다. 멸종이라는 개념의 초기 형태인 셈이다.

1700년대 중반에 이르자 독일, 프랑스, 이탈리아, 스칸디나비아, 스위스, 영국의 자연철학자들은 자연적으로 나뉘어 있는 암석의 그림을 그리고, 묘사를 하고, 이름을 붙이기 시작했다. 지층의 순서를 정하는 일이 곧 뒤따랐다.

18세기 독일의 광물학자이자 의사인 요한 고트로프 레만은 처음으로 암석의 유형에 연대기적 순서를 정한 사람으로 꼽힌다. 그의 3단계 구분은 창세기의 세 주요 시대, 즉 인간의 창조, 인간의 부패와 파멸, 인간의 이산(離散)과 직접적으로 관련을 맺고 있었다. 레만의 분류에 따르면 가장 원시적인 퇴적물은 화석이 없고 경사가 가파르며, 화산의 암맥이나 광맥에 막혀 끊어진 것들이었다. 그는 이것이 창조 초기의 혼돈 동안에 놓인 것이라고 믿었다. 화석이 많고 경사가 부드러운 퇴적층(플뢰츠게비르게, 즉 층층이 겹쳐진 산 지층이라고 불렀다)은 성경의 대홍수의 결과라고 생각했다. 세 번째 단계에는 가장 젊은 퇴적층이 있었는데, 이것은 대홍수 이후 지진, 화산 폭발로 생긴 암석이었다. 레만은 광물 구성이나 다양한 층의 구조에서 나타나는 차이는 바다의 변화 때문에 생긴 것이라고 추측했다. 레만의 분류와 연대기는 격변적 사건들이 지구 표면을 바꾸거나 형성했다는 믿음에 크게 의존하고 있었다. 갑작스럽고 짧고 격렬한 변화를 이야기하기 때문에 격변론이라는 이름이 붙은 이 이론은 성경의 이야기와 조화를 이루고 있었다.

1787년 아브라함 고트로브 베르너는 지각에 있는 암석의 기원과 연속성에 관한 일반 이론을 발표하여 레만의 작업을 더 밀고 나아갔다.

베르너는 석탄, 철 등 광물이 풍부하게 매장된 프로이센령 실레지아(현재의 폴란드)에서 태어났다. 그는 프라이베르크와 라이프치히에서 교육을 받았으며, 법과 광업을 공부하고, 1775년에 프라이베르크 광업학교의 감독이자 교사로 임명

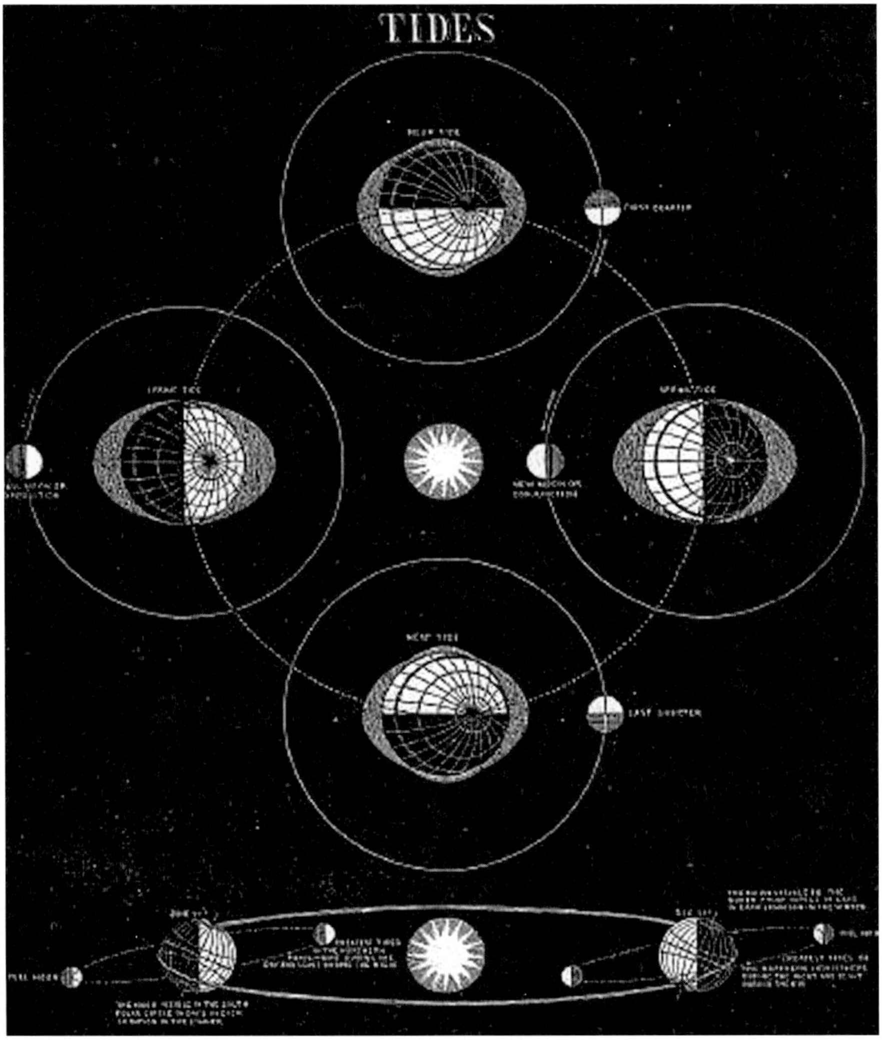

달과 바다의 조수

19세기 과학자들, 그들 가운데도 켈빈 경은 조수의 들고남을 설명할 물리학적이고 수학적인 법칙을 찾으려 했다. 이 연도 미상의 삽화는 달의 주기가 지구의 조수에 미치는 영향을 보여준다.

되었다. 베르너는 뛰어난 교사였기 때문에 유럽 전역에서 학생들이 몰려들었으며, 그 가운데 다수가 그의 제자가 되었다.

베르너의 선배들은 모든 것을 포괄하는 하나의 바다가 있었는데, 이 바다가 서서히 물러나면서 그 자리에 바위와 광물이 퇴적했다고 가정했다. 내용에 어울리게 수성설(이 말을 가리키는 영어 이름 'Neptunism'에서 'Neptune'은 고대 로마의 바다의 신이었다)이라는 이름이 붙은 이 이론은 대홍수와 같은 격변을 일으키는 사건에 크게 의존했다. 베르너는 수성설의 많은 학설을 자신의 이론에 맞게 다듬었지만, 베르너 자신은 격변론자가 아니었다. 그는 또 지구가 인류보다 오래되었다고 믿었으며, 성경에 근거하여 지구의 지층사를 판독하려 하지 않았다.

베르너는 레만의 단계를 확장하여 지각의 층들을 연속적인 네 구성물로 나누었다. 첫 번째는 우르게비르게, 즉 최초의 산이라고 부르는 가장 원시적인 부분이었다. 여기에는 주로 관입 화성암과 변성암(화강암, 편암, 점판암, 편마암, 또 함수 마그네슘 규산염 광물인 사문석)이 포함된다. 이 층에는 화석이 없다. 베르너는 이 층들이 바다에서 화학적으로 침전했다고 믿었다. 또 우르게비르게는 산맥 높은 곳에서 발견되는 일이 많았기 때문에, 지구 본래의 표면이라고 생각했다.

두 번째는 위버강스게비르게, 즉 전이 산맥 또는 전이 계열이라고 부른다. 여기에는 점판암과 약간의 석회암이 포함되며, 화석이 들어가 있다. 이 암석은 산의 경사를 따라 기울어져 있다. 베르너는 스테노의 수평성의 원리와는 반대로 이런 경사가 물이 물러나면서 지구의 원시적이고 불규칙한 껍질에 퇴적이 이루어진 결과라고 믿었다. 여기에 속하는 대부분의 암석은 화학적 침전물로 여겼지만, 초기의 기계적으로 퇴적된 암석(경사암이라고 부르는 단단하고 불순한 사암)도 이 집단에 속했다.

2차적인 암석들은 플뢰츠, 즉 지층이라고 부르는 세 번째 계의 일부였다. 이 범주에는 사암, 석회암, 석고, 암염, 석탄, 결이 고운 화산암인 현무암 등이 포함된다. 베르너는 다른 퇴적층 사이에 낀 현무암

유진 슈메이커

천체지질학자

1928
4월 28일 미국 캘리포니아 주 로스앤젤레스에서 출생하다.

1947
캘리포니아 공과대학에서 지질학 학사학위를 받고 졸업하다.

1948
스무 살에 캘리포니아 공과대학에서 지질학 석사학위를 받고 졸업하다. 우라늄을 탐사하는 미국 지질조사국(USGS)에서 일을 시작했다.

1952
애리조나 주의 베린저 크레이터를 방문하다.

1960
프린스턴 대학에서 지질학 박사학위를 받다.

1962
캘리포니아 공과대학에서 가르치기 시작하다.

1963
애디슨병 진단을 받다. 애리조나 주 플래그스태프에 미국 지질조사국 천체지질학 센터를 세우고 선임 과학자로 일을 했다.

1973
팔로마 행성 횡단 소행성 관측을 시작하다.

1983
팔로마 소행성 및 혜성 관측을 시작하다.

1992
미국 과학 메달을 받다.

1993
부인 캐럴린, 천문학자 데이비드 레비와 함께 팔로마 천문대에서 혜성 슈메이커-레비 9를 발견하다.

1994
혜성 슈메이커-레비 9가 목성과 부딪혀 폭발하는 광경을 지켜보다.

1997
8월 28일 오스트레일리아에서 자동차 사고로 사망하다.

은 바다에서 침전한 것이며, 용암류처럼 보이는 현무암은 불타는 탄층에서 나온 것이라고 주장했다.

네 번째 범주는 저지와 계곡 바닥을 채우고 있었다. 아우프게슈벰테(물 퇴적물)라고 부르는 이 충적암에는 자갈, 모래, 토탄이 느슨하게 박혀 있고, 석회암, 이판암, 사암도 들어가 있다.

이런 모든 분류를 넘어 베르너가 관심을 가진 것은 수성설을 교정하는 일이었다. 수성설에는 몇 가지 이론적 약점이 있었다. 가장 분명한 것은 물이었다. 바다가 물러났을 때 그 물은 다 어디로 갔을까? 어떤 수성설 주창자들은 그 물이 지구의 중심으로 흘러갔다고 주장했지만, 베르너는 허황된 생각에 불과하다고 받아들이지 않았다.

베르너는 현무암도 설명을 하려고 노력했다. 그는 화산 분출은 묻혀 있는 석탄층의 연소로 설명할 수 있다고 믿었다. 베르너가 보기에 화산은 지구의 역사에서 뒤늦게 나타난 것으로, 2차 석탄층의 퇴적 이후에 온 것이었다. 이탈리아인들이 수 세대 동안 화산 섬 형성의 분명한 증거를 목격했음에도 베르너는 이 믿음을 버리지 않았다.

르네상스를 거치면서 위대한 정신들은 성경에서 발견되는 것과는 다른 기원과 발상을 고민하기 시작했다. 그러나 과학자들이 성경을 지질학적 통찰의 원천이라는 자리에서 단호하게 밀어낸 것은 18세기 말이 되어서였다. 스코틀랜드의 철학자로 취미로 농사를 지었던 제임스 허턴은 처음으로 그런 태도를 보인 사람으로 꼽힌다.

허턴은 법률가와 의사로 훈련을 받았지만 실제로 이 두 직업에 종사한 적은 없다. 그는 다른 개인 소득 덕분에 자신이 좋아하던 자연철학을 공부할 수 있었다. 허턴은 독실한 기독교인이었지만 성경의 지질학적 가르침을 무시했을 뿐 아니라, 지구의 형태와 특징이 대홍수 같은 격변적 사건 때문이라는 생각도 무시했다. 그는 지구와 그 지형을 선입견 없이 바라보려 했다.

근대 지질학의 아버지로 일컬어지는 허턴은 오랜 세월 스코틀랜드의 고지와 해안선을 탐사했다. 그는 1764년 케언곰 산맥을 돌아다니다가 주위의 바위에 흘러든 것처럼 보이는 화강암 관입부를 보았다. 화강암의 질감과 안에 든 복잡한 광물은 이것이 녹은 바위가 결정이 된 것이며, 옛날의 큰 바다의 화학적 침전물에서 형성된 것이 아님을 보여주었다.

화강암이 뜨겁게 녹은 용암에서 생겨났다는 생각은 수성설의 이상적인 모델과는 크게 달랐다. 허턴은 관찰 결과 이 화강암이 주위의 암석보다 훨씬 더 젊다는 사실도 확신했다. 베르너의 분류를 따른다면 두 암석은 대체로 같은 시기에 속한다고 보아야 했다.

허턴은 베릭 해안에서 거의 수직으로 기울어지고 위에 붉은 사암이 수평으로 층층이 덮인 회색 이판암을 발견했다. 이 관찰 결과 허턴은 퇴적, 침식, 융기가 몇 주기에 걸쳐 일어났다고 결론을 내렸다. 그런 복잡한 형태가 이루어지려면 엄청난 시간이 걸렸을 것이다. 따라서 지구는 6천 년보다 훨씬 더 오래되었을 것이라고 생각하기 시작했다.

허턴은 관찰을 거듭할수록 자신이 발견한 특징을 만들어낼 수 있는 지질학적 메커니즘을 알아내는 일에 점점 더 빠져들게 되었다. 그는 바위가 자연 그대로

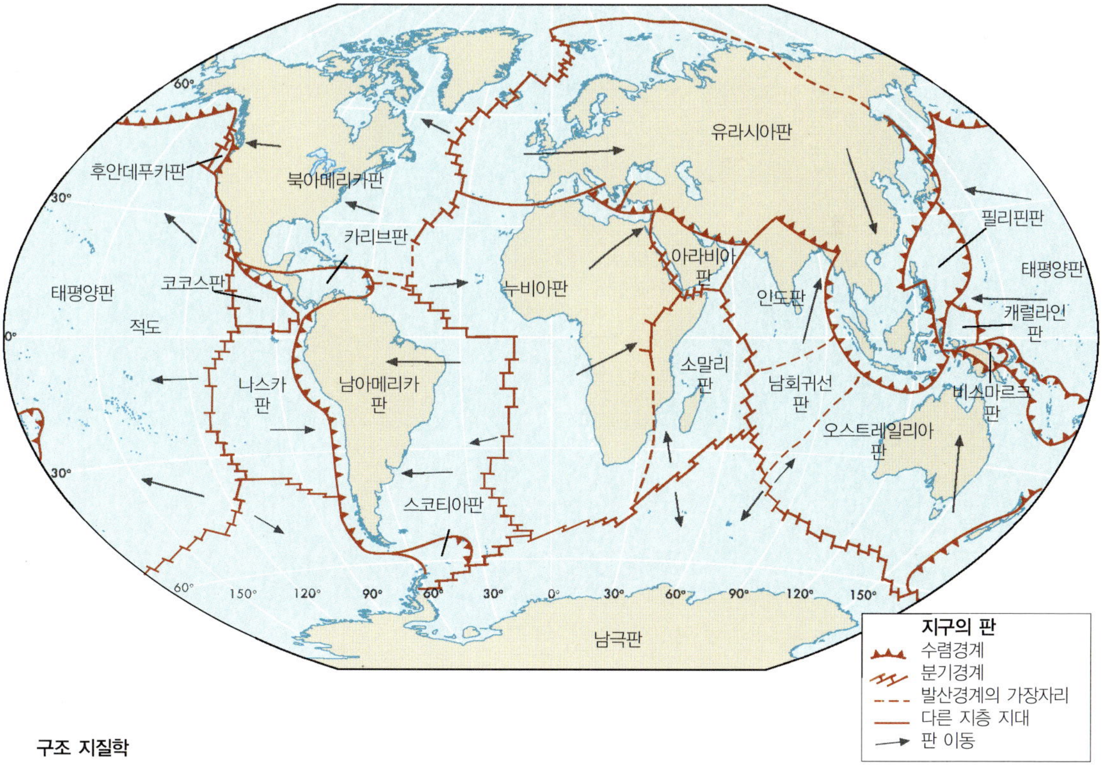

구조 지질학

베게너의 대륙이동이라는 개념은 1912년에 처음 나왔지만, 널리 받아들여진 것은 1960년대에 이르러서였다. 현재의 이해류 지도는 판구조론을 보여주는데, 이것이 베게너의 이론을 설명해준다.

거대한 플레어

개기일식으로 태양의 둘레에서 솟구친 거대한 홍염의 모습이 드러나고 있다. 홍염의 가장 밝은 부분은 지구보다도 몇 배나 더 크다.

노출되어 있으면 자갈로, 궁극적으로는 흙으로 분해된다는 것을 알았다. 또 오래된 돌이 부서져 새로운 돌을 생산하는 지질학적 과정의 순환적 본질도 파악했으며, 현재 관찰되는 과정이 과거에도 일어났다고 믿었다. 이런 개념을 동일과정설이라고 부른다. 허턴은 베르너와는 달리 지구가 역동적이고 늘 변한다는 사실을 인식했다.

1785년 허턴은 에든버러 왕립학회에서 연설을 했다. 그는 지구가 무한히 오래되었다고 선언하면서, 화산 활동이 지구의 암석을 만들어낸 일차적 원인이라고 설명했다. 허턴은 베르너의 영향력이 최고조인 상태에서 자신의 생각을 발표했다. 그의 생각에는 화성론이라는 별명이 붙었다. 화성론의 영어 이름 'Plutonism'에서 'Pluto'는 고대 로마의 지하세계 신의 이름이다. 이 생각은 엄청난 비판을 받았다. 어떤 사람들은 그의 논리가 빈약하다고 비난했고 또 다른 이들은 그가 이신론자 또는 무신론자라고 말했다. 허턴은 그런 비판에 자극을 받아 자신의 이론을 증명하고 비방자들을 물리칠 지질학 구조를 찾아다녔다. 1795년 허턴은 두 권짜리 『지구의 이론』을 출간했다. 이 책에는 허턴의 생각만이 아니라, 조르주루이 르클레르, 곧 뷔퐁 백작 등 다른 사람들의 생각도 들어 있었다.

뷔퐁도 허턴과 마찬가지로 지구가 원래는 녹은 상태였다고 믿었다. 그는 1749년에 낸 책 『자연사』에서 태양과 충돌하는 혜성들 때문에 태양을 이루던 물질이 떨어져 나갔으며, 이 물질이 행성을 이루었다고 주장했다.

뷔퐁은 지구도 이런 종류의 우주적 물질이었으며, 약 7만 5천 년에 걸쳐 식었는데, 이 과정은 여섯 개의 뚜렷한 단계로 구분된다고 믿었다. 뷔퐁은 또 과거에 지구를 형성했던 과정이 지금도 이루어지고 있다고 믿어 격변론도 거부했다.

허턴은 『지구의 이론』을 끝내면서 지구는 "태초의 흔적을 남기지도 않았고 종

방사능

물리학자 앙투안 앙리 베크렐은 1896년 파리의 실험실에서 마리 퀴리, 그녀의 남편 피에르와 함께 방사능을 발견했다. 그들은 단단히 밀봉한 사진 필름 통을 우라늄이 담긴 광물 옆에 두었다. 이 광물은 필름에 어떤 "눈에 보이지 않는 빛"을 비추었다. 마리 퀴리는 이 반응이 화학적인 과정이 아니라 원자적 과정 때문임을 알았다. 그녀는 결국 라듐, 폴로늄, 토륨 등의 새 원소를 발견했다.

방사성 붕괴는 핵이 불안정한 어미 방사성 동위원소가 자연발생적으로 하나 이상의 다른 핵으로 변할 때 일어난다. 핵은 계속 붕괴하다 마침내 딸 동위원소라고 부르는 안정된 배치에 이르게 된다. 이 변화에서 알파선(헬륨 핵), 베타선(자유로운 전자), 감마선(엑스선과 흡사한 고에너지 광자) 등 세 가지 유형 가운데 하나가 방출된다.

베크렐의 방사능 실험은 훗날 파리의 마리 퀴리, 케임브리지의 어니스트 러더퍼드의 작업에 핵심적인 역할을 했다.

영국의 물리학자 어니스트 러더퍼드는 토륨이 시간이 흐르면서 일정한 속도로 붕괴하여 일련의 다른 원소로 바뀌다가 마침내 안정된 납의 형태로 머문다는 사실을 발견하여 이 지식을 더 확대했다. 이 발견에서 방사성 반감기라는 개념이 나왔다. 이는 방사성 물질이 반으로 붕괴하는 데 걸리는 시간을 가리킨다. 동위원소의 붕괴 속도는 열이나 냉기, 기후나 압력의 변화에 영향을 받지 않는다는 사실도 밝혀졌다. 어떤 동위원소든 붕괴 속도는 변함이 없기 때문에 이 과정은 매우 정확한 시계인 크로노미터에 이용할 수 있다.

1930년에 이르러 붕괴하는 우라늄 동위원소는 서로 상관관계가 있는 옛날 암석의 시기를 측정하는 데 사용되었다. 1934년에는 동위원소에 기초한 시간 측정 방식이 발표되었다. 1930년대 말부터 1940년대에 이르기까지 더 많은 방사능 계열이 발견되었고 그 붕괴 과정도 파악되었다.

오늘날의 지질학자들은 암석의 연대 측정을 위해 동위원소 붕괴를 광범위하게 이용한다. 48억 년의 반감기를 가진 루비듐-87은 궁극적으로 스트론튬-87로 붕괴하며, 따라서 이 계열은 1억 년 이상 된 물체의 연대를 측정하는 데 사용된다.

방사성 탄소 연대측정은 가장 최근에 등장한, 즉 6만 년이 지나지 않은 유기체의 연대를 측정하는 데 도움이 된다. 모든 생물은 살아 있는 동안 탄소-12와 탄소-14를 고정된 비율로 지니고 있다. 그러나 유기체가 죽으면 탄소-14는 알려진 속도로 질소-14로 붕괴한다. 5730년이 지나면 탄소-14는 반밖에 안 남는다. 다시 5730년이 지나면 탄소-14는 4분의 1만 남는다. 현재 과학자들은 어떤 유물에 남아 있는 탄소-14를 측정하여 그 나이를 계산하는 간단한 수학 공식을 이용하고 있다.

말의 전망을 보여주지도 않는다"고 말했다. 허턴에게 행성은 시간을 초월한 존재였다. 화산활동, 침식, 퇴적이라는 영원한 순환을 하는 것이었다. 종교적인 사람으로서 지구가 어떤 웅장한 계획에 따라 만들어졌다고 확신했던 허턴은 주위의 세계에서 의미를 구하려 했다. 그러나 늙지 않는 지구라는 그의 개념은 많은 사람들에게 신성모독으로 여겨졌다. 그의 개념은 시계장치 같은 우주라는 뉴턴의 관점과 밀접하게 관련이 있었음에도, 그의 이론이나 지질학에 대한 기여는 그가 죽은 뒤에도 오랫동안 인정을 받지 못했다.

허턴이 죽은 해인 1797년에 태어난 찰스 라이엘 경 또한 스코틀랜드 출신의 법률가이자 자연철학자였다. 열 남매 가운데 장남으로 태어난 라이엘은 어린 시절에 곤충을 채집하기 시작하여, 평생 이 취미를 잃지 않았다. 1816년에는 옥스퍼드 엑스터 칼리지에 입학했다. 라이엘은 법을 공부했지만, 한 번도 과학에 대한 관심을 잃은 적이 없었다. 그는 지질학회에 가입했으며, 곧 법보다는 이 분야에 더 몰두하게 되었다. 1820년대 초 라이엘은 지질학 연구 쪽으로 확실하게 방향을 굳혔고, 1830년에 그의 대작 『지질학 원리』를 출간했다.

42년에 걸쳐 11번이나 개정한 라이엘의 『지질학 원리』는 점점 불어나고 있는

극지방 여행

알프레트 베게너가 1930년 마지막 그린란드 원정에서 개썰매를 타고 여행하고 있다.

허턴의 지질학적 과정 해석을 뒷받침하는 자료를 종합했다. 이 책은 지질 변화가 오랜 시간에 걸쳐 자연적으로 진행된다는 동일과정설 개념을 자세하게 설명하면서 수많은 증거를 제시했다.

라이엘은 허턴의 동일과정설을 한 걸음 더 밀고 나아갔다. 그는 자연 과정의 강도, 횟수, 환경은 시간이 지나도 거의 변하지 않는다고 주장했다. 지진 같은 격변적 사건이 특별히 자주 일어나는 시대는 따로 없다는 것이었다.

라이엘은 지질학에서 동일과정이라는 개념에 열광적이었다. 그는 "과학을 모세에게서 해방시키는 것"이 자신의 임무라고 믿었다. 그러나 능률적이고, 질서 잡히고, 순환적이고, 꾸준한 상태를 유지하는 역동적 지구라는 그의 개념은 물리학의 기본 법칙 몇 가지와 충돌했다. 특히 새로 태어난 열역학 분야에서 분출하고 있는 개념들과 어긋났다. 유명한 물리학자 윌리엄 톰슨(켈빈 경)은 이런 차이를 인식하고 라이엘에게 문제를 제기했다.

켈빈 경은 지구가 역동적이면서도 일관되게 질서 잡힌 기계로서 영원히 움직이는 것은 물리적으로 불가능하다고 주장했다. 그는 물리학에 관한 지식에 기초하여 시간이 흐르면서 지구가 상당히 변했다고 믿었다. 1846년에 과학자들은 지구 속으로 깊이 들어갈수록 온도가 높아진다는 사실을 알았다. 켈빈은 지구가 녹은 상태의 구에서 출발하여 꾸준히 식었다고 주장했다. 지구 속으로 들어갈 때의 온도 변화 비율은 깊은 광산을 연구하면 짐작할 수 있었다. 켈빈은 그 정보를 바탕으로 식는 속도를 거슬러 추정하여 지구가 2천만 년에서 3천만 년은 되었다고 계산했다. 이 시간 동안 이 행성은 엄청난 변화를 겪었다는 것이었다.

현대의 지질학에도 동일과정설이 여전히 포함되어 있지만, 라이엘의 경우처럼 엄격하게 받아들이지는 않는다. 격변적인 사건들은 가까운 과거에 발생했으며, 대홍수를 연상시키는 사건들도 있다. 예를 들어 격변에 가까운 홍수가 워싱턴 주 서부의 화산 용암지를 만들었다. 오늘날의 지질학자들은 오랜 시간에 걸친 원인과 결과의 동일성을 가정하지만, 그 속도, 강도, 지질학적 과정이 일어나는 장소는 달라질 수 있다고 생각한다. 현실설이라고 부르는 이런 개념을 바탕으로 우리는 지구 역사의 과거, 현재, 심지어 미래에 관한 지식까지 조정할 수 있다.

지구의 내부

지질학은 18세기와 19세기에 걸쳐 빠르게 발전했다. 대부분의 논의가 지각과 표면적 특징에 초점을 맞추었지만, 뷔퐁, 허턴, 켈빈 등은 지구 내부의 작용에 관한 이론도 세워나갔다. 그러나 지구의 내부에 가장 큰 빛을 비춘 사람은 미국의 지질학자 제임스 드와이트 데이너였다. 데이너는 1873년에 중심핵으로 들어가면 지구의 구성이 다양한 유형의 운석과 닮았을 것이라고 말했다.

뉴욕 주 유티카에서 태어난 데이너는 어렸을 때부터 지질학과 동물학에 관심을 가졌다. 1830년 데이너는 예일 대학에 입학하여 『아메리칸 저널 오브 사이언스』의 창간자이자 편집자인 벤저민 실리먼 밑에서 화학과 자연사를 공부했다. 데이너는 1833년에 졸업을 하고 나서 해군에서 수학 강사가 되었다. 그는 지중해로 항해를 떠나 그곳에서 베수비오 화산을 연구했다. 데이너는 1836년부터 실리먼의 화학 조수로 2년 동안 일한 뒤 1837년에 『광물학 체계』를 출간했다. 이때 그의 나이는 스물네 살이었다.

이듬해 데이너는 지질학자이자 광물학자로 미국 탐험 원정대에 참여하여 태평양의 과학적 연구와 조사 일을 시작했다. 그는 1838년 8월부터 4년 동안 버지니아를 출발하여 남북 아메리카 동해안을 여행하고, 칠레와 페루의 서해안을 따라 올라갔다가, 서쪽으로 태평양을 건너 사모아와 오스트레일리아로 갔다. 1839년 12월에는 여섯 척의 배로 이루어진 원정대가 남쪽으로 더 멀리 내려가 발레니 제도 서쪽의 남극 대륙을 탐험했다. 이어 원정대는 북쪽으로 하와이 제도로 올라갔다가 태평양 북서부로 더 올라갔다.

데이너는 그 다음에는 육상 탐험대에 참가하여 남쪽으로 샌프란시스코 만까지 내려갔다. 이들은 캘리포니아 북부의 샤스타 산 지역을 찾아가 처음으로 공식 조사했다. 이 화산에 관한 데이너의 메모와 스케치는 캘리포니아에서 골드러시가 절정기를 이루던 1849년에 『아메리칸 저널 오브 사이언스 앤드 아트』에 발표되었다.

전체 원정대는 샌프란시스코에서 다시 모여 남태평양으로 돌아갔다. 그들은 폴리네시아, 필리핀, 보르네오, 말레이시아를 거쳐 희망봉을 돌아 북쪽으로 향하여 1842년 6월 10일에 뉴욕에 도착했

세 가지 유형의 바위

바위에는 화성암, 퇴적암, 변성암 등 세 가지 유형이 있다. 화성암은 마그마와 용암에서 생긴다. 여기에는 화강암과 흑요석이 포함된다. 퇴적암은 퇴적물의 압축작용과 교결작용으로 형성된다. 여기에는 석회암과 사암이 포함된다. 변성암은 극한의 열과 압력으로 형성된다. 여기에는 편마암과 편암이 포함된다.

녹아내리는 정상

해발 약 5,836미터 높이의 킬리만자로는 아프리카에서 가장 높은 봉우리다. 최근의 위성 이미지를 보면 지구 온난화의 영향으로 눈 덮인 봉우리가 급속히 사라지고 있다는 사실을 알 수 있다. 이런 속도라면 이 산꼭대기의 빙하는 2020년이면 다 사라지게 될 것이다.

다. 데이너는 코네티컷 주 뉴헤이븐에 정착하여 실리먼의 딸과 결혼했다. 그는 1850년에 예일 대학에서 장인의 자리를 이어받아 자연사와 지질학 교수가 되었다. 그는 1892년까지 이 자리를 지켰다.

데이너가 탐험 동안 모은 자료를 일련의 과학 논문으로 묶어내는 데는 거의 13년이 걸렸다. 그는 지구에서 화산 활동이 가장 활발한 지역 여러 곳을 다녀보고 또 시커메진 운석이 하얀 얼음 위에 놓여 있는 모습이 눈에 자주 띄는 남극도 찾아가본 뒤에 지구와 그 내부의 작용에 관하여 독특한 관점을 얻게 되었다.

운석에는 두 가지 종류가 있다. 운석 가운데 약 25퍼센트는 철, 니켈 또는 그

둘의 조합으로 이루어진 철운석이다. 75퍼센트는 비금속, 또는 석질운석이었다. 석질운석은 지각을 구성하는 암석과 비슷한 화학적 구성이었지만, 지구의 경우보다 산소는 30퍼센트, 규소는 40퍼센트 적다는 점이 달랐다. 데이너는 지각보다 철이 80퍼센트 정도 많은 철운석이 지구의 내부와 비슷할 것이라고 생각했다.

1700년대 말 프랑스의 물리학자 피에르 시몽 라플라스 후작은 태양계가 자전하는 성운에서 떨어져나온 기체와 먼지 구름에서 시작되었다는 가설을 세웠다. "성운의 바깥 부분은 부서져서 고리가 되었고, 이 고리들은 회전을 하다가 공, 즉 행성이 되었다." 1900년대 초에 이르자 이 생각은 널리 받아들여지게 되었다. 그러나 시카고 대학에 근무하던 지질학자 토머스 크라우더 체임벌린과 천문학자 포리스트 레이 멀턴은 생각이 달랐다. 그들은 1904년에 행성이 태양과 지나가는 별의 충돌에서 생겼다는 가설을 내놓았다.

체임벌린과 멀턴은 침입하는 별의 중력장 때문에 태양에서 엄청난 양의 물질이 떨어져 나갔다고 생각했다. 이 기체로 이루어진 조각들이 응축하여 미행성체(작은 천체)를 형성했고, 시간이 지나면서 서로 합쳐져 행성을 형성했다. 이 격변에 의한 미행성체 가설에는 태양에서 튕겨져 나온 물질이 매우 빠른 속도로 날아갔다는 전제가 깔려 있다. 이후의 연구에 따르면 이 속도는 너무 빨라서 태양계의 기원에 관한 타당한 설명이 될 수 없다는 것이 증명되었다.

1944년 제라드 피터 카이퍼와 카를 프리드리히 폰 바이츠재커는 미행성체 모델을 수정하였는데, 이 이론이 오늘날 널리 받아들여지고 있다. 그들의 이론에 따르면 천천히 자전하는 기체 구름이 지나가는 별이나 초신성 폭발의 충격파 등으로 교란되면 그 안에서 소용돌이가 일어날 수도 있다. 이 소용돌이는 주위의 물질을 모아, 결국 미행성체를 만들어낸다. 이 작은 미행성체들이 큰 미행성체의 중력에 빨려들어가 원시 행성이 만들어진다는 것이다.

새로 불이 붙은 태양 근처는 온도가 높아 수소나 헬륨 같은 휘발성 물질은 다 증발했을 것이며, 태양계 외행성들에서는 이 성분들이 구성요소 가운데 큰 부분을 차지하다는 것이 입증되었다. 녹은 상태로 자전하던 원시 행성 지구가 식으면서 구름에서 원소들이 응축하기 시작했다. 철과 니켈 같은 밀도가 높은 원소는 지구의 핵으로 옮겨가고, 규소, 칼슘, 알루미늄, 산소 같은 가벼운 원소들은 지각을 형성하기 시작했다. 현대 지질학자들은 지진 자료에 기초하여 지구의 내부를 지각, 맨틀, 액체로 이루어진 외핵, 고체로 이루어진 내핵 등 네 가지 기본 영역으로 나눈다. 각각의 영역에는 특정한 종류의 암석과 광물이 들어 있다. 예를 들어 지각에는 주로 규토를 기본으로 하는 암석이 있다. 맨틀에는 마그네슘, 철, 칼슘, 나트륨, 철, 산화규소가 들어 있다. 외핵과 내핵에는 주로 철과 니켈이 있다.

판구조론

19세기 말 지질학자들은 산맥과 지향사(地向斜)──아래쪽으로 곡선을 그리거나 휘어 있는 암석층들──의 형성을 설명하기 위한 이론을 만들기 시작했다. 많은 사람들이 지구는 식는 단계에 있다고 가정했다. 데이너는 마른 살구의 쭈그러든 껍질처럼, 지구의 내부가 식으면서 쭈그러드는 바람에 딱딱한 껍질에 주름이 잡혔다고 말했다. 데이너는 습곡 지향사를 측정한 뒤 지각이 각 조산대를 따라 몇백 킬로미터씩 수축했다고 추정했다. 지구 내부의 방사성 열에 관한 지식이 없는 상황에서 이것은 그럴 듯한 설명으로 보였다.

에두아르트 쥐스는 한 걸음 더 나아가, 수축이 지각에 급격한 변화를 일으켰다고 주장했다. 쥐스의 말에 따르면, 극적인 산악 형성기 뒤에는 차분한 기간이 오랫동안 뒤따랐다. 과거에 아프리카, 인도, 오스트레일리아는 그가 곤드와나 대륙이라고 칭한 커다란 땅덩이의 일부였다. 지구의 내부가 식어 수축하면서 지각에는 주름이 지고 산악이 형성되었다. 다른 지역은 가라앉아 바다가 되었다는 것이다.

1908년 프랭크 B. 테일러는 대륙이 이동하여 지각에 주름이 잡히면서 산맥이 형성되었다고 주장했다. 대양은 대륙의 맨 끝 가장자리가 움직이면서 우묵하게 접힌 땅이다. 지각은 계속 움직여 주름이 잡혔으며, 퇴적층을 위로 들어올려 산맥과 지향사를 형성했다는 것이다.

지각 평형

지각 평형은 지각이 액체 상태의 맨틀 위에서 중력에 의해 평형을 유지하는 것을 가리킨다. 대륙의 지각은 바다의 지각보다 밀도가 낮기 때문에 바다의 지각보다 맨틀의 더 높은 곳에 떠 있다.

1912년 독일의 천문학자이자 기상학자인 알프레트 로타르 베게너는 대륙이동설을 강력하게 옹호했다. 베를린에서 목사의 아들로 태어난 베게너는 학문의 구분을 넘어서는 과학자로, 지질학, 지구물리학, 기후학, 생물학을 함께 묶어 지구의 내부 작용에 관한 포괄적인 이론을 만들었다.

삼림 벌채

방대한 숲과 밀림의 식물이 사라지면서 이산화탄소를 다시 산소로 돌리는 지구의 재순환 능력이 약해지고 있다. 대기 중의 이산화탄소가 증가하면 여기에 열이 갇히고, 이것이 온실 효과를 일으킨다.

베게너는 천문학 박사학위를 받은 뒤 독일 린덴베르크의 항공 관측소에서 일을 시작하여, 동생과 함께 대기를 조사하곤 했다. 1906년 베게너 형제는 기구로 52시간 여행을 하여 세계 기록을 깼다. 베게너는 그린란드에서 대기에서 일어나는 사건들을 연구한 뒤 1910년에 『대기의 열역학』을 출간했다. 베게너는 약혼녀에게 보내는 편지에서 남아메리카의 동해안과 아프리카의 서해안이 서로 맞물리는 것처럼 보인다고 말했다. 1912년 베게너는 대륙이동설을 발표했다.

베게너는 약 2억 내지 2억 5천만 년 전인 고생대의 암석을 연구하기 시작했다. 그는 거대한 대양을 사이에 두고 떨어져 있는 두 대륙에서 비슷한 암석 퇴적물이 발견된다는 사실에 주목했다. 남아메리카, 아프리카, 오스트레일리아, 남극의 경우, 또는 북아메리카, 스칸디나비아, 스코틀랜드, 아일랜드의 경우처럼 서로 비슷하지도 않은 지역들에서 똑같이 발견되어 이들을 서로 연결해주는 퇴적물이 있었다. 베게너는 지구에 한때 단일한 초대륙이 있었다고 주장하고, 그것을 판게아(그리스어에서 나온 말로, 땅 전체를 뜻한다)라고 불렀다. 1915년 베게너는 『대륙과 대양의 기원』을 발표했다.

베게너는 지각 밑에 있는 물질의 점착성에도 불구하고, 오랜 기간에 걸쳐 작용하는 작은 힘들이 서서히 지각 덩어리를 움직일 수 있다고 믿었다. 그는 원심력, 기조력(起潮力), 지축에서 회전할 때 지구가 흔들리는 힘이 모두 그런 운동에 영향을 줄 수 있다고 생각했다.

남아프리카의 지질학자 알렉산더 로지 뒤 투아는 베게너의 강력한 지지자였다. 1921년 뒤 투아는 베게너의 이론을 뒷받침할 만한 구체적인 지질학적 증거나 화석 증거를 찾았다. 그는 고대의 어떤 육지 식물이 현재는 대양으로 갈라져 있는 여러 대륙에서 모두 발견된다는 것을 보여주는 화석 기록을 찾아냈다. 그들의 씨앗은 너무 커서 바람에 날릴 수가 없었다. 만일 베게너의 이론이 아니라면, 이런 식물이 어떻게 그렇게 먼 거리를 이주할 수 있었을까? 1937년 뒤 투아는 『우리의 떠도는 대륙들』에서 대륙이동설을 뒷받침하는 추가의 증거들을 공개했다.

허턴을 비롯한 여러 사람이 열대류라는 개념을 제시했지만, 스코틀랜드의 지질학자 아서 홈스가 지구 내부의 방사능을 연구하기 시작한 뒤에야 대륙이동을 설명하는 그럴 듯한 메커니즘이 제시되기 시작했다. 1928년 홈스는 지구 하부 맨틀의 방사성 동위원소의 불규칙한 분포가 특정 구역의 온도를 크게 높인다고 주장했다. 뜨거운 맨틀 성분은 서서히 지각을 향해 올라간다. 이윽고 그곳에서 식으면서 옆으로 이동을 하면 지각도 함께 움직인다는 것이다.

세월이 흐르면서 대륙이동설을 뒷받침하는 증거들이 더 나타났지만, 미국의 지질학자들은 대부분 아직 확신을 갖지 못했다. 베게너의 생애 전체에 걸쳐 뜨겁게 논쟁이 벌어졌지만, 이마저도 그가 죽은 뒤에는 식어버렸다. 그러다가 1950년대에 새로운 증거가 등장하자 논쟁은 다시 시작되었다.

이 무렵에는 지구의 대양 탐사가 확산되어 총 길이가 7만 킬로미터에 이르는 거대한 중앙해령이 발견되었다. 물리학자들은 지구의 자기장을 조사하고 있었다. 제2차 세계대전 때 사용했던 잠수함 탐지기인 자기력계를 개조하여 대양저(大洋底)의 자기 변화를 파악하는 데 이용하기도 했다. 이 자기 지도는 일정한 패턴을 보여주었다.

1960년대 초 자기장이 번갈아 나타나는 줄무늬 패턴이 발견되었다. 이 패턴은 대서양의 중앙해령 양쪽에 대칭으로 나타났다. 한 줄은 지구의 순방향 자기장을

파란 점

태양에서 약 1억 5천만 킬로미터 떨어진 지구는 황량한 행성으로 가득한 태양계의 오아시스이다.

반영했다. 다른 한 줄은 역방향 자기장을 반영했다. 이 이른바 자기 줄무늬는 대양저가 펼쳐지면서 만들어진다. 중앙해령들은 지각이 갈라지는 곳들을 표시한다. 대양저가 펼쳐질 때는 용암이 솟아오르며 벌어지는 곳 양편에 산맥을 만든다. 바위가 식으면 그 자기 입자가 지구의 자기장과 나란히 자리를 잡으면서, 자기장의 흔적을 새긴다. 얼룩말 같은 줄무늬는 수백만 년마다 일어나는 자기 역전을 보여준다. 어떤 경우에는 1만 년이라는 짧은 간격으로 일어나기도 한다.

1961년 프린스턴 대학의 지질학자 해리 해먼드 헤스는 지각이 해령을 따라 펼쳐지면 어딘가에서 충돌할 수밖에 없다고 추론했다. 그는 대서양이 대서양 중앙해령을 따라 넓어지고 있다고 주장했다. 그 말이 사실이라면 이것을 보완하기 위하여 태평양은 수축해야 한다. 헤스는 태평양의 지각은 바다의 가장자리를 따라 깊고 좁은 협곡들로 가라앉고 있다는 가설을 세웠다. 1960년대에 새로 개발한 도구로 측정한 지진 자료는 헤스가 전개와 수축을 예측한 바로 그곳에 지진대가 있음을 보여주었다.

오늘날 우리는 네 가지 유형의 판 경계를 받아들인다. 대서양 중앙해령 같은 발산경계는 판들이 멀어지면서 새로운 지각이 만들어지는 곳이다. 두 번째 유형인 수렴경계는 무거운 대양의 지각이 가벼운 대륙의 지각 밑으로 섭입(攝入), 즉 가라앉으면서 대륙의 가장자리를 따라 안데스 산맥과 같은 화산 산맥을 만드는 곳이다.

수렴의 또 다른 유형으로 대륙과 대륙이 만나는 곳이 있다. 이곳에서는 두 대륙이 충돌하지만 어느 지각도 밑으로 내려가지 않는다. 두 대륙이 밀도가 비슷하기 때문이다. 이 경우 지각은 휘고 구부러지면서 위나 옆으로 밀려나간다. 히말라야 산맥이 대륙간 수렴의 좋은 예다.

변환단층 경계는 판들이 서로 수평으로 미끄러지는 곳이다. 1,300킬로미터 길이의 산안드레아스 지층대가 그런 경계의 예이다. 마지막으로 판 경계 지대는 판의 경계와 상호작용이 불분명한 곳이다. 알프스 산맥이 그런 경계의 예이다.

대기권과 수권

천문학자 조지 오그던 아벨은 이렇게 썼다. "우리는 우리 행성을 덮고 있는 공기의 바다 바닥에서 살고 있다." 이 생명을 유지해주는 바다는 78퍼센트의 질소와 21퍼센트의 산소, 그리고 1퍼센트의 아르곤으로 이루어져 있다. 여기에 약간의 수증기, 이산화탄소 및 다른 기체가 포함되어 있다. 그러나 현재의 대기는 원시의 지구를 둘러쌌던 대기와는 매우 다르다.

지구가 태양 성운 속에서 형성되기 시작하던 때 원시 대기는 수소와 헬륨으로 이루어져 있었을 것이다. 이 기체들은 지구에는 상대적으로 희귀하지만 우주에는 아주 풍부하다. 따라서 이것이 지구의 초기 대기의 구성요소들이었을 가능성이 높다. 그러나 지구의 중력은 너무 약해 수소와 헬륨을 붙잡아둘 수가 없었다.

따라서 이 가벼운 원소들은 쉽게 탈출 속도에 이르렀을 것이다. 그리고 태양 내부의 용광로에 불이 붙으면서 태양풍이 태양계 내부에 약간 남아 있던 이 두 기체를 쓸어가버렸을 것이다.

1951년 지질학자 윌리엄 월든 루비는 화산 작용이 우리 대기를 구성하는 기체들을 만들었다고 주장했다. 약 35억 년 전 지구의 표면은 지각을 형성할 만큼 식었다. 아직 화산이 많았던 지구는 화산 활동 동안 기체 방출이라 부르는 과정을 통하여 녹은 바위에서 기체를 밖으로 내보내 다음 단계의 대기를 만들어나갔을 것이다. 그 결과로 나온 원시의 대기는 수증기, 이산화탄소, 암모니아로 이루어져 있었을 것이며, 암모니아에서는 질소가 약간 나왔을 것이다. 그러나 자유로운 산소는 거의 또는 전혀 없었을 것이다. 시간이 지나면서 지구는 계속 식으며 대기를 만들었다. 결국 수증기는 액화하여 구름과 비를 만들었고, 여기에서 바다가 나왔다.

이 무렵 혜성들이 지구에 격렬하게 충돌했다는 추측도 있다. 우주에서 날아온 이 더러운 눈뭉치들은 지구에 더 많은 물과 이산화탄소의 씨앗을 심었을 것이다. 그뿐만 아니라 생명의 기초 요소인 원시 아미노산을 형성하는 데 필요한 다른 화학물질도 뿌렸을 것이다. 물이 축적되기 시작하면서 바다가 형성되었다. 이 거대한 물은 대기의 이산화탄소 가운데 약 50퍼센트를 녹였다. 녹은 이산화탄소는 나중에 석회암 같은 탄산염 암석이 되었다.

지구의 원소 구성

우리에게 알려진 백 개 이상의 원소 가운데 4분의 1만이 지구에 흔하며, 우주의 95퍼센트 이상은 가장 가벼운 원소인 수소와 헬륨으로 이루어져 있다.

20세기 중반에 핵물리학과 항성물리학 분야의 지식이 늘어나면서, 연구자들은 대부분의 원소가 별의 폭발적인 죽음에서 형성된다고 결론을 내렸다. 지구와 행성들을 낳은 우리의 태양 성운은 죽은 별들의 잔해로 가득 찬 구름이었다. 현재 과학자들은 지구가 그 성운 속에서 형성되는 과정을 시작하기 오래 전에 지구의 거의 모든 원자가 별들 내부의 깊은 곳에서 형성되었다고 믿는다.

녹은 상태의 원시 행성 지구가 1천3백 도에서 1천5백 도 사이의 온도로 내려가면서 처음 응축된 원소는 알루미늄과 티타늄이었을 것이며, 그 뒤에 1천 도에서 1천3백 도 사이에서 철, 니켈, 규소, 코발트, 마그네슘이 응축되었을 것이다. 산소, 나트륨, 칼륨 같은 원소들은 3백 도에서 1천 도 사이에 응축되었을 것이다. 물은 지구가 백 도 이하까지 식었을 때 생겼다.

화석 증거는 남조류 같은 초기 생명이 약 33억 년 전에 나타나기 시작했음을 보여준다. 그런 유기체는 이산화탄소를 산소로 바꾸어, 우선 바다에, 그 다음에는 대기에 산소를 공급했다. 원시 식물이 더 많이 나타날수록 이산화탄소가 더 많이 산소로 바뀌어, 대기의 전체적인 산소량이 극적으로 증가했다. 이 산소가 또 암모니아와 작용하여 질소를 만들었다. 곧 오존——산소의 동소체, 즉 산소와 원자수만 다른 기체——층이 형성되어 지구와 그 위의 원시 생명 형태들을 자외선 복사로부터 보호하는 역할을 했다. 이제 질소와 산소가 풍부한 제3의 대기가 지구를 덮기 시작했다.

행성 과학

역사 대부분의 기간에 걸쳐 우리 태양계의 물체들을 연구한 사람들은 천문학자들이었다. 갈릴레오는 최초의 천문학자로 꼽힌다. 그는 1609년에 새로운 망원경으로 달을 보았으며, 달의 어두운 곳에는 마리아(라틴어로 바다라는 뜻), 밝은 곳에는 테라에(라틴어로 땅이라는 뜻)라는 이름을 붙였다. 갈릴레오는 달의 특징을 다양한 그림으로 표현하고, 꼼꼼하게 측정을 하기도 했다. 그는 심지어 달에 있는 산의 그림자 길이를 이용하여 산의 높이를 계산하기도 했다.

달은 지구 주위를 돌면서 그 한 달간의 여행 속도와 정확히 상응하는 속도로 축을 중심으로 자전한다. 다시 말해 달의 공전 주기는 그 하루의 길이——지구를 기준으로 27.32일——와 같다. 따라서 지구에서는 늘 달의 같은 면만 보게 된다. 달 궤도 운동의 작은 변화 때문에 주기적으로 평소에 못 보던 뒷면을 약간 볼 수

1930년경~1985

1930년경
미국 기후국 기상 자동 기록기를 처음으로 개발하다.

1935
미국의 물리학자 찰스 리히터 지진의 크기를 측정할 수 있는 측정기를 개발하다.

1964
미국의 레인저 7호 우주선 처음으로 근거리에서 찍은 달 사진을 보내다.

있지만, 지구에서 볼 수 있는 것은 달의 전체 표면의 60퍼센트에 지나지 않는다. 어쨌든 달에서 우리 눈에 늘 보이는 면은 여러 차례 지도로 그려졌다.

달의 마레
달에는 커다란 화산이 없다. 그럼에도 그 표면의 많은 부분은 마레(mare)라고 알려진 화산암 성질의 돌로 덮여 있다. 마레는 라틴어로 바다를 뜻한다. 초기의 천문학자들이 이 광대하게 펼쳐진 현무암 밭을 물이라고 생각했기 때문에 생긴 이름이다.

1950년대 말에는 지구에 있는 가장 좋은 망원경으로 달의 지형 가운데 크기가 직경 1킬로미터 정도 되는 것은 파악할 수 있었다. 달의 표면에는 분화구들이 점점이 박혀 있었는데, 일부는 직경이 160킬로미터에 이르기도 했다. 천문학자들은 대부분 지구를 근거로 이 분화구들이 화산에서 생긴 것이라고 믿었다. 또 화산 분출의 찌꺼기가 크고 검은 '바다'를 만들었다고 생각했다. 그러나 1960년에 유진 멀 슈메이커가 박사학위 논문을 제출하면서 달 분화구의 진정한 기원이 파악되기 시작했다.

유진 슈메이커의 암석과 광물 사랑은 어린 나이에 시작되었다. 일곱 살 때 어머니는 슈메이커에게 외할아버지가 어렸을 때 갖고 놀던 공깃돌을 주었다. 이 공깃돌에는 마노를 비롯하여 반짝거리는 보석 몇 개가 포함되어 있었는데, 이것이 어린 지질학자의 마음을 사로잡았다. 곧 슈메이커는 동네의 돌을 수집하기 시작했다. 와이오밍의 블랙힐스 같은 곳으로 가족 여행을 갔을 때면 어김없이 돌을 모았다. 고등학교에 다닐 때는 보석세공인 밑에서 일을 하기도 했다. 그는 그곳에서 보석을 깎고, 갈고, 조각하는 일을 배웠다.

제2차 세계대전이 끝나기 1년 전 슈메이커는 열여섯의 나이에 캘리포니아 공과대학에 입학하여 신입생이 되었다. 그는 3년 뒤에 졸업을 하고, 그 이듬해에는 석사 학위를 받았다. 1948년에는 미국 지질조사국에 들어가 콜로라도 고원에서

1966	1972	1980	1985
소련의 우주선 루나 9호 달에 연착륙하여 처음으로 달 표면에서 직접 찍은 사진을 보내다.	미국 랜드샛 1호를 발사하다. 이것은 우주에서 지구의 자원을 조사하려고 만든 최초의 위성이다.	미국의 매그샛 위성 지구의 자기장 지도를 그리다.	남극 위의 오존층에서 구멍이 처음으로 발견되다.

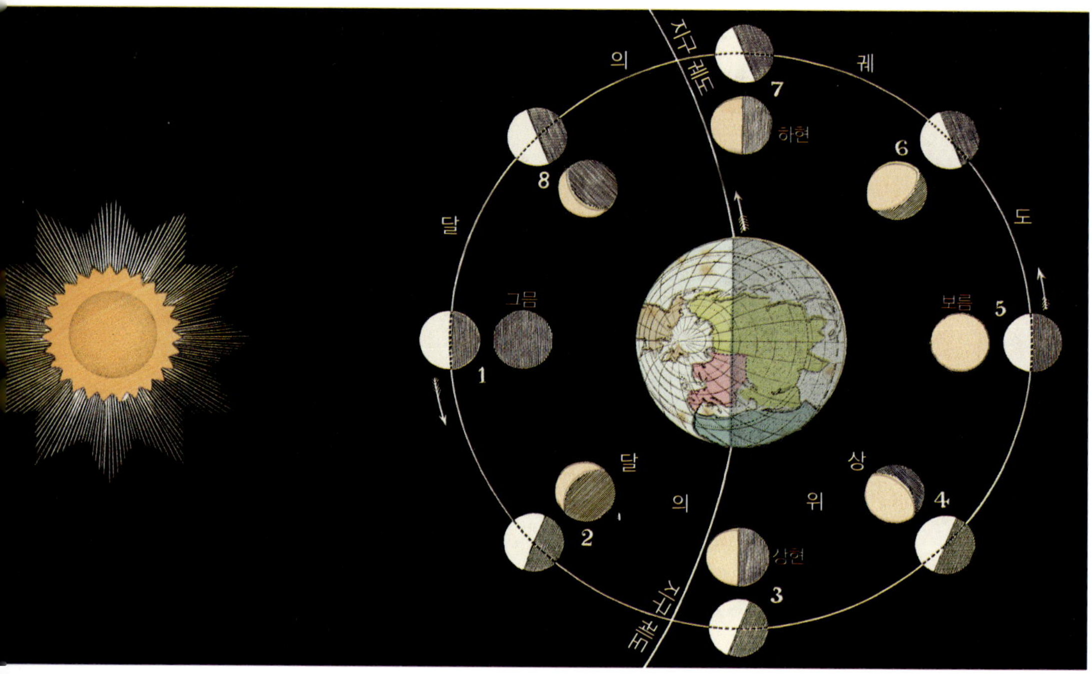

달의 위상

달은 지구의 주위를 돌면서 삭, 초승달, 상현달, 상현망간 위상, 보름, 하현, 하현망간 위상, 그믐달 등 여덟 개의 상을 거친다.

우라늄광을 찾기 시작했다. 동시에 호피 평원에서 화산의 특징을 연구했다. 또 달에 매혹되어, 달 탐사 여행을 떠나는 환상에 빠져들기도 했다.

슈메이커는 1952년 애리조나 주의 배린저 크레이터를 찾아간 일을 계기로 분화구와 그 기원을 연구하는 일에 평생 매달렸다. 그러나 1956년에는 지질조사국에서 국가적 이해관계가 걸린 더 다급한 일을 맡는 바람에 분화구 연구는 잠시 접었다. 그 급한 일이란 플루토늄의 생산이었다.

슈메이커는 1메가톤의 핵 장치에 우라늄을 둘러싸서 플루토늄을 만드는 팀에 들어갔다. 그가 맡은 과제는 그런 장치에서 생기는 큰 폭발의 가능성, 성질, 영향을 연구하는 것이었다. 그는 네바다 주 유카 평원의 원자탄 실험 현장을 찾아가, 몇 년 전 실험 때 킬로톤 단위의 핵폭발로 생긴 폭탄 구멍을 살펴보았다. 슈메이커는 이 연구 중에 유카 평원의 핵폭발로 생긴 구멍과 애리조나의 배린저 크레이터가 닮았다는 사실을 깨달았다. 그는 이를 계기로 운석 충돌의 영향을 연구하기 시작했다.

달을 향하여

1968년 12월 21일 미국의 아폴로 8호 우주선이 달을 향해 날아가고 있다. 달 주위를 돌고 지구로 돌아온 최초의 유인 비행이다.

유카 평원과 배린저 크레이터에서는 튀어나온 물질이 원을 이루고 있었다. 이 물질에는 석영의 한 종류인 코사이트가 포함되어 있었다. 석영은 아주 높은 압력과 상대적으로 높은 온도에서 코사이트라고 부르는, 밀도가 높은 이산화규소가

변하는 기후

과거의 기후를 진단하는 것은 복잡한 일이다. 주어진 시기의 통계를 수집하고 수많은 기상학적 변화의 평균을 내야 한다. 퇴적물과 화석이 어떤 조건, 예를 들어 덥거나 춥거나, 습도가 높거나 건조한 경우 등을 보여주는 지표가 될 수도 있다.

빙하는 우리 과거의 기후를 아는 데 실마리가 되는 최고의 자료다. 빙하기의 얼음은 시간이 지나면서 단단해져서 파악 가능한 패턴을 보여준다. 석화된 나무의 나이테도 과거의 기온과 강우를 보여준다. 퇴적암은 한 지역의 기후사를 장기적 관점에서 보여준다. 각각의 퇴적층은 기후 조건의 변화를 보여준다.

아르헨티나의 페리토 모레노 빙하는 세계에서 사라지고 있는 수많은 빙하 가운데 하나일 뿐이다.

지구는 빙하기, 소빙하기, 온난화 경향 등등을 거쳐왔다. 대략 10세기부터 14세기에 이르는 중세의 기후 이변은 태양의 활동 증대와 부분적으로 일치하는 온난화 경향과 관련이 있다. 이 시기의 자료를 보면 미국 서부에서는 장기간 가뭄이 계속되었고, 아프리카 동부의 적도 근처에서는 가뭄과 홍수가 번갈아 생겼다.

중세의 온난화 다음에는 소빙하기가 이어져, 19세기 중반이 지나도록 계속되었다. 대서양에는 유빙(流氷)이 늘어나고, 북유럽에는 더운 여름이 줄고, 북아메리카와 유럽은 혹한을 겪었다. 영국의 템스 강과 네덜란드의 운하나 강이 자주 얼어붙었다. 심지어 1780년 겨울에는 뉴욕 항구가 얼어붙기도 했다.

오늘날 우리의 관심은 지구 온난화다. 이전의 온도 상승은 지구의 자연스러운 기후 주기의 일부였을 터이지만, 현재의 기온 상승은 훨씬 더 빠르게 벌어지고 있으며, 인간의 영향이 원인까지는 아니라 해도, 어쨌든 그 때문에 더 악화되고 있을 가능성이 높다. 이 현상은 산업혁명, 화석연료의 대량 사용과 일치한다. 탄소 방출이 엄청나게 늘어, 대기 중의 이산화탄소는 산업시대 전보다 31퍼센트 이상 늘었고, 메탄은 150퍼센트 늘었다.

해가 지구를 비추면 그 열이 표면을 달군다. 해가 지면 이 열 가운데 일부는 정상적으로 다시 우주로 복사된다. 그러나 이산화탄소가 담요가 되어 넘치는 열을 가두는 바람에 오늘날 온실효과라고 부르는 것이 생긴다. 이것이 오늘날 기후 변화와 지구 온난화의 주요인이다.

빙하는 유례없는 속도로 녹고 있다. 산업혁명 이전에는 현재 미국의 글레이셔 국립공원이라고 부르는 지역에 150개 이상의 활동빙하가 있었다. 그러나 현재는 27개만이 있으며, 이마저도 위태롭다. 남아메리카 안데스의 빙하는 50년 전보다 세 배나 빠르게 녹고 있다. 위성 영상에 따르면 거의 1만 1천 년 동안 얼음과 눈으로 덮여 있던 아프리카 탄자니아의 킬리만자로 산 꼭대기에서 눈이 빠르게 사라지고 있다. 이런 속도라면 2020년에는 다 사라질 것이다.

세계의 포유류 4천 종 가운데 적어도 25퍼센

트는 멸종되었거나 멸종 위기에 처해 있으며, 조류 종의 3분의 2는 전 세계에서 숫자가 줄고 있다. 기후 변화와 인간의 서식지 파괴가 일차적인 원인이다. 연구자들의 계산에 따르면 21세기에는 세계의 야생 생물 가운데 절반이 멸종할 수도 있다.

된다. 슈메이커는 배린저 크레이터에서 화산 폭발로는 코사이트를 만들어내는 데 필요한 환경을 조성할 수 없다는 사실을 깨달았다. 1.2킬로미터 폭에 170미터 깊이, 그리고 45미터 높이의 테두리로 둘러싸인 이 구멍은 아무래도 운석 충돌의 결과인 것처럼 보였다.

1960년에는 우주 경쟁이 최고조에 이르렀다. 미국과 소련은 인간을 달에 보내는 꿈을 좇았다. 이제 겨우 서른두 살이었던 슈메이커는 달에 처음 발을 디디는 지질학자가 되겠다는 희망을 아직 버리지 않았다. 그러나 1963년에 애디슨병 진단을 받았으며, 이 때문에 우주인이 될 자격을 잃고 말았다.

슈메이커는 지질학 연구에 사용하는 방법을 태양계 천체에도 확대할 수 있다고 확신하여, 미국 지질조사국에 천체지질학 분과를 세우고 이끌어나갔다. 1963년 지질조사국은 플래그스태프에 공식적으로 천체지질학 센터를 열고, 다가올 달 착륙에서 지질학적 활동을 조직하고 계획할 책임을 지는 선임 과학자로 슈메이커를 임명했다. 달의 사진을 보고 지질학적 지도를 만드는 것도 그의 임무였다. 그는 또 달로 향하는 우주인의 훈련을 지원하기도 했다.

해리슨 H. 슈미트도 달의 지도 작업을 지원한 지질학자였다. 그는 1964년에 지질조사국 천체지질학 팀에 들어갔으며, NASA에서 우주인으로 선발되었다. 슈미트는 우주인 가운데 유일한 지질학자로서 지질학자들이 현장에서 사용하는 방법을 아폴로 승무원에게 가르치는 중요한 역할을 맡았다. 우주인들은 땅을 조사하고, 표본을 수집하고, 수집품을 분류하는 방법을 배웠다. 그들은 달 표면에서 그런 작업을 할 준비를 했다.

슈미트는 1972년 12월에 아폴로 17호를 타고 처음으로 달 여행을 했다. 슈미트와 유진 서넌은 달에 내려서 몇 가지 지질학적 탐지기를 설치했다. 여기에는 우주선(宇宙線)과 미소유성체의 탐지기도 있었다. 그들은 또 암석과 깊은 원광 표본도 채집하여 지구로 가져왔다. 두 사람은 달 위에서 22시간 동안 30킬로미터를 돌아다녔다.

화성의 화산

화성에는 태양계 전체에서 가장 넓은 화산 지역이 있다. 이것은 지구에서 발견되는 가장 많은 유형의 화산인 순상 화산이다. 화성의 일부 화산은 지구의 가장 높은 화산보다 세 배 이상 높다. 화성에서 가장 큰 화산은 올림푸스몬스로, 그 높이가 27킬로미터다. 에베레스트 산은 화산은 아니지만 높이가 약 9킬로미터다.

충돌의 해부

1178년 6월의 어느 더운 여름 저녁 영국의 수사 다섯 명은 그믐달이 둘로 갈라지는 듯한 광경을 보았다. 영국 캔터베리의 제르바스라는 이름의 수사는 달의 북동쪽 끝에서 "불과 뜨거운 석탄"으로 이루어진 구름이 분출하는 듯했다고 기록했다. 오늘날 운석 과학자들은 이 이야기를 달의 북위 36도 동경 102도에 있는 크레이터인 지오르다노 브루노를 만들어낸 12만 5천 메가톤의 폭발과 연결시킨다.

한 화가가 그린 그림에서 운석이 지구와 충돌하고 있다. 이렇게 해서 달이 생겼을 가능성도 있다.

이런 크레이터에 대한 연구는 1609년에 시작되었다. 이 해에 갈릴레오 갈릴레이는 망원경을 달로 돌렸고, 자신이 보던 점이 사실은 파인 구멍임을 알았다. 갈릴레오는 더 나아가 달의 크레이터의 울퉁불퉁한 테두리도 관찰했다. 거의 60년 뒤 로버트 후크는 『작은 도면들』에서 달의 크레이터는 내부의 화산 활동으로 만들어졌을 수도 있고, 외부 물체의 충돌으로 만들어졌을 수도 있다고 말했다. 후크는 진흙에 소총 총알로 구멍을 내는 실험도 해보았지만, 결국 달의 크레이터는 화산 활동으로 만들어졌다고 결론을 내렸다. 후크는 바깥 우주에서 달로 뭔가가 날아든다는 상상을 할 수가 없었다. 당시 바깥 우주는 텅 비어 있다고 생각했기 때문이다.

오늘날 우리는 달의 표면 대부분이 태양계에 소행성이 가득하던 30억 년 전에 형성되었음을 알고 있다. 과학자들은 이제 달이나 다른 행성의 단순한 크레이터와 복잡한 크레이터와 분지를 구별한다. 단순한 크레이터는 대체로 사발 모양이며, 테두리에 계단이 지지 않아 매끄럽다. 복잡한 크레이터는 안벽에 부채꼴 무늬가 있고, 넓고 평평한 바닥 중앙에는 봉우리가 하나 또는 그 이상이 있다. 달에서는 충돌 분지도 몇 개 확인되었다. 슈뢰딩거 분지와 고리가 많은 마레 오리엔탈레, 즉 동쪽바다가 그 예다.

달에만 크레이터가 있는 것이 아니다. 목성의 위성 칼리스토에도 크레이터가 많은데, 미국의 세로 길이만 한 발할라 분지는 이곳에서 아주 큰 충돌이 있었음을 보여준다. 토성의 위성인 미마스에도 허셜이라고 부르는, 충돌로 인한 크레이터가 있는데, 이것은 미마스 직경의 3분의 1 크기이다.

지구도 몇 번 충돌을 겪었다. 1902년 지질학자 대니얼 모로 배린저는 애리조나 주 플래그스태프에서 동쪽으로 60킬로미터 정도 떨어진 크레이터—당시에는 쿤 산이라고 알려져 있었다—를 연구했다. 지질학자들은 대부분 그것이 화산 활동의 결과물이라고 생각했지만 배린저는 운석 충돌로 생긴 것이라고 확신했다. 그는 운석 원광을 캐는 회사를 설립했다. 오늘날 이곳에는 배린저 운석 크레이터라는 이름이 붙어 있다.

1908년 6월 30일 시베리아의 퉁구스카에서는 환한 불의 공이 대낮의 하늘을 가로지르더니 땅에 충돌하기 전에 폭발했다. 이것은 크레이터는 남기지 않았지만, 그 충격파는 유럽의 지진계에 기록되었다. 그렇지만 가장 요란스러운 폭발은 6천

5백만 년 전에 일어났다. 소행성이 지구와 충돌하면서 파편의 구름이 대기권으로 올라가 몇 달 동안 지구를 덮고 태양을 가려, 지구의 모든 생물종의 75퍼센트를 죽였다. 이 사건은 지구의 지질사에서 백악기 제3기(K-T)의 경계다.

지질학자 월터 알바레스와 노벨상을 수상한 물리학자인 그의 아버지 루이스 알바레스는 지구에는 없지만 소행성에는 흔한 원소인 이리듐이 많이 포함된 진흙층을 발견했다. 이후 전 세계적으로 발견된 이 층은 수백만 년 전에 벌어진 커다란 충돌의 결과로 여겨지고 있다.

그 과정에서 2천2백 장 이상의 사진을 찍고 115킬로그램에 가까운 달 물질을 채집했다. 여섯 번의 달 탐사 동안 모은 물질 전체의 3분의 1 이상이나 되는 분량이었다.

슈미트와 서넌이 표본을 채집하는 동안 로널드 에번스는 사령선을 타고 궤도를 돌았다. 에번스는 혼자서 지도 제작용 카메라로 3천 장 이상의 사진을 찍고, 파노라마 카메라로 1천6백 장 이상의 사진을 찍었다. 그는 또 사령선의 레이저 고도계를 거의 4천 번이나 이용하며, 달 표면의 지형지물의 정확한 높이를 측정했다. 아폴로 17호는 여섯 번째 아폴로 우주선이었으며, 20세기에 달에 착륙한 마지막 우주선이었다.

아폴로의 달 탐사 이전에는 학자들이 달의 기원에 관한 이론 세 가지를 놓고 논쟁을 벌였다. 과학자들은 애정을 담아 이 이론들에 큰 뜯김(분리설), 이중 행성(동시탄생설), 포획이라는 별명을 붙였다. 첫 번째 모델은 찰스 다윈의 아들인 천문학자 조지 하워드 다윈이 1878년에 제시했다. 이 이론은 지구가 형성 초기에 너무 빨리 도는 바람에 지구의 한 덩어리가 떨어져 나가 달이 되었다는 내용이다. 1882년 지질학자 오스먼드 피셔는 이 뜯긴 자국이 태평양 분지가 되었다고 주장했다.

이 발상은 지구의 한 조각을 떼어내 궤도에 던지는 운동에 문제가 있다. 지구의 한 조각이 떨어져 나가려면 지구가 2.6시간마다 한 바퀴를 돌 정도로 빨리 자전을 해야 할 것이다. 그러나 만일 그랬다면, 지구와 뜯겨나간 조각 모두에 지나친 각운동량이 생기는 바람에 오늘날의 지구와 달 체계는 만들어지지 않았을 것이다. 그럼에도 다윈-피셔 이론은 달의 기원 모델로서 20세기까지 받아들여졌다.

두 번째 주장은 천문학자 에두아르 알베르 로슈 등이 제시한 것으로, 달과 지

밤하늘

은하수에는 별이 수십억 개 있다. 그 대부분은 지구에서 육안으로 보인다. 그러나 이 별밭은 우리은하에 있는 별들—태양도 그 가운데 하나다—가운데 극히 일부일 뿐이다.

구는 이중 행성으로서 함께 만들어졌다는 것이다. 그러나 두 천체가 동시에 형성되기에는 이들의 자전과 공전 운동이 너무 빠르며, 아폴로 탐사의 결과 달의 암석에는 지구와는 달리 철이 거의 없다는 사실이 드러났다.

1909년 천문학자 토머스 제퍼슨 잭슨 시는 달이 다른 어떤 곳에서 만들어졌다가, 지구에 너무 가까이 다가오는 바람에 지구의 중력에 포획되었다고 주장했다. 이것은 흥미로운 발상이었지만, 달의 암석은 지구처럼 산소의 세 가지 동위원소를 포함하고 있으며, 그 양도 지구의 맨틀에서 발견되는 것과 거의 비슷했다.

1974년 지질학자 윌리엄 케네스 하트만과 도널드 R. 데이비스는 오늘날 널리 받아들여지는 이론을 제시했다. 그들은 위성에 관한 한 회의에서 약 45억 년 전 태양 성운으로부터 지구가 형성되는 과정에서 작은 미행성체가 충돌하여 맨틀의 많은 양이 우주로 떨어져 나갔다고 주장했다.

체계가 안정되면서 떨어져 나간 물질은 응축하여 달을 형성했다. '대충돌'이라는 애칭이 붙은 이 이론은 달이 지구 표면에서 발견되는 암석과 구성이 비슷하지만, 더 깊은 곳에서 발견되는 암석과는 비슷하지 않은 이유를 설명해준다. 이것은 또 지구와 달 체계의 각운동량과도 일치하고, 지구가 23.5도 기울었다는 사실도 설명해준다.

우주시대는 1957년 10월 4일 러시아가 세계 최초의 인공위성 스푸트니크 1호를 쏘아올리면서 시작되었다. 농구공만 한 크기의 이 인공위성은 무게가 겨우 83킬로그램 정도였다. 그러나 그 의미는 컸다. 이것은 우리가 사는 지구 위가 아니라, 대기권 밖에서 인간이 태양계를 조사하기 시작한다는 뜻이었기 때문이다.

그 이후로 연구자들은 태양을 비롯하여 태양계의 모든 행성에 탐사선을 쏘아올렸다. 우주선은 수백 년에 걸친 물리학, 수학, 화학 연구의 결과물로 나온 도구들을 싣고 갔다. 이들은 목성의 구름층을 뚫고 들어갔고, 토성의 위성인 타이탄 옆을 날아가면서 지나가는 혜성을 살펴보았고, 달과 화성에서 표본을 채집했다.

1977년 9월 5일에 발사된 미국의 우주선 보이저 1호는 1979년 3월에 목성과 그 위성들을 찾아갔고, 1980년 11월에 목성계와 만났다. 1990년 2월 14일 보이저 1호는 지구에서 64억 킬로미터 떨어진 곳에서 지구를 향해 카메라를 돌렸다.

보이저가 본 지구는 22년 전 아폴로 8호 승무원들이 보던 밝고 파란 세상과는 달리 초승달 비슷한 모양을 한 작은 빛의 점이었다. 연푸른 점을 희미한 붉은빛이 둘러싸고 있었다. 이 빛은 햇빛이 산란하여 생긴 것으로, 지구가 태양과 가까워서 생긴 사진상의 문제였다. 이제 보이저 1호와 그 동료 보이저 2호는 지구에서 128억 킬로미터 이상 떨어진 곳에 있다. 태양계에서 가장 먼 곳까지 간 것이다. 둘 다 지구의 소리와 영상이 담긴 디스크를 싣고 있다. 그들은 이제 막 시작된 우주 탐험의 사절로서 우리에게 우리 자신을 더 잘 이해할 수 있는 계기들을 제공하기도 했다. 이제 우리는 우리 세계를 우주의 중심으로 보지 않는다. T. S. 엘리엇의 『네 개의 사중주』에 빗대어 말하자면, 우리는 모든 탐험이 끝나면 출발점으로 돌아와, 비로소 우리가 출발했던 곳을 이해하게 될지도 모른다.

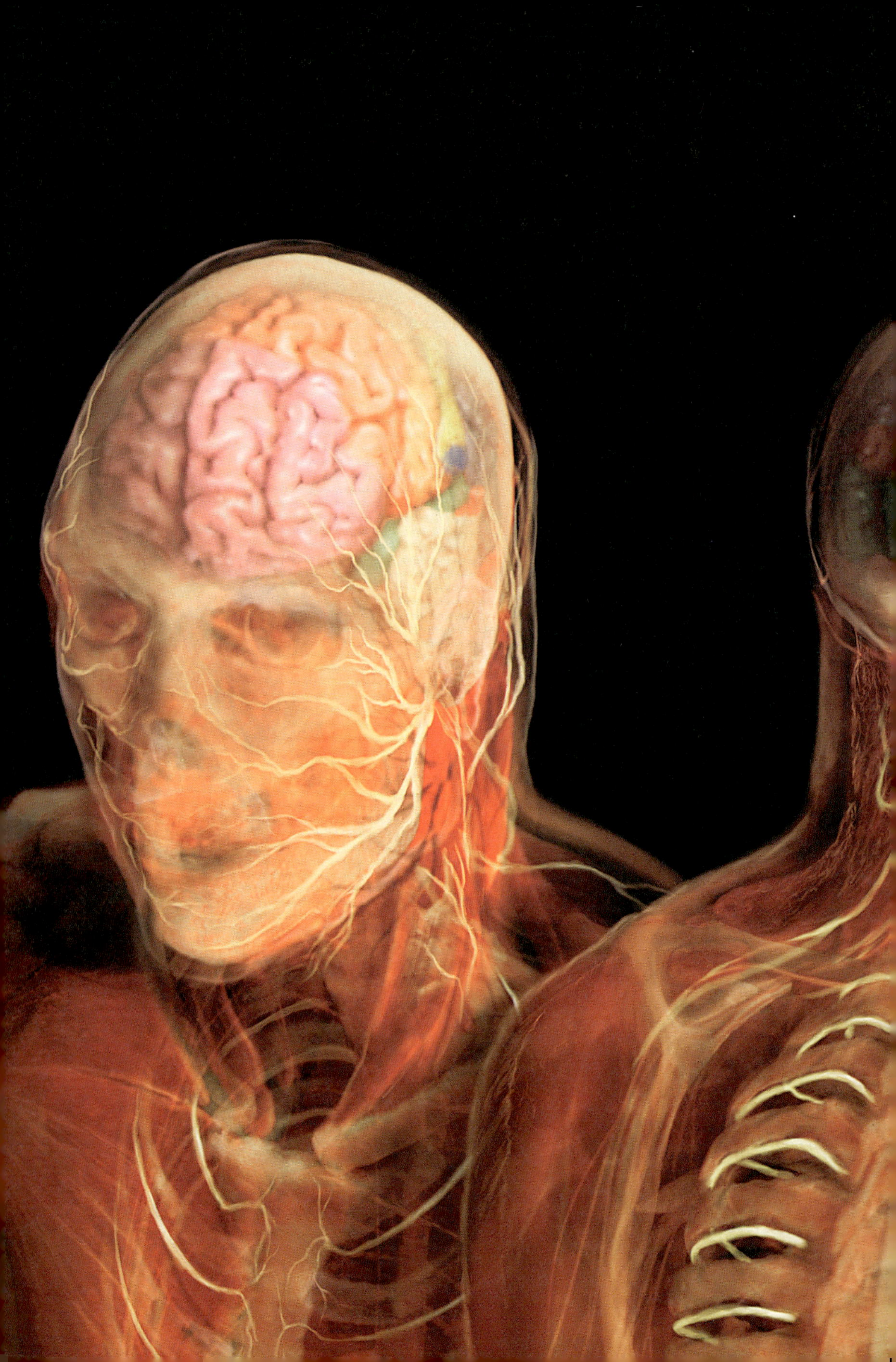

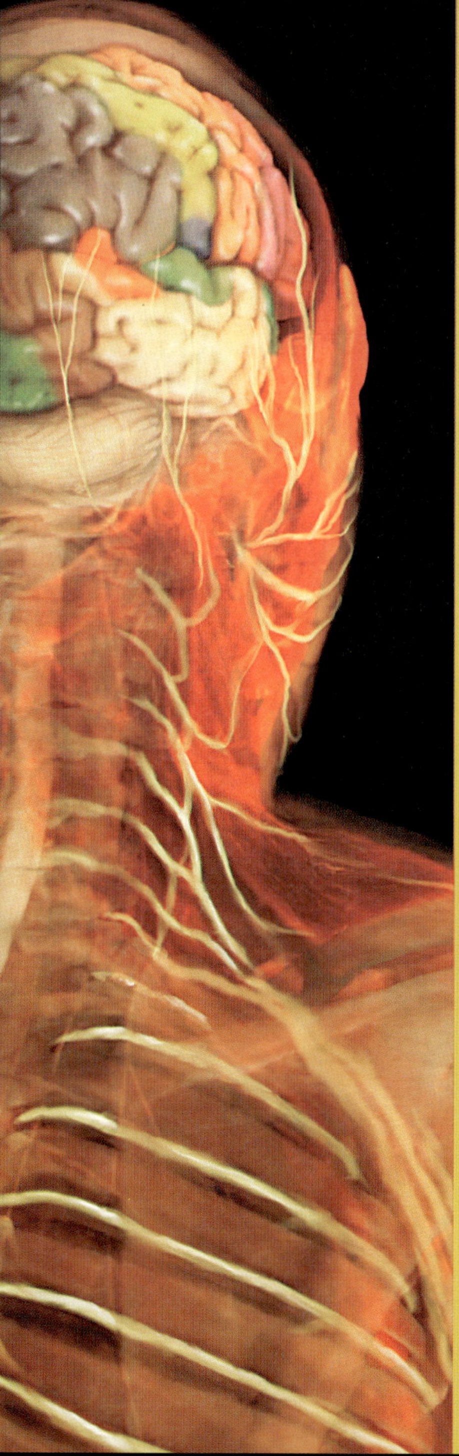

마음과 행동

6

세련된 장비와 기술로 무장한 오늘날의 과학자들은 뇌에서 지각이나 생각과 관련된 미세한 전기 방전의 위치를 확인하고 양을 측정할 수 있다. 인지과학자들은 우리가 배우고, 인식하고, 정보를 처리하는 방식을 연구하고 있다. 심리학자와 정신의학자는 우리 행동의 원인을 밝히고, 또 종종 그 가운데 건강하지 않은 면을 바꿀 방법을 찾으려고 노력한다.

현대의 연구자들은 고대 그리스로부터 우리에게 전해져 온 의학적이고 철학적인 텍스트에서 제기한 기본적 문제의 답을 찾으려고 노력한다. 마음이란 무엇인가? 마음이 몸과 어떤 관계를 맺는가? 의식은 어떻게 생겨나는가? 우리는 실제로 어떻게 인식을 하고, 생각을 하고, 상상을 하고, 꿈을 꾸는가? 우리 행동과 반응의 원인은 무엇이며, 우리가 어느 정도나 그것을 통제하는가? 아니면 그것이 우리를 통제하는가?

수천 년 전 그리스 철학자들은 생명과 정신이 똑같은 것이 아니라고 보았다. 전투나 사고로 머리에 부상을 당한 사람들의 경우 생명 기능은 그대로 유지되는데 의식이나 그에 수반되는 작용은 모두 중단되었다. 가슴에 심한 부상을 입거나 피를 많이

앞 페이지 우리가 인간이라고 생각하는 것의 많은 부분이 자리 잡고 있는 신경계는 사실 과학의 마지막 변경지대이다.

흘린 사람은 의식과 생명을 모두 잃었다. 이렇게 해서 두 개의 중심—가슴과 머리, 더 구체적으로 말하면 심장과 뇌—이 생명과 정신이 자리를 잡는 유력한 후보로 등장하게 되었다.

기원전 6세기에 이탈리아 남부에 살던 그리스 의사 알크마이온은 해부를 많이 해보고 나서 눈이 시신경을 통해 뇌와 연결된 것을 파악하고 감각과 뇌를 연결시켰다.

한 세대 후 히포크라테스가 썼다고 알려진 『신성한 질병에 관하여』('신성한 질병'은 오늘날 우리가 간질이라고 부르는 병을 가리키는 말이다)라는 논문은 거기서 한 걸음 더 나아가, 뇌가 의식, 감정, 사고의 중심이라고 주장했다.

심장으로 감정을 "느낀다"고 흔히 말은 하지만, 이 뇌 중심의 관점에서 보자면 뇌가 정신 경험의 물리적인 담당자였다. 이 논문은 이렇게 말한다. "사람들은 기쁨, 즐거움, 웃음, 재미, 또 슬픔, 비통, 침울, 설움이 다름 아닌 뇌에서만 나온다는 것을 알아야 한다. 우리는 뇌를 통하여 특별한 방법으로 지혜와 지식을 얻는다. 또 보고 듣고, 무엇이 부정하고 무엇이 공정한지, 무엇이 나쁘고 무엇이 좋은지, 무엇이 달콤하고 무엇이 맛없는지 안다. 나는 뇌가 인간에게서 가장 큰 힘을 행사한다고 본다."

간질
세계에서 약 5천만 명이 간질을 갖고 있는 것으로 알려져 있다. 이 신경 질환은 예기치 않은 빈번한 발작을 특징으로 한다. 간질이 있는 사람은 가끔 이상한 행동과 독특한 몸동작을 보이기도 한다.

그러나 다음 세기에 아리스토텔레스는 감각의 자리가 뇌가 아니라 심장이라고 말했다. 심장의 쉬지 않는 운동을 보고 아리스토텔레스는 심장이 몸에서 가장 생생하게 살아 있는 부위라고 보았다. 심장이 멈추면 생명도 멈춘다는 것이다.

반면 뇌는 무기력하고 생명이 없는 것처럼 보였다. 아리스토텔레

기원전 4000년경~서기 1000년

기원전 4000년경	기원전 2500년경	기원전 2000년경	기원전 500년경
현재 남아 있는 뇌에 관한 최초의 기록인 고대 수메르의 기록에서 정신을 바꾸어 버리는 양귀비를 먹었을 때 일어나는 감각이 묘사되다.	이집트 파피루스에 최초로 뇌의 해부가 기록되다. 이 파피루스 문서는 뇌 부상의 26가지 사례와 그 치료법을 담고 있다.	유럽과 남아메리카에서 두개 개구술—의학적이나 영적인 이유로 두개골에 구멍을 뚫는 것—이 시행되다.	그리스의 의사 알크마이온 심장이 아니라 뇌가 감각과 사고의 중심 기관이라고 결론을 내리다.

리케이온

18세기의 이 에칭 판화에 등장하는 아리스토텔레스는 예리한 자연철학자였다. 그는 기원전 335년에 아테네의 숲에 자신의 학교를 열었다.

스는 그 기능이 주로 피를 식혀 심장의 열을 조절하는 것이라고 보았다. 그러나 그는 심장에서 정신을 찾지는 않았다. 정신이나 영혼(아리스토텔레스가 사용하던 그리스어로는 프시케)은 기능하는 몸 전체의 목적과 참된 모습을 실현하는 존재였다. 이 프시케는 어디에서도 찾을 수 없고, 몸의 물리적인 부분이 아니지만 그렇다고

기원전 400년경	기원전 350년경	기원전 220년경	서기 1000년경
히포크라테스 네 가지 체액, 네 가지 원소와 조화를 이루는 네 가지 인격 유형을 묘사하다.	아리스토텔레스 『영혼에 관하여』에서 정신을 영혼 가운데 생각을 하는 합리적인 부분이라고 규정하다.	그리스의 의사 에라시스트라토스 인간의 뇌가 다른 동물의 뇌보다 주름이 많다는 사실을 보여주며, 이것을 인간의 더 높은 정신적 능력과 연결시키다.	아랍의 의사 아비센나 뇌의 공동 셋을 다섯 가지 기능, 즉 상식, 상상, 인식, 평가, 기억과 연결시키다.

고대의 지혜

라파엘로의 "아테네 학당"에 등장한 플라톤(왼쪽)과 아리스토텔레스는 정신, 뇌, 영혼에 관한 생각이 달랐다.

몸과 떼어놓을 수도 없었다.

의식을 바라보는 아리스토텔레스의 심장 중심의 관점은 고대에 널리 받아들여진 것이다. 이런 믿음은 오늘날 우리가 흔히 사용하는 표현에도 반영되어 있다. 예를 들어 우리는 슬플 때 "가슴이 아프다"거나 "가슴이 찢어진다"고 말한다.

그러나 연구가 더 이루어지면서, 특히 알렉산드리아에서 탐구를 위한 해부가 이루어지면서, 그런 관점은 수정되었다. 연구자들이 뇌와 나머지 신체를 연결하는 해부학적 고리인 신경계를 새로 관찰하고 탐사하면서, 이 주름진 잿빛의 기관, 그동안 상당히 무시를 당해온, 겉으로 보기에는 아주 둔한 기관에 관심이 쏠리게 되었다.

의사 갈레노스는 선배들의 발견과 자신의 관찰에 의지하여 더 복잡한 구도를 제시했다.

플라톤은 인간의 정신생활을 세 가지 기능, 곧 지성, 용기, 욕망으로 나누었다(그는 이것을 완전한 사회에 필요한 세 집단의 사람들, 즉 지식인, 군인, 상인에게 대응시켰는데, 덕의 크기는 뒤로 갈수록 감소한다). 갈레노스는 플라톤의 구분을 빌려와 각각의 기능을 특정한 기관에서 찾았다. 이성과 지성이라는 높은 기능은 뇌에, 감정은 심장에, 식욕과 충동은 간에 있다고 보았다. 친구에게 "가슴이 아니라 머리로 생각해" 하고 말할 때, 우리는 아는 것과 느끼는 것을 몸의 두 부분에 나누어놓음으로써 갈레노스와 플라톤의 생각을 되풀이하고 있는 것이다.

뇌를 해부한 결과 공동이라고 부르는 빈 구멍이 드러났다. 오늘날 우리는 이것이 뇌척수액, 즉 뇌의 완충장치 역할을 하고 뇌를 씻어주기도 하는 액체가 나오고 저장되는 곳임을 알고 있다. 그러나 고대인들은 이것을 뇌의 더 높은 수준의 기능과 연결시켰다. 예를 들어 서기 5세기에 활동하던 기독교 신학자이자 철학자 성 아우구스티누스는 당대의 의사들이 뇌의 공동을 세 개 발견했다고 말했다. 얼굴에서 가장 가까운 공동은 감각의 자리였다. 뒤쪽으로 그 다음에 있는 공동은 기억을 관장했다. 뒷목 가까이에 있는 세 번째 공동은 운동 기능을 관장했다. 이론이 새로운 생각과 관찰을 흡수하려고 하면서, 이 공동의 정확한 숫자, 배치, 역할에 관해서 이후 천 년 동안 계속 다른 의견이 제시되었다.

중세의 중요한 이론 가운데는 충부(벌레라는 뜻)라고 부르는 뇌 조직의 작은 돌출부가 공동들 사이의 관을 열고 닫는 밸브 역할을 하여, 감각, 상상, 추론 등의 정신활동의 전환을 관장한다는 의견도 있었다. 10세기의 한 의학 저술가는 이 이론을 이용하여 사람들이 뭔가를 기억할 때 위를 보곤 하는 이유를 설명했다. 눈을 위로 움직이는 근육이 기억을 통제하는 공동의 밸브를 여는 데 도움을 준다는 것이었다. 결국은 오류로 드러났지만, 공동 이론은 정신의 기능을 뇌의 특정한 물리적 영역에 할당하려는 지속적인 욕망의 초기 증거다. 그런 노력은 오늘날까지도 계속되고 있다.

플라톤은 정신과 육체를 구분했다. 몸은 죽어도 정신이나 영혼은 살아남으며, 인격도 그대로 유지되어, 결국 다른 몸에 들어가게 된다는 생각이었다. 아리스토텔레스는 이 점에 관해 스승과 생각이 달랐다. 그는 프시케가 몸과 분리될 수 없다고 생각했다. 그러나 그의 글은 인간의 어떤 부분이 죽음 뒤에도 살아남느냐 하는 문제에 관해서는 모호한 태도를 보인다. 성 아우구스티누스는 공동 이론을 인용하면서 이런 해부학적 특징은 그 자체로는 영혼도 아니고 영혼이 영원히 머무는 곳도 아니며, 단지 영혼이 그 힘을 행사하는 곳일 뿐이라고 주장했다.

정신과 육체의 완전한 분리가 이루어진 것은 수백 년 뒤였다. 프랑스의 수학자이자 철학자 르네 데카르트가 발전시킨 이 이론은 그의 작업의 중심에 자리를 잡고 있기 때문에, 이제 그의 이름을 따 데카르트적 이원론이라고 부른다.

데카르트는 세계와 인간 생명이 둘로 나뉜다고 보았다. 한편에는 물질, 즉 우리가 주변에서 보는 것이 있는데, 이것은 늘 공간을 차지하는 속성이 있다. 물질은 움직이는 미세한 원자로 이루어지며, 생명이 없고 비활성이다. 반면 공간을 차지하지 않는 다른 것도 있다. 이것은 원자나 물질로 이루어지지 않으며, 그 중심적 속성은 생각이다. 데카르트는 이를 생각하는 것——라틴어로는 레스 코기탄스라고 부른다——이라고 불렀다. 이것이 영혼 또는 정신을 구성한다.

데카르트의 정신과 육체의 구별은 우리의 생각에 깊이 뿌리박혀 있어서 때로는 그것을 넘어서기가 어려울 정도이다. 이런 발상은 우리에게 문제도 안겨주었다. 예를 들어 정신과 육체가 그 구성이 완전히 다르다면 둘은 어떻게 상호작용을 할까? 정신의 욕망, 예를 들어 친구에게 손을 흔들어 인사를 하고 싶은 마음이 어떻게 해서 실제로 내 팔을 공중에 들어올리게 할까? 데카르트는 뇌 조직의 작은 덩어리인 송과선을 영혼이 몸을 "움직이는" 자리로 여겼다. 그러나 그와 같은 시대 사람들 가운데 그 말을 믿는 사람은 거의 없었으며, 오히려 많은 사람들이 조롱을 했다.

전기적 연결

고대로부터 르네상스에 이르기까지 오랜 기간에 걸쳐 해부학자들은 신경계가 뇌, 척수, 신경의 체계를 연결하여 하나의 네트워크로 묶고 있으며, 뇌가 이것을 발판으로 몸 전체에 영향력을 행사할 수 있다는 사실을 발견했다. 하지만 어떤 방법으로? 이 체계에서는 도대체 무엇이 정보나 명령을 옮기는 것일까?

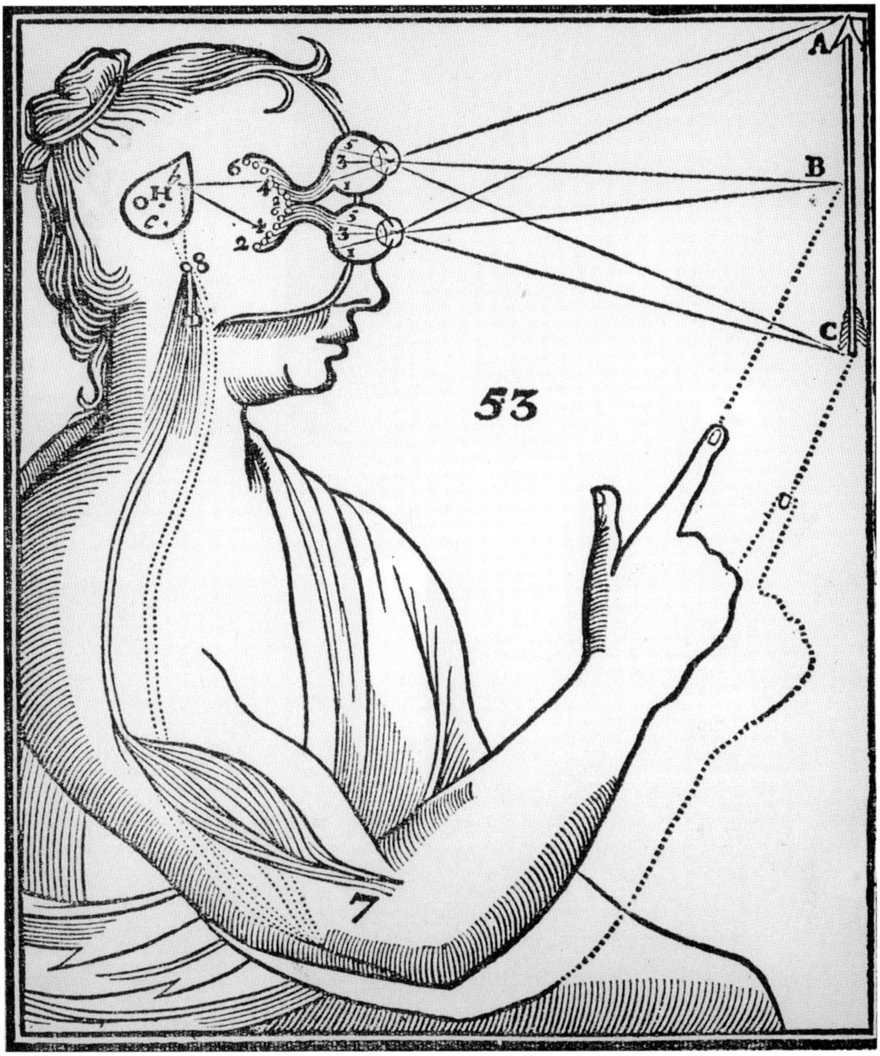

뇌의 기능

르네 데카르트의 『인간론』에 나오는 이 그림은 송과선(H라고 적혀 있다)이 시각과 그에 상응하는 몸동작을 연결하는 것을 보여준다.

흔히 나오던 대답은 신경이 속이 비었으며, 여기에 어떤 예민한 물질이나 액체가 채워져 있다는 것이었다. 이 이론에 따르면 신경계는 배관 뭉치거나 복잡한 수력 기계다. 순환하는 신경액은 종종 활성 물질이라고 불렀다.

신경계에서 이런 활성 물질은 몸으로부터 뇌로 이어지는 교신(예를 들어 "발이 뜨거워!")과 뇌에서 몸으로 가는 명령(예를 들어 "불에서 발을 빼!") 전달을 담당한다고 보았다. 17세기에는 몸에 대한 기계적 관점에 따라 이 물질의 흐름을 통제하는 밸브 체계가 제시되기도 했다. 이 물질은 또 근육을 수축시켜 동작을 일으킨다. 데카르트를 비롯한 여러 사람은 반사 행동, 즉 뜨거운 난로에 닿았을 때 갑자기 몸을 빼는 경우처럼 깊은 생각이 필요하지 않은 행동을 순수하게 기계적인 과정으로 설명했다.

물론 우리는 지금 신경이 액체가 담긴 관이 아니라는 사실을 알지만, 그래도 이 초기 이론가들은 올바른 길을 걷고 있었다. 신경의 네트워크는 실제로 몸 전체에 신호를 전달하기 때문이다. 다만 활성 물질이 돌아다니는 것이 아니라, 전기 신호를 통해 전달한다. 이런 점이 밝혀진 것은 18세기에 이탈리아에서 실험이 이루어진 뒤였다.

이탈리아 볼로냐 대학의 교수였던 루이지 갈바니는 1770년대와 1780년대에 전기와 근육운동 사이에 관련이 있음을 밝혀냈다. 갈바니는 정전기 발전기가 있는 곳 또는 근처에서 뇌우가 몰아칠 때 죽은 개구리 다리에 금속 도구를 갖다대면 다리가 꿈틀댄다는 것을 알았다. 그는 스스로 동물전기라고 부른 것의 존재를 확신했다. 갈바니에 따르면 동물전기란 뇌에서 만들어져 신경계로 전도되는 것으로, 근육 수축의 원인이었다.

갈바니와 같은 시대 사람으로 파비아 대학에서 일하던 알레산드로 볼타는 갈바니의 생각에 흥미를 느끼기는 했지만 회의적이었다. 1800년에 볼타는 갈바니의 개구리 실험에서 배운 것을 토대로 서로 다른 금속 원반을 하나씩 번갈아 쌓아 배터리를 만들었다. 이 장치는 나중에 그의 이름을 따 볼타 전퇴(電堆)라고 부르게 되었다. 볼타가 만들어낸 갈바니즘이라는 말은 전류를 흘렸을 때 나타나는 근육의 반응을 가리키는 말로, 갈바니가 처음 보여주었기 때문에 그렇게 불렀다.

갈바니의 조카 조반니 알디니는 이것을 전시용 쇼로 만들어 유럽 전역의 구경꾼을 기쁘게 하는 동시에 겁에 질리게 했다. 알디니는 볼타의 배터리에서 나온 선을 몸의 여러 구멍에 집어넣어 개나 소의 자른 머리 또는 처형당한 범죄자의 시체가 인상을 찌푸리거나 눈을 움직이게 만들었다.

그러나 단지 센세이션만 일으킨 것은 아니었다. 알디니는 전기를 치료 목적으로도 이용했기 때문이다. 그의 첫 번째 환자는 심한 우울증으로 고생하던 이탈리아의 농부였는데, 알디니는 그에게 맨손으로 볼타 전퇴를 쥐게 했다. 전퇴 꼭대기에서 나온 전선은 두개골 위에 대고 눌렀다. 규칙적으로 치료를 받자 환자의 기분은 서서히 나아졌으며, 몇 주가 지나자 남자는 완전히 치료되었다.

그러나 전기를 치료에 이용한다는 생각은 알디니가 처음 한 것이 아니었다. 서기 1세기에 로마의 의사 스크리보니우스 라르구스는 두통과 통풍을 치료하려고 살아 있는 전기뱀장어를 환자에게 갖다 댔다. 그러나 대개는 알디니가 우울증 환자 치료에 전류를 이용한 것을 전기충격 치료의 효시라고 부른다.

병든 정신

정신, 그리고 인간의 몸에서 정신이 차지하는 자리에 관한 수백 년간의 긴 탐구에서 상태가 좋지 않은 정신은 늘 까다로운 문제였다. 고대 의사들도 정신병은 잘 알고 있었다. 히포크라테스가 썼다고 하는 책에서는 병의 출처와 원인을 분명하게 밝힌다. 이 책의 주장에 따르면 "우리가 미치고 정신착란에 빠지는 것, 때로는 밤에 때로는 낮에 공포와 두려움에 사로잡히는 것, 이상한 꿈을 꾸고 밤 늦은 시간에 배회하는 것, 엉뚱한 걱정에 시달리는 것"은 모두 뇌 때문이다. "우리가 이런 일을 겪는 것은 뇌가 건강하지 못하고, 자연 상태보다 너무 뜨겁거나, 너무 차갑거나, 너무 습기가 많거나, 너무 건조하기 때문이다……. 우리는 뇌의 습기 때문에 미친다."

델포이의 신탁이나 쿠마에의 예언하는 무녀의 '신성한 광기'는 신들이 준 영감 때문이라고 보았지만, 고대 그리스와 로마의 의사들은 대개 광기와 정신병의 원인을 신체에서 찾았다. 그들은 식이요법과 약으로 정신병을 치료하려고 했다. 예를 들어 크리스마스로즈 뿌리는 광기를 치료하는 약으로 여겨졌다. 기원전 2세기 그리스 의사인 아스클레피아데스는 신선한 공기, 좋은 식사, 마사지, 기억을 증진시키기 위한 운동, 음악, 와인을 처방했다. 이 점에 대해서는 오늘날에도 반대할 이유가 전혀 없다.

흔히 중세 사람들이 미신적이어서 정신 이상을 악마나 마녀 같은 초자연적 힘의 탓으로 여겼다고 생각하지만, 사실 중세 내내 의사들은 정신병의 신체적 원인과 치료법을 계속 연구했다. 중세의 철학자나 신학자도 정신병을 죄와 벌의 증거로 보지 않았다. 지금까지 남아 있는 실제 기록을 보면 많은 중세 의사들이 정신

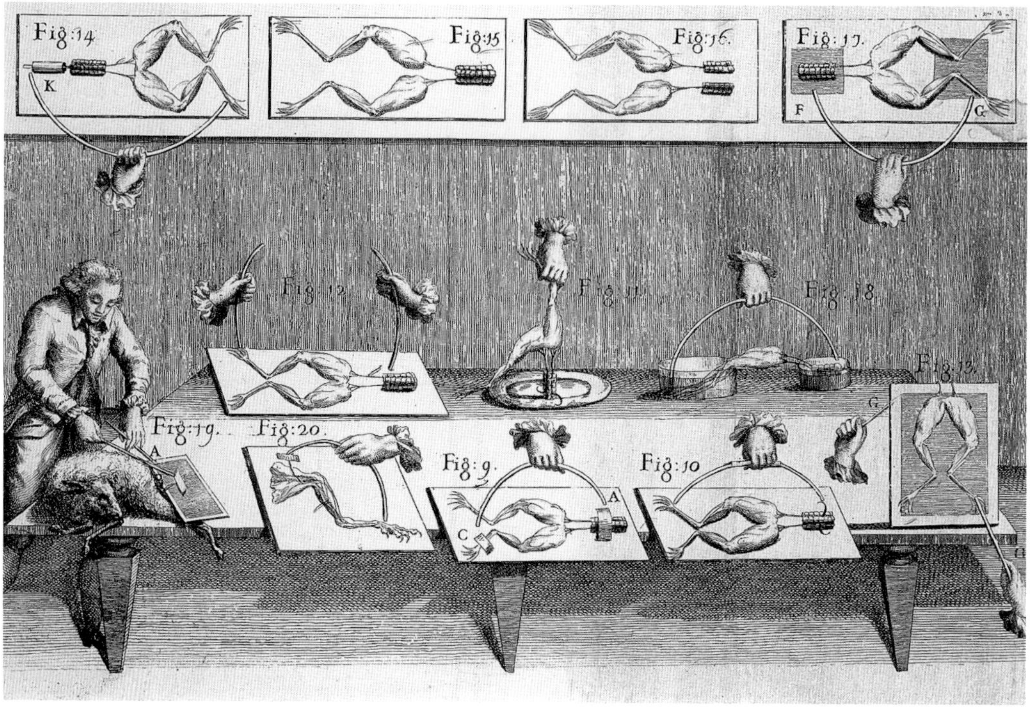

동물전기

루이지 갈바니는 금속 도구로 죽은 개구리 다리를 찔러 꿈틀거리게 했다. 그러나 그는 근육에서 전기가 발생한다고 잘못 생각했다. 그럼에도 동물전기라는 그의 이론은 인기를 얻었다. 여기에는 진실의 씨앗이 담겨 있으며, 오늘날의 과학도 그것을 받아들인다.

병의 신체적 치료 방법을 찾았으며, 식사, 스트레스, 사는 조건, 체액의 불균형, 신체의 부상을 이 병의 원인으로 꼽았다는 것을 알 수 있다.

중세 유럽인이 '악마가 빠져나가' 광기가 치료되도록 두개골의 일부를 잘라내는 두개 개구를 시행했다는 것도 근대에 들어와서 생긴 신화로 볼 수 있다. 중세에 교육을 받은 사람이라면 실체가 없는 악마나 영이 뼈의 껍질 안에 갇힐 수 있다는 상상조차 해보지 않았을 것이다. 두개 개구는 고대로부터 17세기까지 시행이 되었지만, 그 목적은 압력을 줄이거나 뇌의 부상을 치료하는 것이었다.

영국에서 최근에 11세기에 두개 개구를 시술한 농민의 두개골이 발굴되었다. 법의학적 조사에 따르면 그의 머리에는 둔기로 맞은 상처가 있었는데, 싸움에서 생긴 것일 가능성이 높다. 아마 두개골에 금이 가면서 뇌에 압력이 심해지자 완화하려는 목적으로 두개 개구 수술을 했을 것이다. 치료된 뼈를 보면 이 의학적 처치——마취제가 없었기 때문에 무시무시한 수술이었겠지만——덕분에 환자는

중세의 의학

『건강의 기원』이라는 제목의 15세기 의학 참고서는 약초 팅크에서부터 미신적인 제의에 이르기까지 많은 치료 방법을 담고 있다.

목숨을 구해 그 후로도 오래 살았음을 알 수 있다.

중세에는 치료 불가능한 정신병을 앓은 사람을 특별히 돌보았다. 13세기에 기록된 영국법은 정신적 능력이 훼손된 상태로 태어난 사람과 나중에 정신병이 걸린 사람을 구별했다. 후자의 경우 조사위원회가 간단한 질문을 하는 상식적인 방법으로 그 사람의 능력을 판단했다. 오늘이 무슨 요일인가? 당신 아들의 이름은 무엇인가? 1실링은 몇 펜스인가? 이렇게 해서 스스로 돌볼 수 없는 사람이라고 판단이 되면 국가가 보호를 했으며, 상속인을 위해 그들의 재산도 보호해주었다. 그런 조사에서 나온 기록 수백 건에 오늘날의 정신 이상, 노인성 치매, 산후 우울증을 비롯한 여러 정신적 병과 매우 비슷한 상태에 대한 묘사가 나온다.

중세 말기에는 정신병에 걸린 사람들을 위한 특별 병원이나 보호시설도 짓기 시작했다. 스페인에는 15세기 전반기에 적어도 다섯 개 기관이 들어섰다. 그러나 정신병원이 반드시 인도적 치료를 보장하는 것은 아니었다. 실제로 17, 18세기에는 오늘날 우리가 비인간적이라고 부를 만한 치료가 흔했다.

이런 기관 가운데 가장 악명 높은 곳은 런던에 자리한 베들레헴의 성모 마리아 병원이었다. 원래 수도원이었던 이 건물은 1547년에 광인을 가두는 감옥으로 바뀌었다. 이 병원의 이름은 베들럼(Bethlem)으로 줄여 부르다가, 다시 베들럼(Bedlam)으로 줄어들었는데, 나중에 이 말은 아수라장을 뜻하는 보통명사가 되었다. 초기 베들럼의 묘사를 보면 실제로 이곳이 아수라장이었음을 알 수 있다. 영국의 저술가이자 일기작가인 존 이블린은 17세기 말에 이곳에 가본 뒤에 이렇게 기록했다. "나는 베들럼에 들어가 가엾은 몇 사람이 사슬에 묶인 것을 보았다."

베들럼

영국 런던 무어필즈의 베들럼 병원은 1547년에 광인의 감옥이 되었다. 17세기에 사람들은 소액의 요금을 내면 건물을 돌아다니며 재소자를 구경할 수 있었다.

정신적으로 병이 든 사람들에 대한 가혹한 치료에도 불구하고, 그들에 대한 태도는 점차 나아졌다. 1793년 프랑스 의사 필리프 피넬은 파리의 한 수용 시설의 지하감옥 같은 방에 들어가 있는 환자들에게서 사슬을 벗기는 극적이고 과감한 조치를 취했다. 영국에서는 퀘이커파의 구성원들이 좀더 인도주의적인 정신병원

1543~1890

1543
이탈리아의 해부학자 안드레아스 베살리우스 『인체 해부에 대하여』를 출간하다. 신경과 뇌의 작용에 많은 부분을 할애했다.

1690
영국의 철학자 존 로크 『인간 이해에 관한 에세이』에서 갓난아기의 정신은 빈 서판이며 모든 관념은 감각에서 나온다는 이론을 제시하다.

1791
이탈리아의 의사 루이지 갈바니 동물 조직이 전기를 만든다고 주장하다. 그의 실험은 신경 활동을 이해하는 데 기여했다.

을 운영했으며, 이 병원의 성공은 이 분야의 다른 병원들에게도 영향을 주었다.

조건이 한층 개선되어가던 미국에서는 19세기 중반에 메인 주 출신의 도로시아 린드 딕스가 불굴의 개혁가로 등장했다. 그녀는 어떤 여성 환자를 찾아갔다가 정신병 환자들이 춥고 눅눅한 지하실의 작은 방에 감금되어 있는 것을 보았다고 회고했다. 그녀가 왜 난로가 없냐고 묻자 관리인은 간단하게 대꾸했다. "미친 사람은 추위를 느끼지 않소." 딕스는 정신병원을 세우고, 정신적으로 불균형한 사람들을 그냥 가두는 것이 아니라 정성껏 치료하도록 사람들을 교육하는 일에 평생 동안 헌신했다.

치료 전략

병원 시설이 나아졌어도 환자를 돌보는 사람들은 심각한 정신병을 어떻게 다루어야 하는지 알지 못했다. 조증, 우울증, 정신분열증 등과 같은 넓은 범주 사이의 구분은 있었지만, 이런 병이나 그 원인을 제대로 이해하는 사람은 없었다. 그러나 정신병의 본질을 이해하려는 노력이 이루어지면서, 생리학과 심리학으로 방향이 크게 나뉘기 시작했다.

독일의 정신의학자 한스 베르거는 뇌의 활동을 살피기 시작하여, 1929년에 처음으로 뇌파 검사를 했다. 이 시기에 다른 사람들은 전기충격요법(ECT)을 연구하고 있었다. 이것은 18세기 말 알디니가 발견한 치료법을 더 강하게 바꾸어놓은 것이라고 할 수 있다. 전기 충격은 많은 증상을 일시적으로 완화해주는 것처럼 보인다. 이 방법은 지금도 사용되고 있으며, 어떤 유형의 우울증에는 효과가 있

1837	1861	1879	1890
체코의 생리학자 얀 에반젤리스타 푸르키녜 대뇌피질에서 가지를 뻗은 커다란 신경세포를 발견하다. 지금은 이것을 푸르키녜 세포라고 부른다.	프랑스의 외과의사 폴 브로카 뇌의 언어 중추를 확인하다.	독일의 심리학자 빌헬름 분트 처음으로 인간 행동을 과학적으로 연구하는 연구소를 세우다.	미국의 심리학자 윌리엄 제임스 『심리학 원리』를 출간하다. 그는 이 책에서 인간 행동은 무작위적인 것이 아니며 어떤 기능을 한다고 주장했다.

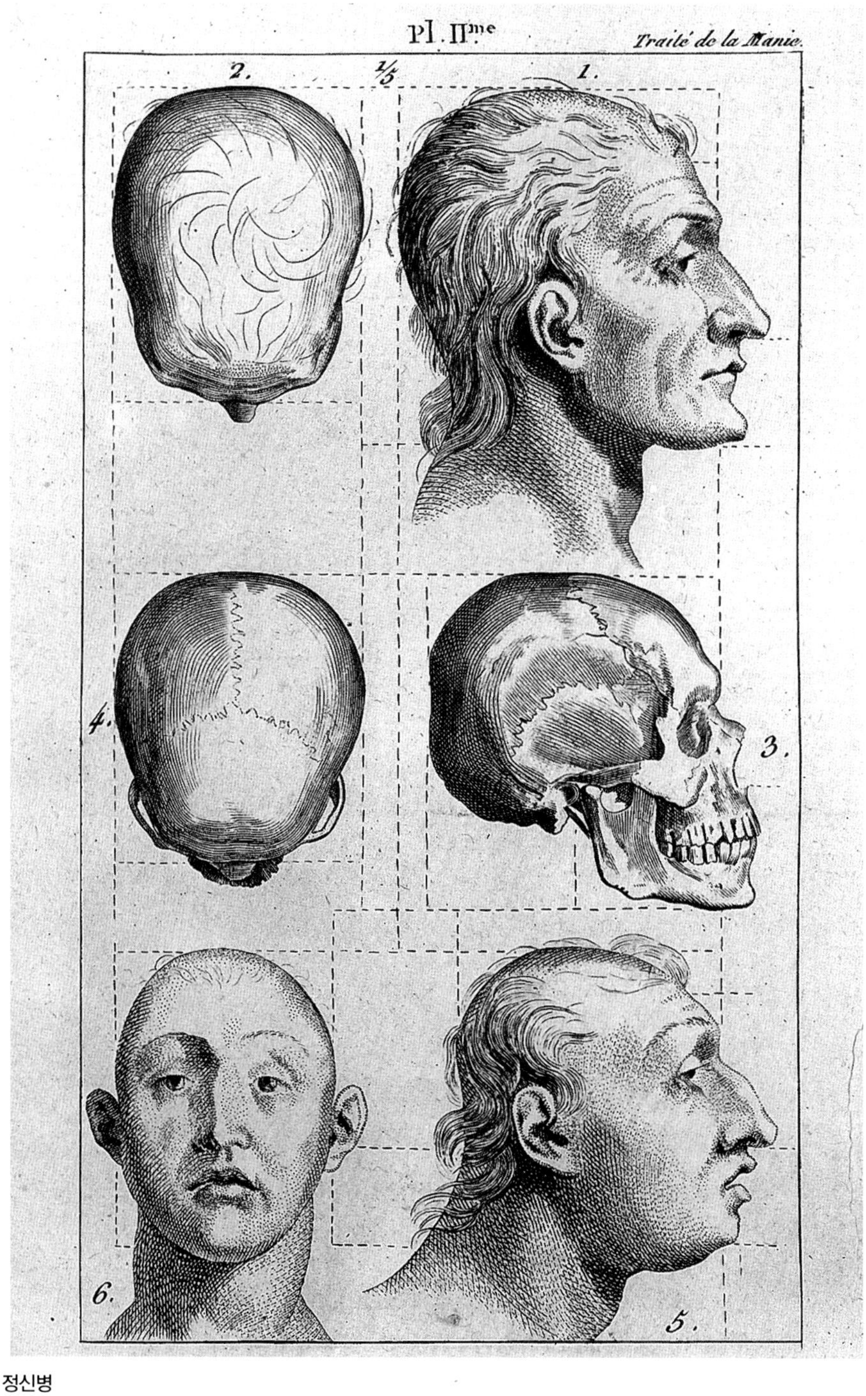

정신병

19세기까지도 사람들은 인간의 머리 형태가 그 안의 정신의 특징을 알아내는 실마리가 된다고 생각했다. 학자들은 정신병 환자, 범죄자, 인종적 유형을 대표하는 사람의 두개골을 정확히 측정하고, 이 수치를 이용하여 행동의 원인을 찾아내려 했다.

정신병의 치료

성경의 『신명기』는 하느님이 자신의 법을 어긴 사람들에게 "미치는 것과 눈머는 것과 정신병"으로 벌을 내렸다고 노골적으로 말한다. 정신병에 걸린 사람이 신에게 벌을 받았다거나 마귀에게 사로잡혔다는 믿음은 널리 퍼졌으며 오랜 세월 동안 유지되어왔다. 그러나 정신적, 감정적인 병을 자연스러운 상태로, 의학적으로 치료할 수 있는 상태로 설명하려는 시도는 멀리 히포크라테스 때부터 있어왔다.

과학적인 치료법이 없었기에 정신병은 기적적인 치료에 의지해야 했다.

기원전 1세기 로마의 정치가이자 철학자인 키케로는 인간의 감정을 오늘날의 심리학의 관점에서 처음 설명한 사람으로 꼽힌다. 그는 공포, 슬픔, 기쁨, 애욕이 인간의 감정과 행동에서 중심을 이루는 네 가지 혼란 또는 격정이라고 말했다. 정신의 병과 비슷한 영혼의 병은 격정이 지나치고 판단과 이성은 부족한 상태에서 일어난다고 보았다.

반면 갈레노스는 체액의 균형이 건강의 핵심이라는 이론에 의거하여, 정신 건강은 감정의 조화에 달려 있다고 말했다. 판단에 잘못이 있으면 교육으로 교정할 수 있다고 보았다.

이후 세대들은 이런 고전적인 기초 위에서 자신의 이론을 제시했다. 중세의 의사들은 정신병을 자연스럽게 설명하는 방법을 찾으려고 했다. 그들은 체액의 불균형, 감정적이고 신체적인 스트레스, 불규칙한 식사가 원인이라고 보았다. 따라서 식사와 약, 특히 약초에 기반을 둔 치료법을 제시했다.

17세기에 얀 밥티스타 반 헬몬트는 뇌에 손상이 생겨서 나타나는 실어증 등을 포함한 행동 이상을 관찰하고 묘사했다. 그는 과학적 탐구의 새로운 원칙에 따라 그 기원을 설명하려 했다.

1800년대에 미국과 유럽에서 정신병자는 지하실이나 우리에 가두는 경우가 많았다. 오늘날이라면 신체적 폭력과 학대라고 말할 수밖에 없는 방법으로 그들의 병을 치료하려 하기도 했다. 미국 매사추세츠 주의 한 개혁가는 정신병원에서 환자들을 "매와 채찍으로 때려 복종을 시킨다"고 보고하기도 했다. 유럽과 미국의 정부 개혁에 따라 좀더 인간적인 치료 방법이 등장했다. 예를 들어 1865년에 미국의 윌라드 법은 만성적인 정신병자를 구빈원이 아니라 국가에서 운영하는 시설에 수용하도록 명령했다. 상태가 나아진 사람들은 식민지, 농장, 일반 가정으로 보냈다.

신경과학 연구가 발전하고, 정신의학, 정신치료, 정신분석이 과학적 치료방법으로 받아들여져 발전하면서 정신병 치료도 개선되었다.

지금은 정신에 영향을 주는 약품이 감정적 질환의 성공적 치료에서 중요한 역할을 한다. 정신치료 약물은 부작용에도 불구하고 우울증, 섭식장애, 공황 발작, 강박신경증 등 많은 질환의 치료에 사용되어 성공을 거두었다.

이들 약물 가운데 가장 중요한 것은 항우울제

와 신경안정제다. 세로토닌 재흡수 억제제(SRI)는 사용 가능한 세로토닌—정신적 균형을 유지하는 데 도움을 주는 천연 뇌 화학물질—을 증가시켜 우울증을 억제한다. 신경안정제는 공포, 불안, 긴장, 흥분을 감소시키는 데 사용된다. 항정신병제 또는 신경이완제는 정신분열증 등의 정신병 치료에 사용된다. 약한 신경안정제 또는 불안완화제는 가벼운 종류의 불안을 치료하는 데 사용된다.

는 것으로 판명이 났다. 오늘날에는 관자놀이에 전극을 붙이고 몇 초 동안 뇌에 110볼트의 전류를 흘려보내는 방식을 이용한다. 보통 우울증을 다루는 데는 열 내지 열두 가지 치료가 요구된다. ECT 후에는 일시적 기억 상실증이 나타나기도 한다. 치료를 너무 심하게 하다보면 이 부작용은 가끔 영구적인 기억 손상으로 발전하기도 한다. 오늘날 ECT를 뒷받침하는 이론에서는 이것이 신경전달물질, 효소 활동, 뇌의 혈류를 증가시키고 자연적인 항우울제를 방출한다고 이야기한다. 비판자들은 이 방법이 비인간적이라고 생각하지만, 이 방법으로 우울증에서 벗어난 사람들에게는 축복이다.

20세기 초에는 훨씬 더 과격한 방법이 개발되었다. 바로 뇌전두엽 절제술이다. 19세기 말에 여러 번의 실험에서 개의 뇌전두엽을 잘랐더니 개가 유순해졌다. 그러자 사람들은 인간의 뇌에도 똑같은 일을 할 수 있을 것이라고 생각했다. 전전두엽, 그러니까 감정, 학습, 사회적 행동의 자리인, 뇌의 맨 앞부분을 잘라내면 극단적인 불안, 고통, 충격적 기억, 폭력적 성향 등 자신과 자신이 사랑하는 사람의 삶의 질을 악화시키는 정신적 상태 때문에 고생하는 사람들의 상태를 개선할 수 있을지도 모른다는 것이었다.

포르투갈의 신경학자 안토니우 에가스 모니스는 한번 시도를 해보기로 하고, 1930년대에 전두엽 절제술의 선구자가 되었다. 에가스 모니스는 이마의 양 옆에 구멍을 뚫고 뇌의 중앙부와 전전두엽 사이의 조직에 접근하는 기법을 개발했다. 처음에는 조직에 알코올을 부어 죽였다. 그러다 곧 가는 철사로 잘라내는 방법을 사용했다.

에가스 모니스의 수술은 극심한 공포, 긴장, 불안, 나아가서 정신분열증과 편집증으로 고생하는 사람들의 경우에는 성공을 거둔 것으로 보였다. 이 혁신적인 방법이 치료에 기여한다고 인정을 받아 에가스 모니스는 1949년에 노벨 생리 · 의학상을 받았다. 그러나 그가 개발한 방법은 처음부터 강력한 반대에 부딪혔다.

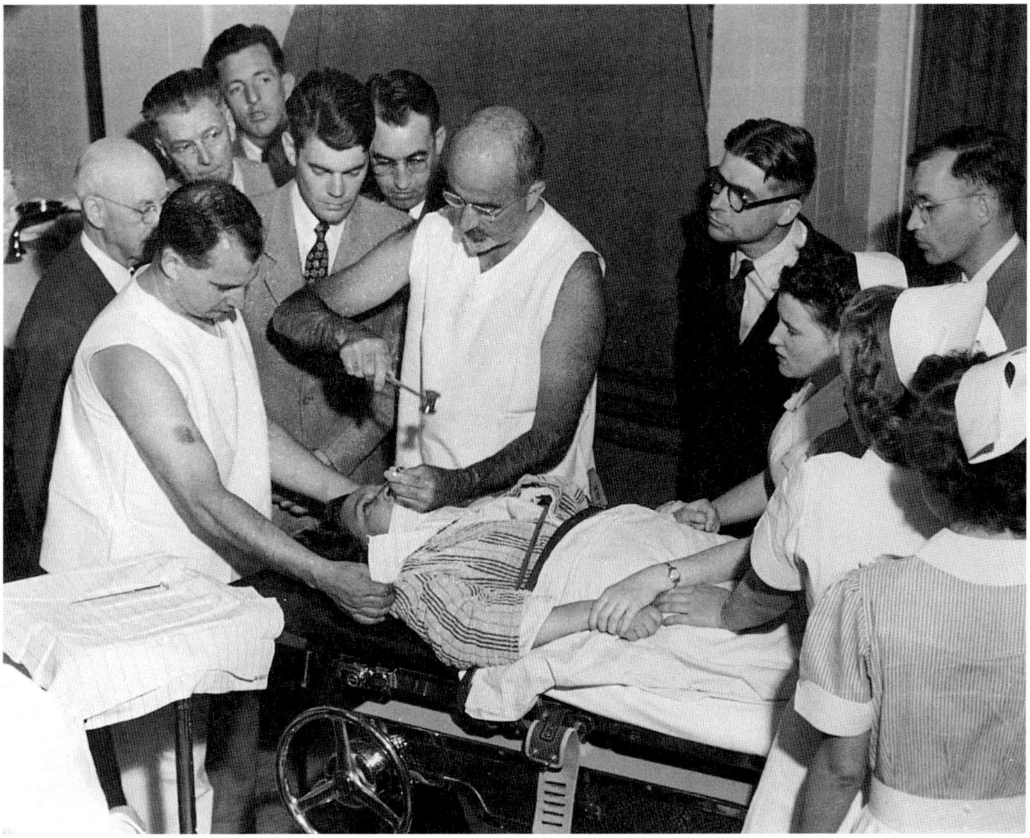

뇌전두엽 절제술

참관인들이 뇌전두엽 절제술을 지켜보려고 목을 빼고 있다. 뇌전두엽 절제술은 불안에 시달리는 환자를 진정시키려고 전두엽의 앞부분을 변성시키거나 잘라내던, 1940년대와 1950년대의 외과 수술이다.

전 세계에서 전두엽 절제술의 사용을 최소화하는 법과 규제가 등장했다. 곧 정신적으로 혼란을 겪는 사람의 행동을 진정시키고 삶을 개선할 수 있는 새로운 방법이 개발되었다. 약물 치료였다.

1950년대에 이르자 뇌에 메시지를 전달하는 화학물질이 가득하다는 사실이 널리 받아들여졌다. 이 화학물질들은 신경 충동을 전달하고 생각과 기분을 통제한다. 연구자들은 정신에 영향을 주는 약물이 심각한 정신 상태를 통제하는 데 도움을 줄 가능성에 관심을 가지게 되었다. 조울증 치료에는 흔한 금속 원소인 리튬 염제가 개발되었고, 정신분열증 치료에는 항정신병 약제인 소라진(또는 클로르프로마진)이 개발되었다. 곧 기분을 들뜨게 하고, 가라앉히고, 파

정신외과

1940년대부터 정신에 영향을 주는 약이 사용되기 시작한 1950년대까지 뇌전두엽 절제술은 널리 시행되었다. 뇌수술은 오늘날에도 여전히 시행되지만, 뇌의 훨씬 더 작은 영역에, 다른 모든 방법이 실패할 경우에만 드물게 이루어진다.

킨슨병으로 인한 떨림을 완화하고, 운동 과잉인 아이를 진정시키는 수많은 약들이 서서히 개발되었다. 1960년대의 짧은 기간 동안 약한 신경안정제인 발륨은 미국에서 가장 많이 처방되는 약이 되기도 했다.

뇌의 화학적 전달물질과 이들이 결합하는 특별한 수용 영역이 더 많이 밝혀지

프로이트와 융

지그문트 프로이트와 카를 구스타프 융의 정신분석 이론은 20세기에 인간 행동이나 정신적 이상을 연구하던 사람들에게 큰 영향을 주었다. 대개 정신분석 방법이 프로이트에게서 나온 것이라고 보지만, 실제로는 그의 동료 요제프 브로이어의 '대화 치료'에서 자극을 받은 것이다. 브로이어는 환자들이 상처가 되는 기억을 기억하고 대면하도록 인도하여 히스테리를 치료했다. 브로이어는 치료에 최면도 사용했는데, 프로이트는 최면이 의존을 부추긴다고 믿어 사용하지 않기로 했다. 그는 자신의 대화 치료를 처음으로 정신분석이라고 불렀으며, 이 방법으로 환자들이 자신의 생각을 자유롭게 바라보고 공유하게 했고, 또 치료자가 그것을 관찰하고 해석하게 해주었다.

카를 융은 사람들이 공유하는 상징들이 인간 행동에 강력한 영향을 준다고 믿었다.

프로이트는 자신에게도 강도 높은 정신분석을 시행하여, 자신의 과거, 감추어진 감정, 꿈을 깊이 파고들었다. 그는 꿈이 의식적이고 무의식적인 욕망, 특히 성적 욕망과 연결되어 있으며, 정신과 그 감추어진 동기로 들어가는 관문이라고 보았다. 따라서 유아의 구강기에서부터 시작하여 반대 성의 부모에게 강하게 끌리는 단계를 거쳐, 사춘기에 부모와 거리를 두는 데에 이르는 아동의 성 심리 발달은 그의 심리학 이론의 핵심이 되었다.

프로이트의 제자 융은 신경증에서 성적 요인을 덜 강조하면서 자기 나름의 분석 심리학파를 만들었다. 융은 리비도라고 부르는 본능적인 생물적 욕구에 성욕만이 아니라 모든 인간 행동을 인도하는 자연 에너지인 창조력도 포함된다고 보았다. 융은 프로이트와는 달리 성이 사춘기 전까지는 행동에서 중요한 힘이 아니라고 보았다.

융은 무의식적 정신에 개인이 의식하지 못하는 욕구와 경험이 포함되어 있다고 보았다. 이것은 조상으로부터 물려받은 태도로, 집단적 인종적 무의식이었다. 이 집단무의식에는 원형이라고 부르는 조상의 사고 패턴이 포함되어 있는데, 이것은 공유된 이미지와 상징의 저장소로서 꿈과 신화에 자기 모습을 드러내곤 한다. 여기에는 또 모든 인류를 이끌 지혜가 포함되어 있다.

프로이트와 융의 사상은 20세기 초부터 중반까지 그 최고점에 이르렀다. 그 이후로 정신 건강 전문가들은 이전만큼 그들의 생각을 중요하게 받아들이지 않았다. 그러나 그들의 영향은 치료만이 아니라 다른 학문이나 대중문화에 여전히 넓게 퍼져 있다.

면서 제약 화학자들은 자연적인 신경전달물질을 모방하거나 차단할 새로운 방법을 알게 되었다. 정신에 영향을 주는 이런 새로운 약의 설계에는 뇌와 신경계의 생리학이 핵심적인 역할을 했다. 예를 들어 1990년대에 센세이션을 일으킨 프로작 같은 항우울제는 자연적으로 형성되는 신경전달물질 세로토닌이 신경세포들 사이의 아주 작은 공간에서 더 많이 이용되도록 만든다. 어떤 전문가들은 21세기에는 결국 화학 합성물이 아주 특별한 종류를 제외한 모든 정신병을 통제할 수 있을 것이라고 믿는다.

20세기에는 신체적이고 약학적인 치료가 정신 건강 치료에 유익하다는 것이 입증되었지만 말하기, 듣기, 분석하기와 인간적 상호작용에 의존하는 치료 방법도 발전했다. 이 모두가 20세기 초에 정신치료라고 알려진 치료법의 구성요소이다. 이 포괄적인 용어는 비정상적 행동을 정상화하기 위하여 언어와 비언어 소통을 이용하는 수많은 기법을 가리킨다.

정신요법은 약, 충격, 수술과 완전히 달라, 환자들이 스스로 어떤 행동을 하는 이유를 이해하는 것을 돕고, 문제가 되는 행동을 파악하고 바꾸는 것을 도와 혼란에 빠진 정신을 교정하려 한다. 어떤 경우에는 환자에게 아무런 조건 없이 자유롭게 연상을 하고 자신의 생각을 말하게 한다. 환자는 치료자와 대화를 하면서 자신의 문제를 객관화한다. 편안한 상태에서 이루어지는 이런 표출 행동만으로도 가벼운 우울증과 흔히 정상적 신경증이라고 부르는 것은 치료될 수 있다. 말을 이용한 치료가 충분한 효과를 거두지 못할 경우, 어떤 사람들은 더 강한 방법인 정신분석이 필요하다고 믿는다. 정신분석에서 환자는 자

지그문트 프로이트

정신분석의 개척자

1856
5월 6일에 모라비아의 프라이베르크에서 출생하다.

1873
중등학교를 최우등으로 졸업하고 빈 대학에 입학하여 의학을 공부하다.

1881
빈의 한 정신치료사의 임상 조수로 고용되다.

1885
코카인의 의학적 효과를 연구하여 진통 효과를 발견하다.

1892
치료사로서 자유연상을 이용하기 시작하다. 이것은 정신의학적 평가와 치료를 위한 기법이었다.

1895
요제프 브로이어와 함께 『히스테리 연구』를 쓰다.

1897
자기 분석을 시작하다.

1900
『꿈의 해석』을 출간하여 무의식 이론을 제시하다.

1905
『성 이론에 관한 세 가지 논문』, 『농담과 무의식의 관계』, 『히스테리 사례 분석 단편』을 출간하다.

1919
빈 대학의 정교수가 되다.

1935
영국 의학회의 명예회원으로 선출되다.

1938
나치를 피해 오스트리아를 떠나 영국에 정착하다.

1939
9월 23일 런던에서 사망하다.

신의 과거로 파고들어 감정적 문제의 더 깊은 뿌리를 찾는다.

정신분석 이론의 가장 유명한 주창자는 오스트리아의 신경학자 지그문트 프로이트였다. 그는 20세기에 인간 행동과 정신작용을 바라보는 관점에 엄청난 영향을 주었다. 프로이트는 '무의식'이라고 하는 새로운 관념을 도입했다. 이것은 정신병의 가장 약한 형태인 신경증에 강한 영향을 주고 또 신경증을 일으키기도 하는 인간 의식 안의 일종의 힘 또는 기관이다.

프로이트는 어느 누구도 아무 이유 없이 말하거나 행동하지 않는다고 생각했다. 말실수, 오해, 잘못된 인식은 모두 무의식으로부터 생긴다. 무의식은 당사자도 보통 무시하는 감정과 태도의 저장소이다. 프로이트에게 꿈은 "정신의 무의식적 행동을 알 수 있는 왕도"였으며, 따라서 꿈의 분석에서 많은 것이 드러난다고 보았다.

프로이트는 정신을 이드, 에고, 슈퍼에고 등 세 부분으로 나눌 수 있다는 이론을 제시했다. 이드는 완전히 무의식적이고 본능적인 충동들의 원천이며, 원시적 요구의 즉각적 만족을 추구한다. 에고는 의식적이다. 이것은 자기 자신을 자각하는 느낌이며, 생각, 행동, 결정으로 자신을 표현한다. 슈퍼에고는 재판관이자 규칙 제정자다. 정신 가운데 옳고 그름을 구분하는 존재이며, 종종 정신의 다른 두 부분, 특히 이드와 갈등을 일으킨다.

프로이트는 심각한 갈등이 감정적인 어려움을 일으킨다고 말한다. 그가 보기에 이런 갈등의 많은 부분은 어린 시절의 성적 욕망에서 나온다. 사회는 이런 욕망을 수치스럽고 잘못된 것이라고 낙인을 찍기 때문에 억눌림을 당하게 된다. 프로이트가 보기에는 이런 욕망이 무의식으로 빠져들었다가 나중에 반사회적이고 자멸적인 행동이나 태도로 나타나게 된다.

프로이트의 심리학 이론은 성을 매우 강조하지만, 그의 제자 카를 구스타프 융은 인간 존재의 다른 요인들도 마찬가지로 행동에 강한 자극을 준다고 생각했다. 융의 가장 뛰어난 기여는 내향적 인간과 외향적 인간이라는 범주를 만든 것이다. 이 범주는 자신의 요구를 충족시키기 위하여 주로 자기 자신에게 의존하는 사람과 개인적 충족을 위하여 다른 사람을 찾는 사람을 구분한다. 또 융은 프로이트의 정신의 세 영역에 집단 무의식을 보탰다. 인간의 행동에 영향을 주는 신화, 상징, 믿음의 근원적인 저장소를 모든 인간이 공유한다고 믿었기 때문이다.

행동의 뿌리

19세기 후반 인류학이라는 새로운 학문 분야의 개화와 더불어 인간 문화 연구가 확장되었다. 20세기 초의 프란츠 보아스, 50년 뒤의 클로드 레비스트로스 같은 영향력 있는 인류학자들은 사회를 인간 생활을 규제하고 거기에 의미를 부여하는 조직 체계로 이해해야 한다고 주장했다. 각각의 문화는 그런 목표를 달성하기 위하여 서로 다르기는 하지만 그 나름으로 타당한 수단을 만들어냈다. 따라서 문화는 정신과 신체 양쪽의 인간 발달에 영향을 준다. 보아스는 이렇게 썼다. "개인의 행동은 인종적 기원이 아니라 조상의 특징과 문화적 환경에 따라 결정된다."

스키너의 비둘기

미국의 심리학자 B. F. 스키너는 비둘기를 이용하여 자신의 행동주의 심리학 개념을 시험했다. 그는 세심하게 설계된 상과 벌 계획으로 새에게 복잡한 행동을 훈련시켰다.

브뤼셀에서 태어나 파리에서 교육을 받은 구조주의 인류학자 레비스트로스는 문화를 언어와 유사한 소통 체계로 보았다. 그의 작업의 많은 부분은 인간 정신의 보편적 구조를 밝혀내려는 시도였다. 그는 그런 구조가 신화, 상징, 사회조직 형태에 반영된 결과를 찾아내면 그 구조도 밝혀질 것이라고 보았다. 레비스트로스는 이렇게 말한 적이 있다. "나는 신화에서 인간이 생각하는 방식을 보여주려는 것이 아니다. 인간이 의식하지 못하는 상태에서 신화가 인간 정신에 작용하는 방식을 보여주려는 것이다."

인류학자들이 문화적 행동에 관심을 돌리는 시점에서 심리학자들은 동물이든 인간이든 종의 행동을 연구하는 새로운 방법을 찾으려 했다. 학습과 짝짓기 같은 보편적 경험에 무엇이 작용하고 있는지 알고자 한 것이다. 동물 행동의 경우 연구자들은 어떤 행동이 유전 때문이고, 어떤 행동이 개별적 학습의 산물인지 파악하려 했다.

동물행동학의 아버지라고 일컬어지는 오스트리아의 동물학자 콘라트 로렌츠는 첫 번째 관점으로 많이 기울었다. 그는 어린 새가 자신의 눈에 처음으로 들어오는 움직이는 커다란 물체──새든, 인간이든, 다른 것이든──를 자신과 같은 종의 구성원으로 본다는 사실을 증명했다.

행동, 유전, 진화의 연구 가운데 가장 도발적이고 논쟁적인 것은 1975년에 나온 하버드 대학의 생물학자 에드워드 O. 윌슨의 연구일 것이다. 그는 개미 군체나 칠면조 떼에서부터 인간의 사회적 조직이나 관습에 이르기까지 동물 행동의 많은 부분을 진화적 적응과 유전의 결과로 이해할 수 있다고 주장했다. 윌슨의 이론에 따르면 한때 인간 본성으로 칭송되었던 이타주의적 행동도 흰개미의 본능적 협력과 그렇게 다르지 않을 수 있다. 인간의 구애 패턴도 고슴도치나 공작의 패턴과 놀라울 정도로 유사해 보인다. 윌슨의 견해는 지적으로는 흥미로웠지만, 인도주의적 근거에서 많은 공격을 받았다.

미국의 심리학자 B. F. 스키너 또한 공격을 많이 받은 행동과학자다. 스키너는 행동은 대체로 사람이 환경과 긍정적 또는 부정적 상호작용을 한 결과라고 주장했다. 그는 인간 행동을 규정하는 데 내적인 영향이 아니라 외적인 영향이 중요하며, 최고의 인간 행동의 핵심적인 내적 동기였던 자유와 자유 의지 같은 개념들은 착각일 뿐이라고 주장했다.

파블로프의 개

러시아의 생리학자 이반 파블로프는 개가 종소리와 먹이를 연결시키면, 먹이가 없더라도 종소리가 날 때마다 침을 흘린다는 사실을 발견했다.

인간은 사실상 보상과 벌에 의해 통제를 받는다는 것이 스키너의 주장이었다. 그는 행동을 규정하는 조건화의 힘을 보여주기 위한 과학적 실험을 설계했다. 연구자들은 바람직한 행동에는 보상을 해주고 바람직하지 못한 행동에는 보상을 중단하거나 부정적인 반응을 보여주는 간단한 방법으로 다양한 동물——쥐, 비둘기, 인간——의 행동을 수정하고 학습을 시키는 데 성공했다.

이런 방법은 스키너와 밀접한 관계가 있는 인간과 동물심리학 이론인 행동주의의 기초를 이룬다. 행동주의는 19세기 러시아의 신경학자 이반 파블로프의 작업까지 거슬러 올라간다. 파블로프는 꼼꼼한 실험주의자로서 신경계, 순환계, 소화계 사이의 연관 관계를 연구했다.

파블로프는 연구를 위해 개 몇 마리의 위를 몸 밖의 주머니와 연결하여 위액을 모았다. 이 작업을 하는 동안 파블로프는 개가 먹이를 기대할 때마다 침을 흘린다는 것을 알게 되었다. 정상적인 반사작용이었다. 이어 파블로프는 개가 다른 자극——예를 들어 종소리나 전기 충격——을 먹이와 연결시키도록 훈련시킬 수 있다는 사실을 알았다. 자극이 일어나면 먹이가 있든 없든 개는 침을 흘렸다. 조건반사를 획득한 것이다. 이것은 스키너의 행동주의 심리학에서 본질적인 부분이다.

전체적으로 스키너의 치료 형태는 프로이트의 무의식 이론을 전혀 따르지 않았으며, 환자의 과거에 묻혀 있는 것을 대단치 않게 생각했다. 대신 행동주의 치료자들은 현재의 행동과 현재 경험하는 어려움에만 집중을 했다. 이 이론에 따르면 신경증과 정신 이상은 무의식적 억압에서 오는 것이 아니다. 이것은 환자가 학습한 나쁜 습관일 뿐이며, 얼마든지 바꿀 수 있다. 고통을 겪는 환자의 행동도 파블로프의 개처럼 조건에 따라 달라질 수 있다. 사실 이런 추론에 따르면 사람들은 정신 건강을 얻으려고 의사를 찾아갈 필요가 없다. 스스로 바람직하지 못한 행동을 없앨 방법을 찾을 수 있기 때문이다. 당연한 일이지만 스키너의 생각 가운데 많은 부분이 논쟁을 불러 일으켰다. 비판자들은 그의 생각이 냉혹하다고 지적했으며, 그가 정확하게 숫자 '8'을 따라 걷도록 훈련시킨 비둘기처럼 인간도 조건에 따라 반응할 수 있는지, 또는 그렇게 만드는 것이 옳은 일인지 물었다. 나아가서 그의 비판자들은 그가 현대의 학습 이론과 자연스러운 발달 단계를 무시하는 잘못을 저질렀다고 주장했다.

스위스의 심리학자 장 피아제는 아동 발달 단계를 중심에 놓는 인간 심리학 이론을 제시했다. 아동의 지성과 인식 발달 연구의 선구자인 피아제는 인간이 세상에 적응하는 과정에서 확인 가능한 보편적 단계를 거친다고 말했다.

예를 들어 인간은 사물을 조작하는 것에서 추상적 관념을 조작하는 것으로 나아간다. 또 만족에 대한 요구로부터 사회의 요구에 자신의 욕구를 맞추는 방법을 배우는 방향으로 나아간다. 피아제는 아동 발달의 네 단계를 확인했다. 두 살까지는 감각과 운동 발달기이다. 일곱 살까지는 이성 이전 단계이다. 일곱 살에서 열한 살까지는 구체적 조작을 익히는 단계이다. 열일곱 살까지는 형식적 또는 추상적 조작을 학습하는 단계다.

환경에 초점을 맞춘 스키너, 감정과 본능을 강조한 프로이트와는 달리 피아제는 사물이나 관념의 조작과 생각을 강조했다. 다시 말해서 인지를 강조한 것이다. 그는 세상을 이해하려고 노력하는 합리적이고 지각력이 있는 아이의 성장 패턴에서 보편적 발달 단계를 찾았다. 피아제는 이렇게 말한 적이 있다. "아기의 행동을 관찰하여 그 정신에서 벌어지는 일을 알 수만 있다면 심리학의 모든 것을 이해할 수 있을 것이다."

그러나 삶이 끝날 무렵에도 수많은 심리적 문제가 일어난다. 미국의 노인 여섯 명 가운데 한 명은 우울증을 겪으며, 쉰 명 가운데 한 명은 정신병을 앓는다. 85세 이상의 노인 가운데 35퍼센트는 알츠하이머병을 비롯한 치매로 고생한다.

과거에는 노인의 감정 문제를 가볍게 다루는 것이 일반적 관행이었다. 티베리우스 카이사르는 사람이 60살이 넘어서 의사에게 진맥을 해달라고 하는 것은 어리석은 일이라고 말했다고 한다. 오랫동안 노년의 정신적 퇴보를 모두 싸잡아 노쇠라고 불렀다. 최근까지도 다양한 형태의 치매가 분류조차 되지 않았으며, 나이가 들어감에 따라 뇌의 화학적 상태에 어떤 변화가 일어나는지도 거의 알려지지 않았다.

에릭 에릭슨은 일찍이 노인 발달에 관심을 가진 심리학자로 꼽힌다. 그는 인생의 여덟 단계 시나리오를 제시하면서, 각 단계마다 직면하고 해결해야 할 위기——파멸을 가져오는 사건이라기보다는 전환점이라는 의미다——가 있다고 주장했다. 각각의 위기를 해결할 때마다 건강한 발달이 진행된다. 에릭슨의 여덟 번째이자 마지막 발달 단계에서 사람은 자아 통합 대 절망의 대립과 직면한다. 이런 문제는 인생의 말년에, 사람들이 자신의 인생을 평가할 때 찾아온다. 모든 것이 잘 풀리면 그 보답으로 지혜를 얻는다.

어떤 심리학자들은 내적 충동만으로 우리 행동을 설명하는 것을 옳다고 보지 않았다. 그들은 다른 사람들이 개인의 행동에 영향을 주는 방식을 연구하는 사회심리학 분야를 확립했다. 프로이센 태생의 미국

이반 파블로프

조건반사의 발견자

1849
9월 14일에 러시아 랴잔에서 출생하다.

1875
상트페테르부르크 대학을 졸업하고 제국 의학 아카데미에서 조수 일을 시작하다.

1879
의학 공부를 끝내고 금메달을 받다.

1883
심장의 동적 신경을 발견하다. 의학박사 학위 논문을 제출했다.

1890
실험의학연구소의 생리학부 부장이 되다.

1897
『주요 소화샘의 기능에 관한 강의』를 출간하다. 이것은 소화에 관한 연구를 보여주는 책이었다.

1903
"실험심리학과 동물의 정신병리학"에 관한 논문을 낭독하다. 여기에 조건반사에 관한 발견이 포함되어 있다.

1904
소화샘 연구 공로로 생리·의학 부문의 노벨상을 수상하다.

1921
레닌이 서명한 특별 정부 포고의 대상자가 되다.

1935
러시아 정부가 조건반사 연구를 위한 연구소를 설립하다.

1936
2월 27일 레닌그라드에서 사망하다.

정신병이란 무엇인가?

최근 정신치료 시설인 미국의 보스턴 주립병원의 원장인 닥터 조너선 콜은 정신병을 정의해달라는 요청을 받은 적이 있다. 그의 답은 이 문제가 간단치 않음을 보여준다. "오늘날 정신병은 정신의학자들도 정의하기 어려워한다. 그 정의는 심각한 혼란 상태에 있다……. 우리 환자들 다수는 심한 고통을 겪는 사람들이다."

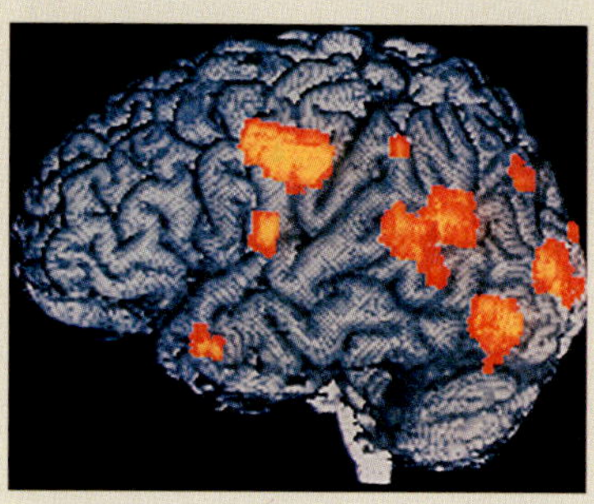
PET—양전자방사단층촬영법—로 찍은 활동중인 뇌

오늘날 이 고통, 뇌와 정신의 질환이나 혼란은 다양한 범주로 나뉘어 분석된다. 아동 학대나 애정 결핍 같은 다양한 심리학적 요인이 원인이 되어 나타나는 신경증은 정신병의 많은 형태들 가운데 가장 흔하다. 이것은 일반적으로 가벼운 장애로 여겨지며, 다른 경우보다 치료가 쉽다. 누구나 가끔 일시적으로 불안 또는 우울을 겪는다. 이것은 일상생활의 변화에 대한 정상적인 신체적 반응이다. 누구나 질투, 증오, 공포, 죄책감, 열등감을 이따금씩 심하게 겪는다. 이런 경험은 정상적 신경증이라고 부를 만큼 가볍고, 전문적인 치료를 받을 필요가 없는 경우도 많다. 그러나 병적인 우울증, 편집증, 또는 강박신경증이나 외상 후 스트레스 증후군 등의 심리적 장애처럼 통제를 벗어나 환자를 압도하는 경우도 있다.

정신병은 더 심각한 상태로, 망상, 환각, 또는 현실을 파악하거나 충동을 통제할 수 있는 능력 상실 등이 특징이다. 환자를 정상적인 일상생활로부터 떼어내는 정신 장애인 정신분열증이나 조증과 우울증의 시기가 번갈아 찾아오는 양극성 장애는 주요한 정신병으로 꼽힌다. 어떤 병, 예를 들어 정신분열증은 물려받은 유전적 요인이 원인으로 보인다. 다른 병, 예를 들어 조울증은 어떤 신경전달물질의 불균형이나 부적절한 활동 때문에 일어나는 것으로 보인다. 뇌의 기질성 질환 때문에 생기는 알츠하이머병은 뉴런을 통과하며 정상적 활동에 영향을 주는 미세한 섬유 덩어리와 미세한 뇌 손상을 특징으로 하는 퇴행성 질환이다. 그 결과 혼란, 방향 감각 상실, 기억 상실, 언어 장애, 결국에는 정신적 능력의 완전 상실 등의 정신적 장애가 나타난다.

어떤 정신질환자들은 오늘날 심리학자들이 인격 장애라고 부르는 것을 겪는다. 가장 심각한 환자는 사회병질자와 사이코패스인데, 이들 가운데 다수는 병이라고 진단되지 않거나 병원에 수용되지 않는다. 어떤 경우에는 신용 문제, 약물 남용, 성적 이상 행동 등의 반사회적 행동 때문에 결국 감옥에 갇힌다. 사이코패스의 마음에는 사랑, 의리, 동정, 후회 등의 감정이 들어서지 않는다. 사회병질적 행동은 집요한 부적응 행위 패턴과 관련되는데, 이것은 생화학적 영향과 사회적 영향이 다양한 비율로 섞인 정신병의 고전적인 사례일 것이다.

과거에 전문가들은 정신병의 목록에 이른바 정신박약자 또는 정신지체자도 포함시켰다. 즉 타고난 기질성 결함이나 머리의 외상으로 뇌의 발달이 정지했거나 학습 능력이 손상된 사람들을 포함시켰던 것이다. 그러나 오늘날 우리는 선천적 원인, 뇌 손상, 질병도 정상 수준 이하의 지적 발달의 원인이 되는 경우가 많다는 사실을 알고 있다. 신경과학자들은 계속 원인과 치료법을 찾으려 하며, 이런 사람들에게 가능한 최선의 삶의 질을 제공하려는 노력도 이루어지고 있다.

인 쿠르트 레빈은 집단 역학을 연구하였으며, 행동의 장(場) 이론으로 이름을 얻었다. 레빈은 인간 행동을 완전하게 이해하고 예측하려면 인간 심리의 장, 또는 그가 사용한 다른 표현으로 하자면 삶의 공간에서 벌어지는 사건들의 전체성을 받아들여야 한다고 보았다. 우리가 관련을 맺는 사람과 사회 집단을 포함한 심리적이고 환경적인 조건이 우리의 인격에 영향을 주며 우리의 행동을 규정한다는 것이다.

레빈은 또 게슈탈트라고 알려진 심리학 이론을 주창했다. 이것은 심리학적, 생리학적, 행동적 경험의 모든 구조가 게슈탈트로서 경험되며, 따라서 그렇게 분석될 필요가 있다고 강조하는 이론이었다. 게슈탈트란 독일어에서 나온 용어로 통합된 전체를 의미한다.

게슈탈트 이론에 따르면 정신은 분리된 부분이 아니라 통합된 전체를 지각한다. 삼각형은 구성하는 세 개의 선이 아니라 삼각형으로 지각된다. 정신은 교향곡을 먼저 하나의 전체로서 들은 다음에 의식적으로 연주를 음이나 악기의 파트별로 나눈다. 따라서 행동도 어떤 상황에 대한 통합되고 통일된 반응으로 보아야 한다. 게슈탈트 치료는 사람을 생물학적 구성 요소와 그 유기적 기능, 외부 세계와 맺는 관계, 또 내적인 심리적 경험까지 포괄하는 하나의 전체로서 파악하고 치료하는 것이다.

심리학은 정당한 이론과 치료법을 갖추고 있었음에도, 20세기부터 비판자들이 등장했다. 심리학은 성급한 일반화와 경험적으로 입증할 수 없는 주장으로 가득한 부정확한 과학이라는 비난을 받았다. 과거에는 정신의학에서 심리치료가 필수적으로 여겨

장 피아제

발달심리학의 아버지

1896
8월 9일 스위스 뇌샤텔에서 출생하다.

1918
철학적 소설 『진귀한 것』을 출간하다.

1918
뇌샤텔 대학에서 과학 박사학위를 받다. 논문의 주제는 발레 주의 연체동물이었다.

1921
아동심리학 연구를 시작하다.

1924
『아동의 판단과 추론』을 출간하다.

1926
『아동의 세계 관념』을 출간하다.

1929
제네바 대학 교수가 되다.

1936
『아동의 이해력의 기원』을 출간하다.

1940
심리학연구소의 소장이 되고, 스위스 심리학회의 회장이 되다.

1955
제네바 국제인식론센터를 창설하고 소장이 되다.

1972
지적 발달의 네 단계를 규정하다.

1972
에라스무스상을 수상하다.

1974
『의식의 이해』를 출간하다.

1980
9월 16일에 제네바에서 사망하다.

졌었지만 의학 연구자들이 뇌와 신경계의 화학적, 물리학적 작용에 관해 많은 것을 알게 될수록, 정신병을 의학적으로 치료하는 데는 정신의학에는 약물 치료가 필수적인 것이 되었다.

최근에 정신의학자 로널드 D. 레잉은 개인의 광기는 사회의 병과 악의 반영에 불과하다고 주장하여 동료들의 분노를 샀다. 레잉은 정신분열증을 정신병이 아니라 '인간 상호관계의 붕괴'로 보았다. 미국의 교육자이자 철학자인 존 듀이 또한 심리학을 회의적으로 보았다. 그는 "대중 심리학은 은어, 넋두리, 미신 덩어리로, 주술사들이 번창하던 시절에나 어울리는 것"이라고 말했다. 이런 조롱 섞인 비판에도 불구하고 심리학 이론은 오늘날에도 생명력을 잃지 않고 있다.

뇌 안으로 향하다

신경과학은 뇌와 신경계를 과학적으로 연구한다. 신경과학자는 생화학, 해부학, 뇌와 거기에 연결된 신경망 사이의 전기적 연결을 강조한다. 신경과학 연구와 신경외과학은 한때는 순전히 심리학적이라고 규정되던 행동과 상태에 관한 새로운 이해와 치료의 영역을 열었다. 이 분야는 또 뇌의 상해나 신경계 질환을 치료하는 방법을 찾아내겠다고 약속했으며, 많은 경우 그 약속은 이행되었다.

신경과학자들은 히포크라테스에서 갈바니에 이르기까지 정신적 상태의 신체적 결과를 이해하려고 노력했던 전통에 따라 연구를 했다. 1758년에 독일에서 태어난 생리학자 프란츠 요제프 갈은 오늘날의 신경과학을 만든 초기 선구자로 꼽히는데, 두개골에 뇌에 관한 정보, 나아가서 인격에 관한 정보가 담겨 있다고

1891~1987

1891
러시아의 의사 이반 파블로프 조건반사 연구를 시작하다

1900
오스트리아의 신경학자 지그문트 프로이트 『꿈의 해석』을 출간하다. 그는 꿈이 무의식적 소망의 충족이라고 주장했다.

1913
미국의 심리학자 존 B. 왓슨 행동주의를 도입하다. 나중에 B. F. 스키너가 이것을 발전시켰다.

믿었다.

나중에 빈에서 진료를 했던 뛰어난 의사 갈은 골상학을 만들어냈다. 이것은 두개골의 특징이 그 사람의 성격과 정신적 능력의 자세한 내용을 드러내준다는 이론에 기초를 두고 두개골의 형태를 연구하는 학문이었다.

갈은 인간 뇌 안의 20개 이상의 기관을 밝혀내고 이름을 붙였다. 그는 이 기관들이 인간 능력의 20개 기능에 상응한다고 믿었다. 그는 어떤 사람의 여러 기능의 조합은 태어날 때 정해지며, 교육으로는 조금밖에 바뀌지 않는다고 보았다. 갈의 이론은 이런 기능 개념을 바탕으로 뇌와 두개골을 연결시켰다. 갈은 두개골이 그 안에 든 뇌와 물리적으로 짝을 이루어 개인의 독특한 인격을 반영한다고 믿었다.

갈은 두개골의 형태, 튀어나온 곳, 톱니 모양 등을 성적, 감정적, 지적 특징과 연결시켰다. 심지어 어떤 돌기는 선(善)이나 종교적 감정과 연결시켜 신학자들을 기쁘게 해주기도 했다. 그러자 곧 돌팔이들이 그의 이론을 이용했다. 원래 갈은 연구와 관찰로 이론을 세웠으나, 돌팔이들은 순회 치료 시연회에서 마치 점을 치듯이 두개골을 판독하여 성격을 이야기해주겠다고 떠벌였다. 그러나 묘한 반전이 일어났다. 골상학이 개인의 심리학과 정신적 상태에 관심을 불러일으켜, 범죄자나 정신병자를 계몽된 방식으로 치료하는 데 도움을 준 것이다.

갈의 연구는 과녁을 벗어났는지 모르지만, 뇌의 여러 영역에 관한 그의 생각은 훗날 뇌의 반구나 엽, 또 그것이 인간 행동에서 하는 역할에 관한 연구로 다시 나타나게 된다. 실제로 현대의 뇌 구조와 그 내부의 전문화된 기능 연구는 중세의 뇌실국재론이라는 유서 깊은 전통에 속해 있다.

1929
독일의 의사 한스 베르거 뇌의 전기적 활동을 측정하려고 뇌파계를 개발하다.

1936
스위스의 심리학자 장 피아제 『아동의 이해력의 기원』을 출간하다. 그는 여기서 유전 인식론을 제시했다.

1950
영국의 수학자 앨런 튜링 인공지능을 측정하는 방법을 개발하다. 나중에 이것을 튜링 검사라고 부르게 되었다.

1987
엘리 릴리 사가 항우울제 프로작을 출시하다.

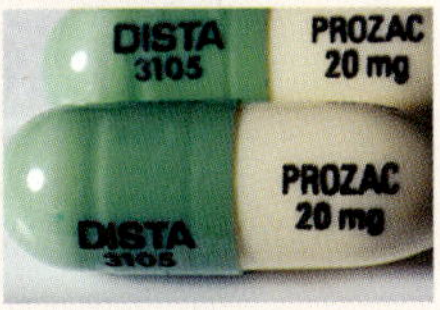

지각, 소통, 기억, 그리고 과학을 이해하고 선율을 감상하는 능력에 필수적인 대뇌피질은 뇌의 앞과 중앙을 차지하며, 깊은 주름이 잡힌 구(球)로 보인다. 뇌의 오른쪽은 몸의 왼쪽의 운동을 지휘하며, 왼쪽은 오른쪽을 관장한다. 이런 사실은 고대 그리스에서부터 관찰되었으며, 알디니도 해부용 시체의 뇌의 오른쪽에 충격을 주면 몸의 왼쪽에서 근육 운동이 일어난다는 사실에 주목했다. 언어 장애는 좌반구에 손상이 일어났을 때 생긴다. 기억 손실은 오른쪽에 부상을 당했을 때 일어난다. 피질 밑에서는 더 원시적인 뇌 구조가 신체의 기능을 통제한다.

시냅스의 네트워크

인간의 신경계는 종종 컴퓨터나 전화 네트워크에 내장된 전기도체의 체계에 비유되곤 한다. 복잡한 신경세포 회로와 수도 없이 깜박거리는 전기 신호 때문일 것이다. 기계에서는 칩과 트랜지스터가 중요한 역할을 담당하지만, 신경계에서 중심적인 작용을 하는 것은 뉴런, 즉 신경세포다. 수십억의 임펄스를 나르는 이 세포들은 핵이 있는 세포체로 이루어져 있으며, 수상돌기라고 부르는 연결부가 달려 있고, 신호를 보내고 받는 역할을 한다. 과학자들은 약 5억 년 전에 첫 뉴런이 동물에게 나타났을 것이라고 생각한다. DNA 분자가 처음 나타나고 나서 약 30억 년 뒤의 일이다.

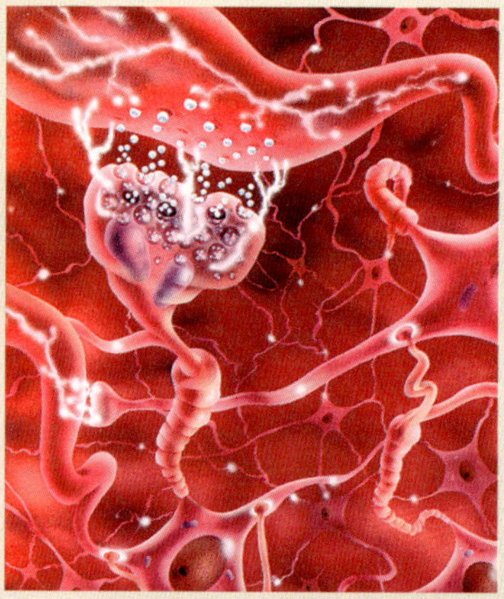

신경세포는 다른 세포들로 뻗어 있는 긴 섬유 조직인 축색돌기와 신호를 받는 역할을 하는 수상돌기를 포함하고 있다.

뉴런은 핵이 있는 기본적 세포 외에 축색돌기를 하나 가지고 있다. 축색돌기는 이웃한 세포와 연결되어 신경세포체로부터 자극을 전달하는 긴 신경섬유이다. 뉴런과 그 축색돌기의 크기는 2밀리미터에서 1미터에 이르기까지 다양하다. 신경계 전체를 펼치면 5백만 킬로미터가 될 것이다.

전기화학적 메시지를 전달하는 생물학적 스위치가 없다면 신경계는 전기회로에 연결할 시동 장치가 없는 자동차 엔진과 같을 것이다. 신경계의 스위치는 시냅스로, 이것은 축색돌기의 끝과 연결되는 세포 사이의 4억분의 1센티미터 정도 되는 폭의 미세한 간극이다. 신경 자극은 이 연결부를 통과한다. 신경 자극이 자극을 전달하는 뉴런 끝의 혹처럼 생긴 시냅스 소포에 도달하면, 소포 안의 작은 알갱이들이 신경전달물질 분자 수천 개를 담고 있다가 간극 사이로 내용물을 흘린다. 그러면 신경전달물질이 이웃 세포의 수용체와 결합한다. 곧 수용체의 채널이 열려, 나트륨 이온은 옆의 세포로 빠르게 밀려들고 칼륨 이온은 남는다. 이런 전기화학적 반응에서 이온의 흐름은 이웃 세포막의 한 부분을 자극하여 세포 내에 전기 자극을 일으킨다. 이 모든 일이 신경과 뇌에서 일어나는데, 우리는 그것을 생각이나 지각, 느낌이나 꿈으로 경험한다.

신경과학자들은 뇌만이 아니라 신경계 전체를 연구한다. 스페인의 신경해부학자 산티아고 라몬 이 카할은 그 상호 관련, 겹침, 확장을 체계적으로 연구했다. 어린 시절 제화업자와 이발사 생활을 했기 때문인지 손재주가 뛰어났던 라몬 이 카할은 해부를 하거나 현미경을 사용할 때 눈에 보이는 것을 그리는 데 능숙했다. 이 능력은 그가 발견한 것을 보존하는 데 큰 힘을 발휘했다. 그는 현미경으로 보는 뇌나 신경의 아주 얇은 조각에 질산은을 착색시키는 방법을 개발했다. 질산은은 신경세포나 섬유 조직을 전례 없이 명료하게 보여주었다. 라몬 이 카할은 자신이 보는 것을 열대림의 덩굴식물이나 이끼처럼 묘사했다.

신경계 전체의 기본을 이루는 세포인 뉴런의 발달과 구조적 기초에 관한 그의 묘사는 시금석이 되었다. 그는 뉴런 단위로 신경 임펄스가 전달되는 방식과 신경계의 각 부분이 퇴화하고 재생하는 과정을 세밀하게 묘사했다. 라몬 이 카할의 관찰은 신경 기능에 관한 현대의 이론이나 20세기 신경과학의 놀라운 발견들의 바탕이 되었다.

물론 연구자들이 신경계의 의미를 완전히 파악하고, 피르호와 슈반의 살아 있는 세포에 관한 발견에 비추어 그 당혹스럽고 복잡하게 얽힌 부분들을 이해하기까지는 훨씬 더 많은 관찰이 이루어져야 했다. 그러나 결국은 신경세포와 그 연결부인 시냅스의 근본적 구조가 서서히 드러나게 되었다.

신경세포는 쉼 없이 전기 임펄스가 촉발시킨 화학적 메시지를 주고받는다. 신호들이 세포들 사이를 오가고, 이것이 신체적, 정신적, 신체 내적 기능을 일으킨다. 또 아주 적은 양의 화학물질이 축색돌기라고 부르는 긴 연결섬유를 통하여 세포들 사이를 오가며, 시냅스라고 부르는 세포들 사이의 좁은 공간을 건너 수용기 세포로 간다. 세포는 화학적 전달물질을 방출하며, 이것을 수용기에서 받아 네트워크를 통해 길게 사슬처럼 이어진 신경세포들로 보낸다. 뇌과학자들은 뇌의 해부학적 특징들을 나열하기 시작했다. 갯민숭이 달팽이에게는 뇌세포가 2만 개밖에 없는 반면 인간 갓난아기에게는 1억 개가 있다. 라몬 이 카할은 이렇게 말한 적이 있다. "우리가 우리 자신을 공부하는 만큼 이해도 깊어진다."

복잡한 신경전달망에 관하여 많은 것을 알게 될수록 그 안에 풍부한 다양성이 자리 잡고 있다는 사실도 분명해진다. 우선 어떤 뉴런들은 몇 가지 서로 다른 신경전달물질을 이용하여 연락을 한다. 또 모든 신경전달물질이 자물쇠와 열쇠가 딱 맞듯이 한두 가지 수용체 단백질과 짝을 이루는 방식으로만 활동하는 것은 아니다. 실제로 수십 개의 수용체 단백질과 협력할 수 있다. 그 다양성은 놀랍다. 그런 화학적 다양성은 뇌세포가 예상보다 훨씬 더 섬세하게 반응할 수 있음을 보여준다. 그래서 우리의 감각이 색채, 소리, 맛, 냄새, 질감에 맞추어 다양하게 나타날 수 있는 것이다.

이런 전기화학적 다양성 덕분에 미래에는 어떤 증상을 통제하는 특정한 수용체에 맞추어 정신 약품을 만들어내 부작용을 없앨 수 있을 것이다. 연구자들은 이미 정신분열증과 관련된 도파민이라는 신경전달물질을 받아들이는 여러 수용체를 확인했다. 또 불안 장애나 우울증과 관련된 신경전달물질 노르에피네프린을 받아들이는 수용체도 확인했다. 역시 우울증과 관련된 세로토닌의 수용체도 발견했는데, 그 작용은 오늘날 세로토닌 재흡수 억제제(SRI)의 범주에 속하는 항우울제가 효과를 발휘하는 데 핵심적 역할을 한다.

초기의 신경해부학자들은 도구가 제한되어 있었음에도 일부 뉴런, 신경섬유 가닥, 회백질의 특정 세포를 파악할 수 있었다. 그들은 하반신 불수의 원인을 척수에서 찾아냈으며, 심지어 한 연구자는 대뇌피질 전체의 정교한 세포구축학적 지도를 그리기도 했다. 그러나 직접적인 해부학적 작업과 육안 관찰의 수준은 결코 20세기의 정교한 도구 사용과는 비교할 수 없다. 20세기의 기계는 그전에는 가능하다고 생각지도 못했던 수준으로 뇌의 모습을 보여주었다.

뇌파전위기록장치(EEG)는 현대 들어 처음으로 뇌 활동의 이미지를 보여준 도구이다. 18세기에 갈바니가 사용하던 도구의 후손인 EEG는 뇌를 통과하는 전기 자극을 측정한다. 1920년대에 처음 개발된 EEG는 머리에 부착하는 감지기들로 이루어져 있다. 감지기는 자극을 뇌에서 기계로 전달하며, 기계는 이 자극을 그래프에 선으로 표시한다. 정상, 비정상, 흥분상태의 뇌 활동이 그래프에 서로 다른 선의 형태로 나타난다. 뇌파자기기록장치(MEG)는 자기장 변화에 기초하여 뇌의 전기 신호를 기록한다.

> **MEG**
> 뇌파 자기 기록 장치(MEG)는 뇌의 신호를 기록한다. 개별 뉴런의 미세한 전기 방출로 일어나는 아주 작은 자기장을 이용하는 것이다. 과학자들은 이 기술을 이용하여 뇌 가운데 어느 부분이 어느 활동—걷거나, 꿈을 꾸거나, 말을 하거나, 패턴을 인식하거나, 음악을 듣거나—과 관련되는지 파악할 수 있다.

21세기 초에 들어서야 널리 사용되기 시작한 양전자방사단층촬영법(PET)은 방사능과 입자물리학의 원리를 응용하여 뇌나 다른 내부 장기의 영상을 만들어내는 고급 기술이다. PET에서는 특수 처리한 방사능 물질을 환자에게 투여한다. 스캐너는 뇌의 방사능 물질이 방출하는 에너지 방사를 받아 그것을 바탕으로 뇌 단면의 이미지를 만들어낸다. 건강한 조직은 방사능 표지가 붙은 물질을 병든 조직보다 잘 흡수하며, 스크린 이미지는 이 구분을 생생한 색깔로 보여준다.

지금은 기능적자기공명촬영(fMRI)으로 뇌 안 깊은 곳에서 이루어지는 활동을 더 높은 해상도로 찍어낼 수 있다. 이것은 뉴런의 활동이 이루어지는 영역에서 나타나는 원자핵의 자기 공명 차이에 기반을 둔 스캐닝 방법이다.

2005년 펜실베이니아 의대의 연구자들은 fMRI가 발휘하는 능력의 놀라운 예를 보여주었다. 이 기술은 몸 내부에 아무런 기구를 집어넣지 않고도 우울이나

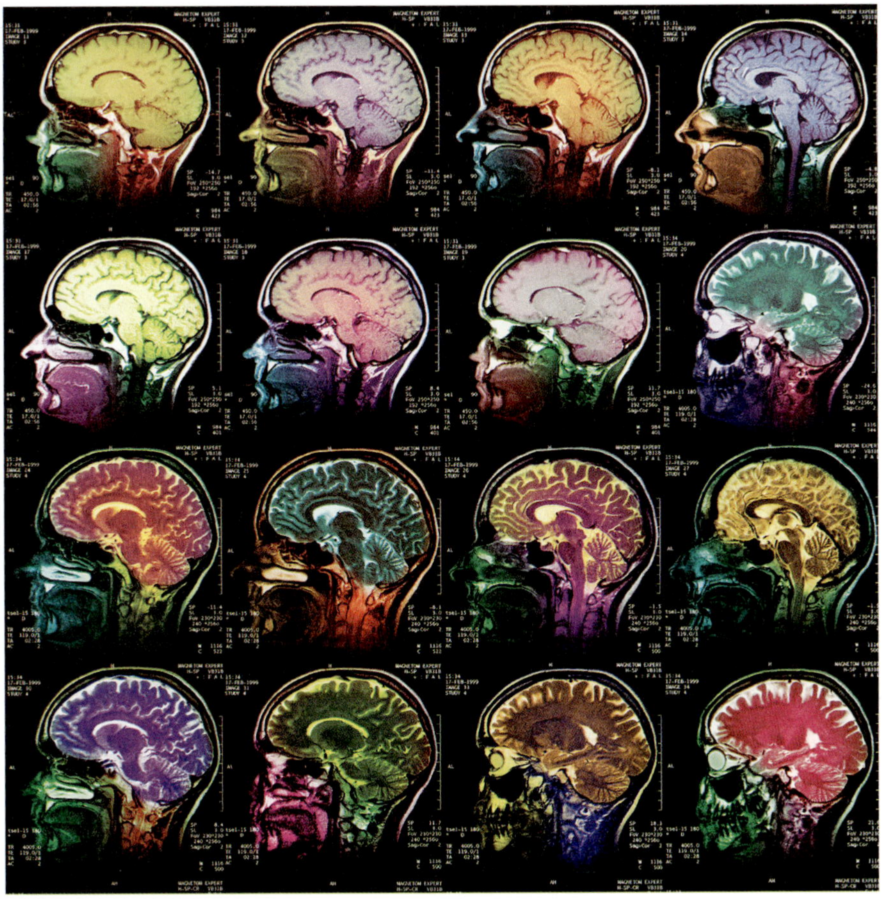

뇌의 여러 부분

자기공명장치(MRI)가 만들어내는 다양한 착색 이미지가 대뇌, 소뇌, 뇌간을 보여준다. 대뇌는 뇌에서 가장 큰 부분이자 의식적인 사고의 중심이다. 소뇌는 낮은 곳에 있고 크기도 작으며, 균형을 통제한다. 뇌간은 뇌와 척수를 연결한다.

불안과 연결된 뇌 영역의 심리적 스트레스의 결과를 보여주었다. 그들은 fMRI로 스트레스를 받는 사람의 전전두 피질로 흘러가는 피의 증가를 관찰할 수 있었다. 그들은 또 스트레스의 원인이 사라진 뒤에도 증가한 혈류가 그대로 남아 있는 것을 보았다. 이것은 스트레스의 결과가 예전에 생각하던 것보다 오래 지속됨을 보여주는 증거였다.

이런 기술들을 함께 사용하면 뇌의 여러 부분이 정보를 처리하는 방식을 매우 선명하게 볼 수 있다. 오늘날의 과학자들은 이런 촬영 기법을 기반으로 인간 두개골 내부의 신비한 사고 기관을 깊이 들여다볼 수 있다.

지능이냐 흉내냐?

인간이 인간인 한 정신은 계속 결정을 내리며, 뇌는 계산이나 기억 같은 전문화된 기능이나 지능의 저장소 역할을 계속한다. 그러나 컴퓨터 기술이 도래한 이후로 과학은 기계 장치로 계산이나 기억 같은 인간의 재능——추론의 재능은 안 된다 해도——을 종합적으로 다루겠다고 도전하고 나섰다.

최초의 컴퓨터는 계산을 위한 기계였다. 구슬을 움직이는 주판이 그 선두에 있었다. 계산기라고 부를 수 있는 최초의 실용적인 기계는 1642년에 프랑스의 수학자이자 철학자인 블레즈 파스칼이 발명했다.

이 계산기는 철필로 숫자가 적힌 바퀴를 움직였으며, 단순한 덧셈과 뺄셈으로 돈의 합계를 계산하는 데 사용되었다. 곧 덧셈을 반복하여 곱셈을 하는 새로운 발명품들이 나왔다. 19세기가 끝날 무렵 손으로 작동시키는 다양한 계산기가 시장에 나왔다. 처음에는 톱니바퀴와 레버로 움직이다가, 이어 전기 장치로 움직이게 되었으며, 그 다음에는 우리가 오늘날 알고 있는 전자 모델로 바뀌었다.

중앙에 움직일 수 있는 부분을 갖춘 자로 이루어진 계산 장치인 계산자는 한때 모든 엔지니어의 필수품이었다. 움직이는 부분과 움직이지 않는 부분에 모두 로그 단위를 보여주는 선들이 새겨져 있으며, 두 자를 잘 조작하면 곱셈, 나눗셈, 고등 수학 연산 문제의 답을 낼 수 있었다.

이진법은 17세기 말의 수학자이자 철학자인 고트프리트 빌헬름 라이프니츠의 발명품이었다. 추상적으로 보자면 이진법은 모든 숫자를 1 또는 0으로 이루어진

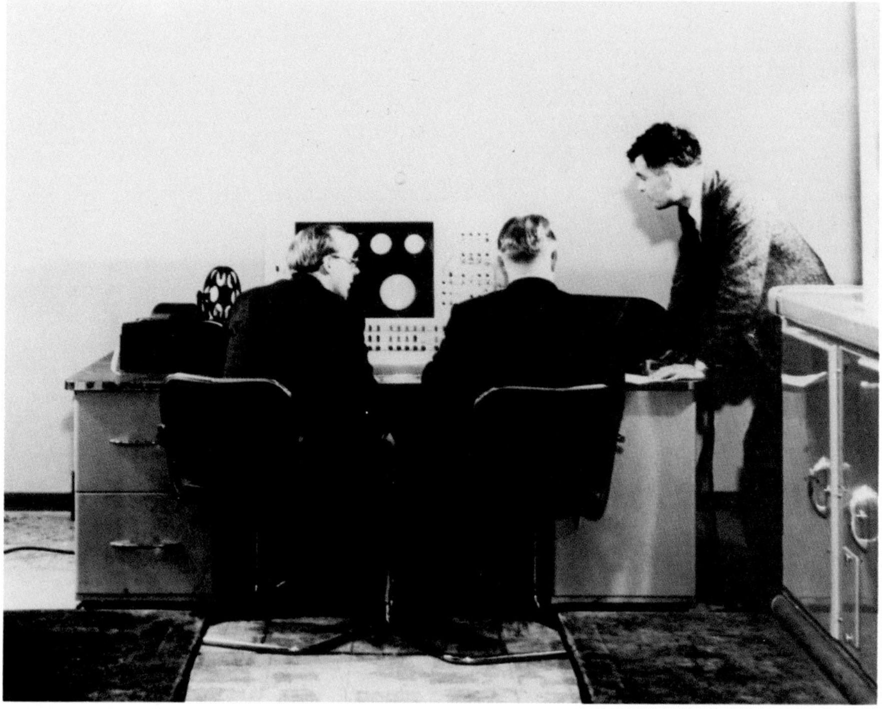

컴퓨터 천재

앨런 튜링과 동료들이 영국 정부를 위하여 페란티 마크 1 컴퓨터 작업을 하고 있다. 이 컴퓨터는 상용 컴퓨터를 만들기 위한 원형이었다. 상용 컴퓨터는 1951년 2월에 맨체스터 대학으로 배달되었다. 그전인 1943년에 튜링은 프로그램이 가능한 세계 최초의 전자 컴퓨터 콜로서스의 작업을 담당하기도 했다.

표현물로 바꾸어놓았다. 실용적인 면에서 보자면 라이프니츠는 이 원리 덕분에 최초의 계산기 중 하나로 꼽히는 단계식 계산기를 만들 수 있었다.

결국 이진법은 문제들을 하나의 논리로 환원시켰고, 발명가들은 이 논리에 기초하여 계산기——어떤 면에서는 생각하는 기계라고도 말할 수 있었다——를 만들 수 있었다.

생각하는 기계라는 개념, 또는 인공지능의 창조는 영국의 수학자 앨런 매시슨 튜링의 상상력을 사로잡았다. 논리학자 튜링은 제2차 세계대전 동안 독일의 암호를 푸는 일을 했으며, 나중에는 컴퓨터 이론의 선구자가 되었다. 계산기도 드문 시절에 튜링은 생각할 수 있는 컴퓨터를 설계할 수 있다고 믿었다.

튜링은 말했다. "나는 인간 정신의 작용을 아주 근사하게 모방할 수 있는 기계를 만들 수 있다고 생각한다. 이 기계는 가끔 실수를 하겠지만, 가끔은 새롭고 매우 흥미로운 진술을 할 것이며, 전체적으로 그 결과물은 인간 정신의 산물과 마

궁극의 체스

세계 체스 챔피언 게리 카스파로프는 1초에 2억 개의 수를 계산할 수 있는 IBM 컴퓨터 딥 블루에게 져서 체면이 깎였다. 카스파로프는 처음에는 꾀로 컴퓨터를 물리쳤으나, 나중에 계속된 여러 번의 시합에서는 패배했다.

찬가지로 주목할 가치가 있을 것이다."

제2차 세계대전 기간에 구대륙과 신대륙의 엔지니어들은 튜링이 꿈꾸던 생각하는 기계를 개발하는 데 열을 올렸다. 제1차 세계대전 때도 독일 정보부 장교들은 군부 요원들에게 보낼 메시지를 이진법 암호로 만들어내는 기계를 사용했다. 영국군은 이 암호를 가로챘지만 내용을 이해할 수 없었다. 그러자 영국은 콜로서스를 발명하여 보복했다. 이 전자 디지털 컴퓨터는 1과 0을 가리키는 구멍이 줄줄이 뚫린 종이테이프를 받아들여, 1분에 5천 번 계산을 하여 암호를 언어로 바꾸었다.

2년 뒤 미국 탄도 연구소가 탄도를 알아내는 데 필요한 복잡한 계산을 하기 위한 도구로 전자 숫자 적분 및 계산기(ENIAC)를 만들었다. 여러 대의 기계로 이루어진, 무게가 30톤에 이르는 괴물 에니악의 내부 작용은 전자, 원자 입자의 운동에 의존하였으며, 전자의 운동이 논리를 반영하도록 구성된 크고 복잡한 금속 회로를 바탕으로 일을 했다.

에니악을 비롯하여 그 뒤에 나온 모든 컴퓨터는 이진법의 변형인 불 대수에 의존했다. 이것은 19세기의 수학자 조지 불의 발명품이었다. 불은 모든 결정을 세 가지 정신적 작용, 즉 '그리고', '또는', '아니다'로 환원시켰다. 이 작용은 이진법의 두 숫자로 말끔하게 표현할 수 있었다. '그리고'는 '1과 0'으로 표현했으며, '또는'은 '1 또는 0'으로 표현했고, '아니다'는 '1도 0도 아니다'로 표현되었다. 불의 논리에 따르면 높은 수준의 질문도 이진법 연산으로 환원될 수 있었다.

이 개념은 간단해 보이지만, 이것을 구현하는 기계는 처음에는 거대했다. 에니악은 무게가 30톤이었다. 그 내부에는 진공관 1만 9천 개, 전자 신호 계전기 1천 5백 개, 전자의 통로를 조작하는 내부 장치 수십만 개가 들어갔다. 이 기계를 운용하는 데는 전기 200킬로와트가 필요했다.

에니악이 완벽하게 작동하는 데는 오랜 세월이 걸렸지만, 1949년에는 미사일의 탄도 계산을 미사일이 실제로 날아가는 데 걸리는 시간의 반인 30초에 해낼 수 있었다. 똑같은 계산을 인간이 하면 20시간이 걸렸다. 1950년대 중반 미국 정부는 에니악의 사용 범위를 확장하여, 기상학, 원자력, 항공 역학, 천체물리학 등 여러 분야에서 사용했다. 곧 업계에서 그 장

앨런 튜링

컴퓨터 과학의 아버지

1912
6월 23일 런던에서 출생하다.

1931
수학자로 케임브리지 킹스 칼리지에 들어가다.

1935
논문 "확률의 중심적 한계 정리"로 킹스 칼리지의 특별 연구원으로 선출되다.

1937
"계산 가능한 수와 결정할 문제에의 응용"을 발표하다. 프린스턴 대학의 특별연구원이 되었다.

1939
독일의 "에니그마" 암호를 푸는 데 중요한 역할을 하다.

1940
프로그램 가능한 컴퓨터인 콜로서스를 개념화하다. 최초의 기계가 그의 이론을 근거로 3년 뒤에 만들어졌다.

1943
벨연구소에서 언어 암호화 관련 연구를 하다.

1945
프로그램이 저장된 기계(MOSAIC)를 설계하기 시작하다. 이것은 전자 메모리에 자료와 프로그램을 저장하는 기계였다.

1948
맨체스터 대학에서 원형 컴퓨터인 MADAM의 작업을 하다.

1950
『계산 기계와 지능』을 출간하여, 인공지능의 튜링 검사를 소개하다.

1952
『형태 발생의 화학적 기초』를 출간하다.

1954
6월 7일 잉글랜드 체셔 주 윌름슬로에서 자살하다.

본능

영국의 의사이자 사회학자 윌프레드 트로터는 인간을 포함한 사회적 동물에게 적용되는 '집단 본능'이라는 말을 유행시켰다. 1916년에 출간된 그의 저서 『평화와 전쟁 때의 집단 본능』은 사회심리학의 맹아적 작업이다.

래성을 알아보았다. 1949년 텍사스 인스트럼먼츠 회사는 첫 번째 집적 회로를 생산했다. 그 결과 에니악 같은 커다란 기계의 내부 구조를 소형화할 수 있었다. 1964년 IBM(인터내셔널 비즈니스 머신즈)은 첫 번째 표준형 사무용 컴퓨터인 시스템/360을 도입했다. 이것은 메인프레임이라고 불렸는데, 여러 장치를 넣는 데 필요한 캐비닛에서 나온 이름이었다.

컴퓨터는 그 이후 50년 동안 발전해 왔지만, 많은 과학자들은 그 연산이 인간의 지능과 같을 수는 없다고 본다. 체스를 뛰어나게 두어 인간 최고의 고수를 이길 수 있는 컴퓨터도 여전히 인간은 아니다. 이런 컴퓨터에는 고전적인 의미의 의식, 프로이트와 융 같은 초기의 심리학자들이 생각한 의식이 없다.

1996년 IBM이 크게 선전하던 컴퓨터 딥 블루가 체스 게임에서 세계 챔피언 게리 카스파로프를 이겼다. 이 기계는 초당 약 2억 개의 위치를 계산하도록 프로그램이 되어 있었다. 이 컴퓨터에는 직관이 없었지만, 엄청나게 빠른 속도로 반복 계산을 하는 막강한 능력으로 그 결함을 보완했다. 그러나 인공지능 분야의 연구자들에게는 여전히 까다로운 문제가 남아 있다. 그들은 지금도 특별히 인간만이 가지고 있는 듯한 사고, 예를 들어 복잡한 결정, 시각적 패턴의 인식, 의도성, 더 나아가 자연 언어의 사용 등을 재현할 수 있는 기계를 제작할 방법을 찾고 있다.

인간 정신과 의식의 연구로 잘 알려진 미국의 철학자 존 설은 인공지능의 탐구를 합리적 맥락에서 파악했다. 설의 말에 따르면 컴퓨터가 실제로 할 수 있는 일은 흉내뿐이다. 그러면서 우리를 속여 자신들이 실제로 이해를 하는 것처럼 생각하게 만든다. 인간은 의식적으로 규칙을 따르지만, 컴퓨터는 겉으로 보이는 것과 달리 그렇게 하지 않는다. 컴퓨터는 지적인 규칙을 따르는 것처럼 보이지만, 실제로는 물리학과 역학의 법칙에 따라 연산을 할 뿐이다. 인간의 뇌에서 정보는 생각이든 지각이든 다른 정신적 작용과 연결된다. 그러나 설은 컴퓨터는 다르다고 말한다. "인식의 인지과학적 계산 모델에서 묘사되는 정보 처리 수준은 단지 입력된 일군의 상징에 반응하여 출력할 일군의 상징을 얻는 것에 그치고 있을 뿐이다." 생각 없이 학습을 하거나 학습 없이 생각을 할 수 있는 컴퓨터를 만들 수 있을지도 모른다. 그러나 프로그램이 된 수학적인 논리는 인간 두뇌에서 일어나는 복잡한 정신과정과는 다르다.

미국의 의사이자 사회학자인 윌프레드 트로터는 인간 이성을 "인간이 이룩한 모든 것에서 필수불가결한 요인"이라고 불렀다. "인간은 이성이 있는 까닭에 학습하고, 지식을 보태거나 보존하고, 한계 없이 예술이나 과학이나 문명을 구축할 수 있다." 그의 말은 컴퓨터가 복제하려 하는 사고 과정만이 아니라, 인간사 전체에서 진행되어온 탐색, 즉 관찰하고, 측정하고, 이해하려는 시도에도 적용될 수 있다. 다시 말해 이성은 만물의 이론을 찾아내려는 영원한 탐색의 동반자이다.

더 읽을 거리

과학은 보통 빠르게 변화하기 때문에 가장 좋고 믿을 만한 자료는 대개 과학자들 자신의 기초 저작들이거나, 가장 최근에 특정 분야를 다룬 개론서와 분석들이다. 인터넷은 정보의 출처를 잘못 명시하는 경우가 많기는 하지만, 온라인상에도 믿을 만한 자료들이 많으며 신뢰할 만한 사이트에서 추천 링크를 따라가는 것도 좋은 방법이다. 또한 인터넷에서 고대 중국, 그리스, 아랍의 원전들부터 찰스 다윈과 알베르트 아인슈타인의 저작에 이르기까지 많은 기초 자료를 열람할 수도 있다.

Aquinas, Tomas. *Selected Philosophical Writing*, edited by Timothy McDermott. New York: Oxford University Press, 1988.

Aristotle. *The Basic Works of Aristotle*, edited by Richard McKeon. New York: Modern Library, 2001. Reprint edition.

Aristotle, *Historia Animalium, Vol. I: Books I~X: Texts*, edited by Allan Gotthellf and D. M. Balme. Cambridge, U. K.: Cambridge University Press, 2002.

Aujulaut, Norbert. *Lascaux: Movement, Space, and Time*. New York: Harry Abrams, 2005. 여러 세대에 걸쳐 사람들을 매혹시켜왔던 프랑스의 동굴 벽화는 이제는 대중들에게 공개되고 있지 않다. 이 책은 매우 훌륭한 사진과 가장 최근의 연구 결과를 담고 있다.

Bernstein, Jeremy. *The Merely Personal: Observation on Science and Scientist*. Chicago: Ivan R. Dee, 2001. 번스타인은 여러 해 동안 『뉴요커』에 과학자와 과학에 대한 글을 써왔다. 이 책은 그 글들을 모은 것으로 과학

자들의 독특한 삶과 그들의 과학을 소개하고 있다.

Browne, Janet. *Charles Darwin: Voyaging*. New York: Alfred A. Knopf, 1996. *Charles Darwin: The Power of Place*. 이 두 책은 가장 명확한 다윈의 전기를 담고 있다. 아주 읽을 만하고 다윈의 개인적인 시련과 발견의 드라마가 가득하다.

Bryson, Bill. *A Short History of Almost Everything*. New York: Broadway Books, 2003(빌 브라이슨, 『거의 모든 것의 역사』, 까치). 빌 브라이슨은 너무 깊이 들어가지 않으면서도 생생한 글로 독자에게 어려운 과학적 개념을 잘 전해준다.

Burenhult, Goran. *The First Human: The Illustrated History of Humankind*. New York: Harper Collins, 1993. 이 화려한 일러스트로 치장된 책은 인간 종의 발달과 분류, 그리고 어떻게 오직 한 종만이 진화해서 생존하게 되었는지를 보여주는 훌륭한 도표를 담고 있다.

Darrigol, Oliver. *Worlds of Flow: A History of Hydrodynamics from the Bernoullis to Prandtl*. New York: Oxford University Press, 2005.

Dawkins, Richard. *The Selfish Gene: 30th Anniversary Edition*. New York: Oxford University Press, 2006(리처드 도킨스, 『이기적 유전자』, 을유문화사). 도킨스는 『이기적 유전자』로 상상력 넘치는 학자이자 저술가로 등장했다. 그는 스티븐 제이 굴드와 함께(이 둘은 많은 부분에서 의견이 같지 않았지만) 다윈과 진화에 대한 현대적 해석을 알고 싶어 하는 사람들의 도서 목록에서 가장 위에 자리하고 있다.

Dowden, Bradley, and James Fieser, editors. *The Internet Encyclopedia of Philosophy*, http://www.iep.utm.edu. 이 사이트는 철학자들의 삶과 사상을 잘 요약해서 보여주고 있다.

Einstein, Albert. *Ideas and Opinions*. New York: Modern Library, 1994. Reprinted edition. 알베르트 아인슈타인을 다룬 책은 여러 권이 있지만, 그 자신 스스로도 물리학에서 세계평화에 이르는 여러 주제를 가지고 글쓰기를 마다하지 않았다. 물리학과 철학은 때로 우리 생각보다 훨씬 가깝다.

Farber, Paul Lawrence. *Finding Order in Nature: The Naturalist Tradition from Linnaeus to E. O. Willson*, Baltimore, MD: The Johns Hopkins University Press, 2000.

Feynman, Richard P. *The Feynman Lectures on Physics: The Definitive and Extended Edition*, edited by Robert B. Leighton and Mattew Sands. New York: Addison-Wesley, 2005(리처드 파인먼, 『파인먼의 물리학 강의 1, 2』, 승산). 파인먼은 그가 저술한 책에서 나타난 그의 개성으로 유명해졌다. 그는 물리학 교사의 이상적인 모습을 보여준다. 이 강의록은 읽기 어려울 수 있지만, 항상 어려움이 명쾌함으로 바뀌는 순간에는 괴로움이 사라질 것이다.

Frazer, James George. *The Golden Bough: A Study in Magic and Religion.* New York: Macmillan & Co., 1922(제임스 조지 프레이저, 『황금가지』, 한겨레신문사). 제임스 프레이저는 이 방대한 신화와 종교의 비교 연구에 30년의 세월을 보냈다. 전 세계의 신화와 전설을 수집하면서 프레이저는 그들 사이의 연관 관계를 찾았고, 특히 봄과 재생을 연관시키는 신화들을 중점적으로 탐구했다. 때때로 지나치게 비평 분석에 매달리고 있다는 점은 비판거리이지만, 매혹적인 내용들이 가득한 이 책에 도전해보는 것도 가치 있을 것이다(http://www.bartleby.com/196에서 내용을 볼 수 있다).

Gleick, James. *Isaac Newton.* New York: Vintage, 2004. 뉴턴은 과학자 중에서도 정말 특이한 사람이었다. 이 책은 자기 주변의 세계를 탐구하는 것을 한시도 멈추지 않았던 사람의 매우 인간적인 면모를 보여주고 있다.

Greene, Brian. *The Elegant Universe.* New York: W. W. Norton, 1999(브라이언 그린, 『엘러건트 유니버스』, 승산). 브라이언 그린은 가장 잘 알려진 끈 이론의 지지자이다. 이 책은 양자역학의 발전과 그것이 왜 상대성 이론과 충돌하는지를 알기 쉽게 설명하고 있다.

Halsall, Paul, editor. *Internet History of Science Sourcebook.* Fordham University, 1998~2001.
http://www.fordham.edu/halsall/science/ sciencebook.html

Hawking, Stephen. *A Brief History of Time.* New York: Bantam Books, 1988(스티븐 호킹, 『시간의 역사』, 까치). *The Theory of Everything: The*

Origin and Fate of the Universe. New York: New Millennium Press, 2002. 『시간의 역사』는 베스트셀러가 되었으며 최근작인 *The Theory of Everything*도 매우 흥미롭다. 이 책에서 호킹은 자신의 우주론을 양자 물리학의 관점에서 재조명하고 있다. 그의 친절하고 설득력 있는 글이 독자를 그의 여행에 동참시킨다.

Margulis, Lynn. *Symbiotic Planet: A New Look at Evolution.* New York: Basic Books, 2000(린 마굴리스, 『공생자 행성』, 사이언스북스). 마굴리스는 자신의 세균 연구가 제시하는 다음과 같은 진화적 가능성을 깊이 탐구하고 있다. 과연 다윈주의적 진화보다 앞선 생명사의 시기가 있었을까?

McEvoy, J. P., and Oscar Zarate. *Introducing Quantum Theory.* Cambridge, U. K.: Icon Books Ltd., 1996. 평이한 언어와 만화로 깊이 있는 내용을 전달하는 짧고 생생한 책이다. 양자 이론을 알고자 하는 이들에게 좋은 안내서가 되어준다.

Michielsen, Kristel, and Hans De Raedt. *Quantum Mechanics.* University of Groningen, The Netherlands, 2006.
http://msc.phys.rug.nl/quantummechanics.intro.htm.

Moore, Walter. Schrödinger: *Life and Thought.* Cambridge, U. K.: Cambridge University Press, 1989. 비록 아인슈타인만큼 물리학 세계 밖에서도 유명하지는 않지만, 오스트리아 태생의 물리학자 에르빈 슈뢰딩거는 거의 혼자서 양자 세계의 움직임을 설명하는 데 필수적인 파동 역학을 증명한 인물이다. 슈뢰딩거의 삶과 연구는 원자 이론과 양자역학의 발전과 궤를 같이하기 때문에 이 책은 사실상 20세기 과학의 발전을 전반적으로 다루고 있다. 슈뢰딩거는 물리학자일 뿐만 아니라 철학자다운 면모도 있어서 이 책은 개념의 변화 또한 보여준다.

캘리포니아 대학교 고생물학 박물관. http://www.ucmp.berkeley.edu. 다양한 종 분류군에 대한 아주 훌륭한 기초 자료를 제공한다.

노벨재단. http://www.nobelprize.orz.

Nurse, Paul. *The Great Ideas of Biology: The Romances Lecture for 2003.* New York: Oxford University Press, 2004.

O'Connor, John J., and Edmund F. Robertson. *The MacTutor History of Mathematics*. School of Mathematics and Statistics, University of St Andrews, Scotland, 2006.

http://www-history.mcs.st-andrews.ac.uk/history/index.html. 위대한 수학자들의 전기와 그들의 연구에 대한 분석이 잘 정리되어 있다. 이 사이트는 또한 온라인과 오프라인 양쪽 모두의 서지 정보를 충실히 제공하고 있다.

Pausrian, Timothy, editor. *Microbiology and Bacteriology: The World of Microbes*. University of Wisconsin, 1999~2006.

http://www.bact.wisc.edu/Microtextbook/index.php

Penrose, Roser. *The Road to Reality: A Complete Guide to the Laws of Universe*. New York: Knopf, 2005.

Pliny. *Natural History: Books I~II, Books III~VII*, edited by H. Rackham. Boston: Harvard University Press(Loeb Classical Library), 1989.

프로젝트 구텐베르크. http://www.gutenberg.org. 이 웹사이트는 놀라운 자료의 보고이며 아리스토텔레스에서부터 다윈에 이르는 과학자들의 원전을 보유하고 있다. 다윈의 핵심 저서인 『인간의 유래』, 『종의 기원』, 『비글 호 항해기』뿐 아니라 그의 편지와 다른 과학 저술들도 이 사이트에서 열람할 수 있다. 그밖에도 찰스 라이엘의 『고대의 인간』, 프랜시스 베이컨의 『학문의 진보』와 『새로운 아틀란티스』, 르네 데카르트의 『방법서설』, 맬서스의 『인구론』 등의 중요한 저서들을 볼 수 있다.

Quammen, David. *The Reluctant Mr. Darwin: An Intimate Portrait of Charles Darwin and the Making of His Theory of Evolution*. New York: W. W. Norton, 2006(데이비드 쾀멘, 『신중한 다윈씨』, 승산). 뛰어난 과학작가인 데이비드 쾀멘은 이 책에서 다윈이 자신의 자연선택 이론을 꾸물거리며 세상에 내지 않았던 시절의 일들을 살피고 있다.

Rae, Alastair I. M. *Quantum Physics: Illusion or Reality?* Cambridge, U. K.: Cambridge University Press, 1986. 양자역학의 기묘한 세계로 들어가려는 독자들을 도우려는 마음으로 가득한 저자가 선사하는 고전적인 양자역학의 해설.

Ridley, Matt. *Genome: The Autobiography of Species.* New York: Harper Collins, 2000(매트 리들리, 『게놈: 23장에 담긴 인간의 자서전』, 김영사).

Ronan, Colin A. *The Cambridge Illustrated History of the World's Science.* Cambridge, U. K.: Cambridge University Press, 1983.

생명수 프로젝트. http://tolweb.org/tree. 어떤 종에 대한 정보나 그 종이 다른 종들과 어떤 관계인지 알고 싶다면 어떻게 해야 할까? 이 사이트로 가면 된다. 엄청난 자료를 제공하며 매일같이 업데이트되고 있다.

Torrance, Robert M. *Encompassing Nature: A SourceBook.* Washington DC: Counterpoint, 1998. 토랜스는 과학의 문학적인 측면에 관심이 있는 사람들에게 고대 인도와 중국의 책들에서부터 현대에 이르기까지의 자료들을 제공해준다. 과학과 문화의 관계에 대한 통찰력 있는 식견을 보여준다.

Tyson, Neil deGrasse. *Universe Down to Earth.* New York: Columbia University Press, 1994.

Zalta, Edward N., editor. *The Stanford Encyclopedia of Philosophy.* The Metaphysics Research Lap, Center for the Study of Language and Information, Stanford University, 2006.
http://plato.stanford.edu/contents.html

찾아보기

ㅂ

도판 출처

표지 The Granger Collection, NY.

서문 2, The Wellcome Library, London; 6, Archivo Iconografico, S.A./CORBIS; 9, The Granger Collection, NY; 10, Bettmann/CORBIS; 12~13, The Granger Collection, NY; 16, The Stapleton Collection/CORBIS; 19, The Granger Collection, NY.

1장 하늘 20~21, NASA, ESA, and The Hubble Heritage Team (STScI/AURA); 23, Erich Lessing/Art Resource, NY; 25, Bibliothèue des Arts Déoratifs, Paris, France, Archives Charmet/The Bridgeman Art Library; 27, The Granger Collection, NY; 28, HIP/Art Resource, NY; 31, Bettmann/CORBIS; 32, The Granger Collection, NY; 35, Jean-Leon Huens; 38~39, The Granger Collection, NY; 40, The Granger Collection, NY; 43, Erich Lessing/Art Resource, NY; 44, The Granger Collection, NY; 46~47, Bettmann/CORBIS; 50, William Schick/CORBIS; 52(위), Fitzwilliam Museum, University of Cambridge, UK/The Bridgeman Art Library; 52(아래), Clayton J. Price/CORBIS; 53, CORBIS; 54, Bettmann/CORBIS; 58, Mansell/Time Life Pictures/Getty Images; 60~61, Bibliothèue des Arts Déoratifs, Paris, France, Archives Charmet/The Bridgeman Art Library; 63, Robert Gendler/www.robgendlerastropics.com; 64, Bettmann/CORBIS; 66, Courtesy of the Archives, California Institute of Technology; 69, Mary Evans/Photo Researchers, Inc.; 71, Science Museum/Science & Society Picture Library; 72, Robert Cummins/CORBIS; 76, Bettmann/CORBIS; 77, Shigemi Numazawa/Atlas Photo Bank/Photo Researchers, Inc.; 78, Bettmann/CORBIS; 80, T.A. Rector/University of Alaska, Anchorage and WIYN/AURA/NSF; 82, Julian Baum/Photo Researchers, Inc.

2장 사람의 몸 84~85, Araldo de Luca/CORBIS; 86, The Wellcome Library, London; 87, College of Pharmacy/Washington State University; 89, Stock Montage/Getty Images; 91, Wellcome Library, London; 93, North Wind Picture Archives; 94, The Granger Collection, NY; 97, CORBIS; 98, National Library of Medicine/Science Photo Library/Photo Researchers, Inc.; 99, The Granger Collection, NY; 100, The Wellcome Library, London; 102, Erich Lessing/Art Resource, NY; 105, Bettmann/CORBIS; 108, Scimat/Photo Researchers, Inc.; 110, The Wellcome Library, London; 112~113, Jean-

Loup Charmet/Photo Researchers, Inc.; **115**, The Wellcome Library, London; **118**, The Wellcome Library, London; **119**, Bettmann/CORBIS; **122**, The Wellcome Library, London; **124**, The Wellcome Library, London; **126**, Stefano Bianchetti/CORBIS; **129**, Visuals Unlimited/CORBIS; **130**, Oxford Science Archive/HIP; **132**, Bettmann/CORBIS; **134**, The Wellcome Library, London; **136**, Bettmann/CORBIS; **138**, Bettmann/CORBIS; **139**, Biophoto Associates/Photo Researchers, Inc.; **141**, CDC/PHIL/CORBIS; **143**, Hulton-Deutsch Collection/CORBIS; **144**, The Wellcome Library, London; **147**, Don W. Fawcett/Photo Researchers, Inc.; **149~152(모두)**, The Wellcome Library, London; **154**, Paul Almasy/CORBIS; **156**, CORBIS; **159**, Ted Spiegel/CORBIS; **162**, Bill Nation/CORBIS SYGMA; **163**, Sheila Terry/Photo Researchers, Inc.; **164**, Stephen Ferry/Liaison/Getty Images; **166**, Rick Friedman/CORBIS; **169**, Ernesto Orlando Lawrence Berkeley National Laboratory.

3장 물질과 에너지 172~173, CORBIS; **174**, Bettmann/CORBIS; **175**, Allan H. Shoemake/Getty Images; **176**, The Granger Collection, NY; **178**, The Granger Collection, NY; **179**, David Lees/CORBIS; **181**, The Granger Collection, NY; **182~183**, Kimbell Art Museum/CORBIS; **186**, The Wellcome Library, London; **188**, Hulton Archive/Getty Images; **189**, The Wellcome Library, London; **190**, Archivo Iconografico, S.A./CORBIS; **192**, Ann Ronan Picture Library/HIP; **193**, The Granger Collection, NY; **196**, The Granger Collection, NY; **198~199**, HIP/Art Resource, NY; **200(위)**, IIHR, History of Hydraulics Collection; **200(아래)**, The Granger Collection, NY; **203**, Ann Ronan Picture Library/HIP; **205**, Jim Sugar/CORBIS; **206~207**, Private Collection/The Bridgeman Art Library; **208**, **210**, **212(모두)**, The Granger Collection, NY; **215**, Science Museum/Science & Society Picture Library; **216**, Science Photo Library/Photo Researchers, Inc.; **219**, Science Museum/Science & Society Picture Library; **220**, Baldwin H.Ward & Kathryn C.Ward/CORBIS; **221**, Science Museum/Science & Society Picture Library **222**, NASA; **223**, Mary Evans Picture Library; **224**, The Granger Collection, NY; **226**, Science Museum/Science & Society Picture Library; **227**, The Granger Collection, NY; **228**, Science Museum/Science & Society Picture Library; **230**, The Royal Institution, London, UK/The Bridgeman Art Library; **232**, The Granger Collection, NY; **234**, Ernesto Orlando Lawrence Berkeley National Laboratory; **235**, Bettmann/CORBIS; **238**, Science Museum/Science & Society Picture Library; **240**, Science Museum/Science & Society Picture Library; **242**, Roger Ressmeyer/CORBIS; **244**, Ernesto Orlando Lawrence Berkeley National Laboratory; **247**, The Granger Collection, NY; **250**, DOE/Science Source/Photo Researchers, Inc.; **252**, Carl Anderson/Photo Researchers, Inc.; **254**, Novosti Photo Library/Photo Researchers, Inc.; **256**, Douglas Kirkland/CORBIS; **258**, Ralph Morse/Time Life Pictures/Getty Images; **260**, Danny Lehman/CORBIS; **262**, NASA/SAO/CXC; **267**, Everett Kennedy Brown/epa/ CORBIS; **268**, Kevin Fleming/CORBIS.

4장 생명 270~271, Mediscan/CORBIS; 272, The Granger Collection, NY; 273, CORBIS; 274, The Granger Collection, NY; 279, Bettmann/CORBIS; 280, The Wellcome Library, London; 281, Topkapi Palace Museum, Istanbul, Turkey/The Bridgeman Art Library; 284, Explorer/Photo Researchers, Inc.; 287, The Granger Collection, NY; 288, The Granger Collection, NY; 290, Gianni Dagli Orti/CORBIS; 291, The Granger Collection, NY; 292, Stock Montage/Getty Images; 296, 298, 300(모두), The Granger Collection, NY; 302, Mansell/Time Life Pictures/Getty Images; 305, Mansell/Time Life Pictures/Getty Images; 306, Ann Ronan Picture Library/HIP; 312~313, The Granger Collection, NY; 314, The Wellcome Library, London; 316, The Granger Collection, NY; 320~321, The Granger Collection, NY; 323, John Durham/Photo Researchers, Inc.; 327, The Granger Collection, NY; 329, Mansell/Time Life Pictures/Getty Images; 330, Science Source/Photo Researchers, Inc.; 331, Lee D. Simon/Photo Researchers, Inc.; 332~333, The Wellcome Library, London; 334, Kurt Hutton/Picture Post/Getty Images; 337, Michael A. Keller/CORBIS; 338, Michael Freeman/CORBIS; 341, Bettmann/CORBIS; 342, Digital Vision/Getty Images; 344, Photo Researchers, Inc.; 348, Ralph White/CORBIS; 349, Stephen Ferry/Liaison/Getty Images; 350~351, Henry Groskinsky/Time Life Pictures/Getty Images; 353, O. Louis Mazzatenta/NGS Image Collection; 358~359, NASA.

5장 지구와 달 358~359, The Granger Collection, NY; 360, Gianni Dagli Orti/CORBIS; 360~361, Mary Evans Picture Library; 363, SuperStock, Inc.; 365, Robert Magis; 368, Mary Evans Picture Library; 371, The Granger Collection, NY; 372~373, Bettmann/CORBIS; 374, Musée des Arts Décoratifs, Paris, France, Lauros/Giraudon/The Bridgeman Art Library; 378~379, Gianni Dagli Orti/CORBIS; 380, The Granger Collection, NY; 382(위), The Worshipful Company of Clockmakers' Collection, UK/The Bridgeman Art Library; 382(아래), Bettmann/CORBIS; 383, The Granger Collection, NY; 384, Bettmann/CORBIS; 386, Science Museum/Science & Society Picture Library; 388, The Granger Collection, NY; 391, Roger Ressmeyer/CORBIS; 394, Bettmann/CORBIS; 397, NGS Maps; 398~399, Roger Ressmeyer/CORBIS; 400, Bettmann/CORBIS; 401, The Granger Collection, NY; 404, Kazuyoshi Nomachi/CORBIS; 407, Skyscan/CORBIS; 409, R. Russell/PanStock/Panoramic Images/NGSImages.com; 412, NASA; 414, Science Museum/Science & Society Picture Library; 415, NASA/Roger Ressmeyer/CORBIS; 416, Francesc Muntada/CORBIS; 418, Don Davis/NASA; 420, P. Stattmayer/PanStock/Panoramic Images/NGSImages.com.

6장 마음과 행동 422~423, Anatomical Travelogue/Photo Researchers, Inc.; 425, CORBIS; 426, Ted Spiegel/CORBIS; 429, Hulton Archive/Getty Images; 432~434 위(모두), The Wellcome Library, London; 434(아래), Bettmann/CORBIS; 436, The Wellcome

Library, London; **437**, The Wellcome Library, London; **439**, Bettmann/CORBIS; **440**, Central Press/Getty Images; **443**, Bettmann/CORBIS; **445**, Novosti/Photo Researchers, Inc.; **448**, D. Silbersweig/Photo Researchers, Inc.; **450**, The Wellcome Library, London; **451**, James Leynse/CORBIS; **452**, Jim Dowdalls/Photo Researchers, Inc.; **455**, Simon Fraser/Photo Researchers, Inc.; **457**, Science Museum/Science & Society Picture Library; **458**, Louie Psihoyos/CORBIS; **460**, The Wellcome Library, London.

내셔널 지오그래픽의
과학, 우주에서 마음까지

초판 1쇄 인쇄일 | 2008년 12월 15일
초판 1쇄 발행일 | 2008년 12월 22일

지은이 존 랭곤 | 브루스 스터츠 | 앤드레아 지아노폴루스
옮긴이 정영목

발행처 지호출판사
발행인 장인용
출판등록 1995년 1월 4일
등록번호 제10-1087호
주소 고양시 일산동구 장항동 751 삼성라크빌 1319
전화 031-903-9350
팩시밀리 031-903-9969
이메일 chihopub@yahoo.co.kr

표지 디자인 오필민
본문 디자인 노승우
마케팅 윤규성

종이 대림지업
인쇄 대원인쇄
제본 경문제책

ISBN 978-89-5909-047-1